新编数值天气预报

刘宇迪　周　毅　韩月琪　王　举　编著

气象出版社
China Meteorological Press

内 容 简 介

本书系统地讲述了数值天气预报的基本原理和方法，并介绍了近年来数值天气预报领域的一些新进展和新成果。全书分为十一章，内容包括大气运动方程组、有限差分法、变量配置、正压和斜压原始方程模式、初始条件与边界条件、谱模式、常用球面网格及离散方法、物理过程参数化、资料同化基本理论与方法以及集合预报等。

本书可作为高等学校气象专业以及相关专业的高年级本科生和研究生教材，也可作为气象、海洋和水文等部门科研和业务人员的参考书。

图书在版编目(CIP)数据

新编数值天气预报 / 刘宇迪等编著. -- 北京 ：气象出版社，2016. 8(2020. 1 重印)

ISBN 978-7-5029-6377-4

Ⅰ. ①新…　Ⅱ. ①刘…　Ⅲ. ①数值天气预报　Ⅳ. ①P456. 7

中国版本图书馆 CIP 数据核字(2016)第 179277 号

XINBIAN SHUZHI TIANQI YUBAO

新编数值天气预报

出版发行： 气象出版社

地　　址： 北京市海淀区中关村南大街 46 号　　**邮政编码：** 100081

电　　话： 010-68407112(总编室)　010-68408042(发行部)

网　　址： http://www.qxcbs.com　　**E-mail：** qxcbs@cma.gov.cn

责任编辑： 黄红丽　　**终　　审：** 邵俊年

责任校对： 王丽梅　　**责任技编：** 赵相宁

封面设计： 博雅思企划

印　　刷： 三河市百盛印装有限公司

开　　本： 720 mm×960 mm　1/16　　**印　　张：** 30

字　　数： 612 千字　　**彩　　插：** 4

版　　次： 2016 年 8 月第 1 版　　**印　　次：** 2020 年 1 月第 2 次印刷

定　　价： 95.00 元

前　　言

本书是在 2003 年气象出版社出版的《数值天气预报基础》和 2002 年气象出版社出版的《现代数值天气预报》基础上，增加部分内容后重新修订而成，可作为高等学校气象学专业的高年级本科生和研究生教材，其中第 1 章至第 6 章的内容为本科生课程的教学内容，侧重讲述数值天气预报的基本原理和方法；第 7 章至第 11 章为研究生课程的教学内容，重点介绍了近年来数值天气预报领域的一些新进展和新成果。希望通过对这些内容的学习，能够使读者系统掌握数值天气预报最常用的基本概念和处理方法，具备从事数值天气预报业务和科研工作的基本技能。

全书共分为十一章，主要内容有：数值天气预报的基础知识，包括各种坐标系中的大气运动方程组和地图投影的相关内容；数值计算方法，主要讨论有限差分法和谱方法求解偏微分方程数值解的基本原理和方法，重点介绍了变量配置相关内容；数值天气预报模式，重点介绍正压原始方程模式和斜压原始方程模式；初值条件、边界条件和资料同化，包括模式初值形成的原理和方法、水平侧边界条件的类型和给定方法；模式物理过程的处理方法，着重介绍了模式中微物理过程、积云对流、边界层过程和地表面的处理方法；集合预报，重点介绍了初值扰动和模式扰动的原理方法以及预报结果的检验方法。

第 1 章至第 5 章、第 8 章和第 11 章由刘宇迪编写，第 6 和 7 章由周毅编写，第 9 章由刘宇迪、周毅和王举编写，第 10 章由韩月琪和周毅编写，最后由刘宇迪统稿。本书在选材上力求反映近年来数值预报领域的新技术、新方法和新成果。在每一章后面增加了复习思考题，并在附录中给出了标准大气中重力加速度、气压、气温、空气密度随高度的变化和常数表，以供查阅。本书还附有编写组编写的在 Arakawa A,B,C 和 D 以及 LE 网格上离散的正压原始方程模式、同时(超)张弛法的程序、由二十面体网格转换到经纬网格的程序、基于区域逐步分析集合变分资料同化方法程序等Fortran代码，供参考学习，可通过气象出版社网站下载，网址链接：http://www.qxcbs.com/ebook/xbsztqyb/mdata.html。在本书的编写和出版过程中，得到了解放军理工大学气象海洋学院各级领导和气象出版社的大力支持，特别是几位审稿人提出了许多宝贵的建议和修改意见，在此，谨向他们表示诚挚的谢意。

由于编写的时间比较仓促，书中肯定有不少错误和疏漏之处，恳请读者批评指正，提出修改意见。

编著者

2016 年 1 月 3 日

目　录

前　言
第 1 章　大气运动方程组 …………………………………………… (1)
1.1　基本方程组 …………………………………………………… (1)
1.2　静力情况下垂直坐标变换 …………………………………… (11)
1.3　非静力情况下垂直坐标变换 ………………………………… (21)
1.4　地图投影坐标系 ……………………………………………… (29)
1.5　地图投影放大系数 …………………………………………… (33)
复习思考题…………………………………………………………… (39)
第 2 章　有限差分法 ……………………………………………… (41)
2.1　有限差分和截断误差 ………………………………………… (42)
2.2　平流方程初值问题的数值解 ………………………………… (44)
2.3　相容性、收敛性、稳定性 …………………………………… (51)
2.4　分析计算稳定性方法 ………………………………………… (53)
2.5　有限离散下的误差 …………………………………………… (58)
2.6　时间差分格式 ………………………………………………… (68)
2.7　原始方程模式的时间积分方案 ……………………………… (81)
2.8　平滑与滤波 …………………………………………………… (90)
2.9　非线性计算不稳定 …………………………………………… (92)
2.10　椭圆型方程与张弛法………………………………………… (94)
2.11　守恒差分格式的构造………………………………………… (97)
2.12　模式的网格设计……………………………………………… (102)
复习思考题…………………………………………………………… (114)
第 3 章　变量配置 ………………………………………………… (116)
3.1　水平变量配置对惯性重力波的影响 ………………………… (116)
3.2　水平变量配置对 Rossby 波的影响 ………………………… (127)
3.3　静力模式中垂直网格计算频散性 …………………………… (139)
3.4　非静力模式中垂直网格计算特性 …………………………… (147)
3.5　三维网格计算频散性 ………………………………………… (162)
3.6　空间分辨率和空间差分精度对水平网格性能的影响 ……… (191)

复习思考题……………………………………………………………………… (202)
第 4 章　正压原始方程模式 ……………………………………………………… (203)
4.1　历史回顾 ………………………………………………………………… (203)
4.2　过滤模式 ………………………………………………………………… (205)
4.3　正压原始方程模式 ……………………………………………………… (211)
4.4　正压原始方程模式的物理属性 ………………………………………… (213)
4.5　守恒空间差分格式的构造 ……………………………………………… (218)
4.6　正压原始方程模式的计算方案 ………………………………………… (229)
复习思考题……………………………………………………………………… (232)
第 5 章　斜压原始方程模式 ……………………………………………………… (233)
5.1　模式方程组及其积分关系 ……………………………………………… (233)
5.2　垂直差分格式的构造 …………………………………………………… (237)
5.3　水平气压梯度力的计算方法 …………………………………………… (245)
5.4　斜压原始方程模式计算方案 …………………………………………… (249)
5.5　WRF 模式简介 …………………………………………………………… (252)
复习思考题……………………………………………………………………… (257)
第 6 章　初始条件与边界条件……………………………………………………… (259)
6.1　初值处理的必要性 ……………………………………………………… (259)
6.2　静力初始化方法 ………………………………………………………… (260)
6.3　动力初始化方法 ………………………………………………………… (262)
6.4　正规模初始化方法 ……………………………………………………… (267)
6.5　变分初始化方法 ………………………………………………………… (271)
6.6　初始化方法的比较与存在的问题 ……………………………………… (275)
6.7　水平侧边界条件 ………………………………………………………… (277)
复习思考题……………………………………………………………………… (282)
第 7 章　谱模式 …………………………………………………………………… (283)
7.1　谱方法基础 ……………………………………………………………… (283)
7.2　球面谱模式的基础知识 ………………………………………………… (288)
7.3　离散傅里叶变换与勒让德变换 ………………………………………… (294)
7.4　正压涡度方程谱模式 …………………………………………………… (302)
复习思考题……………………………………………………………………… (306)
第 8 章　常用球面网格及离散方法 ……………………………………………… (307)
8.1　球面网格 ………………………………………………………………… (307)
8.2　阴阳网格及其处理方法 ………………………………………………… (313)

8.3　二十面体六边形网格与地转适应 …… (324)
复习思考题…… (345)
第 9 章　物理过程参数化 …… (346)
9.1　平均运动方程组和次网格过程 …… (346)
9.2　大尺度凝结降水的计算方法 …… (348)
9.3　积云对流参数化 …… (351)
9.4　边界层过程的处理方法 …… (375)
9.5　地表面的处理方法 …… (388)
9.6　云微物理过程 …… (396)
复习思考题…… (402)
第 10 章　资料同化基本理论与方法 …… (403)
10.1　概述…… (403)
10.2　资料处理与质量控制…… (406)
10.3　逐步订正法…… (410)
10.4　资料同化的理论基础…… (415)
10.5　最优插值…… (418)
10.6　三维与四维变分资料同化…… (421)
10.7　下降算法…… (427)
10.8　集合卡尔曼滤波…… (431)
10.9　集合变分同化方法…… (432)
10.10　大气遥感资料的同化与快速辐射传输算子 …… (434)
复习思考题…… (437)
第 11 章　集合预报 …… (438)
11.1　集合预报的初始扰动技术…… (440)
11.2　集合预报模式扰动的发展…… (448)
11.3　集合预报产品…… (450)
11.4　质量评估检验方法…… (451)
复习思考题…… (459)
参考文献 …… (460)
附录 A:标准大气中重力加速度、气压、气温、空气密度随高度的变化 … (478)
附录 B:常数表 …… (480)

第 1 章　大气运动方程组

一切天气现象都与大气运动息息相关。尽管大气运动很复杂，但大气运动必须遵循某些基本物理定律。支配大气运动状态和热力状态变化的基本物理定律有：动量守恒定律（即牛顿第二定律），质量守恒定律，气体实验定律，热力学第一定律和水汽守恒定律等。这些定律的数学表达式，构成了描写大气运动基本规律的方程组，称为基本方程组。在给定的初始条件和边界条件下，通过数值积分基本方程组，便可得到未来时刻气象要素的空间分布，这就是数值天气预报。本章将依据动力气象学给出的大气运动基本方程组，给出基本方程组在常用的坐标系中的具体形式。

大气运动不论在空间上还是在时间上都有宽广的尺度谱，利用严谨的基本方程组试图同时预报出不同尺度的大气运动状态几乎是不可能的。其实，任何理论仅是对客观事物的近似描写，气象学者们处理数值天气预报具体问题时，在不失去大气主要特征的情况下常把非常复杂的实际大气理想化、简单化，并称之其为“模式大气”。例如，对于大气大尺度运动的短时间的数值预报，早期常把实际大气视为绝热的，无摩擦的干燥大气。随着数值预报的发展，“模式大气”中虽然考虑了非绝热过程，考虑了水汽过程，然而对实际大气仍做了相当简化。描写“模式大气”的动力学热力学方程组，称之为“大气模式”。在本章中，将给出预报大尺度运动短期演变的基本方程组，讨论与其有关的一些问题，这是建立各种“大气模式”的基础。

1.1　基本方程组

1.1.1　运动方程

对于惯性参考系，牛顿第二定律可写成

$$\frac{\mathrm{d}_a \boldsymbol{V}_a}{\mathrm{d}t} = \sum_i \boldsymbol{f}_i \tag{1.1}$$

下标 a 表示在惯性参考系中观测到的量，$\boldsymbol{V}_a$ 为空气微团的绝对速度，$\frac{\mathrm{d}_a \boldsymbol{V}_a}{\mathrm{d}t}$ 为绝对加速度，而

$$\frac{\mathrm{d}_a}{\mathrm{d}t} = \frac{\partial}{\partial t} + \boldsymbol{V}_a \cdot \nabla$$

$\sum_i \boldsymbol{f}_i$ 表示单位质量空气所受的合外力。人们总是在地球上观察大气运动，而地球以常值角速度 $\boldsymbol{\Omega}$ 绕地轴旋转着，所以任何一个固定在地球上并与地球一同旋转的参考系，乃是一旋转参考系。相对旋转参考系的运动称为相对运动。相对速度记作 $\boldsymbol{V}_3$，则有

$$\boldsymbol{V}_a = \boldsymbol{V}_3 + \boldsymbol{\Omega} \times \boldsymbol{r} \tag{1.2}$$

$\boldsymbol{r}$ 为以地心为原点的空气微团的位置矢量。(1.2)式表明，一个空气微团的绝对速度为其相对速度和由于地球自转而产生的牵连速度的矢量和。

令 $\boldsymbol{i}, \boldsymbol{j}, \boldsymbol{k}$ 表示在惯性参考系中沿一直角坐标系中坐标轴的单位矢量，$\boldsymbol{i}'$、$\boldsymbol{j}'$、$\boldsymbol{k}'$ 为在旋转参考系中沿直角坐标系中坐标轴的单位矢量，则任一矢量 $\boldsymbol{A}$ 在两种参考系中可表示为

$$\boldsymbol{A} = A_x\boldsymbol{i} + A_y\boldsymbol{j} + A_z\boldsymbol{k} = A'_x\boldsymbol{i}' + A'_y\boldsymbol{j}' + A'_z\boldsymbol{k}'$$

它的全导数为

$$\begin{aligned}\frac{\mathrm{d}_a\boldsymbol{A}}{\mathrm{d}t} &= \frac{\mathrm{d}A_x}{\mathrm{d}t}\boldsymbol{i} + \frac{\mathrm{d}A_y}{\mathrm{d}t}\boldsymbol{j} + \frac{\mathrm{d}A_z}{\mathrm{d}t}\boldsymbol{k} \\ &= \frac{\mathrm{d}A'_x}{\mathrm{d}t}\boldsymbol{i}' + \frac{\mathrm{d}A'_y}{\mathrm{d}t}\boldsymbol{j}' + \frac{\mathrm{d}A'_z}{\mathrm{d}t}\boldsymbol{k}' + A'_x\frac{\mathrm{d}\boldsymbol{i}'}{\mathrm{d}t} + A'_y\frac{\mathrm{d}\boldsymbol{j}'}{\mathrm{d}t} + A'_z\frac{\mathrm{d}\boldsymbol{k}'}{\mathrm{d}t}\end{aligned}$$

$\frac{\mathrm{d}\boldsymbol{i}'}{\mathrm{d}t}$ 是地球自转引起的 $\boldsymbol{i}'$ 的矢端速度，有

$$\frac{\mathrm{d}\boldsymbol{i}'}{\mathrm{d}t} = \boldsymbol{\Omega} \times \boldsymbol{i}'$$

类似有

$$\frac{\mathrm{d}\boldsymbol{j}'}{\mathrm{d}t} = \boldsymbol{\Omega} \times \boldsymbol{j}', \qquad \frac{\mathrm{d}\boldsymbol{k}'}{\mathrm{d}t} = \boldsymbol{\Omega} \times \boldsymbol{k}'$$

由此可得

$$\frac{\mathrm{d}_a\boldsymbol{A}}{\mathrm{d}t} = \frac{\mathrm{d}\boldsymbol{A}}{\mathrm{d}t} + \boldsymbol{\Omega} \times \boldsymbol{A} \tag{1.3}$$

根据(1.3)式，令 $\boldsymbol{A}=\boldsymbol{V}_a$，于是有

$$\frac{\mathrm{d}_a\boldsymbol{V}_a}{\mathrm{d}t} = \frac{\mathrm{d}\boldsymbol{V}_a}{\mathrm{d}t} + \boldsymbol{\Omega} \times \boldsymbol{V}_a$$

将(1.2)式代入，得

$$\frac{\mathrm{d}_a\boldsymbol{V}_a}{\mathrm{d}t} = \frac{\mathrm{d}(\boldsymbol{V}_3 + \boldsymbol{\Omega} \times \boldsymbol{r})}{\mathrm{d}t} + \boldsymbol{\Omega} \times (\boldsymbol{V}_a + \boldsymbol{\Omega} \times \boldsymbol{r})$$

或

$$\frac{\mathrm{d}_a\boldsymbol{V}_a}{\mathrm{d}t} = \frac{\mathrm{d}\boldsymbol{V}_3}{\mathrm{d}t} + 2\boldsymbol{\Omega} \times \boldsymbol{V}_3 + \boldsymbol{\Omega} \times (\boldsymbol{\Omega} \times \boldsymbol{r}) \tag{1.4}$$

上式表明，绝对加速度等于相对加速度、科氏加速度、向心加速度的矢量和。

单位质量微团所受的外力有气压梯度力（$-\nabla_3 p/\rho$），地球引力（$\boldsymbol{g}_a$）和摩擦力（$\boldsymbol{F}$）。则旋转参考系中相对运动方程的矢量形式为

$$\frac{\mathrm{d}\boldsymbol{V}_3}{\mathrm{d}t} = -\frac{1}{\rho}\nabla_3 p - 2\boldsymbol{\Omega}\times\boldsymbol{V}_3 - \boldsymbol{\Omega}\times(\boldsymbol{\Omega}\times\boldsymbol{r}) + \boldsymbol{g}_a + \boldsymbol{F} \tag{1.5}$$

式中 $-2\boldsymbol{\Omega}\times\boldsymbol{V}_3$ 称科氏力，$-\boldsymbol{\Omega}\times(\boldsymbol{\Omega}\times\boldsymbol{r})$ 称惯性离心力，两者常被称为“视示力”，以区别于真实力。地心引力与惯性离心力，只是空气微团的坐标函数，可将两力合并在一起

$$\boldsymbol{g} = \boldsymbol{g}_a - \boldsymbol{\Omega}\times(\boldsymbol{\Omega}\times\boldsymbol{r})$$

$\boldsymbol{g}$ 称为重力。于是，(1.5)式可写成

$$\frac{\mathrm{d}\boldsymbol{V}_3}{\mathrm{d}t} = -\frac{1}{\rho}\nabla_3 p + \boldsymbol{g} - 2\boldsymbol{\Omega}\times\boldsymbol{V}_3 + \boldsymbol{F} \tag{1.6}$$

1.1.2　连续方程

质量守恒定律的数学表达式称连续方程。考虑一有限物质体积元，取笛卡尔(Cartesian)坐标，体积元体积为 $\delta\tau=\delta x\delta y\delta z$，空气微团密度为 ρ，则该有限体积元中空气质量为 $\rho\delta\tau=\rho\delta x\delta y\delta z$，由质量守恒定律，有

$$\frac{\mathrm{d}\rho\,\delta\tau}{\mathrm{d}t} = 0$$

即有

$$\delta x\delta y\delta z\frac{\mathrm{d}\rho}{\mathrm{d}t} + \rho\delta y\delta z\frac{\mathrm{d}\delta x}{\mathrm{d}t} + \rho\delta x\delta z\frac{\mathrm{d}\delta y}{\mathrm{d}t} + \rho\delta x\delta y\frac{\mathrm{d}\delta z}{\mathrm{d}t} = 0$$

“d”代表全微分，“δ”是微差符号，这是两种完全不同性质的运算，“d”和“δ”运算可调换次序，即有

$$\frac{\mathrm{d}\delta x}{\mathrm{d}t} = \delta\frac{\mathrm{d}x}{\mathrm{d}t} = \delta u,\qquad \frac{\mathrm{d}\delta y}{\mathrm{d}t} = \delta v,\qquad \frac{\mathrm{d}\delta z}{\mathrm{d}t} = \delta w$$

u,v,w 分别为沿 x,y,z 轴的速度分量，故上式可改写为

$$\frac{\mathrm{d}\rho}{\mathrm{d}t} + \rho\left(\frac{\delta u}{\delta x} + \frac{\delta v}{\delta y} + \frac{\delta w}{\delta z}\right) = 0$$

取 $\delta x,\delta y,\delta z\rightarrow 0$ 的极限，有

$$\frac{\mathrm{d}\rho}{\mathrm{d}t} + \rho\left(\frac{\partial u}{\partial x} + \frac{\partial v}{\partial y} + \frac{\partial w}{\partial z}\right) = 0$$

或写成

$$\frac{\mathrm{d}\rho}{\mathrm{d}t} + \rho\nabla_3\cdot\boldsymbol{V}_3 = 0 \tag{1.7a}$$

其中

$$\nabla_3 \cdot \boldsymbol{V}_3 = \frac{\partial u}{\partial x} + \frac{\partial v}{\partial y} + \frac{\partial w}{\partial z}$$

$\nabla_3 \cdot \boldsymbol{V}_3$ 即速度散度。由推导中可看出

$$\nabla_3 \cdot \boldsymbol{V}_3 = \frac{1}{\delta\tau}\frac{\mathrm{d}\delta\tau}{\mathrm{d}t}$$

这表明速度散度是物质体积元的体积在运动中的相对膨胀率。由高斯定律有

$$\int_{\delta\tau} \nabla_3 \cdot \boldsymbol{V}_3 \mathrm{d}\tau = \int_{\sigma} \boldsymbol{V}_3 \cdot \mathrm{d}\boldsymbol{\sigma}$$

σ 是物质体积元边界闭合曲面,取 $\delta\tau \to 0$ 的极限有

$$\nabla_3 \cdot \boldsymbol{V}_3 = \lim_{\delta\tau \to 0} \frac{\int_{\sigma} \boldsymbol{V}_3 \cdot \mathrm{d}\boldsymbol{\sigma}}{\delta\tau}$$

$\int_{\sigma} \boldsymbol{V}_3 \cdot \mathrm{d}\boldsymbol{\sigma}$ 是通过边界闭合曲面的净流量,所以速度散度又可解释为单位体积中的净流量。

连续方程还可以改写为

$$\frac{\partial \rho}{\partial t} + \nabla_3 \cdot \rho \boldsymbol{V}_3 = 0 \tag{1.7b}$$

1.1.3 状态方程

在 100 km 高度以下,大气是一种成分几乎不变化的混合气体。有些成分的微小变化可能是重要的,但本书中除了考虑水汽变化外,其他成分的微小变化都略去不计。在正常温度和气压变化范围内,空气完全可以认为是一种成分不改变的理想气体。由理想气体实验定律,可得状态方程为

$$p = \rho R T \tag{1.8a}$$

式中 R 为干空气比气体常数,$R=287\ \mathrm{J \cdot K^{-1} \cdot kg^{-1}}$。对于湿空气,比气体常数$R_w=(1+0.61q)R$,$q$ 为比湿,若引进虚温 T_v,$T_v=(1+0.61q)T$,则湿空气状态方程可写成

$$p = \rho R_w T = \rho R T_v \tag{1.8b}$$

一般情况下不计 T 与 T_v 的差别,但在积分静力方程计算等压面高度时,考虑水汽含量是完全必要的。

1.1.4 热力学方程

热力学第一定律描述了能量守恒原理。能量守恒是指一系统中能量变化完全是由于通过这个系统边界能量净输送所引起的。对于气象问题可以不考虑电能、磁能、化学能,适用于理想气体的热力学第一定律的形式为

$$c_v \frac{\mathrm{d}T}{\mathrm{d}t} = - p \frac{\mathrm{d}\alpha}{\mathrm{d}t} + Q \tag{1.9a}$$

式中 c_v 为定容比热，$c_v = 717\ \mathrm{J \cdot K^{-1} \cdot kg^{-1}}$，$c_v \mathrm{d}T/\mathrm{d}t$ 为单位质量理想气体的内能变化率，$-p\mathrm{d}\alpha/\mathrm{d}t$为理想气体压缩功率，$Q$ 为非绝热加热率，(1.9a)式称热力学方程。利用状态方程 $p\alpha = RT$，注意到 $c_p = c_v + R$，c_p 为定压比热，$c_p = 1004\ \mathrm{J \cdot K^{-1} \cdot kg^{-1}}$，(1.9a)式可改写为

$$c_p \frac{\mathrm{d}T}{\mathrm{d}t} - \alpha \frac{\mathrm{d}p}{\mathrm{d}t} = Q \tag{1.9b}$$

令 $Q=0$，则描写干绝热过程方程为

$$c_p \mathrm{dln}T - R\mathrm{dln}p = 0 \tag{1.9c}$$

对上式积分，设初状态为 p, T，终态为 p_{00}, θ，这里 $p_{00} = 1000\ \mathrm{hPa}$，则有

$$\theta = T\left(\frac{p_{00}}{p}\right)^{R/c_p}$$

上式取对数微分有

$$c_p \mathrm{dln}\theta = c_p \mathrm{dln}T - R\mathrm{dln}p$$

所以，对于干绝热过程，根据(1.9c)式热力学方程可简单地写成

$$\frac{\mathrm{d}c_p \ln\theta}{\mathrm{d}t} = 0$$

而非绝热过程，若定义 $s = c_p \ln\theta$，s 称比熵，则热力学方程又可写成

$$\frac{\mathrm{d}s}{\mathrm{d}t} = \frac{Q}{T} \tag{1.9d}$$

1.1.5　水汽方程

考虑一物质体积元 $\delta\tau$，水汽密度为 ρ_w，设体积元中有水汽的源或汇，若单位时间内，源为每单位体积中提供的水汽质量为 S，由水汽守恒定律有

$$\frac{\mathrm{d}}{\mathrm{d}t}(\rho_w \delta\tau) = S\delta\tau$$

即有

$$\frac{\mathrm{d}\rho_w}{\mathrm{d}t} + \rho_w \frac{1}{\delta\tau}\frac{\mathrm{d}\delta\tau}{\mathrm{d}t} = S$$

而

$$\frac{1}{\delta\tau}\frac{\mathrm{d}\delta\tau}{\mathrm{d}t} = \nabla_3 \cdot \mathbf{V}_3$$

于是有

$$\frac{\mathrm{d}\rho_w}{\mathrm{d}t} + \rho_w \nabla_3 \cdot \mathbf{V}_3 = S$$

比湿 q 定义为 $q = \rho_w/\rho$，代入上式有

$$\frac{\partial}{\partial t}(\rho q) + \nabla_3 \cdot \rho q \mathbf{V}_3 = S$$

利用连续方程,可得常用的水汽方程为

$$\frac{\partial q}{\partial t}+\boldsymbol{V}_3\cdot\boldsymbol{\nabla}_3 q=\frac{S}{\rho}=S_1 \tag{1.10}$$

式中 S_1 为水汽源,即单位时间内为单位质量空气提供的水汽量。

1.1.6　闭合方程组

(1.6),(1.7),(1.8),(1.9),(1.10)式构成大气运动基本方程组为

$$\begin{cases}\dfrac{\mathrm{d}\boldsymbol{V}_3}{\mathrm{d}t}=-\dfrac{1}{\rho}\boldsymbol{\nabla}_3 p+\boldsymbol{g}-2\boldsymbol{\Omega}\times\boldsymbol{V}_3+\boldsymbol{F}\\ \dfrac{\mathrm{d}\rho}{\mathrm{d}t}+\rho\boldsymbol{\nabla}_3\cdot\boldsymbol{V}_3=0\\ c_p\dfrac{\mathrm{d}T}{\mathrm{d}t}-\alpha\dfrac{\mathrm{d}p}{\mathrm{d}t}=Q\qquad\left(\alpha=\dfrac{1}{\rho}\right)\\ \dfrac{\mathrm{d}q}{\mathrm{d}t}=S_1\\ p=\rho RT\end{cases} \tag{1.11}$$

若 $\boldsymbol{F},Q,S_1$ 是已知函数,基本方程组是闭合的。若考虑的模式大气是绝热、无摩擦、干燥大气,则 $\boldsymbol{F},Q,S_1$ 为零,水汽方程也就不考虑了,未知场变量为 $\boldsymbol{V}_3,p,\rho,T$,方程组仍是闭合的。

地球接近于正球体,研究包围在地球周围大气运动,采用球坐标最适宜。球坐标系的原点即地心,取 λ,φ,r 为坐标,λ 为经度,φ 为纬度(余纬),r 为径向长度。$\boldsymbol{i},\boldsymbol{j},\boldsymbol{k}$,分别为与纬圈相切指向东、与经圈相切指向北、与球面垂直指向天顶为正向的单位矢量。以 u,v,w 表示速度在三个方向上的分量,则

$$\boldsymbol{V}_3=u\boldsymbol{i}+v\boldsymbol{j}+w\boldsymbol{k}$$

而

$$u=r\cos\varphi\frac{\mathrm{d}\lambda}{\mathrm{d}t},\qquad v=r\frac{\mathrm{d}\varphi}{\mathrm{d}t},\qquad w=\frac{\mathrm{d}r}{\mathrm{d}t}$$

这样可将矢量形式运动方程(1.6)分解为以下三个标量方程

$$\frac{\mathrm{d}u}{\mathrm{d}t}=-\frac{1}{\rho}\frac{\partial p}{r\cos\varphi\partial\lambda}+2\Omega v\sin\varphi-2\Omega w\cos\varphi+\frac{uv\tan\varphi}{r}-\frac{uw}{r}+F_\lambda$$

$$\frac{\mathrm{d}v}{\mathrm{d}t}=-\frac{1}{\rho}\frac{\partial p}{r\partial\varphi}-2\Omega u\sin\varphi-\frac{u^2\tan\varphi}{r}-\frac{vw}{r}+F_\varphi$$

$$\frac{\mathrm{d}w}{\mathrm{d}t}=-\frac{1}{\rho}\frac{\partial p}{\partial r}-g+2\Omega u\cos\varphi+\frac{u^2+v^2}{r}+F_r$$

而连续方程(1.7a)可写成

$$\frac{\mathrm{d}\rho}{\mathrm{d}t}+\rho\left(\frac{\partial u}{r\cos\varphi\partial\lambda}+\frac{\partial(v\cos\varphi)}{r\cos\varphi\partial\varphi}+\frac{\partial(wr^2)}{r^2\partial r}\right)=0$$

热力学方程，水汽方程，状态方程形式不变(以上推导过程参看《动力气象学教程》，吕美仲)。

这些方程可做以下传统的简化：因 $r=z+a$，z 为位势高度，$a=6371$ km 为地球半径，在所感兴趣的大气运动范围内 $z\ll a$，因而当 r 处于方程中各项系数的地位时，可以近似取 $r\cong a$，但因 $\mathrm{d}r/\mathrm{d}t=\mathrm{d}(z+a)/\mathrm{d}t=w$，因此，当 r 处于微商地位时，则不能取 $r\cong a$，这一近似称之为薄层近似。采用这一近似后，沿 $\boldsymbol{i}$，$\boldsymbol{j}$，$\boldsymbol{k}$ 方向的微小曲线距离如用 δx，δy，δz 表示则有

$$\delta x = r\cos\varphi\delta\lambda \cong a\cos\varphi\delta\lambda,\quad \delta y = r\delta\varphi \cong a\delta\varphi,\quad \delta z = \delta r$$

$\mathbf{V}_3$ 的三个分量取为

$$u \cong a\cos\varphi\frac{\mathrm{d}\lambda}{\mathrm{d}t} = \frac{\mathrm{d}x}{\mathrm{d}t},\quad v \cong a\frac{\mathrm{d}\varphi}{\mathrm{d}t} = \frac{\mathrm{d}y}{\mathrm{d}t},\quad w = \frac{\mathrm{d}z}{\mathrm{d}t}$$

而

$$\begin{aligned}\frac{\mathrm{d}}{\mathrm{d}t} &\cong \frac{\partial}{\partial t} + u\frac{\partial}{a\cos\varphi\partial\lambda} + v\frac{\partial}{a\partial\varphi} + w\frac{\partial}{\partial r}\\ &= \frac{\partial}{\partial t} + u\frac{\partial}{\partial x} + v\frac{\partial}{\partial y} + w\frac{\partial}{\partial z}\end{aligned}$$

体积元 $\delta\tau$ 取

$$\delta\tau = r^2\cos\varphi\delta\lambda\delta\varphi\delta r \cong a^2\cos\varphi\delta\lambda\delta\varphi\delta z$$

对地轴的绝对角动量 J 取为

$$J = r\cos\varphi(u+\Omega r\cos\varphi) \cong a\cos\varphi(u+\Omega a\cos\varphi)$$

注意到取近似后简化方程应不违背基本物理定理和物理概念，例如，$\boldsymbol{i}$ 方向标量运动方程似乎可简化成

$$\frac{\mathrm{d}u}{\mathrm{d}t} = -\frac{1}{\rho}\frac{\partial p}{a\cos\varphi\partial\lambda} + 2\Omega\sin\varphi v - 2\Omega\cos\varphi w + \frac{uv}{a}\tan\varphi - \frac{uw}{a} + F_\lambda$$

实际上这一方程已违背绝对动量守恒原理，不难证明 $\boldsymbol{i}$ 方向的运动方程可改写为

$$\frac{\mathrm{d}}{\mathrm{d}t}[r\cos\varphi(u+\Omega r\cos\varphi)] = r\cos\varphi\left(-\frac{1}{\rho}\frac{\partial p}{r\cos\varphi\partial\lambda} + F_\lambda\right)$$

取薄层近似后，绝对角动量已简化为 $a\cos\varphi(u+\Omega a\cos\varphi)$，于是绝对角动量守恒原理应表示为

$$\frac{\mathrm{d}}{\mathrm{d}t}[a\cos\varphi(u+\Omega a\cos\varphi)] = a\cos\varphi\left(-\frac{1}{\rho}\frac{\partial p}{a\cos\varphi\partial\lambda} + F_\lambda\right)$$

将上式展开，则有

$$\frac{\mathrm{d}u}{\mathrm{d}t} = -\frac{1}{\rho}\frac{\partial p}{a\cos\varphi\partial\lambda} + 2\Omega\sin\varphi v + \frac{uv}{a}\tan\varphi + F_\lambda$$

这就是取薄层近似后的 $\boldsymbol{i}$ 方向运动方程的简化形式，它不违背角动量守恒原理，但方程中含 w 的项应略去。此外，简化方程组还不应违背机械能守恒原理，即要满足

$$\frac{\mathrm{d}}{\mathrm{d}t}\left(\frac{u^2+v^2+w^2}{2}+gz\right)=-\frac{1}{\rho}\left(u\frac{1}{a\cos\varphi}\frac{\partial p}{\partial\lambda}+v\frac{\partial p}{a\partial\varphi}+w\frac{\partial p}{\partial z}\right)+uF_\lambda+vF_\varphi+wF_z$$

科氏力和曲率项力都是“视示力”，与 $\boldsymbol{V}_3$ 垂直不做功。在运动方程 $\boldsymbol{i}$ 方向分量方程简化形式中已略去 $-2\Omega\cos\varphi w$ 和 $-uw/r$ 两项，因此，$\boldsymbol{j}$ 方向上分量方程中要略去 $-vw/r$，$\boldsymbol{k}$ 方向上分量方程中要略去 $(u^2+v^2)/r$ 和 $2\Omega\cos\varphi w$ 项，否则就会导致科氏力、曲率项力做功的结论，所以取薄层近似后的球坐标系中运动方程的简化形式应为

$$\begin{cases}\dfrac{\mathrm{d}u}{\mathrm{d}t}=-\dfrac{1}{\rho}\dfrac{\partial p}{a\cos\varphi\partial\lambda}+\dfrac{uv\tan\varphi}{a}+fv+F_\lambda\\ \dfrac{\mathrm{d}v}{\mathrm{d}t}=-\dfrac{1}{\rho}\dfrac{\partial p}{a\partial\varphi}-fu-\dfrac{u^2\tan\varphi}{a}+F_\varphi\\ \dfrac{\mathrm{d}w}{\mathrm{d}t}=-\dfrac{1}{\rho}\dfrac{\partial p}{\partial z}-g+F_z\end{cases}$$

这里 $f=2\Omega\sin\varphi$，f 即科氏参数。取薄层近似后连续方程不应违背质量守恒定律。因取薄层近似后流体体积元为 $\delta\tau=a^2\cos\varphi\delta\lambda\delta\varphi\delta z$，所以速度散度简化为

$$\nabla_3\cdot\boldsymbol{V}_3\cong\lim_{\delta\tau\to0}\left(\frac{1}{\delta\tau}\frac{\mathrm{d}\delta\tau}{\mathrm{d}t}\right)\cong\lim_{\delta\tau\to0}\left[\frac{1}{a^2\cos\varphi\delta\lambda\delta\varphi\delta z}\frac{\mathrm{d}}{\mathrm{d}t}(a^2\cos\varphi\delta\lambda\delta\varphi\delta z)\right]$$

展开后就有

$$\nabla_3\cdot\boldsymbol{V}_3\cong\frac{\partial u}{a\cos\varphi\partial\lambda}+\frac{\partial v}{a\partial\varphi}+\frac{\partial w}{\partial z}-\frac{v}{a}\tan\varphi$$

因而简化的连续方程形式为

$$\frac{\mathrm{d}\rho}{\mathrm{d}t}+\rho\left(\frac{\partial u}{a\cos\varphi\partial\lambda}+\frac{\partial v}{a\partial\varphi}+\frac{\partial w}{\partial z}-\frac{v}{a}\tan\varphi\right)=0$$

简化的热力学方程形式不变。因此，球坐标系中基本方程组取薄层近似后的形式为

$$\begin{cases}\dfrac{\mathrm{d}u}{\mathrm{d}t}=-\dfrac{1}{\rho}\dfrac{\partial p}{a\cos\varphi\partial\lambda}+fv+\dfrac{uv\tan\varphi}{a}+F_\lambda\\ \dfrac{\mathrm{d}v}{\mathrm{d}t}=-\dfrac{1}{\rho}\dfrac{\partial p}{a\partial\varphi}-fu-\dfrac{u^2\tan\varphi}{a}+F_\varphi\\ \dfrac{\mathrm{d}w}{\mathrm{d}t}=-\dfrac{1}{\rho}\dfrac{\partial p}{\partial z}-g+F_z\\ \dfrac{\mathrm{d}\rho}{\mathrm{d}t}+\rho\left(\dfrac{\partial u}{a\cos\varphi\partial\lambda}+\dfrac{\partial v}{a\partial\varphi}+\dfrac{\partial w}{\partial z}-\dfrac{v}{a}\tan\varphi\right)=0\\ c_p\dfrac{\mathrm{d}T}{\mathrm{d}t}-\alpha\dfrac{\mathrm{d}p}{\mathrm{d}t}=Q\\ p=\rho RT\end{cases}\tag{1.12}$$

式中

$$f=2\Omega\sin\varphi\tag{1.13}$$

$$\frac{\mathrm{d}}{\mathrm{d}t} \cong \frac{\partial}{\partial t} + u\frac{\partial}{a\cos\varphi\partial\lambda} + v\frac{\partial}{a\partial\varphi} + w\frac{\partial}{\partial z} \tag{1.14}$$

这一方程组虽经简化，但仍然十分精确，可称"严谨"的基本方程组，它能描述各类尺度的运动。以上方程组仍然十分复杂，且球坐标系中基本方程组在极点为奇点，不论做解析分析还是进行数值计算都会遇到困难。因此，除了做全球数值预报或研究全球范围内大气运动时必须采用球坐标系外，通常都采用局地直角坐标系。

局地直角坐标系既有球坐标系特点，也有笛卡尔直角坐标系特点。这一坐标系自变量取 x,y,z，三个坐标方向 $\boldsymbol{i},\boldsymbol{j},\boldsymbol{k}$ 与球坐标系相同。局地直角坐标系与球坐标系自变量之间关系为

$$\delta x = a\cos\varphi\delta\lambda,\ \delta y = a\delta\varphi,\ \delta z = \delta r$$

在局地直角坐标系中，球面引起的 $\boldsymbol{i},\boldsymbol{j},\boldsymbol{k}$ 的空间变化是不考虑的，即将球面的一部分视为平面了，因此，球坐标系运动方程中，含地球曲率的各项均可忽略不计，于是可得局地直角坐标系中的基本方程组形式为

$$\begin{cases}\dfrac{\mathrm{d}u}{\mathrm{d}t} = -\dfrac{1}{\rho}\dfrac{\partial p}{\partial x} + fv + F_x \\ \dfrac{\mathrm{d}v}{\mathrm{d}t} = -\dfrac{1}{\rho}\dfrac{\partial p}{\partial y} - fu + F_y \\ \dfrac{\mathrm{d}w}{\mathrm{d}t} = -\dfrac{1}{\rho}\dfrac{\partial p}{\partial z} - g + F_z \\ \dfrac{\mathrm{d}\rho}{\mathrm{d}t} + \rho\left(\dfrac{\partial u}{\partial x} + \dfrac{\partial v}{\partial y} + \dfrac{\partial w}{\partial z}\right) = 0 \\ c_p\dfrac{\mathrm{d}T}{\mathrm{d}t} - \alpha\dfrac{\mathrm{d}p}{\mathrm{d}t} = Q \\ p = \rho RT\end{cases} \tag{1.15}$$

局地直角坐标可视为球坐标系的简化形式。它保持了球面坐标系的框架，但忽略了球面曲率的影响。另一方面，它与笛卡尔直角坐标系也是有差别的，笛卡尔坐标系中 $\boldsymbol{i}',\boldsymbol{j}',\boldsymbol{k}'$ 这三个方向在空间中是不变的，而局地直角坐标系 $\boldsymbol{i},\boldsymbol{j},\boldsymbol{k}$ 方向随地而异；笛卡尔坐标系中自变量 x',y',z' 是独立的，而局地直角坐标系中 x,y,z 只是近似独立，对一连续可微的场变量，求混合微商时，微商次序交换所得值并不相等，实际上

$$\frac{\partial^2 f}{\partial x\partial y} = \frac{1}{a^2\cos\varphi}\frac{\partial^2 f}{\partial\lambda\partial\varphi}$$

$$\frac{\partial^2 f}{\partial y\partial x} = \frac{1}{a^2\cos\varphi}\frac{\partial^2 f}{\partial\lambda\partial\varphi} + \frac{\tan\varphi}{a^2\cos\varphi}\frac{\partial f}{\partial\lambda}$$

两者之间的差值在高纬极地地区很大，但在中低纬地区差值可略去不计，所以局地直角坐标系只适用于研究中低纬有限区域大气运动，也适用于研究中纬度两纬圈构成的纬向通道中的运动。此外，地转参数 $f = 2\Omega\sin\varphi$ 是纬度的函数（是 y 的函数），若

采用局地直角坐标系研究中低纬有限区域的大气运动，只要运动的经向尺度远小于地球半径，可采用 β 平面近似，即取

$$f = f_0 + \beta y \qquad \left(\beta = \left.\frac{\partial f}{\partial y}\right|_{\varphi_0} = \frac{2\Omega\cos\varphi_0}{a}\right)$$

β 平面近似的含义为：当 f 处于系数地位时，取 $f \approx f_0$（$f_0 = 2\Omega\sin\varphi_0$，$\varphi_0$ 为某一固定纬度，取区域南北纬度的平均值）；当 f 处于对 y 微商地位时，取 β= 常数。这样做的好处是：尽管局地直角坐标系中略去了球面效应引起的曲率项，但球面效应引起的 f 随纬度变化对大气运动的影响却部分保留下来了。低纬赤道地区 $f_0 \cong 0$，因而有 $f \cong \beta y = \frac{2\Omega}{a}y$，这就是所谓的赤道 β 平面近似。显然，采用 β 平面近似后，用局地直角坐标系基本方程组研究大气运动将是方便的。

对于大尺度运动，在垂直方向上，气压梯度力与重力基本上相平衡，只要运动的垂直尺度运动小于水平尺度（$D \ll L$，D 代表垂直尺度，L 代表水平尺度），就有

$$-\frac{1}{\rho}\frac{\partial p}{\partial z} - g \cong 0$$

上式就是静力平衡方程。因此，研究大尺度运动时，基本方程组中可取静力平衡近似，即以静力平衡方程代替（1.12）式或（1.15）式中的第三运动方程。取静力平衡近似的基本方程组称静力平衡原始方程组。

为了得到基本方程组的确定解，还必须给出初始条件和边界条件，这些条件实际上是对基本方程组的补充与约束，给得不正确，解就可能是不适定的。对于方程组（1.15），初始条件为

$$\begin{cases} \mathbf{V} = \mathbf{V}^0(x,y,z) \\ p = p^0(x,y,z) \\ T = T^0(x,y,z) \end{cases} \tag{1.16}$$

上边界条件，通常认为 $z \to \infty$ 时场变量有界，常用的上边界条件有

$$p\,|_{z\to\infty} = 0 \quad 或 \quad (\rho w)\,|_{z\to\infty} \to 0 \tag{1.17}$$

下边界，即地球表面，认为它是刚体表面，此种情形下，沿壁面各点的空气微团速度应垂直于壁面的法线。设地球表面的方程为 $F(x,y,z)=0$，则上述条件表示为

$$z = z_s(x,y), \quad \mathbf{V}_3 \cdot \mathbf{\nabla}_3 F = 0 \tag{1.18a}$$

因 $F(x,y,z)=z-z_s(x,y)=0$，z_s 是地形高度，所以下边界条件又可写成

$$z = z_s(x,y), \quad w = u_S\frac{\partial z_s}{\partial x} + v_S\frac{\partial z_s}{\partial y} \tag{1.18b}$$

上式表明，由于地形表面起伏不平，空气微团将出现强迫垂直运动。

考虑一有限区域的运动，还要给出侧边界条件，这将在以后的章节中给予讨论。

1.2 静力情况下垂直坐标变换

1.2.1 广义垂直坐标变换关系式

在上节中已建立了球坐标系和局地直角坐标系中的大气运动基本方程组，在这一坐标系中，海拔高度 z 作为垂直坐标，因此常称之为 z 坐标系。用 z 作为垂直坐标对大气运动演变的图像容易表示出来，比较直观，但实际应用中，特别是在数值天气预报中有时并不方便。为了解决实际应用问题，可采用物理变量作为垂直坐标，例如用气压 p，用位温 θ，用 $\sigma=(p/p_s)$（这里的 p_s 为地面气压）等作为垂直坐标，并将垂直坐标被 p,θ,σ 等替换 z 后的坐标系统分别称作 p 坐标系，θ 坐标系，σ 坐标系等。为此要讨论垂直坐标如何变换问题。

考虑一广义的垂直坐标 s，s 作为垂直坐标必须要求在某一确定时刻，s 和空间点的垂直坐标 z 一一对应。在 z 坐标系中 s 是 x,y,z,t 的函数，即

$$s = s(x,y,z,t)$$

要求某确定时刻在垂直方向上 s 与 z 一一对应，从数学上来看要求 s 有一阶连续的偏导数，是 z 的单值单调函数，即$\partial s/\partial z\neq 0$。另一方面，$z$ 在 s 坐标系中是一场变量（因变量），即是 x,y,s,t 的函数，可表示为

$$z = z(x,y,s,t)$$

从物理上来看，z 是等 s 面的高度。

任一场变量 A，若其在 z 坐标系中形式为 $A=A(x,y,z,t)$，利用 $z=z(x,y,s,t)$，则同一场变量 A 在 s 坐标系中的形式为

$$A = A(x,y,s,t) = A[x,y,z(x,y,s,t),t]$$

在不同的垂直坐标系中，A 对自变量的偏微商的意义是不同的，例如$(\partial A/\partial x)_s$，（下标 s 表示在 s 坐标系的偏微商），表示在等 s 面上 A 沿 x 方向变化率，又$(\partial A/\partial x)_z$，代表水平面上 A 沿 x 方向的变化率，而$(\partial A/\partial t)_s$，代表等 s 面上 A 随时间的变化率，等等。不同垂直坐标系中它们之间关系容易求出来，由

$$A(x,y,s,t) = A[x,y,z(x,y,s,t),t] \tag{1.19}$$

根据复合函数微分法则，有

$$\left(\frac{\partial A}{\partial a}\right)_s = \left(\frac{\partial A}{\partial a}\right)_z + \frac{\partial A}{\partial z}\left(\frac{\partial z}{\partial a}\right)_s,\quad a = x,y,t \tag{1.20}$$

$$\left(\frac{\partial A}{\partial s}\right) = \frac{\partial A}{\partial z}\frac{\partial z}{\partial s} \quad 或 \quad \frac{\partial A}{\partial z} = \frac{\partial A}{\partial s}\frac{\partial s}{\partial z} \tag{1.21}$$

将(1.21)式代入(1.20)式，结果有

$$\left(\frac{\partial A}{\partial a}\right)_s = \left(\frac{\partial A}{\partial a}\right)_z + \frac{\partial A}{\partial s}\frac{\partial s}{\partial z}\left(\frac{\partial z}{\partial a}\right)_s \tag{1.22}$$

利用(1.22)式,令 $a=x$ 和 y,不难得到标量 A 的二维梯度,矢量 $\boldsymbol{B}$ 的二维散度在两个垂直坐标系中的转换关系式,即有

$$\boldsymbol{\nabla}_s A = \boldsymbol{\nabla}_z A + \frac{\partial A}{\partial s}\frac{\partial s}{\partial z}\boldsymbol{\nabla}_s z \tag{1.23}$$

$$\boldsymbol{\nabla}_s \cdot \boldsymbol{B} = \boldsymbol{\nabla}_z \cdot \boldsymbol{B} + \frac{\partial \boldsymbol{B}}{\partial s}\frac{\partial s}{\partial z}\boldsymbol{\nabla}_s z \tag{1.24}$$

当 $a=t$ 时,有

$$\left(\frac{\partial A}{\partial t}\right)_s = \left(\frac{\partial A}{\partial t}\right)_z + \frac{\partial A}{\partial s}\frac{\partial s}{\partial z}\left(\frac{\partial z}{\partial t}\right)_s \tag{1.25}$$

在 s 坐标系中全导数的展开式为

$$\frac{\mathrm{d}A}{\mathrm{d}t} = \left(\frac{\partial A}{\partial t}\right)_s + \left(\frac{\partial A}{\partial x}\right)_s\frac{\mathrm{d}x}{\mathrm{d}t} + \left(\frac{\partial A}{\partial y}\right)_s\frac{\mathrm{d}y}{\mathrm{d}t} + \frac{\partial A}{\partial s}\frac{\mathrm{d}s}{\mathrm{d}t}$$

即有

$$\frac{\mathrm{d}A}{\mathrm{d}t} = \frac{\partial A}{\partial t} + \mathbf{V}\cdot\boldsymbol{\nabla}_s A + \dot{s}\frac{\partial A}{\partial s} = 0 \quad \dot{s} = \frac{\mathrm{d}s}{\mathrm{d}t} \tag{1.26}$$

$\dot{s}$ 称为 s 坐标系中的垂直速度,有了这些转换关系式,不难将 z 坐标系中原始方程组转换到 s 坐标系中去。

z 坐标系中原始方程组为

$$\begin{cases} \dfrac{\mathrm{d}\mathbf{V}}{\mathrm{d}t} = -\alpha\boldsymbol{\nabla} p - f\boldsymbol{k}\times\mathbf{V} + \boldsymbol{F} \\ \alpha\dfrac{\partial p}{\partial z} = -g \\ \dfrac{\mathrm{d}\rho}{\mathrm{d}t} + \rho\boldsymbol{\nabla}\cdot\mathbf{V} + \rho\dfrac{\partial w}{\partial z} = 0 \\ c_p\dfrac{\mathrm{d}T}{\mathrm{d}t} - \alpha\dfrac{\mathrm{d}p}{\mathrm{d}t} = Q \\ p = \rho RT \text{ 或 } p\alpha = RT \end{cases}$$

式中 $\mathbf{V}$ 为水平速度,二维矢量算子 $\boldsymbol{\nabla}$ 已略去下标 z,方程组中考虑水平摩擦力和非绝热加热,但不考虑水汽相变。

由(1.23)式,水平气压梯度力可转换成

$$\begin{aligned} -\alpha\boldsymbol{\nabla} p &= -\alpha\boldsymbol{\nabla}_s p + \alpha\frac{\partial p}{\partial z}\boldsymbol{\nabla}_s z \\ &= -\alpha\boldsymbol{\nabla}_s p - \boldsymbol{\nabla}_s\Phi \end{aligned}$$

式中 Φ 为位势,$\Phi=gz$,所以在 s 坐标系中水平运动方程为

$$\frac{\mathrm{d}\boldsymbol{V}}{\mathrm{d}t}=-\alpha\,\boldsymbol{\nabla}_s p-\boldsymbol{\nabla}_s\Phi-f\boldsymbol{k}\times\boldsymbol{V}+\boldsymbol{F} \tag{1.27}$$

静力方程利用(1.21)式可转换成

$$\alpha\frac{\partial p}{\partial s}\frac{\partial s}{\partial z}+g=0\text{ 或 }\alpha\frac{\partial p}{\partial s}+\frac{\partial\Phi}{\partial s}=0 \tag{1.28}$$

将 z 坐标系中连续方程改写为

$$\frac{\mathrm{dln}\rho}{\mathrm{d}t}+\boldsymbol{\nabla}\cdot\boldsymbol{V}\frac{\partial w}{\partial z}=0 \tag{1.29}$$

利用(1.24)和(1.21)式，方程中散度项变换为

$$\boldsymbol{\nabla}\cdot\boldsymbol{V}+\frac{\partial w}{\partial z}=\boldsymbol{\nabla}_s\cdot\boldsymbol{V}-\frac{\partial s}{\partial z}\frac{\partial\boldsymbol{V}}{\partial s}\cdot\boldsymbol{\nabla}_s z+\frac{\partial w}{\partial s}\frac{\partial s}{\partial z} \tag{1.30}$$

又

$$w=\frac{\mathrm{d}z}{\mathrm{d}t}=\left(\frac{\partial z}{\partial t}\right)_s+\boldsymbol{V}\cdot\boldsymbol{\nabla}_s z+\dot{s}\frac{\partial z}{\partial s}$$

因而

$$\begin{aligned}\frac{\partial w}{\partial s}&=\left(\frac{\partial}{\partial t}\left(\frac{\partial z}{\partial s}\right)\right)_s+\boldsymbol{V}\cdot\boldsymbol{\nabla}_s\left(\frac{\partial z}{\partial s}\right)+\frac{\partial\boldsymbol{V}}{\partial s}\cdot\boldsymbol{\nabla}_s z+\frac{\partial\dot{s}}{\partial s}\frac{\partial z}{\partial s}+\dot{s}\frac{\partial}{\partial s}\left(\frac{\partial z}{\partial s}\right)\\&=\frac{\mathrm{d}}{\mathrm{d}t}\left(\frac{\partial z}{\partial s}\right)+\frac{\partial\boldsymbol{V}}{\partial s}\cdot\boldsymbol{\nabla}_s z+\frac{\partial\dot{s}}{\partial s}\frac{\partial z}{\partial s}\end{aligned}$$

将其代入(1.30)式中，注意到$\partial s/\partial z=(\partial z/\partial s)^{-1}$，有

$$\begin{aligned}\boldsymbol{\nabla}\cdot\boldsymbol{V}+\frac{\partial w}{\partial z}&=\boldsymbol{\nabla}_s\cdot\boldsymbol{V}+\frac{\partial s}{\partial z}\frac{\mathrm{d}}{\mathrm{d}t}\left(\frac{\partial z}{\partial s}\right)+\frac{\partial\dot{s}}{\partial s}\\&=\boldsymbol{\nabla}_s\cdot\boldsymbol{V}+\frac{\mathrm{d}}{\mathrm{d}t}\left(\ln\left|\frac{\partial z}{\partial s}\right|\right)+\frac{\partial\dot{s}}{\partial s}\end{aligned}$$

将上式代入(1.29)式，又因

$$\frac{\mathrm{d}}{\mathrm{d}t}\left(\ln\left|\rho\frac{\partial z}{\partial s}\right|\right)=\frac{\mathrm{d}}{\mathrm{d}t}\left(\ln\left|\frac{\partial p}{\partial s}\right|\right)$$

最后得到 s 坐标系的连续方程的形式为

$$\frac{\mathrm{d}}{\mathrm{d}t}\left(\ln\left|\frac{\partial p}{\partial s}\right|\right)+\boldsymbol{\nabla}_s\cdot\boldsymbol{V}+\frac{\partial\dot{s}}{\partial s}=0 \tag{1.31}$$

热力学方程在 s 坐标中的形式不变，但全导数应取 s 坐标系表达式。

边界条件需要做相应变化，若上边界取某一坐标面 s_T＝常数为边界，设该面为物质面，则有

$$s=s_T,\quad \dot{s}=0 \tag{1.32}$$

下边界条件在 s 坐标系中是很难给出的，除取特殊的 s，一般情况下实际的大气的下边界面不是等 s 面(即不是坐标面)。前已指出，在 z 坐标系中 $s=s(x,y,z)$，在 z 坐

标系中或在几何空间中看，等 s 面是起伏不平的，而且随时间变化。又在 s 坐标系中 $z=z(x,y,s,t)$，在 s 坐标系中或在 s 空间中看，等几何高度面（等高面）也是起伏不平的，且随时间变化。地球表面在几何空间看是起伏不平的，但不随时间变化，然而在 s 坐标系中，在 s 空间中看，这一下边界面与等 s 面（坐标面）交割，而且随时间变化即相对坐标面 s 的位置不断变化，因此，正确给出下边界条件是很困难的。有关下边界条件的确定，待具体讨论某一垂直坐标时再讨论。

1.2.2 *p* 坐标系

以气压 p 作为垂直坐标的坐标系称 p 坐标系。在静力平衡条件下，$\partial p/\partial z=-\rho g<0$，$p$ 是 z 的单调单值函数，所以静力平衡是建立 p 坐标的物理基础。令 $s=p$，故有 $\nabla_s p=\nabla_p p=0$，$\partial p/\partial p=1$，这样水平运动方程(1.27)和静力平衡方程(1.28)就变成为

$$\frac{\mathrm{d}\boldsymbol{V}}{\mathrm{d}t}=-\nabla_p\Phi-f\boldsymbol{k}\times\boldsymbol{V}+\boldsymbol{F} \tag{1.33}$$

$$\frac{\partial\Phi}{\partial p}=-\alpha=-\frac{RT}{p} \tag{1.34}$$

连续方程(1.31)成为

$$\nabla_p\cdot\boldsymbol{V}+\frac{\partial\omega}{\partial p}=\boldsymbol{0} \tag{1.35}$$

这里 $\omega=\dot{p}=\mathrm{d}p/\mathrm{d}t$，是 p 坐标系中垂直速度。对于大尺度运动，它与 w 的关系可近似取

$$\omega=-\rho g w$$

热力学方程形式不变，只要注意到 $\mathrm{d}p/\mathrm{d}t=\omega$，就有

$$c_p\frac{\mathrm{d}T}{\mathrm{d}t}-\alpha\omega=Q \tag{1.36a}$$

p 坐标系全导数展开式为

$$\frac{\mathrm{d}}{\mathrm{d}t}=\left(\frac{\partial}{\partial t}\right)_p+\boldsymbol{V}\cdot\nabla_p+\omega\frac{\partial}{\partial p}$$

故热力学方程还可写成

$$\left(\frac{\partial T}{\partial t}\right)_p+\boldsymbol{V}\cdot\nabla_p T-S_p\omega=\frac{Q}{c_p} \tag{1.36b}$$

式中

$$S_p=\frac{RT}{pg}(\gamma_d-\gamma)=-T\frac{\partial\ln\theta}{\partial p}$$

$$\gamma_d=\frac{g}{c_p}\qquad \text{温度干绝热直减率}$$

$$\gamma = -\frac{\partial T}{\partial z} \qquad \text{温度直减率}$$

若引进静力平衡近似，温度取“静力温度”，

$$T = -\frac{p}{R}\frac{\partial \Phi}{\partial p}$$

则热力学方程还可写成以下两种形式，即

$$\frac{\partial}{\partial t}\left(\frac{\partial \Phi}{\partial p}\right) + \mathbf{V} \cdot \nabla_p \left(\frac{\partial \Phi}{\partial p}\right) + \frac{c_\alpha^2}{p^2}\omega = -\frac{RQ}{c_p p} \tag{1.36c}$$

$$\frac{\partial}{\partial t}\left(\frac{\partial \Phi}{\partial p}\right) + \mathbf{V} \cdot \nabla_p \left(\frac{\partial \Phi}{\partial p}\right) + \sigma_s \omega = -\frac{RQ}{c_p p} \tag{1.36d}$$

式中

$$c_\alpha^2 = \frac{R^2 T}{g}(\gamma_d - \gamma) = pRS_p$$

$$\sigma_s = \frac{R}{p} S_p = -\alpha \frac{\partial \ln \theta}{\partial p}$$

S_p，c_α^2，σ_s 都称之为静力稳定度参数。

(1.33)—(1.36)式再加上状态方程便构成了 p 坐标系中闭合方程组。这六个方程中有三个是诊断方程，可用以诊断其他场变量，如等压面位势高度、垂直速度、场面气压，不过要给出边界条件。p 坐标系的边界条件可以这样给出，上边界条件可取

$$p = 0, \quad \omega = 0 \tag{1.37a}$$

也可设某一等压面（$p = p_T$）作为上边界，且设该等压面是物质面，因而有

$$p = p_T, \quad \omega = 0 \tag{1.37b}$$

p 坐标系中下边界条件也是很难正确给出的，如果地表很平坦，可认为地表面近似与某一等压面（p_0 等压面）相重合，并认为 p_0 等压面是物质面，因而下边界可写成

$$p = p_0, \quad \omega = 0 \tag{1.38}$$

以 $p_s(x, y, t)$ 表示场面气压，即边界面上气压，因此，在 p 坐标系中下边界面的方程为

$$F = p - p_s = 0$$

显然 $F = F(x, y, p, t)$，它与 t 有关，即下边界面在 p 坐标系或 p 空间中看来是可变的。如果认为空气微团运动时，边界面可以改变其形状，但微团始终紧贴边界面，不穿过边界面，那么就有 $\mathrm{d}F/\mathrm{d}t = 0$，所以 p 坐标中下边界条件写成

$$p = p_s(x, y, t), \quad \frac{\mathrm{d}F}{\mathrm{d}t} = \frac{\mathrm{d}p}{\mathrm{d}t} - \frac{\mathrm{d}p_s}{\mathrm{d}t} = 0$$

或

$$\omega = \frac{\partial p_s}{\partial t} + u_s \frac{\partial p_s}{\partial x} + v_s \frac{\partial p_s}{\partial y} \tag{1.39}$$

式中 u_s，v_s 是边界面上水平风速。利用上、下边界条件便可由三个诊断方程，计算 Φ，ω，$\frac{\partial p_s}{\partial t}$。

静力方程(1.34)对 p 积分，有

$$\int_{\Phi}^{\Phi_s} \mathrm{d}\Phi = -\int_{p}^{p_s} RT\mathrm{d}\ln p$$

可得

$$\Phi(p) = \Phi_s + R\int_{p}^{p_s} T\mathrm{d}\ln p \tag{1.40}$$

式中 $\Phi(p)$ 为等压面位势，而 $\Phi_s = gz_s$，z_s 是地形高度。

连续方程对 p 积分，利用上边界条件(1.37)式就有

$$\omega(p) = -\int_{0}^{p} \nabla_p \cdot \mathbf{V}\mathrm{d}p \tag{1.41}$$

上式中 $\omega(p)$ 为任意等压面 p 上的垂直速度。上式如积分到 p_s，代入下边界条件(1.39)式就有

$$\frac{\partial p_s}{\partial t} = -\int_{0}^{p_s} \nabla_p \cdot \mathbf{V}\mathrm{d}p - \mathbf{V}_s \cdot \nabla p_s \tag{1.42}$$

这可称场面气压倾向方程，可用以预报场面气压 p_s。

p 坐标系适用于等压面分析，连续方程变为诊断方程且是线性的，水平气压梯度力正比于等压面坡度，也是线性项，由于等压面坡度很小，所以等 p 面(坐标面)近于水平，这些都是 p 坐标的优点，然而 p 坐标系中的下边界条件变得复杂，边界条件(1.39)式实际上成了时变边界条件，大地形与坐标面相交，若采用 p 坐标系预报模式，在预报过程中需要不断确定地形在 p 空间中的位置，很难处理，所以，若考虑大地形的作用，采用 p 坐标系是很不方便的。

1.2.3 $\boldsymbol{\sigma}$ 坐标系

令 $s=\sigma=(p-p_T)/\pi$，$\pi=p_s-p_T$；也可取 $p_T=0$，此时 $\sigma=p/p_s$，这是 Phillips (1957)最早提出的 σ 坐标系。在 σ 坐标系中全导数展开式为

$$\frac{\mathrm{d}}{\mathrm{d}t} = \left(\frac{\partial}{\partial t}\right)_\sigma + \mathbf{V} \cdot \nabla_\sigma + \dot{\sigma}\frac{\partial}{\partial \sigma}$$

由 σ 定义可知

$$\frac{\partial p}{\partial \sigma} = \pi, \quad \nabla_\sigma p = \sigma \nabla_\sigma \pi$$

所以水平气压梯度力为

$$-\alpha \nabla p = -\alpha \nabla_\sigma p + \alpha \frac{\partial p}{\partial z} \nabla_\sigma z$$

$$= -\alpha\sigma\boldsymbol{\nabla}_{\sigma}\pi - \boldsymbol{\nabla}_{\sigma}\Phi$$

因此，由(1.27)，(1.28)，(1.30)式，得 σ 坐标系的水平运动方程、静力平衡方程、连续方程的形式为

$$\frac{\mathrm{d}\boldsymbol{V}}{\mathrm{d}t} = -\alpha\sigma\boldsymbol{\nabla}_{\sigma}\pi - \boldsymbol{\nabla}_{\sigma}\Phi - f\boldsymbol{k}\times\boldsymbol{V} + \boldsymbol{F} \tag{1.43}$$

$$\frac{\partial\Phi}{\partial\sigma} = -\pi\alpha \tag{1.44}$$

$$\frac{\mathrm{d}\pi}{\mathrm{d}t} + \pi\left(\boldsymbol{\nabla}_{\sigma}\cdot\boldsymbol{V} + \frac{\partial\dot{\sigma}}{\partial\sigma}\right) = 0 \tag{1.45}$$

热力学方程形式不变，仍为

$$c_p\frac{\mathrm{d}T}{\mathrm{d}t} - \alpha\omega = Q \tag{1.46}$$

其中

$$\omega = \pi\dot{\sigma} + \sigma\dot{\pi} \qquad \left(\dot{\pi} = \frac{\mathrm{d}\pi}{\mathrm{d}t}\right) \tag{1.47}$$

状态方程则为

$$(\pi\sigma + p_T)\alpha = RT \tag{1.48}$$

因 $p=p_T$ 时 $\sigma=0$，$p=p_s$ 时 $\sigma=1$，所以上下边界条件为

$$\begin{cases}\sigma = 0, & \dot{\sigma} = 0\\ \sigma = 1, & \dot{\sigma} = 0\end{cases} \tag{1.49}$$

(1.43)—(1.49)式即为 σ 坐标系的基本方程组和边界条件。

对静力平衡方程(1.44)从 $\sigma=1$ 积分到任意 σ，利用状态方程(1.48)，得 σ 面位势高度计算公式为

$$\Phi(\sigma) = \Phi_s + R\pi\int_{\sigma}^{1}\frac{T}{\pi\sigma + p_T}\mathrm{d}\sigma \tag{1.50}$$

将连续方程改写为

$$\frac{\partial\pi}{\partial t} + \boldsymbol{\nabla}_{\sigma}\cdot(\pi\boldsymbol{V}) + \frac{\partial}{\partial\sigma}(\pi\dot{\sigma}) = 0 \tag{1.51}$$

将(1.51)式对 σ 积分，利用边界条件(1.49)，得场面气压倾向方程，即

$$\frac{\partial\pi}{\partial t} = \frac{\partial p_s}{\partial t} = -\int_0^1\boldsymbol{\nabla}_{\sigma}\cdot(\pi\boldsymbol{V})\mathrm{d}\sigma \tag{1.52}$$

将(1.51)式自 0 积分到 σ，则有

$$\sigma\frac{\partial\pi}{\partial t} + \int_0^{\sigma}\boldsymbol{\nabla}_{\sigma}\cdot(\pi\boldsymbol{V})\mathrm{d}\sigma + \pi\dot{\sigma} = 0$$

利用(1.52)式则得计算 $\dot{\sigma}$ 的公式：

$$\dot{\sigma} = -\frac{1}{\pi}\int_0^{\sigma}\boldsymbol{\nabla}_{\sigma}\cdot(\pi\boldsymbol{V})\mathrm{d}\sigma + \frac{\sigma}{\pi}\int_0^1\boldsymbol{\nabla}_{\sigma}\cdot(\pi\boldsymbol{V})\mathrm{d}\sigma \tag{1.53}$$

σ 坐标系实质上是修正的 p 坐标系，它的优点是下边界面就是 $\sigma=1$ 的坐标面，下边界条件变得异常简单（齐次边界条件），但 σ 坐标并没有完全解决处理地形问题所存在的困难，而是把 p 坐标系下边界条件难于处理的困难转化为水平气压梯度力计算精度问题上去了。σ 坐标系中水平气压梯度力是两项之和，当地形坡度很大时两项中任何一项都比它们之和大得多。这在低层更突出。例如，图 1.1 是地形附近垂直剖面图，图中粗实线代表等 σ 面，细实线代表等压面，虚线是水平面。由于

$$-\frac{1}{\rho}\left(\frac{\partial p}{\partial x}\right)_z=-\frac{1}{\rho}\left(\frac{\partial p}{\partial x}\right)_\sigma-g\left(\frac{\partial z}{\partial x}\right)_\sigma$$

又在 p 坐标中

$$-\frac{1}{\rho}\left(\frac{\partial p}{\partial x}\right)_z=-g\left(\frac{\partial z}{\partial x}\right)_p$$

所以

$$-\frac{1}{\rho}\left(\frac{\partial p}{\partial x}\right)_z=-g\left(\frac{\partial z}{\partial x}\right)_p=-\frac{1}{\rho}\left(\frac{\partial p}{\partial x}\right)_\sigma-g\left(\frac{\partial z}{\partial x}\right)_\sigma$$

就其物理意义来说，$(\partial z/\partial x)_p$ 为等压面坡度，而 $(\partial z/\partial x)_\sigma$ 为等 σ 面坡度，我们来估计其量级。实际风接近地转风

$$g\left(\frac{\partial z}{\partial x}\right)_p \sim fv \sim 10^{-4}\times 10 = 10^{-3}$$

$$g\left(\frac{\partial z}{\partial x}\right)_\sigma \sim g\left(\frac{\partial z_s}{\partial x}\right)\sim 10\times 10^{-2} = 10^{-1}$$

$(\partial z_s/\partial x)$ 是地形坡度，这里取 10^{-2}。由此可见，$\rho^{-1}(\partial p/\partial x)_\sigma$ 量级必为 10^{-3}，水平气压梯度力在 σ 坐标系中为两个大项之微差，一部分是相互抵消的，其抵消部分还可做以下说明。取各项差分（参考图 1.1）

$$-g\left(\frac{\partial z}{\partial x}\right)_p \cong -g\left(\frac{z_2-z_0}{\Delta x}\right)=-g\left(\frac{z_2-z_1}{\Delta x}\right)$$

$$-\frac{1}{\rho}\left(\frac{\partial p}{\partial x}\right)_\sigma \cong -\frac{1}{\rho}\left(\frac{p_3-p_0}{\Delta x}\right)=-\frac{1}{\rho}\left(\frac{p_3-p_2}{\Delta x}\right)$$

$$-g\left(\frac{\partial z}{\partial x}\right)_\sigma \cong -g\left(\frac{z_3-z_0}{\Delta x}\right)=-g\left(\frac{z_3-z_1}{\Delta x}\right)$$

$$=-g\left(\frac{z_3-z_2}{\Delta x}\right)-g\left(\frac{z_2-z_1}{\Delta x}\right)$$

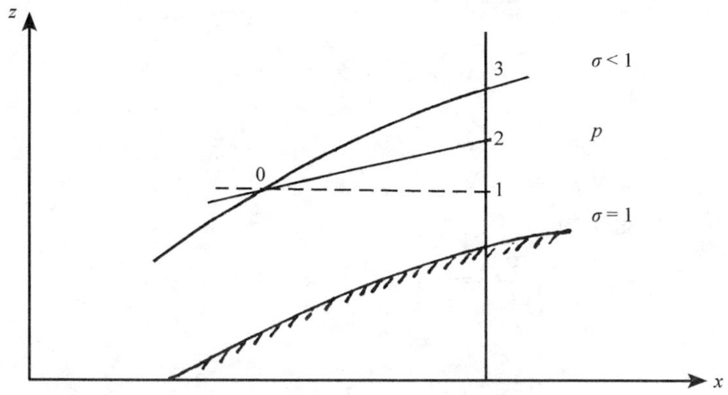

图 1.1　地形附近垂直剖面图

在静力平衡条件下有

$$(p_3 - p_2) = -\rho g (z_3 - z_2)$$

即

$$-\frac{1}{\rho}\left(\frac{p_3 - p_2}{\Delta x}\right) - g\left(\frac{z_3 - z_2}{\Delta x}\right) = 0$$

所以在静力平衡条件下，被抵消那部分为 $g(z_3 - z_2)/\Delta x$。这一结果表明，这将造成气压梯度力计算值会有很大相对误差，这不仅来自两项的差分近似，也来自静力平衡方程的截断误差。直接计算这两项的误差在低层尤为明显。如何克服这一困难在以后的章节再详细阐述。

1.2.4　θ 坐标系

用位温 θ 作垂直坐标的坐标系称 θ 坐标系，也称等熵坐标系。在干绝热运动中，空气微团位温守恒，即 $\mathrm{d}\theta/\mathrm{d}t \equiv 0$，等 θ 面是物质面。等 θ 面的空间分布反映了大气的热力结构，因此，采用 θ 坐标系研究绝热运动是方便的。不过 θ 坐标系也可以用于非绝热情况，在稳定层结下 $\partial\theta/\partial z > 0$，$\theta$ 是 z 的单调递增函数。在非绝热情况下，例如下垫面加热，使得 θ 不再随 z 单调变化，然而局部不稳定层结出现后，对流运动又有使层结趋于稳定作用，因此，可以认为 θ 基本上满足随 z 单调变化条件。有人用 θ 坐标系模式研究锋生问题和背风坡波动问题，并取得一定的成功。

由广义的垂直坐标变换关系(1.23)式。水平气压梯度力变换为

$$-\alpha\,\nabla p = -\alpha\,\nabla_\theta p + \alpha\,\frac{\partial p}{\partial z}\,\nabla_\theta z = -\alpha\,\nabla_\theta p - g\,\nabla_\theta z$$

因 $\theta = T(p_{00}/p)^{R/c_p}$，$p_{00} = 1000$ hPa，有

$$\nabla_\theta \ln T - \frac{R}{c_p}\,\nabla_\theta \ln p = \nabla_\theta \ln\theta = 0$$

故有

$$\nabla_\theta p = \frac{pc_p}{RT} \nabla_\theta T$$

于是有

$$-\alpha \nabla p = -\alpha \nabla_\theta p - g \nabla_\theta z = -c_p \nabla_\theta T - \nabla_\theta \Phi$$

因此,水平运动方程变换为

$$\frac{\mathrm{d}\boldsymbol{V}}{\mathrm{d}t} = -\nabla_\theta M - f\boldsymbol{k} \times \boldsymbol{V} + \boldsymbol{F} \tag{1.54}$$

其中

$$\frac{\mathrm{d}}{\mathrm{d}t} = \left(\frac{\partial}{\partial t}\right)_\theta + \boldsymbol{V} \cdot \nabla_\theta + \dot{\theta} \frac{\partial}{\partial \theta}$$

$$M = c_p T + \Phi$$

M 是干静力能,也称蒙哥马利(Montgomery)流函数。由(1.28)式令 $S=\theta$,静力平衡方程变换为

$$\frac{\partial \Phi}{\partial \theta} = -\alpha \frac{\partial p}{\partial \theta} \tag{1.55a}$$

由位温定义有

$$\ln\theta = \ln T + \frac{R}{c_p}(\ln p_{00} - \ln p)$$

对 θ 微商,得

$$\frac{1}{\theta} = \frac{1}{T}\frac{\partial T}{\partial \theta} - \frac{R}{pc_p}\frac{\partial p}{\partial \theta}$$

利用上式消去(1.55a)式中的$\partial p/\partial \theta$ 得

$$\frac{\partial}{\partial \theta}(c_p T + \Phi) = \frac{c_p T}{\theta}$$

于是 θ 坐标系中静力平衡方程可写成

$$\frac{\partial M}{\partial \theta} = \Pi \tag{1.55b}$$

其中

$$\Pi = \frac{c_p T}{\theta} = c_p \left(\frac{p}{p_{00}}\right)^{R/c_p}$$

令(1.31)式中 $s=\theta$,得连续方程形式为

$$\frac{\mathrm{d}}{\mathrm{d}t}\left(\ln \frac{\partial p}{\partial \theta}\right) + \nabla_\theta \cdot \boldsymbol{V} + \frac{\partial \dot{\theta}}{\partial \theta} = 0 \tag{1.56}$$

热力学方程形式不变。而边界条件类似 p 坐标系中形式

$$\theta=\theta_T,\quad \dot{\theta}=0$$

$$\theta=\theta_s,\quad \dot{\theta}=\frac{\partial\theta_s}{\partial t}+\mathbf{V}_s\cdot\nabla\theta_s$$

由静力方程和连续方程可以计算 M(在 θ 坐标系中一般不计算等 θ 面位势高度,而是计算干静力能 M)和计算场面气压的气压倾向方程,这里就不详细讨论了。

如果运动是干绝热的,则 $\dot{\theta}\equiv 0$,这时在 θ 坐标系中运动可作为二维问题处理,这是方便的。θ 坐标系缺点类似 p 坐标系,复杂地形难于处理,此外,等 θ 面与地面交角大,不是准水平的,这也是其不足之处。

1.3　非静力情况下垂直坐标变换

前面讨论了在静力情况下通用垂直坐标的引入及其相应的方程组,以及常用的几个坐标系下的方程组。本节讨论在非静力情况下通用垂直坐标的引入及其相应方程组的守恒性质,并给出几种常见的非静力方程组形式。

1.3.1　球极坐标系中的深大气方程组

采用标准符号,旋转深大气干方程组为

$$\frac{\mathrm{D}u}{\mathrm{D}t}-\frac{uv\tan\varphi}{r}+\frac{uw}{r}-2\Omega v\sin\varphi+2\Omega w\cos\varphi+\frac{1}{\rho r\cos\varphi}\left(\frac{\partial p}{\partial\lambda}\right)=F^u \tag{1.57}$$

$$\frac{\mathrm{D}v}{\mathrm{D}t}+\frac{u^2\tan\varphi}{r}+\frac{vw}{r}+2\Omega u\sin\varphi+\frac{1}{\rho r}\left(\frac{\partial p}{\partial\varphi}\right)=F^v \tag{1.58}$$

$$\delta_V\frac{\mathrm{D}w}{\mathrm{D}t}-\frac{u^2+v^2}{r}-2\Omega u\cos\varphi+g+\frac{1}{\rho}\frac{\partial p}{\partial r}=\delta_V F^w \tag{1.59}$$

$$\frac{\mathrm{D}\rho}{\mathrm{D}t}+\rho\left[\frac{1}{r\cos\varphi}\frac{\partial u}{\partial\lambda}+\frac{1}{r\cos\varphi}\frac{\partial}{\partial\varphi}(v\cos\varphi)+\frac{1}{r^2}\frac{\partial}{\partial r}(r^2w)\right]=0 \tag{1.60}$$

$$p=\rho RT \tag{1.61}$$

$$\frac{\mathrm{D}(c_pT)}{\mathrm{D}t}-\frac{1}{\rho}\frac{\mathrm{D}p}{\mathrm{D}t}=F^T \tag{1.62}$$

其中

$$\frac{\mathrm{D}}{\mathrm{D}t}\equiv\frac{\partial}{\partial t}+\frac{u}{r\cos\varphi}\frac{\partial}{\partial\lambda}+\frac{v}{r}\frac{\partial}{\partial\varphi}+w\frac{\partial}{\partial r} \tag{1.63}$$

$$R\equiv c_p-c_v \tag{1.64}$$

(F^u,F^v,F^w)和 F^T 是参数化的源汇项,$g\equiv\frac{\mathrm{d}\Phi}{\mathrm{d}r}$是重力加速度,$\Phi=\Phi(r)$是位势。方程(1.57)—(1.62)分别是动量方程的三个分量、连续方程、热力学方程和状态方程,δ_V 为垂直加速度开关:δ_V 等于 1 或者 0 分别对应垂直加速度的保留或去掉。

1.3.2 广义垂直坐标系 s 的转换

深大气非静力方程组(1.57)—(1.62)转换到广义垂直坐标 s，即$(\lambda,\varphi,r,t)\rightarrow(\lambda,\varphi,s,t)$。通常下列变换关系对 $\Psi=\lambda,\varphi,t$ 时是成立的，

$$\left(\frac{\partial}{\partial r}\right)_{\lambda,\varphi,t}=\frac{\partial s}{\partial r}\left(\frac{\partial}{\partial s}\right)_{\lambda,\varphi,t} \tag{1.65}$$

$$\left(\frac{\partial}{\partial \Psi}\right)_{r}=\left(\frac{\partial}{\partial \Psi}\right)_{s}-\left(\frac{\partial r}{\partial \Psi}\right)_{s}\left(\frac{\partial s}{\partial r}\right)\left(\frac{\partial}{\partial s}\right)_{\lambda,\varphi,t} \tag{1.66}$$

其中假设变换是单调的，即$\frac{\partial s}{\partial r}$是非 0 的。下标表示在进行括号内运算时保持不变。

这样方程组(1.57)—(1.64)变换为

$$\begin{aligned}&\frac{\mathrm{D}u}{\mathrm{D}t}-\frac{uv\tan\varphi}{r}+\frac{uw}{r}-2\Omega v\sin\varphi+2\Omega w\cos\varphi+\\&\frac{1}{\rho r\cos\varphi}\left(\frac{\partial p}{\partial \lambda}-\frac{\partial r}{\partial \lambda}\frac{\partial s}{\partial r}\frac{\partial p}{\partial s}\right)=F^{u}\end{aligned} \tag{1.67}$$

$$\frac{\mathrm{D}v}{\mathrm{D}t}+\frac{u^2\tan\varphi}{r}+\frac{vw}{r}+2\Omega u\sin\varphi+\frac{1}{\rho r}\left(\frac{\partial p}{\partial \varphi}-\frac{\partial r}{\partial \varphi}\frac{\partial s}{\partial r}\frac{\partial p}{\partial s}\right)=F^{v} \tag{1.68}$$

$$\delta_V\frac{\mathrm{D}w}{\mathrm{D}t}-\frac{u^2+v^2}{r}-2\Omega u\cos\varphi+g+\frac{1}{\rho}\frac{\partial s}{\partial r}\frac{\partial p}{\partial s}=\delta_V F^{w} \tag{1.69}$$

$$\begin{aligned}&\frac{\partial}{\partial t}\left(\rho\cos\varphi\, r^2\frac{\partial r}{\partial s}\right)+\frac{\partial}{\partial \lambda}\left(\frac{u}{r\cos\varphi}\rho\cos\varphi\, r^2\frac{\partial r}{\partial s}\right)+\\&\frac{\partial}{\partial \varphi}\left(\frac{v}{r}\rho\cos\varphi\, r^2\frac{\partial r}{\partial s}\right)+\frac{\partial}{\partial s}\left(\dot{s}\rho\cos\varphi\, r^2\frac{\partial r}{\partial s}\right)=0\end{aligned} \tag{1.70}$$

$$\frac{\mathrm{D}(c_pT)}{\mathrm{D}t}-\frac{1}{\rho}\frac{\mathrm{D}p}{\mathrm{D}t}=F^{T} \tag{1.71}$$

$$p=\rho RT \tag{1.72}$$

其中

$$\dot{s}\equiv\frac{\mathrm{D}s}{\mathrm{D}t}=\frac{\partial s}{\partial r}\left(w-\frac{\partial r}{\partial t}-\frac{u}{r\cos\varphi}\frac{\partial r}{\partial \lambda}-\frac{v}{r}\frac{\partial r}{\partial \varphi}\right) \tag{1.73}$$

$$\frac{\mathrm{D}}{\mathrm{D}t}\equiv\frac{\partial}{\partial t}+\frac{u}{r\cos\varphi}\frac{\partial}{\partial \lambda}+\frac{v}{r}\frac{\partial}{\partial \varphi}+\dot{s}\frac{\partial}{\partial s} \tag{1.74}$$

对 λ,φ 和 t 的偏导数都是在定常 s 下计算的。

1.3.3 垂直边界条件

为保证质量守恒，上下边界 $s=s_H(\lambda,\varphi,t)$ 和 $s=s_T(\lambda,\varphi,t)$ 分别假设为没有质量传输的物质面。这样

$$\dot{s}_H = \frac{\partial s_H}{\partial t} + \frac{u_H}{r_H\cos\varphi}\frac{\partial s_H}{\partial\lambda} + \frac{v_H}{r_H}\frac{\partial s_H}{\partial\varphi} \tag{1.75}$$

$$\dot{s}_T = \frac{\partial s_T}{\partial t} + \frac{u_T}{r_T\cos\varphi}\frac{\partial s_T}{\partial\lambda} + \frac{v_T}{r_T}\frac{\partial s_T}{\partial\varphi} \tag{1.76}$$

式中的下标 H 和 T 分别表示在 $s=s_H$ 和 $s=s_T$ 上的值，$r_T(\lambda,\varphi,t)$和 $r_H(\lambda,\varphi,t)$分别是上下边界的高度。下边界通常假设是静止的，即 $r_H=r_H(\lambda,\varphi)$。当 s_T 和坐标面一致时，上边界条件变为 $\dot{s}_T=0$。当应用追随地形的垂直坐标时，$\dot{s}|_{s_H}=\dot{s}|_{s_T}=0$。其中 s_H 和 s_T 是常数，通常归一化为 0 和 1，上下物质面对应于定常的坐标面。

1.3.4　守恒性质

1.3.4.1　动能演变

用各自的速度分量乘以每一个动量方程(1.67)—(1.69)，结果求和，再用 $F\equiv\rho\cos\varphi r^2\frac{\partial r}{\partial s}$相乘，然后利用

$$F\frac{\mathrm{D}G}{\mathrm{D}t} \equiv \frac{\partial}{\partial t}(GF) + \frac{\partial}{\partial\lambda}\left(\frac{u}{r\cos\varphi}GF\right) + \frac{\partial}{\partial\varphi}\left(\frac{v}{r}GF\right) + \frac{\partial}{\partial s}(\dot{s}\,GF)$$

并且取 $G\equiv K$，(1.73)式和$\frac{\partial}{\partial\Psi}\left(r^n\frac{\partial r}{\partial s}\right)\equiv\frac{\partial}{\partial s}\left(r^n\frac{\partial r}{\partial\Psi}\right)$得到动能演变方程

$$\begin{aligned}\frac{\partial(KF)}{\partial t} = {} & p\left[\frac{\partial}{\partial t}\left(\frac{F}{\rho}\right) + \frac{\partial}{\partial\lambda}\left(\frac{u}{r\cos\varphi}\frac{F}{\rho}\right) + \frac{\partial}{\partial\varphi}\left(\frac{v}{r}\frac{F}{\rho}\right) + \frac{\partial}{\partial s}\left(\dot{s}\frac{F}{\rho}\right)\right] - \\ & \frac{\partial}{\partial\lambda}\left[\frac{u}{r\cos\varphi}\left(K+\frac{p}{\rho}\right)F\right] - \frac{\partial}{\partial\varphi}\left[\frac{v}{r}\left(K+\frac{p}{\rho}\right)F\right] - \\ & \frac{\partial}{\partial s}\left[\dot{s}\left(K+\frac{p}{\rho}\right)F\right] - \frac{\partial}{\partial s}\left(pr^2\cos\varphi - \frac{\partial r}{\partial t}\right) - gwF + \\ & (uF^u + vF^v + \delta vwF^w)F\end{aligned} \tag{1.77}$$

式中 $K\equiv\frac{u^2+v^2+\delta_V w^2}{2}$，是每单位质量动能。

1.3.4.2　重力位能演变

用 Φ 乘以方程$\frac{\partial F}{\partial t}+\frac{\partial}{\partial\lambda}\left(\frac{u}{r\cos\varphi}F\right)+\frac{\partial}{\partial\varphi}\left(\frac{v}{r}F\right)+\frac{\partial}{\partial s}(\dot{s}F)=0$，注意 Φ 只是 r 的函数，利用方程(1.73)并考虑到 $g\equiv\frac{\mathrm{d}\Phi}{\mathrm{d}r}$，得到

$$\frac{\partial}{\partial t}(\Phi F) = gwF - \frac{\partial}{\partial\lambda}\left(\frac{u}{r\cos\varphi}\Phi F\right) - \frac{\partial}{\partial\varphi}\left(\frac{v}{r}\Phi F\right) - \frac{\partial}{\partial s}(\dot{s}\Phi F) \tag{1.78}$$

1.3.4.3　内能演变

用 $G=c_pT$ 应用$\frac{\partial F}{\partial t}+\frac{\partial}{\partial\lambda}\left(\frac{u}{r\cos\varphi}F\right)+\frac{\partial}{\partial\varphi}\left(\frac{v}{r}F\right)+\frac{\partial}{\partial s}(\dot{s}F)=0$，利用(1.71)，

(1.72)和(1.74)式，减去$\frac{\partial}{\partial t}(RTF)$并利用(1.64)式得到内能演变的下列方程

$$\begin{aligned}\frac{\partial}{\partial t}(c_v TF) = -p\left[\frac{\partial}{\partial t}\left(\frac{F}{\rho}\right)+\frac{\partial}{\partial \lambda}\left(\frac{u}{r\cos\varphi}\frac{F}{\rho}\right)+\frac{\partial}{\partial \varphi}\left(\frac{v}{r}\frac{F}{\rho}\right)+\frac{\partial}{\partial s}\left(\dot{s}\frac{F}{\rho}\right)\right]- \\ \frac{\partial}{\partial \lambda}\left(\frac{u}{r\cos\varphi}c_v TF\right)-\frac{\partial}{\partial \varphi}\left(\frac{v}{r}c_v TF\right)-\frac{\partial}{\partial s}(\dot{s}c_v TF)+F^T F\end{aligned} \tag{1.79}$$

式中 $c_v T$ 是每单位质量的内能。

1.3.4.4 全球总能量守恒

对(1.77)，(1.78)和(1.79)式求和得到总能量演变方程，即

$$\begin{aligned}\frac{\partial}{\partial t}(EF) = -\frac{\partial}{\partial \lambda}\left[\frac{u}{r\cos\varphi}\left(E+\frac{p}{\rho}\right)F\right]-\frac{\partial}{\partial \varphi}\left[\frac{v}{r}\left(E+\frac{p}{\rho}\right)F\right]- \\ \frac{\partial}{\partial s}\left[\dot{s}\left(E+\frac{p}{\rho}\right)F\right]-\frac{\partial}{\partial s}\left(pr^2\cos\varphi\frac{\partial r}{\partial t}\right)+ \\ (uF^u+vF^v+\delta_V wF^w+F^T)F\end{aligned} \tag{1.80}$$

式中 $E=K+\Phi+c_v T$ 是每单位质量的总能量。

对 s 从 s_H 到 s_T 积分(1.80)式，应用

$$\begin{aligned}&\int_{s_H}^{s_T}\left[\frac{\partial \tau}{\partial t}+\frac{\partial}{\partial \lambda}\left(\frac{u\tau}{r\cos\varphi}\right)+\frac{\partial}{\partial \varphi}\left(\frac{v\tau}{r}\right)+\frac{\partial}{\partial s}(\dot{s}\tau)\right]\mathrm{d}s \\ &\equiv \frac{\partial}{\partial t}\int_{s_H}^{s_T}\tau\,\mathrm{d}s+\frac{\partial}{\partial \lambda}\int_{s_H}^{s_T}\frac{u\tau}{r\cos\varphi}\mathrm{d}s+\frac{\partial}{\partial \varphi}\int_{s_H}^{s_T}\frac{v\tau}{r}\mathrm{d}s\end{aligned}$$

并且 $\tau\equiv EF$ 和

$$\begin{aligned}&\int_{s_H}^{s_T}\left[\frac{\partial}{\partial \lambda}\left(\frac{u\tau}{r\cos\varphi}\right)+\frac{\partial}{\partial \varphi}\left(\frac{v\tau}{r}\right)\right]\mathrm{d}s \\ &\equiv \left(\tau_T\frac{\partial s_T}{\partial t}-\tau_H\frac{\partial s_H}{\partial t}\right)-[\dot{s}\tau]_{s_H}^{s_T}+\frac{\partial}{\partial \lambda}\int_{s_H}^{s_T}\frac{u\tau}{r\cos\varphi}\mathrm{d}s+\frac{\partial}{\partial \varphi}\int_{s_H}^{s_T}\frac{v\tau}{r}\mathrm{d}s\end{aligned}$$

且 $\tau\equiv\left(\frac{p}{\rho}\right)F$，同时用方程 $F\equiv\rho\cos\varphi r^2\frac{\partial r}{\partial s}$，则得到

$$\begin{aligned}\frac{\partial}{\partial t}\int_{s_H}^{s_T}EF\,\mathrm{d}s = -\frac{\partial}{\partial \lambda}\int_{s_H}^{s_T}\frac{u}{r\cos\varphi}\left(E+\frac{p}{\rho}\right)F\,\mathrm{d}s-\frac{\partial}{\partial \varphi}\int_{s_H}^{s_T}\frac{v}{r}\left(E+\frac{p}{\rho}\right)F\,\mathrm{d}s- \\ \left(pr^2\cos\varphi\frac{\partial r}{\partial s}\right)_T\frac{\partial s_T}{\partial t}+\left(pr^2\cos\varphi\frac{\partial r}{\partial s}\right)_H\frac{\partial s_H}{\partial t}- \\ \left(pr^2\cos\varphi\frac{\partial r}{\partial t}\right)_T+\left(pr^2\cos\varphi\frac{\partial r}{\partial t}\right)_H+ \\ \int_{s_H}^{s_T}(uF^u+vF^v+\delta_v wF^w+F^T)F\,\mathrm{d}s\end{aligned} \tag{1.81}$$

因为 s_H 和 s_T 一般是时间的函数，

$$\left[\left(\frac{\partial r}{\partial t}\right)_s\right]_T = \frac{\partial r_T}{\partial t} - \left(\frac{\partial r}{\partial s}\right)_T \frac{\partial s_T}{\partial t} \tag{1.82}$$

$$\left[\left(\frac{\partial r}{\partial t}\right)_s\right]_H = \frac{\partial r_H}{\partial t} - \left(\frac{\partial r}{\partial s}\right)_H \frac{\partial s_H}{\partial t} \tag{1.83}$$

因此，利用(1.82)和(1.83)式，则(1.81)式变为

$$\begin{aligned}\frac{\partial}{\partial t}\int_{s_H}^{s_T} EF\mathrm{d}s =& -\frac{\partial}{\partial \lambda}\int_{s_H}^{s_T} \frac{u}{r\cos\varphi}\left(E+\frac{p}{\rho}\right)F\mathrm{d}s - \frac{\partial}{\partial \varphi}\int_{s_H}^{s_T} \frac{v}{r}\left(E+\frac{p}{\rho}\right)F\mathrm{d}s + \\ & \int_{s_H}^{s_T}(uF^u + vF^v + \delta_v wF^w + F^T)F\mathrm{d}s - (pr^2\cos\varphi)_T \frac{\partial r_T}{\partial t} + (pr^2\cos\varphi)_H \frac{\partial r_H}{\partial t}\end{aligned} \tag{1.84}$$

最后，对(1.84)式沿定常 s 面在整个球面上对 λ 和 φ 积分，λ 从 0 到 2π，φ 从 $-\frac{\pi}{2}$ 到 $\frac{\pi}{2}$，在 λ 方向应用周期性条件并注意 $\cos\varphi$ 与 s 无关和 $\cos\left(\pm\frac{\pi}{2}\right)=0$，得到

$$\begin{aligned}\frac{\partial}{\partial t}\int_V \rho E\,\mathrm{d}V =& \int_V \rho(uF^u + vF^v + \delta_v wF^w + F^T)\mathrm{d}V - \int_{A_T} p_T \frac{\partial r_T}{\partial t}\mathrm{d}A_T + \\ & \int_{A_H} p_H \frac{\partial r_H}{\partial t}\mathrm{d}A_H\end{aligned} \tag{1.85}$$

其中对任意的 G，全球体积分和下表面面积分分别定义为

$$\int_V G\mathrm{d}V \equiv \int_{-\pi/2}^{+\pi/2}\int_0^{2\pi}\int_{s_H}^{s_T} Gr^2\cos\varphi \frac{\partial r}{\partial s}\mathrm{d}s\mathrm{d}\lambda\mathrm{d}\varphi \tag{1.86}$$

$$\int_{A_H} G\mathrm{d}A_H \equiv \int_{-\pi/2}^{+\pi/2}\int_0^{2\pi} Gr_H^2\cos\varphi\mathrm{d}\lambda\mathrm{d}\varphi \tag{1.87}$$

类似地可得到上表面面积分 $\int_{A_T} G\mathrm{d}A_T$。

如果没有外力强迫的情况下，即 $F^u = F^v = \delta_v F^w = F^T = 0$，$\int_{A_T} p_T \frac{\partial r_T}{\partial t}\mathrm{d}A_T = 0$ 全球积分总能量是守恒的。

但上边界需要：① $p_T=0$，并且包含整个大气；或者②时间和空间是固定的，即边界需要指定为 $r_T = r_T(\lambda,\varphi)$，这样 $\frac{\partial r_T}{\partial t}\equiv 0$。

1.3.5 轴角动量守恒

1.3.5.1 演变

利用恒等式

$$\frac{\mathrm{D}A}{\mathrm{D}t} \equiv r\cos\varphi \frac{\mathrm{D}u}{\mathrm{D}t} + (u + 2\Omega r\cos\varphi)\frac{\mathrm{D}}{\mathrm{D}t}(r\cos\varphi)$$

代替(1.67)式，应用 $G\equiv A$ 的

$F\dfrac{\mathrm{D}G}{\mathrm{D}t}\equiv\dfrac{\partial}{\partial t}(GF)+\dfrac{\partial}{\partial\lambda}\left(\dfrac{u}{r\cos\varphi}GF\right)+\dfrac{\partial}{\partial\varphi}\left(\dfrac{v}{r}GF\right)+\dfrac{\partial}{\partial s}(\dot{s}GF)$，并且利用 F 的定义 $F\equiv\rho\cos\varphi r^2\dfrac{\partial r}{\partial s}$ 和 $\dfrac{\partial}{\partial\Psi}\left(r^n\dfrac{\partial r}{\partial s}\right)\equiv\dfrac{\partial}{\partial s}\left(r^n\dfrac{\partial r}{\partial\Psi}\right)$，得到

$$\begin{aligned}\frac{\partial}{\partial t}(AF)=&-\frac{\partial}{\partial\lambda}\left(\frac{u}{r\cos\varphi}AF\right)-\frac{\partial}{\partial\varphi}\left(\frac{v}{r}AF\right)-\frac{\partial}{\partial s}(\dot{s}AF)-\\&\frac{\partial}{\partial\lambda}\left(pr^2\cos\varphi\frac{\partial r}{\partial s}\right)+\frac{\partial}{\partial s}\left(pr^2\cos\varphi\frac{\partial r}{\partial\lambda}\right)+r\cos\varphi F^uF\end{aligned}\tag{1.88}$$

式中 $A\equiv(u+\Omega r\cos\varphi)r\cos\varphi$ 是单位质量的轴角动量。

1.3.5.2 全球守恒

s 从 s_H 到 s_T 对(1.88)式积分并应用 $\tau\equiv pF/\rho$ 的

$$\int_{s_H}^{s_T}\frac{\partial\tau}{\partial x}\mathrm{d}s\equiv\frac{\partial}{\partial x}\int_{s_H}^{s_T}\tau\mathrm{d}s-\left(\tau_T\frac{\partial s_T}{\partial x}-\tau_H\frac{\partial s_H}{\partial x}\right)$$

和 $\tau\equiv AF$ 的

$$\begin{aligned}\int_{s_H}^{s_T}\left[\frac{\partial\tau}{\partial t}+\frac{\partial}{\partial\lambda}\left(\frac{u\tau}{r\cos\varphi}\right)+\frac{\partial}{\partial\varphi}\left(\frac{v\tau}{r}\right)+\frac{\partial}{\partial s}(\dot{s}\tau)\right]\mathrm{d}s\equiv\frac{\partial}{\partial t}\int_{s_H}^{s_T}\tau\mathrm{d}s+\\\frac{\partial}{\partial\lambda}\int_{s_H}^{s_T}\frac{u\tau}{r\cos\varphi}\mathrm{d}s+\frac{\partial}{\partial\varphi}\int_{s_H}^{s_T}\frac{v\tau}{r}\mathrm{d}s\end{aligned}$$

得到

$$\begin{aligned}\frac{\partial}{\partial t}\int_{s_H}^{s_T}AF\mathrm{d}s=&-\frac{\partial}{\partial\lambda}\int_{s_H}^{s_T}\frac{u}{r\cos\varphi}AF\mathrm{d}s-\frac{\partial}{\partial\varphi}\int_{s_H}^{s_T}\frac{u}{r}AF\mathrm{d}s-\frac{\partial}{\partial\lambda}\int_{s_H}^{s_T}pr^2\cos\varphi\frac{\partial r}{\partial s}\mathrm{d}s+\\&\int_{s_H}^{s_T}r\cos\varphi F^uF\mathrm{d}s+\left(pr^2\cos\varphi\frac{\partial r}{\partial\lambda}\right)_T-\left(pr^2\cos\varphi\frac{\partial r}{\partial\lambda}\right)_H\\&\left(pr^2\cos\varphi\frac{\partial r}{\partial s}\right)_T\frac{\partial s_T}{\partial\lambda}-\left(pr^2\cos\varphi\frac{\partial r}{\partial s}\right)_H\frac{\partial s_H}{\partial\lambda}\end{aligned}\tag{1.89}$$

类似地

$$\begin{aligned}\left(pr^2\cos\varphi\frac{\partial r}{\partial\lambda}\right)_T-\left(pr^2\cos\varphi\frac{\partial r}{\partial\lambda}\right)_H=&(pr^2\cos\varphi)_T\left[\frac{\partial r_T}{\partial\lambda}-\left(\frac{\partial r}{\partial s}\right)_T\frac{\partial s_T}{\partial\lambda}\right]-\\&(pr^2\cos\varphi)_H\left[\frac{\partial r_H}{\partial\lambda}-\left(\frac{\partial r}{\partial s}\right)_H\frac{\partial s_H}{\partial\lambda}\right]\end{aligned}\tag{1.90}$$

且(1.89)式变为

$$\begin{aligned}\frac{\partial}{\partial t}\int_{s_H}^{s_T}AF\mathrm{d}s=&-\frac{\partial}{\partial\lambda}\int_{s_H}^{s_T}\frac{u}{r\cos\varphi}AF\mathrm{d}s-\frac{\partial}{\partial\varphi}\int_{s_H}^{s_T}\frac{u}{r}AF\mathrm{d}s-\frac{\partial}{\partial\lambda}\int_{s_H}^{s_T}pr^2\cos\varphi\frac{\partial r}{\partial s}\mathrm{d}s+\\&\int_{s_H}^{s_T}r\cos\varphi F^uF\mathrm{d}s+(pr^2\cos\varphi)_T\frac{\partial r_T}{\partial\lambda}-(pr^2\cos\varphi)_H\frac{\partial r_H}{\partial\lambda}\end{aligned}\tag{1.91}$$

最后，沿定常 s 面在整个球面上对 λ 和 φ 积分(1.91)式，λ 从 0 到 2π，φ 从 $-\frac{\pi}{2}$ 到 $+\frac{\pi}{2}$，在 λ 方向应用周期性条件，注意 $\cos\varphi$ 与 s 无关，并且 $\cos\left(\pm\frac{\pi}{2}\right)=0$，得到

$$\frac{\partial}{\partial t}\int_V \rho A\,\mathrm{d}V = \int_V \rho F^u r\cos\varphi \mathrm{d}V + \int_{A_T} p_T \frac{\partial r_T}{\partial \lambda}\mathrm{d}A_T - \int_{A_H} p_H \frac{\partial r_H}{\partial \lambda}\mathrm{d}A_H \quad (1.92)$$

式中关于 $\mathrm{d}V$ 和 $\mathrm{d}A$ 的体积分和面积分的定义前面已给出。

(1.92)式右边第一项是由于纬向机械力产生的净力矩，最后一项是由于在 λ 方向作用在下边界高度的表面压力场产生的山脉力矩，第二项表示在 λ 方向作用在上边界高度的压力场力矩。因此，在不存在任何表面力矩和纬向机械力矩的情况下，如果

$$\int_{A_T} p_T \frac{\partial r_T}{\partial \lambda}\mathrm{d}A_T = 0$$

全球积分的轴角动量会守恒。

如果上边界在 $p_T=$常数，对 λ 绕着纬圈 $r_T^2\frac{\partial r_T}{\partial \lambda}$ 的积分为 0；或者在 λ 方向是相同的，则方程(1.92)是成立的。即边界需要指定为 $r_T=r_T(\phi,t)$，这样 $\frac{\partial r_T}{\partial \lambda}\equiv 0$。

正如 1.3.4.4 节看到的，对 $p_T\neq 0$，全球能量守恒要求 $r_T=r_T(\lambda,\varphi)$，为了使模式能量和轴角动量守恒，上边界必须在空间和时间上是固定的，并且只能是纬度的函数，即 $r_T=r_T(\varphi)$。

在非静力情况下常见的几种方程组如下所述。

1.3.6 追随地形静力气压垂直坐标系

追随地形的静力气压垂直坐标为

$$\eta = (p_h - p_{ht})/\mu_d \quad (1.93)$$

式中 $\mu_d = p_{hs} - p_{ht}$，p_h 是干空气气压的静力分量，p_{ht} 和 p_{hs} 分别是上下边界的气压。为了使通量形式的方程组满足守恒条件，用 $\mu_d(x,y)$ 表示在模式区域内 (x,y) 点所在的柱内单位面积干空气的质量。这样通量形式的变量就变为

$$\mathbf{V} = \mu_d \boldsymbol{v} = (U,V,W),\quad \Omega = \mu_d\dot{\eta},\quad \Theta = \mu_d\theta \text{ 和 } Q_j = \mu_d q_j \quad (1.94)$$

根据干空气定义通量变量是为了避免在通量形式的方程组中出现凝结水汽的源汇项。根据这些有守恒性质的变量，将前面的广义垂直坐标系下方程组的垂直坐标具体化为追随地形的静力气压垂直坐标，则湿大气的通量形式方程组为

$$\frac{\partial \mathbf{V}_H}{\partial t} = -(\nabla\cdot \boldsymbol{v}\mathbf{V}_H)_\eta - \mu_d\frac{\alpha_m}{\alpha_d}\left(\alpha_d \nabla_\eta p + \frac{1}{\mu_d}\frac{\partial p}{\partial \eta}\nabla_\eta \phi\right) + \boldsymbol{F}_{V_H} = \boldsymbol{R}_{V_H} \quad (1.95)$$

$$\frac{\partial W}{\partial t} = -(\nabla\cdot \boldsymbol{v}W)_\eta + g\left(\frac{\alpha_m}{\alpha_d}\frac{\partial p}{\partial \eta} - \mu_d\right) + F_W = R_W \quad (1.96)$$

$$\frac{\partial \Theta}{\partial t} = -(\nabla \cdot \boldsymbol{v}\Theta)_\eta + F_\Theta = R_\Theta \tag{1.97}$$

$$\frac{\partial \phi}{\partial t} = -(\boldsymbol{v} \cdot \nabla \phi)_\eta + gw = R_\phi \tag{1.98}$$

$$\frac{\partial \mu_d}{\partial t} = -(\nabla \cdot \boldsymbol{V})_\eta \tag{1.99}$$

$$\frac{\partial Q_j}{\partial t} = -(\nabla \cdot \boldsymbol{v}\, Q_j)_\eta + F_{Q_j} \tag{1.100}$$

静力气压的诊断方程为

$$\frac{\partial \phi}{\partial \eta} = -\mu_d \alpha_d \tag{1.101}$$

气体定律

$$p = \left(\frac{R_d \theta_m}{p_0 \alpha_d}\right)^\gamma \tag{1.102}$$

湿环境的比容

$$\alpha_m = \alpha_d (1 + q_v + q_c + q_r + \cdots)^{-1}$$

对干空气来说，$\alpha_m = \alpha_d$，$\theta_m = \theta$。

采用位势作为预报方程较为简单，可以避免计算三维散度和气压漂移。

为了减少误差，取偏离静力平衡参考状态的扰动作为变量。为此，定义参考状态为高度的函数，并且静止大气满足(1.95)—(1.102)式。这样，$p = \bar{p}(\bar{z}) + p'$，$\phi = \bar{\phi}(\bar{z}) + \phi'$，$\alpha = \bar{\alpha}(\bar{z}) + \alpha'$，$\mu_d = \bar{\mu}_d + \mu'_d$。由于坐标面 η 一般不是水平的，参考廓线 $\bar{p}$，$\bar{\phi}$ 和 $\bar{\alpha}$ 是(x, y, η)的函数。采用这些扰动变量，在这些方程中不用近似就可以去掉参考探空中气压梯度的静力平衡部分。这样动量方程(1.95)和(1.96)就变为

$$\boldsymbol{R}_{V_H} = -(\nabla \cdot \boldsymbol{v}\boldsymbol{V}_H)_\eta - \mu_d \frac{\alpha_m}{\alpha_d}\left[\alpha_d \nabla_\eta p' + \frac{\partial \bar{p}}{\partial \eta}\alpha'_d + \nabla_\eta \phi' + \frac{1}{\mu_d}(\nabla_\eta \phi)\left(\frac{\partial p'}{\partial \eta} - \mu'_d\right)\right] + \boldsymbol{F}_{V_H} \tag{1.103}$$

$$R_W = -(\nabla \cdot \boldsymbol{v}W)_\eta + g\left(\frac{\alpha_m}{\alpha_d}\frac{\partial p'}{\partial \eta} - \mu'_d + \bar{\mu}_d \frac{\alpha - \alpha_d}{\alpha_d}\right) + F_W \tag{1.104}$$

类似地，(1.101)式变为

$$\frac{\partial \phi'}{\partial \eta} = -\bar{\mu}_d \alpha'_d - \alpha_d \mu'_d \tag{1.105}$$

1.3.7 追随地形的高度垂直坐标 ζ

坐标面的高度定义为：$z = \zeta + A(\zeta) h_s(x, y, \zeta)$，其中 $A(\zeta)$定义了追随地形坐标和纯高度坐标之间的相对权重，并且 $0 \leqslant A \leqslant 1 - \dfrac{\zeta}{z_t}$，其中 z_t 是模式顶高，h_s 表示地形

的光滑性，$h_s(x,y,0)=h(x,y)$。当 $A(\zeta)=1-\dfrac{\zeta}{z_t}$ 和 $h_s(x,y,\zeta)=h(x,y)$ 时，就是传统的追随高度坐标。当 $A(\zeta)=0$ 时，就是一般意义的高度坐标。选择 $A(\zeta)$ 和 h_s 可以用来控制地形大小和尺度对垂直坐标的影响程度。和垂直坐标变换相关的项分别表示为 $\nabla_\zeta=(\zeta_x,\zeta_y,\zeta_z)$，$\zeta_H=(\zeta_x,\zeta_y)$ 和 $z_H=-\dfrac{\zeta_H}{\zeta_z}$。

采用通量变量表示预报方程组，$(U,V,W,\Theta_m,Q_j)=\tilde{\rho}_d(u,v,w,\theta_m,q_j)$，其中 ρ_d 是干空气的密度，$\tilde{\rho}_d=\dfrac{\rho_d}{\zeta_z}$，$q_j$ 表示水物质种类的混合比，$\theta_m=\theta\left[1+\dfrac{R_v}{R_d}q_v\right]$ 是修正的湿位温，q_v 表示水汽混合比。速度矢量 $\boldsymbol{V}=\boldsymbol{V}_H+W\boldsymbol{k}=(u\boldsymbol{i},v\boldsymbol{j},W\boldsymbol{k})$ 表示两个正交的水平速度和从地球中心径向向外的垂直速度，在变换的坐标中 $\Omega=\boldsymbol{V}\cdot\nabla_\zeta$ 是质量通量垂直于坐标面的分量，完整的方程组为

$$
\begin{cases}
\dfrac{\partial \boldsymbol{V}_H}{\partial t}=-\dfrac{\rho_d}{\rho_m}\left[\nabla_\zeta\left(\dfrac{p}{\zeta_z}\right)-\dfrac{\partial z_H p}{\partial \zeta}\right]-\eta\boldsymbol{k}\times\boldsymbol{V}_H-\boldsymbol{V}_H\nabla_\zeta\cdot\boldsymbol{V}-\dfrac{\partial \Omega\boldsymbol{V}_H}{\partial\zeta}-\rho_d\nabla_\zeta K\\
\dfrac{\partial W}{\partial t}=-\dfrac{\rho_d}{\rho_m}\left[\dfrac{\partial p}{\partial\zeta}+g\tilde{\rho}_m\right]-(\nabla\cdot\boldsymbol{V}W)_\zeta+\dfrac{uU+vV}{r_e}+e(U\cos\alpha_r-V\sin\alpha_r)+F_W\\
\dfrac{\partial \Theta_m}{\partial t}=-(\nabla\cdot\boldsymbol{V}\theta_m)_\zeta+F_{\Theta_m}\\
\dfrac{\partial \tilde{\rho}_d}{\partial t}=-(\nabla\cdot\boldsymbol{V})_\zeta\\
\dfrac{\partial Q_j}{\partial t}=-(\nabla\cdot\boldsymbol{V}q_j)_\zeta+F_{Q_j}
\end{cases}
$$

气压从状态方程诊断获得，$p=p_0\left(\dfrac{R_d\zeta_z\Theta_m}{p_0}\right)^\gamma$，其中 $\gamma=\dfrac{c_p}{c_v}$，ρ_m 是湿空气的密度，并且 $\dfrac{\rho_m}{\rho_d}=1+q_v+q_c+q_r+\cdots$，这里的 q_v，q_c 和 q_r 分别是水汽，云水和雨水的混合比。$\eta=\boldsymbol{k}\cdot\nabla\times\boldsymbol{V}_H+f$ 是绝对垂直涡度，$K=\dfrac{|\boldsymbol{V}_H|^2}{2}$ 是水平动能。科氏项和曲率项分别为 $f=2\Omega_e\sin\varphi$，$e=2\Omega_e\cos\varphi$，其中 φ 是纬度，Ω_e 是地球自转角速度，r_e 是地球半径，α_r 是水平速度的垂线和经线之间的旋转角。$\boldsymbol{F}_{\boldsymbol{V}_H}$，$F_W$，$F_{\Theta_m}$ 和 F_{Q_j} 分别表示物理过程、次网格模型和滤波器的源汇项。

基于上述方程组，一般的可压缩非静力方程组采用通量形式，水平动量方程采用矢量不变的形式，这样有助于保持离散模式中希望的守恒特性，也可避开非线性水平动量传输有可能存在的离散问题。

1.4　地图投影坐标系

实际天气分析是在天气图上进行的，数值预报所需的初始资料来自经过分析的

天气图，预报结果也要表示在天气图上。众所周知，天气底图是投影地图，地球表面上某区域的大小、测站距离、地表上两条线的交角等，虽都可以在投影面（即投影地图）上表示出来，但都有一定的变形。因此，在天气图上依据已建立起局地直角系方程组，利用已填写在天气底图上各测站的观测资料直接进行数值分析和数值预报计算是不行的。简单的例子可说明这点，例如，天气底图上两长度相同的线段，一般情况下与相对应的地表面上的实际距离并不相等。这就给差分计算带来很大困难。从计算角度考虑，应在投影面上建立一个坐标系，并把基本方程组写在投影面上，这样的坐标系称之为地图投影坐标系。为此先简单介绍一些地图投影的必要知识。

1.4.1 地图投影

地图投影可分两大类，一是透视投影，这种投影不外加任何约束条件，例如，将一与地球北极相切的平面作为投影面，光源置于球心，由球心光源发出的光线将地球上经纬线、山脉、河流、城市等投影到该平面上，这就是所谓透视投影。另一类是非透视投影。人们自然希望投影地图上地表面和球形地表面特征尽可能一致，但这是透视投影难以做到的。为了在投影地图上保持球形地表某些特征，例如，两条相交的曲线的交角经投影后保持不变，某一区域面积投影后保持不变，区域形状，两点间距离投影后保持不变等。当然，所有特征经投影后均保持不变是不可能的，但保持部分特征还是可办到的。保持距离不变的地图投影称等距投影，保持面积不变的投影称等面积投影，保持两相交曲线之间角度不变的投影称保角投影或称正形投影，等等。这种投影地图只能按规定条件用数学方法完成。因没有透视光线，故称非透视投影。如果按投影面的性质分类，可分为平面投影、圆锥面投影、圆柱投影，这在后面还要提及。

1.4.2 地图投影坐标系

在投影面上取一直角坐标系 $O_1x_1y_1$，x_1，y_1 方向上的单位矢量为 $\boldsymbol{i}_1$，$\boldsymbol{j}_1$，这一坐标系就是所谓地图投影坐标系，如图 1.2 所示。表面上看来这一坐标系似乎和笛卡尔坐标系没有两样，实际上它们还是有很大差别的。因为，地图投影不是等距的，因此，变元 δx_1，δy_1 和与此相对应地球表面上曲线的线元 δS_{x_1}，δS_{y_1} 并不相等，若引进地图投影放大系数 m，n 则有

$$\delta x_1 = m\delta S_{x_1}, \quad \delta y_1 = n\delta S_{y_1} \tag{1.106}$$

所以这一地图投影坐标系，实际上是一正交曲线坐标系。在这一坐标系中，水平散度、垂直涡度及标量的水平梯度的数学表达式与笛卡尔坐标系中是不一样的。我们不难依据水平散度、垂直涡度的物理意义，导出它们在地图投影坐标系中的具体表达式。

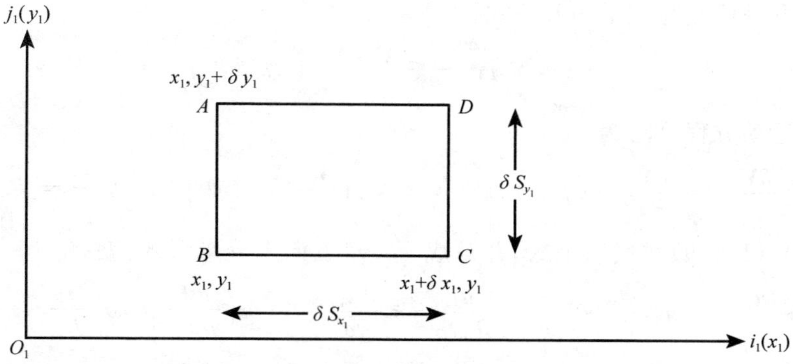

图 1.2　地图投影坐标

取一矩形面积元(参见图 1.2),水平速度散度就其物理意义来说,它是单位面积上通过面积元边界的净流量。$\boldsymbol{V}$ 在 $\boldsymbol{i}_1,\boldsymbol{j}_1$ 上分量为 u_1,v_1 即 $\boldsymbol{V}=u_1\boldsymbol{i}_1+v_1\boldsymbol{j}_1$,通过 AB,BC,CD,DA 的流量分别为

$$AB:-u_1\frac{\delta y_1}{n},\quad CD:u_1\frac{\delta y_1}{n}+\frac{\partial}{\partial x_1}\left(u_1\frac{\delta y_1}{n}\right)\delta x_1$$

$$BC:-v_1\frac{\delta x_1}{m},\quad DA:v_1\frac{\delta x_1}{m}+\frac{\partial}{\partial y_1}\left(v_1\frac{\delta x_1}{m}\right)\delta y_1$$

$ABCD$ 面积为 $\delta x_1\delta y_1/(mn)$,由此有

$$\nabla\cdot\boldsymbol{V}=mn\left[\frac{\partial}{\partial x_1}\left(\frac{u_1}{n}\right)+\frac{\partial}{\partial y_1}\left(\frac{v_1}{m}\right)\right]\tag{1.107}$$

垂直涡度为水平面上单位面积上的环流,类似以上推导方法有

$$\zeta=mn\left[\frac{\partial}{\partial x_1}\left(\frac{v_1}{n}\right)-\frac{\partial}{\partial y_1}\left(\frac{u_1}{m}\right)\right]\tag{1.108}$$

某一标量的梯度可写成

$$-\nabla A=-\left(m\frac{\partial A}{\partial x_1}\boldsymbol{i}_1+n\frac{\partial A}{\partial y_1}\boldsymbol{j}_1\right)\tag{1.109}$$

平流算符可写成

$$-\boldsymbol{V}\cdot\nabla=-\left(mu_1\frac{\partial}{\partial x_1}+nv_1\frac{\partial}{\partial y_1}\right)\tag{1.110}$$

有了以上关系式,不难得到地图投影坐标系中的基本方程组。矢量形式的 σ 坐标系中水平运动方程和连续方程为

$$\frac{\mathrm{d}\boldsymbol{V}}{\mathrm{d}t}=-\alpha\sigma\nabla_\sigma\pi-\nabla_\sigma\Phi-f\boldsymbol{k}\times\boldsymbol{V}+\boldsymbol{F}$$

$$\frac{\partial\pi}{\partial t}+\nabla_\sigma\cdot\pi\boldsymbol{V}+\frac{\partial\pi\dot{\sigma}}{\partial\sigma}=0$$

水平运动方程可改写成 Lamb 形式,因

$$(\mathbf{V}\cdot\nabla)\mathbf{V}=\nabla\frac{\mathbf{V}\cdot\mathbf{V}}{2}+\zeta\boldsymbol{k}\times\mathbf{V}$$

所以水平运动方程可写为

$$\frac{\partial\mathbf{V}}{\partial t}+\dot{\sigma}\frac{\partial\mathbf{V}}{\partial\sigma}+(f+\zeta)\boldsymbol{k}\times\mathbf{V}+\nabla_{\sigma}\left(\frac{\mathbf{V}\cdot\mathbf{V}}{2}+\Phi\right)+\alpha\sigma\nabla_{\sigma}\pi=\boldsymbol{F}\tag{1.111}$$

将(1.108),(1.109)式代入上式,并写成 x_1,y_1 方向上分量形式,就有

$$\frac{\partial u_1}{\partial t}+mu_1\frac{\partial u_1}{\partial x_1}+nv_1\frac{\partial u_1}{\partial y_1}+\dot{\sigma}\frac{\partial u_1}{\partial\sigma}=-m\left(\frac{\partial\Phi}{\partial x_1}+\alpha\sigma\frac{\partial\pi}{\partial x_1}\right)+v_1\left\{f+mn\left[v_1\frac{\partial}{\partial x_1}\left(\frac{1}{n}\right)-u_1\frac{\partial}{\partial y_1}\left(\frac{1}{m}\right)\right]\right\}+F_{x_1}$$

$$\frac{\partial v_1}{\partial t}+mu_1\frac{\partial v_1}{\partial x_1}+nv_1\frac{\partial v_1}{\partial y_1}+\dot{\sigma}\frac{\partial v_1}{\partial\sigma}=-n\left(\frac{\partial\Phi}{\partial y_1}+\alpha\sigma\frac{\partial\pi}{\partial y_1}\right)-u_1\left\{f+mn\left[v_1\frac{\partial}{\partial x_1}\left(\frac{1}{n}\right)-u_1\frac{\partial}{\partial y_1}\left(\frac{1}{m}\right)\right]\right\}+F_{y_1}$$

由(1.107)式,连续方程可写成

$$\frac{\partial\pi}{\partial t}+mn\left[\frac{\partial}{\partial x_1}\left(\frac{\pi u_1}{n}\right)+\frac{\partial}{\partial y_1}\left(\frac{\pi v_1}{m}\right)\right]+\frac{\partial\pi\dot{\sigma}}{\partial\sigma}=0$$

由(1.110)式,热力学方程(1.46)可写成

$$\frac{\partial}{\partial t}(c_pT)+mu_1\frac{\partial}{\partial x_1}(c_pT)+nv_1\frac{\partial}{\partial y_1}(c_pT)+\dot{\sigma}\frac{\partial}{\partial\sigma}(c_pT)=\alpha(\pi\dot{\sigma}+\sigma\dot{\pi})+Q$$

静力平衡方程形式不变。直接以 x 代替 x_1,y 代替 y_1,u,v 分别代替 u_1,v_1,注意到对于正形投影 $m=n$,由此,便得地图投影坐标系中的基本方程组

$$\begin{aligned}\frac{\partial v}{\partial t}+m(\mathbf{V}\cdot\nabla u)+\dot{\sigma}\frac{\partial u}{\partial\sigma}=&-m\left(\frac{\partial\Phi}{\partial x}+\alpha\sigma\frac{\partial\pi}{\partial x}\right)+\\&\left\{f+m^2\left[v\frac{\partial}{\partial x}\left(\frac{1}{m}\right)-u\frac{\partial}{\partial y}\left(\frac{1}{m}\right)\right]\right\}v+F_x\end{aligned}\tag{1.112}$$

$$\begin{aligned}\frac{\partial u}{\partial t}+m(\mathbf{V}\cdot\nabla v)+\dot{\sigma}\frac{\partial v}{\partial\sigma}=&-m\left(\frac{\partial\Phi}{\partial y}+\alpha\sigma\frac{\partial\pi}{\partial y}\right)-\\&\left\{f+m^2\left[v\frac{\partial}{\partial x}\left(\frac{1}{m}\right)-u\frac{\partial}{\partial y}\left(\frac{1}{m}\right)\right]\right\}u+F_y\end{aligned}\tag{1.113}$$

$$\frac{\partial\Phi}{\partial\sigma}=-\pi\alpha\tag{1.114}$$

$$\frac{\partial\pi}{\partial t}+m^2\left[\frac{\partial}{\partial x}\left(\frac{\pi u}{n}\right)+\frac{\partial}{\partial y}\left(\frac{\pi v}{m}\right)\right]+\frac{\partial\pi\dot{\sigma}}{\partial\sigma}=0\tag{1.115}$$

$$\frac{\partial}{\partial t}(c_pT)+mu\frac{\partial}{\partial x}(c_pT)+mv\frac{\partial}{\partial y}(c_pT)+\dot{\sigma}\frac{\partial}{\partial\sigma}(c_pT)=\alpha(\pi\dot{\sigma}+\sigma\dot{\pi})+Q\tag{1.116}$$

其中

$$\mathbf{V}\cdot\nabla = u\frac{\partial}{\partial x}+v\frac{\partial}{\partial y}$$

1.5　地图投影放大系数

地球表面特征通过投影方法描绘在投影面上都要发生一定的变形，从实用的观点来看，自然希望在所关心的区域中心这种变形尽量小一些，而在区域边缘变形大小尽量基本一致。根据这个要求，对于地球不同地区设计了不同的投影地图。

天气图底图常用的投影有平面投影、圆锥投影和圆柱投影，为了更直观地了解不同投影中地球与投影面的关系，给出几种透视投影的图形(图 1.3)。图 1.3(a)中，投

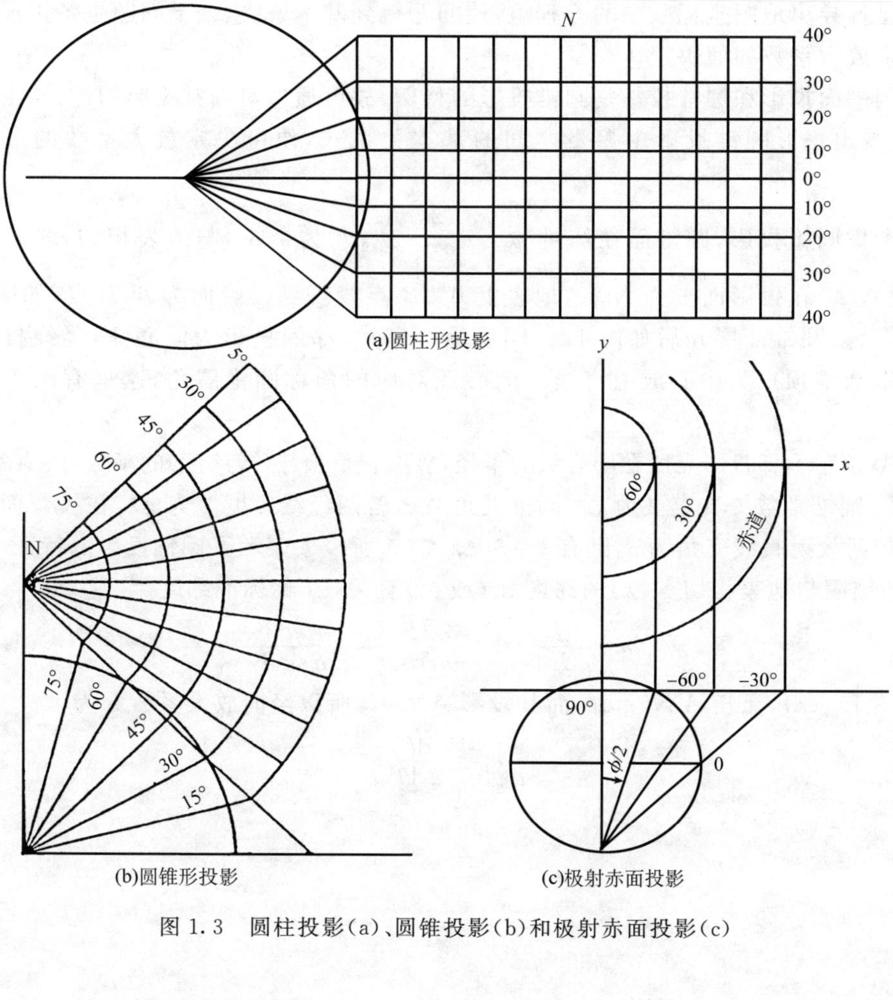

(a)圆柱形投影

(b)圆锥形投影

(c)极射赤面投影

图 1.3　圆柱投影(a)、圆锥投影(b)和极射赤面投影(c)

影面为与地球在 22.5°N 和 22.5°S 相割的圆柱面；图 1.3(b)中，投影面为与地球在 30°N，60°N 相割的圆锥面；图 1.3(c)中，投影面为与地球在 60°N 相割的平面。当然，这些圆柱面，圆锥面和平面也可以与地球表面在某一纬度相切，但由于割投影在图面的边缘部分变形较小，所以日常所用的地图投影都是割投影。以上三种投影都是透视投影，(c)是正形投影，但(a)，(b)不是正形投影。如果再附加上正形条件，则(a)，(b)就成了正形投影。(c)又称为极射赤面投影。(a)，(b)附加上正形条件，分别称之为 Mercator(墨卡托)投影和 Lambert(兰勃特)投影，它们是正形投影。

1.5.1 正形投影地图放大系数

在正形投影地图上取网格(例如取正方形网格)实施数值预报的数值计算时，网格距虽是等距的，由于投影不是等距的，格点间的实际距离是不等距的。引进了放大系数已推导出地图坐标系中的方程组，使问题得到基本解决，余下问题是各正形投影地图上放大系数如何决定。

因平面投影和圆柱投影是圆锥投影的特例，故可通过对圆锥投影的讨论，由正形条件，找出正形圆锥投影中参量之间的基本关系式，便可决定放大系数的一般表达式。

考虑圆锥投影，圆锥面在纬度 $\varphi_0\left(=\frac{\pi}{2}-\theta_0, \theta_0 \text{ 为余纬}\right)$与地表相切，光源在地心，北极 N' 在投影面上为 N 点，地表上 A'，B' 点投影到投影面为 A，B 点，如图 1.4(a)所示。圆锥面展开后如图 1.4(b)所示。显然，纬圈投影为同心弧，经线投影为一束以圆锥顶点为中心放射直线。同心弧对应的角称圆锥展角，这里有两个重要参数：

A：顶距 l，即投影点所在同心弧的半径，显然它是余纬(或纬度)的函数，$l=l(\theta_0)$。

B：圆锥常数 k，k 定义为 $k\equiv$圆锥展角$/2\pi$，若两经线经度差为 $\Delta\lambda$，在投影面上相对应的两放射直线交角为 δ，则有 $k=\delta/\Delta\lambda<1$。所以 k 表示了圆锥投影的特征，显然 k 与圆锥面与地表相切点(p)的纬度 φ_0(或 θ_0)有关，φ_0 称标准纬度。

$$m=\frac{L}{L_s}=\frac{2\pi kl}{2\pi a\cos\varphi}=\frac{kl}{a\sin\theta} \tag{1.117}$$

参看图 1.4(a)，弧长 $A'N'=a\theta$，而其投影 $AN=l$，所以经向放大系数 n 为

$$n=\frac{\mathrm{d}l}{a\,\mathrm{d}\theta} \tag{1.118}$$

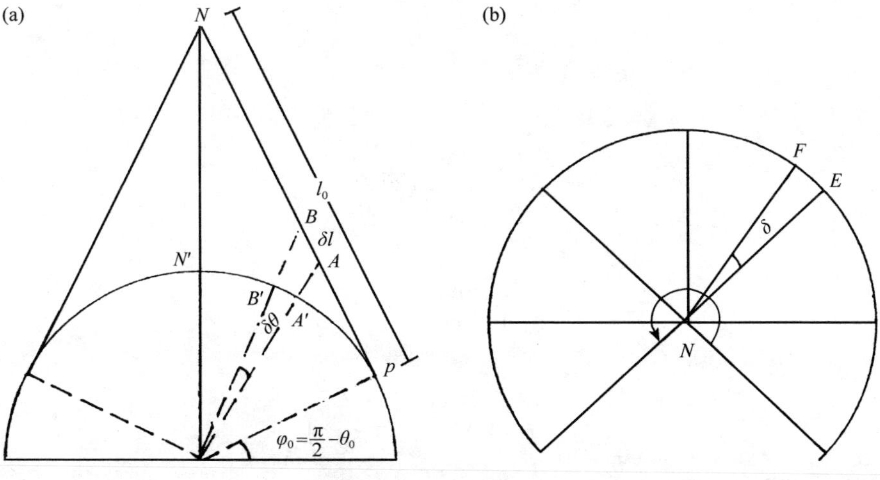

图 1.4　圆锥投影及展开面

根据正形条件，$n=m$，由此可得正形投影参数间的基本关系式，即有

$$\frac{\mathrm{d}l}{a\,\mathrm{d}\theta}=\frac{kl}{a\sin\theta} \tag{1.119}$$

积分上式，因

$$\mathrm{d}\ln l=\frac{k}{\sin\theta}\cdot\mathrm{d}\theta=k\mathrm{d}\left(\ln\tan\frac{\theta}{2}\right)$$

$$\int_{l_0}^{l}\mathrm{d}\ln l=k\int_{\theta_0}^{\theta}\mathrm{d}\left(\ln\tan\frac{\theta}{2}\right)$$

所以有

$$l=l_0\left(\tan\frac{\theta}{2}\Big/\tan\frac{\theta_0}{2}\right)^k \tag{1.120}$$

θ_0 为标准余纬，l_0 为标准纬圈投影圆弧的半径(即顶距)。因在标准纬度 $m=1$，由(1.117)式有

$$l_0=\frac{a}{k}\sin\theta_0 \tag{1.121}$$

故又有

$$l=\frac{a}{k}\sin\theta_0\left(\tan\frac{\theta}{2}\Big/\tan\frac{\theta_0}{2}\right)^k \tag{1.122}$$

再用(1.117)和(1.122)式就可计算放大系数 m。

1.5.2　极射赤面投影

投影面与地球在纬度 $\varphi=60°$(即 $\theta=30°$)相割，投影面所张的平面角为 360°，

因而

$$k = 1, \quad l_0 = \frac{a}{k}\sin 30^\circ = \frac{1}{2}a$$

利用

$$\tan\frac{\theta}{2} = \frac{\sin\theta}{1+\cos\theta}$$

知

$$\tan\frac{\theta_0}{2} = \frac{\sin 30^\circ}{1+\cos 30^\circ} = \frac{1}{2+\sqrt{3}}$$

由(1.120)式，知

$$\begin{aligned} l &= l_0\left(\tan\frac{\theta}{2}\Big/\tan\frac{\theta_0}{2}\right)^k \\ &= \frac{2+\sqrt{3}}{2}a\,\frac{\sin\theta}{1+\cos\theta} \end{aligned}$$

代入(1.117)式，就有

$$\begin{aligned} m &= \frac{kl}{a\sin\theta} = \frac{2+\sqrt{3}}{2}\,\frac{1}{1+\cos\theta} \\ &= \frac{2+\sqrt{3}}{2}\,\frac{1}{1+\sin\varphi} \end{aligned} \tag{1.123}$$

1.5.3 Lambert 投影

Lambert 投影是割投影，标准纬度为 $\theta_1=30^\circ$，$\theta_2=60^\circ$，若分别用 θ_1 和 θ_2 代入(1.122)式，则有

$$\begin{aligned} l &= \frac{a}{k}\sin\theta_1\left(\tan\frac{\theta}{2}\Big/\tan\frac{\theta_1}{2}\right)^k \\ &= \frac{a}{k}\sin\theta_2\left(\tan\frac{\theta}{2}\Big/\tan\frac{\theta_2}{2}\right)^k \end{aligned} \tag{1.124}$$

将上式代入(1.117)式，则得

$$\begin{aligned} m &= \frac{\sin\theta_1}{\sin\theta}\left(\tan\frac{\theta}{2}\Big/\tan\frac{\theta_1}{2}\right)^k \\ &= \frac{\sin\theta_2}{\sin\theta}\left(\tan\frac{\theta}{2}\Big/\tan\frac{\theta_2}{2}\right)^k \end{aligned} \tag{1.125}$$

由此有

$$\frac{\sin\theta_1}{\sin\theta_2} = \left(\tan\frac{\theta_1}{2}\Big/\tan\frac{\theta_2}{2}\right)^k$$

两边取对数，可确定 k 值：

$$k = \frac{\ln\sin\theta_1 - \ln\sin\theta_2}{\ln\tan\dfrac{\theta_1}{2} - \ln\tan\dfrac{\theta_2}{2}} = 0.71556 \tag{1.126}$$

于是由(1.125)式可算出 m。

1.5.4 Mercator 投影

圆柱投影相当于圆锥顶点在无穷远的情况。在投影面上，经纬线为相互垂直的直线，两经线投影的夹角 $\delta=0$。因而

$$l = \infty,\quad k = 0$$

所以不能用(1.117)，(1.122)式求放大系数 m。但仍可由正形条件直接计算放大系数 m。

纬度 φ 所在纬圈的长度为 $L_s=2\pi a\cos\varphi$，标准纬度为 φ_0，故在投影面上任一纬圈投影长度均为 $L=2\pi a\cos\varphi_0$，因此，纬向放大系数为

$$m = L/L_s = \cos\varphi_0/\cos\varphi \tag{1.127}$$

纬圈 A 与赤道在投影面上的距离为 l'(如图 1.5 所示)，显然 l'是 φ 的函数，即 $l'=l'(\varphi)$，因此，经向放大系数

$$n = \frac{\mathrm{d}l'}{a\,\mathrm{d}\varphi} \tag{1.128}$$

由正形条件有

$$\frac{\mathrm{d}l'}{a\,\mathrm{d}\varphi} = \frac{\cos\varphi_0}{\cos\varphi} \tag{1.129}$$

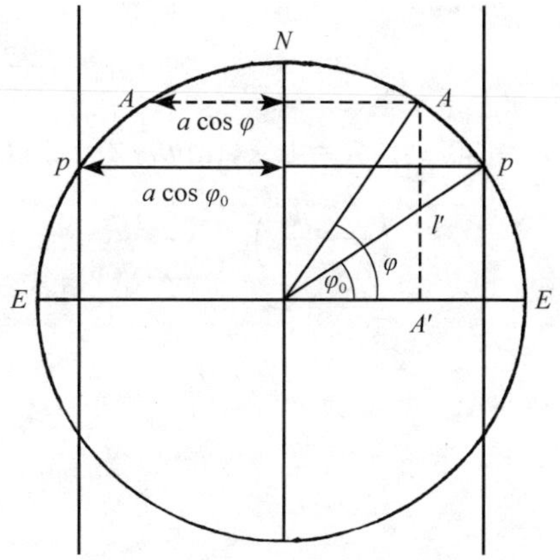

图 1.5　圆柱投影

对上式积分

$$\int_0^{l'} \mathrm{d}l' = a\cos\varphi_0 \int_0^{\varphi} \frac{\mathrm{d}\varphi}{\cos\varphi}$$

得到

$$l' = a\cos\varphi_0 \ln\left(\frac{1+\sin\varphi}{\cos\varphi}\right) \tag{1.130}$$

对于割投影一般取 $\varphi_0=22.5°$，由(1.130)式给出 l'与 φ 关系，由(1.127)式可计算 m。

若取 x 轴与纬线平行，y 轴与经线平行，则 m 只是 y 的函数而不是 x 函数，即有

$$\frac{\partial}{\partial x}\left(\frac{1}{m}\right) = 0$$

因此，方程组比上述两种投影简单一些。

1.5.5 在 Lambert 投影地图上计算网格点上 *m*

考虑一矩形区域，矩形北界与某纬圈相切于 A 点，AB 为某一经线，取正方形网

格，格距为 d，格点坐标为

$$x = i\Delta x = id, \quad i = 1,2,3,\cdots,I$$
$$y = j\Delta y = jd, \quad j = 1,2,3,\cdots,J$$

为与计算机存储格式一致，i 自左向右，j 自上向下排列。N 为北极点，如图 1.6 所示。格点 i,j 上放大系数用 $m_{i,j}$ 表示，l 用 $l_{i,j}$ 表示，则

$$m_{i,j} = \frac{kl_{i,j}}{a\sin\theta_{i,j}}, \quad \left(\theta_{i,j} = \frac{\pi}{2} - \varphi_{i,j}\right)$$

式中 $k=0.71556$，$a=6371\times10^3$ m。若 $A_1A=(N-1)d$，$AN=(L+1)d$，则

$$l_{i,j}^2 = PN^2 = PC^2 + CN^2 = [(i-N)^2 + (j+L)^2]d^2$$

又

$$l_{i,j} = \frac{a\sin\theta_1}{k}\left(\tan\frac{\theta_{i,j}}{2}\Big/\tan\frac{\theta_1}{2}\right)^k$$

$\theta_1=30°$，$\sin\theta_1=1/2$，$\tan\theta_1/2=\sin\theta_1/(1+\cos\theta_1)=1/(2+\sqrt{3})$，由上式有

$$\left(\frac{2l_{i,j}k}{a}\right)^{1/k}\frac{1}{2+\sqrt{3}} = \tan\frac{\theta}{2} = \sqrt{\frac{1-\cos\theta_{i,j}}{1+\cos\theta_{i,j}}} = \sqrt{\frac{1-\sin\varphi_{i,j}}{1+\sin\varphi_{i,j}}}$$

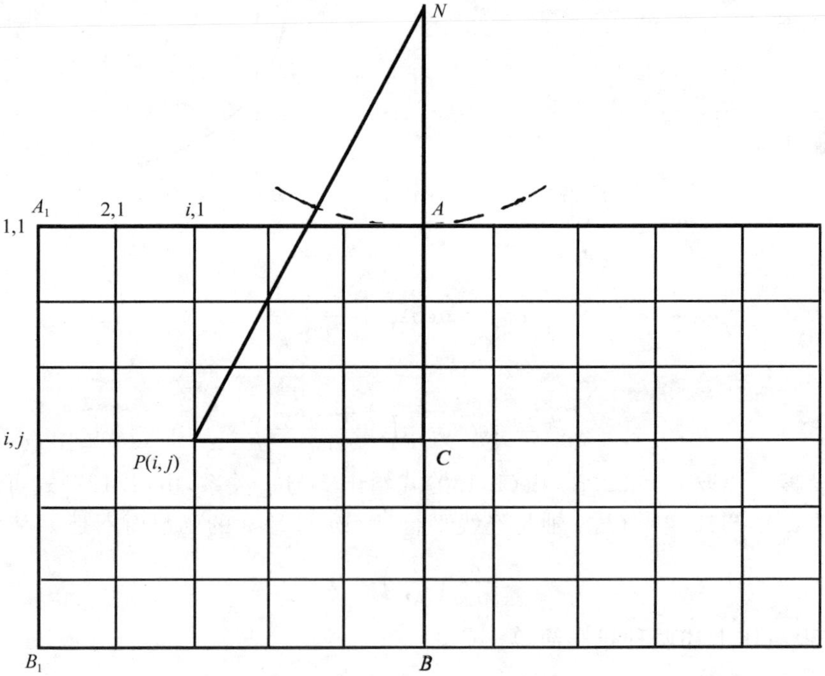

图 1.6　Lambert 投影地图上的网格

若令

$$A_{i,j} = \left(\frac{2l_{i,j}k}{a}\right)^{2/k} \frac{1}{(2+\sqrt{3})^2}$$

则

$$A_{i,j} = \frac{1-\sin\varphi_{i,j}}{1+\sin\varphi_{i,j}}$$

由此解出

$$\sin\varphi_{i,j} = \frac{1-A_{i,j}}{1+A_{i,j}}$$

故计算 $m_{i,j}$ 及地转参数 $f_{i,j}=2\Omega\sin\varphi_{i,j}$ 的程序可归纳为：

(1)赋 $k=0.71556$，$a=6371\times10^3$，$\Omega=1.4584\times10^{-4}$

(2)赋 N，L 值，及 d 值。

(3)计算

$$l_{i,j} = [(i-N)^2+(j+L)^2]^{1/2}d$$

(4)计算 $A_{i,j}$

$$A_{i,j} = \left(\frac{2l_{i,j}k}{a}\right)^{2/k} \frac{1}{(2+\sqrt{3})^2}$$

(5)计算 $\sin\varphi_{i,j}$

$$\sin\varphi_{i,j} = \frac{1-A_{i,j}}{1+A_{i,j}}$$

(6)计算 $m_{i,j}$

$$m_{i,j} = \frac{kl_{i,j}}{a\cos\varphi_{i,j}} = \frac{kl_{i,j}}{a\sqrt{1-\sin^2\varphi_{i,j}}}$$

(7)计算 $f_{i,j}$

$$f_{i,j} = 2\Omega\sin\varphi_{i,j}$$

复习思考题

(1)写出大气运动基本方程组。

(2)根据水汽质量守恒原理导出水汽方程。

(3)建立广义垂直坐标系的物理基础是什么？s 坐标系的下边界条件如何表示？

(4)什么是 σ 坐标系？有何优缺点？

(5)导出水平气压梯度力在 σ 坐标系中的表达式。

(6)从质量守恒原理出发，导出 s、σ、p 坐标系的连续方程。

(7)导出 σ 面高度和 σ 的计算公式，以及 σ 坐标系的地面气压倾向方程。

(8)为什么说在地形陡峭处，σ坐标系中水平气压梯度力是两个大项之微差？

(9)熟练掌握地图投影坐标系中几个矢量算符的表达式。

(10)什么是地图放大系数？掌握σ坐标系方程组转换到地图投影坐标系中的思路，并熟悉其平流形式和通量形式。

(11)在实际工作中会计算m和f。

(12)在数值预报中讨论能量关系有何意义？

第 2 章　有限差分法

前面介绍了大气运动方程组和大气运动的整体性质等，这些内容都是建立数值预报模式的理论基础。

数值预报是通过积分基本方程组来预报温压场、流场等要素场的未来变化，大气运动基本方程组是一非线性方程组，一般得不到其解析解，只能用数值方法求其数值解。因此，必须将模式方程组离散化，然后采用相应的数值方法进行求解。离散化的方法大体可分为三种类型，①有限体积法，有限体积法是以代数方程组的形式在网格点周围的体积元内表示和求解偏微分方程的方法，有散度项的偏微分方程体积分利用高斯定理可以转化为面积分，然后在每个有限体积元的面上以通量的形式计算。因为离开邻近体积内的通量等于进入某一体积内的通量，因此，这种方法是守恒的，并且容易满足单调性和正定约束，其另一个优点是可以在非结构网格上进行计算。不连续伽辽金(Galerkin)方法结合了有限元方法的局地区域分解特性、谱方法的高阶精度和弱的数值频散以及有限体积法的守恒性，其本质上是广义的高阶有限体积法。②有限差分法，有限差分法是数值方法中最经典的方法，实现起来非常简单。它是将求解域划分为结构化网格，用有限个网格节点代替连续的求解域，然后将偏微分方程的导数用差商代替，得出对应的差分方程组。求差分方程组(代数方程组)的解，就是微分方程定解问题的数值近似解，这是一种直接将微分问题变为代数问题的近似数值解法。但在非结构网格上却无能为力。③谱方法，谱方法也是一种数值求解微分方程的方法，其基本思想是把微分方程的解写成某一基函数的和，然后在和中选择系数使其尽可能满足微分方程。谱方法难以保证数值解的单调性和正定性。最小的网格尺度的非线性混淆可能造成能量的积累，因此，需要额外的扩散去除这种能量。谱方法为了精确地处理非线性项需要全球通信，会影响到并行性能。谱方法和有限元方法基本思想相同，二者的主要差别在于:谱方法的基函数在整个域上都是非零的，而有限元方法的基函数仅在子区域上是非零的，换句话说，谱方法采用的是全局法，而有限元采用的是局部法。谱方法是指数收敛，并且解是光滑的，但是有三维单域谱振荡。谱元法在快速收敛的谱方法基础上结合有限元方法的区域划分技术，先将复杂区域划分为若干较小的区域，然后在每个区域上应用谱方法，是有限元方法和谱方法的结合。谱元法的灵活特点及高效性在计算流体力学中得到了很好的体现，但是当解出现间断时，谱元解可能无法收敛，而且即使解保持长时间的稳定，计算结果也可能只有一阶精度，这使得谱元法作为高阶方法的有效性受到质疑。当区域的形状复杂并且有不连续系数时，有限元方法的精度更低。由于谱元法是高阶的有限元方法，因此，二者的收敛性质相似。数值结果也显示谱模式在梯度较大处会产生“谱环”，例如在安第斯山脉(Andes)的西面离开南美的西海岸，原来是平的海洋表面但在谱模式中却变成波动的表面，产生虚假的向上向下垂直运动，并和参数化相互作用导致更大的误差。这是谱模式在海岸附近的最大问题，并且以错误的方式调制参数化的层云。正因为谱模式的这些缺陷，现在气象模式开发者们又把精力集中在基于通量的格点模式上。同时希望格点模式也能增强守恒性和正定性，并且在巨型机上能进一步提高并行计算效率。

本章将通过对简单类型方程的讨论，阐述有限差分方法求数值解的一些基本问题。讨论数值解的精度，以及有限网格条件下，给物理问题带来的误差，数值预报中常用的时间差分格式，守恒差分格式的构造以及网格设计等。有限体积法、不连续伽辽金方法和谱方法将在后面章节中讨论。

2.1 有限差分和截断误差

数值积分基本方程组常用的方法是有限差分方法。在这个方法中，将基本方程组写在离散的网格点上，微分方程中的微商取有限差分近似，便得到一组代数方程，用代数方法就可求得离散点上的数值解。

泰勒(Taylor)级数展开可用来建立微商的有限差分近似。考虑一函数 $f(x)$将其展开成泰勒级数

$$f(x \pm \Delta x) = f(x) \pm f'(x)\Delta x + f''(x)\frac{\Delta x^2}{2!} \pm f'''(x)\frac{\Delta x^3}{3!} + \cdots \tag{2.1}$$

式中 $\Delta x > 0$，(2.1)式中取正号，得

$$f'(x) = \frac{f(x+\Delta x) - f(x)}{\Delta x} + R \tag{2.2}$$

R 代表余差项，它包括 Δx 的一次幂和高次幂项，余差项可以认为与 Δx 的数量级相同，并用 $O(\Delta x)$表示。略去 R 就得到 $f'(x)$的向前差分，R 被定义为差分近似的截断误差。若(2.1)式中取负号得到向后差分

$$f'(x) = \frac{f(x) - f(x-\Delta x)}{\Delta x} + O(\Delta x) \tag{2.3}$$

它与向前差分具有相同的截断误差。

如果将(2.1)式中两个级数(一个取正号，一个取负号)相减和相加，分别得到

$$f'(x) = \frac{f(x+\Delta x) - f(x-\Delta x)}{2\Delta x} + O(\Delta x^2) \tag{2.4}$$

$$f''(x)=\frac{f(x+\Delta x)-2f(x)+f(x-\Delta x)}{\Delta x^2}+O(\Delta x^2) \tag{2.5}$$

这是 $f'(x)$，$f''(x)$的中央差分近似，其截断误差的数量级都是 $O(\Delta x^2)$。一般说来，截断误差关于 Δx 的数量级愈高，有限差分近似精度就愈高。

若 $f=f(x,t)$，即 f 是 x，t 的函数，则对时间的微商$\partial f/\partial t$ 的有限差分近似，也有类似的表达式

$$\frac{\partial f}{\partial t}=\frac{f(x,t+\Delta t)-f(x,t)}{\Delta t}+O(\Delta t) \tag{2.6}$$

$$\frac{\partial f}{\partial t}=\frac{f(x,t)-f(x,t-\Delta t)}{\Delta t}+O(\Delta t) \tag{2.7}$$

$$\frac{\partial f}{\partial t}=\frac{f(x,t+\Delta t)-f(x,t-\Delta t)}{2\Delta t}+O(\Delta t^2) \tag{2.8}$$

其中(2.6)，(2.7)，(2.8)式分别称为$\partial f/\partial t$ 对时间 t 的向前差分、向后差分和中央差分。

截断误差是计算数学中的一个重要概念。若截断误差的量级为 $O(\Delta x)$称微商的差分近似是一阶的，若量级为 $O(\Delta x^2)$则称差分近似是二阶的，等等。截断误差的阶数愈高，从数学上来看，差分近似精度就愈高。这里没有涉及到误差对物理问题的影响，这是今后要重点考虑的问题。先举一例给予初步说明。大气运动不论在空间上还是时间上具有广阔的尺度谱，存在性质不同的各种波动。若某要素场可用谐波 $f=\mathrm{e}^{\mathrm{i}kx}$ 表示，$k=2\pi/L$ 为波数，L 为波长，其一阶微商为

$$f'(x)=\frac{\mathrm{d}}{\mathrm{d}x}\mathrm{e}^{\mathrm{i}kx}=\mathrm{i}k\mathrm{e}^{\mathrm{i}kx} \tag{2.9}$$

若取中央差分近似，令 $x=m\Delta x$，$m=0,1,2,\cdots$近似的微商记作 $f'_D(m\Delta x)$，则

$$\begin{aligned} f'_D(m\Delta x) &= \frac{f(m\Delta x+\Delta x)-f(m\Delta x-\Delta x)}{2\Delta x} \\ &= \frac{1}{2\Delta x}\left[\mathrm{e}^{\mathrm{i}k(m+1)\Delta x}-\mathrm{e}^{\mathrm{i}k(m-1)\Delta x}\right] \\ &= \frac{\mathrm{i}\sin k\Delta x}{\Delta x}\mathrm{e}^{\mathrm{i}km\Delta x} \end{aligned}$$

$f'(x)$与 $f'_D(m\Delta x)$之比

$$RR=\frac{f'_D(m\Delta x)}{f'(x)}=\frac{\sin k\Delta x}{k\Delta x}=\frac{\sin(2\pi\Delta x/L)}{2\pi\Delta x/L} \tag{2.10}$$

它是波数 k 与网格距的函数，当 $k\Delta x\rightarrow 0$ 时，$RR\rightarrow 1$。因 $k\Delta x=2\pi\Delta x/L$，故 Δx 愈小，波长愈长，差分近似的精度就愈高。例如对于 $L=10\Delta x$ 的波，则二阶差分近似就是够精确了，但对于波长比较短的波，特别是波长小于 $4\Delta x$ 的波，这一差分近似误差就十分大，特别是 $L=2\Delta x$ 的波，这时对于在任意格点 m 上($x=m\Delta x$)，$f'_D(m\Delta x)\equiv 0$ 这显然是不合理的。这个例子表明，取差分近似时，必须根据考虑的具体物理问题来

选取空间网格距。

2.2　平流方程初值问题的数值解

为引出用有限差分方法数值求解偏微分方程过程中的一些基本概念，先讨论一个简单的常系数线性双曲型方程——平流方程的数值解问题。平流方程的形式为

$$\frac{\partial F}{\partial t}+U\frac{\partial F}{\partial x}=0 \qquad (U>0) \tag{2.11}$$

这个方程与大气运动方程不考虑外力项，热力学方程中不考虑外源的线性形式相类似。它的初值问题的解析解不难得到。设(2.11)式的初值为一简单的谐波，即

$$t=0,\quad F(x,0)=Ae^{ikx} \tag{2.12}$$

可用分离变量方法求(2.11)式初值问题的解析解，令

$$F(x,t)=G(t)H(x) \tag{2.13}$$

代入(2.11)式，有

$$\frac{G'(t)}{G(t)}=-\frac{UH'(x)}{H(x)}=\mu$$

μ 为任一常数，于是得到

$$G=A_1e^{\mu t},\quad H=A_2e^{-\mu x/U}$$

A_1，A_2 均为任意常数。考虑初始条件(2.12)，取 $\mu=-ikU$，便有

$$F(x,t)=Ae^{ik(x-Ut)} \tag{2.14}$$

以上解为简谐波，相速 $C=U$ 为常值，这一波动的群速为 U、波幅为常值 A，是一无耗散、无频散、稳定的波动，它沿 x 正方向传播。

事实上容易证明，$G(x-Ut)$是方程(2.11)的一般解，这里 G 是一任意函数。因此对于任一初始条件 $F(x,0)=H(x)$，满足初值的解为

$$F(x,t)=H(x-Ut) \tag{2.15}$$

这就是所谓行波解，若

$$x-Ut=a \tag{2.16}$$

则在 $x-t$ 平面上，沿直线(2.16)式解 F 具有相同大小的值 $F(a)$，直线(2.16)式称为特征线，其斜率为 $1/U$ 如图 2.1 所示。因此说行波 $H(x-Ut)$是沿特征线传播的。

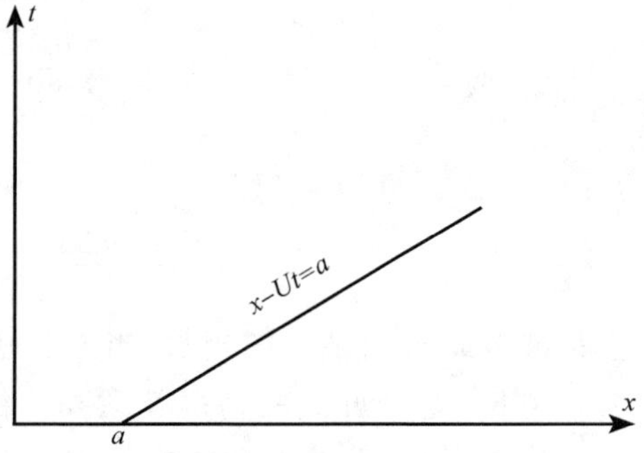

图 2.1　平流方程的特征线

现求满足初始条件的平流方程的数值解，为此首先需要将连续空间(x,t)离散化。在 $x-t$ 平面上取以 Δx，Δt 为间隔的网格，

Δx 称空间网格距(或简称格距),Δt 称时间步长。如图 2.2 所示。

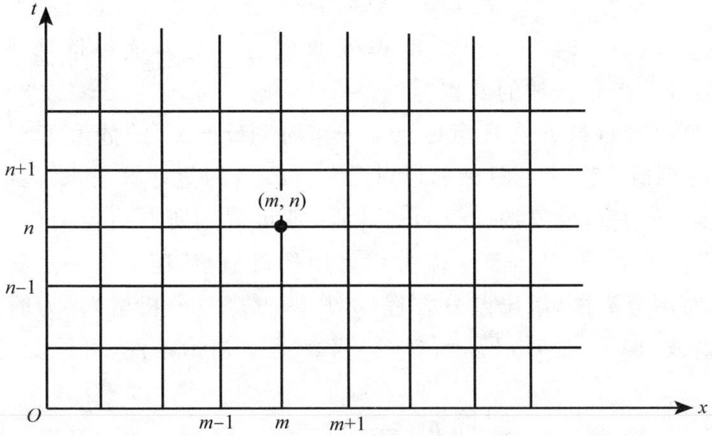

图 2.2　$x-t$ 平面上的网格

令

$$x = m\Delta x \qquad (m = 0,1,2,\cdots)$$
$$t = n\Delta t \qquad (n = 0,1,2,\cdots)$$

m 表示网格空间格点的标号,n 表示时间标号。这样,连续空间点就由离散网格点代替了。不再求连续空间中任一点的解,只求离散网格点($m\Delta x$,$n\Delta t$)上解,并记作 $F_m^n = F(m\Delta x, n\Delta t)$。

平流方程中时、空微商都取具有二阶精度的中央差分近似,则有

$$\frac{F_m^{n+1} - F_m^{n-1}}{2\Delta t} + U\frac{F_{m+1}^n - F_{m-1}^n}{2\Delta x} = 0 \tag{2.17}$$

或写成

$$F_m^{n+1} = F_m^{n-1} - \frac{U\Delta t}{\Delta x}(F_{m+1}^n - F_{m-1}^n) = 0 \tag{2.18}$$

(2.17),(2.18)式就是平流方程的差分方程,因时间差分取中央差分,(2.17)式常称为平流方程的蛙跃格式(后面还要详细讲解)。若取不同的差分近似,可得到不同形式的差分方程。差分方程与微分方程之差定义为截断误差

$$T_r = \text{差分方程} - \text{微分方程}$$

T_r 用以表征差分方程的精度,对于(2.17)式,因

$$\left(\frac{\partial F}{\partial t}\right)_m^n = \frac{F_m^{n+1} - F_m^{n-1}}{2\Delta t} + O(\Delta t^2)$$

$$\left(\frac{\partial F}{\partial x}\right)_m^n = \frac{F_{m+1}^n - F_{m-1}^n}{2\Delta x} + O(\Delta x^2)$$

所以

$$T_r = O(\Delta t^2) + O(\Delta x^2)$$

显然当 $\Delta t \to 0, \Delta x \to 0$ 时，$T_r \to 0$。即得到原微分方程。这种情形下称差分方程(2.17)与原微分方程是一致的或相容的。

由(2.18)式可知，求 F 在任意格点上未来时刻$(t+\Delta t)$的数值 F_m^{n+1}，都可通过该点在$(t-\Delta t)$时刻值 F_m^{n-1} 和 t 时刻邻近点 F_{m+1}^n, F_{m-1}^n 的值计算出来。当给定初值 F_m^0 和第一时间步长的 F_m^1，反复按(2.18)式计算，就可得到所有格点上任一未来时刻的 F 值。但这样得到的 F_m^n 是否是平流方程可用的近似解，还得进一步研究，为此先不做具体计算，而用分离法，求出差分方程(2.17)一般解（分析解）。为简单起见，设初值是单一的谐波，即 $t=0$ 时，$F_m^0 = \mathrm{e}^{\mathrm{i}km\Delta x}$。考虑这一初始条件，可设变量分离的形式解为

$$F_m^n = B^{n\Delta t}\mathrm{e}^{\mathrm{i}km\Delta x} \tag{2.19}$$

B 可以是复数，k 即波数。将(2.19)式代入(2.18)式中便有

$$\mathrm{e}^{\mathrm{i}km\Delta x}(B^{(n+1)\Delta t} - B^{(n-1)\Delta t}) = -\frac{U\Delta t}{\Delta x}B^{n\Delta t}(\mathrm{e}^{\mathrm{i}k(m+1)\Delta x} - \mathrm{e}^{\mathrm{i}k(m-1)\Delta x})$$

利用欧拉公式 $\mathrm{e}^{\mathrm{i}\theta} = \cos\theta + \mathrm{i}\sin\theta$，得

$$B^{2\Delta t} + 2\mathrm{i}\Omega B^{\Delta t} - 1 = 0 \tag{2.20}$$

其中

$$\Omega = \frac{U\Delta t}{\Delta x}\sin k\Delta x \tag{2.21}$$

方程(2.20)是 $B^{\Delta t}$ 的二次方程，求解得

$$B^{\Delta t} = -\mathrm{i}\Omega \pm \sqrt{1-\Omega^2} \tag{2.22}$$

方程两个根分别记作 $B_+^{\Delta t}, B_-^{\Delta t}$，这样就得到差分方程的一般解，即

$$F_m^n = (A_1 B_+^{n\Delta t} + A_2 B_-^{n\Delta t})\mathrm{e}^{\mathrm{i}km\Delta x} \tag{2.23}$$

A_1、A_2 是任意常数，可由初始条件决定，下面对一般解(2.23)加以讨论。

2.2.1 指数增长解和线性计算不稳定

回到(2.22)式，若$|\Omega|>1$，则 $1-\Omega^2<0$，$B^{\Delta t}$ 为纯虚数 $|B^{\Delta t}| = |\Omega \pm \sqrt{\Omega^2-1}|$，因而 $B_+^{\Delta t}, B_-^{\Delta t}$ 中必有一个解大于1，差分方程的解(2.23)将随时间指数增长。由解析解(2.14)可知，平流方程的解是具有定常波幅的谐波，因而差分方程解中波幅虚假的指数增长是计算不稳定现象，这是绝对需要避免的，如果$|\Omega|\leqslant 1$，即

$$\left|\frac{U\Delta t}{\Delta x}\sin k\Delta x\right| \leqslant 1 \tag{2.24}$$

则$|B^{\Delta t}|=1$，就不会出现波幅虚假增长现象。(2.24)式就是具有稳定解的条件。这

一条件对所有波长的波都应成立，因 $\sin k\Delta x$ 最大值等于 1，所以保持解计算稳定的充分条件是

$$\left|\frac{U\Delta t}{\Delta x}\right| \leqslant 1 \tag{2.25}$$

这就是保证计算稳定的 Courant-Friedrichs-Levy（CFL）条件。如果不满足这一条件，即使初始时刻不存在使 $|\Omega|>1$ 的波分量，在以后的计算中，因有舍入误差，也会产生这种波动分量而导致计算不稳定。

2.2.2　稳定解、计算波、计算频散

满足 $|\Omega|\leqslant 1$ 条件下，(2.22)式 $B^{\Delta t}$ 两个根均为复数，且 $|B^{\Delta t}|=1$，计算是稳定的。$B_+^{\Delta t}$，$B_-^{\Delta t}$ 可写成极坐标形式①

$$B_+^{\Delta t} = e^{-i\alpha} \qquad\qquad B_-^{\Delta t} = e^{i(\alpha+\pi)} \tag{2.26}$$

如图 2.3 所示，其中 $\alpha=\arcsin\Omega$。

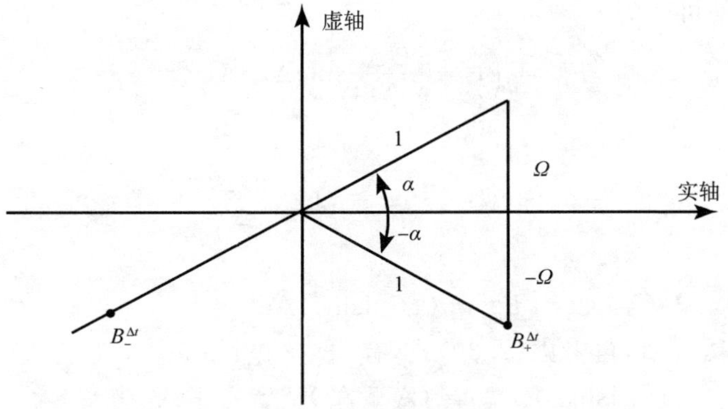

图 2.3　复数的几何表示

于是解(2.23)可写成

$$F_m^n = (A_1 e^{-i\alpha n} + A_2 e^{-i(\alpha+\pi)n}) e^{ikm\Delta x} \tag{2.27}$$

A_1，A_2 是待定的常数。初始条件为 $F_m^0=Ae^{ikm\Delta x}$，令(2.27)式中 $n=0$，则有

$$F_m^0 = (A_1 + A_2) e^{ikm\Delta x}$$

于是有 $A_1+A_2=A$，$A_1=(A-A_2)$，由于 $e^{i\pi}=-1$，因此，解(2.27)可表示为

$$F_m^n = (A - A_2) e^{ik\left(m\Delta x-\alpha\frac{n}{k}\right)} + (-1)^n A_2 e^{ik\left(m\Delta x+\alpha\frac{n}{k}\right)} \tag{2.28}$$

---

① 复数的极坐标形式为 $a+ib=(a^2+b^2)^{1/2}\exp\left(i\arcsin\frac{b}{(a^2+b^2)^{1/2}}\right)$ 或 $a+ib=(a^2+b^2)^{1/2}\exp\left(i\arctan\frac{b}{a}\right)$。

将差分方程这一数值解 F_m^n 与微分方程满足初始条件的解析解(即"真解")(2.14)式相比较,就可发现它们之间有重要的差异。首先,差分解由两个波组成,微分方程真解只是一单个波动。差分解中两个波动的出现是由于时间微商取中央差分,导出的差分方程对时间而言是二阶的缘故,这导致一般解中有两个待定的常数 A 和 A_2,利用初始条件已消去一个常数 A_1。为深入比较差分解与真解的差异,尚需要确定另一待定常数 A_2,为此要给出 F 第一个时间步长的值 F_m^1。最简单的方法是平流方程中 $\partial F/\partial t$ 采用向前差分,而 $\partial F/\partial x$ 仍取中央差分,即有

$$\frac{F_m^1 - F_m^0}{\Delta t} + U\frac{F_{m+1}^0 - F_{m-1}^0}{2\Delta x} = 0 \tag{2.29}$$

注意到

$$\begin{cases} F_m^0 = A\mathrm{e}^{\mathrm{i}km\Delta x} \\ F_{m+1}^0 = A\mathrm{e}^{\mathrm{i}k(m+1)\Delta x} \\ F_{m-1}^0 = A\mathrm{e}^{\mathrm{i}k(m-1)\Delta x} \end{cases}$$

代入(2.29)式便可得到

$$F_m^1 = \left(1 - \mathrm{i}\frac{U\Delta t}{\Delta x}\sin k\Delta x\right)A\mathrm{e}^{\mathrm{i}km\Delta x}$$

因

$$\alpha = \arcsin\Omega, \quad \sin\alpha = \Omega = \frac{U\Delta t}{\Delta x}\sin k\Delta x$$

故有

$$F_m^1 = (1 - \mathrm{i}\sin\alpha)A\mathrm{e}^{\mathrm{i}km\Delta x} \tag{2.30}$$

解(2.28)式中取 $n=1$,再考虑(2.30)式,有

$$(1 - \mathrm{i}\sin\alpha)\mathrm{e}^{\mathrm{i}km\Delta x} = (A - A_2)\mathrm{e}^{\mathrm{i}km\Delta x - \mathrm{i}\alpha} + A_2\mathrm{e}^{\mathrm{i}km\Delta x + \mathrm{i}\alpha}$$

由此求得

$$A_2 = -A\frac{(1 - \cos\alpha)}{2\cos\alpha} \tag{2.31}$$

于是差分方程的解为

$$F_m^n = A\frac{(1 + \cos\alpha)}{2\cos\alpha}\mathrm{e}^{\mathrm{i}k(m\Delta x - \alpha n/k)} + (-1)^{n+1}A\frac{(1 - \cos\alpha)}{2\cos\alpha}\mathrm{e}^{\mathrm{i}k(m\Delta x + \alpha n/k)} \tag{2.32}$$

现将差分方程解与微分方程解做进一步比较,以讨论在有限网格下差分解的误差,并着重分析对真解所表征问题的物理特性可能造成的影响。

2.2.2.1 物理波与计算波

前已指出平流方程的真解为一具有常振幅单向传播的波动,相速 $C=U$,这是一个无耗散、无频散、稳定的简谐波。差分方程的解为两个波动的叠加,这两个波动性质如何?这需要分析。首先注意到,当 $\Delta x \to 0$ 时

$$\Omega = \lim_{\Delta x \to 0} \frac{U\Delta t}{\Delta x} \sin k\Delta x = kU\Delta t$$

又由此式可知，$\Delta t \to 0$ 时

$$\alpha = \arcsin\Omega = \arcsin(kU\Delta t) \approx kU\Delta t$$

因此，解(2.32)中第一个波动的指数因子当 $\Delta x \to 0, \Delta t \to 0$ 时成为

$$\lim_{\substack{\Delta x \to 0 \\ \Delta t \to 0}} e^{ik(m\Delta x - \alpha n/k)} = e^{ik(x-Ut)}$$

Δt 充分小，α 也充分小，于是

$$\frac{(1+\cos\alpha)}{2\cos\alpha} \cong 1, \quad \frac{(1-\cos\alpha)}{2\cos 2\alpha} \cong 0$$

这样，若允许 $\Delta x \to 0, \Delta t \to 0$ 但又保持 $|\Omega| \leqslant 1$，这时第一个波动的振幅趋于并以相速 $C=U$ 与真解波动同一方向传播，因此，第一个波动与真解性质完全相同，称之为“物理解”或“物理波”。第二个波动沿“物理波”相反方向传播，其位相每经一个时间步长要改变一次符号，这与真解性质完全不同，是一种计算现象，我们称为“计算解”或称为“计算波”。这一虚假的计算波的出现，完全是由于时间微商取中央差分，差分方程对时间而言是二阶的缘故。计算波成为差分解误差源之一。计算解，是差分计算中带有普遍性的误差。差分方程只要一阶时间微商采用三个时间层格式(或称三点差分)，定会出现计算解。同样，用三点差分表示一阶空间微商也会出现计算解，这一计算解的特征是每经一格点，其值改变一次符号。

2.2.2.2　振幅误差

前已指出 α 很小时，物理解的振幅近于解析解振幅 A，计算解振幅则很小。因 $\alpha=\arcsin\Omega$，α 很小时，Ω 也应很小。又 $\Omega=U\Delta t/\Delta x \sin k\Delta x$，对于给定的 $U\Delta t/\Delta x$，只有当 $k\Delta x$ 很小时，Ω 才很小。$k=2\pi/L$，所以当 $\Delta x \ll L$ 时，即格距 Δx 远小于波长时，α 就很小，$\Delta x \ll L$ 就可保证物理解的波动振幅有相当的精度。计算解与物理解振幅之比为

$$\frac{1-\cos\alpha}{1+\cos\alpha},$$

$$\alpha = \arcsin\left(\frac{U\Delta t}{\Delta x} \sin k\Delta x\right)$$

若给定 $U\Delta t/\Delta x$，则 α 仅是 $k\Delta x$ 或 $\Delta x/L$ 的函数，两振幅之比的大小只取决于 $\Delta x/L$。表 2.1 给出了 $U\Delta t/\Delta x=0.75$，不同波长的计算解与物理解振幅之比。可见波长愈短，对计算解影响愈大，$L=8\Delta x$ 时，计算解的振幅，仅只有物理解的 1/10 了。所以当 $\Delta x \ll L$ 时(网格分辨率高时)，计算解的影响就很小，物理解振幅逼近真解的振幅。

表 2.1 平流方程蛙跃格式的误差

$L/\Delta x$	2	3	4	6	8	12	14
$\frac{1-\cos\alpha}{1+\cos\alpha}$	∞	7.35	0.20	0.14	0.08	0.04	0.01
C_E/C	0	0.45	0.72	0.90	0.95	0.98	0.995

2.2.2.3 相速误差

真解相速 $C=U$ 为常值，数值解中波动相速以 C_E 表示，由(2.32)式可知，数值波动解中 $n\alpha/k$ 相当于真解中 Ct，于是有

$$C_E t = \frac{n\alpha}{k} \tag{2.33}$$

又 $t=n\Delta t$，所以

$$C_E = \frac{\alpha}{k\Delta t} = \frac{\arcsin[(U\Delta t/\Delta x)\sin k\Delta x]}{k\Delta t} \tag{2.34}$$

先考虑一特殊情形，即令 $U\Delta t/\Delta x=1$，此时

$$C_E = \frac{k\Delta x}{k\Delta t} = \frac{\Delta x}{\Delta t} = U \tag{2.35}$$

即相速没有误差。在一般情形下，若给定 $U\Delta t/\Delta x$ 的值，则 C_E/C 之比

$$\begin{aligned}\frac{C_E}{C} &= \frac{\arcsin[U\Delta t/\Delta x \sin k\Delta x]}{kU\Delta t} \\ &= \frac{\arcsin\left[U\Delta t/\Delta x \sin\frac{2\pi}{L}\Delta x\right]}{U\Delta t/\Delta x \cdot 2\pi\Delta x/L}\end{aligned} \tag{2.36}$$

即 C_E/C 仅是 $\Delta x/L$(或 $L/\Delta x$)的函数。表 2.1 中也给出了 $U\Delta t/\Delta x=0.75$ 时计算相速与真解相速之比(C_E/C)，由表可知，C_E/C 小于 1，这意味着中央差分近似使波动移速变小，且波长愈短误差愈大。对于二倍格距波，计算相速为零，而四倍格距波计算相速只有真解相速的 72%，八倍格距波的相速可达真解相速的 95%。所以，当 $\Delta x \ll L$时，相速误差就很小了。

真解相速 $C=U$ 不依赖于波长为常值，是非频散波，而计算相速 C_E 依赖于波长，短波移动慢，长波移动快，因而随着时间推移，构成初始扰动的不同波长的波动将分离出，短波长的波动将跟随长波长的波动之后，特别是 2～4 倍格距波分离现象更为明显，即计算解中出现了明显的“寄生波”。这种现象称为计算频散，计算频散是中央差分令人注目的误差。

2.2.2.4 群速误差

解析解中的相速不依赖于波长，因此，群速等于相速，$C_g=C$。计算解的相速 C_E

依赖于波长，因而计算群速 C_{gE} 不等于计算相速 C_E。因此，在数值解中就会出现虚假的能量频散。群速表达式为

$$C_g = \frac{\mathrm{d}(kC)}{\mathrm{d}k} = -L^2\frac{\mathrm{d}}{\mathrm{d}L}\left(\frac{C}{L}\right) \tag{2.37}$$

解析解中相速 U=常值，因而 $C_g=U$。根据(2.35)式，由(2.37)式可得计算群速

$$\begin{aligned} C_{gE} &= \frac{\mathrm{d}(kC_E)}{\mathrm{d}k} = \frac{\mathrm{d}}{\mathrm{d}k}\left\{\frac{k\arcsin[(U\Delta t/\Delta x)\sin k\Delta x]}{k\Delta t}\right\} \\ &= U\frac{\cos k\Delta x}{\left[1-\left(\dfrac{U\Delta t}{\Delta x}\sin k\Delta x\right)^2\right]^{1/2}} \end{aligned} \tag{2.38}$$

首先注意到，若 $U\Delta t/\Delta x=1$，则 $C_{gE}=U$，即群速没有误差。然而若 $U\Delta t/\Delta x<1$，则对于低波数(长波长)波动，很小，$C_{gE}\to U$，然而对短波就有显著误差。例如，当 $U\Delta t/\Delta x<1$ 时，就有

$$L = 4\Delta x,\quad k\Delta x = \pi/2,\quad C_{gE} = 0$$

$$L = 2\Delta x,\quad k\Delta x = \pi,\quad C_{gE} = -U$$

因而一个初始扰动中 $2\Delta x\sim 4\Delta x$ 的波动能量将迅速向“上游”传播，这表明在数值解中，由于存在虚假的频散，在“上游”易产生波长为 $2\Delta x\sim 4\Delta x$ 的寄生波。

计算解、计算不稳定；相速、群速误差是差分计算中带有普遍性误差，这是离散化后截断误差造成的。

2.3　相容性、收敛性、稳定性

上一节已讨论了一个简单的线性偏微分方程的数值解，现在来讨论有关用数值方法求偏微分方程解的一些基本概念。

首先应注意到，如果用差分方程代替一微分方程，那么直观上来看，当时间步长、空间步长等减小至零时，差分方程应逼近微分方程，这就是差分方程相容性问题。

【定义】差分方程和微分方程的差别大小与步长的某一次方同阶，当步长 Δt，Δx 趋于零时，差分方程无限逼近微分方程，满足这一要求的差分格式，称为与相应的微分方程相容的(或一致的)差分格式。

一个差分格式的精确度，可用差分方程的截断误差 R 来量度

$$R = 差分方程 - 微分方程$$

上节已讨论了平流方程中央差分格式，其截断误差为

$$R = \frac{F_m^{n+1}-F_m^{n-1}}{2\Delta t} + C\frac{F_{m+1}^n - F_{m-1}^n}{2\Delta x} - \left(\frac{\partial F}{\partial t} + C\frac{\partial F}{\partial x}\right)$$

将 $F_m^{n\pm 1}$，$F_{m\pm 1}^n$ 展开成泰勒级数

$$F_m^{n\pm1} = F_m^n \pm \frac{\partial F}{\partial t}\frac{\Delta t}{1!} + \frac{\partial^2 F}{\partial t^2}\frac{\Delta t^2}{2!} \pm \frac{\partial^3 F}{\partial t^3}\frac{\Delta t^3}{3!} + \cdots$$

$$F_{m\pm1}^{n} = F_m^n \pm \frac{\partial F}{\partial x}\frac{\Delta x}{1!} + \frac{\partial^2 F}{\partial x^2}\frac{\Delta x^2}{2!} \pm \frac{\partial^3 F}{\partial x^3}\frac{\Delta x^3}{3!} + \cdots$$

将此式代入上式，就有

$$T_r = \frac{\partial^3 F}{\partial t^3}\frac{\Delta t^2}{6} + \frac{\partial^3 F}{\partial x^3}\frac{\Delta x^2}{6} + \Delta t \text{ 和 } \Delta x \text{ 的高次项}$$

或简单写成

$$T_r = O(\Delta t^2) + O(\Delta x^2)$$

即 T_r 与 $\Delta t^2, \Delta x^2$ 同阶，显然

$$\Delta t, \Delta x \to 0, \quad T_r \to 0$$

即此差分格式与微分方程是相容的，当 $\Delta t, \Delta x \to 0$，差分方程逼近微分方程。

其次，从上节讨论中可知，由一个与微分方程相容的差分格式得到的数值解 F_N，并不能保证是原微分方程的近似解。由于在计算过程中总有舍入误差等误差，使得数值解 F_N 与差分方程的准确解 F_D 有所不同。此外，差分方程的准确解 F_D 与微分方程的准确解 F 也是不同的。因此，实际误差

$$F - F_N = (F - F_D) + (F_D - F_N)$$

微分方程的准确解 F 与差分方程准确解之差是由截断误差造成的，$F - F_D$ 可称为截断误差；而差分方程的准确解 F_D 与实际求出的数值解 F_N 之差，是舍入误差累积的结果，可称之为舍入误差或稳定性误差。直观分析告诉我们，要想得到微分方程的近似数值解，就要求当差分方程步长趋于零时，F_D 趋于 F，即解的截断误差 $F - F_D$ 趋于零，并且舍入误差的积累不随所取的时间步数的增加而按指数增加，即舍入误差是有界函数。前者就是所谓收敛性问题，后者则是计算稳定性问题。

【定义】如果对于一确定的时间 $T = n\Delta t$，在给定的积分区域内，当空间和时间步长趋近于零时，差分方程的解逼近微分方程的解（即解的截断误差 $F - F_D \to 0$），则称差分方程的解是收敛的。

【定义】对于任意足够小的时间步长 Δt，$n\Delta t$ 小于一确定的时间内（即 $0 < \Delta t < \tau$，$0 \leqslant n\Delta t \leqslant T$），差分方程解是初值的一致有界函数，则称差分格式是稳定的。

这一稳定性定义是 Richtmyer 和 Morton1967 年给出的。有些关于数值方法的文章指出，当全部的舍入误差的累积作用可以忽略，则差分方程是稳定的，显然这里最重要的是这些误差要不随所取的时间步数的增加而按指数增加。实际上这与上述的定义的条件基本上是一致的。

相容性、收敛性、稳定性是用差分方法求微分方程数值解中三个最基本概念，相容性问题容易讨论，收敛性问题难于研究，因为微分方程的解和差分方程的精确解是不知道的。稳定性问题也不难讨论。拉克斯（Lax）曾讨论了相容性、收敛性、稳定性

之间的关系，证明了一个“等价”定理，现叙述如下：

【拉克斯(Lax)等价定理】对于一个线性微分方程的适定初值问题，若其差分方程是相容的，稳定性条件是收敛性的充分与必要条件。

由于有 Lax 定理，因此，用差分方法求微分方程的数值解最重要的问题是差分格式的计算稳定性和精确度。

2.4　分析计算稳定性方法

如果能找到差分方程的分析解，那么就可直接讨论计算稳定性条件。第二节中已经这样做了。然而在许多情形下，求得差分方程的分析解是极困难的，因此依赖分析解寻找计算稳定性条件局限性很大。常用的是谐波分析法和能量法。

2.4.1　谐波分析法

谐波分析法即冯·诺依曼(von Neumann)法，它适用于常系数线性方程的计算稳定性分析。因为常系数线性方程可以分离变量且叠加原理成立，所以，差分方程的形式解可取为一有限傅里叶(Fourier)级数，为考察计算稳定性，取单个傅里叶分量就足够了。一般取为

$$F(m\Delta x, n\Delta t) = F_m^n = B^{n\Delta t} e^{ikm\Delta x} \tag{2.39}$$

将其代入差分方程，可得到 $B^{\Delta t}$ 的方程。很清楚，$|B^{\Delta t}|$ 大于、等于还是小于 1，决定解是增长的(不稳定)、中性的还是衰减的，即

$$|B^{\Delta t}| \begin{cases} >1 & \text{增长} \\ =1 & \text{中性} \\ <1 & \text{衰减} \end{cases}$$

如果解得的 $|B^{\Delta t}|$ 无条件满足 $|B^{\Delta t}| \leqslant 1$，便认为差分格式是绝对稳定的，在一定条件下才满足 $|B^{\Delta t}| \leqslant 1$，称差分格式是条件性稳定的，这一条件就是计算稳定性判据。$|B^{\Delta t}|$ 可视为增幅率。

$B^{\Delta t}$ 一般是复数，可用极坐标表示为

$$B^{n\Delta t} = A e^{i\alpha n\Delta t}$$

因而解又可设为

$$F_m^n = A e^{ikm\Delta x} \cdot e^{i\alpha n\Delta t} = A e^{i(km\Delta x + \alpha n\Delta t)} \tag{2.40}$$

将这形式解代入差分方程，可定出 α，假如 α 是实数，显然数值解是稳定的(中性的)，如果 α 是复数，$\alpha = \alpha_r + i\alpha_i$，则因

$$F_m^n = A e^{i(km\Delta x + \alpha n\Delta t)} = A e^{-\alpha_i n\Delta t} e^{i(km\Delta x + \alpha_r n\Delta t)}$$

显然

$$\alpha_i = \begin{cases} < 0 & \text{解指数增长} \\ > 0 & \text{解指数衰减} \end{cases}$$

在增长情况下,解随 n 增加而无限增大,使计算归于失败。这与用标准波型法(即谐波法)分析流体动力稳定性做法是完全类似的。这个方法也适合于空间二维差分方程和差分方程组稳定性分析。

更一般是设一多因变量和差分方程组的形式解为

$$\begin{pmatrix} F_m^n \\ G_m^n \end{pmatrix} = \begin{pmatrix} B_n^{(1)} \\ B_n^{(2)} \end{pmatrix} e^{ikm\Delta x} \tag{2.41}$$

若设差分方程组的形式为

$$\begin{cases} F_m^{n+1} = L_1(F_m^n) \\ G_m^{n+1} = L_2(G_m^n) \end{cases}$$

L_1, L_2 为线性差分算子,将此形式解代入方程组就可得到如下形式方程组(矩阵形式)

$$\begin{pmatrix} B_{n+1}^{(1)} \\ B_{n+2}^{(2)} \end{pmatrix} = \boldsymbol{A} \begin{pmatrix} B_n^{(1)} \\ B_n^{(2)} \end{pmatrix}$$

或写成

$$\boldsymbol{B}_{n+1} = \boldsymbol{A}\boldsymbol{B}_n$$

其中 $\boldsymbol{B}_{n+1} = \begin{pmatrix} B_{n+1}^{(1)} \\ B_{n+2}^{(2)} \end{pmatrix}$,$\boldsymbol{B}_n = \begin{pmatrix} B_n^{(1)} \\ B_n^{(2)} \end{pmatrix}$。

由此有

$$\boldsymbol{B}_{n+1} = \boldsymbol{A}\boldsymbol{B}_n = \boldsymbol{A}^2\boldsymbol{B}_{n-1} = \cdots = \boldsymbol{A}^{n+1}\boldsymbol{B}_0$$

$\boldsymbol{A}$ 是由诸如 $k, \Delta x, \Delta t$ 等元素组成的矩阵,称增幅矩阵,$(n+1)\Delta t$ 时刻的解决定于增幅矩阵的性质,决定于增幅矩阵的特征值。下面以平流方程为例对此加以具体说明。平流方程蛙跃格式形式为

$$\frac{F_m^{n+1} - F_m^{n-1}}{2\Delta t} + U\frac{F_{m+1}^n - F_{m-1}^n}{2\Delta x} = 0$$

或写成

$$F_m^{n+1} = F_m^{n-1} - \frac{U\Delta t}{\Delta x}(F_{m+1}^n - F_{m-1}^n) \tag{2.42}$$

这是三个时间层显式格式。为方便起见,令

$$G_m^n = F_m^{n-1} \tag{2.43}$$

则有

$$\begin{cases} F_m^{n+1} = G_m^n - \dfrac{U\Delta t}{\Delta x}(F_{m+1}^n - F_{m-1}^n) \\ G_m^{n+1} = F_m^n \end{cases} \tag{2.44}$$

取形式解为

$$\begin{cases} F_m^n = B_n^{(1)} e^{ikm\Delta x} \\ G_m^n = B_n^{(2)} e^{ikm\Delta x} \end{cases} \tag{2.45}$$

注意到

$$F_{m+1}^n - F_{m-1}^n = (2\mathrm{i}\sin k\Delta x) F_m^n \tag{2.46}$$

于是,将(2.45)式代入(2.44)式中,得

$$\begin{cases} B_{n+1}^{(1)} = -2\mathrm{i}\Omega B_n^{(1)} + B_n^{(2)} \\ B_{n+1}^{(2)} = B_n^{(1)} \end{cases} \tag{2.47}$$

其中

$$\Omega = \frac{U\Delta t}{\Delta x}\sin k\Delta x$$

写成矩阵形式有

$$\begin{bmatrix} B_{n+1}^{(1)} \\ B_{n+1}^{(2)} \end{bmatrix} = \begin{bmatrix} -2\mathrm{i}\Omega & 1 \\ 1 & 0 \end{bmatrix} \begin{bmatrix} B_n^{(1)} \\ B_n^{(2)} \end{bmatrix} \tag{2.48}$$

或

$$\boldsymbol{B}_{n+1} = \boldsymbol{A}\boldsymbol{B}_n = \boldsymbol{A}^2\boldsymbol{B}_{n-1} + \cdots + \boldsymbol{A}^{n+1}\boldsymbol{B}_0 \tag{2.49}$$

$\boldsymbol{A}$ 称为增幅矩阵,$\boldsymbol{B}_0$ 为初始条件,显然经 $n+1$ 次时间步长积分后的解与增幅矩阵 $\boldsymbol{A}$ 的特征有关。假如初始时刻网格点上值有衰减,即给出的是 $\boldsymbol{B}'_0$ 而不是 $\boldsymbol{B}_0$,如计算中再没有引进新的误差,则经 $n+1$ 次时间步长后 $\boldsymbol{B}$ 为

$$\boldsymbol{B}'_{n+1} = \boldsymbol{A}^n\boldsymbol{B}'_0$$

则经 $n+1$ 次时间步长后,误差 ε_{n+1} 为

$$\varepsilon_{n+1} = \boldsymbol{B}_{n+1} - \boldsymbol{B}'_{n+1} = \boldsymbol{A}^{n+1}(\boldsymbol{B}_0 - \boldsymbol{B}'_0) = \boldsymbol{A}^{n+1}\varepsilon_0 \tag{2.50}$$

如果 ε_{n+1} 保持有界,则差分格式是计算稳定。

增幅矩阵 $\boldsymbol{A}$ 的特征值由如下特征方程确定

$$|\boldsymbol{A} - \boldsymbol{E}\lambda| = 0 \tag{2.51}$$

$\boldsymbol{E}$ 为单位矩阵,在这个例子中行列式是二阶的,因而特征方程有两个根。特征向量 γ_k 是齐次方程组

$$(\boldsymbol{A} - \lambda_j\boldsymbol{E})\gamma_j = 0$$

或

$$\boldsymbol{A}\gamma_j = \lambda_j\gamma_j \qquad (j = 1,2) \tag{2.52}$$

的解。如果特征向量是完备的,这样,初始误差可以表示为特征向量的线性组合,即

$$\varepsilon_0 = \sum_j C_j\gamma_j \tag{2.53}$$

C_j 是常数。将(2.53)式代入(2.50)式,则有

$$\varepsilon_{n+1} = \sum_j C_j \boldsymbol{A}^n \gamma_j = \sum_j C_j \boldsymbol{A}^{n-1} \lambda_j \gamma_j = \cdots = \sum_j C_j \lambda_j^{n+1} \gamma_j$$

即

$$\varepsilon_{n+1} = \sum_j C_j \lambda_j^{n+1} \gamma_j \tag{2.54}$$

可见保持误差有界，即差分格式是计算稳定的，必须要求

$$|\lambda_j| \leqslant 1 \qquad (j = 1,2) \tag{2.55}$$

这一稳定性条件称 von Neumann 条件。此外，这里也可看出讨论误差是否增长与讨论差分解是否增长是等价的，因为对于 $\boldsymbol{B}_{n+1}$，也有

$$\boldsymbol{B}_{n+1} = \sum_j D_j \lambda_j^{n+1} \gamma_j \tag{2.56}$$

(2.56)式与(2.54)式只有系数差异，这是初值 F_0 被展开为

$$F_0 = \sum_j D_j \gamma_j$$

的缘故。

由(2.51)式得到特征方程为

$$\lambda^2 + 2\mathrm{i}\Omega\lambda - 1 = 0 \tag{2.57}$$

这一方程系数与(2.20)式完全一样。一对特征值为

$$\lambda = -\mathrm{i}\Omega \pm \sqrt{1-\Omega^2}$$

不难证明，必须要求$|\Omega| \leqslant 1$，才使得所有特征值$|\lambda| \leqslant 1$，所以差分格式为条件稳定性格式。因 $\Omega = (U\Delta t/\Delta x)\sin k\Delta x$，要保证对于所有允许的波长的波计算是稳定的，则要求 $C\Delta t/\Delta x \leqslant 1$，这与第二节中的结论是一样的。应指出当$|\Omega| \leqslant 1$ 时$|\lambda_j| = 1$，所以蛙跃格式是中性的。

最后需指出，保证差分格式稳定的条件过于严格了。实际上按第二节给出的差分格式稳定性的定义，只要求对于任意足够小的时间步长 Δt，在一确定的时段内($n\Delta t < T$)差分解是初值的一致有界函数，并不要求差分解一定不随时间指数增长。较宽的稳定性条件可表述如下：增幅矩阵的全部特征值对所有波数必须满足

$$|\lambda_j| \leqslant 1 + O(\Delta t) \tag{2.58}$$

即$|\lambda_j|$允许超过 1，但超过的那部分要与 Δt 同量级。例如，取 $\lambda = 1 + U\Delta t$，U 是常数，$n\Delta t = T$，则

$$\lambda^n = (1+U\Delta t)^n = \left(1 + \frac{UT}{n}\right)^n$$
$$= 1 + \left(\frac{UT}{n}\right) + \frac{n(n-1)}{2!}\left(\frac{UT}{n}\right)^2 + \cdots$$

如果 Δt 充分小，n 就充分大，$n \to \infty$的极限情形下有

$$\lambda^n = 1 + UT + \frac{(UT)^2}{2!} + \cdots = \mathrm{e}^{UT}$$

此情形下，差分解允许指数增长，但却是有界的。

此外，von Neumann 条件(2.55)仅是差分系统稳定性的必要条件，因为特征向量不一定都是完备的，Richtmyer 和 Morton(1967)曾给了一些不同的稳定性充分条件，不再详述。von Neumann 方法不足之处是不能考虑边界条件对稳定性的影响。

2.4.2　能量法

分析差分系统稳定性的另一种方法是能量法。这一方法可以给出稳定性的充分条件，而且也适合对非线性方程的分析。这个方法并不一定需要考虑能量的具体物理形式。如果微分方程真解是有界的，自然需要真解相应的差分解的有界性，如果能确定在任意时刻 n，所有格点上 u_m^n 的平方和 $\sum_m (u_m^n)^2$ 是有界的，自然每一 u_m^n 也是有界的，从而差分系统必是稳定的。虽然能量法有清楚的数学物理基础，但实际分析要比 von Neumann 方法困难得多。

下面以线性平流方程 $\frac{\partial U}{\partial t}+C\frac{\partial U}{\partial x}=0(C>0)$ 为例加以说明。

取后差隐式格式(详见第六节)，有

$$\frac{u_j^n-u_j^{n-1}}{\Delta t}+C\frac{u_{j+1}^n-u_{j-1}^n}{2\Delta x}=0$$

或

$$\frac{u_j^{n+1}-u_j^n}{\Delta t}+C\frac{u_{j+1}^{n+1}-u_{j-1}^{n+1}}{2\Delta x}=0$$

将上式乘 u_j^{n+1}，然后对 j 求和，得能量方程

$$\sum_j (u_j^{n+1})^2-\sum_j u_j^{n+1}u_j^n+\frac{C\Delta t}{2\Delta x}\sum_j (u_j^{n+1}u_{j+1}^{n+1}-u_j^{n+1}u_{j-1}^{n+1})=0$$

式中 $j=0,1,2,\cdots,J-1,J$。其中 $\sum_j (u_j^{n+1}u_{j+1}^{n+1}-u_j^{n+1}u_{j-1}^{n+1})$ 的第二项 $-u_j^{n+1}u_{j-1}^{n+1}$ 的 j 用 $j+1$ 代替，可得 $-u_{j+1}^{n+1}u_j^{n+1}$，恰与第一项符号相反，也就是说，相邻格点能量项再次出现，符号相反，在求和区域内格点值相互抵消，最后可得

$$\sum_j (u_j^{n+1}u_{j+1}^{n+1}-u_j^{n+1}u_{j-1}^{n+1})=u_{J-1}u_J-u_1u_0=u_{J-1/2}^2-u_{1/2}^2$$

取适当边界条件，如周期边界条件，这项等于零，于是有

$\sum_j (u_j^{n+1})^2=\sum_j u_j^{n+1}u_j^n$，应用施瓦兹(H. A. Schwartz)不等式

$$\sum_j a_jb_j\leqslant\sqrt{\sum_j a_j^2}\sqrt{\sum_j b_j^2}$$

则有 $\sum_j (u_j^{n+1})^2=\sum_j u_j^{n+1}u_j^n\leqslant\sqrt{\sum_j (u_j^{n+1})^2\sum_j (u_j^n)^2}$，两边平方，消去 $\sum_j (u_j^{n+1})^2$，得 $\sum_j (u_j^{n+1})^2\leqslant\sum_j (u_j^n)^2$，说明差分解不会随时间增长，格式是稳定的，且为绝对稳定。

但这一思想,可以用来在实际数值计算中检验所设计的差分系统的稳定性,在下节我们主要是用 von Neumann 方法,分析不同的时间差分格式的稳定性及其性能。

2.5 有限离散下的误差

前一节已指出,差分方程的数值解可作为微分方程的近似解的关键是差分格式的稳定性问题。通常在满足稳定性条件下步长充分缩小,则可得到足够准确的数值解。但在实际工作中,由于测站密度的限制和计算量的庞大,网格距不可能任意减小,实际计算都是在有限网格下进行的。因此,一定程度的误差是不可避免的。例如:有限网格造成系统移动的滞后现象,即系统移动偏慢。再如:①有限网格对波解频散性质的影响,可使非频散波变成频散波,改变了波的物理特性;②有限差分格式造成计算紊乱,致使分析不出系统,甚至产生计算不稳定。研究这些问题的起因及解决办法,除从数学逼近考虑外,分析有限网格下具体问题的物理特性对问题的认识是有益的。

总之,有限网格下的误差是绝对的,不可避免的,但应尽量使支配连续系统的那些物理特性和物理规律,在近似差分计算中能尽量保持下来,或尽量少受歪曲,以期达到目的。为此,下一节讨论有限网格下会产生哪些误差以及减少误差的方法。

本节仍以线性方程为例进行分析。

2.5.1 逆风效应与修正

一维线性平流方程为

$$\frac{\partial F}{\partial t}+C\frac{\partial F}{\partial x}=0$$

若 C 表示空气微团沿 x 方向的运动速度,它表示空气微团在运动过程中 F 守恒,即 $\frac{\mathrm{d}F}{\mathrm{d}t}=0$,如令温度 $F=T$,C 为西风,则测站温度的局地变化将受西边(即上游)运动过来的空气影响,而测站东边(即下游)对测站温度的变化无影响,这是物理特性。

若时间取前差,空间取中央差格式,其差分方程为

$$\frac{F_j^{n+1}-F_j^n}{\Delta t}=-C\frac{F_{j+1}^n-F_{j-1}^n}{2\Delta x} \tag{2.59}$$

或

$$F_j^{n+1}=F_j^n-\frac{\beta}{2}F_{j+1}^n+\frac{\beta}{2}F_{j-1}^n$$

式中

$$\beta=C\frac{\Delta t}{\Delta x}$$

设 $C>0$,在 n 时刻,$j+1$ 点 $F_{j+1}^n\neq0$,且 $F_{j+1}^n=\delta\neq0$。其他格点均为零,即 $F_j^n=F_{j-1}^n=\cdots=F_{j-k}^n=0,k>1$。

于是可得 $F_j^{n+1}=-\frac{\beta}{2}\delta\neq 0$

因为 $C>0$，所以该式表明 n 时刻 $(j+1)$ 的特性在下一时刻传到上游去了，显然，这在物理上是不合理的，这是因为利用下游的数据推算上游格点属性的缘故。那么，下游格点状态影响上游格点状态的现象称为“逆风”效应。

如果将微分方程写成下面差分格式（时间前差，空间后差格式）

$$\frac{F_j^{n+1}-F_j^n}{\Delta t}=-C\,\frac{F_j^n-F_{j-1}^n}{\Delta x} \tag{2.60}$$

设 $C>0$，n 时间层 $F_{j-1}^n=\delta\neq 0$，$F_j^n=0$，则 $F_j^{n+1}=\beta\delta\neq 0$。

说明上游格点值在下一时刻影响下游格点的值，这在物理上是合理的，这样的格式称为迎风格式，即上游格点状态影响下游格点状态的现象称为“迎风”效应。

由此可以设想，对于逆风效应，可采用迎风格点加以修正，一维线性平流方程的一阶迎风格式为

$$\frac{F_j^{n+1}-F_j^n}{\Delta t}+\frac{C}{2\Delta x}[(1-\varepsilon)(F_{j+1}^n-F_j^n)+(1+\varepsilon)(F_j^n-F_{j-1}^n)]=0 \tag{2.61}$$

或

$$F_j^{n+1}=(1-\beta\varepsilon)F_j^n-\frac{\beta(1-\varepsilon)}{2}F_{j+1}^n+\frac{\beta(1+\varepsilon)}{2}F_{j-1}^n$$

式中

$$\varepsilon=\mathrm{sign}(C)=\begin{cases}1 & (C>0)\\ -1 & (C<0)\end{cases}$$

显然当 $C>0$ 时，(2.61)式变成了(2.60)式，即

$$\frac{F_j^{n+1}-F_j^n}{\Delta t}+\frac{C}{\Delta x}(F_j^n-F_{j-1}^n)=0$$

当 $C<0$ 时，(2.61)式变为 $\frac{F_j^{n+1}-F_j^n}{\Delta t}+\frac{C}{\Delta x}(F_{j+1}^n-F_j^n)=0$

也说明上游状态影响下游。于是(2.61)式表明：不管 $C>0$ 或 $C<0$，均是上游状态影响下游，即迎风格式，保证了下游状态不至于影响到上游，符合物理特性的变化规律。

2.5.2　分辨能力问题

分辨能力问题是指在有限网格下进行计算时，对于要处理的现象的尺度来说，用多少格点合适的问题，也就是说既能保持现象的物理特性，又不至于计算量过大的问题。

为简单起见，下面以理想波型扰动的传播为例加以分析。

一维线性平流方程为

$$\frac{\partial u}{\partial t}+U\,\frac{\partial u}{\partial x}=0$$

式中 U 为常数。

设波解为 $u=e^{ik(x-ct)}$，代入上式得

$$-ikc+Uik=0$$

$\therefore c=U$，群速 $c_g=c=U$，说明波动是非频散波。

若将平流方程的空间水平导数(即空间导数)用中央差商近似，则方程可写成半离散形式(称微分差分方程)：

$$\frac{\partial u_j}{\partial t}+U\frac{u_{j+1}-u_{j-1}}{2\Delta x}=0 \tag{2.62}$$

同样，设半离散方程的波解为 $u_j=e^{ik(j\Delta x-c^*t)}$，$c^*$ 为计算相速。

代入(2.62)式可得 $-ikc^*+U\dfrac{e^{ik\Delta x}-e^{-ik\Delta x}}{2\Delta x}=0$，即 $-ikc^*+Ui\dfrac{\sin k\Delta x}{\Delta x}=0$

$\therefore c^*=U\dfrac{\sin k\Delta x}{k\Delta x}=c\dfrac{\sin k\Delta x}{k\Delta x}$。

群速 $c_g^*=\dfrac{d(kc^*)}{dk}=c\cos k\Delta x=c_g\cos k\Delta x$

图 2.4 给出了 $\dfrac{c^*}{c}$，$\dfrac{c_g^*}{c}$ 与 $k\Delta x$ 的关系。

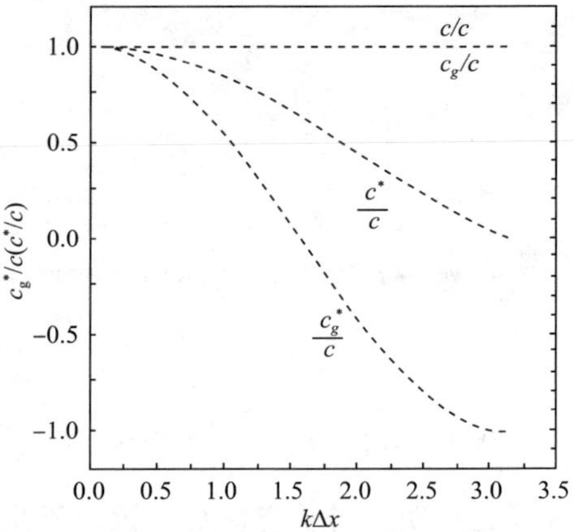

图 2.4 $\dfrac{c^*}{c}$，$\dfrac{c_g^*}{c}$ 与 $k\Delta x$ 的关系

下面分析准确解与差分解的物理性质的差别，由图可以看出：

(1)准确解与差分近似解的性质不同，准确解：$c=U=$常数，是非频散波。

近似解：$c^*=c^*(k)$，是频散波。

因为纯属空间差分所致，称为计算频散效应。只要采用有限差分，此现象不可避免，且短波误差大，长波小，只有 $\Delta x\to 0$ 时，$c^*\to c$，$c_g^*\to c_g$，也就是说格距越小，c^* 和 c 的误差越小，c_g^* 和 c_g 的误差也越小。

(2)近似解相速度慢

$\because \dfrac{\sin k\Delta x}{k\Delta x}<1$

$\therefore c^*<c$

说明近似解相速度慢，出现了波的滞后现象，由于网格能分辨的最短波长为二倍格距的波，即波长 $L_s=2\Delta x$，又 $L_s=\dfrac{2\pi}{k_s}$，

$\therefore 2\Delta x=\dfrac{2\pi}{k_s}$，$k_s\Delta x=\pi$

这就告诉我们 $k\Delta x$ 的变化范围为：$0\leqslant k\Delta x\leqslant\pi$(如图 2.4 所示)。

当 $k\Delta x=\pi$ 时，$c^*=0$，波不传播，为定常波$\left(\frac{\partial u_j}{\partial t}=0\right)$。

如果固定 Δx，则波长愈短($k\Delta x$ 大)，相速愈小，滞后愈严重，则波长愈长($k\Delta x$ 小)，相速误差愈小。

(3)近似解群速度慢

$$c_g^* = c_g \cos k\Delta x < c_g$$

说明近似解的能量传播速度落后于准确解的能量传播速度，且比相速滞后更严重(见图 2.4)，在短波范围变成了负值，能量传播方向与准确解相反。

只要做差分近似计算，以上误差是不可避免的，这种误差不仅取决于网格间距 d，也取决于差分近似的精度，下面以一个具体实例加以说明。

栗原把辐散的正压流体原始方程模式用于线性的场合，研究了三点格式[精度 $O(\Delta x^2)$]和五点格式[精度 $O(\Delta x^4)$]中央差的情形，格距采用 250，500，1000 km，取流体深度 $H\sim 8$ km，基本气流 $U\sim 50$ m/s，f 取 $\varphi=45°$N 的值，计算结果如表 2.2 所示，表中 nd=波长，差分数值解以$\frac{c^*}{c}$的百分数表示。

表 2.2　不同网格距下三点格式和五点格式的$\frac{c^*}{c}$(%)

d	n	三点格 $O(\Delta x^2)$	五点式 $O(\Delta x^4)$
250 km	2	0.0	0.0
	6	82.4	96.4
	10	93.3	99.6
	20	98.1	100.0
500 km	2	0.0	0.0
	6	81.6	96.3
	10	92.5	99.4
	20	97.5	100.0
1000 km	2	0.0	0.0
	6	78.8	95.7
	10	90.3	99.3
	20	96.5	99.9

由表 2.2 看出：

(1)在一个波长内格点越多，截断误差影响越小，即近似解越逼近于准确解，若一个波长内取十个以上格点，则截断误差影响已不大了。

(2)差分格式精度越高，截断误差影响越小，显然五点格式比三点格式精度高，所以截断误差影响也小。

(3)格距 d 越小,截断误差影响越小,同为 10 个格点,$d=250$ km 要比 500 km 和 1000 km 误差要小。

由上面例子的分析可以得到克服有限差分计算产生波的滞后和频散效应的措施(即克服有限差分计算产生误差的措施):

(1)适当减小格距 Δx;

(2)在一个波长范围内取 8～10 个网格点,若取得过多,计算工作量太大;

(3)采用高精度差分格式,由于 $O(\Delta x^4)$ 比 $O(\Delta x^2)$ 提高不多,但计算量大,实际工作中常采用 $O(\Delta x^2)$ 格式。

(4)谱方法(详见后面第 7 章)比差分法更好。

2.5.3　数值格式的耗散与频散

前面已指出,采用有限网格进行计算时,不可避免产生误差,这种误差可造成计算频散(数值频散),也可造成计算不稳定($|B|>1$)。当放大因子 $|B|\leqslant 1$ 时,为计算稳定;但 $|B|<1$ 时,虽然计算稳定,但波幅随时间增大不断减小,产生了耗散现象,对物理波歪曲,称为计算耗散或数值耗散(由于差分计算,波幅随时间减小的现象称计算耗散或数值耗散)。

下面通过几个例子说明差分方程的频散和耗散。

(1)时间前差——空间中央差格式

将一维线性平流方程 $\dfrac{\partial u}{\partial t}+c\dfrac{\partial u}{\partial x}=0$ 写成如下格式

$$\frac{u_j^{n+1}-u_j^n}{\Delta t}+c\,\frac{u_{j+1}^n-u_{j-1}^n}{2\Delta x}=0 \tag{2.63}$$

设波解为 $u_j^n=B^n \mathrm{e}^{\mathrm{i}kj\Delta x}$,$B=\mathrm{e}^{-\mathrm{i}\omega^*\Delta t}$,$\omega^*$ 为计算频率。

代入上式得:$B-1+\dfrac{c\Delta t}{2\Delta x}2\mathrm{i}\sin k\Delta x=0$

$$B=1-\mathrm{i}\,\frac{c\Delta t}{\Delta x}\sin k\Delta x=1-\mathrm{i}\beta\sin k\Delta x \qquad \left(\beta=\frac{c\Delta t}{\Delta x}\right) \tag{2.64}$$

用指数表示可写为

$$B=\sqrt{1+(\beta\sin k\Delta x)^2}\,\mathrm{e}^{\mathrm{i}\varphi} \tag{2.65}$$

其中 $\varphi=\arctan(-\beta\sin k\Delta x)$ 为幅角,

$$\because\quad \begin{aligned} B&=\mathrm{e}^{-\mathrm{i}\omega^*\Delta t}=\mathrm{e}^{-\mathrm{i}(\omega_r^*+\mathrm{i}\omega_i^*)\Delta t}\\ &=\mathrm{e}^{-\mathrm{i}(kc_r^*+\mathrm{i}c_i^*)\Delta t}=\mathrm{e}^{kc_i^*\Delta t}\mathrm{e}^{-\mathrm{i}kc_r^*\Delta t}\\ &=\mathrm{e}^{\alpha\Delta t}\mathrm{e}^{-\mathrm{i}kc_r^*\Delta t} \end{aligned} \tag{2.66}$$

式中 $\alpha=\omega_i^*=kc_i^*$ 为增长率(动力气象中称不稳定增长率)。

c_r^* 为计算相速;

于是波解可改写为：$u_j^n=(e^{\alpha\Delta t})^n e^{ik(j\Delta x-c_r^* n\Delta t)}$

显然：

$\alpha>0$ 时，波幅随时间增加，不稳定，无耗散；

$\alpha=0$ 时，波幅随时间不变，中性稳定，无耗散；

$\alpha<0$ 时，波幅随时间减小，稳定，耗散。

求 α 和 c_r^*：

比较(2.65)式与(2.66)式可得

$$e^{\alpha\Delta t}=\sqrt{1+(\beta\sin k\Delta x)^2},\quad -kc_r^*\Delta t=\varphi$$

即

$$\alpha=\frac{1}{\Delta t}\ln\sqrt{1+(\beta\sin k\Delta x)^2} \tag{2.67}$$

$$c_r^*=\frac{-\varphi}{k\Delta t}=\frac{1}{k\Delta t}\arctan(\beta\sin k\Delta x)$$

由于讨论数值解的频散，c_r^* 仅取正值，也可写为

$$c_r^*=\frac{|\varphi|}{k\Delta t} \tag{2.68}$$

(2.67)式和(2.68)式反映了数值耗散和数值频散的情况，我们知道一维线性平流方程的波动解是无频散和无耗散的。

即 $\alpha=0,c_r^*=c=$常数　　　（当 $\Delta t,\Delta x\to 0$）

当 $\Delta t,\Delta x\to 0$ 时，（$\because \Delta x\to 0,\sin k\Delta x=k\Delta x$）

$$\alpha=\lim_{\Delta t,\Delta x\to 0}\frac{1}{\Delta t}\ln[1+(\beta\sin k\Delta x)^2]^{\frac{1}{2}}=\lim_{\Delta t,\Delta x\to 0}\frac{1}{\Delta t}\ln\left[1+\left(\frac{\tau\Delta t}{\Delta x}\sin k\Delta x\right)^2\right]^{\frac{1}{2}}$$

$$=\lim_{\Delta t\to 0}\frac{1}{\Delta t}\ln\left[1+\frac{1}{2}(\tau k\Delta t)^2\right]=\lim_{\Delta t\to 0}\frac{1}{\Delta t}\left(\frac{1}{2}\tau^2k^2\Delta t^2\right)=\lim_{\Delta t\to 0}\frac{1}{2}\tau^2k^2\Delta t=0$$

$$c_r^*=\lim_{\Delta t,\Delta x\to 0}\frac{1}{k\Delta t}\arctan\left(\frac{\tau\Delta t}{\Delta x}\sin k\Delta x\right)=\lim_{\Delta t\to 0}\frac{1}{k\Delta t}\arctan(ik\Delta t)$$

$\because \Delta x\to 0$ 时，$\tan\varphi=ck\Delta t,\varphi=ck\Delta t$，

$$c_r^*=\lim_{\Delta t\to 0}\frac{ck\Delta t}{k\Delta t}=c$$

由(2.67)式可知，取差分近似则 $\alpha>0$，波幅随时间增加而增长，格式不稳定，无耗散。这与放大因子 $|B|=\sqrt{1+(\beta\sin k\Delta x)^2}>1$ 是一致的，说明：

$|B|>0$ 时，波幅随时间增加，不稳定，无耗散；

$|B|=0$ 时，波幅随时间不变，中性稳定，无耗散；

$|B|<0$ 时，波幅随时间减小，稳定，耗散。

由(2.68)式可以看出，$c_r^*=c_r^*(k)$，是频散波，改变了波的性质，且计算波速小于物理波速。即 $c_r^*<c$，这从表 2.3 可以看出。

表 2.3 一个波长内不同格点数和不同 β 下 $\frac{c_r^*}{c}$

一个波长格距数目	$k\Delta x$	$\beta=1$	$\beta=0.5$
2	π	0.0	0.0
4	$\frac{\pi}{2}$	0.5	0.59
8	$\frac{\pi}{4}$	0.78	0.87
16	$\frac{\pi}{8}$	0.93	0.96

表中数据的计算公式：

$$\frac{c_r^*}{c}=\frac{\arctan(\beta\sin k\Delta x)}{ck\Delta t}=\frac{\arctan(\beta\sin k\Delta x)}{k\Delta x}\cdot\frac{\Delta x}{c\Delta t}=\frac{\arctan(\beta\sin k\Delta x)}{k\Delta x}\cdot\frac{1}{\beta}$$

由表可以看出：$c_r^*<c$，且一个波长内格点越多，误差越小，β 越小，误差越小。

(2)拉克斯(Lax)格式

一维线性平流方程的 Lax 差分格式为

$$\frac{u_j^{n+1}-\frac{1}{2}(u_{j+1}^n+u_{j-1}^n)}{\Delta t}+c\,\frac{u_{j+1}^n-u_{j-1}^n}{2\Delta x}=0 \tag{2.69}$$

设差分解为：$u_j^n=B^n\mathrm{e}^{ikj\Delta x}$

代入上式有：$B-\frac{1}{2}(\mathrm{e}^{ik\Delta x}+\mathrm{e}^{-ik\Delta x})+\frac{c\Delta t}{2\Delta x}(\mathrm{e}^{ik\Delta x}-\mathrm{e}^{-ik\Delta x})=0$

$$B=\frac{1}{2}\cdot 2\cos k\Delta x-\mathrm{i}\beta\sin k\Delta x=\cos k\Delta x-\mathrm{i}\beta\sin k\Delta x$$

$$=\sqrt{\cos^2 k\Delta x+\beta^2\sin^2 k\Delta x}\cdot\mathrm{e}^{\mathrm{i}\varphi}$$

式中 $\varphi=\arctan(-\beta\tan k\Delta x)$。

$\because\ B=\mathrm{e}^{\alpha\Delta t}\mathrm{e}^{-\mathrm{i}kc_r^*\Delta t}\qquad (B=\mathrm{e}^{-\mathrm{i}c^*k\Delta t})$

$\therefore\ \mathrm{e}^{\alpha\Delta t}\mathrm{e}^{-\mathrm{i}kc_r^*\Delta t}=\sqrt{\cos^2 k\Delta x+\beta^2\sin^2 k\Delta x}\cdot\mathrm{e}^{\mathrm{i}\varphi}$

(此式也可设 $u_j^n=(\mathrm{e}^{\alpha\Delta t})^n\mathrm{e}^{ik(j\Delta x-c_r^*n\Delta t)}$，代入(2.69)式后得到)

故得 $$\alpha=\frac{1}{\Delta t}\ln\sqrt{\cos^2 k\Delta x+\beta^2\sin^2 k\Delta x}=\frac{1}{\Delta t}\ln\sqrt{1-(1-\beta^2)\sin^2 k\Delta x} \tag{2.70}$$

$$c_r^*=-\frac{\varphi}{k\Delta t}=\frac{1}{k\Delta t}\arctan(\beta\tan k\Delta x) \tag{2.71}$$

讨论：

①稳定性与耗散现象

当 $\beta>1$ 时，$\alpha>0$，波幅随时间增加，不稳定，无耗散；

当 $\beta=1$ 时，$\alpha=0$，波幅随时间不变，中性稳定，无耗散；

当 $\beta<1$ 时，$\alpha<0$，波幅随时间减小，稳定，耗散。

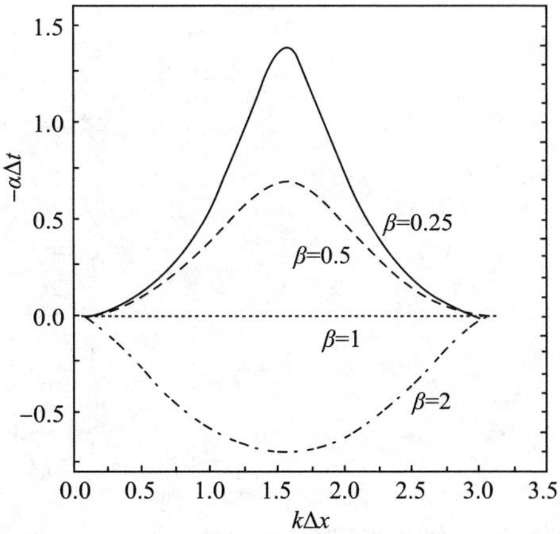

图 2.5　Lax 格式的耗散

如图 2.5 所示，对于短波，当 $k\Delta x \to \frac{\pi}{2}$ 时，耗散变得十分严重。

②频散现象

$\beta = 1$ 时，$\frac{c\Delta t}{\Delta x} = 1$，$c = \frac{\Delta t}{\Delta x}$

$$c_r^* = \frac{1}{k\Delta t}\arctan(\tan k\Delta x) = \frac{k\Delta x}{k\Delta t} = c,$$

所以无频散现象。

$\beta \neq 1$ 时，$c_r^* = c_r^*(k)$，计算频散。

如图 2.6 所示，对于短波，当 $k\Delta x \to \frac{\pi}{2}$ 时，数值频散十分严重。

$$\frac{c_r^*}{c} = \frac{1}{k\Delta t}\arctan(\beta\tan k\Delta x)\ \frac{1}{\beta}$$

如图 2.7 所示 $\beta \leqslant 1$ 时 $c_r^* \geqslant c$，计算位相超前，称超前相移格式。

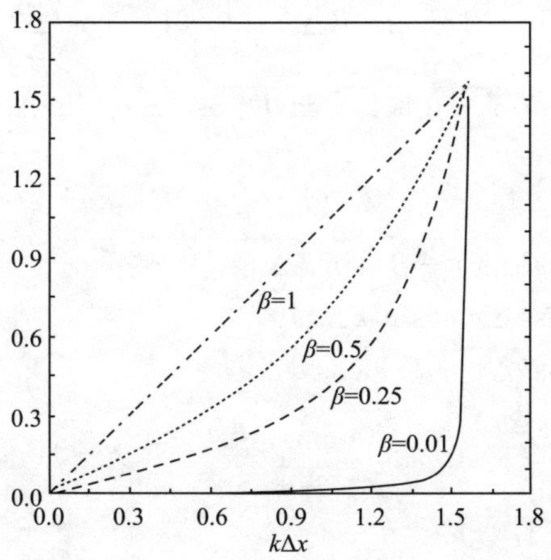

图 2.6　数值频散

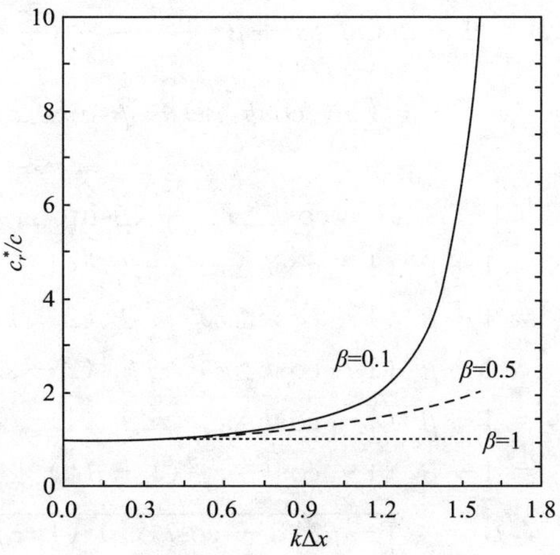

图 2.7　相移特征

前面在分辨能力问题中所说的波总是滞后现象，是指半离散格式(空间取差分)，而全离散可以出现超前移速，完全取决于格式。

(3)拉克斯—温德罗夫(Lax-Wendroff)格式

一维线性平流方程的 Lax-Wendroff 格式为：

$$\frac{u_j^{n+1} - u_j^n}{\Delta t} + c\,\frac{u_{j+1/2}^{n+1/2} - u_{j-1/2}^{n+1/2}}{\Delta x} = 0$$

而计算 $u_{j+1/2}^{n+1/2}$，$u_{j-1/2}^{n+1/2}$ 采用

$$\frac{u_{j+1/2}^{n+1/2}-\frac{1}{2}(u_{j+1}^{n}+u_{j}^{n})}{\frac{1}{2}\Delta t}+c\,\frac{u_{j+1}^{n}-u_{j}^{n}}{\Delta x}=0$$

$$\frac{u_{j-1/2}^{n+1/2}-\frac{1}{2}(u_{j}^{n}+u_{j-1}^{n})}{\frac{1}{2}\Delta t}+c\,\frac{u_{j}^{n}-u_{j-1}^{n}}{\Delta x}=0$$

$$u_{j+1/2}^{n+1/2}=\frac{1}{2}(u_{j+1}^{n}-u_{j}^{n})-c\,\frac{u_{j+1}^{n}-u_{j}^{n}}{\Delta x}\,\frac{\Delta t}{2}$$

$$u_{j-1/2}^{n+1/2}=\frac{1}{2}(u_{j}^{n}-u_{j-1}^{n})-c\,\frac{u_{j}^{n}-u_{j-1}^{n}}{\Delta x}\,\frac{\Delta t}{2}$$

消去 $u^{n+1/2}$，则得

$$u_j^{n+1}=u_j^n-c\,\frac{u_{j+1}^n-u_{j-1}^n}{2\Delta x}\Delta t+c^2\,\frac{u_{j+1}^n-2u_j^n+u_{j-1}^n}{2\Delta x}\Delta t^2 \tag{2.72}$$

设离散波解为 $u_j^n=B^n\mathrm{e}^{ikj\Delta x}$，$B=\mathrm{e}^{-ik\Delta x}$，

代入(2.72)式得

$$B=1-i\beta\sin k\Delta x+\beta^2\frac{\mathrm{e}^{ik\Delta x}-2+\mathrm{e}^{-ik\Delta x}}{2}=1-i\beta\sin k\Delta x-\beta^2(1-\cos k\Delta x)$$

$$=1-\beta^2(1-\cos k\Delta x)-\mathrm{i}\beta\sin k\Delta x=\sqrt{1-\beta^2(1-\cos k\Delta x)^2+(\beta\sin k\Delta x)^2}\,\mathrm{e}^{\mathrm{i}\varphi}$$

$\because 1-\beta^2(1-\cos k\Delta x)^2+(\beta\sin k\Delta x)^2$

$=1+\beta^4(1-\cos k\Delta x)^2-2\beta^2(1-\cos k\Delta x)+\beta^2\sin^2 k\Delta x$

$=1+\beta^4(1-\cos k\Delta x)^2-\beta^2(2-2\cos k\Delta x-\sin^2 k\Delta x)$

$=1+\beta^4(1-\cos k\Delta x)^2-\beta^2(2-2\cos k\Delta x-1+\cos^2 k\Delta x)$

$=1+\beta^4(1-\cos k\Delta x)^2-\beta^2(1-\cos k\Delta x)^2$

$=1-\beta^2(1-\cos k\Delta x)^2(1-\beta^2)$

$\therefore B=\sqrt{1-\beta^2(1-\cos k\Delta x)^2(1-\beta^2)}\,\mathrm{e}^{\mathrm{i}\varphi}$

其中

$$\varphi=\arctan\left[-\frac{\beta\sin k\Delta x}{1-\beta^2(1-\cos k\Delta x)}\right] \tag{2.73}$$

$\because B=\mathrm{e}^{\alpha\Delta t}\mathrm{e}^{-ikc_r^*\Delta t}$

$$\therefore \mathrm{e}^{\alpha\Delta t}=\sqrt{1-\beta^2(1-\cos k\Delta x)^2(1-\beta^2)} \tag{2.74}$$

$$c_r^*=-\frac{1}{k\Delta t}\arctan\left[-\frac{\beta\sin k\Delta x}{1-\beta^2(1-\cos k\Delta x)}\right] \tag{2.75}$$

讨论：①稳定性与耗散现象

当 $\beta>1$ 时，$\alpha>0$，波幅随时间增加，不稳定，无耗散；

当 $\beta=1$ 时，$\alpha=0$，波幅随时间不变，中性稳定，无耗散；

当 $\beta<1$ 时，$\alpha<0$，波幅随时间减小，稳定，耗散。

由于按 $k\Delta x$ 对(2.74)式泰勒展开，有

$$\mathrm{e}^{\alpha\Delta t}=1-\frac{1}{8}\beta^2(1-\beta^2)(k\Delta x)^4+O(k^5\Delta x^5)$$

而准确解 $\mathrm{e}^{\alpha\Delta t}=1$，即 $\alpha=0$，故格式的数值耗散($\beta<1$)，又只是 $k\Delta x$ 的四阶小量，因此，对长波$\left(k=\dfrac{2\pi}{L}\text{很小}\right)$只受很小的影响。

②频散现象

$\beta=1$ 时，有 $c=\dfrac{\Delta t}{\Delta x}$

$$c_r^*=\frac{1}{k\Delta t}\arctan\left(\frac{\sin k\Delta x}{\cos k\Delta x}\right)=\frac{k\Delta x}{k\Delta t}=c$$

所以无频散现象。

$\beta\neq1$ 时，$c_r^*=c_r^*(k)$，计算频散。

$$\frac{c_r^*}{c}=\frac{1}{k\Delta t}\arctan\left[\frac{\beta\sin k\Delta x}{1-\beta^2(1-\cos k\Delta x)}\right]=\frac{1}{k\Delta t\beta}\arctan\left[\frac{\beta\sin k\Delta x}{1-\beta^2(1-\cos k\Delta x)}\right]$$

据此绘制图 2.8，由图 2.8 看出：Lax-Wendroff 格式计算相速滞后物理相速，说明计算位相滞后，为滞后相移格式。

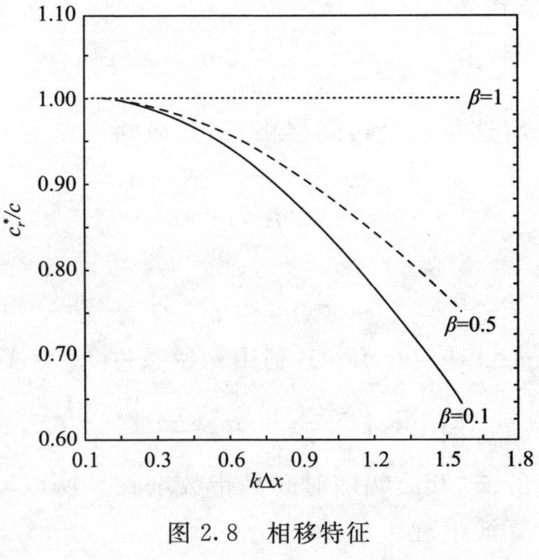

图 2.8　相移特征

以上讨论可知：

Lax 为超前相移格式，Lax-Wendroff 格式为滞后相移格式，为了抑制计算频散效应，交替使用超前和滞后两种格式或将两种格式叠加，可以得到“零平均”相移格式。

2.6 时间差分格式

本节将列举一些差分格式，包括显式格式、隐式格式、半隐式格式、迭代格式、空间二维格式等，分析它们的性能并利用冯·诺伊曼(von Neumann)方法，讨论其稳定性。

2.6.1 显式格式

2.6.1.1 蛙跃格式

平流方程的蛙跃格式为

$$F_m^{n+1} = F_m^{n-1} - \frac{U\Delta t}{\Delta x}(F_{m+1}^n - F_{m-1}^n) \tag{2.76}$$

即时间微商取中央差分，这是三个时间层时间积分格式，其截断误差量级为 $O(\Delta t^2)+O(\Delta x^2)$，是一条件性稳定格式，是中性稳定格式，有计算解，这在前几节中已讨论了。

2.6.1.2 欧拉格式

平流方程的欧拉格式为

$$F_m^{n+1} = F_m^n - \frac{U\Delta t}{2\Delta x}(F_{m+1}^n - F_{m-1}^n) \tag{2.77}$$

即时间微商取向前差分，这是两个时间层格式，其截断误差为 $O(\Delta t)+O(\Delta x^2)$，设形式解为

$$F_m^n = B^{n\Delta t}\mathrm{e}^{\mathrm{i}km\Delta x}$$

代入(2.77)式，有

$$B^{\Delta t} = (1+\Omega\mathrm{i}) = (1+\Omega^2)^{1/2}\mathrm{e}^{-\mathrm{i}\alpha}$$

其中 $\Omega=(U\Delta t/\Delta x)\sin k\Delta x$，$\alpha=\arctan\Omega$，利用初始条件 $F_m^0=A\mathrm{e}^{\mathrm{i}km\Delta x}$，则解为

$$F_m^n = A\left[1+\left(\frac{U\Delta t}{\Delta x}\right)^2\sin^2 k\Delta x\right]^{n/2}\mathrm{e}^{\mathrm{i}(km\Delta x-n\alpha)}$$

由此可见，对任何波长的波，其波幅随时间呈指数增长。所以欧拉格式是绝对不稳定格式，但此格式没有计算波出现。

2.6.1.3 迎风格式

平流方程的迎/逆风格式为

$$F_m^{n+1} = F_m^n - \frac{U\Delta t}{\Delta x}(F_m^n - F_{m-1}^n) \tag{2.78}$$

即时间微商取向前差分，空间微商取向后差分。若 $U>0$，可以认为空间差分是“迎风”取的，F_{m+1}^{n} 的值只受上游（相对于传播方向而言）影响，格式(2.78)称迎风格式。$U<0$，则空间差分是“逆风”取的，对 $U<0$ 而言(2.78)式则应称逆风格式。(2.78)式的截断误差为 $O(\Delta t)+O(\Delta x)$，利用(2.46)式，(2.78)式可写成

$$F_m^{n+1}=\left[1-\frac{U\Delta t}{\Delta x}(1-\mathrm{e}^{\mathrm{i}k\Delta x})\right]F_m^n=\lambda F_m^n$$

由于 $|\lambda|=F_m^{n+1}/|F_m^n|$，故 $|\lambda|$ 称为增幅率。式中

$$\lambda=\left[1-\frac{U\Delta t}{\Delta x}(1-\mathrm{e}^{\mathrm{i}k\Delta x})\right]=1-\frac{U\Delta t}{\Delta x}+\frac{U\Delta t}{\Delta x}\cos k\Delta x+\mathrm{i}\,\frac{U\Delta t}{\Delta x}\sin k\Delta x$$

而

$$\begin{aligned}|\lambda|^2&=\left[1-\frac{U\Delta t}{\Delta x}(1-\cos k\Delta x)^2+\left(\frac{U\Delta t}{\Delta x}\right)^2\sin^2 k\Delta x\right]\\&=1-2\,\frac{U\Delta t}{\Delta x}(1-\cos k\Delta x)\left(1-\frac{U\Delta t}{\Delta x}\right)\end{aligned}$$

注意到

$$\frac{U\Delta t}{\Delta x}=0\ \text{或}\ \frac{U\Delta t}{\Delta x}=1\qquad|\lambda|=1,\text{中性}$$

$$\frac{U\Delta t}{\Delta x}<0\ \text{或}\ \frac{U\Delta t}{\Delta x}>1\qquad|\lambda|>1,\text{增幅}$$

$$0<\frac{U\Delta t}{\Delta x}<1\qquad\qquad|\lambda|<1,\text{衰减}$$

所以对于迎风格式，$U>0$，若 $0\leqslant U\Delta t/\Delta x\leqslant 1$，格式是中性或衰减的，即迎风格式是条件性稳定的，但波幅是衰减的。对于逆风格式 $U<0$，$U\Delta t/\Delta x<0$，解是增幅的，是绝对不稳定格式。迎风格式，逆风格式是两个时间层格式，自然没有计算解。

如果 F 是温度，U 是风速，当根据温度平流预报温度变化时，自然要看上游情况，而迎风格式正体现了这点。迎风格式有时用于湿度预报方程中，尽管格式是衰减的，但可避免利用中央差分可能出现湿度是负值的情况。

2.6.2　隐式格式

前面谈到的格式都是显式格式，它们都可以用前一时间层网格点上的函数值，求出后一时间层上格点上的函数值，这对于实际计算是方便的。但这类格式都是条件稳定性格式，取定空间网格距后，对时间步长有严格的限制。波速较大时，时间步长要取得较小，才能保证计算稳定，因而计算量较大，这是这类格式的缺点。然而我们可构造无条件稳定格式。

2.6.2.1　向后隐式格式

仍以平流方程为例，其向后隐式格式为

$$\frac{F_m^{n+1}-F_m^n}{\Delta t}=-U\frac{F_{m+1}^{n+1}-F_{m-1}^{n+1}}{2\Delta x} \tag{2.79}$$

空间中央差分利用(2.46)式改写后，(2.79)式可化成

$$F_m^{n+1}=\frac{1}{1+\mathrm{i}(U\Delta t/\Delta x)\sin k\Delta x}F_m^n$$

其增幅矩阵也是单个元素矩阵，其特征值为

$$\lambda=\frac{1}{1+\mathrm{i}(U\Delta t/\Delta x)\sin k\Delta x}$$

其模为

$$|\lambda|=\left[\frac{1}{1+(U\Delta t/\Delta x)^2(\sin k\Delta x)^2}\right]^{1/2}$$

显然增幅率$|\lambda|<1$，格式是绝对稳定的，解是指数衰减的。但衰减率与$\sin k\Delta x$有关，即与波长有关，所以有选择性衰减特征。

由(2.79)式可看出，要求出F_m^{n+1}，必须要知道F_{m+1}^{n+1}和F_{m-1}^{n+1}，但它们也是待求出的，因此必须同时求出各网格点上$n+1$时间层的值，这就需要解一个与网格点同数目的联立线性代数方程组，不像蛙跃格式，只要知道$n-1$，n时间层网格点上F值，便可逐点推出$(n+1)\Delta t$时刻F值，故称此格式“隐式”格式。尽管向后隐式格式是绝对稳定格式，时间步长似乎可任意取，但是步长愈大，精度就愈差，步长愈大，$|\lambda|$就愈小，解衰减就愈迅速，这是不可取的，再加上它要解一个庞大的线性代数方程组，计算量大，所以在气象上不大用此格式。

2.6.2.2 梯形隐式格式

为了构造一个无衰减、中性稳定的新的隐式格式，将平流方程写在$(n+1/2)$时间层上，由于在$(n+1/2)$时间层上没有F的值，可以用n和$n+1$时间层的平均值来代替，这样便得到如下的梯形隐式格式

$$\frac{F_m^{n+1}-F_m^n}{\Delta t}+\frac{U}{2}\left(\frac{F_{m+1}^{n+1}-F_{m-1}^{n+1}}{2\Delta x}+\frac{F_{m+1}^n-F_{m-1}^n}{2\Delta x}\right)=0 \tag{2.80}$$

同样，利用(2.46)，(2.80)式可化成

$$F_m^{n+1}=\left(\frac{1-\mathrm{i}(U\Delta t/\Delta x)\sin k\Delta x}{1+\mathrm{i}(U\Delta t/\Delta x)\sin k\Delta x}\right)F_m^n \tag{2.80$'$}$$

增幅矩阵也是一单元素矩阵，其特征值λ为

$$\lambda=\left(\frac{1-\mathrm{i}(U\Delta t/\Delta x)\sin k\Delta x}{1+\mathrm{i}(U\Delta t/\Delta x)\sin k\Delta x}\right)$$

因而$|\lambda|\equiv 1$，这表明格式是中性(稳定)的。

不难证明，此格式截断误差为$O(\Delta t^2)+O(\Delta x^2)$，现讨论截断误差所造成的相速和群速误差。由(2.80)$'$式可知

$$F_m^n = \lambda F_m^{n-1} = \lambda^2 F_m^{n-2} = \cdots = \lambda^n F_m^0$$

初始条件为

$$F_m^0 = A\mathrm{e}^{\mathrm{i}km\Delta x}$$

则

$$F_m^n = A\lambda^n \mathrm{e}^{\mathrm{i}km\Delta x}$$

λ 为复数，写成极坐标形式

$$\lambda = \frac{1-\mathrm{i}(U\Delta t/\Delta x)\sin k\Delta x}{1+\mathrm{i}(U\Delta t/\Delta x)\sin k\Delta x} = \frac{(U\Delta t/\Delta x)\mathrm{e}^{-\mathrm{i}\alpha}}{(U\Delta t/\Delta x)\mathrm{e}^{\mathrm{i}\alpha}} = \mathrm{e}^{-\mathrm{i}2\alpha} \tag{2.81}$$

其中

$$\alpha = \arctan\left(\frac{U\Delta t}{2\Delta x}\sin k\Delta x\right)$$

于是

$$F_m^n = A\mathrm{e}^{\mathrm{i}k(m\Delta x - 2n\alpha/k)}$$

该格式计算相速 C_I 为

$$C_I = \frac{2\alpha}{k\Delta t} = \frac{2\arctan\left(\frac{1}{2}\frac{U\Delta t}{\Delta x}\sin k\Delta x\right)}{k\Delta t} \tag{2.82}$$

真解相速 $C=U$，表 2.4 给出梯形隐式格式，在取不同的 $U\Delta t/\Delta x$ 值条件下 C_I/C 随波长的变化。可以看出，波长相等，$U\Delta t/\Delta x$ 愈大，C_I/C 愈小，所以梯形隐式格式，取较大的时间步长虽仍可保持计算稳定，但 Δt 愈大，计算相速就愈小，系统移动速度的误差愈大。如果时间步长比蛙跃格式大一倍，相速 C_I 准确度至少降低 10%。因此一般来说取梯形隐式格式，系统移动速度误差比蛙跃格式（显式格式）还要大。

表 2.4　梯形隐式格式的 C_I/C

$L/\Delta x$	$U\Delta t/\Delta x=1$	$U\Delta t/\Delta x=2$	$U\Delta t/\Delta x=3$
2	0	0	0.25
3	0.39	0.34	0.25
4	0.59	0.50	0.35
6	0.78	0.68	0.50
8	0.86	0.78	0.61
12	0.94	0.89	0.75
24	0.98	0.97	0.91

真解群速 $C_g=C=U$，是非频散波。梯形隐式格式的计算群速 C_{gI} 与波数有关，为

$$C_{gI} = \frac{\mathrm{d}kC_I}{\mathrm{d}k} = U\frac{\cos k\Delta x}{1+\left(\frac{U\Delta t}{2\Delta x}\sin k\Delta x\right)^2} \tag{2.83}$$

蛙跃格式的群速 C_{gE} 前已给出(参看(2.38)式)

$$C_{gE} = \frac{\mathrm{d}kC_E}{\mathrm{d}k} = U\frac{\cos k\Delta x}{\left[1-\left(\frac{U\Delta t}{\Delta x}\sin k\Delta x\right)^2\right]^{1/2}}$$

现将 C_{gE},C_{gI} 与 C_g 做一比较如图 2.9 所示。可见,当 $U\Delta t/\Delta x<1$ 时,长波分量($L\gg 4\Delta x$)的 C_{gE},C_{gI} 都接近真解 C_g,但都小于 C_g,对于短波误差就很大,$L<4\Delta x$ 时,计算群速 C_{gE},C_{gI} 成负值,$L=2\Delta x$ 时,$C_{gE}=C_{gI}=0$,这种情形下通量都是向 U 的相反方向传播,因而在基本气流上游会产生虚假的短波系统,造成要素场紊乱现象。比较这两种格式,在低波数范围内蛙跃格式比梯形隐式格式更接近真解,特别是当 $U\Delta t/\Delta x$ 很大时,梯形隐式格式的计算群速和真解相差很大。

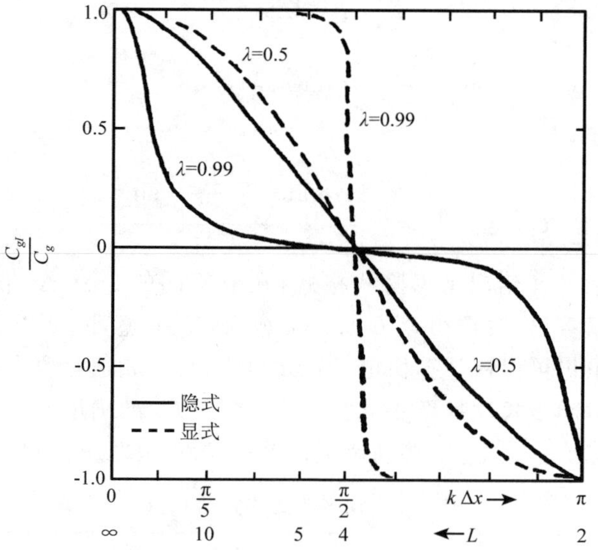

图 2.9 隐式、显式格式的群速比较($\lambda=U\Delta t/\Delta x$)

2.6.3 迭代格式——欧拉后差格式

欧拉后差格式是 Matsuno 提出来的,所以又称松野(Matsuno)格式。Matsuno "改造"了后差隐式格式,使其既保持了后差隐式格式某些特征,又避免隐式计算(解庞大联立代数方程组),其格式为

$$\begin{cases} F_m^{n+1*} = F_m^n - \frac{U\Delta t}{2\Delta x}(F_{m+1}^n - F_{m-1}^n) & (2.84\text{a}) \\ F_m^{n+1} = F_m^n - \frac{U\Delta t}{2\Delta x}(F_{m+1}^{n+1*} - F_{m-1}^{n+1*}) & (2.84\text{b}) \end{cases}$$

计算分两步，首先用欧拉前差格式(2.84a)求出$(n+1)$时间层上 F 值，记作 F_m^{n+1*}，作为后差隐式格式(2.84b)右端的第一近似值，再用(2.84b)式重新计算$(n+1)$时间层上的 F，即 F_m^{n+1}。所以这个格式称欧拉后差格式，其截断误差为 $O(\Delta t)+O(\Delta x^2)$，这是一个显式格式。不难用 von Neumann 方法讨论其稳定性，令 $F_m^n=A_n e^{ikm\Delta x}$，代入(2.84a)式，利用(2.46)式得到

$$F_m^{n+1*}=(1-\mathrm{i}(U\Delta t/\Delta x)\sin k\Delta x)F_m^n=(1-\mathrm{i}\Omega)F_m^n \tag{2.85}$$

其中

$$\Omega=\frac{U\Delta t}{\Delta x}\sin k\Delta x$$

再将(2.85)式代入(2.84b)式，有

$$F_m^{n+1}=F_m^n-\mathrm{i}\Omega(1-\mathrm{i}\Omega)F_m^n$$

或

$$F_m^{n+1}=(1-\Omega^2-\mathrm{i}\Omega)F_m^n=\lambda F_m^n \tag{2.86}$$

λ 为单元素矩阵特征值，

$$\lambda=(1-\Omega^2-\mathrm{i}\Omega)$$

增幅率

$$|\lambda|=(1-\Omega^2+\Omega^4)^{1/2} \tag{2.87}$$

若$|\lambda|\leqslant 1$，格式是稳定的，由上式清楚看出，如果

$$|\Omega|=\left|\frac{U\Delta t}{\Delta x}\sin k\Delta x\right|\leqslant 1 \tag{2.88}$$

定有$|\lambda|\leqslant 1$，这就给出格式稳定条件，因$|\sin k\Delta x|\leqslant 1$，因而，对所有波数 k(波长 L)都稳定的条件为

$$\left|\frac{U\Delta t}{\Delta x}\right|\leqslant 1 \tag{2.89}$$

这与蛙跃格式稳定性条件是一样的，所以欧拉后差格式是条件性稳定的，但解是衰减的，没有计算解，这与蛙跃格式是不同的。

由(2.87)式看出，$|\lambda|$的大小与 $\sin k\Delta x$，或与 k 有关，因而它具有选择性衰减特征，即对不同的波数或不同频率的波，波的振幅衰减程度是不一样的。欧拉后差格式衰减特征虽然比较复杂，但其主要特征也不难分析出来。

我们知道相速 $C=U=\omega/k$，ω 是圆频率，因而

$$\Omega=\omega\Delta t\,\frac{\sin k\Delta x}{k\Delta x}$$

因 $\sin k\Delta x/(k\Delta x)<1$，故 $\omega\Delta t<1$ 才能保证对所有波长的波都是计算稳定的。作为极限情况

$$\lim_{k\Delta x\to 0}\frac{\sin k\Delta x}{k\Delta x}=1$$

因而$\Omega\to\omega\Delta t$。在选定Δt,保证$\omega\Delta t\leqslant 1$情形下,对于低频波(如大气中的长波),$\Omega$相对很小,振幅衰减不显著;对于高频波(如重力惯性外波)就有显著的衰减。例如对于重力惯性外波,其周期为几小时,圆频率$\omega=2\pi\times 10^{-4}\ s^{-1}$,时间步长只能取十分钟左右,即$\Delta t\sim 10^3$ s,增幅率$|\lambda|\cong 90\%$,也就是说,每一时间步长重力惯性外波振幅都要减小1/10左右,这意味着对高频波有很强的阻尼作用。对于大尺度长波,其周期为3～4天,$\omega=2\times 10^{-5}\ s^{-1}$,同样步长下增幅率仅为$|\lambda|=(1\sim 2)\times 10^{-4}$,每计算一步,振幅仅减小1/5000左右,衰减是极小的。因此,数值预报模式中常用欧拉后差格式抑制积分过程中高频波的增长。对高频波具有强烈衰减是这一格式的主要特征,当然用欧拉后差格式每积分一步所需时间相当于蛙跃格式的两倍,还是很费机时的。此外,对于二倍格距波

$$\Omega=\frac{U\Delta t}{\Delta x}\sin k\Delta x=\frac{U\Delta t}{\Delta x}\sin\frac{2\pi}{2\Delta x}\Delta x=0$$

由(4.87)式可知此情形下$|\lambda|=1$,即二倍格距波并不能被衰减。所以,虽然在数值预报模式中常用欧拉后差格式抑制积分过程中高频波增长,但还得采取另外的措施来抑制二倍格距波的增长。

2.6.4 二维平流方程计算稳定性

到目前为止,我们限于分析一维平流方程计算稳定性问题,但不难推广到二维情形,二维平流方程的形式为

$$\frac{\partial F}{\partial t}+U\frac{\partial F}{\partial x}+V\frac{\partial F}{\partial y}=0 \tag{2.90}$$

令

$$\Delta x=\Delta y=d, x=id, y=jd, t=n\Delta t \tag{2.91}$$

蛙跃格式为

$$F_{i,j}^{n+1}-F_{i,j}^{n-1}=-\frac{U\Delta t}{d}(F_{i+1,j}^{n}-F_{i-1,j}^{n})-\frac{V\Delta t}{d}(F_{i,j+1}^{n}-F_{i,j-1}^{n}) \tag{2.92}$$

仍利用von Neumann方法,设解的形式为

$$F_{i,j}^{n}=B_n e^{i(kid+ljd)}$$

这里$i=\sqrt{-1}$,代入(2.92)式

$$B_{n+1}=B_{n-1}-\frac{2i\Delta t}{d}(U\sin kd+V\sin ld)B_n \tag{2.93}$$

再定义

$$D_{n+1}=B_n \tag{2.94}$$

由此有

$$\begin{cases} B_{n+1} = D_n - \dfrac{2\mathrm{i}\Delta t}{d}(U\sin kd + V\sin ld)B_n \\ D_{n+1} = B_n \end{cases} \tag{2.95}$$

则增幅矩阵 **A** 为

$$\boldsymbol{A} = \begin{bmatrix} -\dfrac{2\mathrm{i}\Delta t}{d}(U\sin kd + V\sin ld) & 1 \\ 1 & 0 \end{bmatrix}$$

不难求出矩阵特征值

$$\lambda = -\mathrm{i}\left(\frac{\Delta t}{d}\right)(U\sin kd + V\sin ld) \pm \sqrt{1 - \left(\frac{\Delta t}{d}\right)^2 (U\sin kd + V\sin ld)^2}$$

如果

$$\left(\frac{\Delta t}{d}\right)|U\sin kd + V\sin ld| \leqslant 1 \tag{2.96}$$

则 $|\lambda| = 1$，格式是中性的，(2.96)式就给出了一个稳定条件。因为波数 k,l 是独立的，$\sin kd$ 与 $\sin ld$ 的最大值为 1。再令

$$U = V_s\cos\theta,\quad V = V_s\sin\theta,\quad V_s^2 = U^2 + V^2$$

则

$$\max\frac{\Delta t}{d}|U\sin kd + V\sin ld| = \frac{V_s\Delta t}{d}|\cos\theta + \sin\theta| = \sqrt{2}V_s\frac{\Delta t}{d}$$

因此，有对所有波数 k,l 都适合的稳定性条件为

$$\sqrt{2}V_s\frac{\Delta t}{\mathrm{d}} \leqslant 1 \quad 或 \quad V_s\Delta t \leqslant 0.707d \tag{2.97}$$

这一条件比一维要高。

2.6.5 四阶空间差分格式的计算稳定性

首先导出 $f'(x)$ 的四阶空间差分的形式。将 $f(x)$ 展开成泰勒级数

$$f(x \pm \Delta x) = f(x) \pm f'(x)\Delta x + f''(x)\frac{\Delta x^2}{2!} \pm f'''(x)\frac{\Delta x^3}{3!} + f''''(x)\frac{\Delta x^4}{4!} \pm \cdots$$

两级数相减

$$f(x + \Delta x) - f(x - \Delta x) = 2f'(x)\Delta x + \frac{1}{3}f'''(x)\Delta x^3 + O(\Delta x^5) \tag{2.98}$$

又

$$f(x \pm 2\Delta x) = f(x) \pm f'(x)2\Delta x + f''(x)\frac{(2\Delta x)^2}{2!} \pm f'''(x)\frac{(2\Delta x)^3}{3!} + \cdots$$

两级数相减，得

$$f(x+2\Delta x)-f(x-2\Delta x)=4f'(x)\Delta x+\frac{4}{3}f'''(x)\Delta x^{3}+O(\Delta x^{5}) \quad (2.99)$$

(2.98)式减去(2.99)式，消去 $f'''(x)$ 项，最后得

$$F'(x)=\frac{4}{3}\left(\frac{F(x+\Delta x)-F(x-\Delta x)}{2\Delta x}\right)-\frac{1}{3}\left(\frac{F(x+2\Delta x)-F(x-2\Delta x)}{4\Delta x}\right)+O(\Delta x^{4}) \quad (2.100)$$

时间积分格式仍取蛙跃格式，这样平流方程四阶空间差分格式为

$$\frac{F_m^{n+1}-F_m^{n-1}}{2\Delta t}=-U\left[\frac{4}{3}\,\frac{F_{m+1}^{n}-F_{m-1}^{n}}{2\Delta x}+\frac{1}{3}\,\frac{F_{m+2}^{n}-F_{m-2}^{n}}{4\Delta x}\right] \quad (2.101)$$

设

$$F_m^n=Ae^{ikm\Delta x}e^{i\alpha n\Delta t}$$

代入(2.101)式，可得到

$$\sin\alpha\Delta t=-\frac{U\Delta t}{\Delta x}\left(\frac{4}{3}\sin k\Delta x-\frac{1}{6}\sin 2k\Delta x\right) \quad (2.102)$$

如果 α 为实数，为中性解，无衰减，也无增幅。这就要求(2.102)式右端小于或等于1。为保证对所有波长的波动都是稳定的，首先要估计(2.102)式右端的最大值，为此右端对 $k\Delta x$ 微商并令其等于零，结果有

$$\frac{4}{3}\cos k\Delta x-\frac{1}{3}\cos 2k\Delta x=0 \quad (2.103)$$

利用 $\cos 2k\Delta x=2\cos^2 k\Delta x-1$，上式可改写为

$$2\cos^2 k\Delta x-4\cos k\Delta x-1=0$$

解得

$$\cos k\Delta x=-0.225,\quad k\Delta x=103^\circ$$

于是(2.102)式右端最大值为

$$\frac{4}{3}\sin 103^\circ-\frac{1}{6}\sin 206^\circ=1.37$$

所以计算稳定的条件为

$$\left|\frac{U\Delta t}{\Delta x}\right|\leqslant 0.73$$

这一稳定性条件比二阶空间差分格式要严格。在同样的 U 与 Δx 情形下，四阶格式的时间步长 Δx 比二阶格式要小27%，因此，是很费计算时间的。但截断误差小了，减小了相速衰减。四阶格式的相速为

$$C_{E4}=-\frac{\alpha}{k}=\frac{1}{k\Delta t}\arcsin\left[\frac{U\Delta t}{\Delta x}\left(\frac{4}{3}\sin k\Delta x-\frac{1}{6}\sin 2k\Delta x\right)\right] \quad (2.104)$$

二阶格式的相速 C_{E2}（见(2.34)式）为

$$C_{E2}=\frac{1}{k\Delta t}\arcsin\left[\frac{U\Delta t}{\Delta x}\sin k\Delta x\right] \tag{2.105}$$

表 2.5 给出 $C_{E4}/U,C_{E2}/U$ 与波长的关系。

表 2.5　平流方程空间四阶二阶差分格式，时间蛙跃格式计算相速与实际相速之比随波长的变化

格式类型	$\frac{U\Delta t}{\Delta x}$	$2\Delta x$	$4\Delta x$	$6\Delta x$	$8\Delta x$	$10\Delta x$	$12\Delta x$
二阶格式	0.2	0	0.64	0.83	0.91	0.94	0.96
	0.4	0	0.66	0.84	0.92	0.95	0.96
	0.6	0	0.68	0.87	0.93	0.96	0.97
	0.8	0	0.74	0.92	0.96	0.97	0.98
四阶格式	0.2	0	0.86	0.97	0.99	1.00	1.00
	0.4	0	0.89	0.99	1.00	1.01	1.01
	0.6	0	0.98	1.03	1.03	1.02	1.01
	0.8	0	不稳定	1.11	1.07	1.04	1.03

从表 2.5 可看出，二阶、四阶格式的二倍格距波的计算相速均为零，相对而言，空间四阶格式相速误差比空间二阶格式要小，更接近真实相速。

空间四阶格式的计算群速不难求出

$$C_{gE4}=\frac{\mathrm{d}kC_{E4}}{\mathrm{d}k}=U\left\{\frac{4/3\cos k\Delta x-1/3\cos 2k\Delta x}{[1-(U\Delta t/\Delta x)^2(4/3\sin k\Delta x-1/6\sin 2k\Delta x)^2]^{1/2}}\right\} \tag{2.106}$$

而空间二阶格式为

$$C_{gE2}=\frac{\mathrm{d}kC_{E2}}{\mathrm{d}k}=U\frac{\cos 2k\Delta x}{[1-(U\Delta t/\Delta x)^2\sin^2 k\Delta x]^{1/2}} \tag{2.107}$$

图 2.10 给出了空间二阶和四阶格式的 C_{gE4}/C_g，C_{gE2}/C_g 随波长变化的曲线。

由图可见当 $L>4\Delta x$ 四阶格式更接近真解，甚至在某些波段 $C_{gE4}>C_g$，但对于更短的波，四阶格式群速误差比二阶格式还大，C_{gE4}/C_g 为很大的负值。例如 $L=2\Delta x$，$C_{gE4}=-5U/3$，若 $U\Delta t/\Delta x=0.70$，$L=4\Delta x$，则 $C_{gE4}=U$ 这将导致“噪声”将向着相速相反方向迅速分离出来，造成计算紊乱。

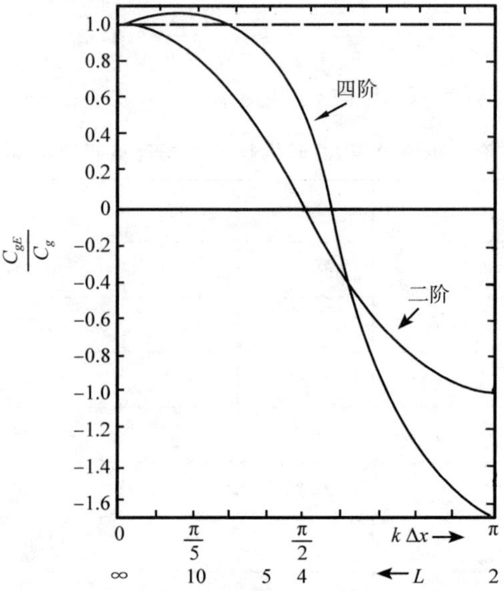

图 2.10 二阶、四阶格式的 C_{gE}/C_g

2.6.6 半隐式格式

在未讨论半隐式格式之前，先分析线性浅水方程组的蛙跃格式，一维线性浅水方程组为

$$\begin{cases}\dfrac{\partial u}{\partial t}+U\dfrac{\partial u}{\partial x}+\dfrac{\partial \Phi}{\partial x}=0\\[2ex]\dfrac{\partial \Phi}{\partial t}+U\dfrac{\partial \Phi}{\partial x}+\bar{\Phi}\dfrac{\partial u}{\partial x}=0\end{cases}$$

其中 $\bar{\Phi}=gH_0=C_0^2$，C_0 是重力外波的相速。这一模式中含有快波（重力波）和慢波（平流波）。令 $\Delta x=d$，其蛙跃格式为

$$\begin{cases}\dfrac{u_m^{n+1}-u_m^{n-1}}{2\Delta t}+U\dfrac{u_{m+1}^n-u_{m-1}^n}{2d}+\dfrac{\Phi_{m+1}^n-\Phi_{m-1}^n}{2d}=0\\[2ex]\dfrac{\Phi_m^{n+1}-\Phi_m^{n-1}}{2\Delta t}+U\dfrac{\Phi_{m+1}^n-\Phi_{m-1}^n}{2d}+C_0^2\dfrac{u_{m+1}^n-u_{m-1}^n}{2d}=0\end{cases}\tag{2.108}$$

设(2.108)式的解为

$$u_m^n=A\mathrm{e}^{\mathrm{i}(km\Delta x+\alpha n\Delta t)},\quad \Phi_m^n=B\mathrm{e}^{\mathrm{i}(km\Delta x+\alpha n\Delta t)}\tag{2.109}$$

代入(2.108)式后，得

$$\begin{cases} A\left(\dfrac{\sin k\Delta t}{\Delta t} + U\dfrac{\sin kd}{d}\right) + B\dfrac{\sin kd}{d} = 0 \\ A\left(C_0^2\dfrac{\sin kd}{d}\right) + B\left(\dfrac{\sin\alpha\Delta t}{\Delta t} + U\dfrac{\sin kd}{d}\right) = 0 \end{cases} \tag{2.110}$$

(2.110)式有非零解，则 A,B 系数行列式必等于零，由此可得

$$\sin\alpha\Delta t = -(\Delta t/d)(U \pm C_0)\sin k\Delta x \tag{2.111}$$

当 α 为实数，为中性波，α 为实数的条件为

$$\left|\frac{\Delta t}{d}(U \pm C_0)\sin k\Delta x\right| \leqslant 1 \tag{2.112}$$

对于所有波数波都稳定，因 $|\sin k\Delta x| \leqslant 1$，则要求

$$\left|(U \pm C_0)\frac{\Delta t}{d}\right| \leqslant 1$$

对于二维情形，参见(2.97)式，这一稳定性条件可改写成

$$\left|(U \pm C_0)\frac{\Delta t}{d}\right| < 0.707$$

C_0 为重力外波相速，$C_0 = \sqrt{gH_0}$，在大气中相当于牛顿声速。因 $C_0 \gg U$，所以采用显示积分格式时间步长必须取得很小。数值预报中用显式格式积分原始方程模式是很费计算时间的。因此，许多人重视研究既保证计算精度，又能增大时间步长的积分格式，以节约计算时间。半隐式格式就是其中之一。

从前面讨论中已发现隐式格式是无条件稳定格式，而显式格式是条件性稳定格式，如果一既包含快波又包含慢波解的模式中，把决定快波各因子项以隐式差分表示，而决定慢波的因子项以显式差分表示，即采用“半隐式”格式，就可期望增大积分时间步长。对浅水模式，决定慢波的因子是平流项，决定快波（重力波）的因子是压力梯度项和散度项，这样其半隐式格式形式为

$$\begin{cases} \dfrac{u_m^{n+1} - u_m^{n-1}}{2\Delta t} + U\dfrac{u_{m+1}^n - u_{m-1}^n}{2d} + \\ \qquad \dfrac{1}{2}\left(\dfrac{\Phi_{m+1}^{n+1} - \Phi_{m-1}^{n+1} + \Phi_{m+1}^{n-1} - \Phi_{m-1}^{n-1}}{2d}\right) = 0 \\ \dfrac{C_0^2}{2}\left(\dfrac{u_{m+1}^{n+1} - u_{m-1}^{n+1} + u_{m+1}^{n-1} - u_{m-1}^{n-1}}{2d}\right) + \\ \qquad \dfrac{\Phi_m^{n+1} - \Phi_m^{n-1}}{2\Delta t} + U\dfrac{\Phi_{m+1}^n - \Phi_{m-1}^n}{2d} = 0 \end{cases} \tag{2.113}$$

设解的形式仍为(2.109)式，将其代入(2.113)式，于是有

$$\begin{cases} A\left(\dfrac{\sin\alpha\Delta t}{\Delta t} + U\dfrac{\sin kd}{d}\right) + B\left(\dfrac{\sin kd}{d}\cdot\cos\alpha\Delta t\right) = 0 \\ A\left(\dfrac{C_0^2}{d}\sin kd\cos\alpha\Delta t + U\dfrac{\sin kd}{d}\right) + B\left(\dfrac{\sin\alpha\Delta t}{\Delta t} + U\dfrac{\sin kd}{d}\right) = 0 \end{cases} \tag{2.114}$$

若有非零解，要求 A、B 的系数行列式为零，即要求

$$(\Omega_1+\sin\alpha\Delta t)^2=\Omega_2^2\cos^2\alpha\Delta t$$

式中 $\Omega_1=U\Delta t/\Delta x\sin kd$，$\Omega_2=C_0\Delta t/\Delta x\sin kd$。由上式有

$$(\Omega_1+\sin\alpha\Delta t\pm\Omega_2\cos\alpha\Delta t)=0$$

令

$$\frac{1}{(1+\Omega_2^2)^{1/2}}=\cos\beta,\quad \frac{\Omega_2}{(1+\Omega_2^2)^{1/2}}=\sin\beta$$

上式可改写为

$$\Omega_1+(1+\Omega_2^2)^{1/2}\sin(\alpha\Delta t\pm\beta)=0$$

即

$$\sin(\alpha\Delta t\pm\beta)=-\sqrt{\frac{\Omega_1^2}{1+\Omega_2^2}} \tag{2.115}$$

可见 α 为实数要求

$$\frac{\Omega_1^2}{1+\Omega_2^2}\leqslant 1 \tag{2.116}$$

这就是稳定性条件。由于 $\Omega_1^2\ll\Omega_2^2$，所以浅水模式半隐式格式是稳定的。格式的计算相速为

$$C_E=-\frac{\alpha}{k}=\frac{1}{k\Delta t}\left[\arcsin\left(\sqrt{\frac{\Omega_1^2}{1+\Omega_2^2}}\right)\pm\beta\right] \tag{2.117}$$

显然若时间步长的 Δt 选择太大，就会增加相速误差，这也是不适宜的。

半隐式格式可增大时间步长，以节约计算时间，但实际计算中，要数值求解一个椭圆型方程。对此加以简单说明。浅水方程组矢量形式为

$$\begin{cases}\dfrac{\partial \mathbf{V}}{\partial t}+(\mathbf{V}\cdot\nabla)\mathbf{V}+\nabla\Phi=0\\[2ex]\dfrac{\partial \Phi}{\partial t}+(\mathbf{V}\cdot\nabla)\Phi+\bar{\Phi}\,\nabla\cdot\mathbf{V}=0\end{cases} \tag{2.118}$$

空间差分暂不给出具体形式，则半隐式格式为：

$$\mathbf{V}^{n+1}=\mathbf{V}^{n-1}-2\Delta t(\mathbf{V}^n\cdot\nabla)\mathbf{V}^n-\Delta t[\nabla\Phi^{n+1}+\nabla\Phi^{n-1}] \tag{2.119}$$

$$\Phi^{n+1}=\Phi^{n-1}-2\Delta t(\mathbf{V}^n\cdot\nabla\Phi^n)-\bar{\Phi}\Delta t[\nabla\cdot\mathbf{V}^{n+1}+\nabla\cdot\mathbf{V}^{n-1}] \tag{2.120}$$

上标表示时间层。将(2.118)式取散度，消去(2.119)式中 $\nabla\cdot\mathbf{V}^{n+1}$，得

$$\begin{aligned}\Phi^{n+1}=&\Phi^{n-1}-2\Delta t(\mathbf{V}^n\cdot\nabla\Phi^n)-\bar{\Phi}\Delta t\,\nabla\cdot\mathbf{V}^{n-1}-\\&\bar{\Phi}\Delta t[\nabla\cdot\mathbf{V}^{n-1}-2\Delta t\nabla\cdot(\mathbf{V}^n\cdot\nabla)\mathbf{V}^n-\Delta t(\nabla^2\Phi^{n+1}+\nabla^2\Phi^{n-1})]\end{aligned}$$

经整理得

$$\nabla^2\Phi^{n+1}-\frac{1}{\overline{\Phi}\Delta t^2}\Phi^{n+1}=-\nabla^2\Phi^{n-1}-\frac{1}{\overline{\Phi}\Delta t^2}\Phi^{n-1}+$$

$$\frac{2}{\overline{\Phi}\Delta t}(\boldsymbol{V}^n\cdot\nabla\Phi^n)+\frac{2}{\Delta t}\nabla\cdot\boldsymbol{V}^{n-1}-2\nabla\cdot(\boldsymbol{V}^n\cdot\nabla)\boldsymbol{V}^n \tag{2.121}$$

可见 Φ^{n+1} 满足亥姆霍兹(Helmholtz)方程。方程右端为已知项，将空间微商写成差分形式后可用张弛法数值求解(见第 10 节)。求出 Φ^{n+1} 就可通过动量方程，求出 $\boldsymbol{V}^{n+1}$；还可通过连续方程求出 $\nabla\cdot\boldsymbol{V}^{n+1}$。A. J. Robert(1982)曾用正压原始方程，若显式格式时间步长取 10 分钟，其结果和半隐式格式时间步长取 60 分钟的预报结果基本一致，计算到第五天二者位势高度差别不超过 50 gpm。

半隐式格式是我国气象学家在 1961 年首先提出来的，后来经过许多人发展、完善，现已在数值天气预报中被广泛应用。应指出节约计算时间的积分格式还有时间分离格式、半拉格朗日格式等，下面予以介绍。

2.7　原始方程模式的时间积分方案

由于原始方程模式既包含慢波解，也包含快波解，二者的相速相差一个数量级，为了满足 CFL 条件，原始方程模式的时间步长比过滤模式大大缩短。因而花费的计算量也会成倍增长。为了减少原始方程模式的计算量，提高预报时效，研究和采用高效率的时间积分方案，具有十分重要的实际意义。目前，原始方程模式中采用较多，效果较好的时间积分方案有显式分离算法和半拉格朗日法，以下分别予以介绍。

2.7.1　分离积分法

分离积分法的基本思想是将模式方程组分解为两组方程，一组描写适应过程，另一组只包括非线性平流过程，以便对这两种性质不同的过程采用不同的时间积分方案，具体做法大致可分为两类，一是对平流过程和适应过程都采用较大的时间步长，平流项用显示格式计算，而对产生重力惯性波的项采用绝对稳定的隐式格式计算，以保持高频重力波的计算稳定性。二是对平流过程和适应过程都采用显式格式计算，平流项采用较大的时间步长，而对产生重力惯性波的项则采用较小的时间步长。两种方法都可在保证计算稳定性的前提下，达到节省计算时间，提高计算效率的目的。例如，Burridge(1975)在英国十层原始方程业务预报模式中采用的分离积分法，平流方程用显式积分，适应方程用半隐式积分。Gadd(1978)试验了平流方程和适应方程采用不同时间步长的显式积分方案，并证明了这个方案比 Burridge 的方案更为有效。Tatsumi(1983)提出一种更为经济的显式分离算法，他采用的是三时间层格式，减小了时间差分的截断误差，对方程的分解方法也与 Gadd 不同，有效避免了分解截断误差，而且程序编制比较简单，能明显节省计算时间，已成功应用于日本的业务预报模式。以下采用正压原始方程模式介绍显式分离积分法的计算格式。

为了简单起见，暂不考虑地图投影放大系数，下边界取为平坦地面，正压原始方程组可写为

$$\begin{aligned}&\frac{\partial u}{\partial t}+u\frac{\partial u}{\partial x}+v\frac{\partial u}{\partial y}-fv+\frac{\partial \Phi}{\partial x}=0\\&\frac{\partial v}{\partial t}+u\frac{\partial v}{\partial x}+v\frac{\partial v}{\partial y}+fu+\frac{\partial \Phi}{\partial y}=0\\&\frac{\partial \Phi}{\partial t}+\underbrace{u\frac{\partial \Phi}{\partial x}+v\frac{\partial \Phi}{\partial y}}_{\text{I}}+\underbrace{\Phi\left(\frac{\partial u}{\partial x}+\frac{\partial v}{\partial y}\right)}_{\text{II}}=0\end{aligned} \tag{2.122}$$

(2.122)式中，Ⅰ表示平流项，Ⅱ表示产生重力惯性波的项。引入两个时间步长，Δt_a 用于计算平流项。$\Delta t_b=\Delta t_a/M$ 用于计算重力惯性波项，令 $M=4$，显式分离积分法的时间积分过程如图 2.11 所示，重力惯性波项在每个 Δt_b 内计算，平流项则在 Δt_a 内计算，在 $n-1$ 步至 $n+1$ 步之间为常数。以下用上标 n 表示按长步长 Δt_a 计算的变量 u^n,v^n,Φ^n，而在 $n-1$ 步至 $n+1$ 步之间按短步长 Δt_b 计算的变量表示为 $u^n(0)$，$v^n(0),\Phi^n(0),u^n(1),v^n(1),\Phi^n(1),\cdots,u^n(2M),v^n(2M),\Phi^n(2M)$。两组变量按以下方式连接。

$$\begin{aligned}&u^n(0)=u^{n-1},\quad v^n(0)=v^{n-1},\quad \Phi^n(0)=\Phi^{n-1}\\&u^n(2M)=u^{n+1},\quad v^n(2M)=v^{n+1},\quad \Phi^n(2M)=\Phi^{n+1}\end{aligned} \tag{2.123}$$

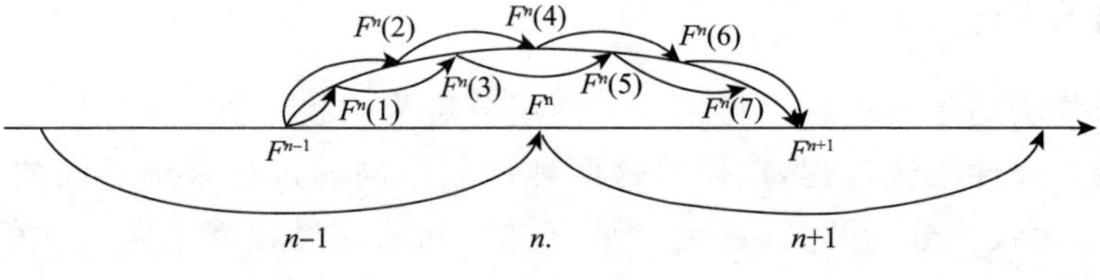

图 2.11 显式分离积分法的时间积分过程

(2.122)式中空间微商的差分格式用 $\nabla_x F$ 和 $\nabla_y F$ 表示，则分离积分法的包含两种时间步长的显式格式可写为

$$
\begin{cases}
u^n(1) = u^n(0) - \Delta t_b[u^n \nabla_x u^n + v^n \nabla_y u^n - fv^n(0) + \nabla_x \Phi^n(0)] \\
v^n(1) = v^n(0) - \Delta t_b[u^n \nabla_x v^n + v^n \nabla_y v^n + fu^n(0) + \nabla_y \Phi^n(0)] \\
\Phi^n(1) = \Phi^n(0) - 2\Delta t_b[u^n \nabla_x \Phi^n + v^n \nabla_y \Phi^n + \Phi^n(0) \nabla_x u^n(0) + \Phi^n(0) \nabla_y v^n(0)] \\
\cdots\cdots \\
u^n(m+1) = u^n(m-1) - 2\Delta t_b[u^n \nabla_x u^n + v^n \nabla_y u^n - fv^n(m) + \nabla_x \Phi^n(m)] \\
v^n(m+1) = v^n(m-1) - 2\Delta t_b[u^n \nabla_x v^n + v^n \nabla_y v^n + fu^n(m) + \nabla_y \Phi^n(m)] \\
\Phi^n(m+1) = \Phi^n(m-1) - 2\Delta t_b[u^n \nabla_x \Phi^n + v^n \nabla_y \Phi^n + \Phi^n(m) \nabla_x u^n(m) + \Phi^n(m) \nabla_y v^n(m)] \\
\cdots\cdots \\
u^n(2M) = u^n(2M-2) - 2\Delta t_b[u^n \nabla_x u^n + v^n \nabla_y u^n - fv^n(2M-1) + \nabla_x \Phi^n(2M-1)] \\
v^n(2M) = v^n(2M-2) - 2\Delta t_b[u^n \nabla_x v^n + v^n \nabla_y v^n + fu^n(2M-1) + \nabla_y \Phi^n(2M-1)] \\
\Phi^n(2M) = \Phi^n(2M-2) - 2\Delta t_b[u^n \nabla_x \Phi^n + v^n \nabla_y \Phi^n + \Phi^n(2M-1) \nabla_x u^n(2M-1) + \\
\qquad \Phi^n(2M-1) \nabla_y v^n(2M-1)
\end{cases}
\tag{2.124}
$$

以上为 $n-1$ 至 $n+1$ 步之间按短步长 Δt_b 的时间积分过程。式中 m 的取值依次为 $1,2,\cdots,2M-2$，右端的平流项只需用 u^n,v^n,Φ^n 计算一次，由以上计算结果 $u^n(2M)$，$v^n(2M)$，$\Phi^n(2M)$和关系式(2.95)得到 $u^{n+1},v^{n+1},\Phi^{n+1}$，于是就完成了由 $n-1$ 步至 $n+1$步的整个积分过程。

从格式(2.124)可以看出，对于某一变量 F，其短步长积分过程得到的值 $F^n(M)$与同一时刻长步长的值 F^n 是不相等的，采用以下滤波运算可使二者接近。设带 * 号与不带 * 分别表示滤波前和滤波后的值，令 $\Delta F^n = F^n(M)^* - F^{n*}$，滤波格式可写为

$$
\begin{cases}
F^n = F^{n*} + \gamma \Delta F^n \\
F^n(M) = F^n(M)^* - \gamma \Delta F^n \\
F^{n+1*} = F^n(2M) - \gamma \Delta F^n
\end{cases}
\tag{2.125}
$$

式中 γ 为滤波参数，数值试验结果表明，采用以上滤波运算，有助于减少分离截断误差，抑制高频噪声，保持计算稳定性。

对于实际大气模式，除了平流过程和适应过程外，还包含各种非绝热的物理过程。由于显式分离积分法的长步长一般只有十几分钟，所以物理过程也可以只在一个长步长内计算一次。数值模式中，物理过程的参数化方案和守恒性比较好的平流格式大都比较复杂，计算起来很费时间，分离积分法可采用较大的时间步长，使计算这些项的次数显著减少，因而大大缩短模式总体积分所需的计算时间，而显式分离算法与半隐式分离算法(即平流过程用显式积分，适应过程用隐式积分)相比，可以减小因将快慢过程截然分开而引起的分解截断误差，而且计算比较简单，省时效果也更为明显，因而被许多模式所采用，如日本的业务数值预报模式，中国气象局国家气象中心的 LAFS 模式等。

2.7.2 半拉格朗日法

众所周知，拉格朗日法和欧拉法都是流体力学中描写流体运动的基本方法，由于欧拉法利用离散网格点上的值进行计算非常方便，因而在数值天气预报中被广泛采用。但是，欧拉法所涉及的非线性平流项易于导致非线性计算不稳定，数值模式中必须采用能量和位涡拟能守恒等约束条件来构造复杂的平流项计算格式。此外，数值积分若采用蛙跃格式，时间步长的选取还必须受到 CFL 条件的限制，不能取得太大。这是造成数值模式计算量大，效率不高的重要原因。拉格朗日法具有物理意义明确，可以避免非线性计算不稳定，易于保持某些物理量的守恒性质等优点。但是，由于在离散网格点上长时间追踪同一气块的运动十分困难，拉格朗日法难以直接应用于数值天气预报。Krishnamurti(1962)提出了用半拉格朗日法积分正压原始方程模式的方案。后来经 Robert(1982，1985)等人的进一步发展，采用半拉格朗日法，在不影响计算精度的前提下，时间步长可以取到欧拉法的近 10 倍，而且计算稳定，预报结果也相差不大。近年来，半拉格朗日法的研究十分活跃，已取得了许多令人瞩目的成就。

所谓半拉格朗日法，是指在整个积分过程中不对同一气块沿其路径进行追踪，而是在同一时间步长内追踪终点恰好位于网格点上的气块，从而计算出由平流过程所引起的各网格点上预报变量的局地变化。其基本原理可通过一维平流方程加以说明。

水平流场中若某一空气微团在运动过程中所具有的属性 F 保持不变，可写为如下平流方程

$$\frac{\mathrm{d}F}{\mathrm{d}t} = \frac{\partial F}{\partial t} + u\,\frac{\partial F}{\partial x} = 0 \tag{2.126}$$

如图 2.12 所示，若已知 $t_n - \Delta t$ 和 t_n 时刻各网格点上的 F_j^{n-1}，u_j^{n-1} 和 F_j^n，u_j^n 为已知，用半拉格朗日法求 $t_n + \Delta t$ 时刻 A 点处的 F_A^{n+1}，只需求出 $t_n + \Delta t$ 时刻位于格点 A 上的微团在 $t_n - \Delta t$ 时刻的位置 P 和该点的属性值 $F(P, t_n - \Delta t)$，即有

$$F_A^{n+1} = F(P, t_n - \Delta t) \tag{2.127}$$

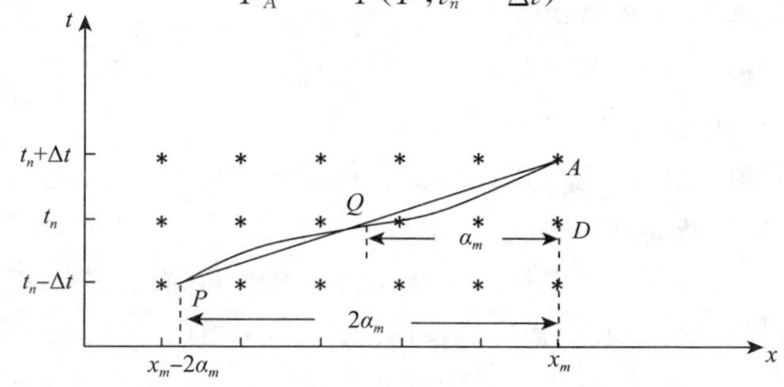

图 2.12 三时间层的半拉格朗日积分方案示意图

在运动过程中，如果有非守恒的物理过程作用于微团，设源和汇所产生的变率为 b，则(2.126)式应改写为

$$\frac{\mathrm{d}F}{\mathrm{d}t} = b \tag{2.128}$$

半拉格朗日法的三时间层积分格式可写为

$$F_A^{n+1} = F(P, t_n - \Delta t) + 2\Delta t b(Q, t_n) \tag{2.129}$$

式中 Q 为 P 点与格点 A 的连线的中点，设格点 A 的坐标为 x_m，P 点的坐标为 $x_m - 2\alpha_m$，则 Q 点的坐标为 $x_m - \alpha_m$，其中 α_m 为 Δt 时间内气块沿 x 方向移动的距离。于是，(2.129)式可改写为

$$F(x_m, t_n + \Delta t) = F(x_m - 2\alpha_m, t_n - \Delta t) + 2\Delta t b(x - \alpha_m, t_n) \tag{2.130}$$

一般而言，P 点和 Q 点的位置不会恰好与某一个网格点重合，要利用(2.130)式做时间积分，必须给出 α_m 的计算公式。

设 t_n 时刻 Q 点处的速度为 u，则 $2\Delta t$ 时间内气块移动的距离可近似表示为 $2u\Delta t$，Robert(1982)计算距离 α_m 的公式为

$$\alpha_m^{(n+1)} = \Delta t u(x_m - \alpha_m^{(k)}, t_n) \tag{2.131}$$

不难看出，(2.131)式是一迭代求解格式，初始猜值 $\alpha_m^{(0)}$ 可取为前一时间步的值，(2.131)式每迭代一次，都需用周围网格点上的 u_j^n 重新插值计算 $u(x_m - \alpha_m^{(k)}, t_n)$。同理，(2.130)式右端的 $F(x_m - 2\alpha_m, t_n - \Delta t)$ 和 $b(x - \alpha_m, t_n)$ 也需用相应时间层网格点上的值通过插值计算得到。

综上所述，一维平流方程的半拉格朗日法的计算步骤为：

(1)按(2.111)式迭代求解各个网格点上的距离 α_m，每迭代一次，都要采用某种插值公式计算 $u(x_m - \alpha_m^{(k)}, t_n)$，直到$(\alpha_m^{(k+1)} - \alpha_m^{(k)})$小于某一规定值。

(2)采用某种插值公式计算 $F(x_m - 2\alpha_m, t_n - \Delta t)$ 和 $b(x - \alpha_m, t_n)$。

(3)按(2.130)式计算 $t + \Delta t$ 时间步的各个网格点上的新值 F_j^{n+1}。

以上利用一维平流方程介绍了半拉格朗日法的基本思想和计算步骤，下面给出半拉格朗日法用于正压原始方程模式的两时间层格式，暂不考虑地图投影放大系数，下边界的浅水方程组可写为

$$\begin{cases} \dfrac{\mathrm{d}u}{\mathrm{d}t} = -\dfrac{\partial \Phi}{\partial x} + fv = A \\ \dfrac{\mathrm{d}v}{\mathrm{d}t} = -\dfrac{\partial \Phi}{\partial y} - fu = B \\ \dfrac{\mathrm{d}\ln\Phi}{\mathrm{d}t} = -\left(\dfrac{\partial u}{\partial x} + \dfrac{\partial v}{\partial y}\right) = C \end{cases} \tag{2.132}$$

匀加速运动的位移和速度公式分别为

$$S = u^0 t + \frac{1}{2}at^2 \tag{2.133}$$

$$u = u^0 + at \tag{2.134}$$

$$S = \frac{1}{2}(u^0 + u)t \tag{2.135}$$

首先用 t^n 时刻的格点值 $u_{i,j}^n, v_{i,j}^n, \Phi_{i,j}^n$ 计算出 $A_{i,j}^n, B_{i,j}^n, C_{i,j}^n$。设 $t_n + \Delta t$ 时刻位于格点 (i,j) 的气块在 t^n 时刻位于 P 点，相对于格点 (i,j)，根据(2.133)式，P 点的坐标可近似表示为

$$\begin{cases} x_P = -u_{i,j}^n \Delta t - \dfrac{1}{2}A_{i,j}^n (\Delta t)^2 \\ y_P = -v_{i,j}^n \Delta t - \dfrac{1}{2}B_{i,j}^n (\Delta t)^2 \end{cases} \tag{2.136}$$

利用上式计算得到的 x_P, y_P 和 t_n 时刻的格点值可插值计算出 u^n, v^n, Φ^n 和 A^n, B^n, C^n 在 P 点的数值，根据(2.134)式，(2.132)式的半拉格朗日法的前差格式可写为

$$\begin{cases} u_{i,j}^{n+1} = u_P^n + A_P^n \Delta t \\ v_{i,j}^{n+1} = v_P^n + B_P^n \Delta t \\ \chi_{i,j}^{n+1} = \chi_P^n + C_P^n \Delta t \end{cases} \tag{2.137}$$

式中 $\chi = \ln\Phi$。为了提高计算精度，可采用迭代法逐步订正 P 点的坐标和格点上的预报值，具体做法为，利用(2.136)式中的计算结果和 u_P^n, v_P^n，按(2.135)式重新计算 P 点的坐标，即

$$\begin{cases} x_P = -\dfrac{1}{2}(u_P^n + u_{i,j}^{n+1}) \\ y_P = -\dfrac{1}{2}(v_P^n + v_{i,j}^{n+1}) \end{cases} \tag{2.138}$$

按新的 P 点的坐标插值计算出 u^n, v^n, Φ^n 和 A^n, B^n, C^n 在 P 点的数值，并代入(2.137)式计算新的格点预报值。如果进行多次迭代，则迭代公式为

$$\begin{cases} x_P^{(k+1)} = -\dfrac{1}{2}[u_P^{(k)} + (u_{i,j}^{n+1})^{(k)}] \\ y_P^{(k+1)} = -\dfrac{1}{2}[v_P^{(k)} + (v_{i,j}^{n+1})^{(k)}] \\ (u_{i,j}^{n+1})^{(k+1)} = (u_P^n)^{(k+1)} + \dfrac{1}{2}[(A_P^n)^{(k+1)} + (A_{i,j}^{n+1})^{(k)}]\Delta t \\ (v_{i,j}^{n+1})^{(k+1)} = (v_P^n)^{(k+1)} + \dfrac{1}{2}[(B_P^n)^{(k+1)} + (B_{i,j}^{n+1})^{(k)}]\Delta t \\ (\chi_{i,j}^{n+1})^{(k+1)} = (\chi_P^n)^{(k+1)} + \dfrac{1}{2}[(C_P^n)^{(k+1)} + (C_{i,j}^{n+1})^{(k)}]\Delta t \end{cases} \tag{2.139}$$

式中上标(k)表示迭代次数，P 点坐标的第一估计值按(2.136)式计算，$A_{i,j}^{n}$，$B_{i,j}^{n}$，$C_{i,j}^{n}$的第一估计值利用(2.137)式的结果计算。按(2.139)式迭代 k 次，即得到网格点上 u，v，Φ 的一个时间步长的预报。Mathur(1970)用正弦波初值所做的数值试验结果表明，按以上格式积分 24 小时，迭代一次，三次和五次的结果很接近，八天以后在迭代一次和三次的计算结果中出现了一些小尺度的不规则现象，如果加入扩散项，结果将有所改进。

半拉格朗日法具有许多突出的优点，它能有效地防止由于平流项计算不正确而产生的非线性计算不稳定；可以突破 CFL 判据的限制，在不影响计算精度的前提下，可使用较大的时间步长，从而提高计算效率；计算相速误差和频散误差都比较小，具有较好守恒性质等，在数值天气预报中得到广泛的应用和迅速的发展，如 Robert(1982)提出了一种平流项的半拉格朗日法与重力波项的半隐式格式相结合的方案，时间步长可取到欧拉法的近 10 倍；Ritchie(1986)提出了一种不用插值的半拉格朗日方案，避免了每时间步都要计算路径，多次插值所花费的时间，以及插值的平滑作用对预报质量的负面影响。目前，半拉格朗日法已从有限区域模式推广应用到全球谱模式和非静力的中尺度模式，展示出强大的生命力和广泛的应用前景。

2.7.3 龙格-库塔(Runge-Kutta)时间积分法的显式平方守恒格式构造

计算地球流体力学中要求解的方程一般都可以化为如下算子形式的“发展方程”

$$\frac{\partial U}{\partial t}+\widetilde{A}U=G \tag{2.140}$$

式中 $U=U(\boldsymbol{x},t)$是待求函数，$G=G(\boldsymbol{x},t)$是已知函数，$\boldsymbol{x}=(x_1,x_2,\cdots,x_n)$是空间坐标，$n$ 是空间维数，t 为时间坐标。$\widetilde{A}=\widetilde{A}(U,\boldsymbol{x},t)$是一个线性或非线性算子，其空间离散算子为 A，不考虑外界强迫。则式(2.140)的半离散格式为

$$\frac{\partial U}{\partial t}+AU=0\quad(U\in\mathbf{R}^m) \tag{2.141}$$

假定离散算子 A 为一广义反对称变换($A:\mathbf{R}^m\to\mathbf{R}^m$)，即满足

$$(AU,U)=0 \tag{2.142}$$

则方程(2.142)具有平方守恒性

$$\frac{\mathrm{d}}{\mathrm{d}t}\|U\|^2=0 \tag{2.143}$$

即

$$\|U\|^2=r^2\quad(r=\|U^0\|\ \text{为正常数})$$

从几何意义上说，原方程(2.141)的解总是落在以 O 点为圆心，以 r 为半径的(广义)圆上(图 2.13)。

Runge-Kutta 法是常用的一种经典数值方法，曾在很多学科的各种模拟计算中发挥过重要的作用。Runge-Kutta 法具有 3 个明显的特点：①精度可以任意提高；②绝对稳定性区域可随着精度的提高而不断扩大；③显式单步求解。这里将设计平方守恒格式的思想融入 Runge-Kutta 法之中，并基于几何原理构造出一类新的具有平方守恒属性，在计算精度、绝对稳定性乃至表示形式上均与该类格式保持一致的显式格式。

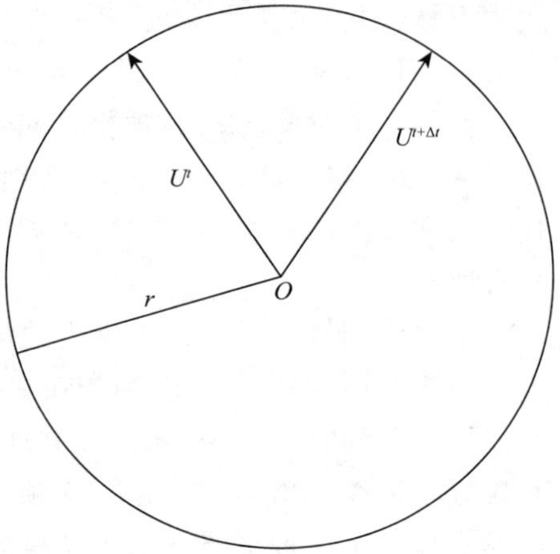

图 2.13 平方守恒几何示意图

考虑经典的 k 阶显式 Runge-Kutta 法，可以写为

$$\boldsymbol{U}^{t+\Delta t} = \boldsymbol{U}^t + \Delta t \boldsymbol{\varphi}^t \tag{2.144}$$

其中

$$\boldsymbol{\varphi}^t = \varphi(\boldsymbol{U}^t, \Delta t) = \sum_{i=1}^{k} c_i \boldsymbol{R}_i \tag{2.145}$$

而

$$\begin{cases} \boldsymbol{R}_1 = R(\boldsymbol{U}^t) \\ \boldsymbol{R}_i = R(\boldsymbol{U}^t + \sum_{j=1}^{i-1} \Delta t b_{i,j} \boldsymbol{R}_j) \quad (i = 2,3,\cdots,k) \end{cases} \tag{2.146}$$

由于它是一类耗散型格式，因此它是不守恒的，因而将它用于能量守恒系统的求解会出现很大的歪曲。由于显式 Runge-Kutta 法为耗散格式，因此，有$(\boldsymbol{\varphi}^t, \boldsymbol{U}^t) < 0$，这表明 $\Delta t \boldsymbol{\varphi}^t$($\boldsymbol{AB}$)与 $\boldsymbol{U}^t$($\boldsymbol{OA}$)的夹角大于 90°，不再与 $\boldsymbol{U}^t$ 垂直。根据这一性质，从向量 $\boldsymbol{U}^t$ 的尾端 A 点可做出向量 $\Delta t \boldsymbol{\varphi}^t$，它落在圆内（图 2.14）。于是，从 $\boldsymbol{U}^t$ 的起点 $\boldsymbol{O}$ 做向量指向 $\Delta t \boldsymbol{\varphi}^t$ 的尾端 B，便得到显式 Runge-Kutta 法在 $t+\Delta t$ 时刻的解 $\boldsymbol{U}^{t+\Delta t}$。显然，$\boldsymbol{U}^{t+\Delta t}$ 的能量是衰减的，即它落在圆内。为了使 $t+\Delta t$ 时刻的解保持能量不变，只需延长 $\boldsymbol{AB}$，使其尾端与圆周相交于 C 点，得到向量 $\boldsymbol{AC}$。由于向量 $\boldsymbol{AC}$ 与向量 $\boldsymbol{AB}$ 一样，都沿着 $\boldsymbol{\varphi}^t$ 方向，因此，可表示成 $\tau_n \boldsymbol{\varphi}^t$，$\tau_n$ 为一待定步长。连接 O 点和 C 点，便可做出向量 $\boldsymbol{OC}$，它就是一个新的在 $t+\Delta t$ 时刻的解 $\boldsymbol{U}_*^{t+\Delta t}$，可以具体表示为

$$\boldsymbol{U}_*^{t+\Delta t} = \boldsymbol{U}^t + \tau_n \varphi(\boldsymbol{U}^t, \Delta t) = \boldsymbol{U}^t + \tau_n \sum_{i=1}^{k} c_i \boldsymbol{R}_i \tag{2.147}$$

格式(2.147)与格式(2.144)的区别在于把积分步长由原来的 Δt 变为可调节的 τ_n，而 φ 中的步长不变。于是利用广义反对称条件下格式应满足的能量守恒性便可确定 τ_n。即选取这样的 τ_n，使得格式(2.147)在条件式(2.142)下满足

$$\| \boldsymbol{U}^{t+\Delta t} \|^2 = \| \boldsymbol{U}^t \|^2 \tag{2.148}$$

这样，便可求得

$$\tau_n = -\frac{2(\boldsymbol{\varphi}^t, \boldsymbol{U}^t)}{\| \boldsymbol{\varphi}^t \|^2} \tag{2.149}$$

如果就以式(2.149)的形式来确定 τ_n，那么，(2.147)式将仅在条件式(2.142)下才与(2.141)式相容。而当条件式(2.142)不满足时，它就变得不相容了，因为当 $\Delta t \to 0$ 时，$\tau_n \to -\frac{2(R(\boldsymbol{U}^t), \boldsymbol{U})}{\| R(\boldsymbol{U}^t) \|^2} \neq 0$，这样它不是普适的。因此，应该利用广义反对称条件来更换确定 τ_n 的形式。

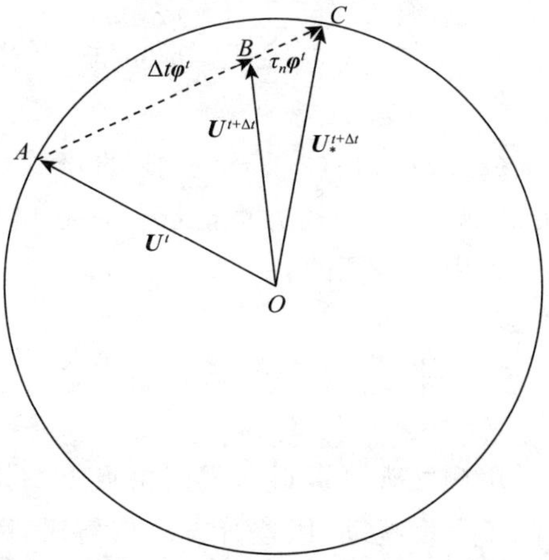

图 2.14　Runge-Kutta 法的能量守恒格式构造

根据式(2.145)

$$(\boldsymbol{\varphi}^t, \boldsymbol{U}^t) = \sum_{i=1}^{k} c_i (\boldsymbol{R}_i, \boldsymbol{U}^t) \tag{2.150}$$

若记

$$\boldsymbol{U}_i^{n+1} = \boldsymbol{U}^{n+1} + \Delta t \sum_{j=1}^{i-1} b_{i,j} \boldsymbol{R}_j \quad (i = 2, 3, \cdots, k) \tag{2.151}$$

则由式(2.146)有

$$\boldsymbol{R}_i = R(\boldsymbol{U}_i^{t+\Delta t}) \quad (\boldsymbol{R}_1 = R(\boldsymbol{U}^t), i = 2, 3, \cdots, k) \tag{2.152}$$

由式(2.152)，并由广义反对称条件可知

$$[R(\boldsymbol{U}_i^{t+\Delta t}), \boldsymbol{U}_i^{t+\Delta t}] = 0 \tag{2.153}$$

从而

$$(\boldsymbol{R}_i, \boldsymbol{U}^t + \Delta t \sum_{j=1}^{i-1} b_{i,j} \boldsymbol{R}_j) = 0 \tag{2.154}$$

这样便得到

$$(\boldsymbol{R}_i, \boldsymbol{U}^t) = -\Delta t \sum_{j=1}^{i-1} b_{i,j} (\boldsymbol{R}_i, \boldsymbol{R}_j) \tag{2.155}$$

代入式(2.150)中得

$$(\boldsymbol{\varphi}^t, \boldsymbol{U}^t) = -\Delta t \sum_{i=1}^{k} c_i \sum_{j=1}^{i-1} b_{i,j} (\boldsymbol{R}_i, \boldsymbol{R}_j) \tag{2.156}$$

再将上式代入式(2.149)就得到了 τ_n 的另一种确定形式

$$\tau_n = \beta_n \Delta t \tag{2.157}$$

式中

$$\beta_n = \frac{2}{\|\boldsymbol{\varphi}^t\|^2}\sum_{i=1}^{k} c_i \sum_{j=1}^{i-1} b_{i,j}(\boldsymbol{R}_i,\boldsymbol{R}_j) = \frac{2}{\left\|\sum_{i=1}^{k} c_i\boldsymbol{R}_i\right\|^2}\sum_{i=1}^{k} c_i \sum_{j=1}^{i-1} b_{i,j}(\boldsymbol{R}_i,\boldsymbol{R}_j) \quad (2.158)$$

由式(2.157)、式(2.158)决定的格式(2.147)便是构造的能量守恒的 k 阶 Runge-Kutta 法格式，上述方案能够保证在绝热无摩擦的条件下全球大气总能量在时间积分过程中是守恒的。

2.8 平滑与滤波

用测站观测资料获得网格点上初始资料时，因观测误差、插值误差等都会造成虚假的小尺度扰动，用差分方法求解时，因截断误差、舍入误差，也会出现小尺度扰动，这些小尺度扰动还会因线性计算不稳定和非线性计算不稳定虚假地增长起来，致使计算失败。为了消除初值中和计算过程中所产生的没有意义的小扰动，进行空间平滑和时间平滑，以滤去这些小扰动是常用的方法。所谓平滑就是用网格点周围若干点的值进行加权平均来代替网格点上原有的值，经过这样的处理，便可以衰减或滤掉短波分量。

2.8.1 一维平滑

令 $f=f(x)$ 为某一场变量，离散化后可表示为

$$f_i = f(x_i) \quad (2.159)$$

其中

$$x_i = i\Delta x, \quad i = 0, \pm 1, \pm 2$$

定义一个简单平滑算子

$$\overline{f}_i = f_i + S(f_{i+1} + f_{i-1} - 2f_i)/2 \quad (2.160)$$

上式称一维平滑公式，S 称平滑系数，S 值不同，平滑的结果不同(平滑强度不同)。这一平滑算子是对称的，平滑时只用了 $i+1, i, i-1$ 三点值，所以又称三点平滑算子。对于一个谐波函数

$$f = A\mathrm{e}^{\mathrm{i}kx} \quad (2.161)$$

$k=2\pi/L$ 为波数，A 为一个常值(可为复数)，将平滑算子作用于 f，其结果为

$$\overline{f} = Rf \quad (2.162)$$

式中 R 称为响应函数，它由下式给出

$$R = 1 - S[1-\cos(k\Delta x)] = 1 - 2S\sin^2(\pi\Delta x/L) \quad (2.163)$$

显然，若 $R\geqslant 0$，经平滑后，不会改变波数 k，也不会改变波的位相。实际上 R 仅是平滑前后波幅之比；$|R|\geqslant 1$ 平滑后的波幅增大，$|R|<1$ 平滑后波幅减小。R 与平滑系

数S和波长L有关。我们自然不希望S的取值使R变为负值，因为这样就会使谐波产生180°的位相变化。

考虑一些特殊情况，令$S=1/2$，则

$$R\left(\frac{1}{2}\right)=1-\sin^2(\pi\Delta x/L)=\cos^2(\pi\Delta x/L) \tag{2.164}$$

于是对$L=2\Delta x$，$R(1/2)=0$，即两倍格距波长的波完全被滤掉。另一方面，波长大于$2\Delta x$的波，经平滑后因平滑而被衰减。例如对$L=10\Delta x$

$$R\left(\frac{1}{2}\right)=\cos^2(\pi/10)=0.905$$

波幅减小约10%，如果平滑10次，波幅减小到仅为原波幅的37%，经过100次平滑，$L=10\Delta x$的波几乎也被滤掉了（波幅近于零）。显然，选定S后，重复应用三点平滑算子是不适宜的，这样中等波长的波和长波也会被过度衰减。为了使平滑能够滤去短波分量，而对长波分量的衰减尽可能小些，可以取不同的平滑系数进行多次平滑，此时响应函数为

$$R^m=R_1\cdot R_2\cdots R_m=\prod_{j=1}^{m}\left(1-2S_j\sin^2\frac{k\Delta x}{2}\right) \tag{2.165}$$

“m”表示平滑次数。通常是平滑两次，第一次$S_1=\frac{1}{2}$称正平滑，平滑使波幅衰减，第二次取$S_1=-\frac{1}{2}$，因$S<0$，$R>0$，所以称反平滑，平滑使波幅增长。R^2，R^1随波长的变化如图2.15所示。图中给出了进行一次平滑和两次平滑的响应曲线，可见，两次平滑波的振幅衰减要比只进行一次平滑明显。

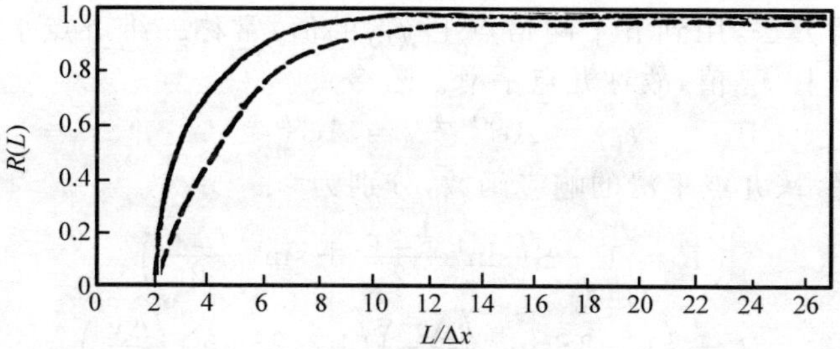

图2.15　R^2，R^1随波长的分布（实线为两次平滑，断线为一次平滑）

为了滤去周期为$2\Delta t$的周期解，平滑算子也可用于时间平滑，即将平滑算子用于不同的时间层的数值解，以n代表时间层，则

$$\overline{f}_i^n=f_i^n+S(f_i^{n+1}+f_i^{n-1}-2f_i^n)/2 \tag{2.166}$$

2.8.2 二维平滑

对于二维物理量场，常需要进行二维平滑。平滑方法有两种，一种是对场变量分别做 x 方向、y 方向的一维平滑，然后取两者的平均值。离散网格点的值记作 $f_{i,j}$ 则 x、y 方向的平滑为

$$\overline{f}^{i}_{i,j} = f_{i,j} + \frac{1}{2}S(f_{i+1,j} + f_{i-1,j} - 2f_{i,j})$$

$$\overline{f}^{j}_{i,j} = f_{i,j} + \frac{1}{2}S(f_{i,j+1} + f_{i,j-1} - 2f_{i,j})$$

$$i = 0, \pm 1, \pm 2, \cdots, j = 0, \pm 1, \pm 2, \cdots$$

由此得二维平滑公式为

$$\begin{aligned}\overline{\overline{f}^{i}_{i,j}}^{j} &= \frac{1}{2}(\overline{f}^{i}_{i,j} + \overline{f}^{j}_{i,j}) \\ &= f_{i,j} + \frac{S}{2}(f_{i+1,j} + f_{i-1,j} + f_{i,j+1} + f_{i,j-1} - 4f_{i,j})\end{aligned} \tag{2.167}$$

另一种二维平滑方法是将沿 x 方向（或 y 方向）平滑结果再沿 y 方向（或 x 方向）进行平滑，即

$$\overline{f}^{i,j}_{i,j} = \overline{\overline{f}^{i}_{i,j}}^{j} = \overline{\overline{f}^{j}_{i,j}}^{i}$$

由公式(2.160)不难得到

$$\begin{aligned}\overline{f}^{i,j}_{i,j} = \overline{\overline{f}^{i}_{i,j}}^{j} &= f_{i,j} + \frac{S(1-S)}{2}(f_{i+1,j} + f_{i-1,j} + f_{i,j+1} + f_{i,j-1} - 4f_{i,j}) + \\ &\frac{S^2}{4}(f_{i+1,j+1} + f_{i+1,j-1} + f_{i-1,j+1} + f_{i-1,j-1} - 4f_{i,j})\end{aligned} \tag{2.168}$$

第一种平滑方法，用到五个网格点上 $f_{i,j}$ 的值，常称二维五点平滑，第二种平滑用到九个网格点上 $f_{i,j}$ 值，故称九点平滑。若令

$$f_{i,j} = A\mathrm{e}^{\mathrm{i}(kx+ly)} = A\mathrm{e}^{\mathrm{i}(kx_i+ly_j)}$$

不难得到五点平滑、九点平滑的响应函数，分别为

$$R = 1 - S\left(\sin^2\frac{k\Delta x}{2} + \sin^2\frac{l\Delta x}{2}\right) \tag{2.169}$$

$$R = \left(1 - 2S\sin^2\frac{k\Delta x}{2}\right)\left(1 - 2S\sin^2\frac{l\Delta y}{2}\right) \tag{2.170}$$

若取 $S=1/2$，显然这两种平滑方法都可以滤去 $L_x=2\Delta x, L_y=2\Delta y$ 的短波。但对于 $L_x>2\Delta x, L_y>2\Delta y$ 的波，五点平滑对波幅的衰减，比九点平滑要弱。

2.9 非线性计算不稳定

前面几节中已经讨论过线性计算不稳定。由于数值预报模式方程组都是非线性

方程组，即便在满足线性计算稳定条件下，数值求解非线性方程，还可能产生计算不稳定现象，这是 1959 年 Phillips 首先指出的。这种计算不稳定只在非线性差分方程中才出现，它不能简单地用缩短时间步长来消除，它几乎与计算中采用的空间网格距无关。Phillips 认为，这种不稳定是由于波与波之间的非线性相互作用而引起的混淆误差造成的，故称为非线性计算不稳定，对此简单地加以说明。

考虑一个一维网格系统，一维区域 L_x 分为 M 等份，格距为 Δx，$L_x=M\Delta x$，$x=i\Delta x$，而 $i=1,2,\cdots,M$。函数 $u(x)$ 格点上值 u_i 可用有限傅里叶级数近似表示

$$u_i = \sum_{k=0}^{M/2}\left[a_k\cos\left(\frac{2\pi}{L_x}ki\Delta x\right)+b_k\sin\left(\frac{2\pi}{L_x}ki\Delta x\right)\right] \tag{2.171}$$

或写成

$$u_i = \sum_{k=0}^{M/2}\left[a_k\cos\left(\frac{2\pi k}{M}i\right)+b_k\sin\left(\frac{2\pi k}{M}i\right)\right] \tag{2.172}$$

即 u_i 是有限个谐波的叠加。a_k，b_k 可由格点上 u_i 计算出来，k 在这里也称为波数。其中，最大波数为 $M/2$，相应的波长为 $2\Delta x$，这是有限网格条件下可描述的最短波长的波。如果波数为 k_1，k_2 两个波发生非线性相互作用，就会产生波数为 k_1+k_2，k_1-k_2 的波。若 $k_1+k_2>M/2$，在有限网格条件下，该波不能被分辨，将虚假地被表示成一个可以被分辨的波。令 $k_1+k_2=M-S$，因 $M-S>M/2$，故 $S<M/2$，这样(2.172)式中第一项

$$\cos\frac{2\pi(k_1+k_2)i}{M}=\cos\frac{2\pi(M-S)i}{M}=\cos\frac{2\pi Si}{M}$$

(2.172)式第二项也有类似的结果。这表明不能被分辨的 k_1+k_2 的波，都虚假地表示为 $S=M-(k_1+k_2)$ 的波了，这就是混淆误差。例如 $k_1=M/2$，$k_2=M/4$，$k_1+k_2=3M/4>M/2$，则 $S=M-3M/4=M/4$，即二倍格距和四倍格距非线性相互作用产生 4/3 格距的波，将虚假地表示成四倍格距的波，如图 2.16 所示。

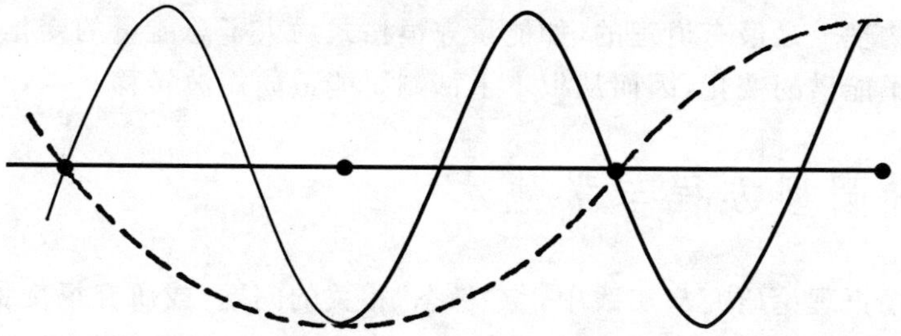

图 2.16　混淆误差示意图

假设波数 k_1 和 k_2 两波非线性相互作用产生的波数 k_1+k_2 的波，虚假表示成波数为 S 的波，是原两个波中的一个，例如 S 就等于 k_1，则

$$k_1 = M-(k_1+k_2) \quad 或 \quad 2k_1 = M-k_2$$

这表明有虚假的能量自反馈。因 k_2 取值范围为

$$0 \leqslant k_2 \leqslant \frac{M}{2}$$

因而自反馈波的波数为

$$\frac{M}{4} \leqslant k_1 < \frac{M}{2}$$

因此,两波非线性相互作用,能发生自反馈的波,其波长必在 $2\Delta x$ 与 $4\Delta x$ 之间。所以,在有限网格条件下,波长在 $2\Delta x$ 与 $4\Delta x$ 之间的波动存在非线性相互作用,产生混淆误差,出现虚假的能量自反馈过程,而使短波能量虚假增大,导致计算不稳定,Phillips(1960)认为这是非线性计算不稳定的机制。

以后有人认为,混淆误差可能造成计算不稳定,但它不是造成计算不稳定的充分必要条件。Arakawa(1966)认为混淆误差不一定产生动能,只有已存在的波和被错误表示的波同位相时,波幅才会增长。不过混淆误差定会使能谱发生错误改变,然而总动能与混淆误差不一定有关。非线性计算不稳定的机制还没最后的结论。现今,更重要的是寻找抑制非线性计算不稳定的方法。根据已了解的非线性计算不稳定的原因,人们已提出了不少克服非线性计算不稳定的有效方法,归纳起来有:

(1)进行空间平滑和时间平滑,滤去小于四倍格距的波。

(2)在方程中加水平扩散项 $K\nabla^2 A$,A 代表某一物理量,K 为扩散系数,K 的大小可控制扩散作用大小。

(3)构造具有隐式平滑或某种选择衰减作用的差分格式,如 Matsuno 格式。

(4)构造守恒差分格式,使差分方程尽可能保持连续系统的整体性质和能量关系。

(1),(2),(3)所起的作用是一样的,就是抑制短波增长,但往往也会衰减长波的强度,(4)在物理上是最有道理的,如能量守恒格式约束了总能量的变化;位涡拟能守恒格式约束了能谱的变化,因而从根本上抑制了能量向短波转移。

2.10 椭圆型方程与张弛法

在数值预报理论研究与实践中,与“稳态”相关的问题,或研究场变量之间诊断关系时常涉及到数值求解椭圆型偏微分方程,早期的准地转数值预报模式,如将等压面位势的倾向($\partial \Phi/\partial t$)作为因变量,则($\partial \Phi/\partial t$)满足的方程也是椭圆型方程。最著名的椭圆型方程是泊松(Poisson)方程和亥姆霍兹方程,其二维形式分别为

$$\nabla^2 G = F_1(x,y) \tag{2.173}$$

$$\nabla^2 G - H_1 G = F_1(x,y) \tag{2.174}$$

式中 $F_1(x,y)$ 为强迫函数，H_1 是一已知的系数，是一正值。为了在平面区域求解方程，还必须给出边界条件，边界条件可概括为三类：①第一类边界条件，即给出边界上变量 G 的值，常称狄利克雷(Dirichlet)条件；②第二类边界条件是给出边界上变量 G 的法向导数值，利用冯·诺伊曼(von Neumann)条件；③第三类边界条件是给出前两者线性组合值，称混合边界条件。

2.10.1 张弛法和同时张弛

数值求解方程(2.174)，要将方程离散化。为简单，设求解区域为矩形区域，取正方形网格，空间差分取中央差分，则有

$$\nabla^2 G_{i,j} = \frac{G_{i-1,j} + G_{i+1,j} + G_{i,j-1} + G_{i,j+1} - 4G_{i,j}}{d^2}$$

令

$$G_{i-1,j} + G_{i+1,j} + G_{i,j-1} + G_{i,j+1} - 4G_{i,j} = \nabla_D^2 G_{i,j}$$

则 Helmholtz 方程的差分形式为

$$\nabla_D^2 G_{i,j} - HG_{i,j} = F_{i,j} \tag{2.175}$$

这里 $H=d^2 H_1$，$F=d^2 F_1$，d 为格距。

$$x = i\Delta x = id,\quad i = 1,2,\cdots,n$$
$$y = j\Delta y = jd,\quad j = 1,2,\cdots,n$$

对于第一边值问题，在边界上，G 已知，即 $G_{1,j}$，$G_{n,j}$，$G_{i,1}$，$G_{i,n}$ 已知。网格内点共有 $(n-1)^2$ 个，因而有 $(n-1)^2$ 个(2.175)式类型的方程，故在给定边界条件下求其数值解，要求解由 $(n-1)^2$ 个方程组成的线性代数方程组。若 n 很大，用消去法或矩阵求逆等方法求其精确解，要花费很多的计算时间。在数值预报中常用张弛法，即用逐次逼近方法或称迭代方法来求解。在这个方法中首先要给方程组一个初估值，这一初估值肯定会带来误差，但可以不断修正这一初估值而使其误差都低于事先给定的允许误差范围之内。

为说明一般的计算步骤，令 $G_{i,j}^m$ 表示第 m 次估计值，于是方程(2.175)可写成

$$G_{i-1,j}^m + G_{i+1,j}^m + G_{i,j-1}^m + G_{i,j+1}^m - (4+H)G_{i,j}^m - F_{i,j} = R_{i,j}^m \tag{2.176}$$

式中 $R_{i,j}^m$ 称为余差，显然 $R_{i,j}^m=0$，就得到方程组的解。然而估值并不是方程组的准确解，因而每一个网格点上 $R_{i,j}^m$ 并不为零。张弛法就是使余差逐步减少的方法。设想在 i,j 点将 $G_{i,j}^m$ 修正为 $G_{i,j}^{m+1}$，而其周围点暂不修正，使得 $R_{i,j}^m$ 减小至零，则有

$$G_{i-1,j}^m + G_{i+1,j}^m + G_{i,j-1}^m + G_{i,j+1}^m - (4+H)G_{i,j}^{m+1} - F_{i,j} = 0 \tag{2.177}$$

(2.176)式减去(2.177)式，则得

$$G_{i,j}^{m+1} = G_{i,j}^m + R_{i,j}^m/(4+H) \tag{2.178}$$

或写成

$$G_{i,j}^{m+1} - G_{i,j}^{m} = R_{i,j}^{m}/(4+H) \tag{2.178$'$}$$

这表明，只要让第 m 次估计值加上 $R_{i,j}^{m}/(4+H)$ 作为第$(m+1)$次估计值就可使特定点(i,j)上余差为零。然而即使按(2.178)式对所有格点上 $G_{i,j}^{m}$ 进行修正，也不能认为修正过程就结束了。因为对某点进行修正会使邻近点的余差发生变化。例如，对于$(i,j+1)$点，其 m 次余差为

$$G_{i+1,j+1}^{m} + G_{i-1,j+1}^{m} + G_{i,j+2}^{m} + G_{i,j}^{m} - (4+H)G_{i,j+1}^{m} - F_{i,j+1} = R_{i,j+1}^{m}$$

若 $G_{i,j}^{m}$ 用 $G_{i,j}^{m+1}$ 替代，则 $R_{i,j+1}^{m}$ 会变成 $R_{i,j+1}^{m*}$，事实上用 $G_{i,j}^{m+1}$ 代替 $G_{i,j}^{m}$ 后，上式就成为

$$G_{i+1,j+1}^{m} + G_{i-1,j+1}^{m} + G_{i,j+2}^{m} + G_{i,j}^{m} + R_{i,j}^{m}/(4+H) - (4+H)G_{i,j+1}^{m} - F_{i,j+1} = R_{i,j+1}^{m*}$$

所以有

$$R_{i,j+1}^{m*} = R_{i,j+1}^{m} + R_{i,j}^{m}/(4+H)$$

因此，尽管 $G_{i,j}^{m}$ 修正为 $G_{i,j}^{m+1}$ 使该点的余差减小为零，然而与此同时周围四点由于 $G_{i,j}^{m}$ 的修正反而使余差增加了，虽然如此，如果对所有格点上 $G_{i,j}^{m}$ 反复按(2.178)式进行修正，只要 $H\geqslant 0$，总可以使余差的绝对值小于任意给定的 ε，即

$$\mid G_{i,j}^{m+1} - G_{i,j}^{m} \mid = \mid R_{i,j}^{m}/(4+H)) \mid < \varepsilon$$

这一逐次逼近方法称张弛法。由于是同时对全场的估计值不断修正，所以又称同时张弛法。

计算经验告诉我们，往往在一区域内余差有相同的符号，这时采用超张弛是比较好的，它可加快向准确解逼近(收敛)的速度，超张弛就是用一个过大的修正值进行修正，这时(2.178)式可改写为

$$G_{i,j}^{m+1} = G_{i,j}^{m} + \frac{\alpha R_{i,j}^{m}}{4+H} \tag{2.179}$$

式中 α 称超张弛系数，一般在 1～2 之间，对于某一特定的椭圆型方程，最优 α 值通常通过数值试验来确定。

2.10.2 顺序张弛

求第 $m+1$ 次估计值时，涉及到余差 $R_{i,j}^{m}$ 的计算，如果凡已计算出的第 $m+1$ 次估计值，都参与 $R_{i,j}^{m}$ 的计算，这就与同时张弛不同，称顺序张弛，或称李勃曼(Liebmann)张弛法。

假如迭代的次序，也即第 $m+1$ 次估计值计算次序，是随 i 和 j 的增加(下标 j 表示行，i 表示列)一行一行的进行，则(2.178)式所用的余差用公式表示为

$$G_{i+1,j}^{m} + G_{i-1,j}^{m+1} + G_{i,j+1}^{m} + G_{i,j-1}^{m+1} - (4+H)G_{i,j}^{m} - F_{i,j} = R_{i,j}^{m} \tag{2.180}$$

其实迭代的次序也不一定按行或列进行，例如有人指出，对于整个北半球，迭代的顺序可从最外边界开始，以螺旋式向中心(北极点)进行，收敛速度快。

顺序迭代不但可加快收敛速度，而且对于计算机贮存方面也是经济的。

2.11 守恒差分格式的构造

数值天气预报是关于一组时变偏微分方程的数值求解问题，它不同于一般的数值计算方法，对离散后的差分格式有着特殊的要求。首先在数值计算过程中，必须尽可能多地保持原方程组的整体性质和守恒属性，才能保证数值计算结果的合理性，其次由于初始资料的密度和精度都有一定的限度，因此，研究有限格距下的误差传播演变总是比研究格距趋于零时的问题更富有实际意义。此外，数值天气预报一般要求做较长时间的数值积分，因此，差分格式必须具有良好的稳定性和省时性。可见，构造守恒的差分格式和经济算法是数值计算获得成功的关键。所谓守恒的差分格式就是能够保持连续大气的某些重要积分关系和守恒性质的格式。因为时间差分的截断误差通常远小于空间差分的截断误差，所以本节着重讨论空间差分格式的构造问题。

满足多种积分约束条件的差分格式不可能直接写出来，因此构造守恒差分格式的一般方法是首先根据明显容易满足的约束条件(如质量守恒、动量守恒等一次量的守恒性质)设计出较为普遍的形式，其中包括一些待定的系数，再根据其他约束条件(如能量守恒、位涡拟能守恒等二次量的守恒性质)来逐步确定未知的待定系数，减少格式的自由度，最后得到一种满足多种重要约束条件的差分方程。按以上方法构造的差分格式一般比较复杂，虽然具有很好的守恒性质和计算稳定性，但过于耗费机时，计算效率不高。季仲贞等从 20 世纪 80 年代以来逐步发展出一套适用于大气海洋模式的完全能量守恒差分法，不仅解决了守恒差分格式的构造问题，而且还保证了格式的计算稳定性和计算省时性。已展现出广泛的应用前景。下面对他们的工作做一简要介绍。

2.11.1 计算稳定性、算子非负性和能量守恒性之间的关系

如前所述，大气海洋方程常常是一组非定常的流体力学方程组，为了讨论问题方便，一般可以归结为如下形式的“发展方程”

$$\frac{\partial F}{\partial t}+\widetilde{A}F=0 \tag{2.181}$$

式中 $F=F(\boldsymbol{x},t)$是待求的函数。$\widetilde{A}=\widetilde{A}(F,\boldsymbol{x},t)$是一个非线性的算子，$\boldsymbol{x}=x(x_1,x_2,\cdots,x_k)$是空间坐标，$k$ 是空间维数，t 是时间坐标。在$(\boldsymbol{x},t)$空间布网(x_i,t_n)，$t_n=n\tau$，$n=0,1,2,\cdots$，$x_i=ih$，$i=1,2,\cdots,k$，τ 和 h 分别为时间步长和空间步长。记函数 F 在 t_n 时刻的值为 F^n，在点(x_i,t_n)的值为 F_m^n，于是与(2.181)式相应的差分格式可写为：

$$\frac{F^{n+1}-F^n}{\tau}+A_\theta(F^*)[\alpha F^{n+1}+(1-\alpha)F^n]=0\quad(0\leqslant\alpha\leqslant 1) \tag{2.182}$$

式中 A_θ 是与 $\widetilde{A}$ 相应的差分算子,F^* 为 F 的某种光滑值。定义两个网格函数 F 和 G 的内积为

$$(G,F) = \sum_i F_i G_i \Delta_i \tag{2.183}$$

在一维情形 $\Delta_i = h$,在二维情形 $\Delta_i = h^2$,而范数则取为

$$\| F \| = (F,F)^{1/2} \tag{2.184}$$

【定义 1】当 τ 足够小时,若由差分法算得的解满足

$$\| F^{n+1} \| \leqslant \| F^n \| \tag{2.185}$$

则称差分格式为计算稳定的。

【定义 2】如果差分算子 A 满足

$$(AF,F) \geqslant 0 \tag{2.186}$$

则称 A 为非负的;而当等式成立时,则称 A 为反对称的。

由于方程常常是非线性的,即使满足 CFL 条件,在近似计算时仍会出现非线性计算不稳定。为了保证计算格式是稳定的,已证明了如下定理。

【定理 1】若 A 为非负算子,则格式(2.182)当 $1 \geqslant \alpha \geqslant \frac{1}{2}$ 时,无条件稳定;若 A 为反对称的而且 $0 \leqslant \alpha < \frac{1}{2}$ 时,则格式(2.182)绝对不稳定。

【定理 2】若 $(AF,F)=0$ 且 $\alpha = \frac{1}{2}$,则格式(2.182)有如下守恒性:

(1)能量守恒

$$\| F^{n+1} \|^2 = \| F^n \|^2 = \| F^0 \|^2 \tag{2.187}$$

(2)“广义能量”守恒

$$\| F^n \|^2 + \frac{\tau^2}{4} \| AF^n \|^2 = \text{常数} \tag{2.188}$$

(3)“平均尺度”守恒

$$\frac{\| F^n \|^2}{\| AF^n \|} = \text{常数} \tag{2.189}$$

【定理 3】对于格式(2.182),如果采用如下预估-校正法计算:

$$\begin{cases} F^* = F^n - \tau A_\theta (F^n) F^n \\ F^{n+1} = F^n - \tau A_\theta (F^*) [\alpha F^{n+1} + (1-\alpha) F^n] \end{cases} \tag{2.190}$$

那么,只要算子 A 是非负的且 $\frac{1}{2} \leqslant \alpha \leqslant 1$ 时,则算法(2.190)式总是计算稳定的。

上述定理 1 和定理 2 是两个较普遍的定理,它们把计算稳定性、算子非负性和能量守恒性之间的密切关系揭示出来,使我们能把讨论格式稳定性问题转化为构造非负差分算子的问题,并为构造完全能量守恒格式奠定了理论基础,这是十分有意义的。

2.11.2　隐式完全能量守恒差分格式的构造

从定理 1 和定理 2 已看到，只要差分算子 A 是非负的，在强隐式情形$\left(\text{即 } 1\geqslant\alpha\geqslant\frac{1}{2}\right)$格式(2.182)是绝对稳定的。如何才能保证差分算子 A 是非负的呢？下面，从一个简单例子出发，着重介绍跳点网格(C 网格)情况下隐式的完全平方守恒(包括完全能量守恒)格式的构造方法。

考虑一维重力波方程

$$\begin{cases}\dfrac{\partial u}{\partial t}+u\dfrac{\partial u}{\partial x}+g\dfrac{\partial h}{\partial x}=0\\[2ex]\dfrac{\partial h}{\partial t}+u\dfrac{\partial h}{\partial x}+h\dfrac{\partial u}{\partial x}=0\end{cases}\tag{2.191}$$

显然(2.191)式也易于写成算子方程(2.181)的形式。不难验证(2.191)式具有如下能量守恒性

$$\frac{\partial}{\partial t}\int_0^L\frac{1}{2}[ghu^2+(gh)^2]\mathrm{d}x=0\tag{2.192}$$

为了便于构造出保持相应能量性质的差分格式，今取如图 2.17 所示的交错网格，并把方程(2.191)改写为如下形式

$$\begin{cases}\dfrac{\partial U}{\partial t}+\dfrac{1}{2}\left(2\dfrac{\partial uU}{\partial x}-U\dfrac{\partial u}{\partial x}\right)+C\dfrac{\partial\phi}{\partial x}=0\\[2ex]\dfrac{\partial\phi}{\partial t}+\dfrac{\partial}{\partial x}(Cu)=0\end{cases}\tag{2.193}$$

式中 $U=Cu,C=\sqrt{\phi},\phi=gh$。令

$$\begin{cases}F_t=\dfrac{F^{n+1}-F^n}{\tau},\quad\overline{F}=\dfrac{F^{n+1}+F^n}{2}\\[2ex]\overline{F}^x_{i+1/2}=\dfrac{F_{i+1}+F_i}{2},\quad\overline{F}^x_i=\dfrac{F_{i+1/2}+F_{i-1/2}}{2}\\[2ex](F_x)_{i+1/2}=\dfrac{F_{i+1}-F_i}{h},\quad(F_x)_i=\dfrac{F_{i+1/2}-F_{i-1/2}}{h}\end{cases}\tag{2.194}$$

式中 $i=1,2,\cdots,L-1$，F 可取为 u，U 或 ϕ 等变量。

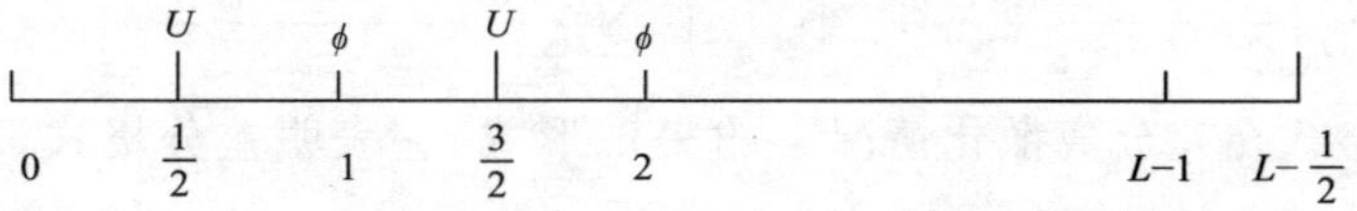

图 2.17　变量配置示意图

于是，与(2.193)式对应的差分格式可写为

$$\begin{cases}(U_t)_{i+1/2}+[(\overline{u}^x\overline{U}^x)_x-\dfrac{1}{2}U\overline{u}^x_x]_{i+1/2}+(\overline{C}^x\phi_x)_{i+1/2}=0\\(\varphi_t)_i+[(\overline{C}^xU)_x]_i=0\end{cases}\tag{2.195}$$

今假设 F,G 为在区间$(0,L)$上定义的任意两个网格函数，利用(2.194)式不难验证如下三个恒等式成立

$$\sum_{i=1}^{L-1}(FG_x)_i+\sum_{i=1}^{L-1}(FG_x)_{i+1/2}=F_LG_{L-1/2}-F_0G_{1/2}\tag{2.196}$$

$$[(\overline{F}^xG_x)]_{i+1/2}=(G\overline{F}^x_x)_{i+1/2}+\overline{[(\overline{F}^xG_x)]}^x_{i+1/2}\tag{2.197}$$

$$[(\overline{F}^x\widetilde{G}^2)_x]_{i+1/2}=(G^2\overline{F}^x_x)_{i+1/2}+2\overline{[G(\overline{F}^xG_x)]}^x_{i+1/2}\tag{2.198}$$

式中 $\widetilde{G}^2=G_{i+1/2}G_{i-1/2}$。

利用(2.197)式可得

$$\begin{aligned}[(\overline{u}^x\overline{U}^x)_x]_{i+1/2}-\frac{1}{2}(U\overline{u}^x_x)_{i+1/2}&=(U\overline{u}^x_x)_{i+1/2}+(\overline{\overline{u}^xU_x}^x)_{i+1/2}-\frac{1}{2}(U\overline{u}^x_x)_{i+1/2}\\&=\frac{1}{2}[(U\overline{u}^x_x)_{i+1/2}+2(\overline{\overline{u}^xU_x}^x)_{i+1/2}]\end{aligned}\tag{2.199}$$

在(2.199)式两边同乘 $U_{i+1/2}$并对 i 求和，利用(2.198)式可得

$$\begin{aligned}&\sum_iU_{i+1/2}[(\overline{u}^x\overline{U}^x)_x-\frac{1}{2}(U\overline{u}^x_x)]_{i+1/2}\\&=\sum_iU^2_{i+1/2}(\overline{u}^x_x)_{i+1/2}+\sum_i2[U(\overline{\overline{u}^xU_x}^x)_{i+1/2}]\\&=\sum_i[(\overline{u}^xU^2)_x]_{i+1/2}=\text{边界项}=0\end{aligned}\tag{2.200}$$

此外，利用(2.195)式可得

$$\sum_iU_{i+1/2}(\overline{C}^x\phi_x)_{i+1/2}+\sum_i\phi_i[(\overline{C}^xU)_x]_i=\text{边界项}=0\tag{2.201}$$

如果把(2.195)式中的各空间差分项均取为隐式的，即以 $\overline{U}$ 代 U，以 $\overline{u}$ 代 u，以 $\overline{\phi}$ 代 ϕ 等，并用 $U_{i+1/2}$和 ϕ_i 分别乘(2.195)的两式，求和后再相加，利用上述的(2.200)和(2.201)式，即可得

$$\sum_i\left[\frac{(U^{n+1})^2-(U^n)^2}{\tau}\right]_{i+1/2}+\sum_i\left[\frac{(\phi^{n+1})^2-(\phi^n)^2}{\tau}\right]_i=0\tag{2.202}$$

这就是(2.192)式在差分离散化情况下的表现形式，它表明差分格式(2.195)满足总能量守恒。

上述办法完全可以推广到二维、三维情形。

2.11.3　显式完全平方守恒格式的构造

前述的隐式完全平方守恒格式虽然是稳定的，但具体求解不甚方便，甚至是较费机时的。为了克服这个困难，下面进一步阐述显式完全平方守恒差分格式的构造方法。

今考虑发展方程

$$\frac{\partial F}{\partial t}=-\widetilde{A}F \tag{2.203}$$

对 t 微分一次得

$$\frac{\partial^2 F}{\partial t^2}=-\frac{\partial \widetilde{A}F}{\partial t} \tag{2.204}$$

对网格函数 F_j^{n+1} 关于 F_j^n 做 Taylor 展开可得

$$F_j^{n+1}=F_j^n+\tau\left(\frac{\partial F}{\partial t}\right)_j^n+\frac{\tau^2}{2}\left(\frac{\partial^2 F}{\partial t^2}\right)_j^n+\cdots \tag{2.205}$$

将(2.203)和(2.204)式代入(2.205)式可得

$$F_j^{n+1}=F_j^n-\tau(\widetilde{A}F)_j^n-\frac{\tau^2}{2}\left(\frac{\partial \widetilde{A}F}{\partial t}\right)_j^n+\cdots \tag{2.206}$$

(2.206)式可改写为

$$\frac{F_j^{n+1}-F_j^n}{\tau}+(AF)_j^n+\varepsilon_n\frac{\tau}{2}\left(\frac{\delta AF}{\delta t}\right)_j^n=0 \tag{2.207}$$

式中$(A)^n$ 为 t_n 时对应于 $\widetilde{A}$ 的空间差分算子，$\left(\frac{\delta AF}{\delta t}\right)_j^n$ 为 t_n 时相应于$\frac{\partial \widetilde{A}F}{\partial t}$的差分表达式，$\varepsilon_n$ 为待定系数，或称为灵活性系数，可通过适当选取系数 ε_n 达到使(2.207)式保持完全平方守恒的目的。

为了讨论方便，不妨把(2.207)式左边第三项推广写为 $\varepsilon_n\tau B$ 的形式，式中 B 称之为耗散算子，ε_n 可称之为耗散系数，令

$$(L_nF)_j^n=(A_nF)_j^n+\varepsilon_n\tau(B_nF)_j^n \tag{2.208}$$

于是(2.207)式可改写为

$$\frac{F_j^{n+1}-F_j^n}{\tau}+(L_nF)_j^n=0 \tag{2.209}$$

可以证明如下定理。

【定理 4】若成立关系式

$$\tau\|L_nF^n\|^2-2(L_nF^n,F^n)=0 \tag{2.210}$$

则(2.210)式为显式完全平方守恒的差分格式。

【定理 5】设 A_n 为反对称算子，B 为正算子，且$(B_nF)^n\leqslant O(1)$和 $2K_3\frac{\tau}{h}<1$，则当

$$\varepsilon_n = K_1 \Big/ \left[\left(1 - \frac{\tau}{h}K_2\right) + \sqrt{\left(1 - \frac{\tau}{h}K_2\right)^2 - \left(\frac{\tau}{h}K_3\right)^2} \right] \tag{2.211}$$

时，格式(2.209)为定时间步长的显式完全平方守恒的差分格式。其中

$$\begin{cases} K_1 = \| A_n F^n \|^2 / (B_n F^n, F^n) \\ K_2 = (B_n F^n, A_n F^n) h / (B_n F^n, F^n) \\ K_3 = \| A_n F^n \| \cdot \| A_n F^n \| h / (B_n F^n, F^n) \end{cases} \tag{2.212}$$

【定理 6】在定理 4 中，若取

$$B_n F^n = \frac{A_n F^n - A_{n-1} F^{n-1}}{\tau} \tag{2.213}$$

或

$$B_n F^n = \frac{A_n \widetilde{F}^{n+1} - A_n F^n}{\tau}, \widetilde{F}^{n+1} = F^n - \tau A_n F^n \tag{2.214}$$

或

$$B_n F^n = \frac{A_n F^{n+1} - A_{n-1} F^{n-1}}{2\tau} \tag{2.215}$$

则定理 4 成立。只要算子 A 和 B 是可交换的，不难证明上述显式完全平方守恒差分格式也具有“广义能量”守恒和“平均尺度”守恒的性质。

显式完全平方守恒差分格式的优点在于它既能保持原方程的物理特性—能量守恒，又能直接显式求解，无须进行迭代，而且明显地节省时间，大致只需隐式方案计算时间的 $\frac{1}{3} \sim \frac{1}{5}$。

2.12 模式的网格设计

任何模式都需要离散化后才能进行计算，对于有限区域模式，可采用矩形网格；对于全球或半球模式，则需采用经纬网格；对于斜压模式在垂直方向还要做等距或不等距分层。数值解的计算精度与网格分辨率有关，模式所能描写的波动也随网格不同而异，因此合理的网格设计与模式的性能和计算效率有着密切的联系。

2.12.1 网格设计的基本原则

以有限区域数值模式为例，网格设计的主要内容包括，计算区域的选取，水平网格与垂直分层的设计，以及水平分辨率与垂直分辨率的协调等。合理的网格设计首先应能满足模式动力学和计算精度的要求，同时还要尽量减少计算量，以适应业务预报的需要。

(1)水平格距

我们知道，用空间差分代替微分后，计算相速和数值解的精度会直接受到水平格距大小的影响。用气象要素 f 的差分与微分之比

$$R = \frac{\Delta f}{\Delta x} \Big/ \frac{\partial f}{\partial x} \tag{2.216}$$

来衡量差分的精度，若空间差分取中央差格式，将一维平流方程(2.11)的谐波解和半离散解

$$f = A\mathrm{e}^{\mathrm{i}k(x-Ct)} \text{ 和 } f_j = A\mathrm{e}^{\mathrm{i}k(j\Delta x-Ct)} \tag{2.217}$$

代入(2.216)式可得

$$R = \frac{\sin k\Delta x}{k\Delta x} = \frac{\sin \frac{2\pi}{L}\Delta x}{\frac{2\pi}{L}\Delta x} \tag{2.218}$$

不难证明半离散方程的计算相速与偏微分方程(2.1)的相速之比也满足(2.218)式，对于不同波长 $L(=q\Delta x)$ 的波，其差分的精度比如表 2.6 所示。

表 2.6　差分的精度比

$q(\Delta x)$	2	4	6	8	10	12	14	16
R	0.0	0.64	0.83	0.90	0.94	0.96	0.97	0.98

显然，对于某一波长的波动，网格的水平分辨率越高，即一个波长范围内的格点数越多，空间差分的精度越高，而对于波长小于 4 倍格距的短波分量，差分近似的误差很大，甚至完全不能被网格所分辨。为了使差分近似的误差限制在一定范围之内，例如要求 $R \geqslant 0.9$，则需要在一个波长范围内至少应用 8 个以上的网格点，对于大尺度模式，为了预报水平尺度约为 1000 km 的次天气尺度气旋和切变线等系统，水平格距 Δx 取为 100～125 km 为宜，对于中尺度模式，则应以中尺度系统为主要预报对象，可按以上原则选取相应的水平格距。

(2)垂直分层

对于斜压模式，为了考虑要素随高度的变化，需要在垂直方向划分为若干层，以便用垂直差分代替微分。为了满足静力平衡约束条件，用位势高度场计算温度场至少需要两层；要表示温度随高度的变化，至少需要 3 层，而要表示温度直减率随高度的变化，则至少需要 4 层。而作为业务模式，为了得到具有一定精度的数值解，垂直分层至少应在 5 层以上。由于对流层顶附近和边界层内，温度和风等气象要素随高度的变化较大，许多业务模式都采用不等距分层，在这些地方分层较密，而其他地方则分层较疏。

Kasahara(1988)从动力学角度，研究了不稳定增长率和相速度对不同垂直分层 N 的依赖关系，以及对于不同水平波长的波，其不稳定增长率和相速度随垂直分层的变化。他根据郭晓岚(Kuo,1974)的 β 平面准地转无因次线性化位涡方程推出的垂直结构方程，在一定边界条件下求出其正规模解，再利用这些正规模作为基函数展

开流函数和基本风速，代入位涡方程，从而求得在 N 一定时，不稳定增长率，相速度对垂直分层和水平波长的依赖关系。结果表明，对于 $L=4000$ km 的波，$N<20$ 时，不稳定增长率和相速度随 N 的变化都比较大，而在 $N>20$ 时，不稳定增长率随 N 的变化才迅速减小。随着 L 的增大，数值解收敛于精确解所需的 N 也要相应增大。

张可苏(1990)曾用线性化模式的解析解，研究了波数为 1 的波的增长率，相速及其中心高度对垂直分层和模式顶高度的依赖关系。结果表明，模式层顶取在 10 hPa 以上比较合理，而对称不稳定增长率对里查森数和垂直分层的敏感性试验也表明 $N\geqslant 20$，可以得到比较理想的结果，如表 2.7 所示。

表 2.7 对称不稳定增长率 σ_i 对里查森数 Ri 和垂直分层 N 的敏感性

N \ $\sigma_i(10^{-2}d)$ \ Ri	0.625	0.000	−0.625
2	0.038	6.32	16.46
5	0.216	16.31	32.53
10	0.590	17.63	33.67
20	0.635	17.72	34.93
30	0.643	17.96	34.00
40	0.645	17.93	34.01
解析值	0.645	18.01	34.02

以上研究结果表明，为了比较准确地反映模式的动力特性，垂直分层取为 $N\geqslant 20$ 比较适宜，而对中长期数值预报模式，为了描写好超长波，模式顶应取在 10 hPa 以上，最好不要低于 30 hPa。

(3)垂直分辨率和水平分辨率的协调

以上从计算精度和动力学角度分别研究了垂直分层和水平格距对模式性能的影响，由于时间截断误差一般很小，因此差分方程总的截断误差取决于水平截断误差和垂直截断误差的相对大小和它们的符号，如果单纯提高水平分辨率或垂直分辨率，并不能减小总的截断误差，有效地改善数值解的精度。Weygandt 等(1988)和 Perssen 等(1991)的数值试验结果表明，如提高水平分辨率而不提高垂直分辨率，不仅没有有效地减小预报误差，还可能产生虚假的重力惯性波。可见垂直分辨率和水平分辨率之间存在一种相互协调的关系。

廖洞贤和陆维松(1982)针对平流方程，根据计算稳定性的要求，导出 Δp 和 d 之间的关系式

$$\Delta p \geqslant \frac{\max|w|}{\max|v|}\sqrt{2}d \tag{2.219}$$

陆维松(Lu,1991)针对平流方程,在垂直和水平截断误差相等的条件下得到的关系为

$$\Delta p=\sqrt{\frac{u}{w}}\left(\frac{L_p}{L_x}\right)^{3/2}d \tag{2.220}$$

廖洞贤(1992)仍针对平流方程,时间微商不变空间微商用中央差代替,在一定的约束条件下,导出了总截断误差为极小的 Δz 和 d 之间的最优关系式为

$$\Delta z_{\mathrm{opt}}=\left(\frac{U}{W}\right)^{1/2q}\left(\frac{L_z}{L_x}\right)^{(2q+1)/2q}d \tag{2.221}$$

式中 q 是差商阶数,L_z 和 L_x 各是垂直和水平方向的波长。若令 $q\to\infty$,(2.221)式可改写为

$$\frac{L_z}{\Delta z_{\mathrm{opt}}}=\frac{L_x}{d}=N \tag{2.222}$$

上式表明,在一定波长范围内垂直网格点数和水平网格点数应相等,也就是说,当 d 一定时,L_x 越大,垂直层数也应越多。这和 Kasahara 的结论是一致的。

当然,以上针对平流方程所得到的结论,与实际模式不可能完全相符,但对模式的网格设计仍有很好的参考价值。

2.12.2 套网格

一般而言,数值模式差分格式的截断误差,主要是由空间截断误差造成的。要减少这种误差,不论提高空间分辨率或提高空间差分的精度都可以达到目的。但是,要在整个计算域内提高空间分辨率,会使计算量迅速增大,从而限制了对复杂模式的计算;而提高空间差分精度,又往往比在低阶差分的情形难于找到合适的边界条件并容易导致计算不稳定(除全球预报外)。这就促使人们寻求另外的途径。

Richardson(1922 年)很早曾建议用格距不均匀的网格制作预报,但具体进行试验则是从 1960 年预报飓风移动开始的。当时用的是粗细网格预报同时制作并可以相互影响的方法。以后,由于一些具体困难未得到广泛的应用。到 20 世纪 60 年代末,这种方法又引起人们的注意,并在 70 年代中期开始在业务中使用。

所谓“套网格”是指在对计算的大区域取较粗的网格,而对其中关心的小区域取细网格。套网格模式只在特别需要天气预报的地区或台风、暴雨等重要天气系统所在地区加密网格,既可以改善预报质量,又可以使计算量的增加不致太大。因此,近年来这种预报方法得到了迅速的发展和广泛的应用。

2.12.2.1 移动套网格和固定套网格

嵌套网格中的细网格可以是固定的,也可以是移动的。固定套网格,是指细网格预报区相对于粗网格位置不变;反之,则称为移动套网格。这两种方式可以根据需要

选取。例如预报台风的移动套网格模式，其中的细网格区域始终与台风中心一起移动，以保证在预报过程中，台风总被嵌套在细网格中。因而，在台风范围内，其附近的流场和温压场能得到较精密的刻画，它们之间的非线性相互作用也可以较精密地计算出来。

还有所谓“多重套网格”，这是在大网格中放置中等格距的网格，再在中等网格中放置较细的网格，而随着网格范围的缩小，网格距也缩小的重叠相套的网格。这种相套有时可以有好几重。图 2.18 中的就是由网格 R_1，R_2，R_3 和 R_4 组成的四重套网格。各网格的网格距依次缩小（不一定缩小一半），但网格形状不一定相同。

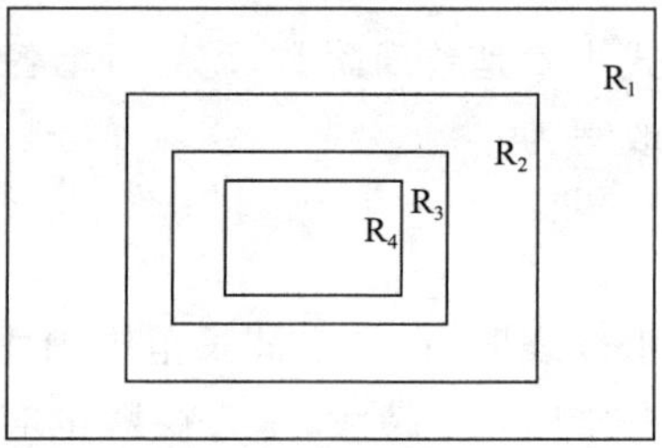

图 2.18 多重套网格

套网格模式中，粗、细网格可以用相同的预报模式，这种方法称为自模式嵌套；粗、细网格可以用不同的预报模式，这种方法称为异模式嵌套。一般来说，异模式嵌套会碰到更多的问题。这是因为在两模式嵌套边界附近可能出现较大的差异，须采用一些特殊的措施加以处理。

2.12.2.2 套网格处理方案

套网格中处理粗、细网格预报值之间关系有两种方案：单向方案和双向方案。

最常见的单向方案的具体做法是：每个时间步长先制作粗网格预报，用其预报值为细网格提供边界值，再制作细网格的预报。在粗、细网格预报时间步长不一致，或粗、细网格点不相重合处，一般以内插方式求出细网格的值。

不过，在实际工作中，一般粗细网格预报不是在计算机内同时计算的，而是先做粗网格的预报，再做细网格的预报。如粗网格预报值每若干步长（如 6 小时或 12 小时）供给细网格一次等。这样就可以大大节省计算量和存储量。

在上述方案中，只有粗网格预报影响细网格预报，而细网格预报对粗网格预报没有影响。这样的做法有其片面性。研究细网格预报的目的就是为了做出更细致、更准确的预报。完全可以把这更准确的值反馈给粗网格，改进粗网格的预报，使粗网格可以为细网格提供更好的边值。达到共同提高预报效果的目的。这就是双向方案的基本设想。

双向方案是粗、细网格预报相互影响的方案。具体做法是：先做粗网格预报，为细网格预报提供边值；然后用细网格模式做预报，在细网格区域中粗、细网格相重的点上，用细网格预报值代替原粗网格预报值，再去做粗网格预报。如此反复，直到预报终止时刻。

这种方案，粗、细网格预报在边界附近的差别较小，这是其最大的优点。但用这种方法，粗、细网格必须同时计算，其计算量和存储量都比较大，这是其一个缺点。

目前，在我国的实际业务工作中，主要使用的是单向方案。其主要原因是双向方案操作复杂，效果有时也不见得明显。

2.12.2.3　单向套网格边界处理方法

由上已知，单向方案比较简便，但是，在内边界附近，容易产生寄生波，使计算不稳定。为此，人们对它进行了大量的研究，提出了许多解决方法，有些是卓有成效的。下面分别介绍。

(1)戴维斯(Davies)边界条件

在“过渡区”外，预报方程不变；在其内，在各预报方程的右端加一松弛项，即

$$\left(\frac{\partial F}{\partial t}\right)_i^{n*} = \left(\frac{\partial F}{\partial t}\right)_i^n - K_i(F_i - \widetilde{F}_i)^{n+1} \tag{2.223}$$

式中上标 $*$ 表示订正后的量；上标～表示粗网格的量；下标 i 为自边界($i=1$)沿法向向内的格点序号；式中 K 为松弛系数，自边界向内减少，到过渡区截止点，$K=0$。

如果时间积分采用蛙跃格式时，(2.223)式常变换为如下形式

$$F_i^{n+1*} = F_i^{n-1} + 2\Delta t L_{Ai}^n - 2\Delta t K_i(F_i - \widetilde{F}_i)^{n+1}$$

或

$$F_i^{n+1*} = (1-\alpha_i)(F_i^{n-1} + 2\Delta t L_{Ai}^n) + \alpha_i \widetilde{F}_i^{n+1}$$

式中

$$\alpha_i = \frac{2K_i\Delta t}{1+2K_i\Delta t}$$

而 L_A 表示引起气象要素 F 倾向的各项之和的计算值。而松弛系数 K_i 分布的变化可以通过 α_i 的取值反映出来。研究揭示，α_i 取值应在内边界附近变化较快，在接近套网格内点时变化缓慢，其效果较好。

(2)修正的海绵边界条件

在套网格中，海绵边界可以取成

$$\hat{F}_i^{n+1} = (1+\alpha_i)F_i^{n+1} + \alpha_i \widetilde{F}_1^{n+1}$$

式中 $\widetilde{F}_1^{n+1}$ 是细网格边界最外圈值，由粗网格预报不断提供；F_i^{n+1} 是过渡区内细网格预报值。这样，可以得到协调后过渡区的值。若对 α_i 取值不当，有时还不能完全抑制边界附近不协调激发出的短波，因此，需要对边界附近几圈采用空间平滑。

(3)修改的辐射边界条件

1982 年 Raymond 和郭晓岚(Raymond 和 Kuo，1982)对二维辐射边界条件进行了研究。他们对模式流出区域考虑较好，而对模式流入区域则用内点平均倾向值来代替边界实际倾向。这种处理是与实况有差异的。可以引进为流入区边界取粗网格值，然后再加以协调。现具体介绍如下。

假设在嵌套网格区域中，气象要素 F 场的相速度为 c，其满足方程为：

$$\frac{\partial F}{\partial t} = -\left(c_x\frac{\partial F}{\partial x} + c_y\frac{\partial F}{\partial y}\right) \tag{2.224}$$

按照郭晓岚假定 c_x 与 $\frac{\partial F}{\partial x}$ 及 c_y 与 $\frac{\partial F}{\partial y}$ 分别成比例的考虑，可以导出

$$c_x = -\frac{\partial F}{\partial t}\frac{\partial F}{\partial x}\Big/\left[\left(\frac{\partial F}{\partial x}\right)^2 + \left(\frac{\partial F}{\partial y}\right)^2\right] \tag{2.225}$$

$$c_y = -\frac{\partial F}{\partial t}\frac{\partial F}{\partial y}\Big/\left[\left(\frac{\partial F}{\partial x}\right)^2 + \left(\frac{\partial F}{\partial y}\right)^2\right] = c_x\frac{\partial F}{\partial y}\Big/\frac{\partial F}{\partial x} \tag{2.226}$$

那么利用当前气象要素的分布及前一时刻气象要素的倾向，可以很方便地计算出嵌套边界附近处的 c_x, c_y 值，代回(2.224)式即可求得边界的要素时变值。

对于左边界点 $(1,j)$ 即右边界点 (m,j) 分别用下列公式计算

$$F_{1,j}^{n+1} = \frac{1+c_x\Delta t/\Delta x}{1-c_x\Delta t/\Delta x}F_{1,j}^{n-1} - \frac{2c_x\Delta t/\Delta x}{1-c_x\Delta t/\Delta x}F_{2,j}^n - \frac{\Delta t c_y}{\Delta y(1-c_x\Delta t/\Delta x)}(F_{1,j+1}^n - F_{1,j-1}^n)$$

$$F_{m,j}^{n+1} = \frac{1-c_x\Delta t/\Delta x}{1+c_x\Delta t/\Delta x}F_{m,j}^{n-1} + \frac{2c_x\Delta t/\Delta x}{1+c_x\Delta t/\Delta x}F_{m-1,j}^n - \frac{\Delta t c_y}{\Delta y(1+c_x\Delta t/\Delta x)}(F_{m,j+1}^n - F_{m,j-1}^n)$$

式中角标 n 表示时间层。利用公式(2.226)计算 c_y 时，当 c_x 接近于零时会出现计算不稳定。因此，当 c_x 小于某值时，令 $F_{1,j}^{n+1} = F_{1,j}^n$。这在物理上来考虑也是合理的。依照同样的方法可以求得南北嵌套边界上计算 F 的时变值公式。

对于流入时的情形，用边界内点的倾向代替边界的倾向会引起较大的误差，可用粗网格值来代替。为了与内点相衔接，使用协调公式

$$F_{i,j}^{n+1\,*} = (1-\alpha_i)F_{i,j}^{n+1} + \alpha_i\widetilde{F}_{i,j}^{n+1}$$

(4)Perkey 倾向松弛边界条件

在边界过渡区，取

$$\left(\frac{\partial F}{\partial t}\right)_i^{n\,*} = (1-\alpha_i)\left(\frac{\partial F}{\partial t}\right)_i^n + \alpha_i\left(\frac{\partial \widetilde{F}}{\partial t}\right)_i^n$$

式中符号同前。有时为了保证计算稳定，还需在过渡区内加上局地平滑。

2.12.2.4 不等格距的差分法

前面介绍的单向、双向嵌套方案中，粗细网格的预报都是分别计算的。如果在内边界上，直接采用不等距差商，套网格预报可以一次完成。这样就可以省去许多计算量。

上述设想至少要解决两个问题：第一是不等格距的差商表示法；第二是在上述基础上，如何构成预报方程的差分格式。

(1)三种差分方法

下面分别介绍坐标变换法、加权平均法及艾萨克森(Isaacson)法。

①坐标变换法

取坐标变换 $\eta_i = \eta(x_i)$，令 $\delta\eta = \eta_{i+1} - \eta_i$。这样任一函数 $f(x)$ 在 x_i 处的微商可以表示为

$$\left(\frac{\partial f}{\partial x}\right)_i = \frac{\alpha_i}{2\delta\eta}(f_{i+1} - f_{i-1})$$

式中 $\alpha_i=(\mathrm{d}\eta/\mathrm{d}x)_i$。因为 α 一般是 x 的函数，上式求出的差商系数是随格点位置而变化的。

②加权平均法

在 x_i 处的微商可以表示成

$$\left(\frac{\partial f}{\partial x}\right)_i=\alpha_i\frac{f_i-f_{i-1}}{x_i-x_{i-1}}+(1-\alpha_i)\frac{f_{i+1}-f_i}{x_{i+1}-x_i} \tag{2.227}$$

式中 α_i 一般依赖于 i，可在某些假定下确定，或由经验给定。其取值范围一般在 0 和 1 之间。现设 $f(x)$ 在 x_i 附近是抛物线分布，它的系数可以用 f_{i-1}，f_i 和 f_{i+1} 决定，如果求出 $(\partial f/\partial x)_i$ 的表达式后，与(2.227)式比较系数，可求得

$$\alpha_i=\frac{x_{i+1}-x_i}{x_{i+1}-x_{i-1}} \tag{2.228}$$

③Isaacson 法

设两种网格距分别为 $\tilde{d}$ 和 d，其中 $\tilde{d}>d$。其网格点分布如图 2.19 所示。其分界在 x_0 处，i 自左向右由负值变为正值作为格点的序号。

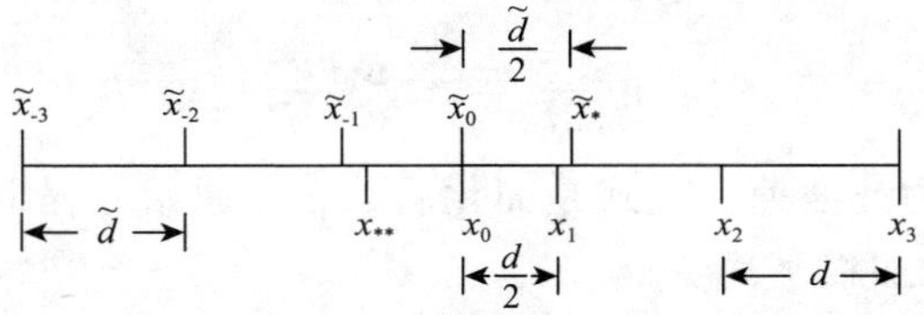

图 2.19　网格点分布图

当 $i\geqslant 2$ 时，可取

$$\left(\frac{\partial f}{\partial x}\right)_i\approx\frac{1}{2d}(f_{i+1}-f_{i-1})$$

当 $i<2$ 时，可取

$$\left(\frac{\partial f}{\partial x}\right)_i\approx\frac{1}{2\tilde{d}}(f_{i+1}-f_{i-1})$$

当 $i=-1$ 时，则有

$$\left(\frac{\partial f}{\partial x}\right)_{-1}\approx\frac{1}{2\tilde{d}}(f_*-f_{-2})$$

当 $i=1$ 时，则有

$$\left(\frac{\partial f}{\partial x}\right)_1\approx\frac{1}{2d}(f_2-f_{**})$$

式中 f_* 和 f_{**} 分别是函数 f 在点 x_* 和 x_{**} 上的值，是待求的。它们可以通过 f 在 x_0 点附近的值确定。例如对于 x_0 点的值，可设

$$\frac{f_{*}+f_{-1}}{2}=\frac{f_{1}+f_{**}}{2}$$

对于 x_0 点的差商，可取

$$\frac{f_{*}-f_{-1}}{\tilde{d}}=\frac{f_{1}-f_{**}}{d}$$

由上述两式可以解出

$$f_{*}=\frac{2}{1+b}f_{1}-\frac{1-b}{1+b}f_{-1}$$

$$f_{**}=\frac{1-b}{1+b}f_{1}+\frac{2b}{1+b}f_{-1}$$

式中 $b=d/\tilde{d}$。

(2)预报方程的差分格式

为了简捷地说明它的做法。采用下列波动方程为例

$$\frac{\partial u}{\partial t}=-g\frac{\partial z}{\partial x} \tag{2.229}$$

$$g\frac{\partial z}{\partial t}=-c^{2}\frac{\partial u}{\partial x} \tag{2.230}$$

式中 c 为常数，是重力波波速。上式是简化后的正压原始方程组。

①坐标变换法或加权平均法

设 x_0 为两种网格的分界点；$x<0$ 时，网格距为 $\tilde{d}$；$x>0$ 时，网格距为 d。方程在每种网格的内部取中央差，与过去习惯一致。而在两种网格的衔接处，即 $i=0$ 处，(2.229)式和(2.230)式可以写成

$$\frac{\partial u_{0}}{\partial t}=-\frac{g}{2\delta\eta}(k_{+}z_{1}+k_{0}z_{0}+k_{-}z_{-1})$$

$$g\frac{\partial z_{0}}{\partial t}=-\frac{c^{2}}{2\delta\eta}(k_{+}u_{1}+k_{0}u_{0}+k_{-}u_{-1})$$

式中 k_+，k_-，k_0 根据所采用的方法来取值。

当采用坐标变换方法时，取

$$\alpha_{0}=2\delta\eta/(\tilde{d}+d)$$

则有

$$k_{+}=-k_{-}=\alpha_{0}=2\delta\eta/(\tilde{d}+d)$$

$$k_{0}=0$$

当用加权平均方法时，如令

$$\beta_{+}=\frac{\delta\eta}{d}\qquad\qquad \beta_{-}=\frac{\delta\eta}{\tilde{d}}$$

α_0 是按(2.228)式计算出的 i 为零时的值，则有

$$k_+ = 2(1-\alpha_0)\beta_+$$
$$k_- = -2\alpha_0\beta_-$$
$$k_0 = 2[\alpha_0\beta_- - (1-\alpha_0)\beta_+]$$

②Isaacson 法

网格取法如图 2.19。在 $i=\pm1$ 时，方程(2.229)及(2.230)式的差分方程为

$$\frac{\partial u_1}{\partial t} = -\frac{g}{2}\frac{\beta_+}{\delta\eta}\left(z_2 - \frac{1-b}{1+b}z_1 - \frac{2b}{1+b}z_{-1}\right)$$
$$g\frac{\partial z_1}{\partial t} = -\frac{c^2\beta_+}{2\delta\eta}\left(u_2 - \frac{1-b}{1+b}u_1 - \frac{2b}{1+b}u_{-1}\right)$$
$$\frac{\partial u_{-1}}{\partial t} = -\frac{g}{2}\frac{\beta_-}{\delta\eta}\left(\frac{2}{1+b}z_1 - \frac{1-b}{1+b}z_{-1} - z_{-2}\right)$$
$$g\frac{\partial z_{-1}}{\partial t} = -\frac{c^2\beta_-}{2\delta\eta}\left(\frac{2}{1+b}u_1 - \frac{1-b}{1+b}u_{-1} - u_{-2}\right)$$

对于上述二种方法，有人做过分析，认为加权平均法最好，但所有这些方法都不能避免虚假的反射波的出现。而且在超高频的情况下，入射波会产生全反射，全部转化为虚假的反射波。必须采用一定的措施加以克服。

2.12.2.5　地形处理

在复杂地形条件下，使用嵌套模式更需小心，Miyakoda 和 Rosati(1982)发现单向嵌套模式中，模式大气对山脉地形很敏感，当引入复杂地形后，误差和噪声在交界面附近变大。粗细网格地形的不兼容是主要原因。使粗细网格地形一致的一个简单解决方法，是用粗网格地形内插得到细网格地形。在地形陡峭地区，这种做法使细网格地形失真。但细网格地形强迫对局地天气系统变化往往起重要作用，这种做法是不太适合的。如果粗网格和细网格的地形资料分别引入，由于差分计算的细节不同，可能会导致解的不协调。在嵌套网格模式数值试验中 Miyakoda 和 Rosati 发现：在原始地形资料没有特殊处理下，在模式积分最初几小时内，噪声会很快增长。此时最简单的办法之一就是用加强气象要素场的空间平滑加以抑制，但这样会使一些中尺度系统因平滑而减弱。因此，如何在粗细网格重叠的区域内得到协调一致的地形至关重要，在这方面参照了张大林(Zhang 等，1986)的工作。

若 $H^f_{I,J}$ 和 $h^f_{i,j}$ 分别代表粗细网格重叠区域的重叠点调整值。解决这一问题的出发点就是调整粗细网格的地形值，使其在重叠区完全相等(即 $H^f_{I,J}=h^f_{i,j}$)，并满足各种运算要求。首先，将细网格地形(i,j)周围 8 个点的地形高度调整如下：

(1)在细网格地形高度场中应用九点算子来决定重叠点上的平均值

$$\bar{h}_{i,j} = 0.25h^0_{i,j} + 0.125(h^0_{i+1,j} + h^0_{i-1,j} + h^0_{i,j+1} + h^0_{i,j-1}) + 0.625(h^0_{i+1,j+1} + h^0_{i+1,j-1} + h^0_{i-1,j+1} + h^0_{i-1,j-1})$$

式中上标“0”代表最初的细网格值。一般情况下，重叠点上的平均值 $\bar{h}_{i,j}$ 并不等于细

网格的初值 $h_{i,j}^{0}$，差值为：

$$\Delta z = \bar{h}_{i,j} - h_{i,j}^{0}$$

(2)用常数 C 来调整 $\bar{h}_{i,j}$ 和 $h_{i,j}^{0}$，使得

$$H_{I,J}^{f} = h_{i,j}^{f}$$

其中

$$H_{I,J}^{f} = \bar{h}_{i,j} - C\Delta h$$

$$h_{i,j}^{f} = h_{i,j}^{0} + (1-C)\Delta h$$

细网格点周围的地形高度用一个相当的增量 Δz 来调整，使得

$$\bar{h}_{i,j} - C\Delta h = 0.25[h_{i,j}^{0} + (1-C)\Delta h] + 0.125(h_{i+1,j}^{0} + h_{i-1,j}^{0} + h_{i,j+1}^{0} + h_{i,j-1}^{0} - 4\Delta z) + 0.625(h_{i+1,j+1}^{0} + h_{i+1,j-1}^{0} + h_{i-1,j+1}^{0} + h_{i-1,j-1}^{0} - 4\Delta z)$$

由以上几式可得：

$$\Delta z = \left(C + \frac{1}{3}\right)\Delta h \tag{2.231}$$

从(2.231)式可见 C 值可有不同的选择。这里选 $C=0$，则 $\Delta z = \Delta h/3$，即粗细网格地形高度在重叠点上被调整到九点平滑值 $\bar{h}_{i,j}$ 上，同时，周围 8 个细网格点由值 $-\Delta h/3$ 修正。值得注意的是，在海陆交界附近的海域，细网格周围的那些点会由于扣除 $\Delta h/3$ 而变为负值。这时最低地形高度应以海平面高度为限。

2.12.2.6 三维嵌套

由数值预报的误差分析可知：全球或半球模式(下简称大模式)仅存在可预报波的下限，因此，对较大尺度的波的预报一般较好。与大模式预报不同，有限区域模式(下简称小模式)本身不仅存在可预报波的下限，而且存在可预报波的上限。可预报波的上限是由有限区域侧边界间的距离 X 决定的。小于这一尺度的波的变化主要受模式内部物理过程控制，因一般来讲，小模式格距比大模式小，因此小模式对较短波系统往往可做更细致的刻画；大于这一尺度的波的演变主要取决于外部强迫(如侧边界强迫等)。传统的水平侧边界嵌套方法，仅仅利用了大模式在小模式侧边界附近的信息。仔细分析不难发现，小模式(本身及侧边界)所能表示的波谱是不连续的，间断波段随小模式侧边界间的距离 X 的增大而增大。试验已证明，有限区域模式存在临界范围 X_c(对不同模式 X_c 不尽相同，对 WRF，X_c 约为 4500 km)，超过这一范围，初始误差扰动随时间而增长。从 $X>X_c$ 时误差场的谱分析看到，误差主要来源于天气尺度($L>2000$ km)，因此，小模式难于很好地描述很可能是对天气有重要意义的天气尺度波。

以上分析提醒我们，即使在计算机条件允许的情况下也不可能靠不断扩大有限区范围来提高嵌套预报的准确率，因为这样做有使小模式不可表示的波段加宽、天气尺度波失真严重等一系列隐患，故此必须寻求其他途径改进有限区域模式预报。

为了充分发挥大小模式预报的优势，在小模式中更多地引入大模式信息，又避免传统侧边界嵌套的弊病，结合大气波动垂直分布的特点，设想不仅在水平侧边界，而且在有限区域模式大气的上部以某种方式引入大模式预报信息，即实现三维嵌套。

三维嵌套由于在模式大气上部减少计算量，故还可省时。

三维嵌套的思想是在有限区域模式大气上部（若干层）以某种方式引入大模式信息，其以下层次为小模式预报。

与水平侧边界嵌套类似，三维嵌套同样存在垂直方向上异模式预报信息在边界附近的不协调问题。而且比较起来，一般物理量在垂直方向上更敏感，高层的一点点变化都会影响其下各层的相应改变。为此，在三维嵌套方案的设计中应尽量做到合理处理上边界附近异模式物理量不协调带来的问题，使异模式信息在垂直方向有机地结合起来。

具体地用下式来说明三维嵌套方案设计的思想

$$A_{laf3\mathrm{d}} = K(\sigma)A_{laf} + [1 - K(\sigma)]A_{glo} + K_cA_c + K_tA_t$$

式中 A：模式预报量，laf：水平侧边界嵌套的小模式，$laf3\mathrm{d}$：三维嵌套的小模式，glo：大模式，c：与积云对流有关的量，t：与日变化有关的量，K：与垂直层次有关的系数，K 的取值如下：

模式上部：　$K(\sigma) = 0,\quad K_c = 1,\quad K_t = 1,\quad A_{laf3\mathrm{d}} = A_{glo} + A_c + A_t$

模式下部：　$K(\sigma) = 1,\quad K_c = 0,\quad K_t = 0,\quad A_{laf3\mathrm{d}} = A_{laf}$

即在三维嵌套模式的下部为小模式预报，其上部为引入的大模式信息，加上 A_c，A_t 订正项。A_c，A_t 分别为考虑到大小模式物理过程的差异等对上边界直接引入的大模式预报信息做的强对流及非绝热日变化影响的订正。中间过渡层目前与水平侧边界处理方法类似，即采用张弛控制法（Davies 法）。

2.12.2.7　套网格模式中存在的问题

套网格预报方法的推广与应用，使有限区域的预报模式质量有较大提高，这已是公认的。因此，目前预报质量较好的有限区域预报模式都采用了套网格的处理技术。但是，目前套网格的预报还普遍存在以下几个问题，有待进一步解决：

(1) 内边界条件的给法及处理问题。由计算方法知道，采用差分方法描述波长不是很长的波动，其波速受网格距的影响。同一个波动在粗网格中移速较慢。因此当波动从粗网格进入细网格时易变平；反之，当波动从细网格进入粗网格时，易收缩，同时振幅增大。有时还会出现波的反射和折射问题。这就要求有好的边界条件及处理方法。从目前的情况看，这些问题虽得到一定的解决，但还未彻底解决。现举一例来说明：前面已介绍双向嵌套的做法，就思路上来看，它比单向方案更合理，其效果也应当较好。但在实际上如果对内边界处理不完善，会在细网格向粗网格反馈的过程中产生较大的误差，并造成粗细网格连续不断相互影响。使双向方案的结果不如单向结果好。由于这个原因,双向方案远没有单向方案应用范围广。

(2)时空插值问题。由于在套网格中,粗细网格预报的时空格距不一致,需要经常在内边界附近进行插值,这种插值的误差也会对预报带来影响。因此,应当选择插值效果较好的一些方法。例如三次样条插值等。在有地形的边界附近,插值的方案也很重要。因为在 σ 坐标中,在等 σ 面上插值,其实际的空间高度差可能很大,会造成较大的误差。如果把方案改换成:先把各 σ 面的值返回到 p 面上去,用 p 面的值进行水平内插,然后再垂直算出 σ 面该点的值,预报效果就会改观。

(3)预报时效问题。采用套网格方法可以使计算很稳定,积分很长时间,但超过一定时间。粗细网格预报的差异就越来越小了,使套网格再无多大意义。因此,如何延长套网格模式有意义的预报时效仍是有待解决的问题。

复习思考题

(1)差分方程与微分方程的相容性是什么意思?差分方程解的收敛性和稳定性是什么意思?

(2)写出 $\frac{\partial u}{\partial x}$ 的前差、后差和中央差格式,并指出截断误差的精度。

(3)推导 $\frac{\partial u}{\partial x}$ 具有四阶精度的差分格式。

(4)熟练掌握用谐波分析法讨论一维线性平流方程各种差分格式的稳定性、计算频散和计算耗散。

(5)何谓计算解,有何特点?如何控制计算波?

(6)能根据半离散方程讨论计算频率 σ' 与原频率 σ 的关系以及计算相速 c' 与原相速的关系。

(7)时间差分和空间差分所造成的误差有哪些?改进方法是什么?

(8)什么是计算频散,什么是计算耗散,试举出平流方程有计算频散而无计算耗散,既有计算频散,又有计算耗散的差分格式的例子。

(9)有限网格所造成的误差有哪些?如何控制计算频散误差的增长?

(10)中央差、梯形隐式、全隐式和 Matsuno 格式有什么特点?

(11)什么是半隐式格式,有什么优点?

(12)微分方程全离散后,差分方程造成的误差有哪些?

(13)把平流方程 $\frac{\partial u}{\partial t}=-c\frac{\partial u}{\partial x}$ 写成 Matsuno 格式,空间用中央差。

(14)将正压原始方程组写成半隐式格式。

(15)什么是非线性不稳定,有何特点,如何克服?

(16)什么是混淆误差,与非线性不稳定有何关系?

(17)什么是平滑,为什么要对物理量场进行平滑?

(18)什么是响应函数,其意义是什么?

(19)求三点、五点、九点平滑公式的响应函数?

(20)多次平滑对预报有何影响?

(21)造成非线性不稳定的原因有哪些?

(22)试用小扰动法分析线性平流方程 $\frac{\partial u}{\partial t}=-c\frac{\partial u}{\partial x}$ 在下面几种差分格式的稳定性:

① $\frac{u_j^{n+1}-u_j^n}{\Delta t}+c\frac{u_{j+1}^{n+1}-u_{j-1}^{n+1}}{2\Delta x}=0$

② $\frac{u_j^{n+1}-u_j^n}{\Delta t}+c\frac{u_{j+1}^{n}-u_j^n}{\Delta x}=0$

③ $\frac{u_j^{n+1}-u_j^n}{\Delta t}+c\frac{u_j^n-u_{j-1}^n}{\Delta x}=0$

(23)线性平流方程 $\frac{\partial u}{\partial t}=-c\frac{\partial u}{\partial x}$ 的半离散方程为

$$\frac{\partial u_j}{\partial t}+\frac{c}{2\Delta x}\left[\frac{4}{3}(u_{j+1}-u_{j-1})-\frac{1}{6}(u_{j+2}-u_{j-2})\right]=0$$

求计算相速 c^* 和计算群速 c_g^*。

(24)普遍的二时间层隐式格式为

$$Y^{n+1}=Y^n+(aF^{n+1}+bF^n)\Delta t$$

式中 $F=-ikcY$,a、b 为参数且 $a+b=1$,试讨论格式的稳定性。

第3章 变量配置

对于多变量方程组，不同的变量配置产生的离散效果不同，在水平方向上早在20世纪60年代Winninghoff就在可分辨和不可分辨的情况下对描述惯性重力外波的线性浅水方程组在Arakawa A-E网格上进行了计算频散性的分析，后来多位作者在水平网格上对罗斯贝(Rossby)波进行过计算频散性的分析，也发展了新的水平网格。同时也对静力和非静力条件下垂直网格和三维网格进行类似的频散性分析，也包括水平分辨率和垂直分辨率的协调性问题。这些工作中也包括不同差分精度和不同变量配置的搭配对计算频散性的影响问题。下面分节逐步介绍。

3.1 水平变量配置对惯性重力波的影响

高阶紧致差分格式的精度较高，计算时可以采用较粗的网格，节约计算费用，并且也具有抑制或减少数值震荡的作用。采用高阶紧致差分格式对计算频散性也有一定的影响。本节首先介绍一套算子，用来推导其惯性重力波的频散关系，这种方法既适用于微分情况，也适用于任何差分格式的差分情况，在这里称作通用方法。由于要考虑高阶紧致差分格式的作用，为了进行对比，选择了两种差分格式：一种是常用的二阶中央差，它是大气或海洋数值模式中常用的一种格式；另一种是四阶紧致差分方案，研究四阶紧致差分方案较二阶中央差对垂直网格计算频散性的影响。

3.1.1 一维空间中的算子

如果网格点x_i，$i\in N$(N为网格点总数)上的变量f用f_i表示，则：

算子S_0表示：网格的中间点$x_{i+1/2}=(x_i+x_{i+1})/2$处，变量$f$的近似值$f_{i+1/2}$；

算子$S_{1/2}$表示：网格点$x_{i+1/2}$处变量f一阶导数f'的近似值$f'_{i+1/2}$；

算子S_1表示：网格点x_i处变量f一阶导数的近似值f'_i。

为比较不同的差分精度下变量配置的情况，这里选择了两种精度的差分格式：一种是一般的二阶中央差格式(用C2表示)，它是数值模式中最常用的格式；第二种是四阶紧致差分格式(用C4表示)，这两种格式的S_0，$S_{1/2}$和S_1见表3.1。

表 3.1　两种格式 C2 和 C4 的算子 S_0, $S_{1/2}$ 和 S_1

算子		具体形式
C2	S_0	$f_{i+1/2}=(f_i+f_{i+1})/2$
	$S_{1/2}$	$f'_{i+1/2}=(f_{i+1}-f_i)/d$
	S_1	$f'_i=(f_{i+1}-f_{i-1})/(2d)$
C4	S_0	$\frac{1}{6}f_{i-1/2}+f_{i+1/2}+\frac{1}{6}f_{i+3/2}=\frac{2}{3}(f_i+f_{i+1})$
	$S_{1/2}$	$\frac{1}{22}f'_{i-1/2}+f'_{i+1/2}+\frac{1}{22}f'_{i+3/2}=\frac{12}{11}\frac{f_{i+1}-f_i}{d}$
	S_1	$\frac{1}{4}f'_{i-1}+f'_i+\frac{1}{4}f'_{i+1}=\frac{3}{2}\frac{f_{i+1}-f_{i-1}}{2d}$

注：表中的 d 是网格距。

设 $S=T(k)\mathrm{e}^{ikx}$，其中 k 是 x 方向的波数，$T(k)$ 为 S 的模。这样由表 3.1 可导出这两种格式的算子 $T(k)$，具体见表 3.2。

表 3.2　两种格式 C2 和 C4 以及解析解的算子 T_0, $T_{1/2}$ 和 T_1

算子		$T(k)$的具体形式
解析解	平均	$T_0(k)=1$
	导数	$T(k)=\mathrm{i}k$
C2	S_0	$T_0(k)=\cos\frac{kd}{2}$
	$S_{1/2}$	$T_{1/2}(k)=\frac{2\mathrm{i}}{d}\sin\frac{kd}{2}$
	S_1	$T_1(k)=\frac{\mathrm{i}}{d}\sin(kd)$
C4	S_0	$T_0(k)=\frac{4\cos(kd/2)}{3+\cos(kd)}$
	$S_{1/2}$	$T_{\frac{1}{2}}(k)=\frac{2\mathrm{i}}{d}\frac{12\sin(kd/2)}{11+\cos(kd)}$
	S_1	$T_1(k)=\frac{\mathrm{i}}{d}\frac{3\sin kd}{2+\cos(kd)}$

3.1.2　二维空间中的算子

线性浅水方程组（见(3.1)式）在网格 A-E 和 LE（具体的变量配置见图 3.1）上的离散，则需要近似的项有：u 点的 v 和$\frac{\partial h}{\partial x}$，$v$ 点的 u 和$\frac{\partial h}{\partial y}$，$h$ 点的$\frac{\partial h}{\partial x}$和$\frac{\partial h}{\partial y}$。

这些项在各个网格中用算子表示见表 3.3。

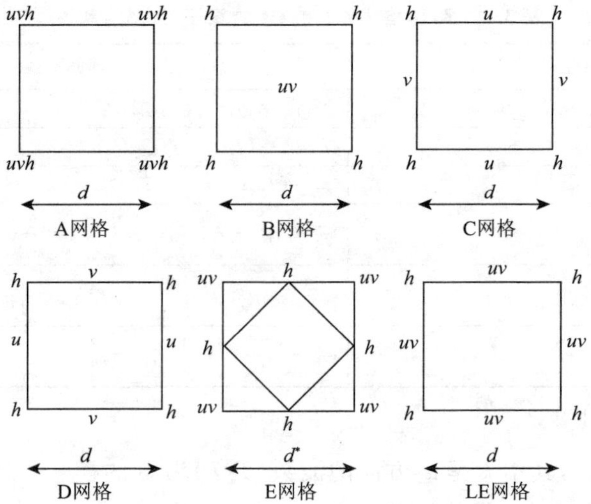

图 3.1 Arakama A-E 网格和 LE 网格的变量配置图

（网格取正方形网格，u，v 为水平速度分量，h 为位势高度，d 为网格间距，$d^*=\sqrt{2}d$）

表 3.3 Arakama A-E 网格和 LE 网格的 S_0，$S_{1/2}$ 和 S_1

算子	A	B	C	D	E	LE
S_0	a)	a)	$S_0^x S_0^y$	$S_0^x S_0^y$	a)	a)
S_x^u	S_1^x	$S_{1/2}^x S_0^y$	$S_{1/2}^x$	$S_1^x S_0^y$	$S_{1/2}^x$	$S_{1/2}^x$
S_y^v	S_1^y	$S_{1/2}^y S_0^x$	$S_{1/2}^y$	$S_1^y S_0^x$	$S_{1/2}^y$	$S_{1/2}^y$

注：a)表示精确量，而各个算子的上标 x 或 y 分别表示应用于 x 或 y 方向的情况。

具体来说，表 3.3 中的算子 S_0，S_x^u 和 S_y^v 分别表示：S_0 表示在 v 点 u 的近似或在 u 点 v 的近似；S_x^u 表示在 u 点 $\dfrac{\partial h}{\partial x}$ 的近似或在 h 点 $\dfrac{\partial u}{\partial x}$ 的近似；S_y^v 表示在 v 点 $\dfrac{\partial h}{\partial y}$ 的近似或在 h 点 $\dfrac{\partial v}{\partial y}$ 的近似。

设表 3.3 中的 $S=T(k,l)\mathrm{e}^{\mathrm{i}(kx+ly)}$，这样就可以从表 3.3 中的导出 $T(k,l)$（具体见表 3.4）。

表 3.4　Arakama A-E 网格、LE 网格和微分情况的 $T(k,l)$

算子	A	B	C	D	E	LE	微分
$T_0(k,l)$	1	1	$T_0(k)T_0(l)$	$T_0(k)T_0(l)$	1	1	1
$T_x^u(k,l)$	$T_1(k)$	$T_{1/2}(k)T_0(l)$	$T_{1/2}(k)$	$T_1(k)T_0(l)$	$T_{1/2}(k)$	$T_{1/2}(k)$	ik
$T_y^v(k,l)$	$T_1(l)$	$T_0(k)T_{1/2}(l)$	$T_{1/2}(l)$	$T_0(k)T_1(l)$	$T_{1/2}(l)$	$T_{1/2}(l)$	il

上面给出了差分线性浅水方程组所需的算子，下面讨论如何用这些算子表示频散关系的求解过程。

3.1.3　离散频散特征

在 f 平面上惯性重力波的线性浅水方程组为

$$\begin{cases} \dfrac{\partial u}{\partial t} - f_0 v + g\dfrac{\partial h}{\partial x} = 0 \\ \dfrac{\partial v}{\partial t} + f_0 u + g\dfrac{\partial h}{\partial y} = 0 \\ \dfrac{\partial h}{\partial t} + H\left(\dfrac{\partial u}{\partial x} + \dfrac{\partial v}{\partial y}\right) = 0 \end{cases} \tag{3.1}$$

式中 (u,v) 是水平速度分量，h 是离开定常深度 H 的位移，f_0 是定常的科里奥利（Coriolis）常数。

用上述算子将方程(3.1)半离散为

$$\begin{cases} \dfrac{\partial u}{\partial t} - f_0 S_0(v) + gS_x^u(h) = 0 \\ \dfrac{\partial v}{\partial t} + f_0 S_0(u) + gS_y^v(h) = 0 \\ \dfrac{\partial h}{\partial t} + H[S_x^u(u) + S_y^v(v)] = 0 \end{cases} \tag{3.2}$$

设波解

$$(u,v,h) = (U_0, V_0, H_0)\mathrm{e}^{\mathrm{i}(kx+ly-\omega t)} \tag{3.3}$$

这里 (k,l) 分别为纬向和经向的水平波数。

将波解(3.3)式代入(3.2)式，并考虑算子后变为下列形式

$$\begin{cases} -\mathrm{i}\omega U_0 - f_0 V_0 T_0(k,l) + gH_0 T_x^u(k,l) = 0 \\ -\mathrm{i}\omega V_0 + f_0 U_0 T_0(k,l) + gH_0 T_y^v(k,l) = 0 \\ -\mathrm{i}\omega H_0 + H[U_0 T_x^u(k,l) + V_0 T_y^v(k,l)] = 0 \end{cases}$$

因此，解得频散关系为

$$\left(\frac{\omega}{f_0}\right)^2 = T_0^2(k,l) - \lambda^2[T_x^u(k,l)^2 + T_y^v(k,l)^2] \tag{3.4}$$

式中 $\lambda = \sqrt{gH}/f$ 是 Rossby 变形半径。

这样把表 3.4 中的算子代入(3.4)式即可得到如下各个网格和解析解的频散关系表达式(见表 3.5)。

表 3.5 解析解和 Arakawa A-E 网格以及 LE 网格的频散关系

网格或解析解	频散关系
解析解	$\left(\frac{\omega}{f_0}\right)^2=1+\lambda^2[k^2+l^2]$
A	$\left(\frac{\omega}{f_0}\right)^2=1-\lambda^2[T_1^2(k)+T_1^2(l)]$
B	$\left(\frac{\omega}{f_0}\right)^2=1-\lambda^2[T_{1/2}^2(k)T_0^2(l)+T_{1/2}^2(l)T_0^2(k)]$
C	$\left(\frac{\omega}{f_0}\right)^2=T_0^2(k)T_0^2(l)-\lambda^2[T_{1/2}^2(k)+T_{1/2}^2(l)]$
D	$\left(\frac{\omega}{f_0}\right)^2=T_0^2(k)T_0^2(l)-\lambda^2[T_1^2(k)T_0^2(l)+T_0^2(k)T_1^2(l)]$
E	$\left(\frac{\omega}{f_0}\right)^2=1-\lambda^2[T_{1/2}^2(k)+T_{1/2}^2(l)]$
LE	$\left(\frac{\omega}{f_0}\right)^2=1-\lambda^2[T_{1/2}^2(k)+T_{1/2}^2(l)]$

把表(3.4)中的算子代入表 3.5,可得到 C2 格式的这几种网格频散关系(具体见表 3.6)。

表 3.6 C2 格式的 Arakawa A-E 网格和 LE 网格频散关系

网格	频散关系
A	$\left(\frac{\omega}{f_0}\right)^2=1+\frac{\lambda^2}{d^2}[\sin^2(kd)+\sin^2(ld)]$
B	$\left(\frac{\omega}{f_0}\right)^2=1+\frac{4\lambda^2}{d^2}\left[\sin^2\frac{kd}{2}\cos^2(ld)+\sin^2\frac{ld}{2}\cos^2(kd)\right]$
C	$\left(\frac{\omega}{f_0}\right)^2=\cos^2\frac{kd}{2}\cos^2\frac{ld}{2}+\frac{4\lambda^2}{d^2}\left[\sin^2\frac{kd}{2}+\sin^2\frac{ld}{2}\right]$
D	$\left(\frac{\omega}{f_0}\right)^2=\cos^2\frac{kd}{2}\cos^2\frac{ld}{2}+\frac{\lambda^2}{d^2}\left[\sin^2(kd)\cos^2\frac{ld}{2}+\sin^2(ld)\cos^2\frac{kd}{2}\right]$
E	$\left(\frac{\omega}{f_0}\right)^2=1+\frac{2\lambda^2}{d^2}\left[\sin^2\frac{kd}{\sqrt{2}}+\sin^2\frac{ld}{\sqrt{2}}\right]$
LE	$\left(\frac{\omega}{f_0}\right)^2=1+\frac{4\lambda^2}{d^2}\left[\sin^2\frac{kd}{2}+\sin^2\frac{ld}{2}\right]$

同样的方法可得到C4格式的这几种网格频散关系(具体见表3.7)。

表3.7 C4格式的Arakawa A-E网格和LE网格频散关系

网格	频散关系
A	$\left(\frac{\omega}{f_0}\right)^2=1+\frac{\lambda^2}{d^2}\left\{\left[\frac{3\sin(kd)}{2+\cos(kd)}\right]^2+\left[\frac{3\sin(ld)}{2+\cos(ld)}\right]^2\right)$
B	$\left(\frac{\omega}{f_0}\right)^2=1+\frac{4\lambda^2}{d^2}\left\{\left[\frac{12\sin(kd/2)}{11+\cos(kd)}\right]^2\left[\frac{4\cos(ld/2)}{3+\cos(ld)}\right]^2+\left[\frac{12\sin(ld/2)}{11+\cos(ld)}\right]^2\left[\frac{4\cos(kd/2)}{3+\cos(kd)}\right]^2\right\}$
C	$\left(\frac{\omega}{f_0}\right)^2=\left[\frac{4\cos(kd/2)}{3+\cos(kd)}\right]^2\left[\frac{4\cos(ld/2)}{3+\cos(ld)}\right]^2+\frac{4\lambda^2}{d^2}\left\{\left[\frac{12\sin(kd/2)}{11+\cos(kd)}\right]^2+\left[\frac{12\sin(ld/2)}{11+\cos(ld)}\right]^2\right\}$
D	$\left(\frac{\omega}{f_0}\right)^2=\left[\frac{4\cos(kd/2)}{3+\cos(kd)}\right]^2\left[\frac{4\cos(ld/2)}{3+\cos(ld)}\right]^2+\frac{\lambda^2}{d^2}\left\{\left[\frac{3\sin(kd)}{2+\cos(kd)}\right]^2\left[\frac{4\cos(ld/2)}{3+\cos(ld)}\right]^2+\left[\frac{3\sin(ld)}{2+\cos(ld)}\right]^2\left[\frac{4\cos(kd/2)}{3+\cos(kd)}\right]^2\right\}$
E	$\left(\frac{\omega}{f_0}\right)^2=1+\frac{2\lambda^2}{d^2}\left\{\left[\frac{12\sin(kd/\sqrt{2})}{11+\cos(\sqrt{2}kd)}\right]^2+\left[\frac{12\sin(ld/\sqrt{2})}{11+\cos(\sqrt{2}ld)}\right]^2\right\}$
LE	$\left(\frac{\omega}{f_0}\right)^2=1+\frac{4\lambda^2}{d^2}\left\{\left[\frac{12\sin(kd/2)}{11+\cos(kd)}\right]^2+\left[\frac{12\sin(ld/2)}{11+\cos(ld)}\right]^2\right\}$

由表3.6和表3.7可分别导出群速,由于推导过程比较简单,并且从表达式也难以看出有用信息,所以这里从略,不再具体列出。但在下面一部分图示比较时要用到,在此做一说明。

3.1.4 差异分析

这部分我们对上述两种不同差分格式(C2和C4)的六种网格离散频散关系和精确频散关系进行对比,主要分可分辨$\frac{\lambda}{d}=0.5$和不可分辨$\frac{\lambda}{d}=2$两种情况,对比时采用相对误差(R),其中相对误差(R)是这样定义的

$$R_i=\frac{C_i-C_{\text{diff}}}{C_{\text{diff}}} \tag{3.5}$$

式中C_i代表某一种网格的频率,C_{diff}表示解析频率。

图3.2给出了C2和C4格式在可分辨的情况下,6种网格的频率相对误差图。从中可以看出,在C2格式中,C网格和LE网格的误差(LE网格和C网格的一样)最小,其次为E网格;而在C4格式中仍然是LE网格和C网格的误差最小,但和C2中的相比,LE网格和C网格的误差减小了,在C2中LE网格和C网格的最大误差为30%,而在C4中则减小到20%。其他4种网格在C2和C4两种格式最大误差都没有变化,就连出现最大误差的频率范围都没变。而在不可分辨的情况下如何呢?

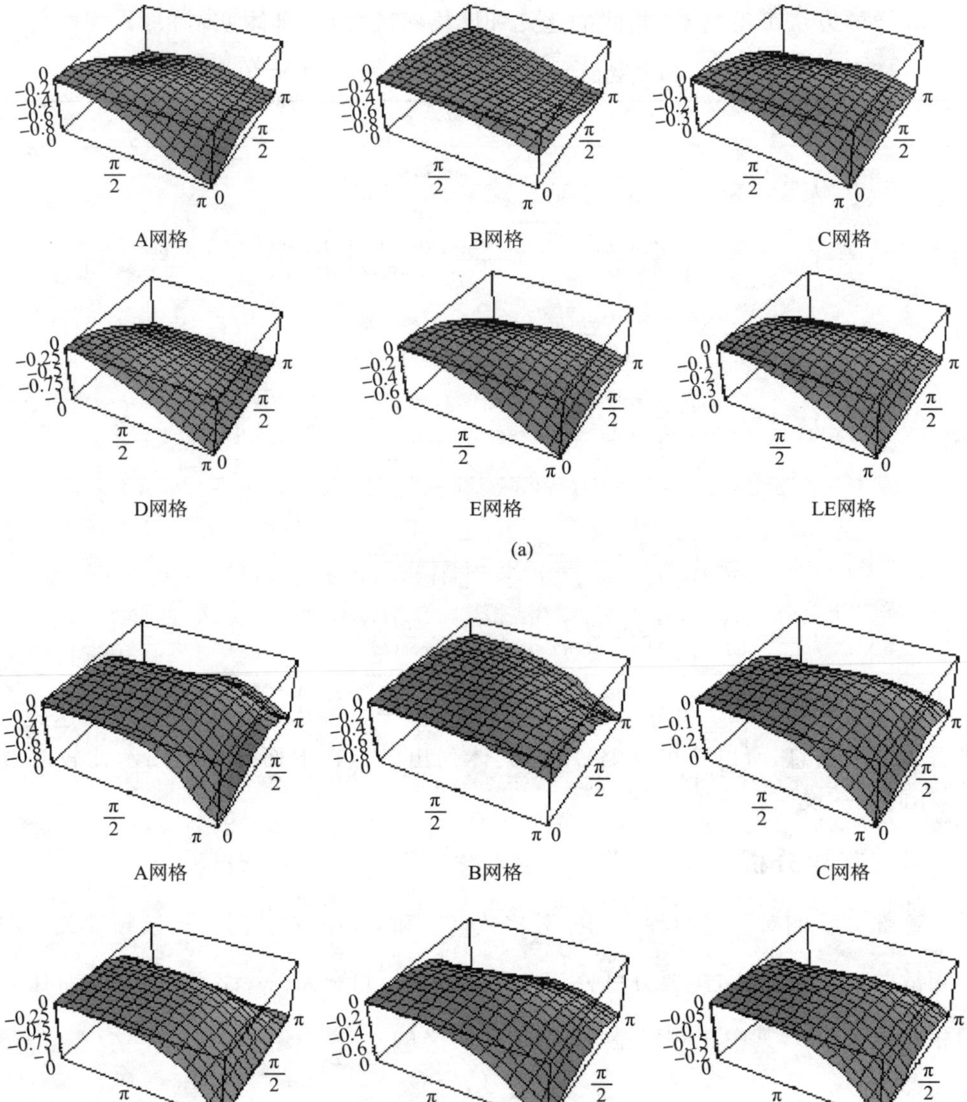

图 3.2 在可分辨的情况下 C2(a)和 C4(b)格式 6 种网格的频率相对误差图

(a)为二阶中央差格式(C2)下得到的;(b)四阶紧致差分格式(C4)下得到的。图中 x 方向的坐标为 kd,y 方向的坐标为 ld,z 方向的坐标为相对误差 R。kd 和 ld 的取值范围为$[0,\pi]$

图 3.3 就给出了对应的 C2 和 C4 格式在不可分辨的情况下,这 6 种网格的频率相对误差图。从中可以看出,在 C2 格式中 LE 网格的误差最小,C,E 网格次之。在

C4 格式中也是 LE 网格的误差最小，C 网格次之，并且 LE 网格的最大误差也减小了，在 C2 中 C 网格的最大误差为 20%，而在 C4 格式中最大误差减少到 15%了；但是 C 网格的最大误差在 C2 中为 40%，而在 C4 格式中最大误差才减少到 30%，同时要注意的是，其他 4 种网格在 C2 格式和在 C4 格式中一样最大误差都没有改变。

也就是说，在模拟惯性重力波的频率方面，在可分辨的情况下，在 C2 或 C4 格式中，LE 网格的频率最大相对误差与 C 网格的相当；不可分辨的情况下，LE 网格的频率相对误差不论在 C2 或 C4 中都比 C 网格的要小，均为 C 网格的一半。

由于群速是反映波动能量传播的一个物理量，群速误差的大小很重要。为此也绘制了 C2 和 C4 格式的群速相对误差图（见图 3.4 和图 3.5）。惯性重力波是各向同性的，因此我们只给出 x 方向的群速（以下六种网格的群速也只取 x 方向的，为简便以后简称为群速）。其中相对误差（R）同频率相对误差（3.5）式的定义一样，不过 C_i 代表某一种网格的群速，C_{diff} 表示解析群速。

图 3.4 给出了 C2 和 C4 格式在可分辨的情况下，6 种网格的群速相对误差图。从中可以看出，在 C2 格式中，LE 网格和 C 网格的误差（LE 网格和 C 网格的一样）最小；而在 C4 格式中仍然是 LE 网格和 C 网格的误差最小，但和 C2 中的相比，LE 网格和 C 网格的误差减小了。即随着差分精度的提高，只有 LE 网格和 C 网格的最大误差在减少，E 网格的最大误差没有变化，其他 3 种网格的最大误差都随着差分精度的提高，不同程度都在增加。下面看一下这 6 种网格在不可分辨的情况下，是否有变化。

图 3.5 就给出了对应的 C2 和 C4 格式在不可分辨的情况下，这 6 种网格的群速相对误差图。从图中可以看出，在 C2 格式中 LE 网格的最大误差比 C 网格的要小；在 C4 格式中 LE 网格的最大误差也比 C 网格的要小。但在这两种格式中，只有 LE、C、B 网格的最大误差没有变化，产生最大误差的频率范围 LE 网格也没有变化，仅是 C 网格和 B 网格产生最大误差的频率范围发生了变化：C2 格式中 B 网格产生最大误差的频率范围在 x 方向低频 y 方向高频部分，而在 C4 格式中 B 网格产生最大误差的频率范围在 x 方向和 y 方向的高频部分；C2 格式中 C 网格产生最大误差的频率范围在 x 方向高频和 y 方向低频部分，而在 C4 格式中 C 网格产生最大误差的频率范围在 x 方向的高频部分。其他 3 种网格（A，D，E 网格）最大误差都在增大。

也就是说，在模拟惯性重力波的群速方面，在可分辨的情况下，在 C2 或 C4 格式中，LE 网格的频率最大相对误差与 C 网格的相当；不可分辨的情况下，LE 网格的频率相对误差不论在 C2 或 C4 中都比 C 网格的要小，均为 C 网格的三分之二。

总之，在可分辨的情况下，不论在模拟惯性重力波的群速或频率，还是在 C2 或 C4 格式中，LE 网格所产生的最大误差均与 Arakawa C 网格一样；但在不可分辨的情况下，不论在模拟惯性重力波的群速或频率，还是在 C2 或 C4 格式中，LE 网格所产生的最大误差均比 Arakawa C 网格小很多，也就是说，在不可分辨的情况下，LE 网格比 Arakawa C 网格要优越。

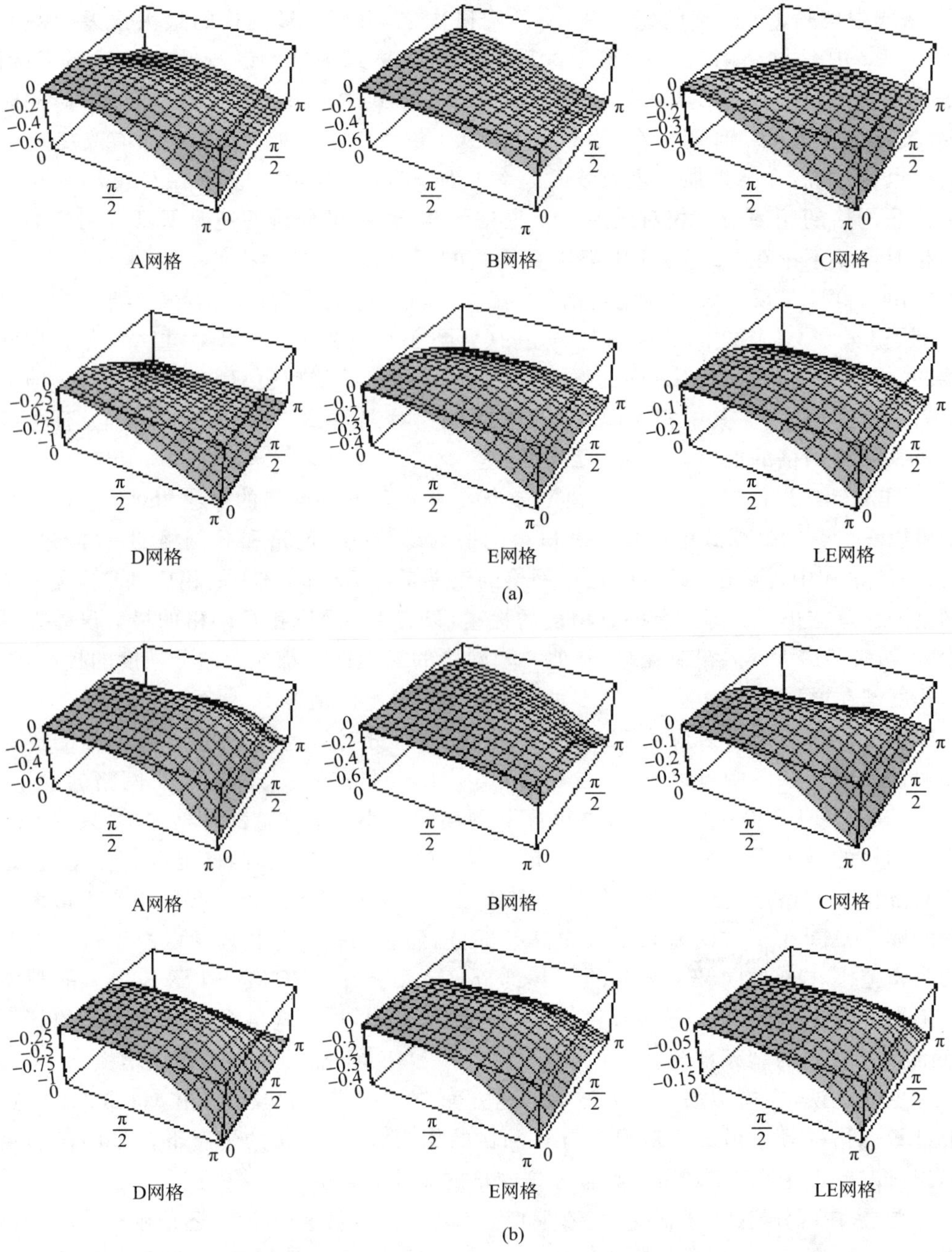

图 3.3 在不可分辨的情况下 C2(a)和 C4(b)格式 6 种网格的频率相对误差图

(a)二阶中央差格式(C2)下得到的;(b)四阶紧致差分格式(C4)下得到的。图中 x 方向的坐标为 kd,y 方向的坐标为 ld,z 方向的坐标为相对误差 R。kd 和 ld 的取值范围为$[0,\pi]$

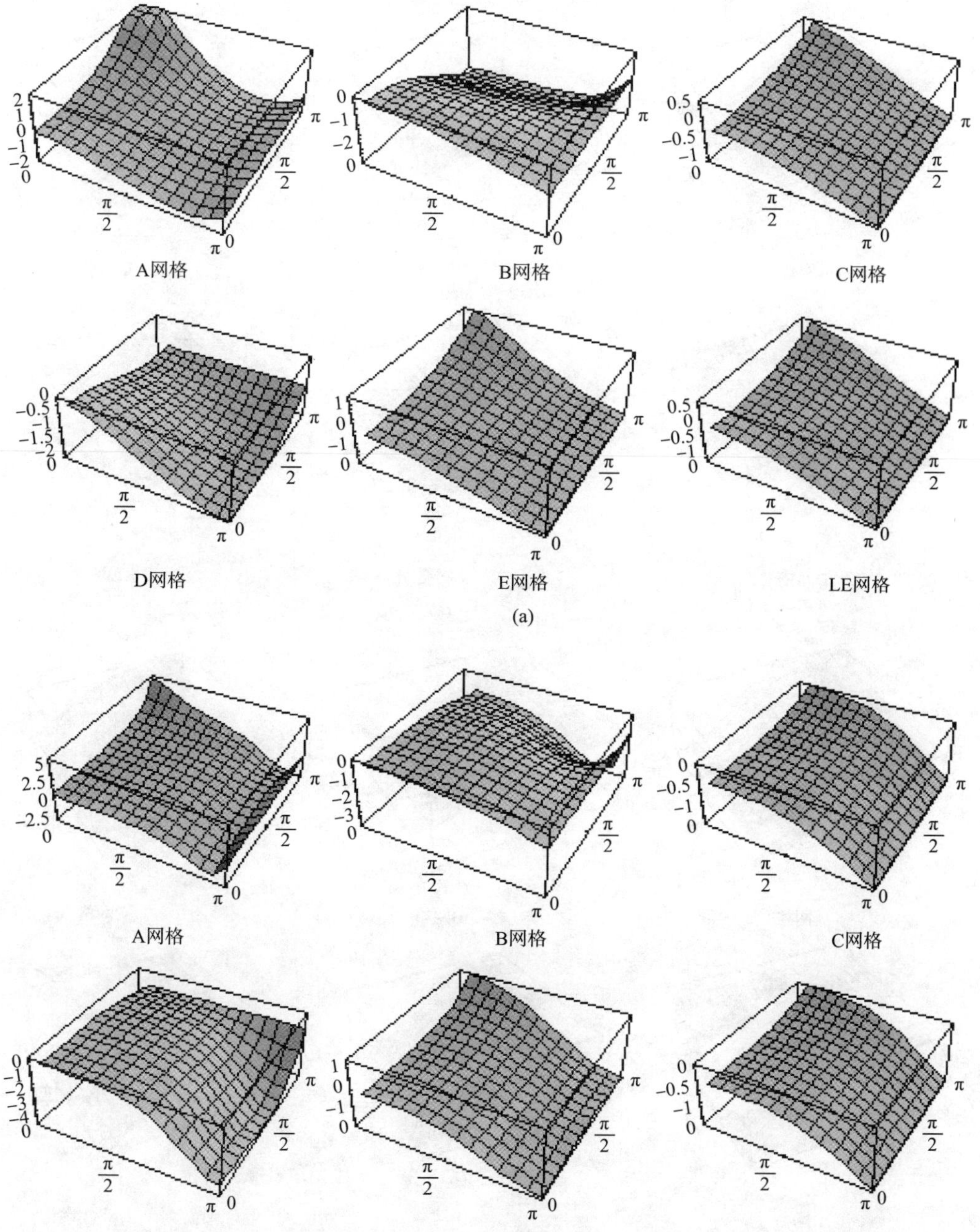

图 3.4　在可分辨的情况下 C2(a)和 C4(b)格式 6 种网格的群速相对误差图

(a)二阶中央差格式(C2)下得到的;(b)四阶紧致差分格式(C4)下得到的。图中 x 方向的坐标为 kd,y 方向的坐标为 ld,z 方向的坐标为相对误差 R。kd 和 ld 的取值范围为$[0,\pi]$

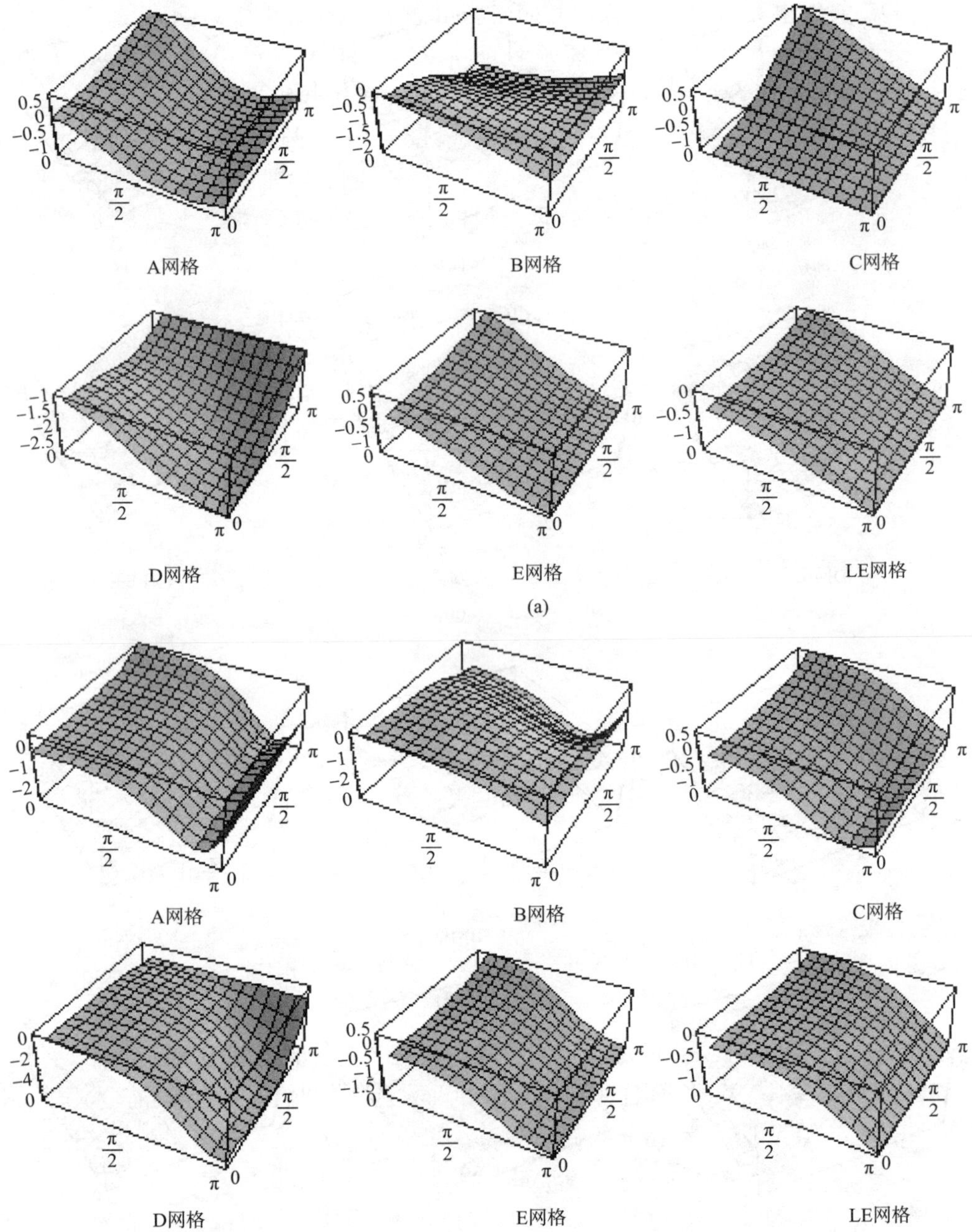

图 3.5 在不可分辨的情况下 C2(a)和 C4(b)格式 6 种网格的群速相对误差图

(a)二阶中央差格式(C2)下得到的;(b)四阶紧致差分格式(C4)下得到的。图中 x 方向的坐标为 kd,y 方向的坐标为 ld,z 方向的坐标为相对误差 R。kd 和 ld 的取值范围为$[0,\pi]$

3.2　水平变量配置对 Rossby 波的影响

从推导 Rossby 波频散关系的通用方法入手，分可分辨和不可分辨两种情况，分别采用四阶紧致差分格式（C4）和二阶中央差（C2）的差分精度，用图示的方法，比较 LE 网格和 Arakawa A-E 网格描述 Rossby 波的频率和群速度方面产生的误差情况。

将从 β 平面上 Rossby 波的线性方程组出发，导出微分情况下以及在 Arakawa A-E 和 LE 网格上采用 C2 和 C4 两种方案离散后的 Rossby 频散方程和群速度方程，首先推导 Rossby 波频散关系中通用方法采用的一些算子。

3.2.1　一维空间中的算子

为了研究 Rossby 波的情况，需要算子 R，R 定义为 $S[(x-x_0)e^{ikx}](x_0)=R(k)e^{ikx_0}$，$x_0$ 是一个任意值，见表 3.8，其中用到的两种格式 C2 和 C4 算子 S_0，$S_{1/2}$ 和 S_1 见表 3.1，算子 T_0，$T_{1/2}$ 和 T_1 见表 3.2。

表 3.8　两种格式 C2 和 C4 以及解析解的算子 R_0，$R_{1/2}$ 和 R_1

算子		$R(k)$的具体形式
解析解	平均	$R_0(k)=0$
	导数	$R(k)=1$
C2	S_0	$R_0(k)=\frac{id}{2}\sin\frac{kd}{2}$
	$S_{1/2}$	$R_{1/2}(k)=\cos\frac{kd}{2}$
	S_1	$R_1(k)=\cos(kd)$
C4	S_0	$R_0(k)=\frac{id}{2}\frac{4\sin(kd/2)}{3+\cos(kd)}$
	$S_{1/2}$	$R_{1/2}(k)=\frac{12\cos(kd/2)}{11+\cos(kd)}$
	S_1	$R_1(k)=\frac{3\cos(kd)}{2+\cos(kd)}$

注：$R_0(k)$表示平均算子。

3.2.2　二维空间中的算子

在 β 平面上 Rossby 波的线性方程组为

$$\begin{cases} f_0 v_g - g\dfrac{\partial h}{\partial x} = 0 \\ f_0 u_g + g\dfrac{\partial h}{\partial y} = 0 \\ \dfrac{\partial u_g}{\partial t} - f_0 v_a - \beta y v_g = 0 \\ \dfrac{\partial v_g}{\partial t} + f_0 u_a + \beta y u_g = 0 \\ \dfrac{\partial h}{\partial t} + H\left(\dfrac{\partial u_a}{\partial x} + \dfrac{\partial v_a}{\partial y}\right) = 0 \end{cases} \tag{3.6}$$

式中 u_g, v_g 是地转速度分量，u_a, v_a 是非地转速度分量，h 是离开定常深度 H 的位移，y 是经向距离，$\beta=\partial f/\partial y$，$f_0$ 和 β 假定为常数，g 为重力加速度。

方程组(3.6)式在网格 A-E 和 LE(图 3.1)上的离散，则需要近似的项与 3.1.2 节中的相同，相应的算子详见表 3.3 和表 3.4。

对任意的(x_0, y_0)，也可通过 $S[(y-y_0)e^{i(kx+ly)}](x_0, y_0)=R(k,l)e^{i(kx_0+ly_0)}$，导出 R_x^u 和 R_y^v(表 3.9)。

表 3.9 Arakama A-E 网格、LE 网格和微分情况的 $R(k,l)$

算子	A	B	C	D	E	LE	微分
$R_x^u(k,l)$	0	$T_{1/2}(k)R_0(l)$	0	$T_1(k)R_0(l)$	0	0	0
$R_y^v(k,l)$	$R_1(l)$	$T_0(k)R_{1/2}(l)$	$R_{1/2}(l)$	$T_0(k)R_1(l)$	$R_{1/2}(l)$	$R_{1/2}(l)$	1

上面给出了差分线性浅水方程组所需的算子，下面讨论如何用这些算子表示频散关系的求解过程。

3.2.3 Rossby 波

用前面的算子将方程组(3.6)半离散为

$$\begin{cases} f_0 S_0(v_g) - gS_x^u(h) = 0 \\ f_0 S_0(u_g) + gS_y^v(h) = 0 \\ \dfrac{\partial u_g}{\partial t} - f_0 S_0(v_a) - \beta y S_0(v_g) = 0 \\ \dfrac{\partial v_g}{\partial t} + f_0 S_0(u_a) + \beta y S_0(u_g) = 0 \\ \dfrac{\partial h}{\partial t} + H[S_x^u(u_a) + S_y^v(v_a)] = 0 \end{cases} \tag{3.7}$$

设波解

$$(u_g, v_g, u_a, v_a, h) = (U_0, V_0, U_a, V_a, H_0)e^{i(kx+ly-\omega t)} \tag{3.8}$$

这里(k,l)分别为纬向和经向的水平波数，ω为频率。

将波解(3.8)式代入(3.7)式，并考虑算子后解得频散关系为

$$\frac{\omega}{\beta}=\mathrm{i}\lambda^2 T_0(k,l)\frac{T_x^u(k,l)R_y^v(k,l)-T_y^v(k,l)R_x^u(k,l)}{T_0(k,l)^2-\lambda^2[T_x^u(k,l)^2+T_y^v(k,l)^2]} \tag{3.9}$$

式中$\lambda=\sqrt{gH}/f$是 Rossby 变形半径。

这样把表 3.9 中的算子代入(3.9)式即可得到如下各个网格和解析解的频散关系表达式(见表 3.10)。

表 3.10　解析解和 Arakawa A-E 网格以及 LE 网格的频散关系

网格或解析解	频散关系
解析解	$\frac{\omega}{\beta}=-\frac{\lambda^2 k}{1+\lambda^2(k^2+l^2)}$
A	$\frac{\omega}{\beta}=\mathrm{i}\lambda^2\frac{T_1(k)R_1(l)}{1-\lambda^2[T_1^2(k)+T_1^2(l)]}$
B	$\frac{\omega}{\beta}=\mathrm{i}\lambda^2\frac{T_{1/2}(k)T_0(k)[T_0(l)R_{1/2}(l)-T_{1/2}(l)R_0(l)]}{1-\lambda^2[T_{1/2}^2(k)T_0^2(l)+T_{1/2}^2(l)T_0^2(k)]}$
C	$\frac{\omega}{\beta}=\mathrm{i}\lambda^2\frac{T_0(k)T_0(l)T_{1/2}(k)R_{1/2}(l)}{T_0^2(k)T_0^2(l)-\lambda^2[T_{1/2}^2(k)+T_{1/2}^2(l)]}$
D	$\frac{\omega}{\beta}=\mathrm{i}\lambda^2\frac{T_0(l)T_1(k)T_0^2(k)[T_0(l)R_1(l)-T_1(l)R_0(l)]}{T_0^2(k)T_0^2(l)-\lambda^2[T_1^2(k)T_0^2(l)+T_0^2(k)T_1^2(l)]}$
E	$\frac{\omega}{\beta}=\mathrm{i}\lambda^2\frac{T_{1/2}(k)R_{1/2}(l)}{1-\lambda^2[T_{1/2}^2(k)+T_{1/2}^2(l)]}$
LE	$\frac{\omega}{\beta}=\mathrm{i}\lambda^2\frac{T_{1/2}(k)R_{1/2}(l)}{1-\lambda^2[T_{1/2}^2(k)+T_{1/2}^2(l)]}$

把表 3.9 中的算子代入表 3.10，可得到 C2 格式的这几种网格频散关系(表 3.11)。

表 3.11　C2 格式的 Arakawa A-E 网格和 LE 网格频散关系

网格	频散关系
A	$\frac{\omega}{\beta}=-\frac{\lambda^2}{d}\frac{\sin(kd)\cos(ld)}{1+\frac{\lambda^2}{d^2}[\sin^2(kd)+\sin^2(ld)]}$
B	$\frac{\omega}{\beta}=-\frac{\lambda^2}{d}\frac{\sin(kd)}{1+\frac{4\lambda^2}{d^2}\left(\sin^2\frac{kd}{2}\cos^2\frac{ld}{2}+\cos^2\frac{kd}{2}\sin^2\frac{ld}{2}\right)}$
C	$\frac{\omega}{\beta}=-\frac{2\lambda^2}{d}\frac{\sin\frac{kd}{2}\cos\frac{kd}{2}\cos^2\frac{ld}{2}}{\cos^2\frac{kd}{2}\cos^2\frac{ld}{2}+\frac{4\lambda^2}{d^2}\left(\sin^2\frac{kd}{2}+\sin^2\frac{ld}{2}\right)}$

续表

网格	频散关系
D	$\frac{\omega}{\beta}=-\frac{\lambda^2}{d}\frac{\cos^2\frac{ld}{2}\sin(kd)}{1+\frac{4\lambda^2}{d^2}\left(\sin^2\frac{kd}{2}+\sin^2\frac{ld}{2}\right)}$
E	$\frac{\omega}{\beta}=-\frac{\sqrt{2}\lambda^2}{d}\frac{\sin\frac{kd}{\sqrt{2}}\cos\frac{ld}{\sqrt{2}}}{1+\frac{2\lambda^2}{d^2}\left(\sin^2\frac{kd}{\sqrt{2}}+\sin^2\frac{ld}{\sqrt{2}}\right)}$
LE	$\frac{\omega}{\beta}=-\frac{2\lambda^2}{d}\frac{\sin\frac{kd}{2}\cos\frac{ld}{2}}{1+\frac{4\lambda^2}{d^2}\left(\sin^2\frac{kd}{2}+\sin^2\frac{ld}{2}\right)}$

同样的方法可得到 C4 格式的这几种网格频散关系(表 3.12)。

表 3.12 C4 格式的 Arakawa A-E 网格和 LE 网格频散关系

网格	频散关系
A	$\frac{\omega}{\beta}=-\frac{\lambda^2}{d}\frac{\frac{3\sin(kd)}{2+\cos(kd)}\frac{3\cos(ld)}{2+\cos(ld)}}{1+\frac{\lambda^2}{d^2}\left\{\left[\frac{3\sin(kd)}{2+\cos(kd)}\right]^2+\left[\frac{3\sin(ld)}{2+\cos(kd)}\right]^2\right\}}$
B	$\frac{\omega}{\beta}=-\frac{\lambda^2}{d}\frac{\frac{48}{[11+\cos(kd)][3+\cos(kd)]}\frac{48}{[3+\cos(ld)][11+\cos(ld)]}\sin(kd)}{1+\frac{4\lambda^2}{d^2}\left\{\left[\frac{4\cos(ld/2)}{3+\cos(ld)}\frac{12\sin(kd/2)}{11+\cos(kd)}\right]^2+\left[\frac{4\cos(kd/2)}{3+\cos(kd)}\frac{12\sin(ld/2)}{11+\cos(ld)}\right]^2\right\}}$
C	$\frac{\omega}{\beta}=-\frac{2\lambda^2}{d}\frac{\frac{4\cos(kd/2)}{3+\cos(kd)}\frac{4\cos(ld/2)}{3+\cos(ld)}\frac{12\sin(kd/2)}{11+\cos(kd)}\frac{12\cos(ld/2)}{11+\cos(ld)}}{\left[\frac{4\cos(kd/2)}{3+\cos(kd)}\frac{4\cos(ld/2)}{3+\cos(ld)}\right]^2+\frac{4\lambda^2}{d^2}\left\{\left[\frac{12\sin(kd/2)}{11+\cos(kd)}\right]^2+\left[\frac{12\sin(ld/2)}{11+\cos(ld)}\right]^2\right\}}$
D	$\frac{\omega}{\beta}=-\frac{\lambda^2}{d}\frac{\left[\frac{4\cos(kd/2)}{3+\cos(kd)}\right]^2\frac{4\cos(ld/2)}{3+\cos(ld)}\frac{3\sin(kd)}{2+\cos(kd)}\left\{\frac{4\cos(ld/2)}{3+\cos(ld)}\frac{3\cos(ld)}{2+\cos(ld)}+\frac{1}{2}\frac{4\cos(ld/2)}{3+\cos(ld)}\frac{3\sin(ld)}{2+\cos(ld)}\right\}}{\left[\frac{4\cos(kd/2)}{3+\cos(kd)}\right]^2\left[\frac{4\cos(ld/2)}{3+\cos(ld)}\right]^2+\frac{\lambda^2}{d^2}\left\{\left[\frac{4\cos(ld/2)}{3+\cos(ld)}\frac{3\sin(kd)}{2+\cos(kd)}\right]^2+\left[\frac{4\cos(kd/2)}{3+\cos(kd)}\frac{3\sin(ld)}{2+\cos(ld)}\right]^2\right\}}$
E	$\frac{\omega}{\beta}=-\frac{\sqrt{2}\lambda^2}{d}\frac{\frac{12\sin(kd/\sqrt{2})}{11+\cos(\sqrt{2}kd)}\frac{12\cos(ld/\sqrt{2})}{11+\cos(\sqrt{2}ld)}}{1+\frac{2\lambda^2}{d^2}\left\{\left[\frac{12\sin(kd/\sqrt{2})}{11+\cos(\sqrt{2}kd)}\right]^2+\left[\frac{12\sin(ld/\sqrt{2})}{11+\cos(\sqrt{2}ld)}\right]^2\right\}}$
LE	$\frac{\omega}{\beta}=-\frac{2\lambda^2}{d}\frac{\frac{12\sin(kd/2)}{11+\cos(kd)}\frac{12\cos(ld/2)}{11+\cos(ld)}}{1+\frac{4\lambda^2}{d^2}\left\{\left[\frac{12\sin(kd/2)}{11+\cos(kd)}\right]^2+\left[\frac{12\sin(ld/2)}{11+\cos(ld)}\right]^2\right\}}$

由表 3.11 和表 3.12 可分别导出群速度,由于推导过程比较简单,并且从表达式也难以看出有用信息,所以这里从略,不再具体列出。但在下文部分图示比较时要涉及到。

3.2.4 计算特征比较

对上述 C2 和 C4 两种不同差分格式的 6 种网格离散频散关系和精确频散关系进行对比，主要分可分辨 $\lambda/d=2$ 和不可分辨 $\lambda/d=0.5$ 两种情况，由于解析 x 方向群速度可能为 0，不能求相对误差，为统一起见，因此对比时采用绝对误差 $\omega/\beta d$，其定义为

$$\omega/(\beta d) = C_i - C_{\text{diff}} \tag{3.10}$$

式中 C_i 代表某一种网格的频率，C_{diff} 表示解析频率。

从图 3.6 中可以看出，在 C2 格式中，C 网格、D 网格和 LE 网格的误差（LE 网格和 C 网格、D 网格的一样）最小，其次为 E 网格；而在 C4 格式中是 LE 网格的误差最小，其次是 C 网格，再次是 D 网格。但和 C2 中的相比，LE 网格的误差减小了，在 C2 中 LE 网格、D 网格和 C 网格的最大误差为 0.3，而在 C4 中 LE 网格则减小到 0.1。D 网格的误差增大了，原来在 C2 格式中是 0.3，而在 C4 格式中则增加到 0.4；B 网格和 C 网格的最大误差没有变化；E 网格的在减小；A 网格的在增加。

从图 3.7 中可以看出，在 C2 格式中除了 A 网格以外，其他 5 种网格的最大误差都相同，均为 0.2，但变化趋势略有不同。但在 C4 格式中是 LE 网格的误差最小，C 网格和 E 网格次之，并且 LE 网格的最大误差减小了，在 C2 中 LE 网格的最大误差为 0.2，而在 C4 格式中最大误差减小到 0.1；C 网格和 E 网格的最大误差在 C2 中和 C4 中一样，没有变化，均为 0.2，但其他 3 种网格在 C4 格式比在 C2 格式中的误差都大。

在模拟 Rossby 波频率方面，在可分辨的情况下，C2 格式中，LE 网格的频率最大绝对误差与 C 网格和 D 网格的相当，在 C4 格式中，LE 网格的频率最大绝对误差最小；不可分辨的情况下，在 C2 格式中，LE 网格的频率最大绝对误差与 B，C，D 和 E 网格的相当，在 C4 格式中，LE 网格的频率最大绝对误差最小。

由于群速度是反映波动能量传播的一个物理量，群速度误差的大小很重要。为此绘制了 C2 和 C4 格式的群速度绝对误差图。Rossby 波是各向异性的，因此不仅给出 x 方向的群速度（见图 3.8 和图 3.9），也给出了 y 方向的群速度（见图 3.10 和图 3.11）。其中绝对误差 $C_g/\beta d^2$ 同频率绝对误差（3.10）式的定义一样，

$$C_g/(\beta d^2) = \hat{C}_i - \hat{C}_{\text{diff}} \tag{3.11}$$

$\hat{C}_i$ 代表某一种网格 x 方向的群速度或 y 方向的群速度，$\hat{C}_{\text{diff}}$ 表示解析群速度。

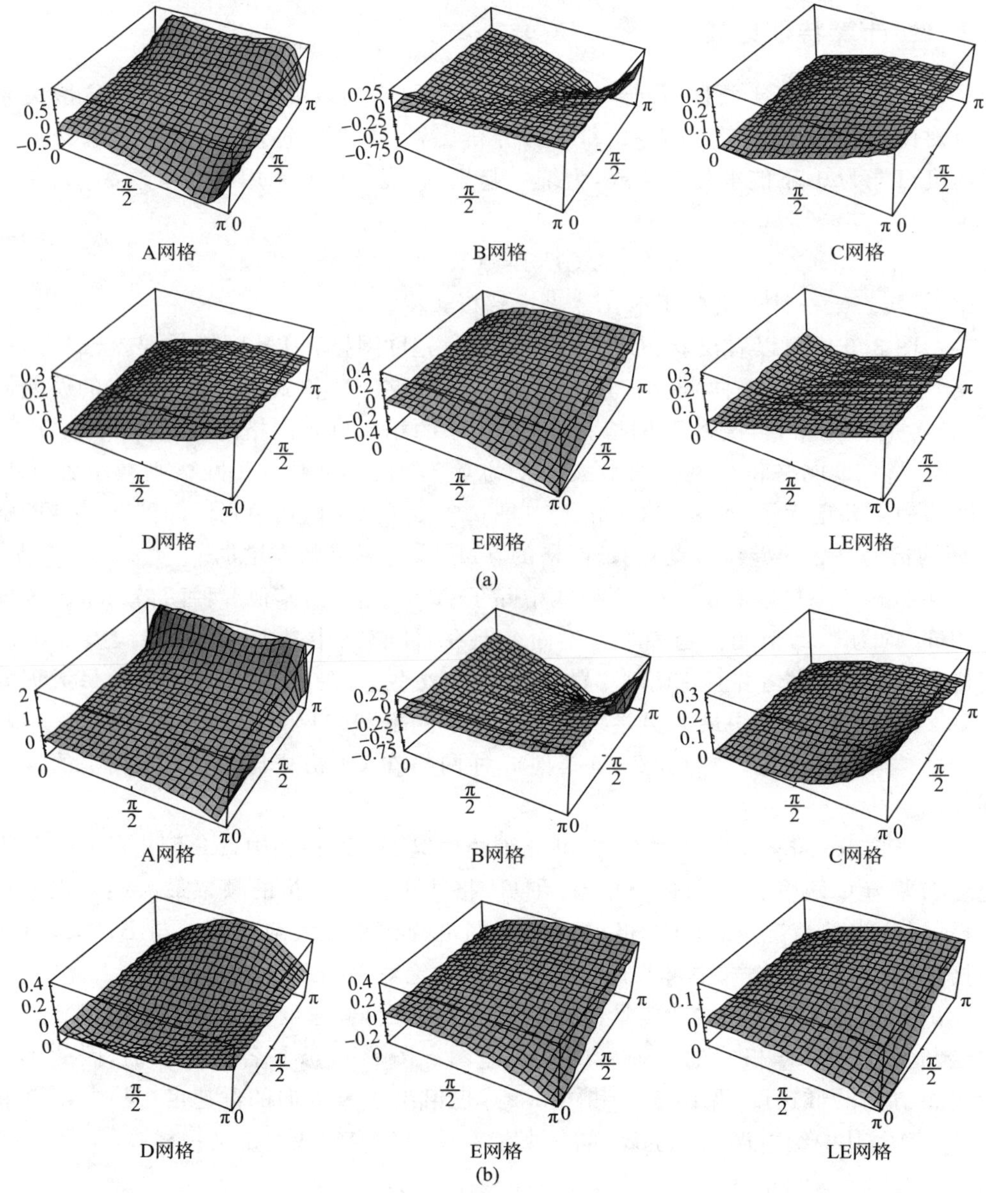

图 3.6 在可分辨的情况下 C2(a)和 C4(b)格式 6 种网格的频率绝对误差

(a)为二阶中央差格式(C2)下得到的;(b)四阶紧致差分格式(C4)下得到的。图中 x 方向为 kd,y 方向为 ld。kd 和 ld 的取值范围为$[0,\pi]$

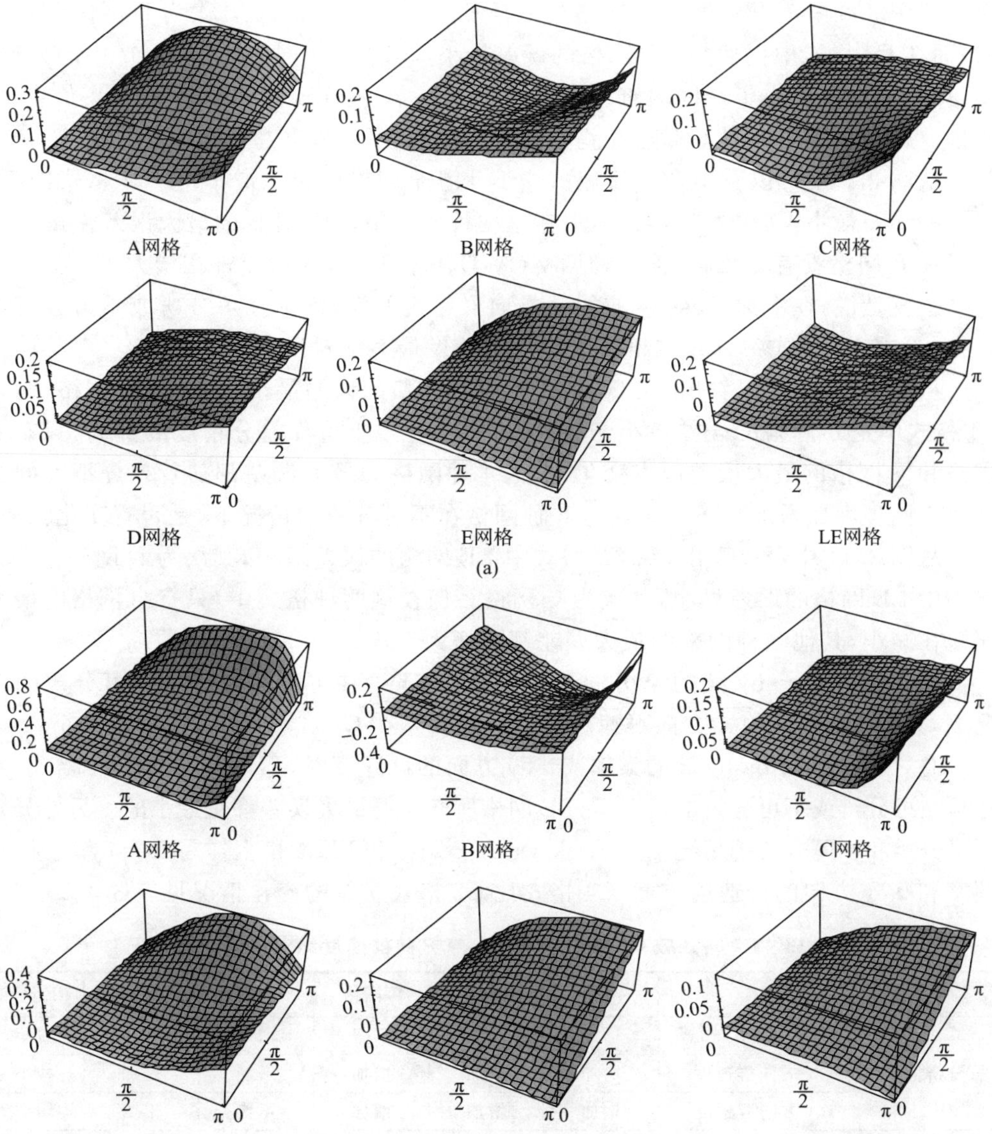

图 3.7　在不可分辨的情况下 C2(a)和 C4(b)格式 6 种网格的频率绝对误差

(a)为二阶中央差格式(C2)下得到的;(b)四阶紧致差分格式(C4)下得到的。图中 x 方向为 kd，y 方向为 ld。kd 和 ld 的取值范围为$[0,\pi]$

从图 3.8 中可以看出，在 C2 格式中，LE 网格的误差最小，其次为 D 网格和 C 网格；而在 C4 格式中仍然是 LE 网格的误差最小，其次为 C 网格。但和 C2 中的相比，LE 网格的误差减小了。即随着差分精度的提高，只有 LE 网格的最大误差在减少，其他 5 种网格的最大误差都随着差分精度的提高，不同程度在增加。

从图 3.9 中可以看出，在 C2 格式中 D 和 LE 网格的误差最小；在 C4 格式中 LE 网格的误差最小，其次为 E 网格。但在这两种格式中，只有 LE 的最大误差在减小，C 网格和 E 网格没有变化，其他 3 种网格（A，D，B 网格）最大误差都在增大。

也就是说，在模拟 Rossby 波的 x 方向群速度方面，不论在可分辨或不可分辨还是在 C2 或 C4 格式中，LE 网格的 x 方向群速度最大绝对误差都是最小。

从图 3.10 中可以看出，在 C2 格式中，LE 网格的误差最小，其次为 D 网格；而在 C4 格式中是 C 网格的误差最小，其次为 LE 网格。即随着差分精度的提高，只有 D 网格和 E 网格的最大误差没有变化，其他 4 种网格的最大误差都随着差分精度的提高而不同程度在增加。下面讨论这 6 种网格在不可分辨的情况下，是否有变化？

从图 3.11 中可以看出，在 C2 格式中 LE 网格的误差最小，其次为 D 网格；在 C4 格式中 LE 网格的误差最小，其次为 C 网格。但在这两种格式中，只有 C 网格的最大误差在减小，其他 5 种网格的最大误差都在增大。

即在模拟 Rossby 波的 y 方向群速度方面，不论在可分辨还是在不可分辨的情况下，只有 LE 网格的 y 方向群速度最大绝对误差在 C2 和 C4 格式中都是最小。

总之，在模拟 Rossby 波的频率或 x、y 方向的群速度时，不论在 C2 或 C4 格式中，还是在可分辨或不可分辨的情况下，LE 网格所产生的最大误差都是最小的。另外分别在可分辨和不可分辨的情况下在 Arakawa A-E 网格和 LE 网格上描写 Rossby 波时，在频率和 x，y 方向的群速度方面，C4 格式比 C2 格式误差的变化情况见表 3.13。

表 3.13 C4 格式较 C2 格式频率和 x，y 方向群速度绝对误差变化情况

		A 网格	B 网格	C 网格	D 网格	E 网格	LE 网格
可分辨情况下	频率	增加	不变	不变	增加	减小	减小
	x 方向群速度	增加	增加	增加	增加	增加	减小
	y 方向群速度	增加	增加	增加	不变	不变	增加
不可分辨情况下	频率	增加	增加	不变	增加	不变	减小
	x 方向群速度	增加	增加	不变	增加	不变	减小
	y 方向群速度	增加	增加	减小	增加	增加	增加

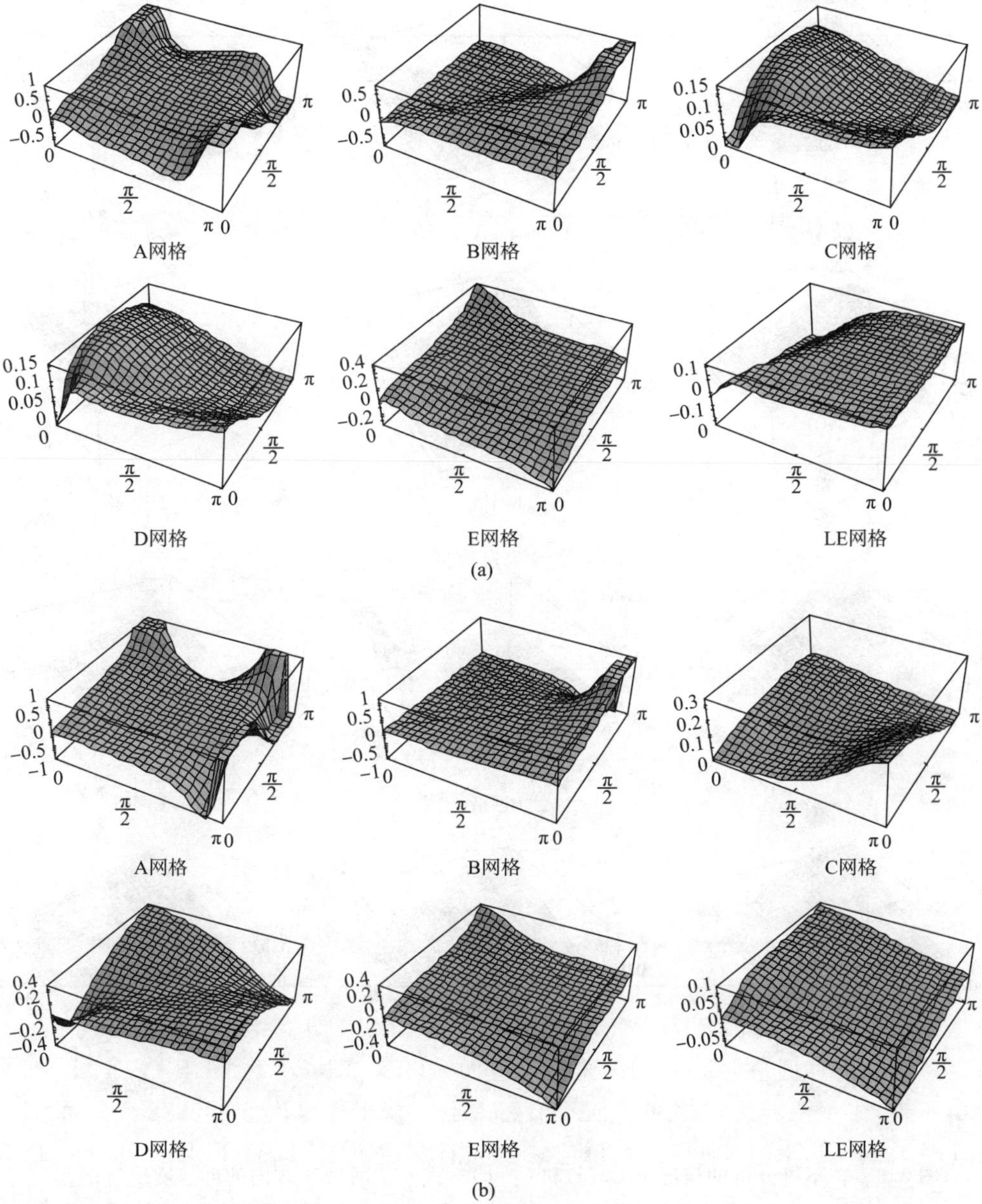

图 3.8　在可分辨的情况下 C2(a)和 C4(b)格式 6 种网格 x 方向的群速度绝对误差

(a)为二阶中央差格式(C2)下得到的;(b)四阶紧致差分格式(C4)下得到的。图中 x 方向为 kd,y 方向为 ld。kd 和 ld 的取值范围为$[0,\pi]$

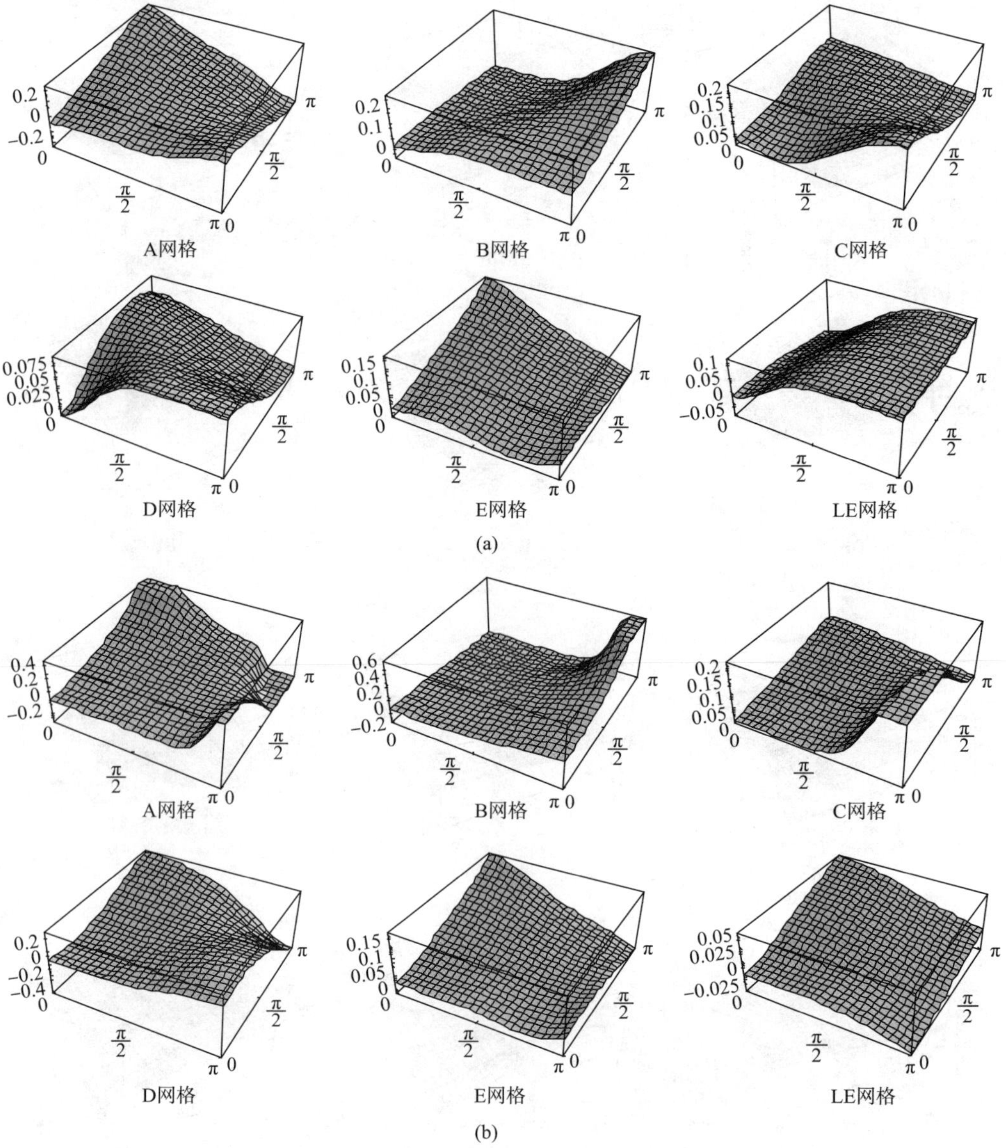

图 3.9 在不可分辨的情况下 C2(a)和 C4(b)格式 6 种网格 x 方向的群速度绝对误差

(a)为二阶中央差格式(C2)下得到的;(b)四阶紧致差分格式(C4)下得到的。图中 x 方向为 kd,y 方向为 ld。kd 和 ld 的取值范围为$[0,\pi]$

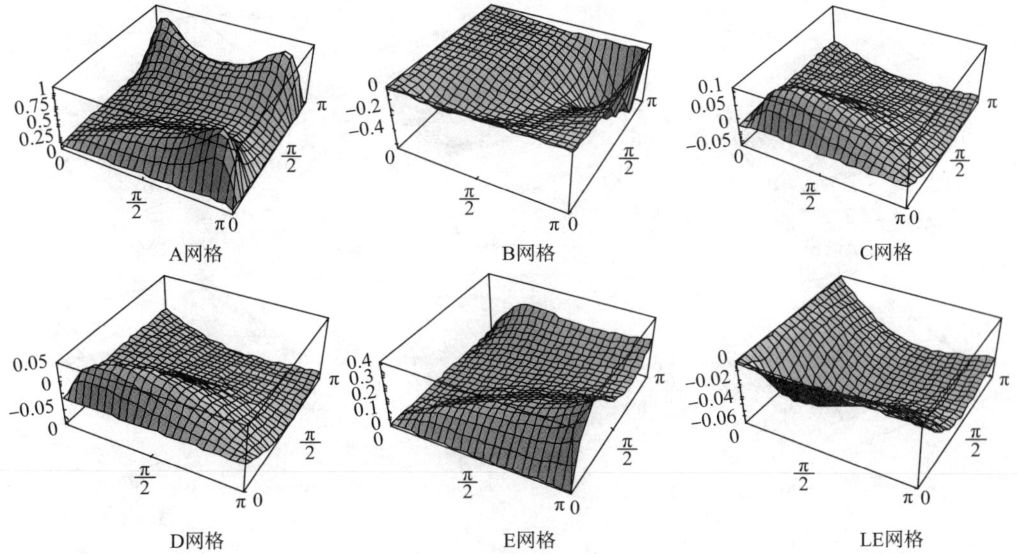

(a)

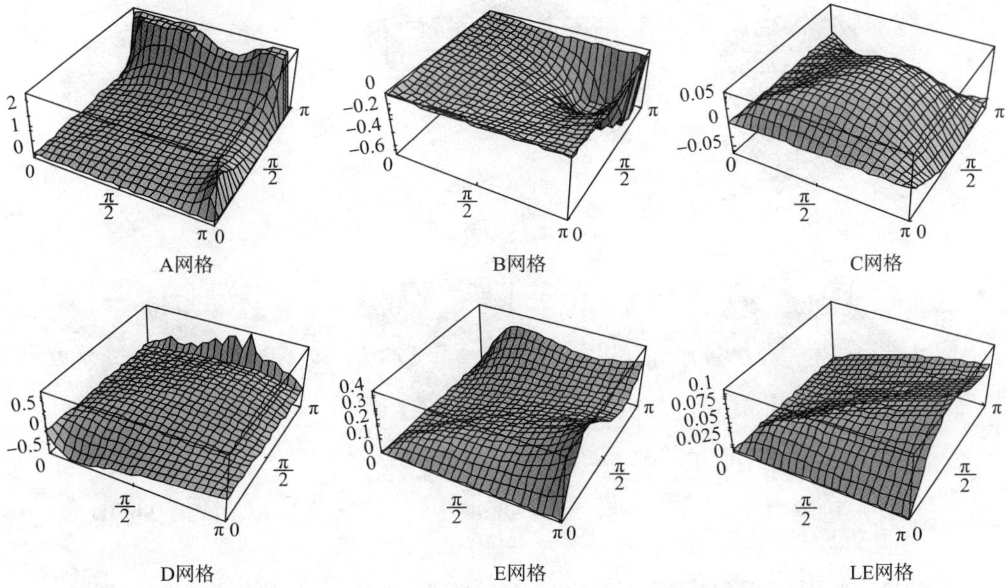

(b)

图 3.10　在可分辨的情况下 C2(a)和 C4(b)格式 6 种网格 y 方向的群速度绝对误差

(a)为二阶中央差格式(C2)下得到的；(b)四阶紧致差分格式(C4)下得到的。图中 x 方向为 kd，y 方向为 ld。kd 和 ld 的取值范围为[0,π]

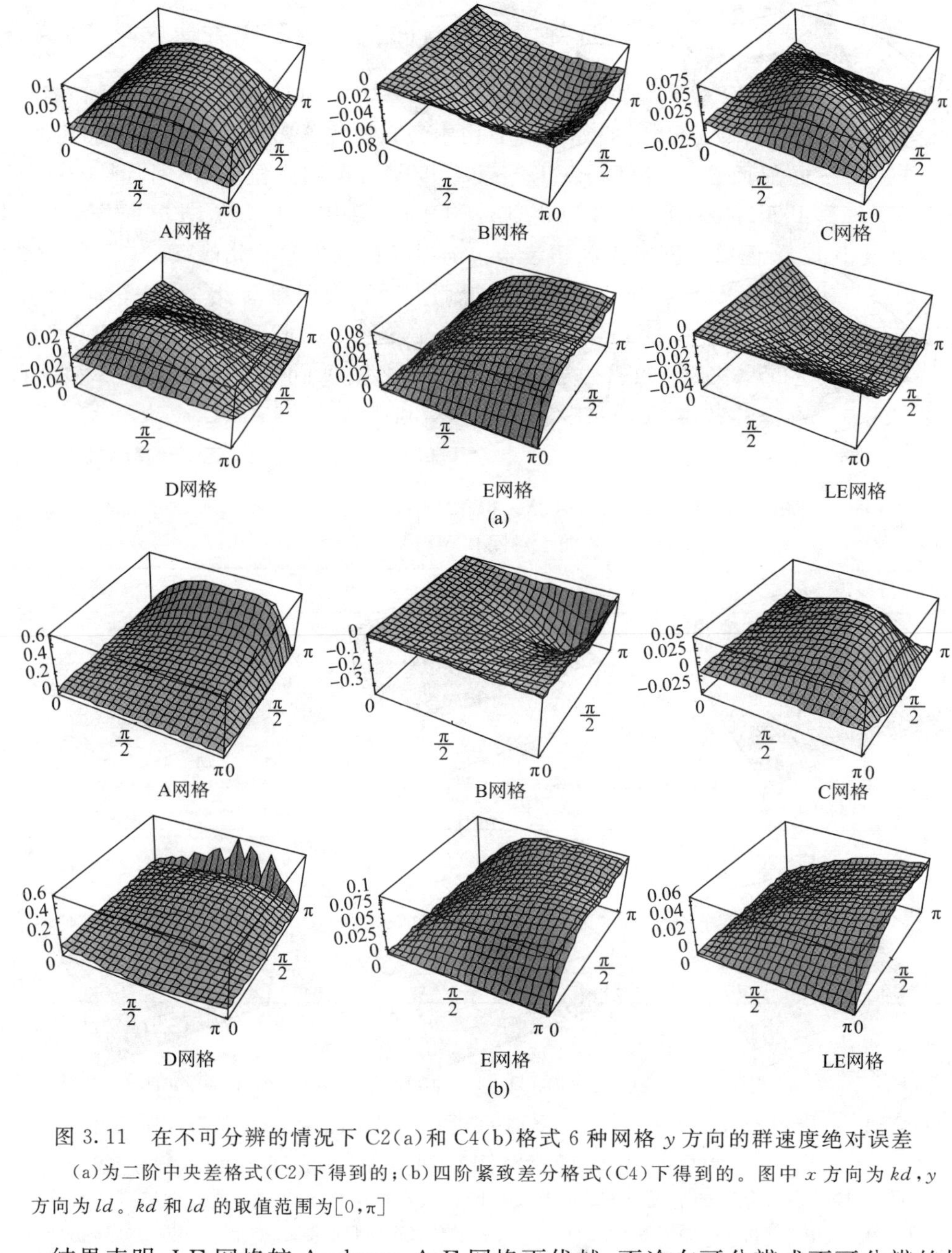

图 3.11　在不可分辨的情况下 C2(a)和 C4(b)格式 6 种网格 y 方向的群速度绝对误差

(a)为二阶中央差格式(C2)下得到的;(b)四阶紧致差分格式(C4)下得到的。图中 x 方向为 kd,y 方向为 ld。kd 和 ld 的取值范围为$[0,\pi]$

结果表明:LE 网格较 Arakawa A-E 网格更优越,不论在可分辨或不可分辨的情况下,还是在采用二阶中央差(C2)或四阶紧致差分格式(C4),模拟 Rossby 波的频率和 x,y 方向群速度都较 Arakawa A-E 网格产生的误差小。因此设计数值模式时要采用 LE 网格,编写程序代码时,在 LE 网格上要比 Arakawa C 网格上要简单,因为 u,v 在同一格点上,采用 LE 网格科氏力项中就没有四项的平均了,仅用一项就可以。

同时也表明:不论在可分辨还是不可分辨的情况下,采用高精度的四阶紧致差分格式,这 6 种网格在描述 Rossby 波时产生的频率误差和 x,y 方向群速度误差方面并非必然减少。因此,在设计数值模式时,不一定要采用高精度的四阶紧致空间差分格式,因为采用高精度的四阶紧致差分格式,不仅在程序设计上花费很多精力,而且不能使精度增加。

3.3　静力模式中垂直网格计算频散性

由于要考虑高阶紧致差分格式的作用,为了进行对比,也选择了两种差分格式:一种是常用的二阶中央差,它是大气或海洋数值模式中常用的一种格式;另一种是四阶紧致差分方案,研究四阶紧致差分方案较二阶中央差对垂直网格计算频散性的影响。要考虑的垂直网格有 L 网格、CP 网格、非跳点网格(简称 N 网格)以及时间跳点的 L 网格和 CP 网格(简称 LTS 网格和 CPTS 网格)。

由于考虑的是静力情况下垂直网格的计算频散性,因此仅离散垂直方向的量,水平方向仍然保持微分形式。并将惯性重力波的水平波长分 100 km,10 km 和 1 km 三种情况,差分格式分别采用二阶中央差和四阶紧致差分格式从频率、水平群速和垂直群速方面和解析解进行对比,得出能较准确模拟不同水平尺度惯性重力波的垂直网格,进而说明四阶紧致差分格式的作用。

3.3.1　频散特征

使用的方程是 z 坐标系取静力近似的线性斜压适应方程组

$$\begin{cases}\dfrac{\partial u}{\partial t}+\dfrac{\partial P}{\partial x}-fv=0\\[2mm]\dfrac{\partial v}{\partial t}+\dfrac{\partial P}{\partial y}+fu=0\\[2mm]\dfrac{\partial^2 P}{\partial t\partial z}+C^2 w=0\\[2mm]\dfrac{\partial u}{\partial x}+\dfrac{\partial v}{\partial y}+\dfrac{\partial w}{\partial z}=0\end{cases}\tag{3.12}$$

式中 (u,v,w) 分别表示 x 方向水平速度分量、y 方向水平速度分量和垂直方向速度分量,气压 $p(x,y,z,t)=\bar{p}(z)+p'(x,y,z,t)$ 分解为静力基态分量 $\bar{p}$ 和扰动分量 p';ρ 是密度;$P=p'/\rho_0$,ρ_0 表示布西内斯克(Boussinesq)近似下定常的 ρ;C^2 是常数,

g 是重力加速度；f 为定常的 Coriolis 参数。

下面首先看一下推导取静力近似线性斜压适应方程组频散关系的通用方法时采用的一些算子。

如果网格点 z_ρ，$\rho\in N$（N 为垂直网格点总数）上的变量 f 用 f_ρ 表示，则算子 R_0 表示网格的中间点 $z_{\rho+1/2}=(z_\rho+z_{\rho+1})/2$ 处变量 f 的近似值 $f_{\rho+1/2}$；算子 $R_{1/2}$ 表示网格点 $z_{\rho+1/2}$ 处变量 f 一阶导数 f' 的近似值 $f'_{\rho+1/2}$；算子 R_1 表示网格点 z_ρ 处变量 f 一阶导数 f' 的近似值 f'_ρ。

为比较不同的差分格式下变量配置的情况，这里选择了两种差分格式：一种是一般的二阶中央差格式，它是数值模式中最常用的格式；第二种是四阶紧致差分格式，这两种格式的 R_0，$R_{1/2}$ 和 R_1 见表 3.14。

表 3.14　二阶中央差和四阶紧致差分格式的算子 R_0，$R_{1/2}$ 和 R_1

算子	二阶中央差	四阶紧致差分格式
R_0	$f_{\rho+1/2}=(f_\rho+f_{\rho+1})/2$	$\frac{1}{6}f_{\rho-1/2}+f_{\rho+1/2}+\frac{1}{6}f_{\rho+3/2}=\frac{2}{3}(f_\rho+f_{\rho+1})$
$R_{1/2}$	$f'_{\rho+1/2}=(f_{\rho+1}-f_\rho)/\Delta z$	$\frac{1}{22}f'_{\rho-1/2}+f'_{\rho+1/2}+\frac{1}{22}f'_{\rho+3/2}=\frac{12}{11}\frac{f_{\rho+1}-f_\rho}{\Delta z}$
R_1	$f'_\rho=(f_{\rho+1}-f_{\rho-1})/(2\Delta z)$	$\frac{1}{4}f'_{\rho-1}+f'_\rho+\frac{1}{4}f'_{\rho+1}=\frac{3}{2}\frac{f_{\rho+1}-f_{\rho-1}}{2\Delta z}$

注：Δz 表示垂直网格距。

设 $R=T(m)\mathrm{e}^{imz}$，其中 m 是 z 方向的波数，$T(m)$ 为 R 的模。这样由表 3.14 可导出这两种格式的算子 $T(m)$，见表 3.15。

表 3.15　二阶中央差和四阶紧致差分格式以及解析解的算子 T_0，$T_{1/2}$ 和 T_1

算子	二阶中央差	四阶紧致差分格式	解析解
R_0	$T_0(m)=\cos\frac{m\Delta z}{2}$	$T_0(m)=\frac{4\cos(m\Delta z/2)}{3+\cos(m\Delta z)}$	$T_0(m)=1$
$R_{1/2}$	$T_{1/2}(m)=\frac{2\mathrm{i}}{\Delta z}\sin\frac{m\Delta z}{2}$	$T_{1/2}(m)=\frac{2\mathrm{i}}{\Delta z}\frac{12\sin(m\Delta z/2)}{11+\cos(m\Delta z)}$	$T_{1/2}(m)=\mathrm{i}m$
R_1	$T_1(m)=\frac{\mathrm{i}}{\Delta z}\sin(m\Delta z)$	$T_1(m)=\frac{\mathrm{i}}{\Delta z}\frac{3\sin(m\Delta z)}{2+\cos(m\Delta z)}$	$T_1(m)=\mathrm{i}m$

方程组(3.12)在 L，CP，LTS，CPTS 和 N 网格上（见图 3.12）离散，需要处理的项有：u 点的 v 和 $\partial P/\partial x$，v 点的 u 和 $\partial P/\partial y$，$\partial P/\partial z$ 点的 w 和以及连续方程中的 $\partial w/\partial z$。所有这些网格上用算子表示的项列于表 3.16。

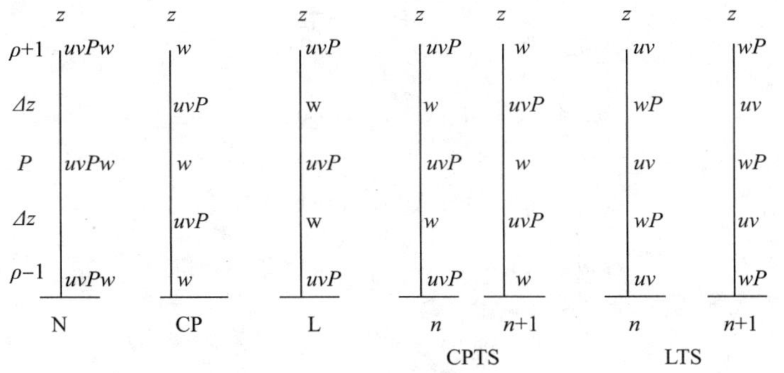

图 3.12　在静力情况下垂直网格的变量配置图
（其中 ρ 表示垂直层次，Δz 表示垂直网格距）

表 3.16　L 网格、CP 网格、LTS 网格、CPTS 网格、N 网格和解析解的算子 R_0，$R_{1/2}$ 和 R_1

算子	L	CP	LTS	CPTS	N	解析解
$R_0^{u,v}$	a)	a)	R_0	R_0	a)	a)
R_0^{w}	a)	a)	a)	R_0	a)	a)
$R_z^{u,v}$	a)	a)	a)	R_0	a)	b)
R_z^{w}	$R_{1/2}$	$R_{1/2}$	$R_{1/2}$	$R_{1/2}$	R_1	$R_{1/2}$
R_z^{P}	$R_{1/2}$	$R_{1/2}$	$R_{1/2}$	$R_{1/2}$	R_1	$R_{1/2}$

注：a）表示精确解，b）表示导数。

表 3.16 中的算子 $R_0^{u,v}$ 表示 u 点的 v 近似值或 v 点的 u 近似值；R_0^w 表示$\partial P/\partial z$ 点的 w 近似值；R_z^P 表示$\partial P/\partial z$ 的近似值；$R_z^{u,v}$ 表示 u 点的$\partial P/\partial x$ 近似值或 v 点的$\partial P/\partial y$近似值；连续方程中$\partial w/\partial z$ 近似值用 R_z^w 表示。

设 $R=T(m)\mathrm{e}^{imz}$，则从表 3.16 中的 R 可导出 $T(m)$（见表 3.17）。

表 3.17　L 网格、CP 网格、LTS 网格、CPTS 网格、N 网格和解析解的算子 $T(m)$

算子	L	CP	LTS	CPTS	N	解析解
$T_0^{u,v}$	1	1	T_0	T_0	1	1
T_0^{w}	1	1	1	T_0	1	1
$T_z^{u,v}$	1	1	1	T_0	1	1
T_z^{w}	$T_{1/2}$	$T_{1/2}$	$T_{1/2}$	$T_{1/2}$	T_1	$T_{1/2}$
T_z^{P}	$T_{1/2}$	$T_{1/2}$	$T_{1/2}$	$T_{1/2}$	T_1	$T_{1/2}$

上面已经介绍了离散方程组（3.12）中所需要的算子，下面将讨论用这些算子求解各网格上频散关系的过程。

用前面介绍的算子方程组（3.12）半离散化为

$$\begin{cases}\dfrac{\partial u}{\partial t}+R_z^{u,v}\left(\dfrac{\partial P}{\partial x}\right)-fR_0^{u,v}(v)=0\\ \dfrac{\partial v}{\partial t}+R_z^{u,v}\left(\dfrac{\partial P}{\partial y}\right)+fR_0^{u,v}(u)=0\\ \dfrac{\partial}{\partial t}R_z^P(P)+C^2R_0^w(w)=0\\ \dfrac{\partial u}{\partial x}+\dfrac{\partial v}{\partial y}+R_z^w(w)=0\end{cases} \tag{3.13}$$

设波解

$$(u,v,w,P)=(U_0,V_0,W_0,P_0)e^{i(kx+ly+mp\Delta z-\omega t)} \tag{3.14}$$

式中 ρ 是正整数。$k=2\pi/L_x$，$l=2\pi/L_y$，$m=2\pi/L_z$，L_x，L_y，L_z 分别为 x，y，z 方向上的波数和波长，ω 是频率。

然后将(3.14)式代入(3.13)式并考虑前面的算子得到(3.13)式的下列形式

$$\begin{cases}-i\omega U_0+ikP_0T_z^{u,v}-fV_0T_0^{u,v}=0\\ -i\omega V_0+ilP_0T_z^{u,v}+fU_0T_0^{u,v}=0\\ -i\omega T_z^PP_0+C^2W_0T_0^w=0\\ ikU_0+ilV_0+W_0T_z^w=0\end{cases}$$

因此，频散关系为

$$\left(\frac{\omega}{f}\right)^2=\frac{T_0^{u,v}T_0^{u,v}T_z^PT_z^w-\lambda^2T_0^wT_z^{u,v}(k^2+l^2)}{T_z^PT_z^w} \tag{3.15}$$

式中 $\lambda=C/f$ 是无量纲参数。

然后将表 3.17 和表 3.15 中的算子代入(3.15)式中就可导出这些网格上二阶中央差(见表 3.18)和四阶紧致差分格式(见表 3.19)的频散关系，由于在静力情况下没有温度变量，因此 CP 网格就和 L 网格一样了，这从图 3.12、表 3.16 和表 3.17 中都可以看得出来，因此，下面关于 L 网格的内容和 CP 网格的内容就合在一起了。

表 3.18 采用二阶中央差五种网格的频散关系

网格	频散关系
N	$\left(\frac{\omega}{f}\right)^2=1+\lambda^2(k^2+l^2)\Big/\left[\frac{\sin(m\Delta z)}{\Delta z}\right]^2$
L(CP)	$\left(\frac{\omega}{f}\right)^2=1+\lambda^2(k^2+l^2)\Big/\left(\sin\frac{m\Delta z}{2}\Big/\frac{\Delta z}{2}\right)^2$
LTS	$\left(\frac{\omega}{f}\right)^2=\cos^2\frac{m\Delta z}{2}+\lambda^2(k^2+l^2)\Big/\left(\sin\frac{m\Delta z}{2}\Big/\frac{\Delta z}{2}\right)^2$
CPTS	$\left(\frac{\omega}{f}\right)^2=\cos^2\frac{m\Delta z}{2}+\lambda^2\cos^2\frac{m\Delta z}{2}(k^2+l^2)\Big/\left(\sin\frac{m\Delta z}{2}\Big/\frac{\Delta z}{2}\right)^2$
解析	$\left(\frac{\omega}{f}\right)^2=1+\lambda^2(k^2+l^2)/m^2$

表 3.19　采用四阶紧致差分格式五种网格的频散关系

网格	频散关系
N	$\left(\frac{\omega}{f}\right)^2=1+\lambda^2(k^2+l^2)\Big/\left[\frac{3\sin(m\Delta z)}{2+\cos(m\Delta z)}\frac{1}{\Delta z}\right]^2$
L(CP)	$\left(\frac{\omega}{f}\right)^2=1+\lambda^2(k^2+l^2)\Big/\left[\frac{12\sin(m\Delta z/2)}{11+\cos(m\Delta z)}\Big/\frac{\Delta z}{2}\right]^2$
LTS	$\left(\frac{\omega}{f}\right)^2=\left[\frac{4\cos(m\Delta z/2)}{3+\cos(m\Delta z)}\right]^2+\lambda^2(k^2+l^2)\Big/\left[\frac{12\sin(m\Delta z/2)}{11+\cos(m\Delta z)}\Big/\frac{\Delta z}{2}\right]^2$
CPTS	$\left(\frac{\omega}{f}\right)^2=\left[\frac{4\cos(m\Delta z/2)}{3+\cos(m\Delta z)}\right]^2+\lambda^2(k^2+l^2)\left[\frac{4\cos(m\Delta z/2)}{3+\cos(m\Delta z)}\right]^2\Big/\left[\frac{12\sin(m\Delta z/2)}{11+\cos(m\Delta z)}\Big/\frac{\Delta z}{2}\right]^2$
解析	$\left(\frac{\omega}{f}\right)^2=1+\lambda^2(k^2+l^2)/m^2$

由表 3.18 和表 3.19 中的频散方程可导出水平群速(HG)和垂直群速(VG),

$$HG=\partial\omega/\partial k,\quad VG=\partial\omega/\partial m$$

由于他们的显式表达式太复杂,并且从表达式中也看不出任何信息,所以具体的表达式就不列在这里了。但由于群速有很重要的物理意义,所以在下一部分用图示的方式进行了比较。

以下比较不同网格频散性时。主要从频率和群速两方面考虑。

3.3.2　计算频散特征分析

下面首先分析一下采用二阶中央差格式在这些网格上表示的频率、水平群速和垂直群速相对于解析解的误差,水平尺度分 100 km,10 km 和 1 km 三种情况,其中垂直格距 $\Delta z=100$ m,无量纲参数 $\lambda=100$。下面讨论时主要以图形对比的方式。

为了表明这些垂直网格在这三种水平尺度下的频率、水平群速和垂直群速与解析解的差异,计算了他们各自的相对误差。

图 3.13(1)为采用二阶中央差情况下三种不同的水平波长所对应的频率误差随垂直波数变化的曲线,由图可以看出,对这三种水平尺度的波动来讲,CP 和 L 网格的误差最小,其次是 LTS 网格。其中 CP 和 L 网格对 100 km 水平尺度的波动而言,误差最小,水平尺度降到 10 km 以下时,误差都比较大。LTS 网格对这三种尺度的水平波动而言,误差相当。CPTS 网格对惯性重力波水平波长的变化反映不明显,N 网格对这三种水平尺度的误差都大得惊人。

图 3.13(2)为采用二阶中央差情况下三种不同的水平波长所对应的水平群速误差随垂直波数变化的曲线,由图可以看出,对这三种水平尺度的波动来讲,CP 和 L 网格的误差最小,其次是 LTS 网格和 CPTS 网格。LTS 网格当惯性重力波水平波长缩短到 10 km 以下时,水平群速的相对误差较小;CP 网格产生的水平群速相对误差随惯性重力波水平波长变化得很小,但仍然是对水平波长为 10 km 以下的惯性重

力波误差较小;CPTS 网格则对水平波长的变化反映不明显。而 N 网格对任何水平波长的惯性重力波误差也都大得惊人。

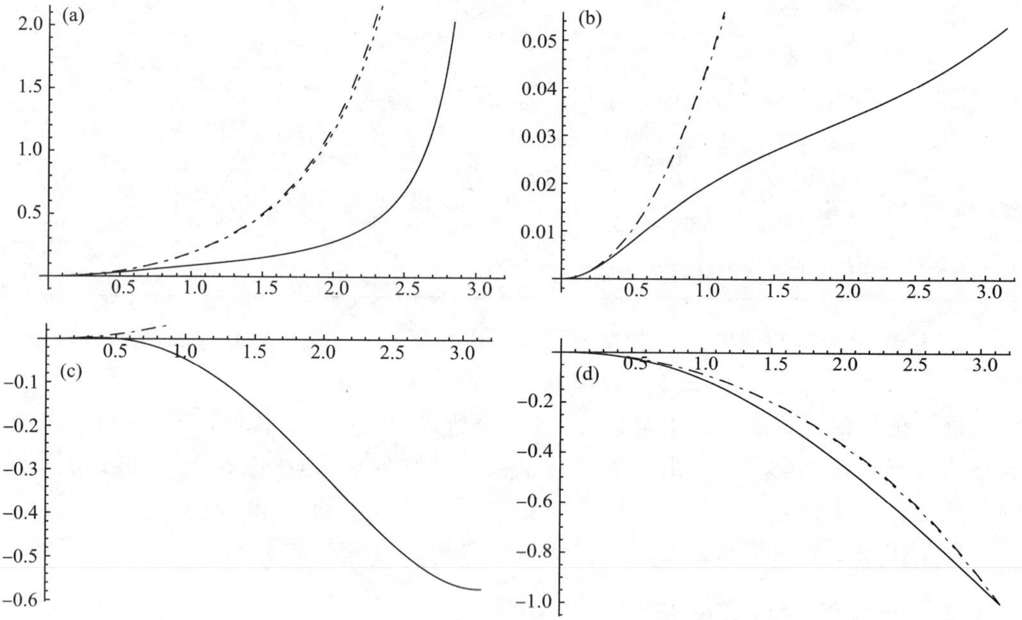

(1)

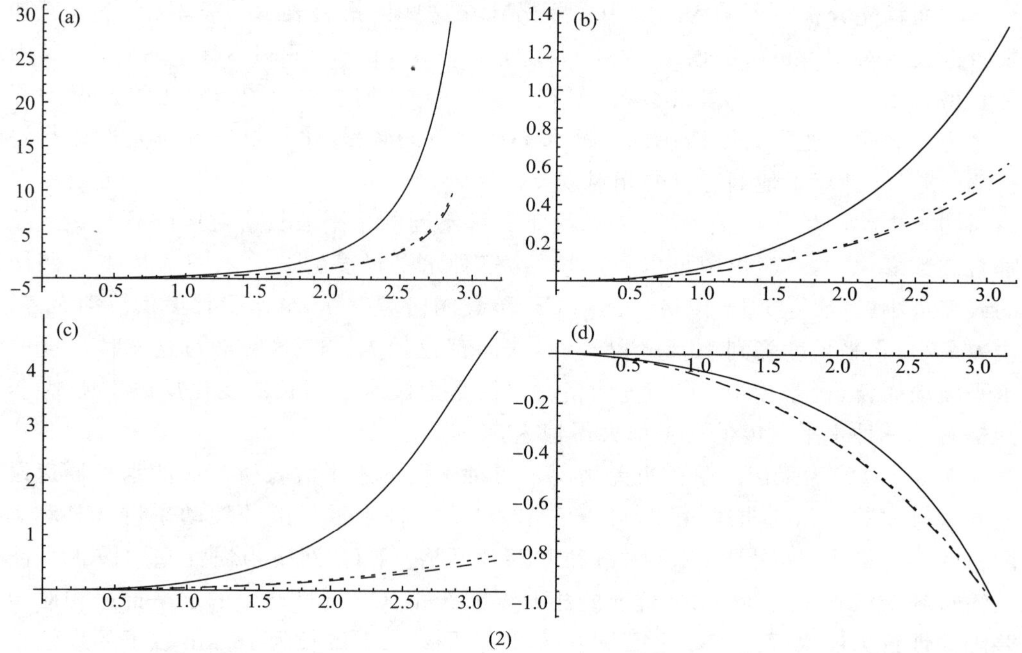

(2)

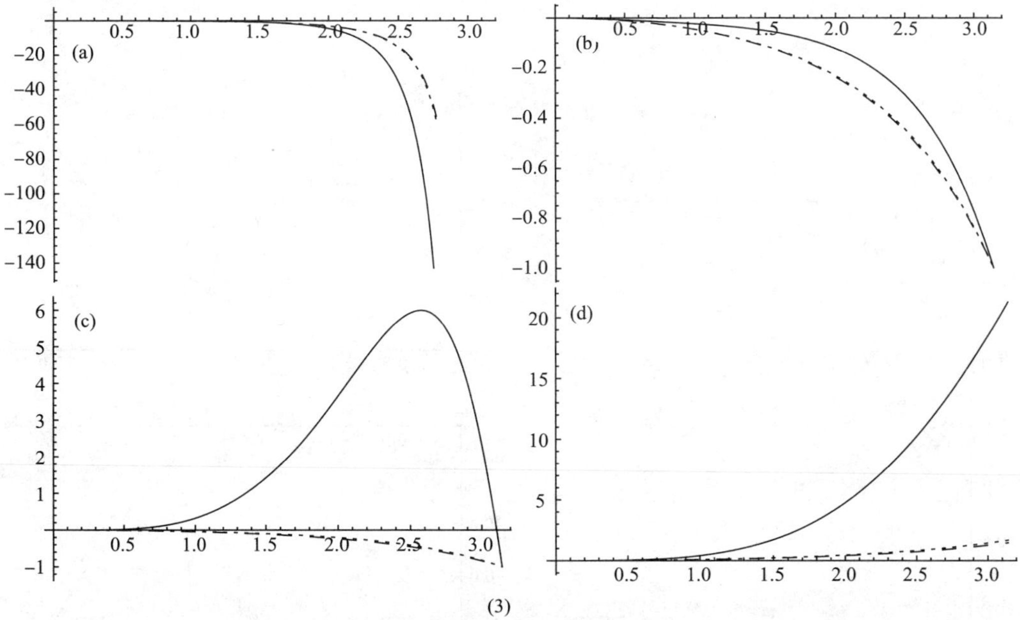

图 3.13　二阶中央差情况下三种水平波长的频率(1)、水平群速(2)和垂直群速(3)相对误差,水平坐标为垂直波数,纵坐标为相对误差(实线表示水平波长为 100 km,点线表示水平波长为 10 km,虚线表示水平波长为 1 km,其中(a)为 N 网格;(b)为 L 网格或 CP 网格;(c)为 LTS 网格;(d)为 CPTS 网格)

图 3.13(3)为采用二阶中央差情况下三种不同的水平波长所对应的垂直群速误差随垂直波数变化的曲线,由图可以看出,对这三种水平尺度的波动来讲,CP 和 L 网格的误差最小。CP 和 L 网格任何水平波长的惯性重力波产生的误差相差不大;LTS 网格和 CPTS 网格则对水平波长的变化反应明显,当水平波长为 100 km 时,误差很大,但是水平波长缩短到 10 km 以下时,误差则很小了。而 N 网格对任何水平波长的惯性重力波误差也都大得惊人。

图 3.14 给出了采用四阶紧致差分格式对三种水平尺度在这些网格上得到的频率、水平群速和垂直群速的相对误差图。分别和采用二阶中央差情况下对应的图 3.13 结果进行比较,可以发现除了 CP,L 网格和 CPTS 网格的变化趋势与二阶中央差情况下的类似外,N 网格和 LTS 网格的变化趋势与二阶中央差情况下的差别较大。为了说明采用高精度的四阶紧致差分格式后的效果,把相对于二阶中央差的频率、水平群速和垂直群速的最大误差变化情况列于表 3.20,从表中可以看出除了 N 网格、CP,L 网格和 CPTS 网格的频率、水平群速和垂直群速都在减小外,LTS 网格有的特征量在增大。也就是说,采用四阶紧致差分格式,在这些网格上离散后产生的频率、水平群速和垂直群速的误差对这三种水平尺度而言,并非必然减少。

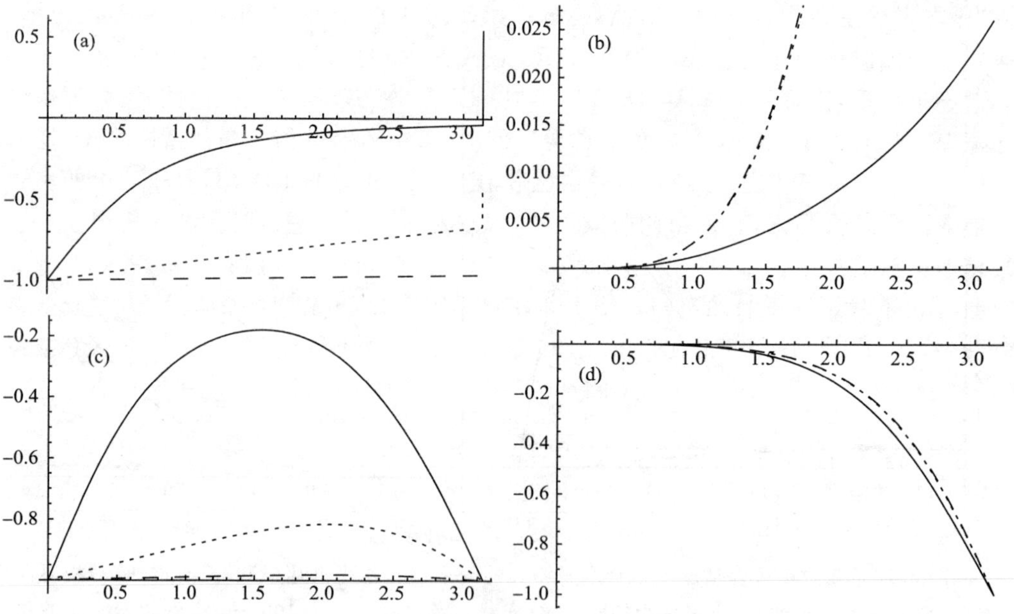
(a)
0.5
−0.5
−1.0
0.5 1.0 1.5 2.0 2.5 3.0
(b)
0.025
0.020
0.015
0.010
0.005
0.5 1.0 1.5 2.0 2.5 3.0
(c)
−0.2
−0.4
−0.6
−0.8
0.5 1.0 1.5 2.0 2.5 3.0
(d)
−0.2
−0.4
−0.6
−0.8
−1.0
0.5 1.0 1.5 2.0 2.5 3.0

(1)

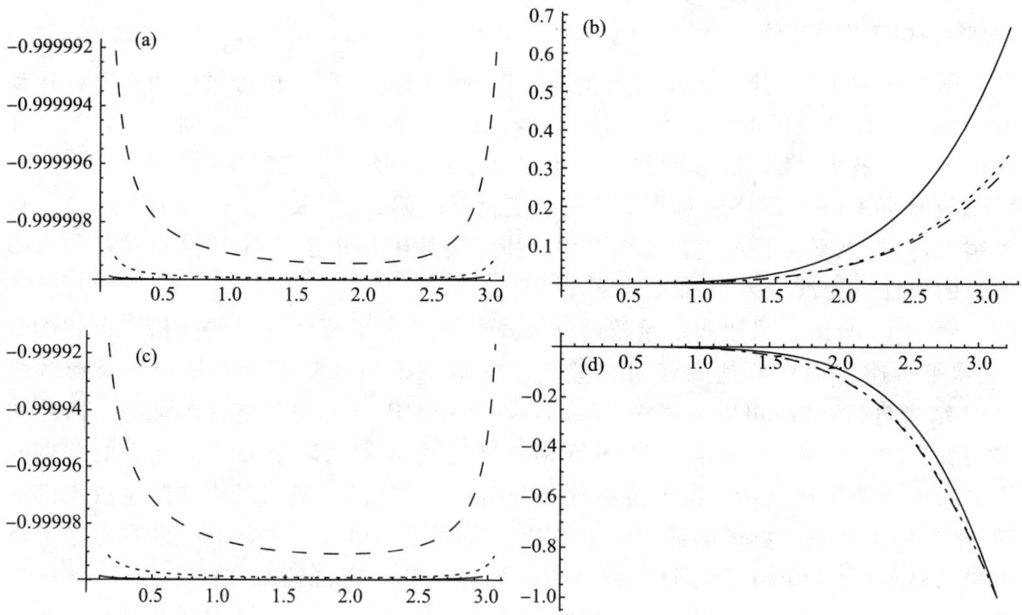
(a)
−0.999992
−0.999994
−0.999996
−0.999998
0.5 1.0 1.5 2.0 2.5 3.0
(b)
0.7
0.6
0.5
0.4
0.3
0.2
0.1
0.5 1.0 1.5 2.0 2.5 3.0
(c)
−0.99992
−0.99994
−0.99996
−0.99998
0.5 1.0 1.5 2.0 2.5 3.0
(d)
−0.2
−0.4
−0.6
−0.8
−1.0
0.5 1.0 1.5 2.0 2.5 3.0

(2)

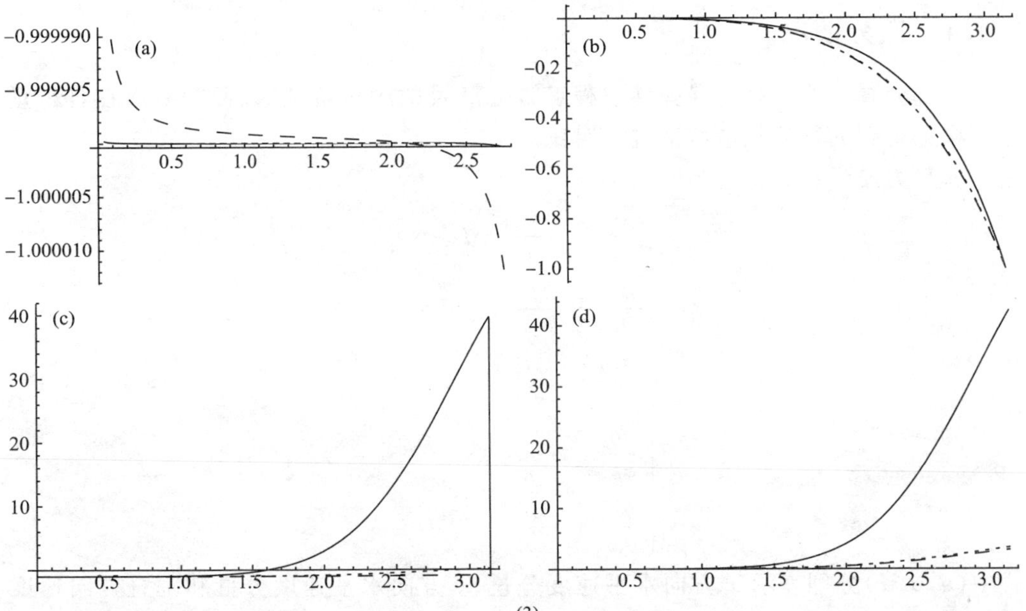

(3)

图 3.14　四阶紧致差分格式下三种水平波长的频率(1)、水平群速(2)和垂直群速(3)的相对误差(实线表示水平波长为 100 km,点线表示水平波长为 10 km,虚线表示水平波长为 1 km,其中(a)为 N 网格;(b)为 L 网格或 CP 网格;(c)为 LTS 网格;(d)为 CPTS 网格)

表 3.20　采用四阶紧致差分格式下五种网格的频率、水平群速和垂直群速的最大误差较采用二阶中央差格式下的变化情况

特征	N	L(CP)	LTS	CPTS
频率	↘	↘	↗	↘
水平群速	↘	↘	↗	↘
垂直群速	↘	↘	↘	↘

注:↗表示增加,↘表示减少。

3.4　非静力模式中垂直网格计算特性

从非静力滞弹性方程组出发,并将现有的七种垂直网格——LZ 网格、LY 网格、CP 网格、L 网格、LTS 网格、CPTS 网格和 N 网格在非静力模式下,将惯性重力波的水平波长分 100 km,10 km 和 1 km 三种情况,从频率、群速和出现错误群速的垂直尺度范围与解析解进行比较和研究,从而得出能较准确模拟不同水平尺度惯性重力波的垂直网格。

3.4.1 微分情况

这部分看一下非静力滞弹性方程组微分形式的频散特征，以便和后面在各种垂直网格上得到的数值频散特征进行对比。

非静力滞弹性方程组为

$$\begin{cases} \dfrac{\partial u}{\partial t}+\dfrac{\partial P}{\partial x}-fv=0 \\ \dfrac{\partial v}{\partial t}+\dfrac{\partial P}{\partial y}+fu=0 \\ \dfrac{\partial w}{\partial t}+\dfrac{\partial P}{\partial z}-g\theta=0 \\ \dfrac{\partial \theta}{\partial t}+Sw=0 \\ \dfrac{\partial u}{\partial x}+\dfrac{\partial v}{\partial y}+\dfrac{\partial w}{\partial z}=0 \end{cases} \tag{3.16}$$

式中(u,v,w)分别表示x方向水平速度分量、y方向水平速度分量和垂直方向速度分量，气压$p(x,y,z,t)=\bar{p}(z)+p'(x,y,z,t)$分解为静力基态分量$\bar{p}$和扰动分量$p'$；$\rho$是密度；$P=p'/\rho_0$，$\rho_0$表示 Boussinesq 近似下定常的$\rho$；位温$\Theta(x,y,z,t)=\bar{\Theta}(z)+\Theta'(x,y,z,t)$分解为基态分量$\bar{\Theta}$和扰动分量$\Theta'$；$S(z)=\mathrm{d}(\ln\bar{\Theta})/\mathrm{d}z$；$\theta=\Theta'/\Theta_0$，$\Theta_0$是定常的$\bar{\Theta}$；$g$是重力加速度；$f$是科氏参数。

设波解

$$F\sim\hat{F}\mathrm{e}^{\mathrm{i}(kx+ly+mz-\omega t)}$$

这里$k=\dfrac{2\pi}{L_x}$，$l=\dfrac{2\pi}{L_y}$，$m=\dfrac{2\pi}{L_z}$，L_x，L_y，L_z分别为x，y，z方向上的波数和波长，ω是频率。

将其代入方程组(3.16)，可求得解析频散关系

$$\left(\frac{\omega}{f}\right)^2=\frac{l^2+\lambda^2(k^2+l^2)}{k^2+l^2+m^2} \tag{3.17}$$

式中k，l分别表示x方向和y方向水平波数，m表示垂直波数，其中$\lambda=\dfrac{\sqrt{gS}}{f}$是 Rossby 变形半径。

由(3.17)式可导出群速，由于只考虑垂直变量配置，因此，在此只给出垂直方向的群速(以下七种网格的群速也只取垂直方向的，为简便以后简称为群速)

$$C_{gz}^{\mathrm{diff}}=-\frac{fm(k^2+l^2)(-1+\lambda^2)}{(k^2+l^2+m^2)\sqrt{\dfrac{m^2+(k^2+l^2)\lambda^2}{k^2+l^2+m^2}}} \tag{3.18}$$

由(3.18)式可以看出，由于 Rossby 变形半径 λ 约为 10^2，故在所有垂直尺度范围内，无论垂直波数 l 取何值，群速始终是小于零的。

3.4.2 计算频散性

以下讨论非静力滞弹性方程组在几种网格下离散后的频散特征。由于考虑的是垂直网格的计算频散性，所以水平方向取微分形式，要考虑的垂直网格在图 3.15 中给出。其中前五种网格求解频散方程的思路大致相同，都是先设波解 $F=\hat{F}\exp[\mathrm{i}(kx+ly+m\rho\Delta z-\omega t)]$，这里 ρ 是垂直方向的格点序号，是正整数。其中 k，l 和 m 分别表示 x，y 和 z 方向的波数。然后将波解代入差分方程组后，则得其频散方程(见表 3.21)。但是后两种网格首先要从出发方程组根据涡度和散度导出下列方程。

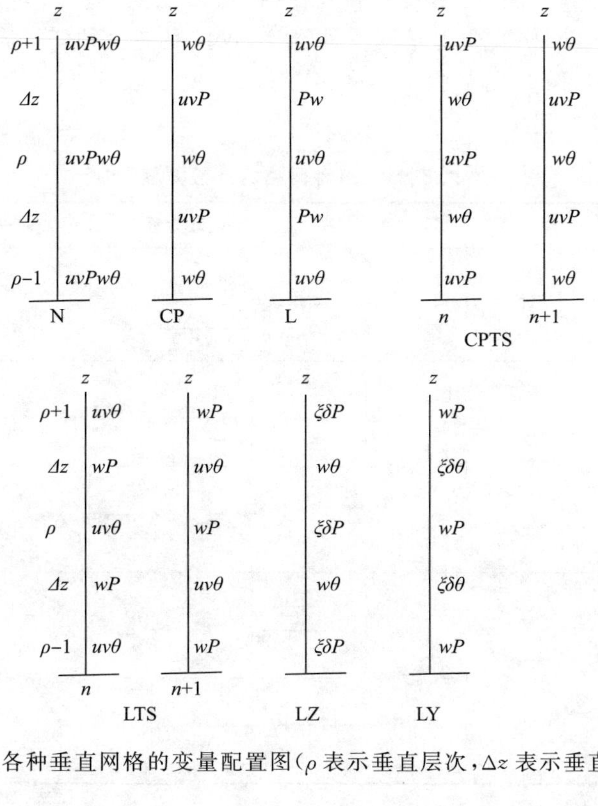

图 3.15　各种垂直网格的变量配置图(ρ 表示垂直层次，Δz 表示垂直网格距)

$$
\begin{cases}
\dfrac{\partial \delta}{\partial t}+\nabla^2 P - f\xi = 0 \\
\dfrac{\partial \xi}{\partial t}+f\delta = 0 \\
\dfrac{\partial w}{\partial t}+\dfrac{\partial P}{\partial z}-g\theta = 0 \\
\delta+\dfrac{\partial w}{\partial z} = 0 \\
\dfrac{\partial \theta}{\partial t}+Sw = 0
\end{cases}
\tag{3.19}
$$

式中 δ 为散度,ξ 为涡度。

再根据变量配置方法,写出其离散方程组,最后把波解代入即可得其频散方程。由于 CP 网格和 LZ 网格实质上是同一种网格,仅仅是换一种变量表示而已,因此,其频散方程完全相同;而 L 网格和 LY 网格亦如此,所以表 3.21 就不再列出 LZ 网格和 LY 网格的频散方程了。

表 3.21 五种网格的频散方程

网格	频散方程
N 网格	$\left(\frac{\omega}{f}\right)^2=\dfrac{\left[\dfrac{\sin(m\Delta z)}{\Delta z}\right]^2+\lambda^2(k^2+l^2)}{k^2+l^2+\left[\dfrac{\sin(m\Delta z)}{\Delta z}\right]^2}$
L 网格	$\left(\frac{\omega}{f}\right)^2=\dfrac{\left(\dfrac{\sin\frac{m\Delta z}{2}}{\frac{\Delta z}{2}}\right)^2+\lambda^2\cos^2\left(\frac{m\Delta z}{2}\right)(k^2+l^2)}{k^2+l^2+\left(\dfrac{\sin\frac{m\Delta z}{2}}{\frac{\Delta z}{2}}\right)^2}$
CP 网格	$\left(\frac{\omega}{f}\right)^2=\dfrac{\left(\dfrac{\sin\frac{m\Delta z}{2}}{\frac{\Delta z}{2}}\right)^2+\lambda^2(k^2+l^2)}{k^2+l^2+\left(\dfrac{\sin\frac{m\Delta z}{2}}{\frac{\Delta z}{2}}\right)^2}$

续表

网格	频散方程
LTS 网格	$\left(\frac{\omega}{f}\right)^2=\dfrac{\cos^2\frac{m\Delta z}{2}\left(\dfrac{\sin\frac{m\Delta z}{2}}{\frac{\Delta z}{2}}\right)^2+\lambda^2(k^2+l^2)}{k^2+l^2+\left(\dfrac{\sin\frac{m\Delta z}{2}}{\frac{\Delta z}{2}}\right)^2}$
CPTS 网格	$\left(\frac{\omega}{f}\right)^2=\dfrac{\cos^2\frac{m\Delta z}{2}\left(\dfrac{\sin\frac{m\Delta z}{2}}{\frac{\Delta z}{2}}\right)^2+\lambda^2\cos^2\left(\frac{m\Delta z}{2}\right)(k^2+l^2)}{k^2+l^2+\left(\dfrac{\sin\frac{m\Delta z}{2}}{\frac{\Delta z}{2}}\right)^2}$

由于群速也是一个反映网格数值特性重要的量，所以对这几种网格垂直方向的群速也分别进行了计算，结果见表 3.22。

表 3.22　几种网格垂直方向的群速

网格	垂直方向的群速
N 网格	$-\dfrac{f(\Delta z)^3(k^2+l^2)(-1+\lambda^2)\sin(2m\Delta z)}{2[(\Delta z)^2(k^2+l^2)+\sin^2(m\Delta z)]^2\sqrt{\dfrac{(\Delta z)^2(k^2+l^2)\lambda^2+\sin^2(m\Delta z)}{(\Delta z)^2(k^2+l^2)+\sin^2(m\Delta z)}}}$
L 网格	$-\dfrac{f(\Delta z)^3(k^2+l^2)\{-4+[4+(\Delta z)^2(k^2+l^2)]\lambda^2\}\sin(m\Delta z)}{2\sqrt{2}[2+(\Delta z)^2(k^2+l^2)-2\cos(m\Delta z)]^2\sqrt{\dfrac{4+(\Delta z)^2(k^2+l^2)\lambda^2+[-4+(\Delta z)^2(k^2+l^2)\lambda^2]\cos(m\Delta z)}{2+(\Delta z)^2(k^2+l^2)-2\cos(m\Delta z)}}}$
CP 网格	$-\dfrac{f(\Delta z)^3(k^2+l^2)\{-4+[4+(\Delta z)^2(k^2+l^2)]\lambda^2\}\sin(m\Delta z)}{2\sqrt{2}[2+(\Delta z)^2(k^2+l^2)-2\cos(m\Delta z)]^2\sqrt{\dfrac{4+(\Delta z)^2(k^2+l^2)\lambda^2+[-4+(\Delta z)^2(k^2+l^2)\lambda^2]\cos(m\Delta z)}{2+(\Delta z)^2(k^2+l^2)-2\cos(m\Delta z)}}}$
LTS 网格	$\dfrac{f\Delta z\{-3-2(\Delta z)^2k^2\lambda^2-2(\Delta z)^2l^2\lambda^2+2[2+(\Delta z)^2(k^2+l^2)]\cos(m\Delta z)-\cos(2m\Delta z)\}\sin(m\Delta z)}{[2+(\Delta z)^2(k^2+l^2)-2\cos(m\Delta z)]^2\sqrt{\dfrac{2+4(\Delta z)^2(k^2+l^2)\lambda^2-2\cos(2m\Delta z)}{2+(\Delta z)^2(k^2+l^2)-2\cos(m\Delta z)}}}$
CPTS 网格	$-\dfrac{f\Delta z\{6+4(\Delta z)^2(k^2+l^2)\lambda^2+(\Delta z)^4(k^2+l^2)^2\lambda^2-4[2+(\Delta z)^2(k^2+l^2)]\cos(m\Delta z)+2\cos(2m\Delta z)\}\sin(m\Delta z)}{4[2+(\Delta z)^2(k^2+l^2)-2\cos(m\Delta z)]^2\sqrt{\dfrac{\cos\left(\frac{m\Delta z}{2}\right)^2[2+(\Delta z)^2(k^2+l^2)\lambda^2-2\cos(m\Delta z)]}{2+(\Delta z)^2(k^2+l^2)-2\cos(m\Delta z)}}}$

从表 3.22 可以求出，除 N 网格外其他几种网格的群速符号均取决于 $\sin(m\Delta z)$ 的符号，当 $L_z\geqslant 2\Delta z$ 时，这些网格的群速为负；当 $\Delta z\leqslant L_z\leqslant 2\Delta z$ 时，这些网格的群速为正，即在此范围内群速是错误的。而 N 网格的群速符号取决于 $\sin(2m\Delta z)$ 的符号，当 $L_z\geqslant 4\Delta z$ 时，N 网格的群速为负；当 $2\Delta z\leqslant L_z\leqslant 4\Delta z$ 时，N 网格的群速为正，即

在此范围内 N 网格的群速是错误的。

3.4.3 特征分析

这一部分在上一部分给出的垂直网格频散特征的基础上，用图示的方法，分以下三种情况：①水平波长为 100 km 的惯性重力波；②水平波长为 10 km 的惯性重力波；③水平波长为 1 km 的惯性重力波，将这几种网格的频率和群速与解析解进行对比。由于 LZ 网格与 CP 网格以及 LY 网格与 L 网格的频散特征完全一致，因此这里只比较 N 网格、L 网格、CP 网格、LTS 网格和 CPTS 网格，所得的有关 CP 网格和 L 网格的结论分别完全适用于 LZ 网格和 LY 网格。

下面首先分析频率：图 3.16 给出了水平波长为 100 km 的这几种网格和解析解的频率图。

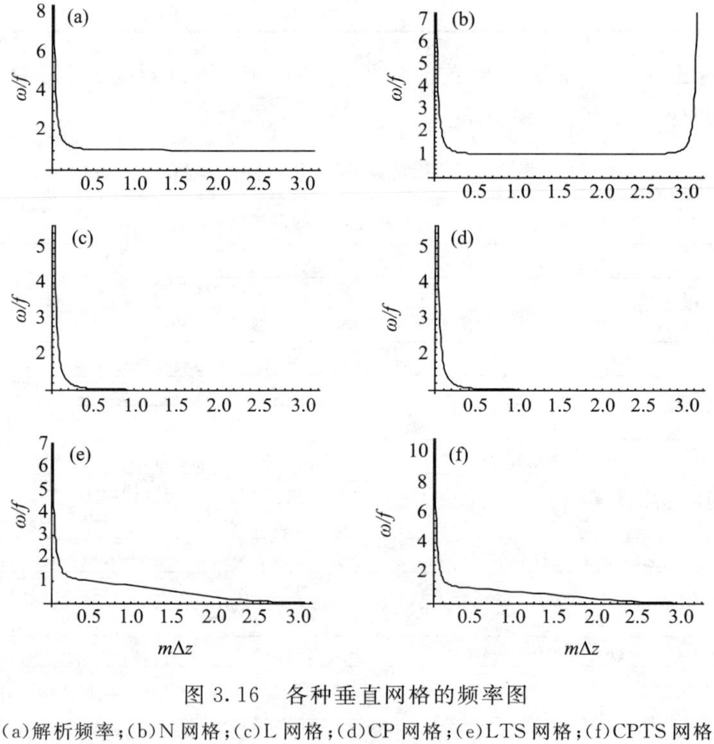

图 3.16 各种垂直网格的频率图

(a)解析频率；(b)N 网格；(c)L 网格；(d)CP 网格；(e)LTS 网格；(f)CPTS 网格

从图中可以看出，除了 N 网格外，其他网格的频率和解析方程的频率变化趋势大致相同，都是随着波数的增大(或随着波长的缩短)而减小，但其中略有差异。为说明这种差异，计算了各种网格计算频率的相对误差 R(见图 3.17)。

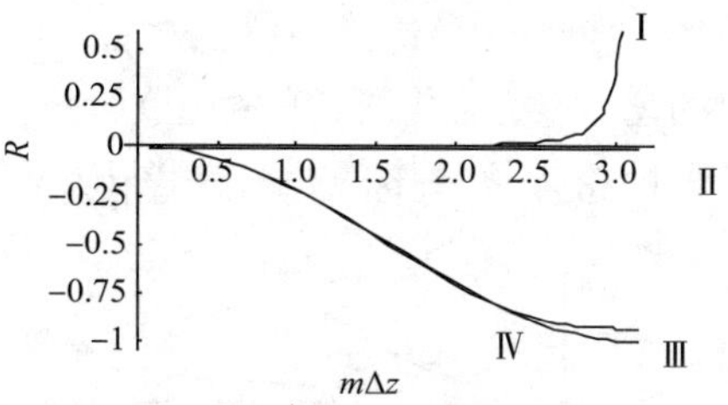

图 3.17　各种垂直网格的频率相对误差图

Ⅰ表示 N 网格；Ⅱ表示 L 网格和 CP 网格；Ⅲ表示 LTS 网格；Ⅳ表示 CPTS 网格

从图 3.17 可以看出 CP 网格和 L 网格的频率相对误差最小，和解析解几乎没有差别。而 N 网格和 LTS 网格、CPTS 网格的频率相对误差都较大，其中 LTS 网格和 CPTS 网格的误差相当，随波数的增大比解析频率减小得快得多，N 网格的频率比解析频率减小得慢得多。由此可见，从频率的角度来看，对于水平波长为 100 km 的惯性重力波来说，LZ 网格、CP 网格、L 网格和 LY 网格的计算频散性最好。

图 3.18 给出了水平波长为 10 km 的这几种网格和解析解的频率图。

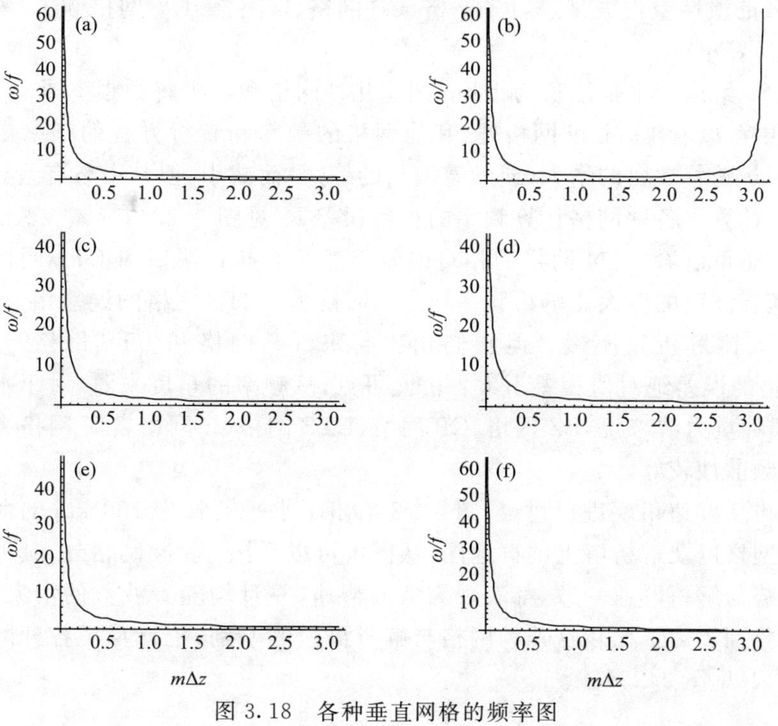

图 3.18　各种垂直网格的频率图

(a)解析频率；(b)N 网格；(c)L 网格；(d)CP 网格；(e)LTS 网格；(f)CPTS 网格

从图中可以看出，除了 N 网格外，其他网格的频率和解析方程的频率变化趋势大致相同，都是随着波数的增大（或随着波长的缩短）而减小，但其中略有差异。为说明这种差异，也计算了各种网格计算频率的相对误差 R（见图 3.19）。

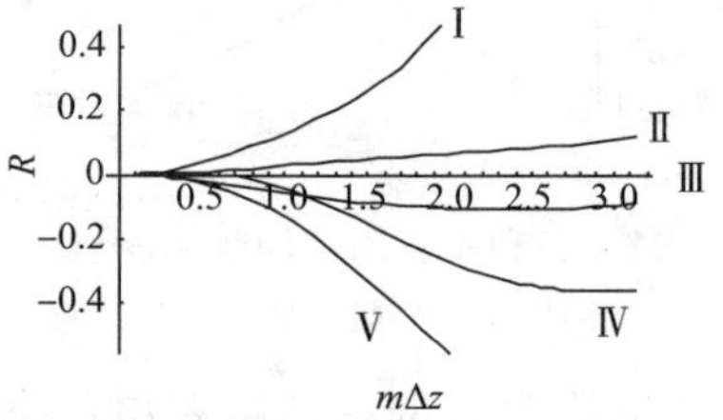

图 3.19 各种垂直网格的频率相对误差图

Ⅰ表示 N 网格；Ⅱ表示 CP 网格；Ⅲ表示 L 网格；Ⅳ表示 LTS 网格；Ⅴ表示 CPTS 网格

从图 3.19 可以看出，CP 网格和 L 网格的频率相对误差最小，其次是 LTS 网格，误差最大的是 CPTS 网格。其中 CPTS 网格的频率随波数的增大比解析频率减小得快，N 网格的频率比解析频率减小得慢。由此可见，从频率的角度来看，对于水平波长为 1 km 的惯性重力波来说，LZ 网格、CP 网格、L 网格、LY 网格和 LTS 网格的计算频散性最好。

图 3.20 给出了水平波长为 1 km 的这几种网格和解析解的频率图。

从图中可以看出，除 N 网格外，其他网格的频率和解析方程的频率变化趋势大致相同，都是随着波数的增大（或随着波长的缩短）而减小，但其中略有差异。为说明这种差异，计算了各种网格计算频率的相对误差 R（见图 3.21）。

图 3.21 可以看出，N 网格的相对误差仍然最大，CP 网格和 LTS 网格的误差相当，都是随着波数的增大比解析频率快。L 网格和 CPTS 网格的误差相当，都是随着波数的增大比解析频率慢。但它们相比起来，CP 网格和 LTS 网格与 L 网格和 CPTS 网格的误差绝对值相差不大。由此可见，从频率的角度来看，对于水平波长为 1 km 的惯性重力波来说，LZ 网格、CP 网格、LTS 网格、L 网格、LY 网格和 CPTS 网格的计算频散性较好。

下面再从群速角度进行讨论，图 3.22 给出了水平波长为 100 km 的惯性重力波在这几种网格以及解析解上的群速图，从图中可以看出，除 N 网格外，其他网格群速的变化趋势与解析群速一致，都表现为负的群速，并且均随着波数的增大而增加，但其中略有差别。为了比较这几种网格与解析群速的差别，也计算了各种网格的群速相对误差 R（见图 3.23）。

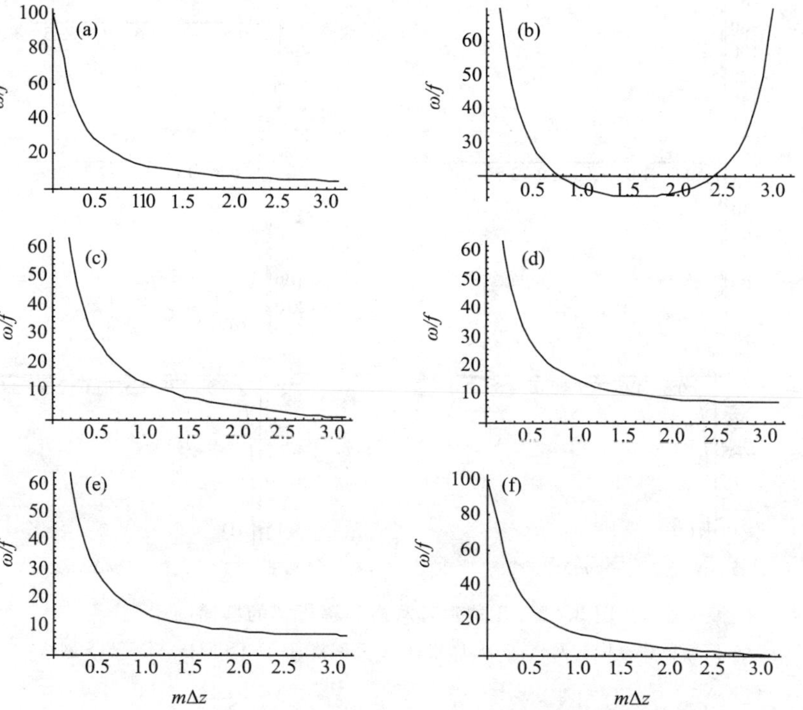

图 3.20 各种垂直网格的频率图

(a)解析频率；(b)N 网格；(c)L 网格；(d)CP 网格；(e)LTS 网格；(f)CPTS 网格

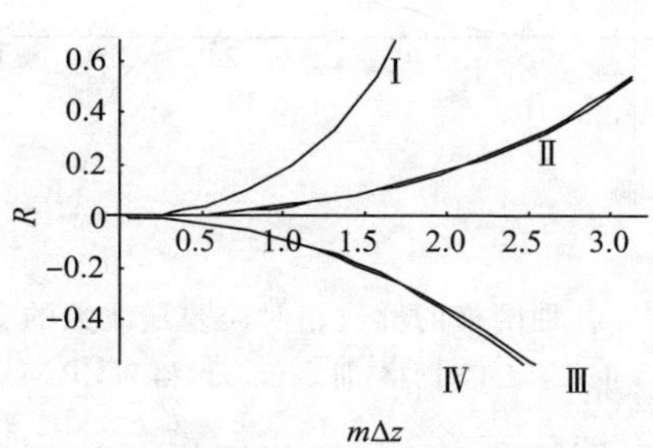

图 3.21 各种垂直网格的频率相对误差图

Ⅰ表示 N 网格；Ⅱ表示 CP 网格和 LTS 网格；Ⅲ表示 L 网格；Ⅳ表示 CPTS 网格

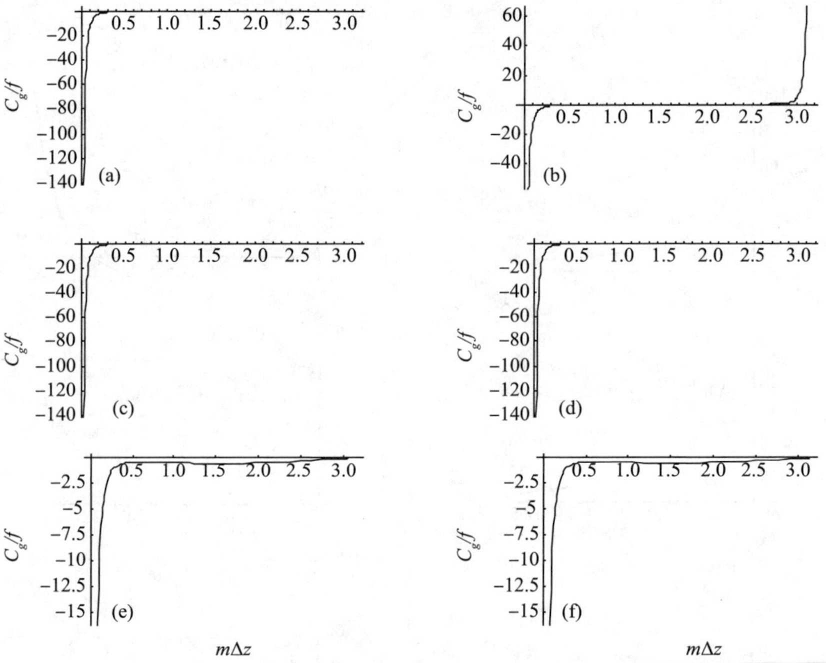

图 3.22　几种垂直网格和解析解的群速图

(a)解析频率;(b)N 网格;(c)L 网格;(d)CP 网格;(e)LTS 网格;(f)CPTS 网格

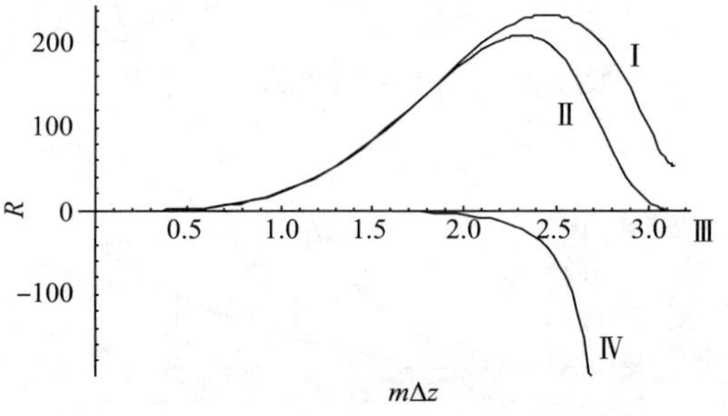

图 3.23　各种网格的群速相对误差随波数的变化图

Ⅰ表示 CPTS 网格;Ⅱ表示 LTS 网格;Ⅲ表示 L 网格和 CP 网格;Ⅳ表示 N 网格

由图 3.23 可以看出,L 网格和 CP 网格与解析解的相对误差接近于零,LTS 网格、CPTS 网格和 N 网格的误差很大,高达 100%~200%,甚至更高。可见,L 网格、CP 网格、LZ 网格和 LY 网格对水平波长为 100 km 的惯性重力波来说,计算频散性是最好的。

图 3.24 给出了水平波长为 10 km 的惯性重力波在这几种网格和解析解上的群速图。

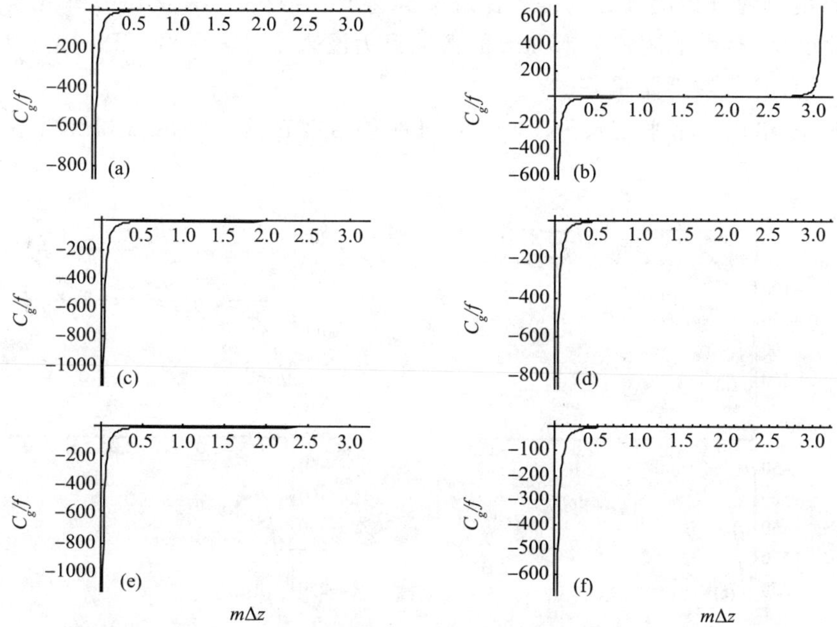

图 3.24　几种垂直网格和解析解的群速图

(a)解析频率;(b)N 网格;(c)L 网格;(d)CP 网格;(e)LTS 网格;(f)CPTS 网格

从图中可以看出,也是除 N 网格外,其他网格群速的变化趋势与解析群速一致,都表现为负的群速,并且均随着波数的增大而增加,但其中略有差别。为了比较这几种网格与解析群速的差别,也计算了各种网格的群速相对误差 R(见图 3.25)。

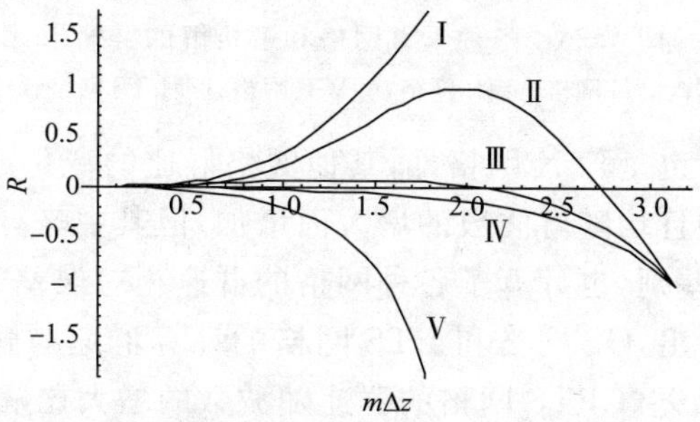

图 3.25　各种网格的群速相对误差随波数的变化图

Ⅰ表示 CPTS 网格;Ⅱ表示 LTS 网格;Ⅲ表示 L 网格;Ⅳ表示 CP 网格;Ⅴ表示 N 网格

由图 3.25 可以看出，CP 网格和 L 网格的计算群速与解析群速相差最小，其次是 LTS 网格，N 网格最差，CPTS 网格的群速随波数的增大比解析群速增长得快，LTS 网格的群速开始随波数的增大比解析群速增长得快，后来又比解析群速增长得慢。由此可见，对水平波长为 10 km 的惯性重力波来说，LZ 网格、CP 网格、L 网格和 LY 网格的计算频散性是最好的。

图 3.26 给出了水平波长为 1 km 的惯性重力波在这几种网格和解析解上的群速图。

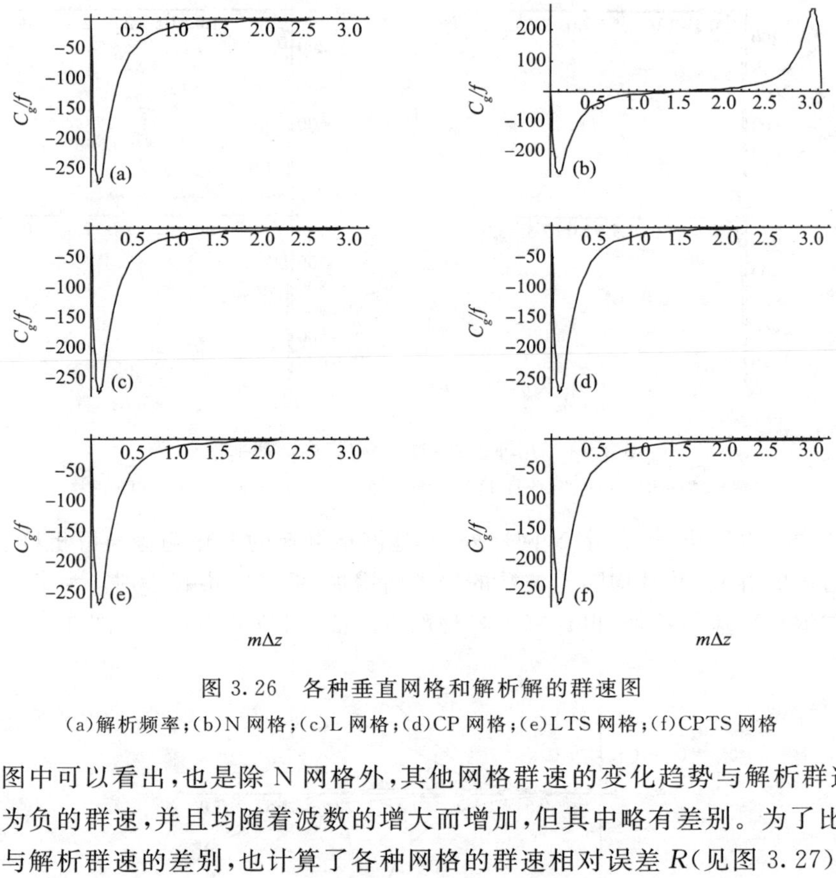

图 3.26 各种垂直网格和解析解的群速图

(a)解析频率；(b)N 网格；(c)L 网格；(d)CP 网格；(e)LTS 网格；(f)CPTS 网格

从图中可以看出，也是除 N 网格外，其他网格群速的变化趋势与解析群速一致，都表现为负的群速，并且均随着波数的增大而增加，但其中略有差别。为了比较这几种网格与解析群速的差别，也计算了各种网格的群速相对误差 R（见图 3.27）。

由图 3.27 可以看出，CP 网格和 LTS 网格的计算群速与解析群速相差最小，其次是 L 网格，N 网格最差，CPTS 网格的群速随波数的增大比解析群速增长得快。由此可见，对水平波长为 1 km 的惯性重力波来说，LZ 网格、LTS 网格和 CP 网格的计算频散性是最好的。

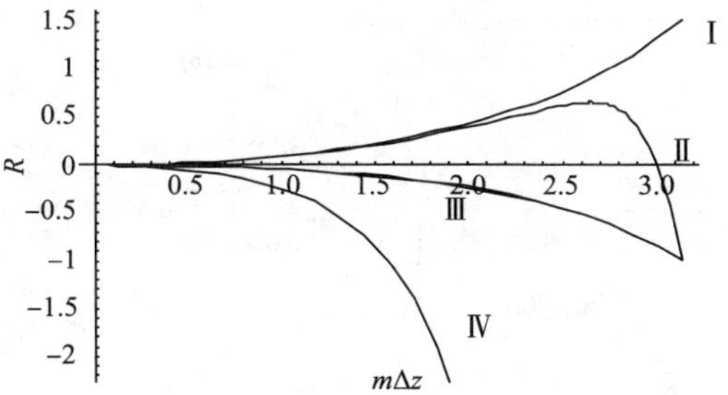

图 3.27　各种网格的群速相对误差随波数的变化图

Ⅰ表示 CPTS 网格；Ⅱ表示 L 网格；Ⅲ表示 CP 网格和 LTS 网格；Ⅳ表示 N 网格

从上面给出的图可以看出，水平波长不同，每种网格的计算频散性是不同的，为了更加直观地说明这一问题，在此给出了图 3.28 和图 3.29。

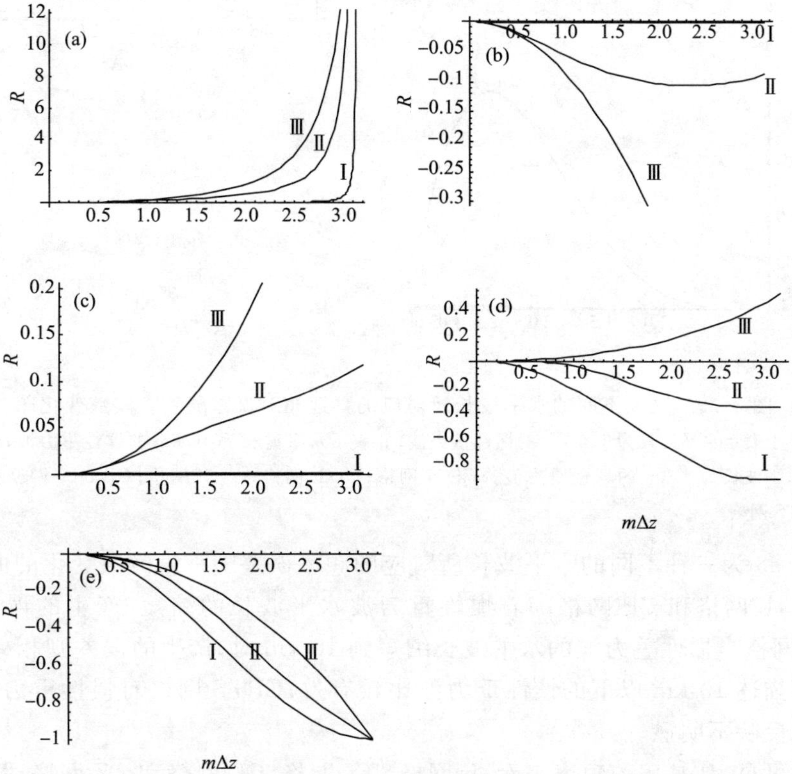

图 3.28　三种不同的水平波长所对应的频率相对误差随垂直波数变化图

Ⅰ表示水平波长为 100 km 的惯性重力波；Ⅱ表示水平波长为 10 km 的惯性重力波；Ⅲ表示水平波长为 1 km 的惯性重力波。(a)N 网格；(b)L 网格；(c)CP 网格；(d)LTS 网格；(e)CPTS 网格

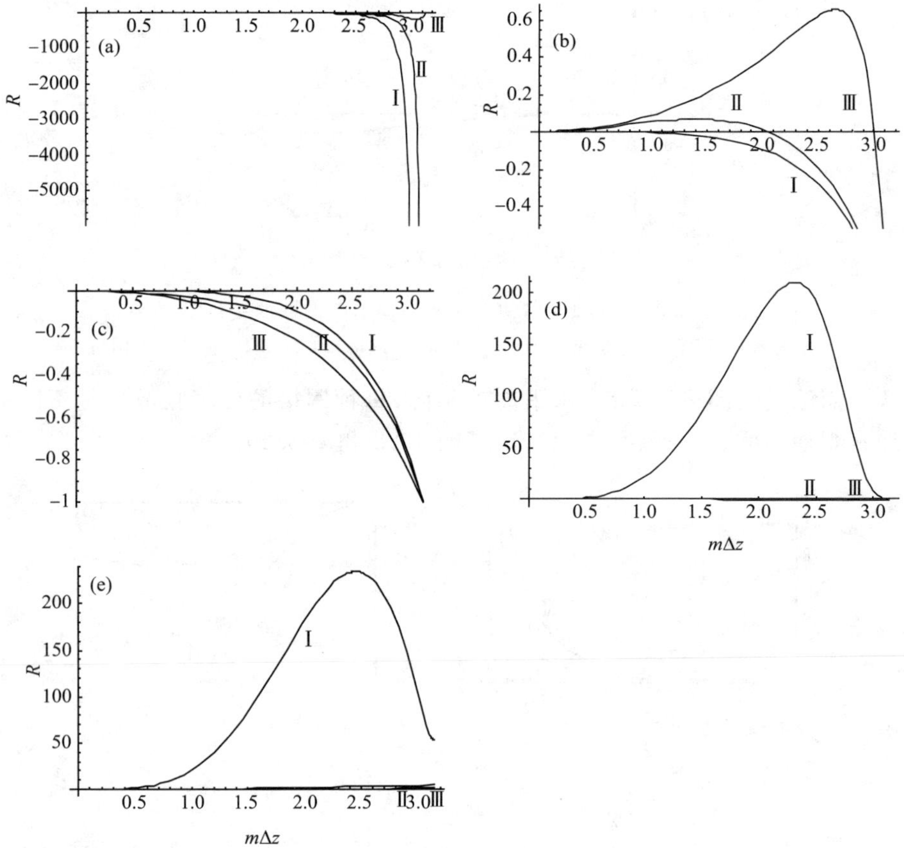

图 3.29 三种不同的水平波长所对应的群速相对误差随垂直波数变化图

Ⅰ表示水平波长为 100 km 的惯性重力波；Ⅱ表示水平波长为 10 km 的惯性重力波；Ⅲ表示水平波长为 1 km 的惯性重力波。(a)N 网格；(b)L 网格；(c)CP网格；(d)LTS 网格；(e)CPTS 网格

图 3.28 为三种不同的水平波长所对应的频率误差随垂直波数变化的曲线，由图可以看出，L 网格和 CP 网格随着惯性重力波水平波长的缩短，产生的误差越来越大；LTS 网格当惯性重力波的水平波长缩短到 10 km 时，产生的误差则相差不大，说明此网格描述 10 km 以下的惯性重力波比较有效；CPTS 网格对惯性重力波水平波长的变化反映不明显。

由此可见，从频率的角度来看，L 网格、LY 网格、CP 网格和 LZ 网格适合于水平波长为 100 km 和 10 km 的惯性重力波；LTS 网格适合于水平波长为 10 km 和 1 km 的惯性重力波，水平波长为 100 km 的惯性重力波误差较大；CPTS 网格对这三类波动差别不大，其中更适合于水平波长为 1 km 的惯性重力波；而 N 网格不管对哪类波动误差都大得惊人。

图 3.29 为三种不同的水平波长所对应的群速误差随垂直波数变化的曲线，由图可以看出，L 网格当惯性重力波水平波长缩短到 1 km 时，群速的相对误差才稍大些；CP 网格产生的群速相对误差随惯性重力波水平波长变化得很小，即对任何水平波长的惯性重力波，CP 网格产生的误差相差不大；LTS 网格和 CPTS 网格则对水平波长的变化反应明显，当水平波长为 100 km 时，误差很大，但是水平波长缩短到 10 km 以后，误差则很小了，并且变化也不大。

由此可见，从群速的角度来看，L 网格和 LY 网格适合于水平波长为 100 km 和 10 km 的惯性重力波；LTS 网格和 CPTS 网格适合于水平波长为 10 km 和 1 km 的惯性重力波，对于水平波长为 100 km 的惯性重力波误差很大；CP 网格对这三类波动差别不大；而 N 网格对水平波长为 100 km 的惯性重力波误差较小，但对其他的两类波动误差则大得惊人。

最后看一下出现错误群速的垂直尺度范围，从上一部分给出的结果看出，除了 N 网格 $L\geqslant 4\Delta z$ 时群速为负外，其他网格都是在 $L\geqslant 2\Delta z$ 时群速为负，即大于二倍格距波群速都是正确的，但是 N 网格在 $2\Delta z\leqslant L\leqslant 4\Delta z$ 时却是错误的，当然波长在 $\Delta z\leqslant L\leqslant 2\Delta z$ 时，所有网格的群速都是错误的。

下面分析一下各种网格出现偏差的原因：

(1)N 网格，它是非跳点的，由于 P 和 w 定义在同一层上，所以垂直动量方程中 $\frac{\partial P}{\partial z}$ 和连续方程中的 $\frac{\partial w}{\partial z}$ 必然要涉及到平均，这样就会“藏”有噪声，因此，这种垂直网格很少被采用。

(2)L 网格，由于水平速度和温度放在同一层上，垂直速度放在中间层上，所以垂直动量方程中 $\frac{\partial P}{\partial z}$ 需要平均而连续方程中的 $\frac{\partial w}{\partial z}$ 则不需要平均，这样含有的噪声就少些，因此，其频散性就好。

(3)CP 网格，CP 网格的变量配置正确地反映了重力波的垂直传播，其差分方程组中未涉及一个平均量，故其不会产生噪声。

(4)LTS 网格和 CPTS 网格，它们是 L 网格和 CP 网格采用时间跳点的情况，但由于科氏项中涉及到垂直平均，因此，比 L 网格和 CP 网格产生的噪声大些。

(5)LZ 网格，这是一种新的垂直跳点网格，它是将涡度、散度和位势高度放在整层上，垂直速度和温度放在半层上。这样，差分方程组中就不会有平均量，所以也就没有噪声，因此，其频散性就很好。

(6)LY 网格，这也是新的一种垂直跳点网格，它是将涡度和散度放在半层上，垂直速度、温度和位势高度放在整层上。这样，散度方程中的 $\nabla^2 P$ 就要涉及到平均，因此，就会产生噪声。

从以上分析可以得出以下的结论：

(1)在非静力模式中，不论从频率还是从群速来看，CP 网格和 LZ 网格均适合于各种不同水平尺度惯性重力波的模拟。CP 网格和 LZ 网格的计算频散特征完全相同，只是 CP 网格适用于基于原始方程的模式中，而 LZ 网格适用于基于涡度散度方程的模式中。

(2)L 网格和 LY 网格适合于水平尺度为 10 km 以上的惯性重力波的模拟，尺度越小，对解析解的频率和群速歪曲就越大。同样 L 网格和 LY 网格的计算频散特征也相同，仅是 L 网格适用于基于原始方程的模式中，而 LY 网格适用于基于涡度散度方程的模式中。

(3)LTS 网格和 CPTS 网格比较适合于水平尺度为 10 km 以下的惯性重力波的模拟上，尺度越大，产生的误差就越大。

(4)N 网格对模拟任何水平尺度的惯性重力波都产生较大的误差，设计模式时尽量避免采用这样的网格。

(5)对于 L，CP，LTS，CPTS，LZ，LY 网格在 $L\geqslant 2\Delta z$ 的范围内群速符号是正确的，而 N 网格只有在 $L\geqslant 4\Delta z$ 的范围内群速符号才是正确的。

3.5　三维网格计算频散性

现在用于理论研究或用于业务预报的数值模式，它们的离散网格都是三维的，当然用于中小尺度模拟和预报的模式是非静力的，用于大尺度模拟和预报的模式是静力的，那么，LE 网格在三维空间中描述惯性重力内波如何以及差分精度提高以后会有何变化，为此将推导频散关系的通用方法从二维推广到三维，并分别采用四阶紧致差分格式(C4)和二阶中央差(C2)的差分精度，用图示的方法，比较水平方向上较好的 LE 网格、C 网格和 EL 网格与垂直网格垂直方向上较好的 L 网格、CP 网格、LTS 网格和 CPTS 网格结合起来构成的三维网格(C/LTS，C/CPTS，C/L，C/CP，EL/L，EL/CP，EL/CPTS，EL/LTS，LE/L，LE/CP)在描述惯性重力内波的频率和群速度方面产生的误差情况。

同时许多学者在研究中小尺度系统时把模式的水平分辨率调得越来越高，但对垂直分辨率改变得较少，这样得到的结果是否可靠呢？这就是关于水平分辨率和垂直分辨率的协调性问题。在这方面廖洞贤和陆维松(1982)从线性平流方程出发，导出了一个水平格距和垂直格距满足的关系式，但方程中还有水平速度、垂直速度以及截断误差阶数等变量，在模式中应用时不够直接。如果下面证明了 LE 网格在三维空间中也是有效的，就选择一个最好的三维变量配置，看水平分辨率和垂直分辨率提高以后，得到的结论是否有所改变，或者说，分辨率提高以后，该三维网格的计算频散性是否会变差？也就是研究水平分辨率和垂直分辨率满足什么样的关系时，描述惯性重力内波最精确。研究时主要从频率和群速（包括水平群速和垂直群速）方面看水平格距从 100 km 到 1m、垂直格距从 1 km 到 10m 变化时与惯性重力内波解析解的接近情况，从而得出关于非静力情况下水平分辨率和垂直分辨率的协调性结论。该三维网格在静力情况下水平分辨率和垂直分辨率的协调性结论如何呢？也主要从频率和群速（包括水平群速和垂直群速）方面看水平格距从 100 km 到 10 km、垂直格距从 1 km 到 100m 变化时与惯性重力波解析解的接近情况，从而得出关于静力情况下水平分辨率和垂直分辨率的协调性结论。

3.5.1　非静力模式中三维网格的计算频散特征

这一部分看一下非静力模式中由计算频散性较好的水平网格（Arakawa C，Eliassen，LE 网格）和垂直网格（L，CP，LTS，CPTS 网格）组合而成的三维网格（C/LTS，C/CPTS，EL/L，EL/CP，EL/CPTS，EL/LTS，C/L，C/CP，LE/L，LE/CP，LE/CPTS，LE/LTS）和微分形式的频散特征。要考虑的非静力模式中三维网格在图 3.30 中给出。

下面推导线性斜压滞弹性适应方程组（3.16）微分形式和各网格上离散后的频散特征。

方程（3.16）在 LE/L，LE/CP，LE/LTS，LE/CPTS，C/LTS，C/CPTS，EL/L，EL/CP，EL/CPTS，EL/LTS，C/L 和 C/CP 网格上（见图 3.30）离散，需要处理的项有：u 点的 v 和$\partial P/\partial x$，v 点的 u 和$\partial P/\partial y$，w 点的 θ 和$\partial P/\partial z$，θ 点的 w 以及连续方程中的$\partial u/\partial x$，$\partial v/\partial y$，$\partial w/\partial z$。所有这些网格上用算子表示的项列于表 3.23。

表 3.23 中的算子 $S_0^{u,v}$ 表示 u 点的 v 近似值或 v 点的 u 近似值；$S_0^{w,\theta}$ 表示 θ 点的 w 近似值或 w 点的 θ 近似值；S_x^u 表示 u 点的$\partial P/\partial x$ 近似值；S_y^v 表示 v 点的$\partial P/\partial y$ 近似值；S_z^w 表示 w 点的$\partial P/\partial z$ 近似值；连续方程中$\partial u/\partial x$，$\partial v/\partial y$，$\partial w/\partial z$ 近似值在所有网格中都是相同的，用 $S_{x,y,z}^{u,v,w}=S_{1/2}^x+S_{1/2}^y+S_{1/2}^z$ 表示。

从表 3.23 中可以看出，网格 LE/L，LE/CP，LE/LTS，LE/CPTS 的各个算子分别与对应的 EL/L，EL/CP，EL/LTS，EL/CPTS 的算子完全相同，这主要是因为 LE 网格实际上就是 EL 网格当 $\Delta t\to 0$ 时的情况，因此，当 $\Delta t\to 0$ 时，网格 EL/L，EL/CP，EL/LTS，EL/CPTS 的算子分别与对应的网格 LE/L，LE/CP，LE/LTS，LE/CPTS 的各个算子相同。

设 $S=T(k,l,m)e^{i(kx+ly+mz)}$，则从表 3.23 中的 S 可导出 $T(k,l,m)$（见表 3.24）。

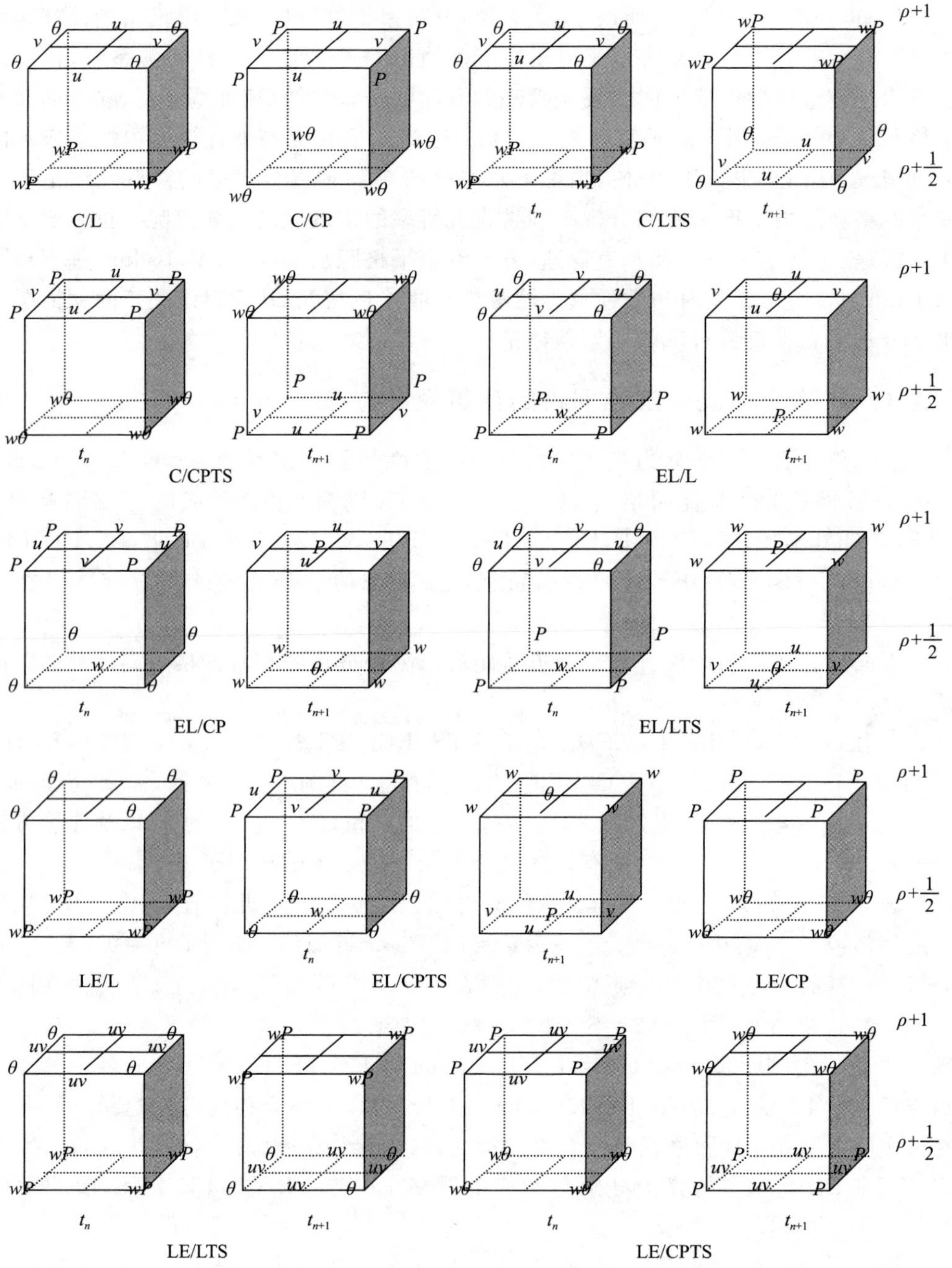

图 3.30 非静力模式中各种三维网格的变量配置图

表 3.23　在 LE/L,LE/CP,LE/LTS,LE/CPTS,C/LTS,C/CPTS,EL/L,EL/CP,EL/CPTS,EL/LTS,C/L 和 C/CP 网格上的 S_0,$S_{1/2}$ 和 S_1

算子	C/LTS	C/CPTS	EL/L	EL/CP	EL/CPTS	EL/LTS	
$S_0^{u,v}$	$S_0^x S_0^y S_0^z$	$S_0^x S_0^y S_0^z$	a)	a)	S_0^z	S_0^z	
$S_0^{w,\theta}$	a)	S_0^z	S_0^z	a)	S_0^z	a)	
S_x^u	$S_{1/2}^x$	$S_{1/2}^x S_0^z$	$S_{1/2}^x S_0^z$	$S_{1/2}^x$	$S_{1/2}^x S_0^z$	$S_{1/2}^x$	
S_y^v	$S_{1/2}^y$	$S_{1/2}^y S_0^z$	$S_{1/2}^y S_0^z$	$S_{1/2}^y$	$S_{1/2}^y S_0^z$	$S_{1/2}^y$	
S_z^w	$S_{1/2}^z$	$S_{1/2}^z S_0^z$	$S_{1/2}^z S_0^z$	$S_{1/2}^z$	$S_{1/2}^z S_0^z$	$S_{1/2}^z$	
算子	C/L	C/CP	LE/L	LE/CP	LE/LTS	LE/CPTS	解析
$S_0^{u,v}$	$S_0^x S_0^y$	$S_0^x S_0^y$	a)	a)	S_0^z	S_0^z	a)
$S_0^{w,\theta}$	S_0^z	a)	S_0^z	a)	a)	S_0^z	a)
S_x^u	$S_{1/2}^x S_0^z$	$S_{1/2}^x$	$S_{1/2}^x S_0^z$	$S_{1/2}^x$	$S_{1/2}^x$	$S_{1/2}^x S_0^z$	$S_{1/2}^x$
S_y^v	$S_{1/2}^y S_0^z$	$S_{1/2}^y$	$S_{1/2}^y S_0^z$	$S_{1/2}^y$	$S_{1/2}^y$	$S_{1/2}^y S_0^z$	$S_{1/2}^y$
S_z^w	$S_{1/2}^z S_0^z$	$S_{1/2}^z$	$S_{1/2}^z S_0^z$	$S_{1/2}^z$	$S_{1/2}^z$	$S_{1/2}^z S_0^z$	$S_{1/2}^z$

注：a)表示精确值。

表 3.24　LE/L,LE/CP,LE/LTS,LE/CPTS,C/LTS,C/CPTS,EL/L,EL/CP,EL/CPTS,EL/LTS,C/L 和 C/CP 网格上的 $T(k,l,m)$

算子	C/LTS	C/CPTS	EL/L	EL/CP	LE/L	LE/CP
$T_0^{u,v}$	$T_0(k)T_0(l)T_0(m)$	$T_0(k)T_0(l)T_0(m)$	1	1	1	1
$T_0^{w,\theta}$	1	$T_0(m)$	$T_0(m)$	1	$T_0(m)$	1
T_x^u	$T_{1/2}(k)$	$T_{1/2}(k)T_0(m)$	$T_{1/2}(k)T_0(m)$	$T_{1/2}(k)$	$T_{1/2}(k)T_0(m)$	$T_{1/2}(k)$
T_y^v	$T_{1/2}(l)$	$T_{1/2}(l)T_0(m)$	$T_{1/2}(l)T_0(m)$	$T_{1/2}(l)$	$T_{1/2}(l)T_0(m)$	$T_{1/2}(l)$
T_z^w	$T_{1/2}(m)$	$T_{1/2}(m)T_0(m)$	$T_{1/2}(m)T_0(m)$	$T_{1/2}(m)$	$T_{1/2}(m)T_0(m)$	$T_{1/2}(m)$

算子	EL/CPTS	EL/LTS	C/L	C/CP	LE/LTS	LE/CPTS	解析
$T_0^{u,v}$	$T_0(m)$	$T_0(m)$	$T_0(k)T_0(l)$	$T_0(k)T_0(l)$	$T_0(m)$	$T_0(m)$	1
$T_0^{w,\theta}$	$T_0(m)$	1	$T_0(m)$	1	1	$T_0(m)$	1
T_x^u	$T_{1/2}(k)T_0(m)$	$T_{1/2}(k)$	$T_{1/2}(k)T_0(m)$	$T_{1/2}(k)$	$T_{1/2}(k)$	$T_{1/2}(k)T_0(m)$	ik
T_y^v	$T_{1/2}(l)T_0(m)$	$T_{1/2}(l)$	$T_{1/2}(l)T_0(m)$	$T_{1/2}(l)$	$T_{1/2}(l)$	$T_{1/2}(l)T_0(m)$	il
T_z^w	$T_{1/2}(m)T_0(m)$	$T_{1/2}(m)$	$T_{1/2}(m)T_0(m)$	$T_{1/2}(m)$	$T_{1/2}(m)$	$T_{1/2}(m)T_0(m)$	im

由于表 3.23 中网格 LE/L,LE/CP,LE/LTS,LE/CPTS 的各个算子分别与对应的 EL/L,EL/CP,EL/LTS,EL/CPTS 的算子完全相同,因此,从表 3.23 中的 S 导出的 $T(k,l,m)$算子它们也对应相同,从表 3.24 中也可以看出这一点。

上面已经介绍了离散方程(3.16)中所需要的算子,下面将讨论用这些算子求解各网格上频散关系的过程。

用前面介绍的算子方程(3.16)半离散化为

$$\begin{cases} \dfrac{\partial u}{\partial t} + S_x^u(P) - fS_0^{u,v}(v) = 0 \\ \dfrac{\partial v}{\partial t} + S_y^v(P) + fS_0^{u,v}(u) = 0 \\ \dfrac{\partial w}{\partial t} + S_z^w(P) - gS_0^{w,\theta}(\theta) = 0 \\ \dfrac{\partial \theta}{\partial t} + SS_0^{w,\theta}(w) = 0 \\ S_{1/2}^x(u) + S_{1/2}^y(v) + S_{1/2}^z(w) = 0 \end{cases} \tag{3.20}$$

设波解

$$(u,v,w,P,\theta) = (U_0,V_0,W_0,P_0,\Theta_0)\mathrm{e}^{\mathrm{i}(k\kappa\Delta x + l\mu\Delta y + m\rho\Delta z - n\omega\Delta t)} \tag{3.21}$$

这里 κ,μ,ρ 和 n 是正整数。$k=2\pi/L_x$，$l=2\pi/L_y$，$m=2\pi/L_z$，L_x，L_y，L_z 分别为 x，y，z 方向上的波数和波长，ω 是频率。

然后将(3.21)式代入(3.20)式并考虑前面的算子得到(3.20)式的下列形式

$$\begin{cases} -\mathrm{i}\omega U_0 + T_x^u P_0 - fV_0 T_0^{u,v} = 0 \\ -\mathrm{i}\omega V_0 + T_y^v P_0 + fU_0 T_0^{u,v} = 0 \\ -\mathrm{i}\omega W_0 + T_z^w P_0 - g\Theta_0 T_0^{w,\theta} = 0 \\ -\mathrm{i}\omega\Theta_0 + SW_0 T_0^{w,\theta} = 0 \\ T_{1/2}(k)U_0 + T_{1/2}(l)V_0 + T_{1/2}(m)W_0 = 0 \end{cases}$$

因此，频散关系为

$$\left(\frac{\omega}{f}\right)^2 = \frac{T_0^{u,v}T_0^{u,v}T_z^w T_{1/2}(m) + \lambda^2(T_x^u T_{1/2}(k) + T_y^v T_{1/2}(l))T_0^{w,\theta}T_0^{w,\theta}}{T_x^u T_{1/2}(k) + T_y^v T_{1/2}(l) + T_z^w T_{1/2}(m)} \tag{3.22}$$

式中 $\lambda=\sqrt{gS}/f$ 是无量纲参数。

然后将表 3.24 中的算子代入(3.22)式中就得到了这些网格的频散关系(见表 3.25)。

表 3.25 LE/L,LE/CP,LE/LTS,LE/CPTS,C/LTS,C/CPTS,EL/L,EL/CP,EL/CPTS,EL/LTS,C/L 和 C/CP 网格上的频散关系

网格	频散关系
C/L	$\left(\frac{\omega}{f}\right)^2=\frac{T_0^2(k)T_0^2(l)T_{1/2}^2(m)+\lambda^2 T_0^2(m)(T_{1/2}^2(k)+T_{1/2}^2(l))}{T_{1/2}^2(k)+T_{1/2}^2(l)+T_{1/2}^2(m)}$
C/CP	$\left(\frac{\omega}{f}\right)^2=\frac{T_0^2(k)T_0^2(l)T_{1/2}^2(m)+\lambda^2(T_{1/2}^2(k)+T_{1/2}^2(l))}{T_{1/2}^2(k)+T_{1/2}^2(l)+T_{1/2}^2(m)}$
C/LTS	$\left(\frac{\omega}{f}\right)^2=\frac{T_0^2(k)T_0^2(l)T_0^2(m)T_{1/2}^2(m)+\lambda^2(T_{1/2}^2(k)+T_{1/2}^2(l))}{T_{1/2}^2(k)+T_{1/2}^2(l)+T_{1/2}^2(m)}$

续表

网格	频散关系
C/CPTS	$\left(\frac{\omega}{f}\right)^2=\frac{T_0^2(k)T_0^2(l)T_0^2(m)T_{1/2}^2(m)+\lambda^2(T_{1/2}^2(k)+T_{1/2}^2(l))T_0^2(m)}{T_{1/2}^2(k)+T_{1/2}^2(l)+T_{1/2}^2(m)}$
EL/L	$\left(\frac{\omega}{f}\right)^2=\frac{T_{1/2}^2(m)+\lambda^2(T_{1/2}^2(k)+T_{1/2}^2(l))T_0^2(m)}{T_{1/2}^2(k)+T_{1/2}^2(l)+T_{1/2}^2(m)}$
EL/CP	$\left(\frac{\omega}{f}\right)^2=\frac{T_{1/2}^2(m)+\lambda^2(T_{1/2}^2(k)+T_{1/2}^2(l))}{T_{1/2}^2(k)+T_{1/2}^2(l)+T_{1/2}^2(m)}$
EL/LTS	$\left(\frac{\omega}{f}\right)^2=\frac{T_0^2(m)T_{1/2}^2(m)+\lambda^2(T_{1/2}^2(k)+T_{1/2}^2(l))}{T_{1/2}^2(k)+T_{1/2}^2(l)+T_{1/2}^2(m)}$
EL/CPTS	$\left(\frac{\omega}{f}\right)^2=\frac{T_0^2(m)T_{1/2}^2(m)+\lambda^2(T_{1/2}^2(k)+T_{1/2}^2(l))T_0^2(m)}{T_{1/2}^2(k)+T_{1/2}^2(l)+T_{1/2}^2(m)}$
LE/L	$\left(\frac{\omega}{f}\right)^2=\frac{T_{1/2}^2(m)+\lambda^2(T_{1/2}^2(k)+T_{1/2}^2(l))T_0^2(m)}{T_{1/2}^2(k)+T_{1/2}^2(l)+T_{1/2}^2(m)}$
EL/CP	$\left(\frac{\omega}{f}\right)^2=\frac{T_{1/2}^2(m)+\lambda^2(T_{1/2}^2(k)+T_{1/2}^2(l))}{T_{1/2}^2(k)+T_{1/2}^2(l)+T_{1/2}^2(m)}$
LE/LTS	$\left(\frac{\omega}{f}\right)^2=\frac{T_0^2(m)T_{1/2}^2(m)+\lambda^2(T_{1/2}^2(k)+T_{1/2}^2(l))}{T_{1/2}^2(k)+T_{1/2}^2(l)+T_{1/2}^2(m)}$
LE/CPTS	$\left(\frac{\omega}{f}\right)^2=\frac{T_0^2(m)T_{1/2}^2(m)+\lambda^2(T_{1/2}^2(k)+T_{1/2}^2(l))T_0^2(m)}{T_{1/2}^2(k)+T_{1/2}^2(l)+T_{1/2}^2(m)}$
解析解	$\left(\frac{\omega}{f}\right)^2=\frac{m^2+\lambda^2(k^2+l^2)}{k^2+l^2+m^2}$

由于表 3.24 中网格 LE/L，LE/CP，LE/LTS，LE/CPTS 的各个算子分别与对应的 EL/L，EL/CP，EL/LTS，EL/CPTS 的算子完全相同，因此，它们对应的频散关系也相同，从表 3.25 中也可以看出这一点。这样下面不论在列表或图示中，将不再提 EL/L，EL/CP，EL/LTS，EL/CPTS 网格，因为它们就是对应的 LE/L，LE/CP，LE/LTS，LE/CPTS 网格。

这样将表 3.26 中的二阶中央差 T 算子代入，就可由表 3.25 导出这些网格上二阶中央差的频散关系（见表 3.27）。

表 3.26 两种格式 C2 和 C4 以及解析解的算子 T_0，$T_{1/2}$和 T_1

算子		$T(k)$的具体形式
解析解	平均	$T_0(k)=1$
	导数	$T(k)=\mathrm{i}k$
C2	S_0	$T_0(k)=\cos\frac{kd}{2}$
	$S_{1/2}$	$T_{1/2}(k)=\frac{2\mathrm{i}}{d}\sin\frac{kd}{2}$
	S_1	$T_1(k)=\frac{\mathrm{i}}{d}\sin(kd)$
C4	S_0	$T_0(k)=\frac{4\cos(kd/2)}{3+\cos(kd)}$
	$S_{1/2}$	$T_{1/2}(k)=\frac{2\mathrm{i}}{d}\frac{12\sin(kd/2)}{11+\cos(kd)}$
	S_1	$T_1(k)=\frac{\mathrm{i}}{d}\frac{3\sin(kd)}{2+\cos(kd)}$

注：$T_0(k)$表示平均算子。

表 3.27 采用二阶中央差 8 种三维网格的频散关系

网格	频散关系
C/L	$\left(\frac{\omega}{f}\right)^2=\frac{R_1\cos^2\frac{k\Delta x}{2}\cos^2\frac{l\Delta y}{2}+\lambda^2R_2\cos^2\frac{m\Delta z}{2}}{R_3}$
C/CP	$\left(\frac{\omega}{f}\right)^2=\frac{R_1\cos^2\frac{k\Delta x}{2}\cos^2\frac{l\Delta y}{2}+\lambda^2R_2}{R_3}$
C/LTS	$\left(\frac{\omega}{f}\right)^2=\frac{R_1\cos^2\frac{k\Delta x}{2}\cos^2\frac{l\Delta y}{2}\cos^2\frac{m\Delta z}{2}+\lambda^2R_2}{R_3}$
C/CPTS	$\left(\frac{\omega}{f}\right)^2=\frac{R_1\cos^2\frac{k\Delta x}{2}\cos^2\frac{l\Delta y}{2}\cos^2\frac{m\Delta z}{2}+\lambda^2R_2\cos^2\frac{m\Delta z}{2}}{R_3}$
LE/L	$\left(\frac{\omega}{f}\right)^2=\frac{R_1+\lambda^2R_2\cos^2\frac{m\Delta z}{2}}{R_3}$
LE/CP	$\left(\frac{\omega}{f}\right)^2=\frac{R_1+\lambda^2R_2}{R_3}$
LE/LTS	$\left(\frac{\omega}{f}\right)^2=\frac{R_1\cos^2\frac{m\Delta z}{2}+\lambda^2R_2}{R_3}$
LE/CPTS	$\left(\frac{\omega}{f}\right)^2=\frac{R_1\cos^2\frac{m\Delta z}{2}+\lambda^2R_2\cos^2\frac{m\Delta z}{2}}{R_3}$
解析解	$\left(\frac{\omega}{f}\right)^2=\frac{m^2+\lambda^2(k^2+l^2)}{k^2+l^2+m^2}$

注：表中 $R_1=\left(\sin\frac{m\Delta z}{2}\Big/(\Delta z/2)\right)^2$，$R_2=\left(\sin\frac{k\Delta x}{2}\Big/(\Delta x/2)\right)^2+\left(\sin\frac{l\Delta y}{2}\Big/(\Delta y/2)\right)^2$，$R_3=\left(\sin\frac{k\Delta x}{2}\Big/(\Delta x/2)\right)^2+\left(\sin\frac{l\Delta y}{2}\Big/(\Delta y/2)\right)^2+\left(\sin\frac{m\Delta z}{2}\Big/(\Delta z/2)\right)^2$。

同样，将表 3.26 中的四阶紧致差分格式的 T 算子代入，就可由表 3.25 导出这些网格上四阶紧致差分格式的频散关系（见表 3.28）。

表 3.28　采用四阶紧致差分格式 8 种三维网格的频散关系

网格	频散关系
C/L	$\left(\frac{\omega}{f}\right)^2=\frac{\aleph_1\left[\frac{4\cos(k\Delta x/2)}{3+\cos(k\Delta x)}\right]^2\left[\frac{4\cos(l\Delta y/2)}{3+\cos(l\Delta y)}\right]^2+\lambda^2\aleph_2\left[\frac{4\cos(m\Delta z/2)}{3+\cos(m\Delta z)}\right]^2}{\aleph_3}$
C/CP	$\left(\frac{\omega}{f}\right)^2=\frac{\aleph_1\left[\frac{4\cos(k\Delta x/2)}{3+\cos(k\Delta x)}\right]^2\left[\frac{4\cos(l\Delta y/2)}{3+\cos(l\Delta y)}\right]^2+\lambda^2\aleph_2}{\aleph_3}$
C/LTS	$\left(\frac{\omega}{f}\right)^2=\frac{\aleph_1\left[\frac{4\cos(k\Delta x/2)}{3+\cos(k\Delta x)}\right]^2\left[\frac{4\cos(l\Delta y/2)}{3+\cos(l\Delta y)}\right]^2\left[\frac{4\cos(m\Delta z/2)}{3+\cos(m\Delta z)}\right]^2+\lambda^2\aleph_2}{\aleph_3}$
C/CPTS	$\left(\frac{\omega}{f}\right)^2=\frac{\aleph_1\left[\frac{4\cos(k\Delta x/2)}{3+\cos(k\Delta x)}\right]^2\left[\frac{4\cos(l\Delta y/2)}{3+\cos(l\Delta y)}\right]^2\left[\frac{4\cos(m\Delta z/2)}{3+\cos(m\Delta z)}\right]^2+\lambda^2\aleph_2\left[\frac{4\cos(m\Delta z/2)}{3+\cos(m\Delta z)}\right]^2}{\aleph_3}$
LE/L	$\left(\frac{\omega}{f}\right)^2=\frac{\aleph_1+\lambda^2\aleph_2\left[\frac{4\cos(m\Delta z/2)}{3+\cos(m\Delta z)}\right]^2}{\aleph_3}$
LE/CP	$\left(\frac{\omega}{f}\right)^2=\frac{\aleph_1+\lambda^2\aleph_2}{\aleph_3}$
LE/LTS	$\left(\frac{\omega}{f}\right)^2=\frac{\aleph_1\left[\frac{4\cos(m\Delta z/2)}{3+\cos(m\Delta z)}\right]^2+\lambda^2\aleph_2}{\aleph_3}$
LE/CPTS	$\left(\frac{\omega}{f}\right)^2=\frac{\aleph_1\left[\frac{4\cos(m\Delta z/2)}{3+\cos(m\Delta z)}\right]^2+\lambda^2\aleph_2\left[\frac{4\cos(m\Delta z/2)}{3+\cos(m\Delta z)}\right]^2}{\aleph_3}$
解析解	$\left(\frac{\omega}{f}\right)^2=\frac{m^2+\lambda^2(k^2+l^2)}{k^2+l^2+m^2}$

注：表中 $\aleph_1=\left[\frac{12\sin(m\Delta z/2)}{11+\cos(m\Delta z)}\frac{2}{\Delta z}\right]^2$，$\aleph_2=\left[\frac{12\sin(k\Delta x/2)}{11+\cos(k\Delta x)}\frac{2}{\Delta x}\right]^2+\left[\frac{12\sin(l\Delta y/2)}{11+\cos(l\Delta y)}\frac{2}{\Delta y}\right]^2$，$\aleph_3=\left[\frac{12\sin(k\Delta x/2)}{11+\cos(k\Delta x)}\frac{2}{\Delta x}\right]^2+\left[\frac{12\sin(l\Delta y/2)}{11+\cos(l\Delta y)}\frac{2}{\Delta y}\right]^2+\left[\frac{12\sin(m\Delta z/2)}{11+\cos(m\Delta z)}\frac{2}{\Delta z}\right]^2$。

由频散方程可导出水平群速（HG）和垂直群速（VG）

$$HG=\partial\omega/\partial k,\quad VG=\partial\omega/\partial m$$

由于他们的显式表达式太复杂，并且从表达式中也看不出任何信息，所以具体的表达式就不列在这里了（包括下面静力情况下几种三维网格的情况也是如此）。但由于群速有很重要的物理意义，所以在 3.5.3 部分用图示的方式进行了比较。

3.5.2 静力模式中三维网格的计算频散特征

我们知道静力模式是非静力模式的一种特殊情况。那么，LE 网格在静力模式中如何呢？这一部分看一下静力模式中由计算频散性较好的水平网格（Arakawa C，Eliassen，LE 网格）和垂直网格（L，CP，LTS，CPTS 网格）组合而成的三维网格（C/LTS，C/CPTS，EL/L，EL/CP，EL/CPTS，EL/LTS，C/L，C/CP，LE/L，LE/CP，LE/LTS，LE/CPTS）和微分形式的频散特征。要考虑的三维网格在图 3.31 中给出。

下面考虑 z 坐标系取静力近似线性斜压适应方程组(3.12)。方程(3.12)在 LE/L，LE/CP，LE/LTS，LE/CPTS，C/LTS，C/CPTS，EL/L，EL/CP，EL/CPTS，EL/LTS，C/L 和 C/CP 网格上（见图 3.31）离散，需要处理的项有：u 点的 v 和 $\partial P/\partial x$，v 点的 u 和 $\partial P/\partial y$，$\partial P/\partial z$ 点的 w 和以及连续方程中的 $\partial u/\partial x$，$\partial v/\partial y$，$\partial w/\partial z$。所有这些网格上用算子表示的项列于表 3.29。

表 3.29 在 LE/L，LE/CP，LE/LTS，LE/CPTS，C/LTS，C/CPTS，EL/L，EL/CP，EL/CPTS，EL/LTS，C/L 和 C/CP 网格上的 S_0，$S_{1/2}$ 和 S_1

算子	C/LTS	C/CPTS	EL/L	EL/CP	EL/CPTS	EL/LTS
$S_0^{u,v}$	$S_0^x S_0^y S_0^z$	$S_0^x S_0^y S_0^z$	a)	a)	S_0^z	S_0^z
S_x^u	$S_{1/2}^x$	$S_{1/2}^x S_0^z$	$S_{1/2}^x S_0^z$	$S_{1/2}^x$	$S_{1/2}^x S_0^z$	$S_{1/2}^x$
S_y^v	$S_{1/2}^y$	$S_{1/2}^y S_0^z$	$S_{1/2}^y S_0^z$	$S_{1/2}^y$	$S_{1/2}^y S_0^z$	$S_{1/2}^y$
S_0^w	a)	S_0^z	S_0^z	a)	S_0^z	a)

算子	C/L	C/CP	LE/L	LE/CP	LE/LTS	LE/CPTS	解析
$S_0^{u,v}$	$S_0^x S_0^y$	$S_0^x S_0^y$	a)	a)	S_0^z	S_0^z	a)
S_x^u	$S_{1/2}^x S_0^z$	$S_{1/2}^x$	$S_{1/2}^x S_0^z$	$S_{1/2}^x$	$S_{1/2}^x$	$S_{1/2}^x S_0^z$	$S_{1/2}^x$
S_y^v	$S_{1/2}^y S_0^z$	$S_{1/2}^y$	$S_{1/2}^y S_0^z$	$S_{1/2}^y$	$S_{1/2}^y$	$S_{1/2}^y S_0^z$	$S_{1/2}^y$
S_0^w	S_0^z	a)	S_0^z	a)	a)	S_0^z	a)

注：a)表示精确值。

表 3.29 中的算子 $S_0^{u,v}$ 表示 u 点的 v 近似值或 v 点的 u 近似值；S_0^w 表示 $\partial P/\partial z$ 点的 w 近似值；S_x^u 表示 u 点的 $\partial P/\partial x$ 近似值；S_y^v 表示 v 点的 $\partial P/\partial y$ 近似值；连续方程中 $\partial u/\partial x$，$\partial v/\partial y$，$\partial w/\partial z$ 近似值在所有网格中都是相同的用 $S_{x,y,z}^{u,v,w}=S_{1/2}^x+S_{1/2}^y+S_{1/2}^z$ 表示。

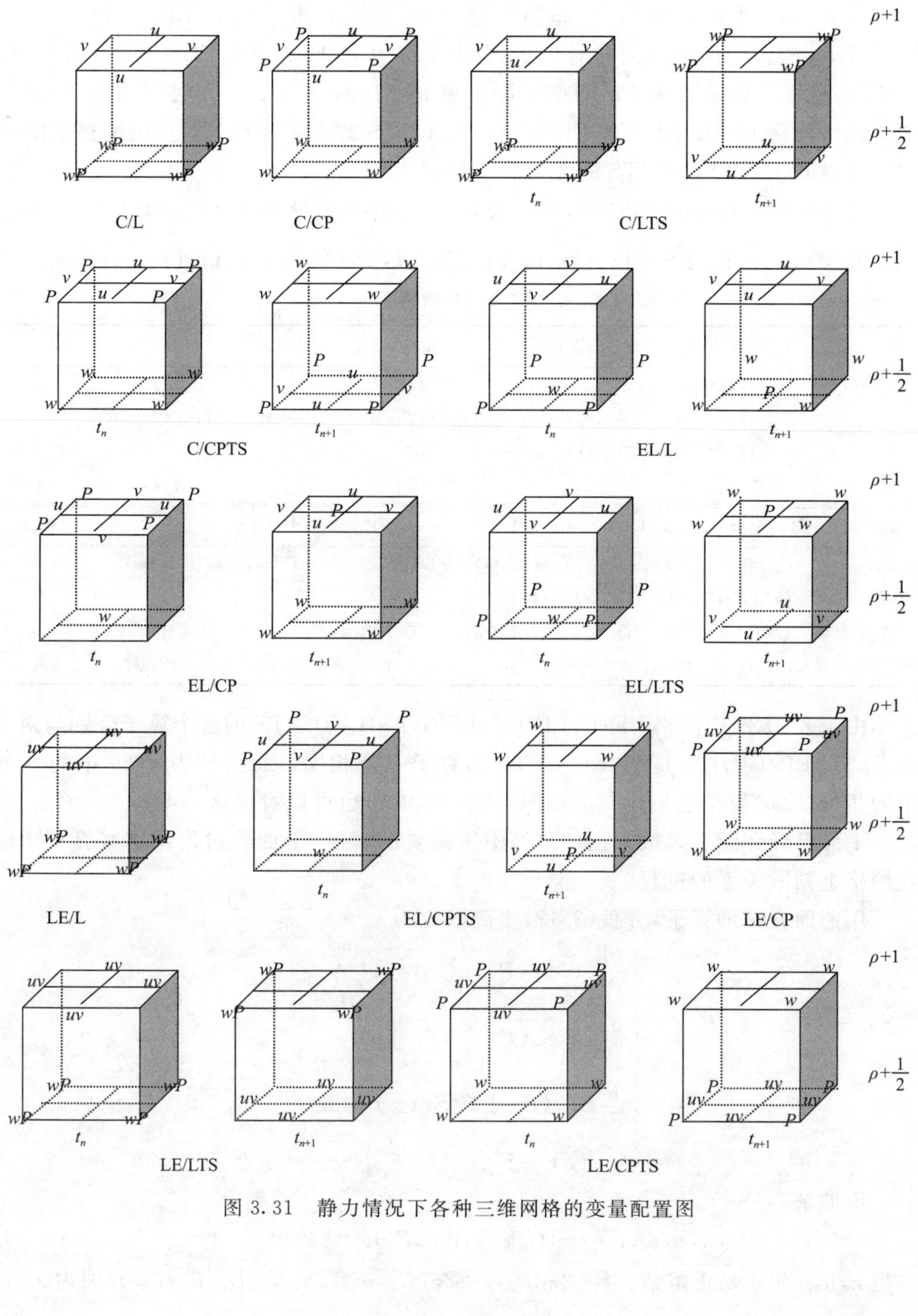

图 3.31 静力情况下各种三维网格的变量配置图

从表 3.29 中可以看出，和非静力情况下一样，网格 LE/L，LE/CP，LE/LTS，LE/CPTS 的各个算子分别与对应的 EL/L，EL/CP，EL/LTS，EL/CPTS 的算子完全相同，这主要也是因为 LE 网格实际上就是 EL 网格当 $\Delta t \to 0$ 时的情况，因此当 $\Delta t \to 0$时，网格 EL/L，EL/CP，EL/LTS，EL/CPTS 的算子分别与对应的网格 LE/L，LE/CP，LE/LTS，LE/CPTS 的各个算子相同。

设 $S = T(k,l,m)\mathrm{e}^{\mathrm{i}(kx+ly+mz)}$，则从表 3.29 中的 S 可导出 $T(k,l,m)$（见表 3.30）。

表 3.30 LE/L，LE/CP，LE/LTS，LE/CPTS，C/LTS，C/CPTS，EL/L，EL/CP，EL/CPTS，EL/LTS，C/L 和 C/CP 网格上的 $T(k,l,m)$

算子	C/LTS	C/CPTS	EL/L	EL/CP	LE/L	LE/CP
$T_0^{u,v}$	$T_0(k)T_0(l)T_0(m)$	$T_0(k)T_0(l)T_0(m)$	1	1	1	1
T_x^u	$T_{1/2}(k)$	$T_{1/2}(k)T_0(m)$	$T_{1/2}(k)T_0(m)$	$T_{1/2}(k)$	$T_{1/2}(k)T_0(m)$	$T_{1/2}(k)$
T_y^v	$T_{1/2}(l)$	$T_{1/2}(l)T_0(m)$	$T_{1/2}(l)T_0(m)$	$T_{1/2}(l)$	$T_{1/2}(l)T_0(m)$	$T_{1/2}(l)$
T_0^w	1	$T_0(m)$	$T_0(m)$	1	$T_0(m)$	1

算子	EL/CPTS	EL/LTS	C/L	C/CP	LE/LTS	LE/CPTS	解析
$T_0^{u,v}$	$T_0(m)$	$T_0(m)$	$T_0(k)T_0(l)$	$T_0(k)T_0(l)$	$T_0(m)$	$T_0(m)$	1
T_x^u	$T_{1/2}(k)T_0(m)$	$T_{1/2}(k)$	$T_{1/2}(k)T_0(m)$	$T_{1/2}(k)$	$T_{1/2}(k)$	$T_{1/2}(k)T_0(m)$	$\mathrm{i}k$
T_y^v	$T_{1/2}(l)T_0(m)$	$T_{1/2}(l)$	$T_{1/2}(l)T_0(m)$	$T_{1/2}(l)$	$T_{1/2}(l)$	$T_{1/2}(l)T_0(m)$	$\mathrm{i}l$
T_0^w	$T_0(m)$	1	$T_0(m)$	1	1	$T_0(m)$	1

由于表 3.29 中网格 LE/L，LE/CP，LE/LTS，LE/CPTS 的各个算子分别与对应的 EL/L，EL/CP，EL/LTS，EL/CPTS 的算子完全相同，因此，从表 3.29 中的 S 导出的 $T(k,l,m)$算子它们也对应相同，从表 3.30 中也可以看出这一点。

上面已经介绍了离散方程(3.12)中所需要的算子，下面将讨论用这些算子求解各网格上频散关系的过程。

用前面介绍的算子，方程(3.12)半离散化为

$$\begin{cases} \dfrac{\partial u}{\partial t} + S_x^u(P) - fS_0^{u,v}(v) = 0 \\ \dfrac{\partial v}{\partial t} + S_y^v(P) + fS_0^{u,v}(u) = 0 \\ \dfrac{\partial}{\partial t}S_{1/2}^z(P) + C^2 S_0^w(w) = 0 \\ S_{1/2}^x(u) + S_{1/2}^y(v) + S_{1/2}^z(w) = 0 \end{cases} \tag{3.23}$$

设波解

$$(u,v,w,P) = (U_0,V_0,W_0,P_0)\mathrm{e}^{\mathrm{i}(k\kappa\Delta x + l\mu\Delta y + m\rho\Delta z - n\omega\Delta t)} \tag{3.24}$$

这里 κ,μ,ρ 和 n 是正整数。$k=2\pi/L_x$，$l=2\pi/L_y$，$m=2\pi/L_z$，L_x，L_y，L_z 分别为 x，y，

z 方向上的波数和波长，ω 是频率。

然后将(3.24)式代入(3.23)式并考虑前面的算子得到方程组(3.23)的下列形式

$$\begin{cases} -\mathrm{i}\omega U_0 + T_x^u P_0 - fV_0 T_0^{u,v} = 0 \\ -\mathrm{i}\omega V_0 + T_y^v P_0 + fU_0 T_0^{u,v} = 0 \\ -\mathrm{i}\omega T_{1/2}(m) P_0 + C^2 W_0 T_0^w = 0 \\ T_{1/2}(k) U_0 + T_{1/2}(l) V_0 + T_{1/2}(m) W_0 = 0 \end{cases}$$

因此，频散关系为

$$\left(\frac{\omega}{f}\right)^2 = \frac{T_0^{u,v} T_0^{u,v} T_{1/2}^2(m) + \lambda^2 T_0^w [T_x^u T_{1/2}(k) + T_y^v T_{1/2}(l)]}{T_{1/2}^2(m)} \tag{3.25}$$

式中，$\lambda = C/f$ 是无量纲参数。

然后将表 3.30 中的算子代入(3.25)式中就得到了这些网格的频散关系(见表 3.31)。

表 3.31　LE/L，LE/CP，LE/LTS，LE/CPTS，C/LTS，C/CPTS，EL/L，EL/CP，EL/CPTS，EL/LTS，C/L 和 C/CP 网格上的频散关系

网格	频散关系
C/L	$\left(\frac{\omega}{f}\right)^2 = \frac{T_0^2(k)T_0^2(l)T_{1/2}^2(m) + \lambda^2 T_0^2(m)(T_{1/2}^2(k) + T_{1/2}^2(l))}{T_{1/2}^2(m)}$
C/CP	$\left(\frac{\omega}{f}\right)^2 = \frac{T_0^2(k)T_0^2(l)T_{1/2}^2(m) + \lambda^2(T_{1/2}^2(k) + T_{1/2}^2(l))}{T_{1/2}^2(m)}$
C/LTS	$\left(\frac{\omega}{f}\right)^2 = \frac{T_0^2(k)T_0^2(l)T_0^2(m)T_{1/2}^2(m) + \lambda^2(T_{1/2}^2(k) + T_{1/2}^2(l))}{T_{1/2}^2(m)}$
C/CPTS	$\left(\frac{\omega}{f}\right)^2 = \frac{T_0^2(k)T_0^2(l)T_0^2(m)T_{1/2}^2(m) + \lambda^2 T_0^2(m)(T_{1/2}^2(k) + T_{1/2}^2(l))}{T_{1/2}^2(m)}$
EL/L	$\left(\frac{\omega}{f}\right)^2 = \frac{T_{1/2}^2(m) + \lambda^2 T_0^2(m)(T_{1/2}^2(k) + T_{1/2}^2(l))}{T_{1/2}^2(m)}$
EL/CP	$\left(\frac{\omega}{f}\right)^2 = \frac{T_{1/2}^2(m) + \lambda^2(T_{1/2}^2(k) + T_{1/2}^2(l))}{T_{1/2}^2(m)}$
EL/LTS	$\left(\frac{\omega}{f}\right)^2 = \frac{T_0^2(m)T_{1/2}^2(m) + \lambda^2(T_{1/2}^2(k) + T_{1/2}^2(l))}{T_{1/2}^2(m)}$
EL/CPTS	$\left(\frac{\omega}{f}\right)^2 = \frac{T_0^2(m)T_{1/2}^2(m) + \lambda^2 T_0^2(m)(T_{1/2}^2(k) + T_{1/2}^2(l))}{T_{1/2}^2(m)}$
LE/L	$\left(\frac{\omega}{f}\right)^2 = \frac{T_{1/2}^2(m) + \lambda^2 T_0^2(m)(T_{1/2}^2(k) + T_{1/2}^2(l))}{T_{1/2}^2(m)}$
LE/CP	$\left(\frac{\omega}{f}\right)^2 = \frac{T_{1/2}^2(m) + \lambda^2(T_{1/2}^2(k) + T_{1/2}^2(l))}{T_{1/2}^2(m)}$

续表

网格	频散关系
LE/LTS	$\left(\frac{\omega}{f}\right)^2=\frac{T_0^2(m)T_{1/2}^2(m)+\lambda^2(T_{1/2}^2(k)+T_{1/2}^2(l))}{T_{1/2}^2(m)}$
LE/CPTS	$\left(\frac{\omega}{f}\right)^2=\frac{T_0^2(m)T_{1/2}^2(m)+\lambda^2T_0^2(m)(T_{1/2}^2(k)+T_{1/2}^2(l))}{T_{1/2}^2(m)}$
解析解	$\left(\frac{\omega}{f}\right)^2=\frac{m^2+\lambda^2(k^2+l^2)}{m^2}$

由于表 3.31 中网格 LE/L,LE/CP,LE/LTS,LE/CPTS 的各个算子分别与对应的 EL/L,EL/CP,EL/LTS,EL/CPTS 的算子完全相同,因此,它们对应的频散关系也相同,从表 3.31 中也可以看出这一点。这样下面同样不论在列表或图示中,将不再提 EL/L,EL/CP,EL/LTS,EL/CPTS 网格,因为它们当 $\Delta t\to 0$ 时就是对应的 LE/L,LE/CP,LE/LTS,LE/CPTS 网格。

同样,将表 3.26 中的二阶中央差 T 算子代入,就可由表 3.31 导出这些网格上二阶中央差的频散关系(见表 3.32)。

表 3.32 采用二阶中央差在各种网格上得到的频散关系

网格	频散关系
C/L	$\left(\frac{\omega}{f}\right)^2=\cos^2\frac{k\Delta x}{2}\cos^2\frac{l\Delta y}{2}+\frac{\lambda^2R_2\cos^2\frac{m\Delta z}{2}}{R_1}$
C/CP	$\left(\frac{\omega}{f}\right)^2=\cos^2\frac{k\Delta x}{2}\cos^2\frac{l\Delta y}{2}+\frac{\lambda^2R_2}{R_1}$
C/LTS	$\left(\frac{\omega}{f}\right)^2=\cos^2\frac{k\Delta x}{2}\cos^2\frac{l\Delta y}{2}\cos^2\frac{m\Delta z}{2}+\frac{\lambda^2R_2}{R_1}$
C/CPTS	$\left(\frac{\omega}{f}\right)^2=\cos^2\frac{k\Delta x}{2}\cos^2\frac{l\Delta y}{2}\cos^2\frac{m\Delta z}{2}+\frac{\lambda^2R_2\cos^2\frac{m\Delta z}{2}}{R_1}$
LE/L	$\left(\frac{\omega}{f}\right)^2=1+\frac{\lambda^2R_2\cos^2\frac{m\Delta z}{2}}{R_1}$
LE/CP	$\left(\frac{\omega}{f}\right)^2=1+\frac{\lambda^2R_2}{R_1}$
LE/LTS	$\left(\frac{\omega}{f}\right)^2=\cos^2\frac{m\Delta z}{2}+\frac{\lambda^2R_2}{R_1}$
LE/CPTS	$\left(\frac{\omega}{f}\right)^2=\cos^2\frac{m\Delta z}{2}+\frac{\lambda^2R_2\cos^2\frac{m\Delta z}{2}}{R_1}$
解析解	$\left(\frac{\omega}{f}\right)^2=1+\lambda^2\left[\left(\frac{k}{m}\right)^2+\left(\frac{l}{m}\right)^2\right]$

注:其中的 R_1 和 R_2 表达式与表 3.27 的相同。

同样，将表 3.26 中的四阶紧致差分格式的 T 算子代入，就可由表 3.31 导出这些网格上四阶紧致差分格式的频散关系（见表 3.33）。

表 3.33　采用四阶紧致差分格式在各种网格上得到的频散关系

网格	频散关系
C/L	$\left(\frac{\omega}{f}\right)^2=\left[\frac{4\cos(k\Delta x/2)}{3+\cos(k\Delta x)}\right]^2\left[\frac{4\cos(l\Delta y/2)}{3+\cos(l\Delta y)}\right]^2+\frac{\lambda^2\aleph_2\left[\frac{4\cos(m\Delta z/2)}{3+\cos(m\Delta z)}\right]^2}{\aleph_1}$
C/CP	$\left(\frac{\omega}{f}\right)^2=\left[\frac{4\cos(k\Delta x/2)}{3+\cos(k\Delta x)}\right]^2\left[\frac{4\cos(l\Delta y/2)}{3+\cos(l\Delta y)}\right]^2+\frac{\lambda^2\aleph_2}{\aleph_1}$
C/LTS	$\left(\frac{\omega}{f}\right)^2=\left[\frac{4\cos(k\Delta x/2)}{3+\cos(k\Delta x)}\right]^2\left[\frac{4\cos(l\Delta y/2)}{3+\cos(l\Delta y)}\right]^2\left[\frac{4\cos(m\Delta z/2)}{3+\cos(m\Delta z)}\right]^2+\frac{\lambda^2\aleph_2}{\aleph_1}$
C/CPTS	$\left(\frac{\omega}{f}\right)^2=\left[\frac{4\cos(k\Delta x/2)}{3+\cos(k\Delta x)}\right]^2\left[\frac{4\cos(l\Delta y/2)}{3+\cos(l\Delta y)}\right]^2\left[\frac{4\cos(m\Delta z/2)}{3+\cos(m\Delta z)}\right]^2+\frac{\lambda^2\aleph_2\left[\frac{4\cos(m\Delta z/2)}{3+\cos(m\Delta z)}\right]^2}{\aleph_1}$
LE/L	$\left(\frac{\omega}{f}\right)^2=1+\frac{\lambda^2\aleph_2\left[\frac{4\cos(m\Delta z/2)}{3+\cos(m\Delta z)}\right]^2}{\aleph_1}$
LE/CP	$\left(\frac{\omega}{f}\right)^2=1+\frac{\lambda^2\aleph_2}{\aleph_1}$
LE/LTS	$\left(\frac{\omega}{f}\right)^2=\left[\frac{4\cos(m\Delta z/2)}{3+\cos(m\Delta z)}\right]^2+\frac{\lambda^2\aleph_2}{\aleph_1}$
LE/CPTS	$\left(\frac{\omega}{f}\right)^2=\left[\frac{4\cos(m\Delta z/2)}{3+\cos(m\Delta z)}\right]^2+\frac{\lambda^2\aleph_2\left[\frac{4\cos(m\Delta z/2)}{3+\cos(m\Delta z)}\right]^2}{\aleph_1}$
解析解	$\left(\frac{\omega}{f}\right)^2=1+\lambda^2\left[\left(\frac{k}{m}\right)^2+\left(\frac{l}{m}\right)^2\right]$

注：其中的 $\aleph_1$ 和 $\aleph_2$ 表达式与表 3.28 的相同。

下面主要从频率和群速（包括水平分量和垂直分量，它们的表达式很复杂，没有列出，但在下一部分绘制了它们的相对误差图）分析它们的计算频散性。

3.5.3　计算频散特征的分析

前两部分给出的各种网格频散特征，由于表达式较复杂，不便于直接比较，下面主要用图示的方式进行对比。

注意：由于方程组所描述的惯性重力内波在水平方向上是各向同性的，所以取 $k=m$ 不会影响所得的结论。这样群速的 x 方向水平分量就可代表整个水平分量。因此下面图示中给出的水平群速只有一个，即 x 方向的群速分量。

这里所研究的尺度范围，水平方向为 100 km，垂直方向为 100 m 的情况，下面先看非静力情况下的。

为说明各种网格与解析解的差别，从频率、水平群速和垂直群速的相对误差来比较。

图 3.32 给出了非静力情况下采用二阶中央差和四阶紧致差分格式各种三维网格的频率相对误差图，从中可以看出：在采用二阶中央差情况下，误差最小的是 LE/CP 网格，其次为 C/CP 网格，再次为 LE/L 网格。其他几种网格的最大误差均在 60%以上。而在采用四阶紧致差分格式下，误差最小的仍为 EL/CP 网格和 C/CP 网格。从二阶中央差到四阶紧致差分格式，每种网格的最大误差变化情况列于表 3.34，从中可以看出，只有 C/CP，LE/LTS，C/LTS 和 C/L 网格的最大误差在减小，其他网格要么不变要么增大，总的说来，从频率的角度来看，不论在二阶中央差还是在四阶紧致差分格式下，LE/CP，C/CP 和 LE/L 网格的计算频散性均最好。

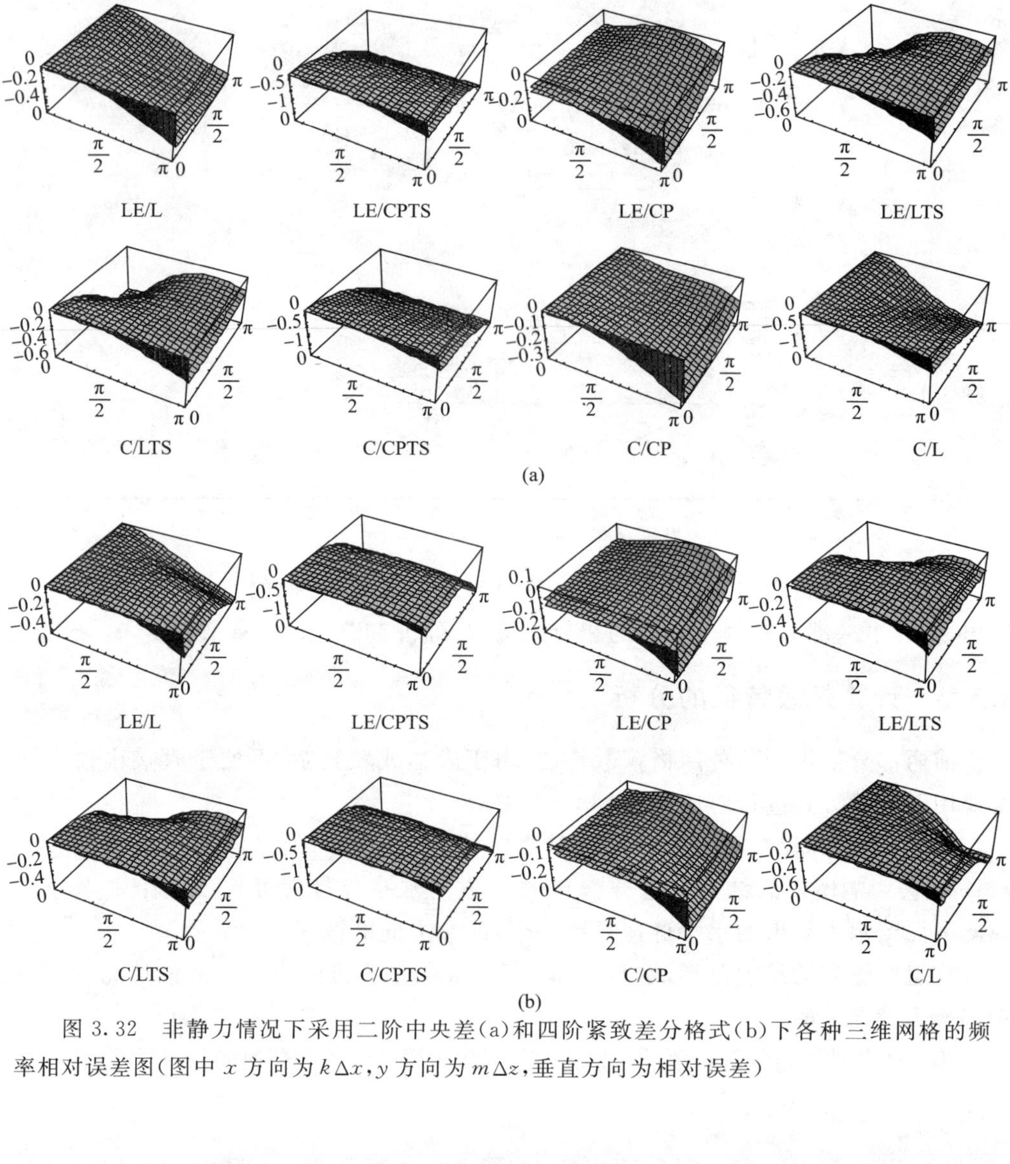

图 3.32　非静力情况下采用二阶中央差(a)和四阶紧致差分格式(b)下各种三维网格的频率相对误差图（图中 x 方向为 $k\Delta x$，y 方向为 $m\Delta z$，垂直方向为相对误差）

下面看一下水平群速方面，图 3.33 为非静力情况下采用二阶中央差和四阶紧致差分格式各种网格的水平群速相对误差图。从中可以看出，在采用二阶中央差情况下，LE/L，LE/CPTS，C/CP 和 C/CPTS 网格的误差最小，其次为 LE/CP 网格。而在采用四阶紧致差分格式下，误差最小的为 LE/L，LE/CPTS 和 C/CPTS 网格，其次为 LE/CP 和 C/CP 网格。从二阶中央差到四阶紧致差分格式，每种网格的最大误差变化情况也列于表 3.34，从中可以看出，只有 LE/CP，LE/LTS 和 C/LTS 网格的最大误差在减小，其他网格要么不变要么增大。总的说来，从水平群速的角度来看，LE/L，LE/CPTS，C/CPTS，C/CP 和 LE/CP 网格的计算频散性较好。

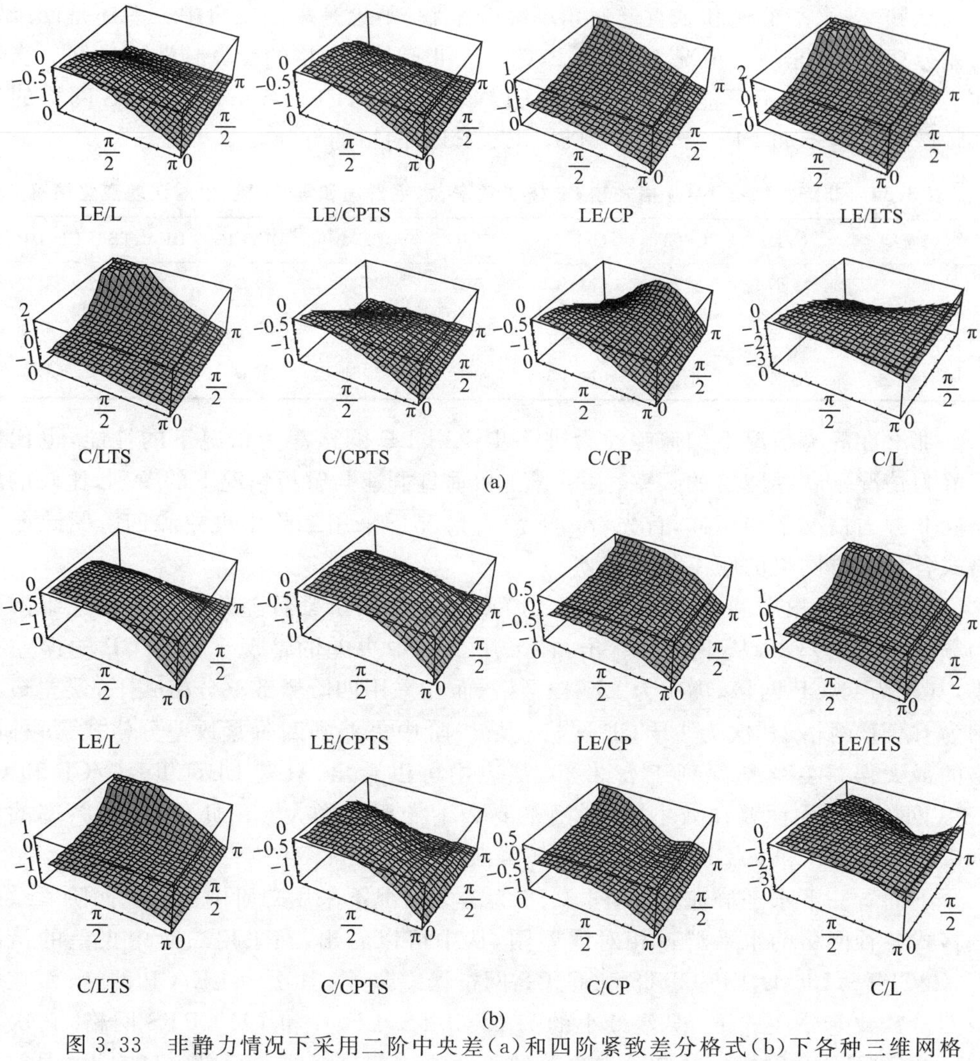

图 3.33　非静力情况下采用二阶中央差(a)和四阶紧致差分格式(b)下各种三维网格的水平群速相对误差图(图中 x 方向为 $k\Delta x$，y 方向为 $m\Delta z$，垂直方向为相对误差)

接下来看一下垂直群速，图 3.34 为非静力情况下采用二阶中央差和四阶紧致差分格式各种网格的垂直群速相对误差图。从图中可以看出，在采用二阶中央差情况下，仍然是 C/CP，LE/L 和 LE/CP 网格误差较小；而在采用四阶紧致差分格式下，误差最小的为 LE/CP 和 C/CP 网格，其次为 LE/L 网格。从二阶中央差到四阶紧致差分格式，每种网格的最大误差变化情况也列于表 3.34，从中可以看出，只有 LE/LTS 和 C/LTS 网格的最大误差在减小，其他网格要么不变要么增大。由此可见，从垂直群速的角度来看，LE/CP，LE/L 和 C/CP 等网格的计算频散性较好。

综合表 3.34 表明，差分精度增加以后，对这几种网格而言，未必会减少其误差。

从频率、水平群速和垂直群速角度综合来看，不论是采用二阶中央差还是四阶紧致差分格式，在非静力情况下 LE/CP，C/CP 和 LE/L 网格的计算频散性最好。当然在实际模式中 Δt 不可能趋于 0，因此 EL/L，EL/CP，EL/LTS，EL/CPTS 网格的计算频散性肯定不如 LE/CP，LE/LTS，LE/CPTS 网格的好。

表 3.34　非静力情况下 C4 格式较 C2 格式频率、水平群速和垂直群速相对误差变化情况

特征	C/L	C/CP	C/LTS	C/CPTS	LE/L	LE/CP	LE/LTS	LE/CPTS
频率	减小	减小	减小	不变	不变	增大	减小	不变
水平群速	不变	增加	减小	不变	不变	减小	减小	不变
垂直群速	增加	不变	减小	增加	增加	不变	减小	不变

那么在静力情况下如何呢？为进一步说明 LE 网格静力情况下的性能，也比较了静力情况下各种网格的频率、水平群速和垂直群速与解析情况下的差别，比较的思路同非静力情况下的一样，首先看一下静力情况下采用二阶中央差和四阶紧致差分格式各种三维网格的频率相对误差。

图 3.35 给出了静力情况下采用二阶中央差和四阶紧致差分格式各种三维网格的频率相对误差图，从中可以看出：在采用二阶中央差的情况下，LE/CP 的误差最小，其次为 C/CP 网格，再次为 LE/L 网格；而在采用四阶紧致差分格式下，误差最小的为 C/CP 网格，其次为 LE/CP 网格。从二阶中央差到四阶紧致差分格式，每种网格的最大误差变化情况列于表 3.35，从表中可以看出，只有 LE/LTS，C/CP 和 C/LTS 网格的最大误差在减小，其他网格要么不变要么增大。由此可见，从频率的角度来看，LE/CP 和 C/CP 等网格的计算频散性较好。

下面看一下水平群速方面，图 3.36 为静力情况下采用二阶中央差和四阶紧致差分格式各种网格的水平群速相对误差图，从中可以看出：在采用二阶中央差的情况下，C/CPTS，LE/L，LE/CPTS 和 C/CP 网格误差最小，其次为 LE/CP 网格；而在采用四阶紧致差分格式下，误差最小的为 C/CPTS，LE/L 和 LE/CPTS 网格，其次为 LE/CP 和 C/CP 网格。从二阶中央差到四阶紧致差分格式，每种网格的最大误差变化情况也列于表 3.35，从中可以看出，只有 LE/LTS，LE/CP 和 C/LTS 网格的最大误差在减小，其他网格要么不变要么增大。总之，从水平群速的角度来看，C/CP，C/CPTS，LE/L，LE/CPTS 和 LE/CP 网格的计算频散性较好。

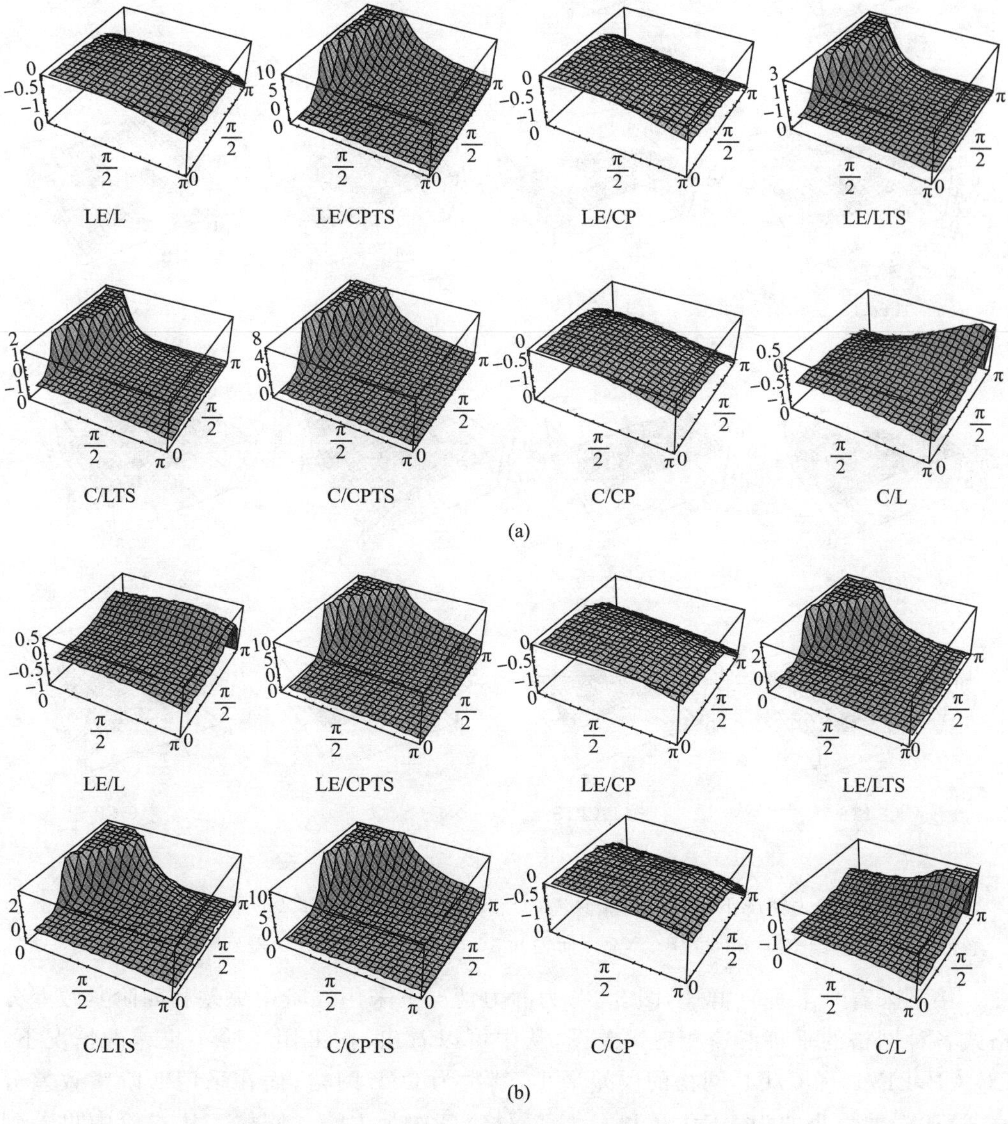

图 3.34　各种非静力情况下采用二阶中央差(a)和四阶紧致差分格式(b)下三维网格的垂直群速相对误差图(图中 x 方向为 $k\Delta x$，y 方向为 $m\Delta z$，垂直方向为相对误差)

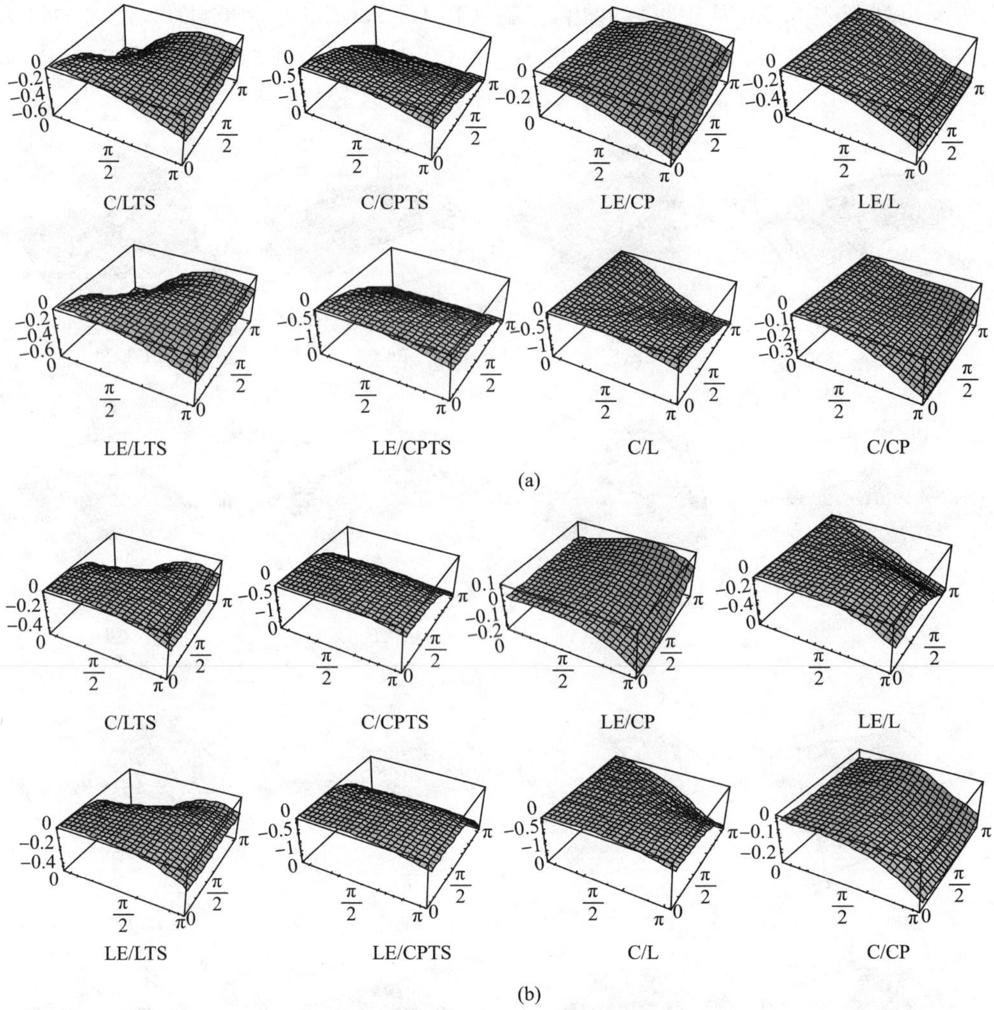

图 3.35　静力情况下采用二阶中央差(a)和四阶紧致差分格式(b)下各种三维网格的频率相对误差图(图中 x 方向为 $k\Delta x$，y 方向为 $m\Delta z$，垂直方向为相对误差)

接下来看一下垂直群速，图 3.37 为静力情况下采用二阶中央差和四阶紧致差分格式各种网格的垂直群速相对误差图，从中可以看出：在采用二阶中央差的情况下，LE/CP，LE/L 和 C/CP 网格的误差最小，其次为 C/L 网格；而在采用四阶紧致差分格式下，误差最小的为 LE/CP 和 C/CP 网格，其次为 LE/L 网格。从二阶中央差到四阶紧致差分格式，每种网格的最大误差变化情况也列于表 3.35，从中可以看出，只有 LE/LTS 和 C/LTS 网格的最大误差在减小，其他网格要么不变要么增大。由此可见，从垂直群速的角度来看，C/CP，LE/L 和 LE/CP 等网格的计算频散性较好。

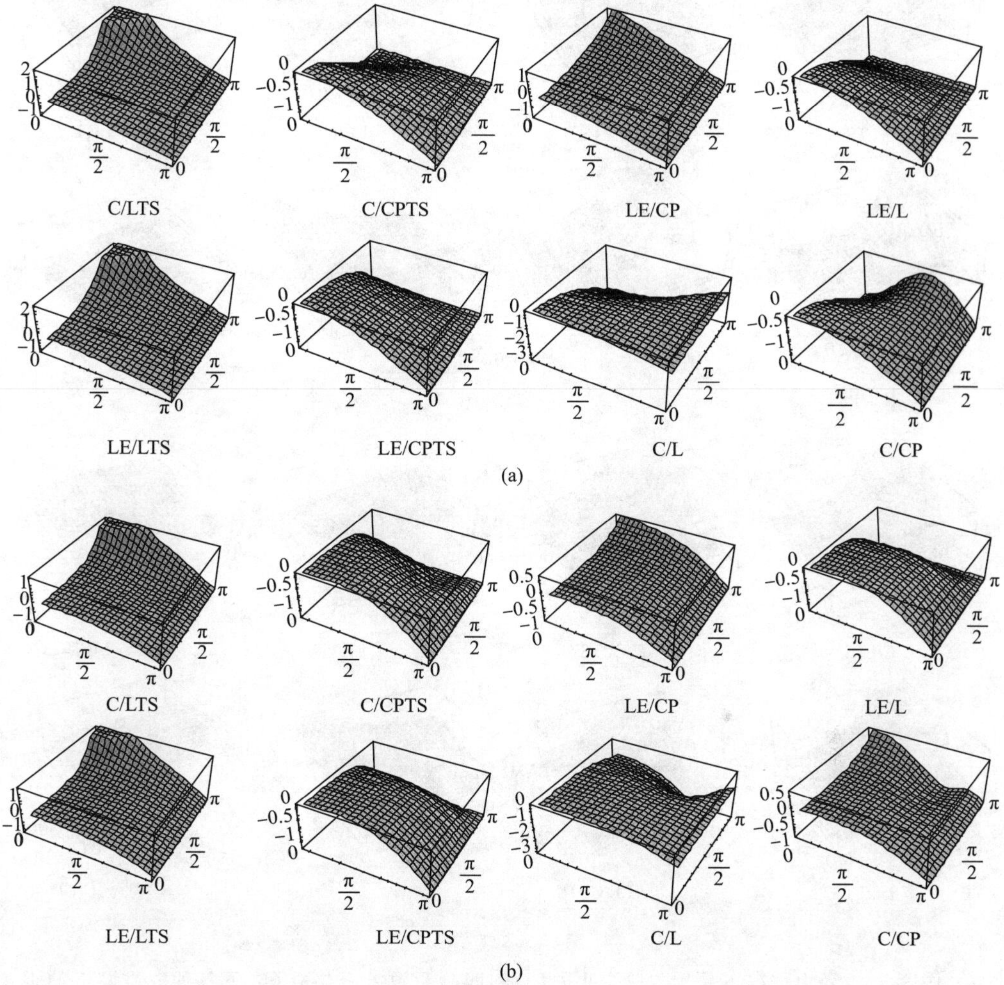

图 3.36　静力情况下采用二阶中央差(a)和四阶紧致差分格式(b)下各种三维网格的水平群速相对误差图(图中 x 方向为 $k\Delta x$，y 方向为 $m\Delta z$，垂直方向为相对误差)

综合表 3.35 也表明，差分精度增加以后，对这几种网格而言，同样未必会减少其误差。

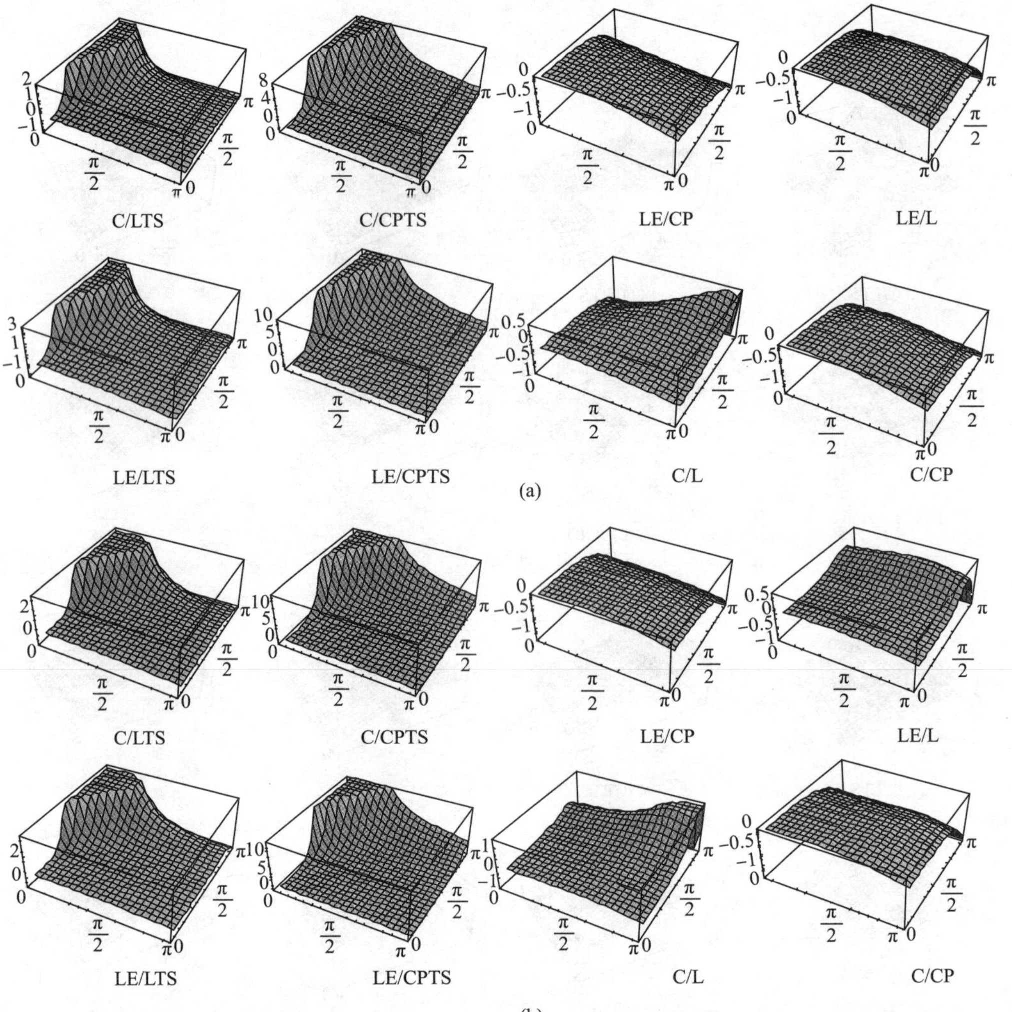

图 3.37　静力情况下采用二阶中央差(a)和四阶紧致差分格式(b)下各种三维网格的垂直群速相对误差图(图中 x 方向为 $k\Delta x$，y 方向为 $m\Delta z$，垂直方向为相对误差)

表 3.35　静力情况下 C4 格式较 C2 格式频率、水平群速和垂直群速相对误差变化情况

特征	C/L	C/CP	C/LTS	C/CPTS	LE/L	LE/CP	LE/LTS	LE/CPTS
频率	不变	减小	减小	不变	不变	增大	减小	不变
水平群速	不变	增加	减小	不变	不变	减小	减小	不变
垂直群速	增加	不变	减小	增加	增加	不变	减小	不变

从频率、水平群速和垂直群速角度综合来看，不论是采用二阶中央差还是四阶紧致差分格式，静力情况下 LE/CP，C/CP 和 LE/L 网格的计算频散性也是最好的。

3.5.4　水平分辨率和垂直分辨率间的协调

从前面两部分的分析比较可以看出，LE/CP 网格是最好的网格之一，不过前面所研究的尺度范围，水平方向为 100 km，垂直方向为 100 m 的情况，在非静力情况下当水平格距从 100 km 到 1 m、垂直格距从 1 km 到 10 m 变化时，看哪种情况与对应的解析解最接近，即产生的误差最小？同时由于前面的分析得知采用四阶紧致差分格式并不能必然减少其误差，因此，不讨论四阶紧致差分格式下的情况，仅限于二阶中央差的格式。

为此，首先绘制了不同的水平格距和垂直格距下离散频率和解析频率的相对误差图（见图 3.38）。

从图中可以看出：当垂直格距为 1 km 时，随着水平格距的缩小，误差越来越小，当水平格距缩小到 1 km 以下时，误差已相当小了；当垂直格距为 100 m 时，随着水平格距的缩小，误差开始增大，然后也越来越小，当缩小到 100 m 时，误差也相当小了；当垂直格距为 10 m 时，也是随着水平格距的减小，误差开始增大然后越来越小，当减小到 10 m 时，误差也比较小了。或者说，当水平格距为 100 km 时，垂直格距越小越好，至少应为 100 m 以下；当水平格距为 10 km 时，垂直格距也是越小越好，至少应为 10 m 以下；当水平格距为 1 km 时，垂直格距反而越大越好，至少应为 1 km 以上；当水平格距为 100 m 时，垂直格距也是越大越好，至少应为 100 m 以上；当水平格距为 10 m 时，垂直格距也是越大越好，至少应为 10 m 以上；当水平格距为 1 m 时，垂直格距仍是越大越好，至少应为 1 m 以上。也就是说，从频率的角度来看，当水平格距与垂直格距相当时，产生的误差最小。

下面看一下不同的水平格距和垂直格距下离散水平群速和解析水平群速的相对误差图（见图 3.39）。

从图中可以看出：当垂直格距为 1 km 时，水平格距为 1 km 以下时，最大误差趋于固定，即最大误差不再减小；当垂直格距为 100 m 时，水平格距为 100 m 以下时，最大误差也不再减小；当垂直格距为 10 m 时，水平格距为 10 m 以下时，最大误差也不再减小，维持不变。也就是说，从水平群速的角度来看，当水平格距固定时，垂直格距越大越好；当垂直格距固定时，但水平格距与垂直格距相当时较好。

最后看一下不同的水平格距和垂直格距下离散垂直群速和解析垂直群速的相对误差图（见图 3.40）。

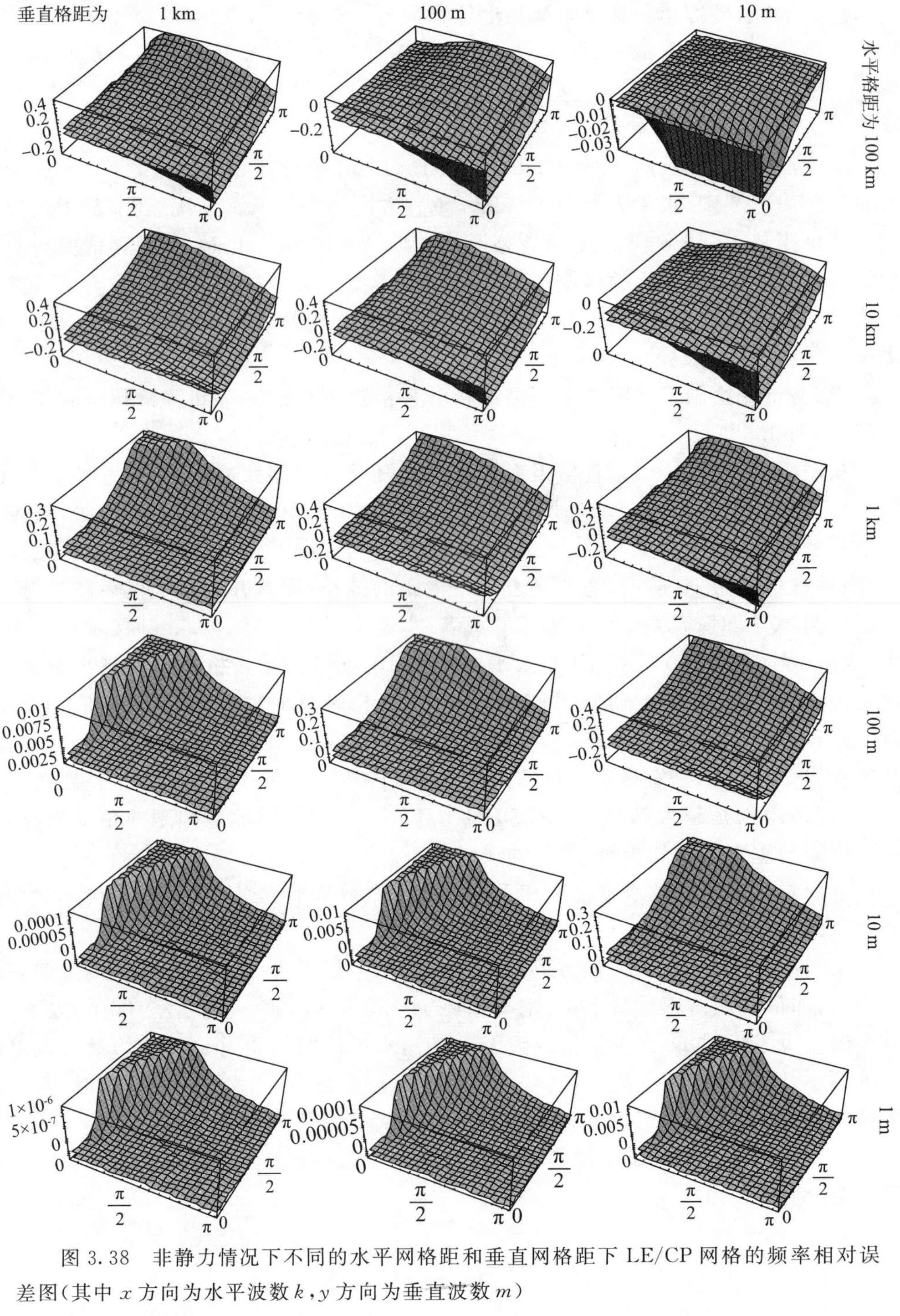

图 3.38 非静力情况下不同的水平网格距和垂直网格距下 LE/CP 网格的频率相对误差图(其中 x 方向为水平波数 k,y 方向为垂直波数 m)

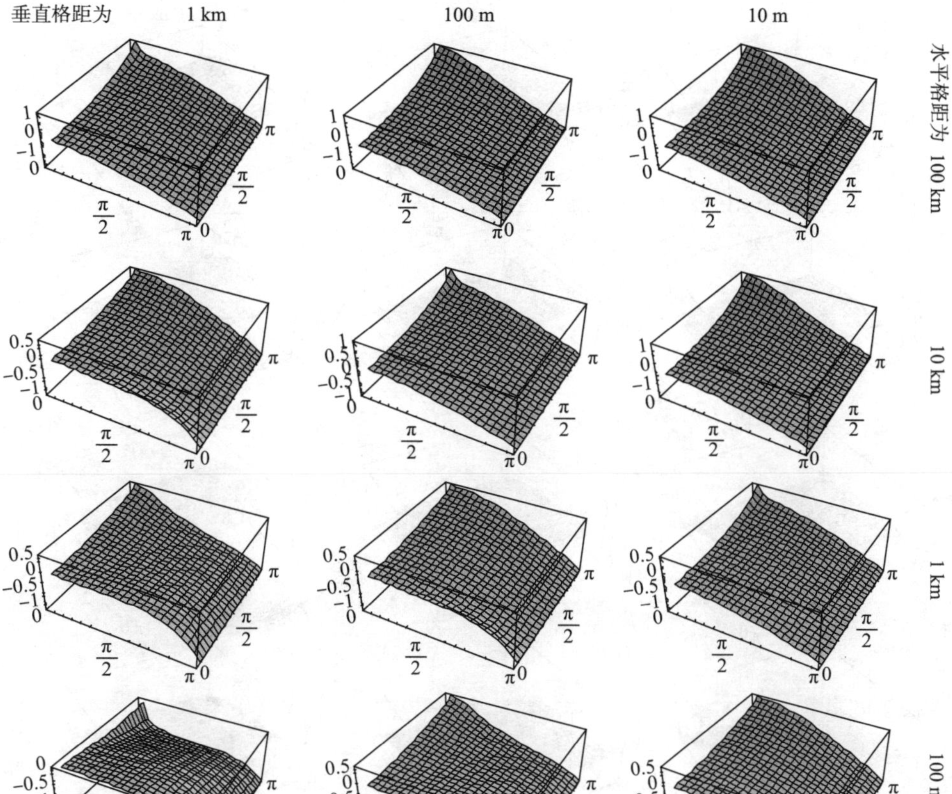

图 3.39　非静力情况下不同的水平网格距和垂直网格距下 LE/CP 网格的水平群速相对误差图(其中 x 方向为水平波数 k,y 方向为垂直波数 m)

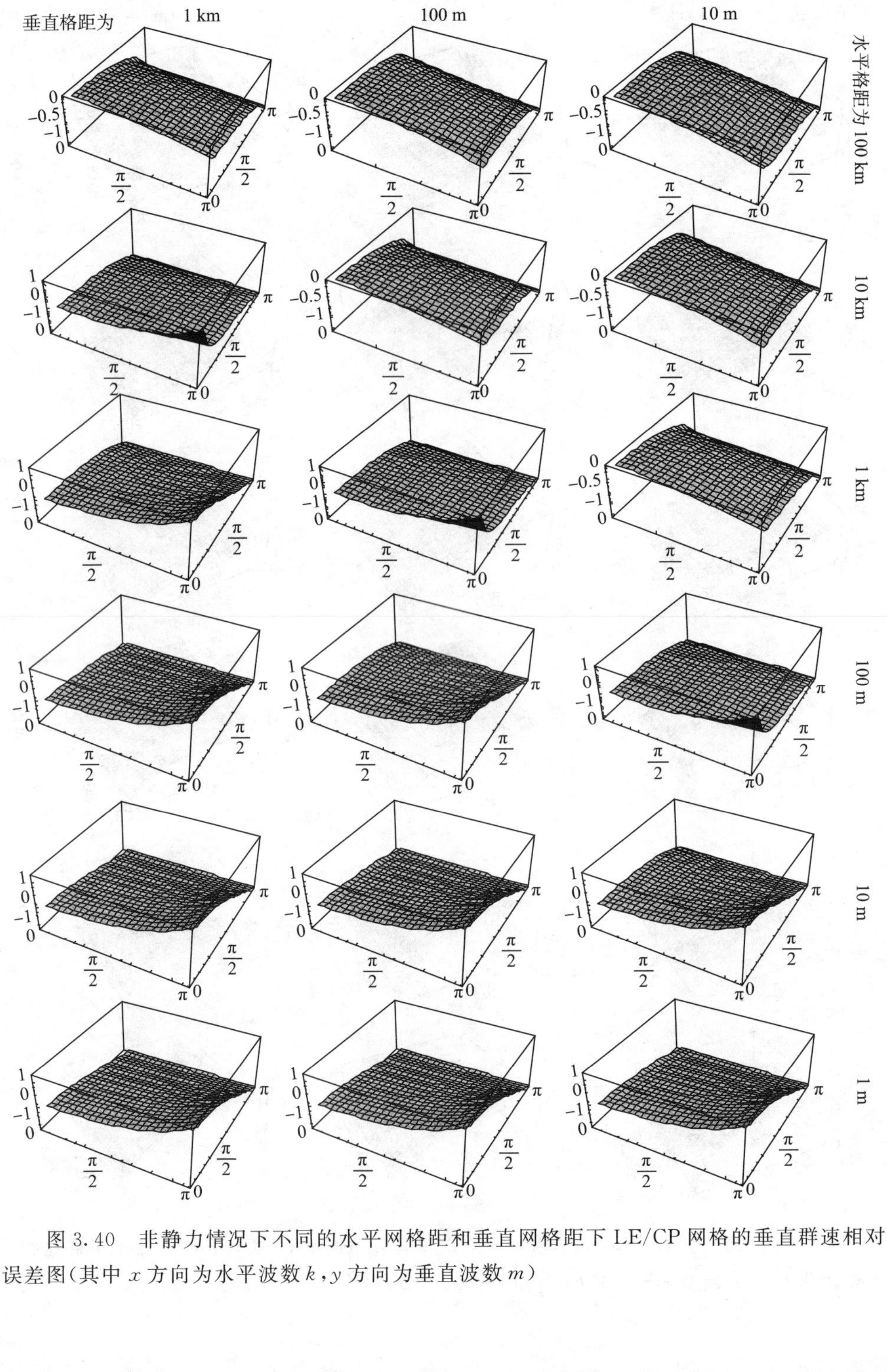

图 3.40 非静力情况下不同的水平网格距和垂直网格距下 LE/CP 网格的垂直群速相对误差图(其中 x 方向为水平波数 k,y 方向为垂直波数 m)

从图中可以看出，当垂直格距为 1 km 时，水平格距为 100 km 误差最小，当水平格距再减小时，误差亦不再减小；当垂直格距为 100 m 时，水平格距为 10 km 以上最佳；当垂直格距为 10 m 时，水平格距为 1 km 时，产生的误差最小。也就是说，从垂直群速的角度来看，当水平格距与垂直格距之比为 100∶1 时，产生的误差最小。

在静力情况下 LE/CP 网格当水平格距从 100 km 到 1 m、垂直格距从 1 km 到 10 m 变化时，看哪种情况与对应的解析解最接近，即产生的误差最小。

首先也绘制了静力情况下不同的水平格距和垂直格距下离散频率和解析频率的相对误差图(见图 3.41)。

从图中可以看出，当水平格距与垂直格距之比大于 1000∶1 时，产生的误差最小。其他情况误差都一样，即不论如何调试水平格距或垂直格距，误差都不变。

下面看一下静力情况下不同的水平格距和垂直格距下离散水平群速和解析水平群速的相对误差图(见图 3.42)。

从图中可以看出，当垂直格距与水平格距之比为 1∶10 是一个分界线，大于这个比例误差都是一样的，均比较小；当小于这个比例时误差也是一样的，均比较大。也就是说，从水平群速的角度来看，当垂直格距与水平格距之比应大于或等于 1∶10，否则误差较大。

最后看一下静力情况下不同的水平格距和垂直格距下离散垂直群速和解析垂直群速的相对误差图(见图 3.43)。从图中可以看出：当垂直格距和水平格距如何变化，产生的误差都是一样的。

得到下面结论：

(1)在静力或非静力情况下，从频率和群速(包括水平群速和垂直群速)两方面总体来看，不论在二阶中央差还是在四阶紧致差分格式下 LE/CP，C/CP 和 LE/L 网格对惯性重力内波的模拟较精确。可见 LE 网格在三维空间中也是有效的。

(2)采用高精度的四阶紧致差分格式，并不能减少所有三维离散网格产生的误差，因此高精度的四阶紧致差分格式应该慎用，否则即要花费大量的时间编写程序，又不见得能提高模拟结果的精度。

(3)在非静力情况下，从频率、水平群速和垂直群速来看，当水平格距与垂直格距相当时，产生的误差最小；在静力情况下，从频率、水平群速和垂直群速来看，当水平格距与垂直格距之比为 100∶1 时，产生的误差最小。

这样，调试模式的水平分辨率和垂直分辨率就有了依据。不过该结论并不完全适用于目前的原始方程中尺度模式，在包含各种物理过程的原始方程中尺度模式中水平分辨率和垂直分辨率应如何搭配还有待于进一步研究。

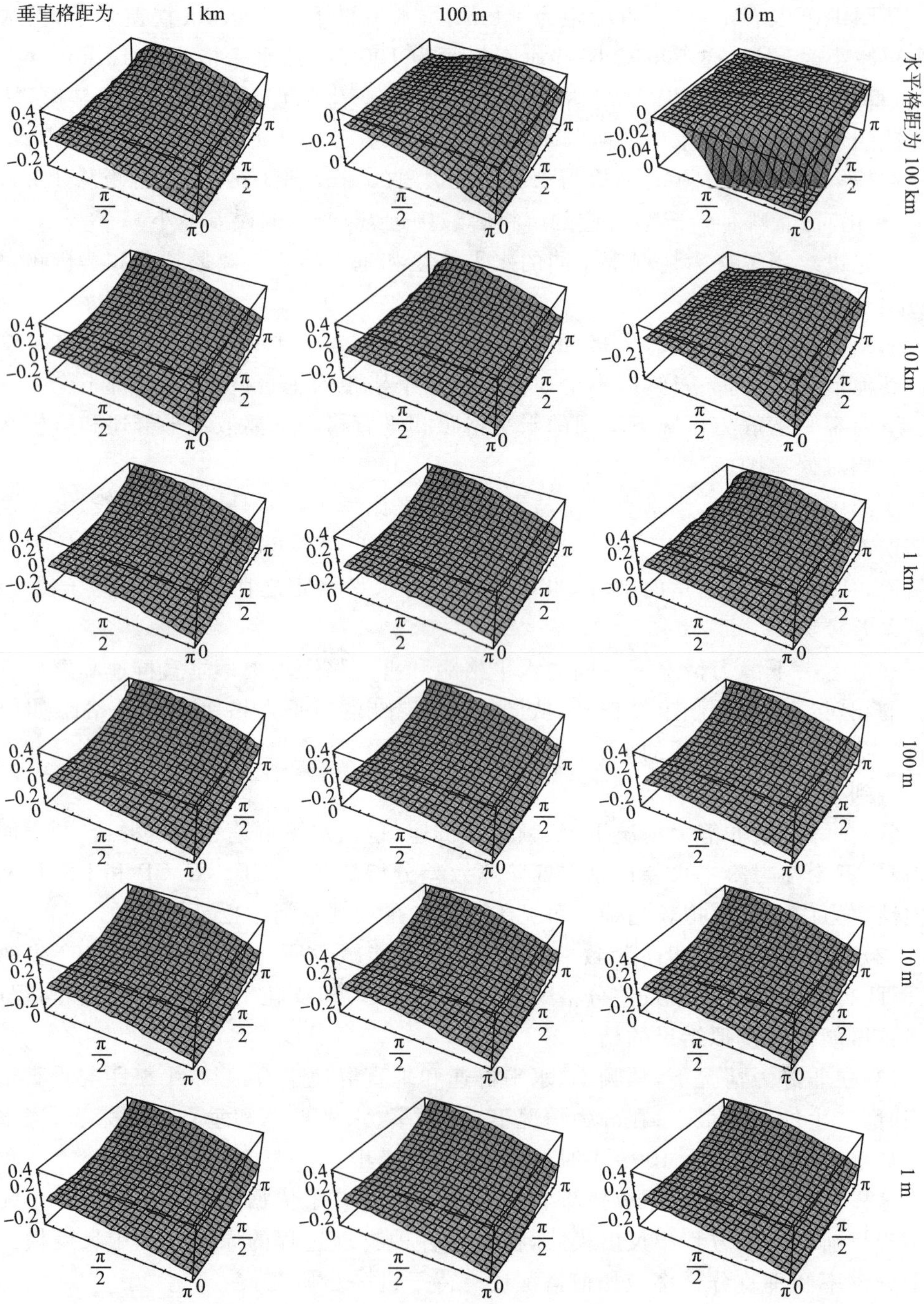

图 3.41 静力情况下不同的水平网格距和垂直网格距下 LE/CP 网格的频率相对误差图(其中 x 方向为水平波数 k，y 方向为垂直波数 m)

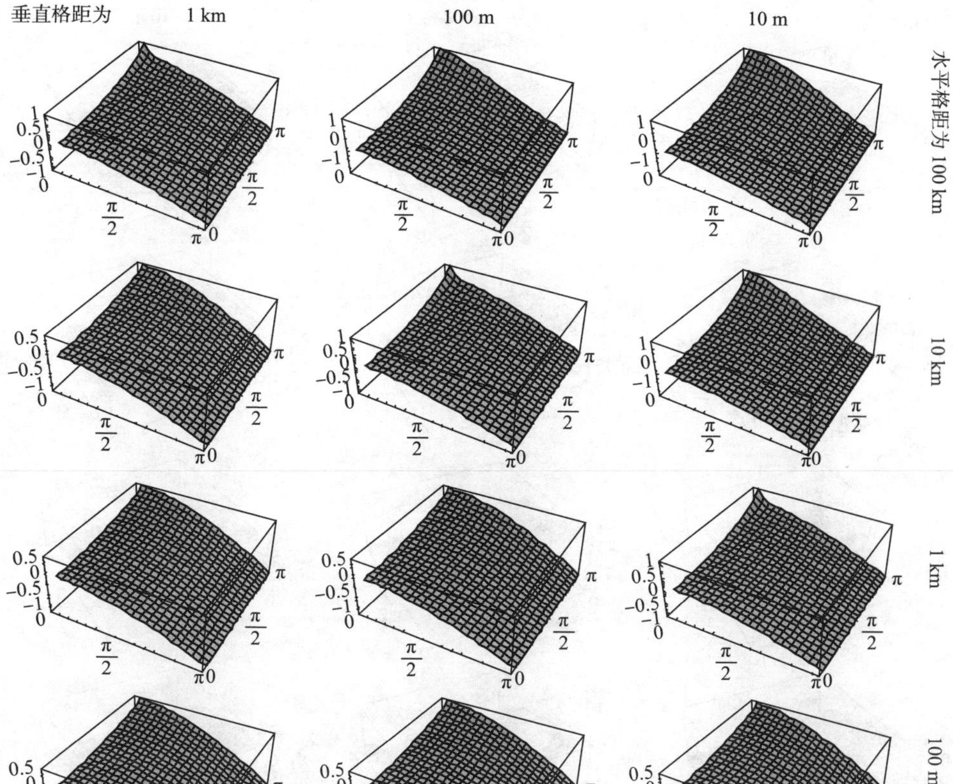

图 3.42　静力情况下不同的水平网格距和垂直网格距下 LE/CP 网格的水平群速相对误差图(其中 x 方向为水平波数 k，y 方向为垂直波数 m)

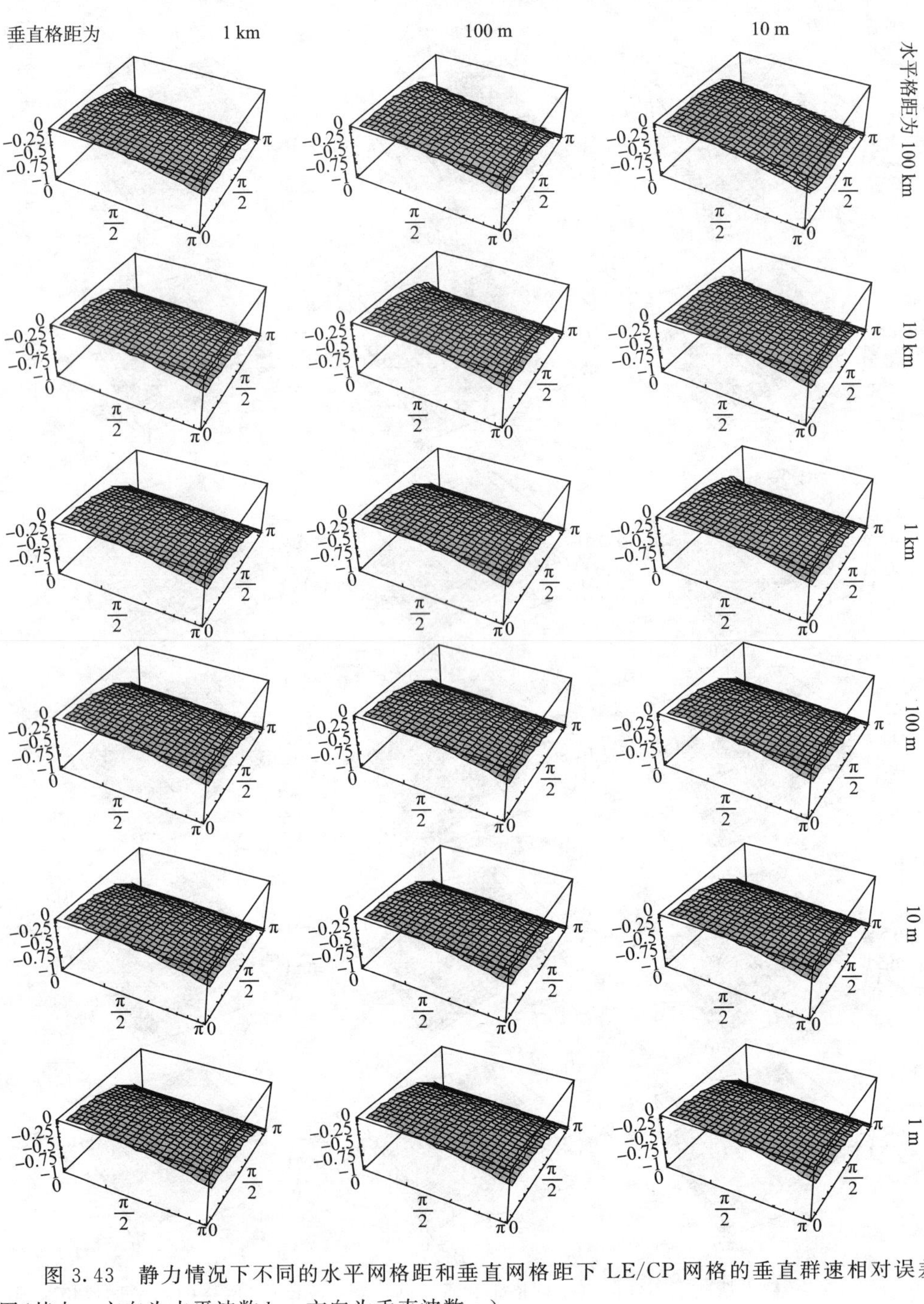

图 3.43　静力情况下不同的水平网格距和垂直网格距下 LE/CP 网格的垂直群速相对误差图(其中 x 方向为水平波数 k,y 方向为垂直波数 m)

3.6　空间分辨率和空间差分精度对水平网格性能的影响

采用的差分方法有二阶中央差和四阶中央差分以及更高阶的差分格式。所取的差分格距针对不同的研究领域，有的格距较大为 100 km，有的格距较小仅有 1 km，或者更小才 1 m。针对线性浅水方程组为例加以研究，变量的水平分布形式有 Arakawa A，B，C，D 和 E 共 5 种，而 Arakawa E 网格的格距是 Arakawa A，B，C 和 D 的 $\sqrt{2}$倍，不便于统一比较，因此，只考虑前面四种。由于这个线性浅水方程组可以得到解析解，通过在不同的变量分布下进行离散计算，然后与解析解进行对比，看在不同的网格距和不同精度的差分格式下，哪种情况下得到的结果与解析解最接近。从而得出缩小网格距对减少网格离散造成的误差影响大，还是采用高阶的差分精度对减少网格离散造成的误差影响大等一些有益的结论。

首先从线性化浅水方程组出发，通过消元法得到自由面上的重力位势 ϕ 的二维克莱因-高登（Klein-Gordon）方程，并给定高斯分布型的位势场初值，由此可解出任一时刻的位势场，以它作为对比的参考值，由于是单变量的，和变量分布、差分精度无关，称之为解析解。然后将线性化浅水方程组分别在 Arakawa A-D 网格上离散，通过取 100 km，10 km 和 1 km 的网格距、二阶中央差和四阶中央差两种差分格式，分别进行数值模拟计算，比较哪种情况下模拟出的位势场与解析位势场之间的误差最小，从而得出差分精度对网格离散的影响大还是缩小网格距对网格离散的影响大，并对得到的一些结论进行解释。最后给出结论部分。

3.6.1　解析情况

正压地转适应过程的基本方程组为(3.26)式

$$\begin{cases}\dfrac{\partial u}{\partial t}-f_0 v=-\dfrac{\partial \phi}{\partial x}\\[2mm] \dfrac{\partial v}{\partial t}+f_0 u=-\dfrac{\partial \phi}{\partial y}\\[2mm] \dfrac{\partial \phi}{\partial t}+c_0^2\left(\dfrac{\partial u}{\partial x}+\dfrac{\partial v}{\partial y}\right)=0\end{cases}\tag{3.26}$$

方程中 u，v 和 ϕ 分别为 x 方向的风速分量、y 方向的风速分量和自由面上的重力位势，$c_0=\sqrt{gH}=\sqrt{9.8\times5000}$(m/s)，为表面重力波的速度，$H$ 为自由面高度，在大气模式中通常取 5000 m，f_0 取 30°的值。

给定其初值为

$$
\begin{cases}
\phi\,|_{t=0} = \phi_0(x,y) = \Phi_0 \mathrm{e}^{-\frac{(x-x_c)^2+(y-y_c)^2}{\delta^2}} \\
u\,|_{t=0} = v\,|_{t=0} = 0 \\
\dfrac{\partial \phi}{\partial t}\,|_{t=0} = \phi_1(x,y) = -c_0^2\left(\dfrac{\partial u}{\partial x} + \dfrac{\partial v}{\partial y}\right)\bigg|_{t=0} = 0 \\
\dfrac{\partial^2 \phi}{\partial t^2}\,|_{t=0} = 0
\end{cases}
\tag{3.27}
$$

式中 $\Phi_0=500\times 9.8(\mathrm{m}^2/\mathrm{s}^2)$，$(x_c,y_c)$为求解区域中心点的位置，考虑到目前计算机的最大内存和研究区域的大小这里取 $\delta=2(\mathrm{m})$。

将上述方程(3.26)的 u,v 消去，得到

$$
\frac{\partial}{\partial t}\left(\frac{\partial^2 \phi}{\partial t^2} - c_0^2\,\nabla_h^2\phi + f_0^2\phi\right) = 0 \tag{3.28}
$$

并且在初值条件：

$$
\begin{cases}
\phi\,|_{t=0} = \phi_0(x,y) = \Phi_0 \mathrm{e}^{-\frac{(x-x_c)^2+(y-y_c)^2}{\delta^2}} \\
\dfrac{\partial \phi}{\partial t}\,|_{t=0} = -c_0^2\left(\dfrac{\partial u}{\partial x} + \dfrac{\partial v}{\partial y}\right)\bigg|_{t=0} = 0 \\
\dfrac{\partial^2 \phi}{\partial t^2}\,|_{t=0} = 0
\end{cases}
\tag{3.29}
$$

下对方程(3.28)进行积分可以得到

$$
\frac{\partial^2(\phi-\phi_0)}{\partial t^2} - c_0^2\,\nabla_h^2(\phi-\phi_0) + f_0^2(\phi-\phi_0) = 0 \tag{3.30}
$$

这是自由面上的重力位势 ϕ 的二维 Klein-Gordon 方程，称为地转适应方程。它是单变量的，与变量分布无关。

方程(3.30)是一个在初值条件(3.29)下的柯西(Cauchy)问题，可以通过降维法进行求解，即进行变量代换，设

$$
w(x,y,z,t) = [\phi(x,y,t) - \phi_0]\cos\frac{f_0 z}{c_0} \tag{3.31}
$$

这样方程(3.30)和初值条件(3.29)就分别变换为

$$
\frac{\partial^2 w}{\partial t^2} = c_0^2\left(\frac{\partial^2 w}{\partial x^2} + \frac{\partial^2 w}{\partial y^2} + \frac{\partial^2 w}{\partial z^2}\right) \tag{3.32}
$$

$$
\begin{cases}
w\,|_{t=0} = 0 \\
\dfrac{\partial w}{\partial t}\,|_{t=0} = -\phi_0(x,y)\cos\dfrac{f_0 z}{c_0}
\end{cases}
\tag{3.33}
$$

解初值条件(3.33)下的方程(3.32)就是解归一化三维波动方程的 Cauchy 问题。它的解就是下列 Poisson 公式

$$w(x,y,z,t) = -\frac{1}{4\pi c_0}\left\{\iint_{S_{c_0 t}^M}\phi_0(\xi,\eta)R^{-1}\cos\frac{f_0\zeta}{c_0}\delta S\right\} \tag{3.34}$$

其中

$$R = \sqrt{(\xi-x)^2+(\eta-y)^2+(\zeta-z)^2} \tag{3.35}$$

式中 $S_{C_0 t}^M$ 表示中心为 $M(x,y,z)$、半径为 $c_0 t$ 的球面，即 $R = c_0 t$。利用降维法，由于 $z=0$，$w(x,y,0,t) = \phi(x,y,t)-\phi_0$，并且 ϕ_0 与 z 无关，因此在球面 $S_{c_0 t}^M$ 上的积分可以转换为球面与平面 $z=\zeta$ 相交的圆面积 $\sum_{c_0 t}^M((\zeta-x)^2 t(\eta-y)^2 \leqslant c_0^2 t^2)$ 上的积分。球面上的单位面积 δS 和它的投影单位面积 $\delta\xi\delta\eta$ 之间的关系如下：

$$(\delta S)\cos\gamma = \delta\xi\delta\eta \tag{3.36}$$

式中 γ 是 δS 的外法线方向和 z 轴之间的夹角，即

$$\cos\gamma = \frac{\zeta-z}{c_0 t} = \frac{\sqrt{c_0^2t^2-(\xi-x)^2-(\eta-y)^2}}{c_0 t} \tag{3.37}$$

因此

$$\delta S = \frac{c_0 t}{\sqrt{c_0^2t^2-\rho^2}}\delta\xi\delta\eta \tag{3.38}$$

其中

$$\rho \equiv \sqrt{(\xi-x)^2+(\eta-y)^2} \tag{3.39}$$

因为上半球的投影和下半球的投影是相同的，因此，积分是在 $\sum_{c_0 t}^M$ 上积分的两倍，这样

$$\phi(x,y,t) = \phi_0 - \frac{1}{2\pi c_0}\left\{\iint_{\sum_{c_0 t}^M}\phi_0(\xi,\eta)\frac{\cos\dfrac{f_0\sqrt{c_0^2t^2-\rho^2}}{c_0}}{\sqrt{c_0^2t^2-\rho^2}}\delta\xi\delta\eta\right\} \tag{3.40}$$

然后把方程(3.29)中的 ϕ_0 带入方程(3.40)，并应用数值积分方法，即可得到任一时刻的解析解。

3.6.2　在不同网格上的离散情况

初始的自由面上的重力位势场和风场与解析情况的初值(3.27)式一样，格距 d 分别取 100 km，10 km 和 1 km。模拟的区域为 5000 km 乘以 5000 km 的正方形区域，不考虑能量守恒方案，(x_c, y_c)=(2500 km，2500 km)。

值得提醒的是：该问题本不涉及边界问题，但我们实际计算的时候，区域不可能无穷大，这样在有限的区域模拟必然涉及到边界问题。这里我们采用的是固定侧边界，即在边界上

$$\frac{\partial u}{\partial t}=\frac{\partial v}{\partial t}=\frac{\partial \phi}{\partial t}=0$$

为了计算稳定，积分方案采用欧拉(Euler)后差和带有罗伯特-阿塞林(Robert-Asselin)时间过滤器的蛙跃格式相结合的方法。根据 CFL(courant friedrichs lewy)稳定性条件，格距为 100 km，10 km 和 1 km 的时间步长 Δt 分别取 120 秒、12 秒和 1 秒。为了避免来自模拟区域边界的反射波影响，只模拟到 120 分钟，下面的比较也只针对该时刻的结果进行。

3.6.3 模拟结果对比

图 3.44 给出了 120 分钟的解析自由面上的重力位势场(单位:gpm)。它的分布形势是一个圆，并且中间有一个最大值为 80 的一个点。图 3.45、图 3.47、图 3.49 分别给出了采用二阶中央差方案格距为 1 km，10 km 和 100 km 在 Arakawa A-D 网格模拟的 120 分钟自由面上的重力位势场(单位:gpm)。对于四阶中央差分方案格距为 1 km，10 km 和 100 km 在 Arakawa A-D 网格上模拟的 120 分钟自由面上的重力位势场(单位:gpm)分别见图 3.46、图 3.48 和图 3.50。

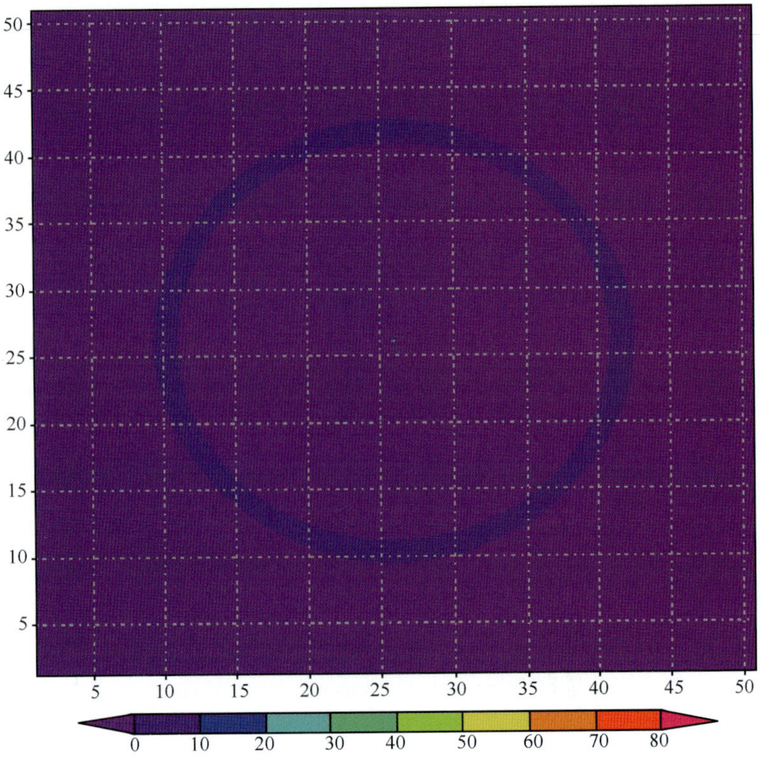

图 3.44 120 分钟时的自由面重力位势精确解

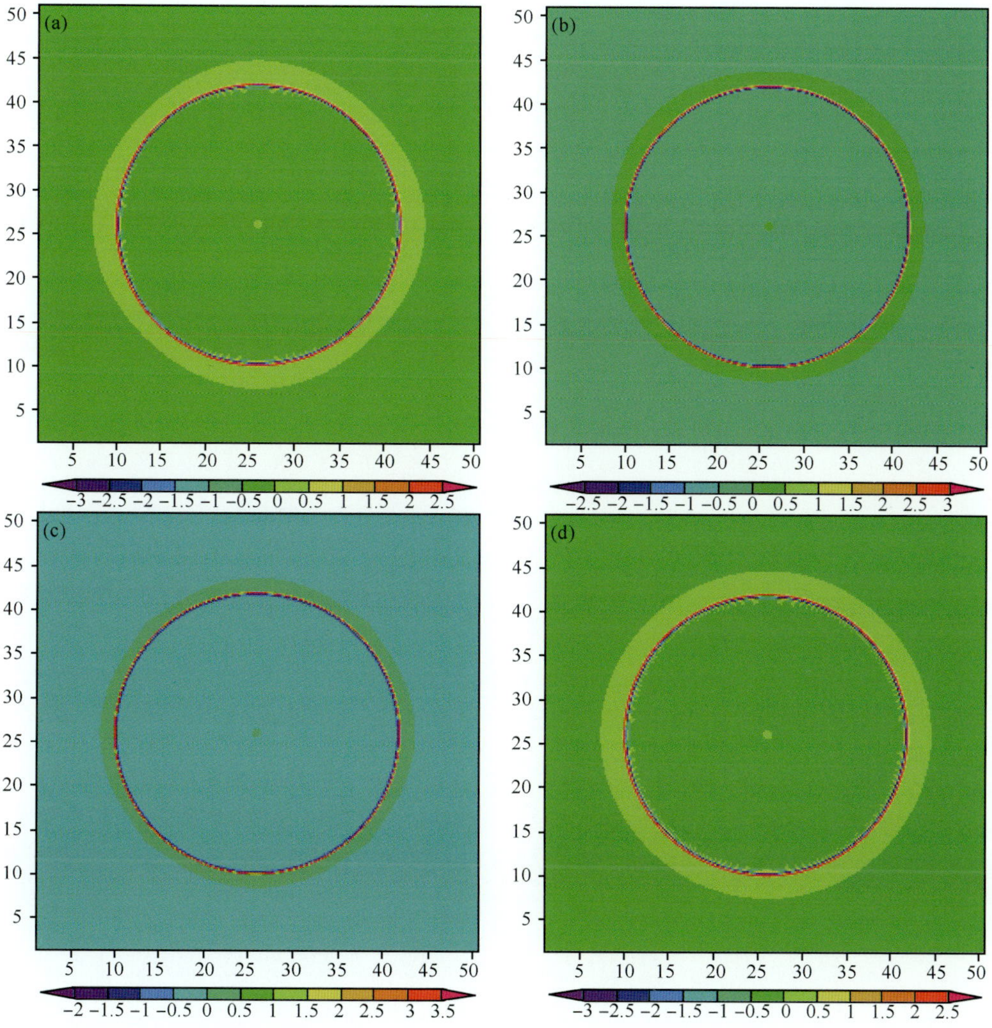

图 3.45　二阶中央差方案格距为 1 km 在各网格上模拟得到的 120 分钟时自由面重力位势场

(a)为 A 网格；(b)为 B 网格；(c)为 C 网格；(d)为 D 网格

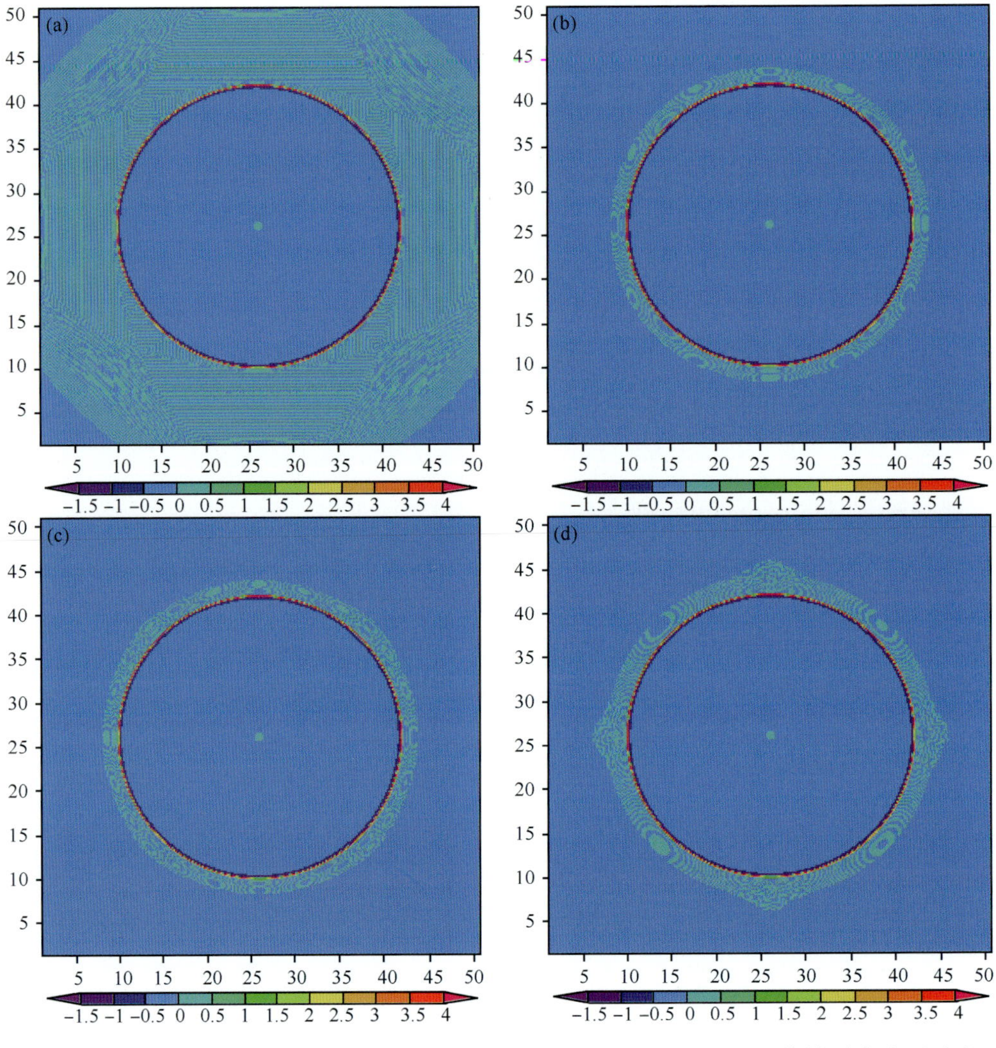

图 3.46 四阶中央差方案格距为 1 km 在各网格上模拟得到的 120 分钟时自由面重力位势场

(a)为 A 网格；(b)为 B 网格；(c)为 C 网格；(d)为 D 网格

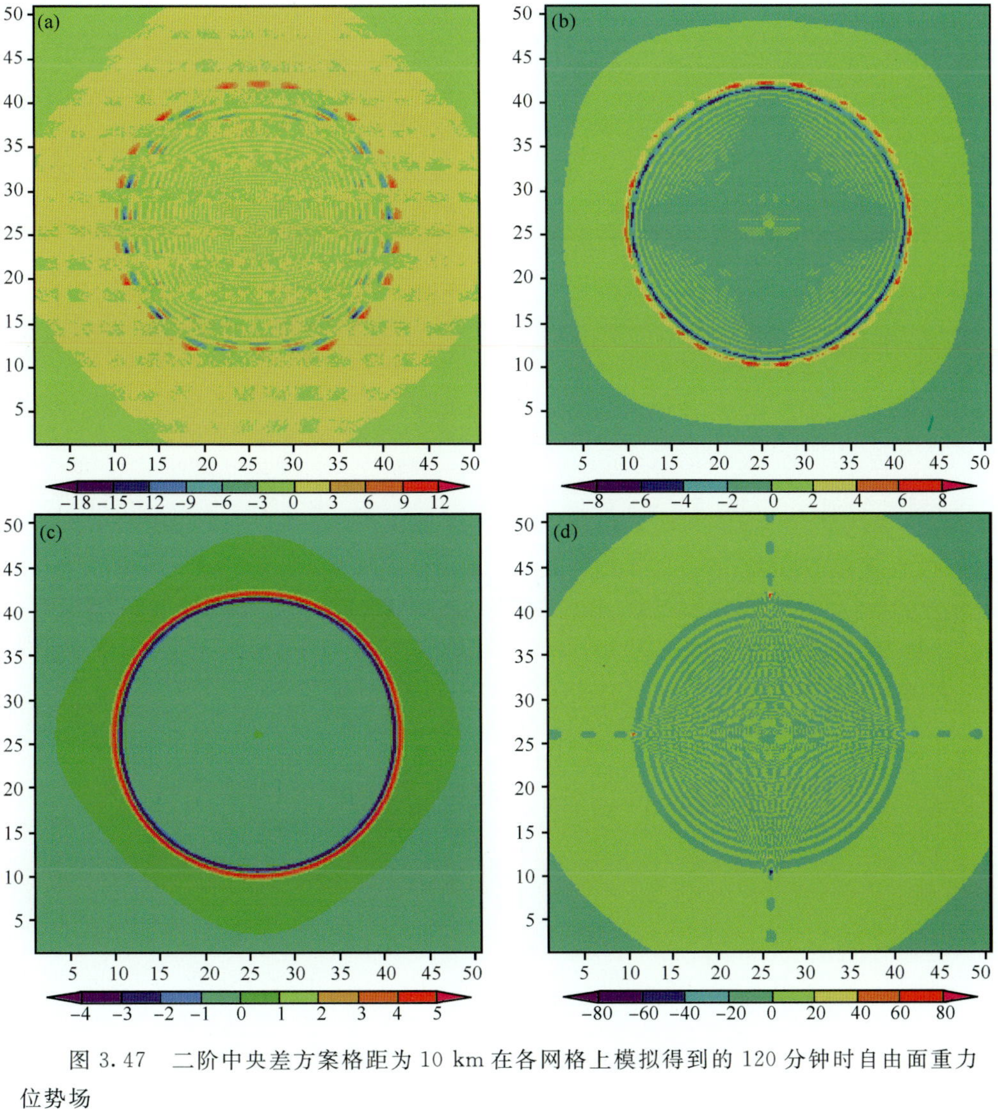

图 3.47　二阶中央差方案格距为 10 km 在各网格上模拟得到的 120 分钟时自由面重力位势场

(a)为 A 网格；(b)为 B 网格；(c)为 C 网格；(d)为 D 网格

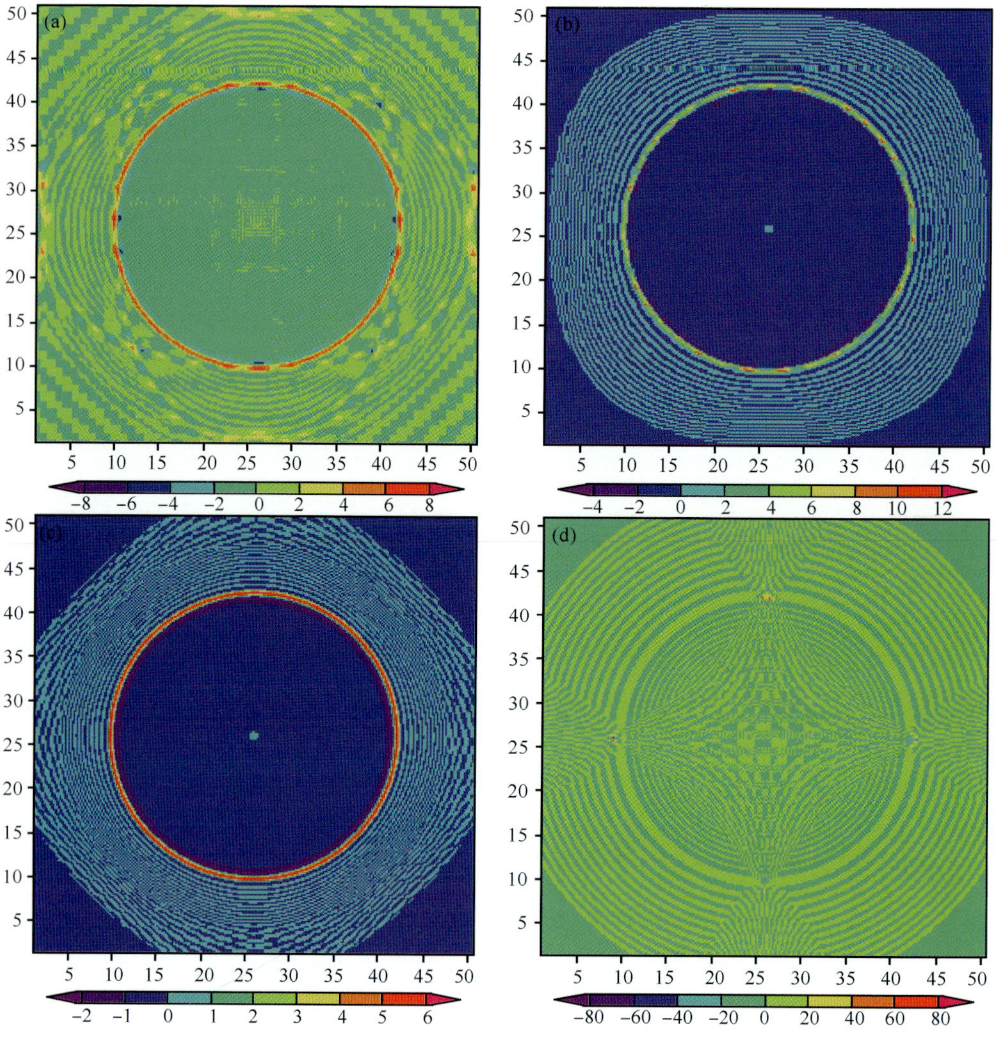

图 3.48 四阶中央差方案格距为 10 km 在各网格上模拟得到的 120 分钟时自由面重力位势场

(a)为 A 网格；(b)为 B 网格；(c)为 C 网格；(d)为 D 网格

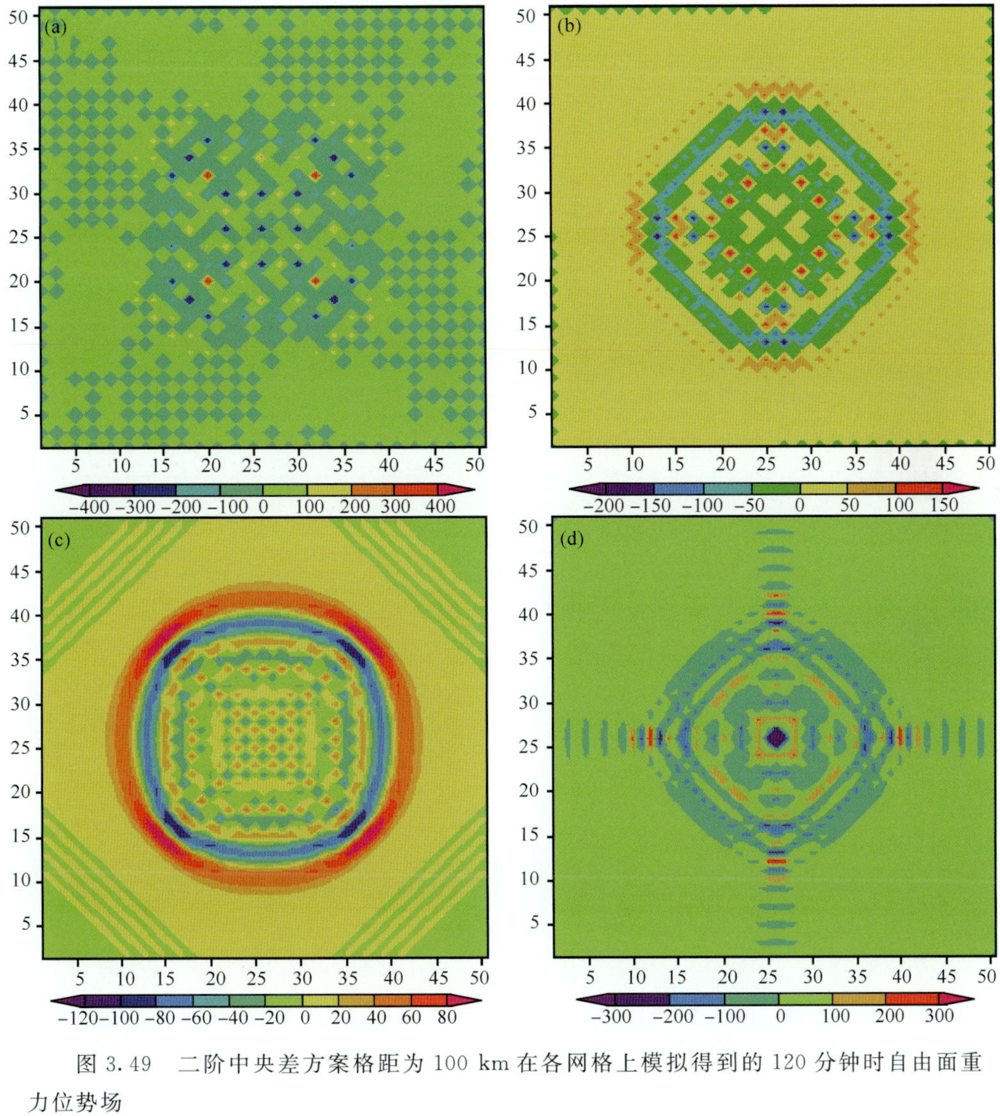

图 3.49　二阶中央差方案格距为 100 km 在各网格上模拟得到的 120 分钟时自由面重力位势场

(a)为 A 网格；(b)为 B 网格；(c)为 C 网格；(d)为 D 网格

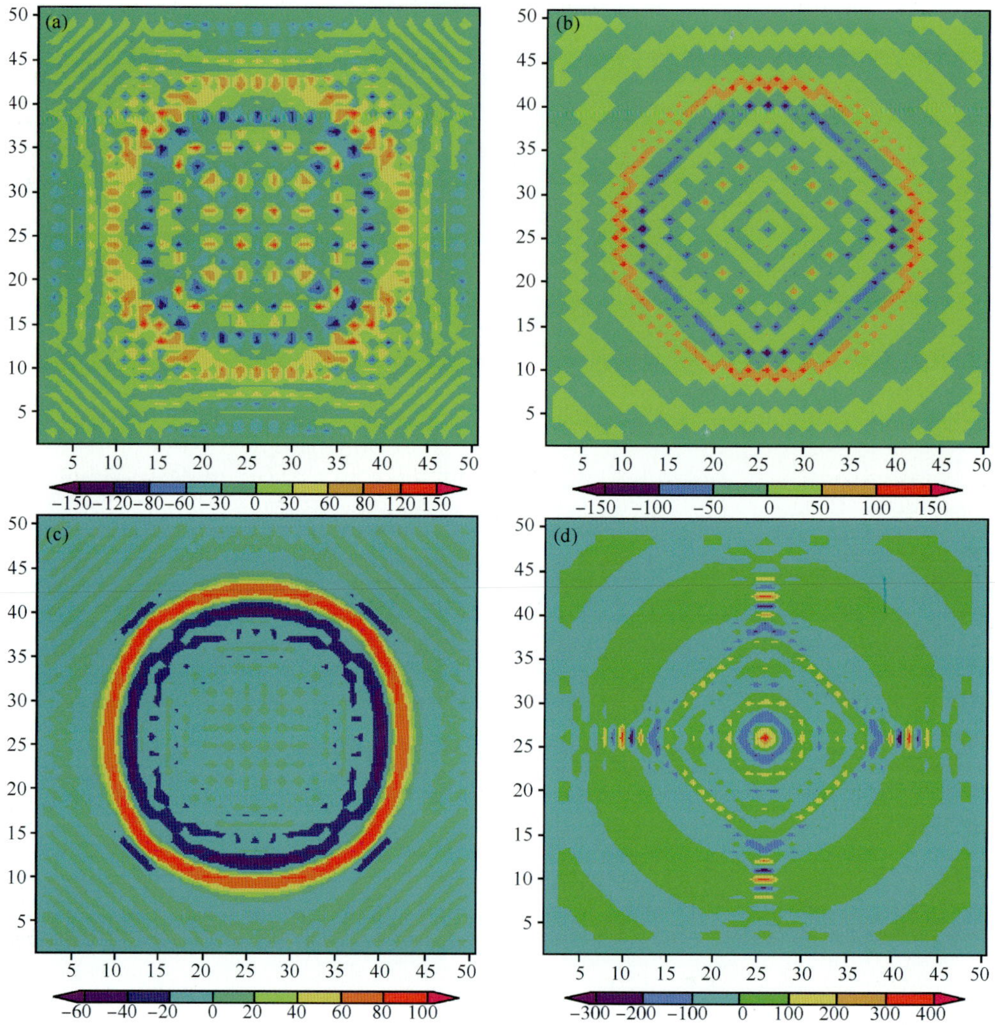

图 3.50　四阶中央差方案格距为 100 km 在各网格上模拟得到的 120 分钟时自由面重力位势场

(a)为 A 网格;(b)为 B 网格;(c)为 C 网格;(d)为 D 网格

从图可以看出,当格距是 1 km 时,对二阶中央差分方案在 4 种网格上得到的模拟结果基本一样,并与解析解非常接近。对四阶中央差分方案在 B 网格和 C 网格上得到的结果也与解析解非常接近,但在 A 网格和 D 网格上得到的结果却在圆外产生了噪声。当格距是 10 km 时,对二阶中央差分方案,在 4 种网格上得到的结果完全不同：在 A 网格和 D 网格上模拟的波动比解析解要快，可以看到边界的反射波，但在 B 网格和 C 网格上的结果仍与解析解类似，不过在 B 网格上模拟结果的圆内产生的噪声比在 C 网格上的多；对四阶中央差分方案而言，在 A 网格和 D 网格上模拟的波动比二阶中央差分方案的还要快，在 B 网格和 C 网格上模拟的结果中圆的外面也有噪声，幸运的是，在 B 网格和 C 网格上能再现中间点。最糟糕的是，当网格距是100 km时，对二阶中央差分方案只有在 C 网格上的结果中有一个圆，其他网格上的结果中看不到一个清晰的圆，特别是 A 网格更糟；但对四阶中央差分格式在 C 网格和 A 网格上都再现了一个圆。因此，可以认为：减少在这 4 种网格上离散产生的误差方面，缩小网格距比采用高阶的差分方案更显著、更重要。

为了定量化比较结果，计算了采用二阶中央差方案和四阶中央差方案，格距为 1 km，10 km 和 100 km 在这 4 种网格上模拟自由面上的重力位势场的均方根误差（见表 3.36）。从表中可以发现：当格距是 1 km 时，只有四阶中央差分方案的 D 网格上的结果均方根误差略大（0.43），其他的均相同（0.42）。当网格距增大到 10 km和 100 km 时，在每个网格上的结果均方根误差都在增大。但是，当格距是 10 km 或 100 km 时，不论是二阶中央差分方案还是四阶中央差分方案，在 C 网格上产生的误差最小，在 D 网格上产生的误差最大。一般认为：提高差分精度会改进模拟结果。但是更令人费解的是，这里得到的结论是：当差分精度从二阶增加到四阶时，对每种网格每种格距，其结果的均方根误差都是增加的，这与通常的观点是相矛盾的。是这里的结论有问题还是大家以前的观点是错误的？回顾第一节内容知道：当差分精度从二阶增加到四阶后 Arakawa A-D 的频散性质并非一致变好，说明这里得到的结论是正确的，也就是说通常的观点是错误的。

结果发现：当格距为 1 km 时，不论采用二阶中央差方案还是四阶中央差分方案，惯性重力波在 4 种网格中的任何一种上模拟的结果是一样的，即变量配置的影响是可以忽略的。当网格距增加到 10 km 或 100 km 时，不同的变量配置其结果是不一样的。但是，不论对二阶中央差方案还是四阶中央差方案，当水平格距相同的情况下，模拟结果的均方根误差在 C 网格上最小，在 D 网格上最大。同时也表明：当差分精度从二阶增加到四阶后，模拟的结果并没有改善，这一结果通过本章第一节波数空间中群速相对误差的变化进行了验证。因此，对水平网格性能的影响而言，网格距比差分精度更显著。并且对初值为混合波动的多变量方程组而言，要慎用高阶的差分精度，因为高阶的差分方案会使结果变坏。

表 3.36　二阶中央差分方案和四阶中央差分方案格距为 1 km,10 km 和 100 km 在 4 种网格上模拟的 120 分钟自由面重力位势场的均方根误差

网格距误差	网格	二阶方案的均方根误差	四阶方案的均方根误差
1 km	A	0.42	0.42
	B	0.42	0.42
	C	0.42	0.42
	D	0.42	0.43
10 km	A	1.32	1.71
	B	1.16	1.20
	C	0.85	0.85
	D	3.08	3.68
100 km	A	42.69	52.35
	B	36.85	40.06
	C	25.19	27.94
	D	58.53	59.82

复习思考题

(1)根据舒曼(shuman)算符的定义,对(i,j)点写出以下差分格式的具体表达式。

①$\overline{\alpha}^{x}$;②α_x;③$\overline{\alpha}^{x}_{x}$;④$\overline{\alpha}^{y}_{y}$,$\overline{\overline{\alpha}^{x}_{x}}^{yy}$,$\overline{\overline{\alpha}^{y}_{x}}^{xy}$,$\overline{\alpha}^{xyy}$;⑤$\overline{\alpha}^{xy}$;⑥$\overline{\alpha}^{xy}_{x}$;⑦$\overline{\overline{\alpha}^{x}}^{xy}$;⑧$\overline{\overline{\alpha}^{x}F_x}^{x}$

(2)试将一维适应方程按 A,B,C,D 格式写成半离散差分方程,并求出 B 格式的频率方程。

(3)将二维适应方程按 A,B,C,D,E 格式,写成半离散差分方程。

(4)对正压原始方程组按 C 格式写出其差分方程(时间微商取中央差)。

第 4 章　正压原始方程模式

在第 1 章中，根据基本物理定律，导出了控制大气运动的基本方程组(1.11)。由于没有引进更多的假设，这一方程组可称之为“严谨方程组”，它可以描写各种不同尺度大气运动状态的演变。然而利用这一严谨方程组，试图同时预报出不同尺度大气运动状态的演变，几乎是不可能的。为使数值预报天气得以实现，在不失大气运动主要特征的前提下，需要将复杂的大气热力状态与运动状态理想化、简单化，这种简化后的大气模型称为“模式大气”，而控制模式大气运动的方程组称为“大气模式”或“预报模式”，它自然是严谨方程组的简化形式。应该指出，在数值预报的理论与实践中，谈及预报模式时，不仅仅指的是模式方程组，而且包含模式方程组的初值和边值处理方案，模式方程组的数值求解方案，模式中各种物理过程的处理方案以及预报结果的处理等。本章将讨论数值预报中一个最基本的预报模式——正压原始方程模式，这对掌握数值预报方法具有基础意义。在讨论该模式之前，对数值预报模式的发展情况做一历史回顾也许是必要的。

4.1　历史回顾

在 20 世纪初，挪威锋面气旋学派的创始人 V. Bjerknes(1911)首先提出了数值天气预报的思想，他指出，根据某一时刻实际观测到的大气状态，通过描述大气运动的基本方程组，可以数值计算出未来时刻的大气状态和运动。这就是说可以用数学物理方法，数值求解大气运动基本方程组，具体计算出未来的天气。英国数学家 Richardson 对 V. Bjerknes(1911)的思想进行了勇敢的实践，他在 1916—1918 年曾组织大量人力，利用 1910 年 5 月 20 日的观测资料，由严谨的基本方程组计算了中欧两个点的地面气压未来 6 小时的预报值，得到了该点 6 小时变压为 145 hPa 的结果，然而实况气压变化很小，这一试验失败了。当时认为，这次失败是因缺少可用的初始资料，特别是缺少探空资料。实际上 Richardson 的预报方案中存在一些更严重的问题。

自 Richardson 试验之后，20 多年没有人再试图进行数值预报了。在这期间，大气动力学理论却得到了发展，特别是 20 世纪 30 年代随着无线电探空仪的发明建立起高空探测网之后，在对高空探测资料分析的基础上，Rossby 提出了著名的长波理论。他大刀阔斧地对基本方程组进行简化，利用水平、正压、水平无辐散涡度方程，取

β平面近似,从理论上说明了在大气中除存在声波、重力波外,因β效应,还存在一种大尺度的无辐散涡旋性慢波——大气长波,其重要特征与在中纬度观测到的高空大尺度扰动相类似。他认为,大尺度环流的演变应主要是由大气长波所控制的,而声波、重力波的作用是不重要的。1948年Charney发表了著名的《大气运动的尺度》的论文,利用尺度分析的方法,证明了把静力平衡、地转平衡的假设系统地引进动力方程组,便能“滤去”声波和重力波而使方程组简化。与此同时计算数学理论也不断向前发展,1928年便得到了著名的关于线性差分计算稳定的CFL条件。这些理论成果奠定了数值预报的理论基础,使人们认识到Richardson的失败归因于他采用的严谨方程组所描述的运动类型过于广泛,不仅包含有大尺度低频慢波——大气长波,还包含有高频声波和重力波。大尺度环流主要受大气长波控制,而声波、重力波对大尺度环流作用不大,然而在积分基本方程组时由于初始观测资料误差和计算舍入误差却会激发出虚假的大振幅高频声波和重力波,并因计算不稳定而增长,使得大尺度环流遭到严重歪曲,致使计算失败。20世纪40年代末,美国制造出世界上第一台BNIAC型电子计算机。1950年Charney,von Neumann和Fjortoft利用了一个滤去声波和重力波的正压无辐散模式和实际的初始资料,终于在BNIAC型计算机上成功地做出了未来24小时的500 hPa上的形势预报,预报场与实况场相关系数达0.75。1954年瑞典军事气象局使用正压模式第一次实现了业务数值预报。各国早期的业务数值预报都是采用滤去声波和重力波的“过滤模式”,这些不同的业务模式基本上都是建立在准地转理论的框架之上的。随着模式设计的技巧不断提高,过滤模式的预报精度也有所提高,但实践表明,提高过滤模式预报的精度受到限制,这是由于所有的过滤模式不是引进了静力平衡近似、地转平衡近似,就是引进静力平衡近似、水平无辐散近似所决定的。因为滤去了声波和重力波的过滤模式不能描写大气中的地转适应过程,而实际大气运动总是处于地转平衡不断破坏,又不断向地转平衡调整之中,在这个过程中往往伴随着天气剧烈变化,这正是我们要预报的。为了进一步提高数值预报的精度,人们又转向对与Richardson相近的原始方程模式的研究。早在20世纪60年代前期,在处理过滤模式的基础上,吸取了Richardson失败的教训,研制出正压原始方程模式,并投入了业务使用。经过几十年的发展,数值预报已有长足的进步。现在世界上已有三十到四十多个国家和地区开展了数值天气预报业务,所采用的模式各有所异,但预报模式都是以原始方程组为基础的。

综上所述,从数值预报历史发展来看,到目前为止预报模式从大的方面来看分成两类:过滤模式和原始方程模式。本书重点讲述原始方程模式,但过滤模式在理论上确实能描述大尺度运动的基本特征,至今仍可用于大尺度环流的理论研究,在数值天气预报发展过程中也曾起过重要作用,因此,在讲述原始方程模式之前,简单介绍过滤模式的处理过程还是有意义的,这对掌握数值预报内容来说也有必要。

4.2　过滤模式

4.2.1　声波与重力波的过滤

声波又称压缩波、弹性波，是由于流体可以压缩而产生的。空气微团受到扰动后，会产生压缩和膨胀的交替变化，并通过增压和减压的交替变化使压力扰动向周围传播。假设大气维持静力平衡，扰动垂直气压梯度力被重力所平衡，就不可能产生沿垂直方向传播的声波，因此取静力平衡近似可以滤去声波，所以 p 坐标系中基本方程组是不含声波的。然而静力平衡大气中仍然可以产生一种沿水平方向传播的特殊的声波(即兰姆(Lamb)波)，它具有外波性质，如果下边界取齐次边界条件，就可滤去 Lamb 波，于是滤去声波的简化方程组便是 p 坐标系中的基本方程组，其矢量形式为

$$\left(\frac{\partial}{\partial t}+\mathbf{V}\cdot\nabla\right)\mathbf{V}+\omega\frac{\partial\mathbf{V}}{\partial p}+f\boldsymbol{k}\times\mathbf{V}=-\nabla\phi \tag{4.1}$$

$$\nabla\cdot\mathbf{V}+\frac{\partial\omega}{\partial p}=0 \tag{4.2}$$

$$\left(\frac{\partial}{\partial t}+\mathbf{V}\cdot\nabla\right)\frac{\partial\phi}{\partial p}+\sigma\omega=0 \tag{4.3}$$

边界条件取齐次边界条件，即 $p\to0,\omega=0;p=p_s,\omega=0$。(4.3)式中 $\sigma=-(\alpha/\theta)(\partial\theta/\partial p)$。方程组(4.1)—(4.3)不再包含声波传播机制，但仍能描述重力波。层结大气受扰，产生的浮力振荡是通过水平速度辐合辐散交替变化得以传播的，如果假设 $\partial\nabla\cdot\mathbf{V}/\partial t=0$，即略去水平速度散度的局地变化，自然可滤去重力波。但水平运动方程(4.1)不能明显表示出水平速度散度的局地变化，而是隐含在其中。将(4.1)式取旋度和散度，即将矢量算子 $\boldsymbol{k}\cdot\nabla\times(\quad)$、$\nabla\cdot(\quad)$分别作用于(4.1)式，便得到涡度方程和散度方程，即有

$$\frac{\partial\zeta}{\partial t}=-\mathbf{V}\cdot\nabla(\zeta+f)-\omega\frac{\partial\zeta}{\partial p}-(\zeta+f)\nabla\cdot\mathbf{V}+\boldsymbol{k}\cdot\left(\frac{\partial\mathbf{V}}{\partial p}\times\nabla\omega\right) \tag{4.4}$$

$$\frac{\partial}{\partial t}(\nabla\cdot\mathbf{V})=-\nabla^2\left(\phi+\frac{\mathbf{V}\cdot\mathbf{V}}{2}\right)-\nabla\cdot\left[\boldsymbol{k}\times\mathbf{V}(\zeta+f)-\omega\frac{\partial}{\partial p}(\nabla\cdot\mathbf{V})-\frac{\partial\mathbf{V}}{\partial p}\cdot\nabla\omega\right] \tag{4.5}$$

这是两个独立的标量方程，可以代替水平运动方程。若令(4.5)式中左端等于零，就可滤去重力波，这是滤去重力波最起码的条件。在此基础上，结合尺度分析，对(4.4)，(4.5)式做进一步的简化，就可得到滤去声波、重力波的过滤模式——准地转模式和平衡模式，且这些模式仍保持了基本方程组原有的各种能量的积分关系。这些基本的过滤模式方程组列举如下。

4.2.1.1 非线性平衡模式

涡度方程

$$\frac{\partial \zeta}{\partial t} + \mathbf{V} \cdot \nabla (\zeta + f) + \omega \frac{\partial \zeta}{\partial p} + (\zeta + f) \nabla \cdot \mathbf{V}_{\chi} + \boldsymbol{k} \cdot \nabla \omega \times \frac{\partial \mathbf{V}_{\psi}}{\partial p} = 0$$

平衡方程

$$\nabla^2 \phi - f\zeta + (\boldsymbol{k} \times \mathbf{V}_{\psi}) \cdot \nabla f - 2J(u_{\psi}, v_{\psi}) = 0$$

热力学方程

$$\frac{\partial}{\partial t}\left(\frac{\partial \phi}{\partial p}\right) + \mathbf{V} \cdot \nabla \left(\frac{\partial \phi}{\partial p}\right) + \sigma_s \omega = 0, \quad \sigma_s = -\alpha \frac{\partial \ln\theta}{\partial p}$$

连续方程

$$D + \frac{\partial \omega}{\partial p} = 0 (D\text{ 为水平速度散度})$$

其中 $\mathbf{V} = \mathbf{V}_{\psi} + \mathbf{V}_{\chi}$，$\mathbf{V}_{\psi}$ 为旋转风，$\mathbf{V}_{\chi}$ 为辐散风，

$$\mathbf{V}_{\psi} = \boldsymbol{k} \times \nabla \psi, \quad \mathbf{V}_{\chi} = \nabla \chi$$

ψ 为流函数，χ 为速度势。铅直涡度 ζ，水平速度散度 D 可表示为

$$\zeta = \nabla^2 \psi, \quad D = \nabla^2 \chi$$

模式方程组由四个方程组成，共有四个未知场变量 ψ, χ, ϕ, ω，方程组是闭合的。平衡方程表示风场与气压场之间的一种平衡关系，是由略去散度方程中的水平速度散度 D 和 $\partial D/\partial t$ 等项简化而来的，故又称平衡模式为准水平无辐散模式。

4.2.1.2 线性平衡模式

略去平衡方程中的非线性项，可得到线性平衡模式。

涡度方程

$$\frac{\partial \zeta}{\partial t} + \mathbf{V}_{\psi} \cdot \nabla (\zeta + f) + \mathbf{V}_{\chi} \cdot \nabla f - f \nabla \cdot \mathbf{V}_{\chi} = 0$$

线性平衡方程

$$\nabla^2 \phi - \nabla \cdot (f \nabla \psi) = 0$$

热力学方程

$$\frac{\partial}{\partial t}\left(\frac{\partial \phi}{\partial p}\right) + \mathbf{V} \cdot \nabla \left(\frac{\partial \phi}{\partial p}\right) + \sigma\omega = 0$$

连续方程

$$D + \frac{\partial \omega}{\partial p} = 0$$

4.2.1.3 准地转模式

涡度方程

$$\frac{\partial \zeta}{\partial t}+\boldsymbol{V}_{\psi}\cdot\nabla(\zeta+f)=\bar{f}\frac{\partial\omega}{\partial p},\quad \bar{f}=2\Omega\sin\phi_0$$

地转风关系

$$\boldsymbol{V}_{\psi}=\frac{1}{\bar{f}}\boldsymbol{k}\times\nabla\phi=\boldsymbol{k}\times\nabla\psi,\quad \zeta=\frac{1}{\bar{f}}\nabla^2\phi=\nabla^2\psi$$

式中 ψ 为地转流函数，$\psi=\frac{1}{\bar{f}}\phi$。

热力学方程

$$\frac{\partial}{\partial t}\left(\frac{\partial\phi}{\partial p}\right)+\boldsymbol{V}_{\psi}\cdot\nabla\left(\frac{\partial\phi}{\partial p}\right)+\bar{\sigma}_s\omega=0,\quad \bar{\sigma}_s=-\bar{\alpha}\frac{\partial\ln\bar{\theta}}{\partial p}$$

$\bar{\sigma}_s$，$\bar{\alpha}$，$\bar{\theta}$ 都是等压面上的平均值。

准地转 ω 方程

$$\bar{\sigma}_s\nabla^2\omega+\bar{f}^2\frac{\partial^2\omega}{\partial p^2}=\bar{f}\frac{\partial}{\partial p}[\boldsymbol{V}_{\psi}\cdot\nabla(\zeta+f)]-\nabla^2\left(\boldsymbol{V}_{\psi}\cdot\nabla\frac{\partial\phi}{\partial p}\right)$$

4.2.1.4　准地转正压模式

如果进一步设大气是正压水平无辐散的，还可得准地转正压模式。

涡度方程

$$\frac{\partial \zeta}{\partial t}+\boldsymbol{V}_{\psi}\cdot\nabla(\zeta+f)=0$$

地转风关系

$$\boldsymbol{V}_{\psi}=\frac{1}{\bar{f}}\boldsymbol{k}\times\nabla\phi=\boldsymbol{k}\times\nabla\psi,\quad \zeta=\frac{1}{\bar{f}}\nabla^2\phi=\nabla^2\psi$$

非线性平衡模式和线性平衡模式部分考虑了地转偏差的作用，故可称为非地转过滤模式。但早期的业务模式多为准地转模式，因平衡模式，特别是非线性模式计算量太大，预报效果也没太大改善，因而没有被用来做业务预报。平衡方程常用于确定原始方程模式的初值，本书第 6 章中还将详细讨论。

4.2.2　准地转正压模式及其动力特征

准地转正压模式方程为正压准地转无辐散涡度方程

$$\frac{\partial \zeta}{\partial t}+\boldsymbol{V}_{\psi}\cdot\nabla(\zeta+f)=0 \tag{4.6}$$

其中

$$\boldsymbol{V}_{\psi}=\boldsymbol{k}\times\nabla\psi,\quad \psi=\frac{1}{\bar{f}}\phi,\quad \zeta=\nabla^2\psi \tag{4.7}$$

这就是 Charney 等(1950)首次做出数值天气预报的预报方程。

(4.6)式可改写为

$$\frac{\mathrm{d}}{\mathrm{d}t}(\zeta + f) = 0 \tag{4.8}$$

即在等压面上绝对涡度守恒，相对涡度的局地变化只取决于绝对涡度平流。模式中不包含垂直运动，不包含上下层之间的相互作用和热力因子影响等。因此，准地转正压模式的预报能力是很有限的，适合用于制作 500 hPa 等压面上的形势预报。

将(4.6)式线性化，可求得模式波动的频率方程(即相速)为

$$c = \bar{u} - \beta/k^2 = \bar{u} - \beta L^2/(4\pi^2)$$

即模式中只包含具有天气意义的大尺度波动——Rossby 波，声波和重力波被过滤了。

由于水平无辐散，$\nabla \cdot \mathbf{V}=0$，方程可写成通量形式

$$\frac{\partial \zeta}{\partial t} - \nabla \cdot [\mathbf{V}_{\psi}(\zeta + f)] = 0 \tag{4.9}$$

对全球质量积分有

$$\frac{\partial}{\partial t}\int_M \zeta \mathrm{d}M = 0 \tag{4.10}$$

即全球大气的总涡度守恒。若不考虑地球自转，还容易证明

$$\frac{\partial}{\partial t}\int_M \zeta^2 \mathrm{d}M = 0 \tag{4.11}$$

即全球大气涡度平方或称涡度拟能守恒。

若将(4.6)式改写为

$$\frac{\partial \nabla^2 \psi}{\partial t} + \mathbf{V}_{\psi} \cdot \nabla(\zeta + f) = 0 \tag{4.12}$$

以$-\psi\times$(4.12)式再对全球大气质量积分，可得

$$\frac{\partial}{\partial t}\int_M \frac{\nabla\psi \cdot \nabla\psi}{2}\mathrm{d}M = \frac{\partial}{\partial t}\int_M \frac{\mathbf{V}_{\psi} \cdot \mathbf{V}_{\psi}}{2}\mathrm{d}M = 0 \tag{4.13}$$

即全球大气总动能守恒，这表明在模式中没有位能与动能之间的转换。

(4.10)，(4.11)，(4.13)式代表了正压准地转模式所能描述的全球大气整体性质(积分性质)。

综上所述，这一简单模式尚能描述中纬度大尺度运动准水平准静力平衡、准地转平衡的特征，能够反映大气运动的某些整体性质，及控制大范围环流演变的主要波动——Rossby 波。

4.2.3 准地转正压模式的数值解

将(4.7)式代入(4.6)式，在地图投影坐标系中的准地转正压模式(即准地转正压涡度方程)可写成

$$\nabla^2\left(\frac{\partial\phi}{\partial t}\right)=-J\left(\phi,\frac{m^2}{f}\nabla^2\phi+f\right) \tag{4.14}$$

式中

$$J(A,B)=\frac{\partial A}{\partial x}\frac{\partial B}{\partial y}-\frac{\partial A}{\partial y}\frac{\partial B}{\partial x}$$

这里∇^2,J 应理解为地图投影坐标系中的算子。若令位势倾向$\partial\phi/\partial t=T$,则有

$$\nabla^2 T=F,\quad \partial\phi/\partial t=T \tag{4.15}$$

其中

$$F=-J(\phi,\zeta_a)$$

ζ_a 为绝对涡度

$$\zeta_a=\frac{m^2}{f}\nabla^2\phi+f$$

将方程(4.15)离散化,取预报区域为有限矩形区域,取正方形网格,空间格距为 d,时间步长取 Δt,则

$$\begin{aligned}&x=id,\quad y=jd,\quad t=n\Delta t\\&i=0,1,2,\cdots,I\\&j=0,1,2,\cdots,J\\&n=0,1,2,\cdots,N\end{aligned}$$

空间微商取中央差分,时间积分取蛙跃格式,则方程(4.15)的差分形式为

$$\begin{aligned}\nabla_D^2 T_{i,j}^n&=F_{i,j}^n\\ \phi_{i,j}^{n+1}&=\phi_{i,j}^{n-1}+2\Delta t T_{i,j}^n\end{aligned} \tag{4.16}$$

其中

$$\begin{aligned}&\nabla_D^2 T_{i,j}^n=T_{i+1,j}^n+T_{i-1,j}^n+T_{i,j+1}^n+T_{i,j-1}^n-4T_{i,j}^n\\&F_{i,j}^n=-J(\phi_{i,j}^n,\zeta_{ai,j}^n)/4\\&J(\phi_{i,j}^n,\zeta_{ai,j}^n)=(\phi_{i+1,j}^n-\phi_{i-1,j}^n)(\zeta_{ai,j+1}^n-\zeta_{ai,j-1}^n)-\\&\qquad(\phi_{i,j+1}^n-\phi_{i,j-1}^n)(\zeta_{ai+1,j}^n-\zeta_{ai-1,j}^n)\\&\zeta_{ai,j}^n=\frac{m_{i,j}^2}{d^2 f}\nabla_D^2\phi_{i,j}^n+f_{i,j}\end{aligned} \tag{4.16$'$}$$

因此,要预报出未来的位势场,首先要数值求解 Poisson 方程,得到 $T_{i,j}^n=(\partial\phi/\partial t)_{i,j}^n$,然后进行时间积分,求出 $\phi_{i,j}^{n+1}$。在实际计算中还需要考虑以下问题:

(1)要把实际观测的资料插到网格点上,这常称为客观分析,在以后的章节中再介绍。

(2)要对已插到网格点上的初值进行处理,这称之为初值化,这也将在以后章节系统介绍。对于本模式,只要求给出初始位势场 $\phi_{i,j}^0$。由于观测误差或客观分析误差,初始场中可能出现虚假的小扰动,可以对初始场进行一次五点平滑,滤去这些小

扰动,以保证大尺度场光滑。

(3)对于有限区域预报,还必须给出侧边界条件,这也在以后章节系统介绍。对于正压准地转模式,在数值求解 Poisson 方程时,要给出边界上的 $T=(\partial\phi/\partial t)$,可以令边界上 $T=0$,即假定 ϕ 在边界固定不变。实际计算时还要计算出边界内的 $F^n_{i,j}$ 值(绝对温度平流),但由给出的初始位势场 $\phi^0_{i,j}$ 只能计算出自预报区域边界第三圈以内各格点上的绝对涡度平流,为克服这一困难,最简单的办法是设边界和第二圈各格点上$\partial\phi/\partial t=0$,即 ϕ 值在这两圈上不随时间改变,这一边界条件给法称固定边界条件。

(4)为保证计算稳定,要根据线性计算稳定性条件确定空间网格距和时间步长。模式方程表征绝对涡度守恒。

$$\frac{\mathrm{d}\zeta_a}{\mathrm{d}t}=0$$

或

$$\frac{\partial\zeta_a}{\partial t}+u_\psi\frac{\partial\zeta_a}{\partial x}+v_\psi\frac{\partial\zeta_a}{\partial y}=0$$

线性化后的形式为

$$\frac{\partial\zeta_a}{\partial t}+U\frac{\partial\zeta_a}{\partial x}+V\frac{\partial\zeta_a}{\partial y}=0 \tag{4.17}$$

U,V 为常值。这是二维线性平流方程,在第 2 章已经证明,对于蛙跃格式其稳定性条件(参看(2.97 式))为

$$\sqrt{2}v_s\frac{\Delta t}{d}\leqslant 1 \quad 或 \quad v_s\Delta t\leqslant 0.707d \tag{4.18}$$

v_s 为最大风速。在 500 hPa 上 v_s 可取为 50 m/s,若取 $d=200$ km,则 $\Delta t\leqslant 2828$ s,故 Δt 可取为半小时。因方程是非线性的,所以这一线性计算稳定性条件,只能理解为保证计算稳定的必要条件。为防止非线性计算不稳定,应构造保持模式积分性质的“守恒格式”。对于准地转模式,Arakawa 曾研究过此问题,成功地设计了在离散网格空间里保持涡度、涡度拟能、动能守恒的 $J(\phi,\zeta)$的差分格式,这里就不介绍了。实际上,准地转正压模式写成如上的差分形式(4.16)式,只能保持涡度守恒。所以,在积分过程中为防止非线性不稳定,还得采取其他的措施,如进行空间平滑等。

以上的问题,对于任何模式,如原始方程模式,都需要认真加以解决。

(4.16)和(4.16)$'$式实际就是准地转正压模式的计算方案,其基本的计算步骤如下:

(1)确定了预报区域以后,首先要计算出各网格点上的地转参数 $f_{i,j}$ 和地图投影放大系数 $m_{i,j}$。

(2)输入初始时刻 500 hPa 的位势场 $\phi^0_{i,j}$,并进行适当的平滑。

(3)取固定边界条件，数值求解 Poisson 方程，计算出第三圈以内的网格点上位势倾向$(\partial\phi/\partial t)_{i,j}^{n}=T_{i,j}^{n}$，求解的方法可用顺序超张弛法。如果将(4.16)式在 i,j 点上写开，则有

$$T_{i+1,j}^{n}+T_{i-1,j}^{n}+T_{i,j+1}^{n}+T_{i,j-1}^{n}-4T_{i,j}^{n}=F_{i,j}^{n}$$

迭代公式为

$$T_{i,j}^{n(k+1)}=T_{i,j}^{n(k)}+\frac{\alpha R_{i,j}^{n(k,k+1)}}{4} \tag{4.19}$$

其中余差 $R_{i,j}^{n(k,k+1)}$ 为

$$R_{i,j}^{n(k,k+1)}=T_{i+1,j}^{n(k)}+T_{i-1,j}^{n(k+1)}+T_{i,j+1}^{n(k)}+T_{i,j-1}^{n(k+1)}-4T_{i,j}^{n(k)}-F_{i,j}^{n} \tag{4.20}$$

k 表示迭代次数，α 为张弛系数，一般取 1～2，具体多大，由试验确定。迭代次数由所要求的精度 ε 确定，当满足以下不等式时迭代终止

$$\left|T_{i,j}^{n(k+1)}-T_{i,j}^{n(k)}\right|<\varepsilon \tag{4.21}$$

当然迭代前要首先计算好 $F_{i,j}^{n}$，为此要计算格点上相对涡度、绝对涡度和绝对涡度平流(参看(4.16)′式)。

(4)进行时间积分，时间积分采用蛙跃格式，

$$\phi_{i,j}^{n+1}=\phi_{i,j}^{n-1}+2\Delta tT_{i,j}^{n} \tag{4.22}$$

蛙跃格式是三个时间层格式，第一步积分(称起步)用向前差，即

$$\phi_{i,j}^{1}=\phi_{i,j}^{0}+\Delta tT_{i,j}^{0} \tag{4.23}$$

而后再用中央差。若取空间步长 $d=200$ km，时间步长取 $\Delta t=1800$ s(半小时)，做 24 小时预报就要积分 48 步，就要解 48 次 Poisson 方程。

(5)出预报结果。

4.3　正压原始方程模式

原始方程模式的唯一基本近似为准静力平衡近似。模式方程组在 p 坐标系可写成

$$\frac{\mathrm{d}\mathbf{V}}{\mathrm{d}t}+f\boldsymbol{k}\times\mathbf{V}=-\nabla\phi \tag{4.24}$$

$$\frac{\partial\phi}{\partial p}=-\frac{RT}{p} \tag{4.25}$$

$$\nabla\cdot\mathbf{V}+\frac{\partial\omega}{\partial p}=0 \tag{4.26}$$

$$\frac{\mathrm{d}\ln\theta}{\mathrm{d}t}=0 \tag{4.27}$$

$$\frac{\mathrm{d}}{\mathrm{d}t}=\frac{\partial}{\partial t}+u\frac{\partial}{\partial x}+v\frac{\partial}{\partial y}+\omega\frac{\partial}{\partial p}$$

这里没有考虑非绝热加热过程和摩擦。原始方程模式取了准静力平衡近似，除滤去了声波（Lamb 波除外），保留了大气长波和重力惯性波。原始方程模式同时描写了大气运动的准地转演变过程和地转适应过程，这是与过滤模式最基本的区别。原始方程模式的物理性能比过滤模式更完善，所能描述的大气动力过程更接近实际过程。但将原始方程模式用于实际的数值预报中去，将会遇到一些特殊问题，需要研究解决。为说明解决这些问题的方法，先来讨论一个最简单的原始方程模式——正压原始方程模式。

在静力平衡条件下，具有自由表面的均质不可压缩流体，是结构最简单的自动正压流体，这可作为自动正压大气的模型，其垂直剖面如图 4.1 所示。

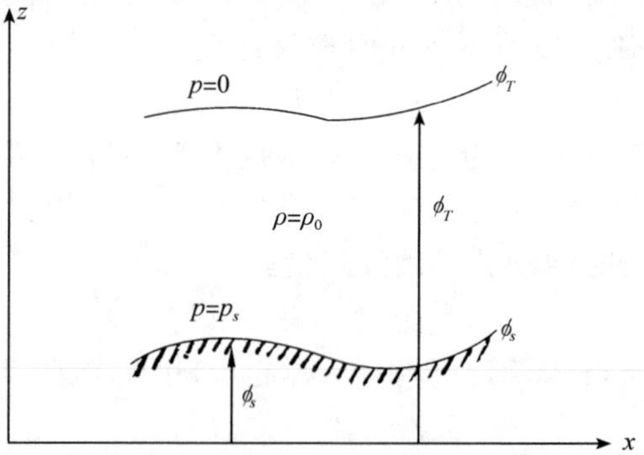

图 4.1　流体垂直剖面

在此假定下，由静力平衡方程(4.25)有

$$\frac{\partial}{\partial p}(\nabla\phi) = -\nabla\frac{RT}{p} = 0$$

由于正压大气中等压面与等温面重合，即 $T=T(p)$，故 $-RT/p$ 在等压面上水平微商为零，即 $\nabla(RT/p)=0$，水平气压梯度力 $-\nabla\phi$ 不随高度变化，$-\nabla\phi=-\nabla\phi_T$。若起始时刻水平风速不随高度变化，则必有

$$\frac{\partial^2 u}{\partial p\partial t} = \frac{\partial^2 v}{\partial p\partial t} = 0$$

即 u、v 永远保持铅直方向上均匀性，于是(4.24)式简化为

$$\frac{\partial \mathbf{V}}{\partial t} + u\frac{\partial \mathbf{V}}{\partial x} + V\frac{\partial \mathbf{V}}{\partial y} + f\boldsymbol{k}\times\mathbf{V} = -\nabla\phi_T$$

写成分量形式为

$$\frac{\partial u}{\partial t} + u\frac{\partial u}{\partial x} + v\frac{\partial u}{\partial y} - fv = -\frac{\partial\phi_T}{\partial x} \tag{4.28}$$

$$\frac{\partial v}{\partial t} + u\frac{\partial v}{\partial x} + v\frac{\partial v}{\partial y} + fu = -\frac{\partial\phi_T}{\partial y} \tag{4.29}$$

(4.28)和(4.29)式,可以视为(4.24)式在上述假定下在铅直方向上进行平均后的方程。连续方程(4.26)也要在铅直方向上进行平均。利用铅直边界条件

$$p = 0, \omega = 0; \quad p = p_s, \omega = \omega_s$$

对(4.26)式进行铅直积分得

$$\omega = -p_s \nabla \cdot \mathbf{V}$$

下标"s"表示地表面上的值。由下边界条件

$$\omega_s = \frac{\partial p_s}{\partial t} + \mathbf{V}_s \cdot \nabla p_s$$

因 $\mathbf{V}$ 不随高度变化 $\mathbf{V}_s = \mathbf{V}$,因而有

$$\frac{\partial p_s}{\partial t} + \mathbf{V} \cdot \nabla p_s = -p_s \nabla \cdot \mathbf{V} \tag{4.30}$$

由静力方程可知

$$p_s = \rho(\phi_T - \phi_s)$$

代入(4.30)式可得如下连续方程

$$\frac{\partial \phi_T}{\partial t} + \nabla \cdot (\phi_T - \phi_s)\mathbf{V} = 0$$

若略去表示自由面位势的下标"T",该式与方程(4.28),(4.29)一起构成一闭合方程组,即

$$\frac{\partial u}{\partial t} + u\frac{\partial u}{\partial x} + v\frac{\partial u}{\partial y} - fv = -\frac{\partial \phi}{\partial x} \tag{4.31}$$

$$\frac{\partial v}{\partial t} + u\frac{\partial v}{\partial x} + v\frac{\partial v}{\partial y} + fu = -\frac{\partial \phi}{\partial y} \tag{4.32}$$

$$\frac{\partial \phi}{\partial t} + \frac{\partial}{\partial x}(\phi - \phi_s)u + \frac{\partial}{\partial y}(\phi - \phi_s)v = 0 \tag{4.33}$$

这一方程组又称浅水方程组,它可用于大气中 500 hPa 等压面上。在给定初始条件

$$t = 0, \quad u = u_0(x, y), \quad v = v_0(x, y), \quad \phi = \phi_0(x, y)$$

和侧边界条件下即可求解。

4.4　正压原始方程模式的物理属性

研究正压原始方程模式的波动解、能量关系及其整体性质(积分性质),对于了解模式的性能和数值求解时出现某些特殊问题的原因是有益的。首先讨论波动解。

4.4.1　波动解

正压模式假定流体是均匀不可压缩的,所以模式中不会存在声波、重力内波解,

但在自由面上会产生重力外波，由于考虑了 f 作用，出现的应是重力惯性外波。除此以外，因模式中还考虑了 f 随纬度变化，因而模式中还会产生 Rossby 波。对于浅水方程组线性波解，在一般的动力气象学教科书都有详尽讨论，不再赘述。不考虑地形作用，可求得正压原始方程组两个一维波动解，即重力惯性外波解和 Rossby 解，其频率方程（相速公式）分别为

$$C = U \pm (gH + f^2/k^2)^{1/2} \quad \text{（重力惯性外波）}$$

$$C = U - \frac{\beta + f^2 U/gH}{k^2 + f^2/gH} \quad \text{（Rossby 波）}$$

若取 H 为均质大气高度，则重力惯性外波相速 $C \approx 280$ m/s，接近于均质大气中的 Newton 声速，是快波。我们知道，中高纬度大尺度运动近似满足地转平衡，但这种平衡是相对的平衡、运动中的平衡，即中纬度大尺度运动一方面近似地满足地转平衡，另一方面这种平衡又不断遭到破坏，破坏了的地转平衡正是通过重力惯性波对非地转能量的频散才又重新建立起新的平衡的。这种平衡与不平衡矛盾的对立统一导致天气的变化与发展。准地转模式滤去了重力惯性波，不含有地转适应的机制，而原始方程模式包含了地转适应机制，能描述地转适应过程中风场、气压场的调整变化。但这也给数值求解带来新问题，即要求设计的差分格式能较正确地保持重力惯性波的频散关系，以使地转适应过程不受歪曲。此外，对初值处理、边值处理也提出了更高的要求。

因为重力惯性波是由地转偏差（或水平速度散度）激发出来的，初始风场给定的不正确，在初始时刻就含有虚假的水平散度，水平侧边界条件更不易正确给出，也容易出现虚假的水平散度，从而会激发出虚假的重力惯性波。这表明原始方程模式对初值特别敏感，若不加抑制，将导致计算失败。再者，由于重力惯性外波是快波，这给时间积分也带来了新问题。在第 2 章导出了不计 f 作用的浅水方程蛙跃格式的线性计算稳定性条件[参见(2.97)式]

$$|(U + C_0)\Delta t/d| < 0.707 \tag{4.34}$$

$C_0^2 = gH$。若做 500 hPa 形势预报，$gH \approx 5 \times 10^4\ \mathrm{m^2/s^2}$。$C_0 = 220$ m/s；U 为 500 hPa 上基本气流速度，$|C_0| \gg |U|$，所以对于相同格距，原始方程模式的时间步长比准地转模式小得多，因而模式的计算量大大增加。如果考虑地球自转，重力惯性外波相速大于 C_0，Δt 还要缩小。这也促进了人们对省时时间积分方案的研究。

4.4.2　模式大气运动能量关系及其整体性质

4.4.2.1　能量方程、能量守恒

对于上界为自由面的不可压缩流体，只有动能和重力位能的变化。单位截面积空气柱的动能为

$$\int_{z_s}^{z} \rho_0 K \mathrm{d}z = \rho_0 K (z - z_s) = \rho_0 h K$$

z 为自由面高度，z_s 为地形高度，$h = z - z_s$，$K = (u^2 + v^2)/2$。相对地形表面的单位截面积空气柱的位能为

$$\int_{z_s}^{z} \rho_0 g z \mathrm{d}z = \rho_0 g h \left(\frac{h}{2} + z_s \right)$$

由 $u \times$(4.31)式$+ v \times$(4.32)式可得到动能方程

$$\frac{\partial K}{\partial t} + \boldsymbol{V} \cdot \nabla K + g \boldsymbol{V} \cdot \nabla z = 0 \tag{4.35}$$

$h \times$(4.35)式$+ K \times$(4.33)式，便得到通量形式的动能方程

$$\frac{\partial hK}{\partial t} + \nabla \cdot (hK\boldsymbol{V}) + gh\boldsymbol{V} \cdot \nabla z = 0 \tag{4.35$'$}$$

用 ϕ 乘以连续方程(4.33)，不难得到位能方程

$$\frac{\partial}{\partial t} gh \left(\frac{h}{2} + z_s \right) + g \nabla \cdot (zh\boldsymbol{V}) - gh\boldsymbol{V} \cdot \nabla z = 0 \tag{4.36}$$

(4.35)$'$和(4.36)式最后一项数值相同、符号相反，这是动能与位能的转换项。该二式相加便得总能量方程

$$\frac{\partial}{\partial t} \left[h \left(K + \frac{1}{2} gh + gz_s \right) \right] + \nabla \cdot [(K + gz) h\boldsymbol{V}] = 0 \tag{4.37}$$

高斯(Gauss)定理为

$$\int_A \nabla \cdot \boldsymbol{G} \mathrm{d}A = \int_L \boldsymbol{G} \cdot \boldsymbol{n} \mathrm{d}l = \int_L G_n \mathrm{d}l$$

L 为面积 A 的周线，$\boldsymbol{n}$ 为垂直于 L 的单位矢量。对(4.37)式进行面积分，利用高斯定理，便得

$$\frac{\partial}{\partial t} \int_A h \left(K + \frac{1}{2} gh + gz_s \right) \mathrm{d}A + \int_L (K + gz) h v_n \mathrm{d}l = 0$$

这表明区域 A 内总能量的变化是通过边界 L 有能量流进流出而产生的。若 A 为全球面积，或有限区域边界上法向速度为零，则有

$$\frac{\partial}{\partial t} \int_A h \left(K + \frac{1}{2} gh + gz_s \right) \mathrm{d}A = 0$$

或

$$\frac{\partial}{\partial t} \overline{h \left(K + \frac{1}{2} gh + gz_s \right)} = 0 \tag{4.38}$$

"—"表示所取面积的平均。若下边界平坦，$z_s = 0$，则有

$$\frac{\partial}{\partial t} \overline{\left(K + \frac{1}{2} gz \right) z} = 0 \tag{4.39}$$

即对于全球大气或封闭的有限区域动能与位能之和是守恒的，或说平均总能量守恒。

对全球大气而言，动能和位能的变化仅取决于它们之间的转换。转换项对面积 A 积分有

$$\int_A gh\mathbf{V}\cdot\nabla z\mathrm{d}A=\int_A g\ \nabla\cdot hz\mathbf{V}\mathrm{d}A-\int_A gz\ \nabla\cdot h\mathbf{V}\mathrm{d}A$$

对于闭合系统有

$$\int_A gh\mathbf{V}\cdot\nabla z\mathrm{d}A=-\int_A gz\ \nabla\cdot h\mathbf{V}\mathrm{d}A$$

所以动能与重力位能的转换取决于气柱中质量的辐合辐散。当有质量辐合，自由面增高，动能转换为重力位能，反之重力位能转换为动能。

4.4.2.2 涡度方程、位涡和涡度拟能守恒

由$\frac{\partial(4.32)式}{\partial x}-\frac{\partial(4.31)式}{\partial y}$可得涡度方程

$$\frac{\mathrm{d}}{\mathrm{d}t}(\zeta+f)=-(\zeta+f)\ \nabla\cdot\mathbf{V} \tag{4.40}$$

连续方程(4.33)式可写为

$$\frac{\mathrm{d}h}{\mathrm{d}t}=-h\ \nabla\cdot\boldsymbol{v},\quad h=\phi-\phi_s \tag{4.41}$$

由(4.40)，(4.41)式消去$\nabla\cdot\mathbf{V}$，得到

$$\frac{\mathrm{d}}{\mathrm{d}t}\left(\frac{\zeta+f}{h}\right)=0 \tag{4.42}$$

式中$\frac{\zeta+f}{h}$为位涡度，(4.42)式表明无摩擦情形下大气柱中位涡守恒。位涡可视为涡旋强度$(\zeta+f)$与它的厚度 h 之比的量度，它的重要性在于运动中它是守恒的，涡旋厚度变化约束了涡旋强度变化。

令 $q=\frac{\zeta+f}{h}$，(4.42)式可写成通量形式

$$\frac{\partial hq}{\partial t}+\nabla\cdot qh\mathbf{V}=0 \tag{4.43}$$

若以 $q\times$(4.42)式得

$$\frac{\mathrm{d}}{\mathrm{d}t}\left(\frac{q^2}{2}\right)=0 \tag{4.44}$$

$q^2/2$ 与动能$|\mathbf{V}|^2/2$类似，称位涡拟能。(4.44)式表示位涡拟能守恒。(4.44)式可写成通量形式

$$\frac{\partial}{\partial t}\left(h\ \frac{q^2}{2}\right)+\nabla\cdot\left(\frac{q^2}{2}h\mathbf{V}\right)=0 \tag{4.45}$$

将(4.43)，(4.45)式对全球面积分，利用高斯定理，则有

$$\frac{\partial}{\partial t}\int_A hq\mathrm{d}A = \frac{\partial}{\partial t}(\overline{hq}) = 0 \tag{4.46}$$

$$\frac{\partial}{\partial t}\int_A h\ \frac{q^2}{2}\mathrm{d}A = \frac{\partial}{\partial t}\left(\overline{h\ \frac{q^2}{2}}\right) = 0 \tag{4.47}$$

这表明全球大气位涡守恒、全球大气位涡拟能守恒。

4.4.2.3　模式大气整体性质(积分性质)

前面已讨论了模式大气的一些整体性质，为强调其重要性对此加以总结，并再补充一些积分性质。

(1)质量守恒

将(4.33)式改写为

$$\frac{\partial \phi}{\partial t} + \nabla \cdot (\phi - \phi_s)\mathbf{V} = 0$$

$\phi = gz, \phi - \phi_s = g(z - z_s)$，上式又可写成

$$\frac{\partial h}{\partial t} + \nabla \cdot h\mathbf{V} = 0$$

对全球面积分，利用高斯定理，则有

$$\frac{\partial}{\partial t}\int_A h\,\mathrm{d}A = 0$$

这表明全球大气质量守恒。

(2)平流过程中全球大气动量守恒

只考虑平流影响，由(4.31)，(4.32)式有

$$\frac{\partial u}{\partial t} + \mathbf{V} \cdot \nabla u = 0$$

$$\frac{\partial v}{\partial t} + \mathbf{V} \cdot \nabla v = 0$$

写成通量形式有

$$\frac{\partial hu}{\partial t} + \nabla \cdot hu\mathbf{V} = 0$$

$$\frac{\partial hv}{\partial t} + \nabla \cdot hv\mathbf{V} = 0$$

对全球面积分，有

$$\frac{\partial}{\partial t}\int_A hu\mathrm{d}A = 0, \quad \frac{\partial}{\partial t}\int_A hv\mathrm{d}A = 0$$

(3)全球大气总能量守恒

前面已讨论过，即有

$$\frac{\partial}{\partial t}\int_A \left[\left(K + \frac{1}{2}gh + gz_s\right)h\right]\mathrm{d}A = 0$$

不计 z_s，则有

$$\frac{\partial}{\partial t}\int_A\left(K+\frac{1}{2}gh\right)\mathrm{d}A=0$$

显然，如不计外力作用，惯性运动中就有全球大气总动能守恒

$$\frac{\partial}{\partial t}\int_A hK\,\mathrm{d}A=0$$

(4)全球大气位涡和位涡拟能守恒

前面已讨论过，即有

$$\frac{\partial}{\partial t}\int_A hq\,\mathrm{d}A=0$$

$$\frac{\partial}{\partial t}\int_A h\,\frac{q^2}{2}\mathrm{d}A=0$$

(5)不计地球自转作用，无辐散大气涡度拟能守恒和水平尺度守恒(平均波数守恒)。

模式大气的这些整体性质，不但对了解模式大气动力学特征有意义，对于制作数值预报也是重要的。具体制作数值预报时，总是要将连续空间离散化，进行差分近似计算，如果差分近似计算(差分格式)破坏了这些整体性质，就相当引入虚假的“源”与“汇”，预报结果就难以让人置信。所以，这些整体性质就为设计差分格式提供了约束条件。非线性计算不稳定往往与非线性平流项计算方法有关，其表现是短波能量虚假增长，因此，设计满足积分约束条件的守恒格式(例如设计能量和位涡拟能守恒格式)也能有效地抑制非线性计算不稳定。所以设计守恒的差分格式对原始方程模式具有十分重要的意义。

4.5 守恒空间差分格式的构造

一个合理的有限差分格式，应当使差分方程保持微分方程的基本物理特性。一般说来，要想使模式差分方程描写的模式大气运动规律与微分方程完全一致是不可能的。但是，就表征模式大气的总体特征而言，构造与微分方程相一致的差分方程还是能够办得到的。所谓守恒差分格式，就是能保持模式大气整体性质的格式，或者说能保持连续大气某些积分关系的格式。为此要求微分方程中个别项的差分近似不应破坏原有的微分和积分原则。例如，一个连续函数 $F(x,y)$ 混合微商的次序可以交换，即有 $\frac{\partial^2 F}{\partial x\partial y}=\frac{\partial^2 F}{\partial y\partial x}$，取差分近似后也应满足这一微分原则；又如，对某一函数进行空间积分有下列关系式

$$\int_A^B F\,\frac{\partial F}{\partial x}\mathrm{d}x=\frac{1}{2}(F_B^2-F_A^2)$$

进行数值积分,其结果也不应出现 F^2 在 $x=A, x=B$ 的值以外的东西,即不破坏积分原则。

构造守恒差分格式不但是物理上需要,对于抑制非线性计算不稳定也是重要的。由于时间差分截断误差影响较小,所以更重视空间差分守恒格式的构造。前面已经分析了正压原始方程模式所能体现的全球连续大气动力特征的某些整体性质,例如正压原始方程模式保持了全球大气的质量守恒、总能量守恒以及位涡和位涡拟能守恒等。一般将保持能量守恒的差分方程称为能量守恒格式,保持能量和位涡拟能守恒的差分方程称能量和位涡拟能守恒格式等。满足守恒条件愈多,差分格式愈复杂。对于短期预报模式,要求计算速度快,对守恒性要求相对可以低一些,可以只满足部分守恒条件,再采取一些其他数值计算措施,也可以保证计算稳定,收到较好的效果。例如,早期的原始模式中,设计的半动量格式,只满足惯性运动中动量和能量守恒条件,实质上只满足模式方程组中个别非线性项积分关系,再加上扩散项或隐式平滑,实践表明,这一格式是一种令人满意的格式,计算稳定,预报场光滑。下面将首先讨论这种格式的构造问题。

4.5.1　一次、二次守恒的空间差分格式

平流形式和通量形式的原始方程组,是数值预报中常用的两种不同形式。为此先讨论两个简单方程

$$\frac{\partial \alpha}{\partial t} + \nabla \cdot \alpha \mathbf{V} = 0 \tag{4.48}$$

$$\frac{\partial \alpha}{\partial t} + \mathbf{V} \cdot \nabla \alpha = 0 \tag{4.49}$$

(4.48),(4.49)式分别称为通量方程和平流方程,其中 α 是某一物理量,是一标量函数,$\mathbf{V}$ 是流体水平速度。讨论这两个方程守恒差分格式构造问题,实质上是讨论非线性平流和通量散度差分格式构造问题。(4.48)和(4.49)式形式虽简单,但却包含了与原始方程组中相类似的非线性项。非线性平流项计算的精确度直接影响计算稳定性,处理不当常会引起非线性计算不稳定,因此构造这两个方程的守恒空间差分格式具有普遍意义。

4.5.1.1　积分关系、一次守恒格式

将通量方程(4.48)对全球面积或一封闭区域 A 积分,得到

$$\frac{\partial}{\partial t}\int_A \alpha \mathrm{d}A = -\int_A \nabla \cdot \alpha \mathbf{V} \mathrm{d}A = 0 \tag{4.50}$$

这表明,物理量 α 在区域 A 内的平均值守恒。如果(4.48)式的有限差分对 A 内所有格点求和也能得到与(4.50)式相类似的结果,则称这种差分格式是通量方程的一次守恒格式,因为它保持了相应的微分方程对 α 本身的积分性质,也即保持了非线性通

量散度的积分性质。

平流方程(4.49)可改写为

$$\frac{\partial \alpha}{\partial t} + \nabla \cdot \alpha \mathbf{V} = \alpha \, \nabla \cdot \mathbf{V} \tag{4.51}$$

对封闭区域 A 积分有

$$\frac{\partial}{\partial t}\int_A \alpha \, \mathrm{d}A = \int_A \alpha \, \nabla \cdot \mathbf{V} \mathrm{d}A \tag{4.52}$$

这一积分性质表明物理量 α 在 A 的平均值不守恒，平均值的变率由速度散度决定，满足 α 的非线性平流的这一积分性质的差分格式，称平流方程的一次守恒格式。

通量方程的一次守恒格式多种多样，容易构造，下式就是一次守恒格式之一

$$\frac{\partial \alpha_{i,j}}{\partial t} + (\overline{\alpha}^x \overline{u}^x)_x + (\overline{\alpha}^y \overline{v}^y)_y = 0 \tag{4.53}$$

其中 α, u, v 在同一格点上定义(用 A 网格)，为简洁，空间差分格式用 Shuman 算符写出。其守恒性不难验证，对所有格点求和

$$\begin{aligned}
\sum_{i,j} \frac{\partial \alpha_{i,j}}{\partial t} &= -\sum_{i,j}\left[(\overline{\alpha}^x \overline{u}^x)_x + (\overline{\alpha}^y \overline{v}^y)_y\right] \\
&= -\frac{1}{4d}\sum_{i,j}\left[(\alpha_{i+1,j} + \alpha_{i,j})(u_{i+1,j} + u_{i,j}) - (\alpha_{i,j} + \alpha_{i-1,j})(u_{i,j} + u_{i-1,j}) + \right. \\
&\quad \left. (\alpha_{i,j+1} + \alpha_{i,j})(v_{i,j+1} + v_{i,j}) - (\alpha_{i,j} + \alpha_{i,j-1})(v_{i,j} + v_{i,j-1})\right]
\end{aligned}$$

式中 $i=2,3,\cdots,I-1, j=2,3,\cdots,J-1$。

面积分区域为 $i=1,2,\cdots,I, j=1,2,\cdots,J$。注意到，等式右端和号中第二项用 $i+1$ 代替 i，第四项用 $j+1$ 代替 j，分别得到 $-(\alpha_{i+1,j}+\alpha_{i,j})(u_{i+1,j}+u_{i,j})$ 和 $-(\alpha_{i,j+1}+\alpha_{i,j})(v_{i,j+1}+v_{i,j})$，恰好与第一项和第三项符号相反，对格点求和对应的项相抵消，最后得到

$$\begin{aligned}
\sum_{i,j} \frac{\partial \alpha_{i,j}}{\partial t} = -\frac{1}{4d}&\left[(\alpha_{I,j} + \alpha_{I-1,j})(u_{I,j} + u_{I-1,j}) - (\alpha_{2,j} + \alpha_{1,j})(u_{2,j} + u_{1,j}) + \right. \\
&\left. (\alpha_{i,J} + \alpha_{i,J-1})(v_{i,J} + v_{i,J-1}) - (\alpha_{i,2} + \alpha_{i,1})(v_{i,2} + v_{i,1})\right]
\end{aligned}$$

由此看出，结果仅由边界上两圈的值决定。若取图 4.2 中虚线作为边界，这些项都是边界上法向通量。若离散区域是封闭的，边界上法向速度为零，即南北边界 $\overline{v}^y=0$，东西边界上 $\overline{u}^x=0$，亦即

南北边界上

$$\frac{1}{2}(v_{i,J} + v_{i,J-1}) = \frac{1}{2}(v_{i,2} + v_{i,1}) = 0$$

东西边界上

$$\frac{1}{2}(u_{I,j} + u_{I-1,j}) = \frac{1}{2}(u_{2,j} + u_{1,j}) = 0$$

所以有

$$\sum_{i,j} \frac{\partial \alpha_i}{\partial t} = 0 \tag{4.54}$$

即 α 在区域 A 中平均值守恒，(4.53)是通量方程一次守恒格式。

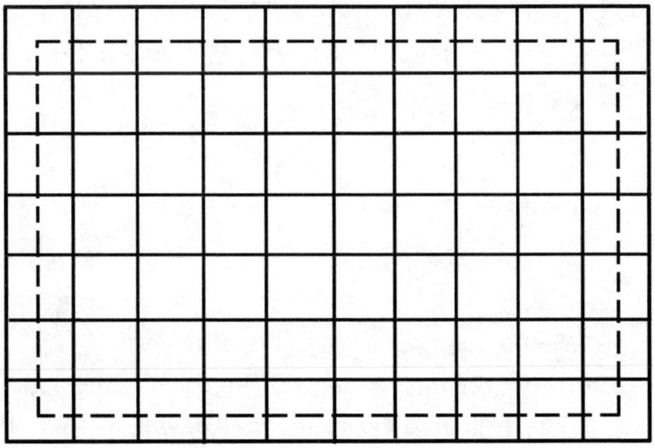

图 4.2　网格区域

在上述讨论的基础上不难求得平流方程的一次守恒格式。与平流方程等价方程(4.51)中的通量散度项取一次守恒格式，散度项取中央差分，则(4.51)式的差分格式为

$$\frac{\partial \alpha_{i,j}}{\partial t} + (\overline{\alpha}^x \overline{u}^x)_x + (\overline{\alpha}^y \overline{v}^y)_y = \alpha_{i,j}(\overline{u}_x^x + \overline{v}_y^y) \tag{4.55}$$

对格点求和，得

$$\sum_{i,j} \frac{\partial \alpha_{i,j}}{\partial t} = \sum_{i,j} \alpha_{i,j}(\overline{u}_x^x + \overline{v}_y^y) \tag{4.56}$$

显然这是满足积分关系(4.52)式的。应用恒等式

$$(\overline{A}^x \overline{B}^x)_x = \overline{\overline{B}^x A_x}^x + A\overline{B}_x^x$$

$$(\overline{A}^y \overline{B}^y)_y = \overline{\overline{B}^y A_y}^y + A\overline{B}_y^y$$

则(4.55)式可改写为

$$\frac{\partial \alpha_{i,j}}{\partial t} + \overline{\overline{u}^x \alpha_x}^x + \overline{\overline{v}^y \alpha_y}^y = 0 \tag{4.57}$$

这就是平流方程一次守恒格式，它与平流方程(4.49)相对应。

4.5.1.2　二次守恒格式

将通量方程(4.48)乘以 α 并对封闭区域 A 积分得

$$\frac{\partial}{\partial t}\int_A \frac{\alpha^2}{2} \mathrm{d}A = -\int_A \frac{\alpha^2}{2} \nabla \cdot \mathbf{V} \mathrm{d}A \tag{4.58}$$

将平流方程(4.49)乘以 α，对封闭区域 A 积分得

$$\frac{\partial}{\partial t}\int_A \frac{\alpha^2}{2}\mathrm{d}A = \int_A \frac{\alpha^2}{2}\nabla\cdot\mathbf{V}\mathrm{d}A \tag{4.59}$$

(4.58),(4.59)式分别是通量方程和平流方程关于物理量 α^2 的积分关系。满足这一积分关系的非线性项差分格式称为(α 的)二次守恒格式。容易证明(4.53)式也是通量方程的二次守恒格式。用 $\alpha_{i,j}$ 乘以(4.53)式,对格点求和,则有

$$\begin{aligned}
\sum_{i,j}\frac{\partial}{\partial t}\left(\frac{\alpha_{i,j}^2}{2}\right) &= -\sum_{i,j}\alpha_{i,j}\left[(\overline{\alpha}^x\overline{u}^x)_x + (\overline{\alpha}^y\overline{v}^y)_y\right] \\
&= -\frac{1}{4d}\sum_{i,j}\alpha_{i,j}\left[(\alpha_{i+1,j}+\alpha_{i,j})(u_{i+1,j}+u_{i,j}) - (\alpha_{i,j}+\alpha_{i-1,j})(u_{i,j}+u_{i-1,j}) + \right. \\
&\quad \left.(\alpha_{i,j+1}+\alpha_{i,j})(v_{i,j+1}+v_{i,j}) - (\alpha_{i,j}+\alpha_{i,j-1})(v_{i,j}+v_{i,j-1})\right] \\
&= -\sum_{i,j}\left\{\frac{\alpha_{i,j}^2}{4d}(u_{i+1,j}-u_{i-1,j}+v_{i,j+1}-v_{i,j-1}) + \frac{1}{4d}\left[\alpha_{i,j}\alpha_{i+1,j}(u_{i+1,j}+u_{i,j}) - \right.\right. \\
&\quad \left.\left.\alpha_{i,j}\alpha_{i-1,j}(u_{i,j}+u_{i-1,j}) + \alpha_{i,j}\alpha_{i,j+1}(v_{i,j+1}+v_{i,j}) - \alpha_{i,j}\alpha_{i,j-1}(u_{i,j}+u_{i,j-1})\right]\right\}
\end{aligned}$$

若离散区域是封闭的,南北边界取 $\overline{v}^y=0$,东西边界取 $\overline{u}^x=0$,则右端方括号求和为零。又

$$\frac{\alpha_{i,j}^2}{4d}(u_{i+1,j}-u_{i-1,j}+v_{i,j+1}-v_{i,j-1}) = \frac{\alpha_{i,j}^2}{2}(\overline{u}_x^x+\overline{v}_y^y)$$

所以有

$$\sum_{i,j}\frac{\partial}{\partial t}\left(\frac{\alpha_{i,j}^2}{2}\right) = -\frac{\alpha_{i,j}^2}{2}(\overline{u}_x^x+\overline{v}_y^y)$$

即满足积分关系(4.58)式。

用类似的方法可证明,平流方程一次守恒格式(4.57)式也是平流方程二次守恒格式(请读者自行证明)。

应该指出,一次守恒格式未必是二次守恒格式,例如通量方程的中央差分格式

$$\frac{\partial\alpha_{i,j}}{\partial t} + \overline{(\alpha u)}_x^x + \overline{(\alpha v)}_y^y = 0$$

是一次守恒格式,但不是二次守恒格式(请读者自行证明)。

4.5.2 正压原始方程模式二次守恒格式

将正压原始方程组写在正形地图投影坐标中,不考虑地形($z_s=0$),则有

$$\frac{\partial u}{\partial t} + m\left(u\frac{\partial u}{\partial x} + v\frac{\partial u}{\partial y}\right) - f^* v + mg\frac{\partial z}{\partial x} = 0 \tag{4.60}$$

$$\frac{\partial v}{\partial t} + m\left(u\frac{\partial v}{\partial x} + v\frac{\partial v}{\partial y}\right) + f^* u + mg\frac{\partial z}{\partial y} = 0 \tag{4.61}$$

$$\frac{\partial z}{\partial t} + m^2\left[u\frac{\partial}{\partial x}\left(\frac{z}{m}\right) + v\frac{\partial}{\partial y}\left(\frac{z}{m}\right) + \frac{z}{m}\left(\frac{\partial u}{\partial x} + \frac{\partial v}{\partial y}\right)\right] = 0 \tag{4.62}$$

其中

$$f^{*}=f+m^{2}\left[v\frac{\partial}{\partial x}\left(\frac{1}{m}\right)-u\frac{\partial}{\partial y}\left(\frac{1}{m}\right)\right] \tag{4.63}$$

通常称(4.60)—(4.62)式为平流形式正压原始方程组，不难由(4.60)—(4.62)式导出通量形式正压原始方程组为

$$\frac{\partial zu}{\partial t}+m^{2}\left(\frac{\partial}{\partial x}\left(u\frac{zu}{m}\right)+\frac{\partial}{\partial y}\left(v\frac{zu}{m}\right)\right)-f^{*}zv+mgz\frac{\partial z}{\partial x}=0 \tag{4.64}$$

$$\frac{\partial zv}{\partial t}+m^{2}\left(\frac{\partial}{\partial x}\left(u\frac{zv}{m}\right)+\frac{\partial}{\partial y}\left(v\frac{zv}{m}\right)\right)+f^{*}zu+mgz\frac{\partial z}{\partial y}=0 \tag{4.65}$$

$$\frac{\partial z}{\partial t}+m^{2}\left[\frac{\partial}{\partial x}\left(\frac{zu}{m}\right)+\frac{\partial}{\partial y}\left(\frac{zv}{m}\right)\right]=0 \tag{4.66}$$

将平流方程二次守恒格式(4.57)推广到平流形式的正压原始方程组(4.60)—(4.62)式，即方程组中所有非线性平流项取二次守恒格式，空间微商取中央差分，时间微商也取中央差分(取蛙跃格式)，则得到

$$\begin{cases}\overline{u}_{t}^{t}+m_{i,j}\left(\overline{\overline{u}^{x}u_{x}}^{x}+\overline{\overline{v}^{y}u_{y}}^{y}+g\overline{z}_{x}^{x}\right)-\overline{f}_{i,j}^{*}v_{i,j}=0\\ \overline{v}_{t}^{t}+m_{i,j}\left(\overline{\overline{u}^{x}v_{x}}^{x}+\overline{\overline{v}^{y}v_{y}}^{y}+g\overline{z}_{y}^{y}\right)+\overline{f}_{i,j}^{*}u_{i,j}=0\\ \overline{z}_{t}^{t}+m_{i,j}^{2}\left(\overline{\overline{u}^{x}\left(\frac{z}{m}\right)_{x}}^{x}+\overline{\overline{v}^{y}\left(\frac{z}{m}\right)_{y}}^{y}+\frac{z_{i,j}}{m_{i,j}}\left(\overline{u}_{x}^{x}+\overline{v}_{y}^{y}\right)\right)=0\end{cases} \tag{4.67}$$

其中

$$\overline{f}_{i,j}^{*}=f_{i,j}+u_{i,j}\overline{m}_{y}^{y}-v_{i,j}\overline{m}_{x}^{x} \tag{4.68}$$

(4.67)式即为平流形式的正压原始方程组的二次守恒格式，也称其为半动量格式。

同样，将通量方程的二次守恒格式推广到通量形式的正压原始方程组，则得到

$$\begin{cases}\overline{(zu)}_{t}^{t}+m_{i,j}^{2}\left\{\left[\overline{\overline{u}^{x}\left(\frac{zu}{m}\right)}^{x}\right]_{x}+\left[\overline{\overline{v}^{y}\left(\frac{zu}{m}\right)}^{y}\right]_{y}\right\}-\overline{f}_{i,j}^{*}z_{i,j}v_{i,j}+m_{i,j}gz_{i,j}\overline{z}_{x}^{x}=0\\ \overline{(zv)}_{t}^{t}+m_{i,j}^{2}\left\{\left[\overline{\overline{u}^{x}\left(\frac{zv}{m}\right)}^{x}\right]_{x}+\left[\overline{\overline{v}^{y}\left(\frac{zv}{m}\right)}^{y}\right]_{y}\right\}+\overline{f}_{i,j}^{*}z_{i,j}u_{i,j}+m_{i,j}gz_{i,j}\overline{z}_{y}^{y}=0\\ \overline{z}_{t}^{t}+m_{i,j}^{2}\left\{\left[\overline{\overline{u}^{x}\left(\frac{z}{m}\right)}^{x}\right]_{x}+\left[\overline{\overline{v}^{y}\left(\frac{z}{m}\right)}^{y}\right]_{y}\right\}=0\end{cases} \tag{4.69}$$

上式即为通量形式的正压原始方程组的二次守恒格式。

非线性平流项的计算对于获得模式的稳定时间积分起着关键作用，因此人们把平流项的处理作为重点计算问题之一。以上的二次守恒格式满足非线性平流积分约束条件，对时间积分稳定性起到很好作用。Shuman(1962)等对二次守恒格式(4.67)加以改进，构造了具有二次守恒并且含有二维平滑作用的平流形式正压原始方程的空间差分格式，形式为

$$\begin{cases} \overline{u}_t^t + \overline{\left[\overline{m}^{xy}(\overline{u}^{xy}\overline{u}_x^y + \overline{v}^{xy}\overline{u}_y^x + g\overline{z}_x^y) - \overline{f^*}^{xy}\,\overline{v}^{xy}\right]}^{xy} = 0 \\ \overline{v}_t^t + \overline{\left[\overline{m}^{xy}(\overline{u}^{xy}\overline{v}_x^y + \overline{v}^{xy}\overline{v}_y^x + g\overline{z}_y^x) + \overline{f^*}^{xy}\,\overline{u}^{xy}\right]}^{xy} = 0 \\ \overline{z}_t^t + \overline{\left\{\overline{m}^{xy}\left[\overline{u}^{xy}\overline{z}_x^y + \overline{v}^{xy}\overline{z}_y^x + \overline{z}^{xy}(\overline{u}_x^y + \overline{v}_y^x)\right]\right\}}^{xy} - \\ \quad \overline{\left[\overline{z}^{xy}\overline{u}^{xy}\overline{m}_x^y + \overline{z}^{xy}\overline{v}^{xy}\overline{m}_y^x\right]}^{xy} = 0 \end{cases} \tag{4.70}$$

根据 Shuman 算符的定义不难发现，计算(4.70)式中某一点的倾向值，需要用到包括该点在内周围九点上的变量值，所以(4.70)式称为九点半动量格式。Shuman(1962)等对此格式进行了许多试验，结果表明这是一种令人满意的格式。

4.5.3 正压原始方程模式总能量守恒格式

上面得到的平流形式、通量形式的正压原始方程组的二次守恒格式，仅仅是方程组各方程中的非线性项的积分性质守恒。实际上，模式大气运动是受模式方程组制约的。因此，差分方程的守恒性应该是对模式方程组的整体(积分)性质而言的。本章第 4 节中已指出，正压原始方程组具有全球大气总能量守恒这一积分性质，所以差分方程组也应具有这种积分性质，否则差分方程组中就包含有虚假的能源和能汇，这对于模式进行长时间的积分十分不利，易造成计算不稳定。因此，构造总能量守恒格式是十分必要的。

暂不考虑地图投影放大系数，无地形作用($z_s=0$)，通量形式的正压原始方程组为

$$\frac{\partial zu}{\partial t} + \nabla \cdot zu\mathbf{V} - fzv + gz\frac{\partial z}{\partial x} = 0 \tag{4.71}$$

$$\frac{\partial zv}{\partial t} + \nabla \cdot zv\mathbf{V} + fzu + gz\frac{\partial z}{\partial y} = 0 \tag{4.72}$$

$$\frac{\partial z}{\partial t} + \nabla \cdot z\mathbf{V} = 0 \tag{4.73}$$

4.5.3.1 水平通量散度格式的构造

为构造能量守恒格式，先不考虑外力作用，则有

$$\begin{cases} \dfrac{\partial zu}{\partial t} = -\nabla \cdot zu\mathbf{V} \\ \dfrac{\partial zv}{\partial t} = -\nabla \cdot zv\mathbf{V} \\ \dfrac{\partial z}{\partial t} = -\nabla \cdot z\mathbf{V} \end{cases} \tag{4.74}$$

若对全球面积或封闭区域积分，则有

$$\int_A \nabla \cdot zu\mathbf{V}\mathrm{d}A = \int_A \nabla \cdot zv\mathbf{V}\mathrm{d}A = \int_A \nabla \cdot z\mathbf{V}\mathrm{d}A = 0 \tag{4.75}$$

这表明全球大气质量、动量是守恒的。因此，设计正压原始方程组中水平通量散度守恒格式是重要的。方程组(4.74)可写成以下形式

$$\frac{\partial \alpha z}{\partial t} = -\nabla \cdot \alpha z \mathbf{V} = -\left(\frac{\partial \alpha z u}{\partial x} + \frac{\partial \alpha z v}{\partial y}\right) \tag{4.76}$$

$$\alpha = u, v, 1$$

设积分区域为矩形区域，取正方形网格，格距为 d，α, z, u, v 在同一格点上定义。首先对上述方程做以(i,j)为中心，以 $ABCDA$ 为周界上的面积分(参见图 4.3)，有

$$\int_{\Delta s} \frac{\partial \alpha z}{\partial t} \mathrm{d}A = -\int_{\Delta s} \nabla \cdot \alpha z \mathbf{V} \mathrm{d}A = -\oint_{ABCDA} \alpha z v_n \mathrm{d}l \tag{4.77}$$

式中 v_n 为周界外法线方向上速度分量，$\Delta s = d^2$，$AB = BC = CD = DA = d$，$\nabla \cdot \alpha z \mathbf{V}$ 取差分近似，对其进行数值积分也应有类似于(4.77)式的关系式。取半步中央差，水平通量散度$\nabla \cdot \alpha z \mathbf{V}$ 的差分形式为

$$(\alpha z u)_x + (\alpha z v)_y = \frac{1}{d}\left[(\alpha z u)_{i+\frac{1}{2},j} - (\alpha z u)_{i-\frac{1}{2},j} + (\alpha z v)_{i,j+\frac{1}{2}} - (\alpha z v)_{i,j-\frac{1}{2}}\right] \tag{4.78}$$

则有

$$\begin{aligned} \int_{\Delta s} \frac{\partial \alpha z}{\partial t} \mathrm{d}A &= -\frac{1}{d}\left[(\alpha z u)_{i+\frac{1}{2},j} - (\alpha z u)_{i-\frac{1}{2},j} + (\alpha z v)_{i,j+\frac{1}{2}} - (\alpha z v)_{i,j-\frac{1}{2}}\right] d^2 \\ &= -\left[\underset{AB}{-(\alpha z v)_{i,j-\frac{1}{2}}} + \underset{BC}{(\alpha z u)_{i+\frac{1}{2},j}} + \underset{CD}{(\alpha z v)_{i,j+\frac{1}{2}}} - \underset{DA}{(\alpha z u)_{i-\frac{1}{2},j}}\right] d \end{aligned} \tag{4.79}$$

上式中标有 AB 的表示该项是通过 AB 的通量，……，可见这一差分格式不违背通量散度的积分性质，(4.79)式与(4.77)式是相一致的。

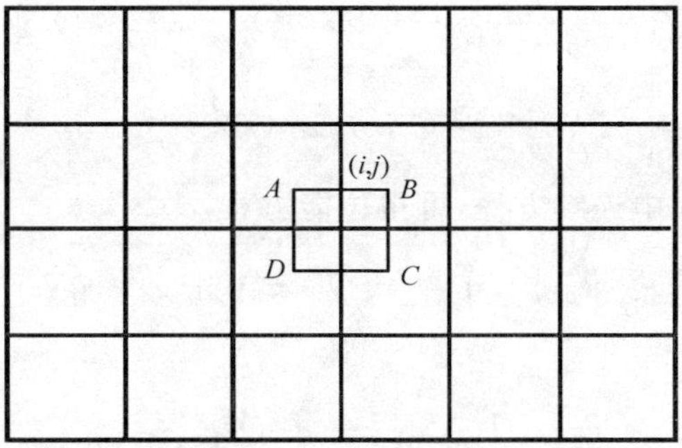

4.3　计算水平通量的周界示意图

由于 z, u, v 定义在同一网格点上，我们不妨用 $\overline{\alpha}^x_{i+\frac{1}{2},j}$ 代替 $\alpha_{i+\frac{1}{2},j}$，$\overline{(zu)}^x_{i+\frac{1}{2},j}$ 代替 $(zu)_{i+\frac{1}{2},j}$ 等等，于是通量散度差分格式可写成

$$(\overline{\alpha}^x\,\overline{zu}^x)_x+(\overline{\alpha}^y\,\overline{zv}^y)_y$$

这一格式是 Lilly(1965)首先提出的,常称莉莉(Lilly)格式。于是(4.76)式用 Lilly 格式可以写成

$$\frac{\partial \alpha z}{\partial t}=-\left[(\overline{\alpha}^x\,\overline{zu}^x)_x+(\overline{\alpha}^y\,\overline{zv}^y)_y\right] \tag{4.80}$$

将 Shuman 算符展开,并对网格区域(参见图 4.2)边界内所有格点求和,则有

$$\sum_{i,j}\frac{\partial}{\partial t}(\alpha z)_{i,j}=-\frac{1}{4d}\sum_{i,j}\{[(zu)_{i+1,j}+(zu)_{i,j}](\alpha_{i+1,j}+\alpha_{i,j})-[(zu)_{i,j}+(zu)_{i-1,j}](\alpha_{i,j}+\alpha_{i-1,j})+[(zv)_{i,j+1}+(zv)_{i,j}](\alpha_{i,j+1}+\alpha_{i,j})-[(zv)_{i,j}+(zv)_{i,j-1}](\alpha_{i,j}+\alpha_{i,j-1})\}$$

式中 $i=2,3,\cdots,I-1,j=2,3,\cdots,J-1$。

类似前面 4.5.1.1、4.5.1.2 小节中的分析,若边界条件为

$$\begin{array}{ll}\text{南北边界上,} & \overline{u}^x=0,\quad z_x=0\\ \text{东西边界上,} & \overline{v}^y=0,\quad z_y=0\end{array} \tag{4.81}$$

则有

$$\sum_{i,j}\frac{\partial}{\partial t}(z\alpha)_{i,j}=0 \tag{4.82}$$

$\alpha=1$,表示质量守恒;$\alpha=u$ 和 v 则表示惯性运动中动量守恒,所以 Lilly 格式是一次守恒格式。

无外力作用,惯性运动方程组 Lilly 格式可写成

$$\begin{cases}\dfrac{\partial(zu)_{i,j}}{\partial t}=-\left[(\overline{zu}^x\overline{u}^x)_x+(\overline{zv}^y\overline{u}^y)_y\right]\\[2ex] \dfrac{\partial(zv)_{i,j}}{\partial t}=-\left[(\overline{zu}^x\overline{v}^x)_x+(\overline{zv}^y\overline{v}^y)_y\right]\\[2ex] \dfrac{\partial z_{i,j}}{\partial t}=-\left[(\overline{zu}^x)_x+(\overline{zv}^y)_y\right]\end{cases} \tag{4.83}$$

若以 gz 乘以(4.74)式中连续方程,可得位能方程

$$\frac{\partial}{\partial t}\left(\frac{1}{2}gz^2\right)=-g\,\mathbf{\nabla}\cdot z^2\mathbf{V}+gz\mathbf{V}\cdot\mathbf{\nabla}z \tag{4.84}$$

如对一封闭区域积分

$$\frac{\partial}{\partial t}\int_A\frac{1}{2}gz^2\mathrm{d}A=\int_A gz\mathbf{V}\cdot\mathbf{\nabla}z\mathrm{d}A \tag{4.85}$$

若以 $gz_{i,j}$ 乘以连续方程差分形式,可得

$$\frac{\partial}{\partial t}\left(\frac{1}{2}gz_{i,j}^2\right)=-\frac{g}{2d}\left[z_{i,j}(zu)_{i+1,j}-z_{i,j}(zu)_{i-1,j}+z_{i,j}(zv)_{i,j+1}-z_{i,j}(zv)_{i,j-1}\right]$$

经简单变换,得

$$\frac{\partial}{\partial t}\left(\frac{1}{2}gz_{i,j}^2\right)=-g[(z_{i+\frac{1}{2},j}z_{i-\frac{1}{2},j}\bar{u}^x)_x+(z_{i,j+\frac{1}{2}}z_{i,j-\frac{1}{2}}\bar{v}^y)_y]+\frac{gz_{i,j}}{2d}[u_{i,j}\bar{z}_x^x+v_{i,j}\bar{z}_y^y]$$

(4.86)

右端第一方括号与(4.84)式中$-g\boldsymbol{\nabla}\cdot z^2\boldsymbol{V}$相对应，而第二个方括号与(4.84)式中$gz\boldsymbol{V}\cdot\boldsymbol{\nabla}z$相对应是动能与位能之间转换项。将(4.86)式对封闭区域所有格点求和，注意到边界条件(4.81)，有

$$\frac{\partial}{\partial t}\sum_{i,j}\frac{1}{2}gz_{i,j}^2=\sum_{i,j}\frac{gz_{i,j}}{2d}[u_{i,j}\bar{z}_x^x+v_{i,j}\bar{z}_y^y] \tag{4.87}$$

这一结果与(4.85)式相对应。

若将(4.74)式中第一式减去u乘以连续方程，得

$$z\frac{\partial u}{\partial t}+zu\frac{\partial u}{\partial x}+zv\frac{\partial u}{\partial y}=0$$

以u乘该式加上$u^2/2$乘以连续方程，得通量形式动能方程

$$\frac{\partial}{\partial t}\left(z\frac{u^2}{2}\right)+\frac{\partial}{\partial x}\left(zu\frac{u^2}{2}\right)+\frac{\partial}{\partial y}\left(zv\frac{u^2}{2}\right)=0 \tag{4.88}$$

类似步骤有

$$\frac{\partial}{\partial t}\left(z\frac{v^2}{2}\right)+\frac{\partial}{\partial x}\left(zu\frac{v^2}{2}\right)+\frac{\partial}{\partial y}\left(zv\frac{v^2}{2}\right)=0 \tag{4.88$'$}$$

对封闭区域积分，有

$$\frac{\partial}{\partial t}\int_A\left(z\frac{u^2}{2}\right)\mathrm{d}A=0,\quad\frac{\partial}{\partial t}\int_A\left(z\frac{v^2}{2}\right)\mathrm{d}A=0 \tag{4.89}$$

以类似于微分形式动能方程的推导步骤，可推得无外力作用下的动能方程的差分形式。通量形式运动方程差分形式减去$u_{i,j}$乘连续方程差分形式，所得结果乘$u_{i,j}$与$u_{i,j}^2/2$乘连续方程相加便得

$$\frac{\partial}{\partial t}\left[z\frac{u^2}{2}\right]_{i,j}+\frac{1}{4d}\{[(zu)_{i+1,j}+(zu)_{i,j}]u_{i+1,j}u_{i,j}-[(zu)_{i,j}+(zu)_{i-1,j}]u_{i,j}u_{i,j-1}+$$
$$[(zv)_{i,j+1}+(zv)_{i,j}]u_{i,j+1}u_{i,j}-[(zv)_{i,j}+(zv)_{i,j-1}]u_{i,j}u_{i,j-1}\}=0$$

或写成

$$\frac{\partial}{\partial t}\left(z\frac{u^2}{2}\right)_{i,j}+\frac{1}{2}[(u_{i+\frac{1}{2},j}u_{i-\frac{1}{2},j}\overline{zu}^x)_x+(u_{i,j+\frac{1}{2}}u_{i,j-\frac{1}{2}}\overline{zv}^y)_y]=0 \tag{4.90}$$

(4.90)式第二项与$\boldsymbol{\nabla}\cdot\frac{u^2}{2}z\boldsymbol{V}$相对应，对封闭区域所有格点求和有

$$\frac{\partial}{\partial t}\sum_{i,j}\left[z\frac{u^2}{2}\right]_{i,j}=0 \tag{4.91}$$

同理有

$$\frac{\partial}{\partial t}\sum_{i,j}\left[z\frac{v^2}{2}\right]_{i,j}=0 \tag{4.91$'$}$$

亦即

$$\frac{\partial}{\partial t}\sum_{i,j}\left[z_{i,j}\left(\frac{u^2+v^2}{2}\right)_{i,j}\right]=0 \tag{4.92}$$

以上表明,无外力作用,惯性运动中动能守恒,即 Lilly 格式是二次守恒格式。

4.5.3.2 总能量守恒格式

考虑外力作用,动能方程、位能方程的通量形式为

$$\frac{\partial zK}{\partial t}+\nabla\cdot(zK\mathbf{V})+gz\mathbf{V}\cdot\nabla z=0$$

$$\frac{\partial}{\partial t}\left(\frac{gz^2}{2}\right)+\nabla\cdot(gz^2\mathbf{V})-gz\mathbf{V}\cdot\nabla z=0$$

由位能方程的差分形式可知,动能与位能的转换项的差分格式为

$$gz_{i,j}(u_{i,j}\bar{z}_x^x+v_{i,j}\bar{z}_y^y)$$

故在运动方程中气压梯度力也应取为 $g\bar{z}_x^x,g\bar{z}_y^y$ 这样就可保持总能量守恒。故通量形式正压原始方程总能量守恒格式为

$$\begin{cases}\left(\dfrac{\partial zu}{\partial t}\right)_{i,j}+(\overline{zu}^x\bar{u}^x)_x+(\overline{zv}^y\bar{u}^y)_y-fz_{i,j}v_{i,j}+gz_{i,j}\bar{z}_x^x=0\\ \left(\dfrac{\partial zv}{\partial t}\right)_{i,j}+(\overline{zu}^x\bar{v}^x)_x+(\overline{zv}^y\bar{v}^y)_y+fz_{i,j}u_{i,j}+gz_{i,j}\bar{z}_y^y=0\\ \left(\dfrac{\partial z}{\partial t}\right)_{i,j}+(\overline{zu}^x)_x+(\overline{zv}^y)_y=0\end{cases} \tag{4.93}$$

(4.93)式满足全球大气质量守恒、总能量守恒、无外力情况下动量守恒、动能守恒等积分约束关系。这一总能量守恒格式是 1965 年 Lilly 首先提出来的,也称 Lilly 格式。

最后还应指出:在构造能量守恒格式时,差分格式中各项(如通量项、气压梯度力)的差分格式之间必须相互协调,其中之一有改变都可能导致整个能量关系的破坏。例如水平气压梯度力格式改为 $-\dfrac{g}{2}\overline{(z^2)_x}^x$,或连续方程中通量散度项格式改为二次守恒格式 $(\bar{z}^x\bar{u}^x)_x+(\bar{z}^y\bar{v}^y)_y$,其他项不变,则差分格式就不满足总能量守恒了。

另外,1965 年 Lilly 采用格式 C 设计了满足能量守恒的差分格式

$$\begin{cases}\overline{(\bar{z}^x u)_t}^t+(\overline{\bar{z}^x u}^x\bar{u}^x)_x+(\overline{\bar{z}^y v}^x\bar{u}^y)_y-f\overline{\bar{z}^y v}^{xy}+g\bar{z}^x z_x=0\\ \overline{(\bar{z}^y v)_t}^t+(\overline{\bar{z}^x u}^y\bar{v}^x)_x+(\overline{\bar{z}^y v}^y\bar{v}^y)_y+f\overline{\bar{z}^x u}^{xy}+g\bar{z}^y z_y=0\\ \overline{(z)_t}^t+(\bar{z}^x u)_x+(\bar{z}^y v)_y=0\end{cases}$$

说明:①此格式比前面的 A 格式能较好地描述大气适应过程;②时间积分,首先求出下一时刻的 $z,\bar{z}^x u$ 和 $\bar{z}^y v$,利用下一时刻的 z 便可计算出 u,v。③格式的守恒性不再证明了。

最后指出:构造满足各种积分约束条件(例如能量和位涡拟能守恒)差分格式的

步骤：一般不可能直接写出来，通常采用二步：①根据明显易满足的约束条件设计较为普遍的格式，其中包含一些待定的量；②根据其他约束条件，主要是二次量的守恒性，如能量守恒、位涡拟能守恒等，来逐步确定未知量，减少格式自由度。最后得到一种满足各种重要约束条件的差分方程。

4.6　正压原始方程模式的计算方案

令 $z_s=0$，地图投影坐标系中正压原始方程模式方程组为

$$\begin{cases}\dfrac{\partial u}{\partial t}=-m\left(u\dfrac{\partial u}{\partial x}+v\dfrac{\partial u}{\partial y}+g\dfrac{\partial z}{\partial x}\right)+f^{*}v=E\\ \dfrac{\partial v}{\partial t}=-m\left(u\dfrac{\partial v}{\partial x}+v\dfrac{\partial v}{\partial y}+g\dfrac{\partial z}{\partial y}\right)-f^{*}u=G\\ \dfrac{\partial z}{\partial t}=-m\left(u\dfrac{\partial z}{\partial x}+v\dfrac{\partial z}{\partial y}+z\dfrac{\partial u}{\partial x}+z\dfrac{\partial v}{\partial y}\right)=H\\ f^{*}=f+m^{2}\left[v\dfrac{\partial}{\partial x}\left(\dfrac{1}{m}\right)-u\dfrac{\partial}{\partial y}\left(\dfrac{1}{m}\right)\right]\end{cases}$$

下面给出求方程组数值解的计算方案。

4.6.1　空间差分格式、初值和侧边界条件

差分网格取正方形网格，格距 $d=250$ km；变量配置采用 A 网格，预报区域为矩形区域，北边界某点与纬圈相切，如图 4.4 所示。空间格点序号按矩阵元素记，如

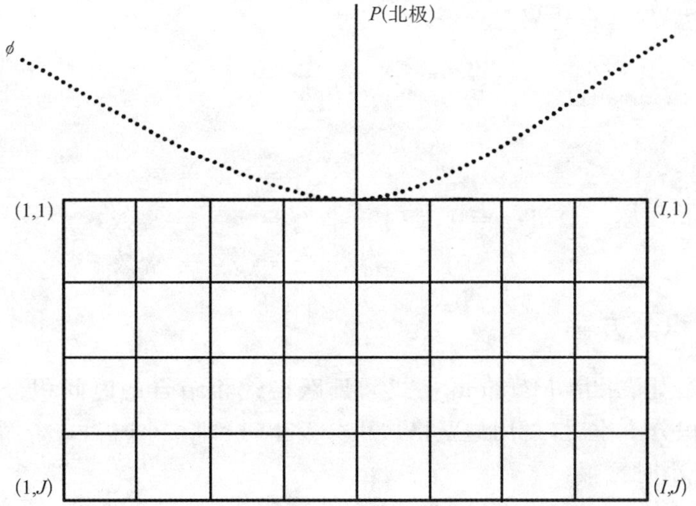

图 4.4　预报区域

$$\left(\frac{\partial A}{\partial y}\right)_{i,j}=\frac{A_{i,j-1}-A_{i,j+1}}{2d}$$

该模式用于制作 500 hPa 上高度场和风场预报。

4.6.1.1 空间差分格式

空间差分格式取半动量格式，即非线性平流项取一次、二次守恒格式，气压梯度力、散度项取中央差，即

$$E=-m(\overline{\overline{u}^x u_x}^x+\overline{\overline{v}^y u_y}^y+g\overline{z}_x^x)+fv$$

$$G=-m(\overline{\overline{u}^x v_x}^x+\overline{\overline{v}^y v_y}^y+g\overline{z}_y^y)-fu$$

$$H=-m[\overline{\overline{u}^x z_x}^x+\overline{\overline{v}^y z_y}^y+z(\overline{u}_x^x+\overline{v}_y^y)]$$

4.6.1.2 初值

为简单采用地转初值，即

$$u=-m\frac{g}{\overline{f}}\frac{\partial z}{\partial y},\quad v=m\frac{g}{\overline{f}}\frac{\partial z}{\partial x}$$

式中 $\overline{f}$ 是区域平均纬度地转参数。若给出 500 hPa 初始高度场 $z_{i,j}^0$，则可求出相应的风场，即

$$u_{i,j}^0=-m_{i,j}\frac{g}{\overline{f}_{i,j}}\frac{(z_{i,j-1}^0-z_{i,j+1}^0)}{2d}$$

$$v_{i,j}^0=m_{i,j}\frac{g}{\overline{f}_{i,j}}\frac{(z_{i+1,j}^0-z_{i-1,j}^0)}{2d}$$

4.6.1.3 边界条件

采用固定边界，即在边界上

$$\frac{\partial u}{\partial t}=\frac{\partial v}{\partial t}=\frac{\partial z}{\partial t}=0$$

即

$$i=1,I;j=1,J\text{ 时}\quad\begin{cases}z_{i,j}^n=z_{i,j}^0=\text{常数}\\u_{i,j}^n=u_{i,j}^0=\text{常数}\\v_{i,j}^n=v_{i,j}^0=\text{常数}\end{cases}$$

4.6.2 时间积分方案

为使计算稳定，采用 Matsuno 格式和蛙跃格式相结合的时间积分方案。先用 Matsuno 格式积分 1 小时，再用蛙跃格式积分 5 小时(即 6 小时为一个循环)，经 4 个循环可做出 24 小时预报。

以 F 代表 u,v,z，A 代表 E,G,H，即 F 的倾向，Matsuno 格式为

$$F_{i,j}^{n+1\,*} = F_{i,j}^{n} + \Delta t A_{i,j}^{n}$$
$$F_{i,j}^{n+1} = F_{i,j}^{n} + \Delta t A_{i,j}^{n+1\,*}$$

积分 1 小时后，采用“三步起”的蛙跃格式（因为蛙跃格式是三个时间层格式），如图 4.5 所示。

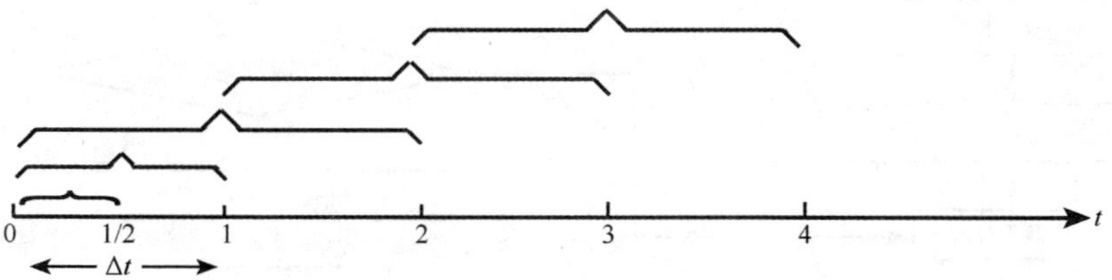

图 4.5　三步起

即在 $t=0$ 时，先做半步前差，然后再做半步中央差，以后便一直做一步中央差，其差分格式为

$$F_{i,j}^{n+\frac{1}{2}} = F_{i,j}^{n} + \frac{\Delta t}{2} A_{i,j}^{n} \quad \text{半步前差}$$
$$F_{i,j}^{n+1} = F_{i,j}^{n} + \Delta t A_{i,j}^{n+\frac{1}{2}} \quad \text{半步中央差}$$
$$F_{i,j}^{n+2} = F_{i,j}^{n} + 2\Delta t A_{i,j}^{n+1} \quad \text{一步中央差}$$

考虑要满足稳定性条件，因 $d=250\ \text{km}$，

$$\Delta t < \frac{d}{|c_0| + |U|} \approx \frac{d}{|c_0|} \sim 13 \text{ 分钟}$$

上式中 C_0 为重力外波相速。故时间步长 Δt 取为 10 分钟。

4.6.3　平滑

在输入输出位势高度场时，为光滑起见，可对全场进行一次 5 点平滑。为保证计算稳定，必要时每积分 6 小时也可做一次全场五点平滑。平滑公式为

$$\bar{z}_{i,j} = z_{i,j} + \frac{s}{2}(z_{i+1,j} + z_{i-1,j} + z_{i,j+1} + z_{i,j-1} - 4z_{i,j})$$

平滑系数 s 可取为 0.5。

4.6.4　计算流程图

下面给出采用正压原始方程模式制作数值天气预报的计算流程图（图 4.6）。

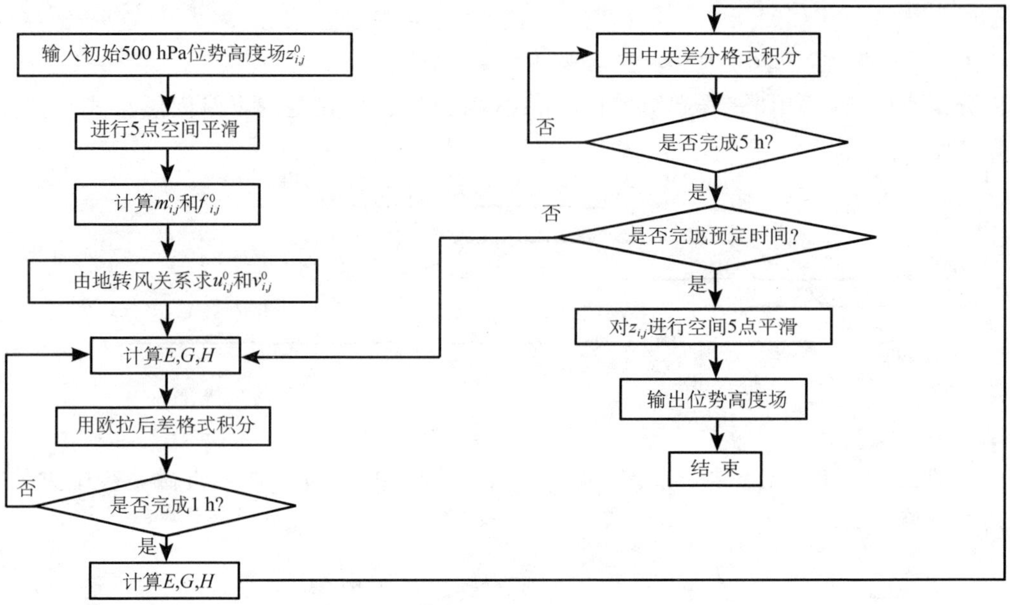

图 4.6 计算流程图

复习思考题

(1)写出正压原始方程模式的基本方程组。

(2)正压原始方程包含哪些波动?这些波动对数值计算有何影响?

(3)简述讨论模式能量关系的意义。

(4)证明正压原始方程模式具有下列性质:

①全球大气总质量守恒;

②只有平流过程时,全球大气动量守恒、动能守恒;

③全球大气总能量守恒;

④全球大气位涡守恒及位涡拟能守恒。

(5)什么为守恒差分格式?什么为一次、二次守恒格式?并会证明差分格式的守恒性,说明半动量格式和能量守恒格式的特点,并写出 Lilly 格式。

(6)对于正压原始方程模式常采用哪些时间差分方案?什么是三步起法,写出具体表达式。

(7)说明正压原始方程模式的求解步骤,并给出计算框图。

(8)采用原始方程模式会产生哪些特殊问题?

(9)写出正压原始方程组的平流形式和通量形式。

(10)说明九点平滑格式和 Lilly 格式的特点。

第 5 章　斜压原始方程模式

正压原始方程模式把大气视为一层流体，只能描述大气中的二维运动。而实际天气过程和大气运动都是在三维空间中进行的，为了更好地描述大气在三维空间的运动以及发生在大气中的各种物理过程，必须考虑温度平流、垂直运动以及各种物理量在垂直方向上的变化，这就需要采用多层模式，即斜压原始方程模式。20 世纪 60 年代开始，世界各国就相继采用斜压原始方程模式作为数值天气预报的业务模式，使数值预报的准确率有了很大的提高。

本章主要介绍 σ 坐标系中的斜压原始方程组及其积分约束关系，以及垂直差分格式的构造和气压水平梯度力的计算方法，至于模式中所涉及的各种物理过程的处理方法将在第 9 章中详细讨论。

5.1　模式方程组及其积分关系

从斜压原始方程组出发，可以推导出描述三维大气运动规律的一些重要积分关系，这些积分关系在设计模式和构造差分格式时应尽可能遵循，以保证所得到的差分离散系统能够保持连续大气的整体性质和基本规律。第 4 章已经研究了关于空间水平微商的差分格式，所得结论对于斜压模式也是适用的。因此，本章将着重讨论垂直差分格式的构造问题。

5.1.1　模式方程组

暂不考虑地图投影放大系数 m 的作用，σ 坐标系中通量形式的模式方程组可写为

$$\frac{\partial(\pi u)}{\partial t}+\frac{\partial(\pi uu)}{\partial x}+\frac{\partial(\pi uv)}{\partial y}+\frac{\partial(\pi u\dot{\sigma})}{\partial \sigma}-f\pi v=-\pi\left(\frac{\partial \phi}{\partial x}+\alpha\sigma\frac{\partial \pi}{\partial x}\right)+\pi F_x \tag{5.1}$$

$$\frac{\partial(\pi v)}{\partial t}+\frac{\partial(\pi vu)}{\partial x}+\frac{\partial(\pi vv)}{\partial y}+\frac{\partial(\pi v\dot{\sigma})}{\partial \sigma}+f\pi u=-\pi\left(\frac{\partial \phi}{\partial y}+\alpha\sigma\frac{\partial \pi}{\partial y}\right)+\pi F_y \tag{5.2}$$

$$\frac{\partial \phi}{\partial \sigma}=-\pi\alpha \tag{5.3}$$

$$\frac{\partial \pi}{\partial t}+\nabla\cdot(\pi \boldsymbol{V})+\frac{\partial \pi\dot{\sigma}}{\partial \sigma}=0 \tag{5.4}$$

$$\frac{\partial \pi T}{\partial t}+\frac{\partial \pi u T}{\partial x}+\frac{\partial \pi v T}{\partial y}+\frac{\partial \pi \dot{\sigma} T}{\partial \sigma}=\frac{\pi}{c_p}(\omega\alpha+Q) \tag{5.5}$$

$$\omega=\pi\dot{\sigma}+\dot{\pi}\sigma \tag{5.6}$$

垂直边界条件为

$$\sigma=0,\quad \dot{\sigma}=0$$

$$\sigma=1,\quad \dot{\sigma}=0$$

利用以上通量形式的方程组,可以推导出反映斜压大气整体性质的一些积分关系,其中主要包括垂直区间的约束关系,质量守恒关系,保守量的守恒性,水平气压梯度力的垂直积分关系以及总能量守恒等。

5.1.2 积分关系

5.1.2.1 垂直区间约束关系

σ 坐标系中,模式大气的上下边界分别为 $\sigma=0$ 和 $\sigma=1$,所以在垂直方向上的积分满足

$$\int_0^1 \mathrm{d}\sigma=1 \tag{5.7}$$

5.1.2.2 质量守恒关系

连续方程(5.4)对全球积分可得

$$\int_A\int_0^1 \frac{\partial \pi}{\partial t}\mathrm{d}\sigma\mathrm{d}A+\int_A\int_0^1 \nabla\cdot\pi\mathbf{V}\mathrm{d}\sigma\mathrm{d}A+\int_A\int_0^1 \frac{\partial \pi\dot{\sigma}}{\partial \sigma}\mathrm{d}\sigma\mathrm{d}A=0$$

式中 A 为全球水平面积,由高斯(Gauss)定理可知

$$\int_A \nabla\cdot\pi\mathbf{V}\mathrm{d}A=0 \tag{5.8}$$

利用垂直边界条件 $\sigma=1,\dot{\sigma}=0;\sigma=0,\dot{\sigma}=0$,则

$$\int_0^1 \frac{\partial \pi\dot{\sigma}}{\partial \sigma}\mathrm{d}\sigma=0 \tag{5.9}$$

于是

$$\frac{\partial}{\partial t}\int_A\int_0^1 \pi\mathrm{d}\sigma\mathrm{d}A=0$$

注意到 $\pi=p_s-p_T$ 与 σ 无关,令 $p_T=0$ 并利用(5.7)式可得

$$\frac{\partial}{\partial t}\overline{p}_s=0$$

其中$\overline{(\ )}=\dfrac{1}{A}\displaystyle\int_A(\ )\mathrm{d}A$ 表示某一物理量在全球面积上的平均。

在静力平衡条件下,地面气压变化取决于空气柱质量的变化,地面平均气压不随时间变化表示全球大气质量守恒。要使数值模式也保持质量守恒,显然连续方程的

水平差分格式和垂直差分格式必须满足(5.8)和(5.9)式。

5.1.2.3　变量的个别变化及其通量形式

某一物理量 B 的个别变化可写成

$$\frac{\mathrm{d}B}{\mathrm{d}t}=C$$

式中 C 表示源或汇,在无源无汇的情况下

$$\frac{\mathrm{d}B}{\mathrm{d}t}=0 \tag{5.10}$$

则 B 称为保守量。这里,B 可表示空气微团的动量、位温或比湿。在不受外力、绝热和不发生水汽相变时,它们都具有保守性质。保守量的任一函数 $F(B)$ 也是保守量。这是因为

$$\frac{\mathrm{d}F(B)}{\mathrm{d}t}=\frac{\mathrm{d}F(B)}{\mathrm{d}B}\frac{\mathrm{d}B}{\mathrm{d}t}=0$$

如令 $B=u$ 和 v,$F(B)=\frac{1}{2}u^2$ 和 $\frac{1}{2}v^2$,则在惯性运动中空气微团的动能也是保守的。(5.10)式可展开成

$$\frac{\mathrm{d}B}{\mathrm{d}t}=\frac{\partial B}{\partial t}+\mathbf{V}\cdot\nabla B+\dot{\sigma}\frac{\partial B}{\partial\sigma}=0 \tag{5.11}$$

利用连续方程(5.4)式,将(5.11)式写成通量形式

$$\pi\frac{\mathrm{d}B}{\mathrm{d}t}=\frac{\partial\pi B}{\partial t}+\nabla\cdot(\pi B\mathbf{V})+\frac{\partial\pi B\dot{\sigma}}{\partial\sigma}=0 \tag{5.12}$$

(5.12)式对全球大气积分,其中有

$$\begin{aligned}&\int_A\nabla\cdot(\pi B\mathbf{V})\mathrm{d}A=0\\&\int_0^1\frac{\partial}{\partial\sigma}(\pi B\dot{\sigma})\mathrm{d}\sigma=0\end{aligned} \tag{5.13}$$

因此

$$\frac{\partial}{\partial t}\int_A\int_0^1\pi B\,\mathrm{d}\sigma\mathrm{d}A=0 \tag{5.14}$$

这说明物理量 B 对全球大气是守恒的。

用 $\frac{\mathrm{d}F(B)}{\mathrm{d}B}$ 乘(5.11)式,得

$$\frac{\mathrm{d}F}{\mathrm{d}t}=\frac{\partial F}{\partial t}+\mathbf{V}\cdot\nabla F+\dot{\sigma}\frac{\partial F}{\partial\sigma}=0 \tag{5.15}$$

利用连续方程(5.4)式,同样也可将上式写成通量形式

$$\pi\frac{\mathrm{d}F}{\mathrm{d}t}=\frac{\partial\pi F}{\partial t}+\nabla\cdot(\pi F\mathbf{V})+\frac{\partial\pi F\dot{\sigma}}{\partial\sigma}=0 \tag{5.16}$$

做全球积分,同样有

$$\begin{aligned}&\int_A \nabla\cdot(\pi F\mathbf{V})\mathrm{d}A=0\\&\int_0^1\frac{\partial}{\partial\sigma}(\pi F\dot{\sigma})\mathrm{d}\sigma=0\end{aligned}\tag{5.17}$$

则

$$\frac{\partial}{\partial t}\int_A\int_0^1\pi F\,\mathrm{d}\sigma\mathrm{d}A=0\tag{5.18}$$

因此,保守量 B 的任一函数 $F(B)$,如果其积分存在,则对全球大气也是守恒的。

上面得到的一些积分关系都是构造个别变化项的差分格式时所必须满足的约束条件。

5.1.2.4 水平气压梯度力的垂直积分

σ 坐标系中,静力平衡方程可写成如下形式

$$\phi-\frac{\partial\phi\sigma}{\partial\sigma}=\pi\alpha\sigma\tag{5.19}$$

由此,水平气压梯度力可改写成

$$-\pi(\nabla\phi+\alpha\sigma\nabla\pi)=-\nabla(\pi\phi)+\frac{\partial\phi\sigma}{\partial\sigma}\nabla\pi\tag{5.20}$$

对上式进行垂直积分,得

$$\begin{aligned}-\int_0^1\pi(\nabla\phi+\sigma\alpha\nabla\pi)\mathrm{d}\sigma&=-\int_0^1\left[\nabla(\pi\phi)-\frac{\partial\phi\sigma}{\partial\sigma}\nabla\pi\right]\mathrm{d}\sigma\\&=-\nabla\int_0^1\pi(\phi-\phi_s)\mathrm{d}\sigma-\pi\nabla\phi_s\end{aligned}\tag{5.21}$$

再做全球面积分,可得

$$-\int_A\int_0^1\pi(\nabla\phi+\sigma\alpha\nabla\pi)\mathrm{d}\sigma\mathrm{d}A=-\int_A\pi\nabla\phi_s\mathrm{d}A\tag{5.22}$$

即气压梯度力的体积分转换为右端的面积分。这里,水平气压梯度力的第二项——$\pi\sigma\alpha\nabla\pi$ 通过静力学关系(5.19)转化为$\frac{\partial}{\partial\sigma}(\phi\sigma)\nabla\pi$ 的形式。

另外由(5.21)式可知,地表平坦时,水平气压梯度力的垂直积分沿水平面任意闭合曲线积分等于零。有人将此结果称为特殊积分条件。水平气压梯度力的差分格式如不满足此条件,则会产生虚假的水平环流。

这里得到的(5.21)式这个积分约束条件,将在后面构造垂直差分格式时要用到。

5.1.2.5 总能量守恒

动能产生项可写成

$$-\pi\mathbf{V}\cdot(\nabla\phi+\sigma\alpha\nabla\pi)=-\nabla\cdot(\pi\phi\mathbf{V})-\frac{\partial}{\partial\sigma}\left(\pi\phi\dot{\sigma}+\phi\sigma\frac{\partial\pi}{\partial t}\right)-\pi\omega\alpha\tag{5.23}$$

式中 $\pi\omega\alpha$ 为动能和位能之间的转换项，利用(5.23)式动能方程可写成

$$\frac{\partial}{\partial t}(\pi K)+\nabla\cdot[\pi\mathbf{V}(K+\phi)]+\frac{\partial}{\partial\sigma}(\pi\dot{\sigma}(K+\phi))+\frac{\partial}{\partial\sigma}\left(\phi\sigma\frac{\partial\pi}{\partial t}\right)=-\pi\omega\alpha+\pi\mathbf{V}\cdot F \tag{5.24}$$

而位能方程为

$$\frac{\partial}{\partial t}(\pi c_pT)+\nabla\cdot(\pi\mathbf{V}c_pT)+\frac{\partial}{\partial\sigma}(\pi\dot{\sigma}c_pT)=\pi\omega\alpha+\pi \tag{5.25}$$

(5.24)式和(5.25)式相加，并对全球大气积分，则有

$$\int_A\int_0^1\nabla\cdot[\pi\mathbf{V}(K+c_pT+\phi)]\mathrm{d}\sigma\mathrm{d}A=0 \tag{5.26}$$

$$\int_A\int_0^1\frac{\partial}{\partial\sigma}[\pi\dot{\sigma}(K+c_pT+\phi)]\mathrm{d}\sigma\mathrm{d}A=0 \tag{5.27}$$

若 $F=0$，$Q=0$，则有

$$\frac{\partial}{\partial t}\int_A\int_0^1\pi(K+c_pT+\phi)\mathrm{d}\sigma\mathrm{d}A=0 \tag{5.28}$$

该式表明在绝热无摩擦情况下全球大气总能量守恒。

离散形式的数值模式在能量关系上与连续大气保持一致，可以避免引进虚假的能量来源，更为合理地模拟大气中的物理过程，同时也是抑制计算不稳定的一项有效措施。

以上讨论了连续大气的几个重要积分关系，这些都是设计差分格式时所必须满足的约束条件。

5.2　垂直差分格式的构造

若将模式大气沿 σ 方向分为 N 层，则称为 N 层模式。采用 L(Lorenz)网格，用偶数 k 表示层与层之间的交界面，奇数 k 表示各模式层的中间位置，模式的上下边界分别为$k=0$和 $k=K+1$。各层的厚度 $\Delta\sigma_k=\sigma_{k+1}-\sigma_{k-1}$则有

$$\sum_{k=1}^{K}{}'\Delta\sigma_k=1 \tag{5.29}$$

式中$\sum'$ 表示只对奇数层 k 求和，上式与$\int_0^1\mathrm{d}\sigma=1$ 是一致的。

当 $\Delta\sigma_k$ 取为常数时则模式为等距分层，否则为不等距分层。

下面采用 L 网格讨论垂直差分格式的构造。在讨论垂直差分格式时，时间和空间水平微商仍保留其微分形式。所得结论也是仅就垂直差分格式而言的。

5.2.1　连续方程

将连续方程写在奇数等 σ 面上，垂直微商用差分代替，则有

$$\frac{\partial\pi}{\partial t}+\nabla\cdot(\pi\mathbf{V}_k)+\frac{1}{\Delta\sigma_k}[(\pi\dot{\sigma})_{k+1}-(\pi\dot{\sigma})_{k-1}]=0 \tag{5.30}$$

对上式各项乘以 $\Delta\sigma_k$，并对奇数 k 求和。并利用垂直边界条件

$$(\pi\dot{\sigma})_0=(\pi\dot{\sigma})_{K+1}=0$$

得

$$\sum_{k=1}^{K}{}' \frac{1}{\Delta\sigma_k}[(\pi\dot{\sigma})_{k+1}-(\pi\dot{\sigma})_{k-1}]\Delta\sigma_k=(\pi\dot{\sigma})_{K+1}-(\pi\dot{\sigma})_0=0$$

此式与 $\int_0^1\frac{\partial\pi\dot{\sigma}}{\partial\sigma}\mathrm{d}\sigma=0$ 对应。

由此看出，连续方程中垂直导数采用中央差格式，是满足大气质量守恒的。

5.2.2 个别变化项

在上一节中指出了个别变化的平流形式和通量形式可以相互变换，那么其差分格式也应能做相应的变换。即给出一种形式的差分格式便可以导出另一种形式的差分格式。首先，直接给出个别变化通量形式(5.12)式的垂直差分格式。然后再求出与它对应的平流形式的垂直差分格式。

(1)通量形式的垂直差分格式

$$\left(\pi\frac{\mathrm{d}B}{\mathrm{d}t}\right)_k=\frac{\partial}{\partial t}(\pi B_k)+\nabla\cdot(\pi\mathbf{V}B_k)+\frac{1}{\Delta\sigma_k}[(\pi\dot{\sigma})_{k+1}\hat{B}_{k+1}-(\pi\dot{\sigma})_{k-1}\hat{B}_{k-1}]=0 \tag{5.31}$$

式中 $\hat{B}_{k+1}$，$\hat{B}_{k-1}$ 表示 B 在偶数等 σ 面上的值，不是原先定义的，需要用奇数等 σ 面上的 B 值插值求出(具体求法后面再讲)。以下讨论凡遇到这样的量都加符号“^”表示。

(5.31)式中的垂直通量项乘以 $\Delta\sigma_k$，并对 k 求和，利用垂直边界条件得

$$\sum_{k=1}^{K}{}' \frac{1}{\Delta\sigma_k}[(\pi\dot{\sigma})_{k+1}\hat{B}_{k+1}-(\pi\dot{\sigma})_{k-1}\hat{B}_{k-1}]\Delta\sigma_k=0$$

此式与 $\int_0^1\frac{\partial(\pi\dot{\sigma}B)}{\partial\sigma}\mathrm{d}\sigma=0$ 相对应。

说明格式(5.31)满足保守量 B 对全球大气守恒的性质。

(2)平流形式的差分格式

由通量形式的差分格式可推导出保守量的个别导数 $\frac{\mathrm{d}B}{\mathrm{d}t}$ 的平流形式的差分格式。

(5.31)式－(5.4)式×B_k，得

$$\pi\left(\frac{\partial}{\partial t}+\mathbf{V}_k\cdot\nabla\right)B_k+\frac{\pi}{\Delta\sigma_k}[\dot{\sigma}_{k+1}(\hat{B}_{k+1}-B_k)+\dot{\sigma}_{k-1}(B_k-\hat{B}_{k-1})]=0 \tag{5.32}$$

与微分方程 $\pi\dfrac{\partial B}{\partial t}+\pi\boldsymbol{V}\cdot\nabla B+\pi\dot{\sigma}\dfrac{\partial B}{\partial\sigma}=0$ 比较可知，垂直输送项的差分格式应为

$$\left(\dot{\sigma}\frac{\partial B}{\partial\sigma}\right)_k=\frac{1}{\Delta\sigma_k}[\dot{\sigma}_{k+1}(\hat{B}_{k+1}-B_k)+\dot{\sigma}_{k-1}(B_k-\hat{B}_{k-1})]=0 \tag{5.33}$$

$\hat{B}_{k+1}$ 和 $\hat{B}_{k-1}$ 确定后，便可得到垂直输送项的具体差分格式。无疑这样的格式也满足积分关系

$$\int_0^1\frac{\partial(\pi\dot{\sigma}B)}{\partial\sigma}\mathrm{d}\sigma=0$$

因此，一般模式都是将个别变化项先写成通量形式的差分格式，然后再导出与其对应的平流形式的差分格式。

上一节已证明变量 B 的任意函数 $F(B)$ 对全球大气也是守恒的。因此，差分格式(5.31)还应满足

$$\int_0^1\frac{\partial(\pi F\dot{\sigma})}{\partial\sigma}\mathrm{d}\sigma=0$$

这是关于 F 的个别导数项的通量形式方程的积分约束关系。为构造 $\dfrac{\partial(\pi F\dot{\sigma})}{\partial\sigma}$ 的差分格式，令 $F'_k=\left(\dfrac{\mathrm{d}F}{\mathrm{d}B}\right)_k$，(5.32)式 $\times F'_k$ +(5.4)式 $\times F_k$ 得

$$\frac{\partial}{\partial t}(\pi F_k)+\nabla\cdot(\pi\boldsymbol{V}_kF_k)+\frac{1}{\Delta\sigma_k}\{(\pi\dot{\sigma})_{k+1}[F'_k(\hat{B}_{k+1}-B_k)+F_k]$$
$$-(\pi\dot{\sigma})_{k-1}[-F'_k(B_k-\hat{B}_{k-1})+F_k]\}=0$$

令

$$\hat{F}_{k+1}=F'_k(\hat{B}_{k+1}-B_k)+F_k$$
$$\hat{F}_{k-1}=-F'_k(B_k-\hat{B}_{k-1})+F_k$$

最后一项可写为

$$\frac{1}{\Delta\sigma_k}\{(\pi\dot{\sigma})_{k+1}[F'_k(\hat{B}_{k+1}-B_k)+F_k]-(\pi\dot{\sigma})_{k-1}[-F'_k(B_k-\hat{B}_{k-1})+F_k]\}$$
$$=\frac{1}{\Delta\sigma_k}[(\pi\dot{\sigma})_{k+1}\hat{F}_{k+1}-(\pi\dot{\sigma})_{k-1}\hat{F}_{k-1}]$$

由 $\hat{F}_{k+1}$，$\hat{F}_{k-1}$ 表达式可得

$$\hat{B}_{k+1}=\frac{(F'_{k+2}B_{k+2}-F_{k+2})-(F'_kB_k-F_k)}{F'_{k+2}-F'_k} \tag{5.34}$$

(5.34) 式右端只包含奇数等 σ 面上的变量，因而可以唯一地确定。由上式决定的 $\hat{B}_{k+1}$，$\hat{B}_{k-1}$ 必须会使差分格式(5.30) 满足 $\int_0^1\dfrac{\partial(\pi F\dot{\sigma})}{\partial\sigma}\mathrm{d}\sigma=0$。若取 $F(B)=B^2$，则由

(5.34)式知

$$\hat{B}_{k+1}=\frac{1}{2}(B_k+B_{k+2}),\quad \hat{B}_{k-1}=\frac{1}{2}(B_k+B_{k-2})$$

即 $\hat{B}_{k+1}$,$\hat{B}_{k-1}$ 只能用线性插值求得。于是个别变化项的通量和平流形式的差分格式分别为

$$\frac{\partial}{\partial t}(\pi B_k)+\nabla\cdot(\pi\mathbf{V}_k B_k)+\frac{1}{2\Delta\sigma_k}[(\pi\dot{\sigma})_{k+1}(B_{k+2}+B_k)-(\pi\dot{\sigma})_{k-1}(B_k+B_{k-2})]=0$$

$$\frac{\partial}{\partial t}(B_k)+\mathbf{V}_k\cdot\nabla B_k+\frac{1}{2\Delta\sigma_k}[\dot{\sigma}_{k+1}(B_{k+2}-B_k)+\dot{\sigma}_{k-1}(B_k-B_{k-2})]=0$$

上两式是等价的,都是一次和二次守恒格式。

5.2.3 气压梯度力

气压梯度力项的差分格式除满足垂直积分约束条件外,还应与静力平衡方程的差分格式相协调。

气压梯度力满足以下的垂直积分约束关系

$$-\int_0^1\pi(\nabla\phi+\sigma\alpha\nabla\pi)\mathrm{d}\sigma=-\int_0^1\left[\nabla(\pi\phi)-\frac{\partial\phi\sigma}{\partial\sigma}\nabla\pi\right]\mathrm{d}\sigma=-\nabla\int_0^1\pi(\phi-\phi_s)\mathrm{d}\sigma-\pi\nabla\phi_s$$

为推导气压梯度力满足上式的差分格式,从表达式

$$-\nabla(\pi\phi)+\frac{\partial\phi\sigma}{\partial\sigma}\nabla\pi$$

出发,给出如下差分格式

$$-\nabla(\pi\phi_k)+\frac{1}{\Delta\sigma_k}[\hat{\phi}_{k+1}\sigma_{k+1}-\hat{\phi}_{k-1}\sigma_{k-1}]\nabla\pi \tag{5.35}$$

这是气压梯度力的第一种差分格式。

式中 $\hat{\phi}$ 为尚未确定的量。将上式乘以 $\Delta\sigma_k$ 对 k 求和,可得

$$\sum_{k=1}^{K}{}'\left[-\nabla(\pi\phi_k)+\frac{1}{\Delta\sigma_k}(\hat{\phi}_{k+1}\sigma_{k+1}-\hat{\phi}_{k-1}\sigma_{k-1})\nabla\pi\right]\Delta\sigma_k$$

$$=-\sum_{k=1}^{K}{}'\nabla(\pi\phi_k)\Delta\sigma_k+\hat{\phi}_s\nabla\pi=-\nabla\sum_{k=1}^{K}{}'\pi(\phi_k-\hat{\phi}_s)\Delta\sigma_k-\pi\nabla\hat{\phi}_s$$

这就证明了气压梯度力的差分格式满足垂直积分约束条件。

下面讨论气压梯度力差分格式与静力学关系差分格式的协调性。

$$-\nabla(\pi\phi)+\frac{\partial\phi\sigma}{\partial\sigma}\nabla\pi=-\pi\nabla\phi-\left[\phi-\frac{\partial\phi\sigma}{\partial\sigma}\right]\nabla\pi=-\pi\nabla\phi-\pi\alpha\sigma\nabla\pi$$

(5.35)式又可写成

$$-\pi\nabla\phi_k-\left[\phi_k-\frac{1}{\Delta\sigma_k}(\hat{\phi}_{k+1}\sigma_{k+1}-\hat{\phi}_{k-1}\sigma_{k-1})\right]\nabla\pi=-\pi\nabla\phi_k-\pi\alpha_k\sigma_k\nabla\pi$$

这是气压梯度力的第二种差分格式。

由上式得

$$\pi\alpha_k\sigma_k = \phi_k - \frac{1}{\Delta\sigma_k}(\hat{\phi}_{k+1}\sigma_{k+1} - \hat{\phi}_{k-1}\sigma_{k-1}) \tag{5.36}$$

显然,此式是静力方程

$$\frac{\partial}{\partial\sigma}(\phi\sigma) = \phi - \pi\alpha\sigma$$

的差分格式。这就告诉我们,只要静力方程取(5.36)式的差分格式,$-\pi(\nabla\phi_k + \alpha_k\sigma_k\nabla\pi)$和(5.35)式总是协调的。反之,如果$-\pi(\nabla\phi_k + \alpha_k\sigma_k\nabla\pi)$和(6.35)式是协调的,静力方程必须取(5.36)式的差分格式。

5.2.4 动能产生项

绝热无摩擦的大气总能量守恒。动能产生项$-\pi\mathbf{V}\cdot(\nabla\phi + \alpha\sigma\nabla\pi)$与动能和位能的转化项$\pi\alpha\omega$之间的关系由如下关系决定

$$-\pi\mathbf{V}\cdot(\nabla\phi + \alpha\sigma\nabla\pi) = -\nabla\cdot(\pi\phi\mathbf{V}) - \frac{\partial}{\partial\sigma}\left(\pi\phi\dot{\sigma} + \phi\sigma\frac{\partial\pi}{\partial t}\right) - \pi\omega\alpha \tag{5.37}$$

对于离散大气,也应有与(5.37)式相对应的差分格式。首先将动能产生项改写为

$$\begin{aligned}
-\pi\mathbf{V}\cdot(\nabla\phi + \alpha\sigma\Delta\pi) &= -\nabla\cdot(\pi\phi\mathbf{V}) + \phi\nabla\cdot\pi\mathbf{V} - \pi\alpha\sigma\mathbf{V}\cdot\nabla\pi \\
&= -\nabla\cdot(\pi\phi\mathbf{V}) - \phi\left(\frac{\partial\pi}{\partial t} + \frac{\partial\pi\dot{\sigma}}{\partial\sigma}\right) - \pi\alpha\sigma\mathbf{V}\cdot\nabla\pi
\end{aligned}$$

上式右端写成差分形式,经变换可得

$$\begin{aligned}
&-\nabla\cdot(\pi\phi_k\mathbf{V}_k) - \phi_k\frac{\partial\pi}{\partial t} - \phi_k\frac{1}{\Delta\sigma_k}(\pi\dot{\sigma}_{k+1} - \pi\dot{\sigma}_{k-1}) = -\pi\alpha_k\sigma_k\mathbf{V}_k\cdot\nabla\pi \\
&-\nabla\cdot(\pi\phi_k\mathbf{V}_k) + (\pi\alpha_k\sigma_k - \phi_k)\frac{\partial\pi}{\partial t} - \frac{1}{\Delta\sigma_k}(\pi\dot{\sigma}_{k+1}\hat{\phi}_{k+1} - \pi\dot{\sigma}_{k-1}\hat{\phi}_{k-1}) \\
&-\left\{\pi\alpha_k\sigma_k\left(\frac{\partial\pi}{\partial t} + \mathbf{V}_k\cdot\nabla\pi\right) - \frac{1}{\Delta\sigma_k}\left[\pi\dot{\sigma}_{k+1}(\hat{\phi}_{k+1} - \phi_k) + \pi\dot{\sigma}_{k-1}(\phi_k - \hat{\phi}_{k-1})\right]\right\}
\end{aligned} \tag{5.38}$$

令

$$\alpha_k\omega_k = \alpha_k\sigma_k\left(\frac{\partial\pi}{\partial t} + \mathbf{V}_k\cdot\nabla\pi\right) - \frac{1}{\Delta\sigma_k}\left[\dot{\sigma}_{k+1}(\hat{\phi}_{k+1} - \phi_k) + \dot{\sigma}_{k-1}(\phi_k - \hat{\phi}_{k-1})\right] \tag{5.39}$$

并将静力学关系(5.36)式代入(5.38)式右端第二项,将第二、第三项合并得

$$\begin{aligned}
-\pi\mathbf{V}_k\cdot(\nabla\phi_k + \alpha_k\sigma_k\nabla\pi) &= -\nabla\cdot(\pi\phi_k\mathbf{V}_k) \\
&-\frac{1}{\Delta\sigma_k}\left[\left(\pi\dot{\sigma}_{k+1} + \sigma_{k+1}\frac{\partial\pi}{\partial t}\right)\hat{\phi}_{k+1} - \left(\pi\dot{\sigma}_{k-1} + \sigma_{k-1}\frac{\partial\pi}{\partial t}\right)\hat{\phi}_{k-1}\right] - \pi\alpha_k\omega_k
\end{aligned} \tag{5.40}$$

这就是与(5.37)式相对应的差分公式。

比较(5.40)式和(5.37)式可知，如果(5.39)式成立，则动能产生项(5.37)式与差分格式(5.40)式是一致的。由以上推导过程还可看出，(5.40)式是利用(5.39)式得出的，为使总能量守恒，动能和全位能的转换项 $\pi\alpha_k\omega_k$ 也应在全位能方程中出现，且同样满足(5.39)式，这说明(5.39)式是使差分格式(5.40)与微分方程(5.37)、动能方程与位能方程相协调的约束条件，此外，在推导(5.40)式的过程中用到了静力学关系，而静力学差分格式与气压梯度力项还存在协调关系。由此可见，差分格式构造是很复杂的，各种差分格式之间必须相互协调。

5.2.5 热力学方程

绝热条件下 θ 为保守量，根据前面的讨论结果，绝热方程通量形式的差分格式可写成

$$\frac{\partial}{\partial t}(\pi\theta_k)+\mathbf{V}\cdot(\pi\mathbf{V}_k\theta_k)+\frac{1}{\Delta\sigma_k}(\pi\dot{\sigma}_{k+1}\hat{\theta}_{k+1}-\pi\dot{\sigma}_{k-1}\hat{\theta}_{k-1})=0 \tag{5.41}$$

θ 对全球大气是守恒，为了使 θ^2 对全球大气也是守恒的，必有

$$\hat{\theta}_{k+1}=\frac{\theta_{k+2}+\theta_k}{2}$$

$$\hat{\theta}_{k-1}=\frac{\theta_k+\theta_{k-2}}{2}$$

与(5.41)式相对应的平流形式的差分格式为

$$\pi\left(\frac{\partial}{\partial t}+\mathbf{V}_k\cdot\nabla\right)\theta_k+\frac{1}{\Delta\sigma_k}[\pi\dot{\sigma}_{k+1}(\hat{\theta}_{k+1}-\theta_k)+\pi\dot{\sigma}_{k-1}(\theta_k-\hat{\theta}_{k-1})]=0$$

令

$$\mathfrak{R}_k=\left(\frac{p_k}{p_0}\right)^{R/c_p},\quad \theta_k=\frac{T_k}{\mathfrak{R}_k}$$

代入上式得

$$\pi\left(\frac{\partial}{\partial t}+\mathbf{V}_k\cdot\nabla\right)T_k-\pi\frac{T_k}{\mathfrak{R}_k}\frac{\partial\mathfrak{R}_k}{\partial\pi}\left(\frac{\partial}{\partial t}+\mathbf{V}_k\cdot\nabla\right)\pi+$$
$$\frac{1}{\Delta\sigma_k}[\pi\dot{\sigma}_{k+1}(\mathfrak{R}_k\hat{\theta}_{k+1}-T_k)+\pi\dot{\sigma}_{k-1}(T_k-\mathfrak{R}_k\hat{\theta}_{k-1})]=0 \tag{5.42}$$

利用连续方程的差分格式，将上式重新组合，使左端变为 $\frac{\mathrm{d}(c_pT)}{\mathrm{d}t}$ 的通量形式。有

$$\frac{\partial}{\partial t}(\pi c_pT_k)+\nabla\cdot(\pi\mathbf{V}_kc_pT_k)+\frac{c_p}{\Delta\sigma_k}(\pi\dot{\sigma}_{k+1}\hat{T}_{k+1}-\pi\dot{\sigma}_{k-1}\hat{T}_{k-1})$$
$$=\pi\frac{c_pT_k}{\mathfrak{R}_k}\frac{\partial\mathfrak{R}_k}{\partial\pi}\left(\frac{\partial}{\partial t}+\mathbf{V}_k\cdot\nabla\right)\pi+$$
$$\frac{1}{\Delta\sigma_k}[\pi c_p\dot{\sigma}_{k+1}(\hat{T}_{k+1}-\mathfrak{R}_k\hat{\theta}_{k+1})+\pi c_p\dot{\sigma}_{k-1}(\mathfrak{R}_k\hat{\theta}_{k-1}-\hat{T}_{k-1})]=0$$

上式与无地形条件下的全位能方程

$$\frac{\partial}{\partial t}(\pi c_p T) + \nabla \cdot (\pi \mathbf{V} c_p T) + \frac{\partial}{\partial \sigma}(\pi \dot{\sigma} c_p T) = \pi \omega \alpha$$

相对应$\left(\text{若有地形减去 } \phi_s \dfrac{\partial \pi}{\partial t}\right)$。所以右端应为动能和位能之间的转换项，则下面的关系式成立

$$\alpha_k \omega_k = \frac{c_p T_k}{\mathfrak{R}_k} \frac{\partial \mathfrak{R}_k}{\partial \pi}\left(\frac{\partial}{\partial t} + \mathbf{V}_k \cdot \nabla\right)\pi + \frac{c_p}{\Delta \sigma_k}\left[\dot{\sigma}_{k+1}(\hat{T}_{k+1} - \mathfrak{R}_k \hat{\theta}_{k+1}) + \dot{\sigma}_{k-1}(\mathfrak{R}_k \hat{\theta}_{k-1} - \hat{T}_{k-1})\right] = 0 \tag{5.43}$$

由动能方程导出的转换项应当和位能方程的能量转换项数值相等，符号相反。因此，为使总能量在绝热无摩擦条件下守恒，(5.39)式和(5.43)式右端必须相等，由此得到下列关系

$$\alpha_k \sigma_k = \frac{c_p T_k}{\mathfrak{R}_k} \frac{\partial \mathfrak{R}_k}{\partial \pi} \tag{5.44}$$

$$c_p(\hat{T}_{k+1} - \mathfrak{R}_k \hat{\theta}_{k+1}) = -(\hat{\phi}_{k+1} - \phi_k) \tag{5.45}$$

$$c_p(\mathfrak{R}_k \hat{\theta}_{k-1} - \hat{T}_{k-1}) = -(\phi_k - \hat{\phi}_{k-1}) \tag{5.46}$$

将$\mathfrak{R}_k$ 的表达式代入(5.44)式可得

$$\alpha_k = \frac{R T_k}{p_k}$$

即(5.44)式就是状态方程。(5.45)式和(5.46)式则是总能量守恒的约束条件，后面将进一步说明，它们也是构造静力平衡方程差分格式的约束条件。

5.2.6 静力方程

静力方程的差分格式受到其他方程差分格式的限制而不能独立地确定，从不同的角度出发可得出不同的形式，下面讨论不同形式静力方程的差分格式和计算等 σ 面位势高度的方法。

将状态方程(5.44)

$$\alpha_k \sigma_k = \frac{c_p T_k}{\mathfrak{R}_k} \frac{\partial \mathfrak{R}_k}{\partial \pi}$$

代入静力方程(5.39)式得

$$\pi \frac{c_p T_k}{\mathfrak{R}_k} \frac{\partial \mathfrak{R}_k}{\partial \pi} = \phi_k - \frac{1}{\Delta \sigma_k}(\hat{\phi}_{k+1}\sigma_{k+1} - \hat{\phi}_{k-1}\sigma_{k-1}) \tag{5.47}$$

这是静力方程的一种差分形式。

(5.45)式，(5.46)式可以改写成

$$(c_p \hat{T}_{k+1} + \hat{\phi}_{k+1}) - (c_p T_k + \phi_k) = c_p \mathfrak{R}_k (\hat{\theta}_{k+1} - \theta_k) \tag{5.48}$$

$$(c_p T_k + \phi_k) - (c_p \hat{T}_{k-1} + \hat{\phi}_{k-1}) = c_p \mathfrak{R}_k (\theta_k - \hat{\theta}_{k-1}) \tag{5.49}$$

用 $k+2$ 代替(5.49)式中 k，并与(5.48)式相加，消去 $\hat{\phi}$ 和 $\hat{T}$，得到

$$\phi_{k+2}-\phi_k=-c_p\hat{\theta}_{k+1}(\mathfrak{R}_{k+2}-\mathfrak{R}_k) \tag{5.50}$$

这是静力方程的另一种差分形式，与 $\delta\phi=-\alpha\delta p=-c_p\theta\delta p$ 相对应，式中 $\hat{\theta}_{k+1}$ 可由二次守恒约束求出。从而在已知某一奇数层的 ϕ 值后，便可根据(5.50)式计算所有其他奇数层的 ϕ 值。

先求模式最低层即 $k=K$ 时的 σ 面位势 ϕ_k，由(5.47)式乘以 $\Delta\sigma_k$ 对 k 求和并利用垂直边界条件，有

$$\sum_{k=1}^{K}{}'\phi_k\Delta\sigma_k-\phi_s=\sum_{k=1}^{K}{}'\pi c_p\frac{T_k}{\mathfrak{R}_k}\frac{\partial\mathfrak{R}_k}{\partial\pi}\Delta\sigma_k \tag{5.51}$$

上式左端第一项可改写为

$$\sum_{k=1}^{K}{}'\phi_k\Delta\sigma_k=\sum_{k=1}^{K}{}'\phi_k(\sigma_{k+1}-\sigma_{k-1})=\phi_K+\sum_{k=1}^{K-2}{}'\sigma_{k+1}(\phi_k-\phi_{k+2})$$

于是(5.51)式可改写成

$$\phi_K=\phi_s-\sum_{k=1}^{K-2}{}'\sigma_{k+1}(\phi_k-\phi_{k+2})+\sum_{k=1}^{K}{}'\pi c_p\frac{T_k}{\mathfrak{R}_k}\frac{\partial\mathfrak{R}_k}{\partial\pi}\Delta\sigma_k$$

将(5.50)式代入上式得

$$\phi_K=\phi_s-\sum_{k=1}^{K-2}{}'\sigma_{k+1}c_p(\mathfrak{R}_{k+2}-\mathfrak{R}_k)\hat{\theta}_{k+1}+\sum_{k=1}^{K}{}'\pi c_p\frac{T_k}{\mathfrak{R}_k}\frac{\partial\mathfrak{R}_k}{\partial\pi}\Delta\sigma_k$$

右端只包含奇数层的值，给定地形高度 ϕ_s 之后即可用上式计算出最底层的高度 ϕ_K，再利用(5.50)式，便可计算出所有奇数等 σ 面上的 ϕ_k。

根据上面所讨论的垂直差分格式，σ 坐标系原始方程组在垂直方向上的差分形式可写成

$$\left\{\begin{aligned}
&\frac{\partial}{\partial t}(\pi u_k)+\nabla\cdot(\pi\mathbf{V}_k u_k)+\frac{1}{2\Delta\sigma_k}[\pi\dot{\sigma}_{k+1}(u_{k+2}+u_k)-\pi\dot{\sigma}_{k-1}(u_k+u_{k-2})]-fv_k\\
&=-\pi\left(\frac{\partial\phi_k}{\partial x}+\sigma_k\alpha_k\frac{\partial\pi}{\partial x}\right)+\pi F_x\\
&\frac{\partial}{\partial t}(\pi v_k)+\nabla\cdot(\pi\mathbf{V}_k v_k)+\frac{1}{2\Delta\sigma_k}[\pi\dot{\sigma}_{k+1}(v_{k+2}+v_k)-\pi\dot{\sigma}_{k-1}(v_k+v_{k-2})]+fu_k\\
&=-\pi\left(\frac{\partial\phi_k}{\partial y}+\sigma_k\alpha_k\frac{\partial\pi}{\partial y}\right)+\pi F_y\\
&\phi_{k+2}-\phi_k=-c_p\hat{\theta}_{k+1}(\mathfrak{R}_{k+2}-\mathfrak{R}_k)\\
&\frac{\partial\pi}{\partial t}+\nabla\cdot\pi\mathbf{V}_k+\frac{1}{\Delta\sigma_k}(\pi\dot{\sigma}_{k+1}-\pi\dot{\sigma}_{k-1})=0\\
&\frac{\partial}{\partial t}(\pi T_k)+\nabla\cdot(\pi\mathbf{V}_k T_k)+\frac{1}{\Delta\sigma_k}[\pi\dot{\sigma}_{k+1}(\mathfrak{R}_k\hat{\theta}_{k+1})-\pi\dot{\sigma}_{k-1}(\mathfrak{R}_k\hat{\theta}_{k-1})]\\
&=\frac{\pi}{c_p}\alpha_k\sigma_k\left(\frac{\partial}{\partial t}+\mathbf{V}\cdot\nabla\right)\pi+\pi\frac{Q}{c_p}
\end{aligned}\right.$$

式中

$$\alpha_k\sigma_k = \frac{c_p T_k}{\mathfrak{R}_k}\frac{\partial \mathfrak{R}_k}{\partial \pi}$$

$$\mathfrak{R}_k = \left(\frac{p_k}{p_0}\right)^{R/c_p}$$

$$\hat{\theta}_{k+1} = \frac{\theta_{k+2} + \theta_k}{2}$$

这是由垂直离散公式决定的一组半离散方程组。如果垂直变量配置方式改变，其垂直差分格式也应相应改变。

5.3　水平气压梯度力的计算方法

地形对大气运动的动力强迫作用是通过下边界来实现的。σ 坐标系把地形表面变成了一个 $\sigma=1$ 的坐标面，并将下边界条件也简化为齐次边界条件，给地形的处理带来了很大的方便。但是需要指出的是，σ 坐标系中垂直边界条件的简化是以增大某些项的计算误差为代价的，其中影响最大的是水平气压梯度力项。

$$\boldsymbol{G} = -\nabla_p\phi = -(\nabla_\sigma\phi + \alpha\sigma\nabla\pi) \tag{5.52}$$

当地形坡度很大时，右端两项可能比它们的代数和大一个量级，而其符号相反，故 $\boldsymbol{G}$ 可能包含很大的相对误差。正因为这样，在山区容易造成风压场之间的不协调，并激发出虚假的惯性重力波，甚至造成计算不稳定。上式右端两项的误差与 ϕ 场和 π 场的计算精度和水平差分格式有关，而 ϕ 场和 π 场与静力方程有关。所以，在考虑地形时，更应注意静力方程和水平气压梯度力差分格式的精度。

对于气压梯度力的处理，目前主要有以下几种方法。

5.3.1　在等压面坐标中计算水平气压梯度力

这种方法不直接计算(5.52)式右端两项，而是在 p 面上计算 $-\nabla_p\phi$，再插值到 σ 面上。这是由 Smagorinsky(1967)首先提出，后被多人采用。

如图 5.1 所示，欲计算 O 点的气压梯度，首先由 A_1，A_2 点的位势高度内插出 A 点的位势高度，并由 B_1，B_2 点的位势高度内插出 B 点的位势高度，进而求出 $\left(\frac{\partial\phi}{\partial x}\right)_p$。这种做法需要将 σ 面的资料插值到 p 面上，再将 p

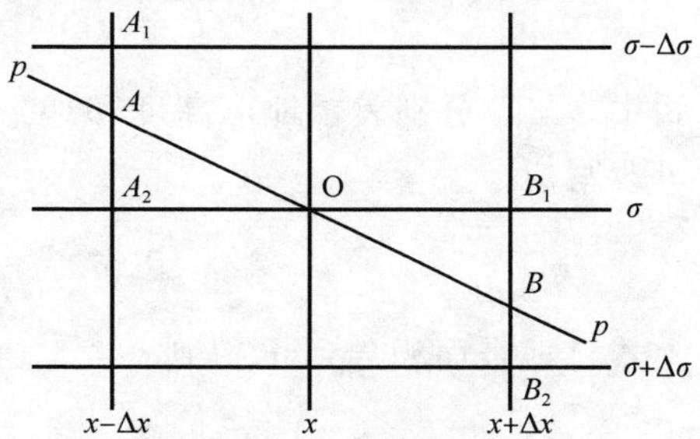

图 5.1　水平气压梯度力的计算

面上的水平气压梯度力插回到σ面上。大量的插值计算既增大了计算量，所引起的计算误差也是不可避免的。因此这种做法实际上降低了σ坐标系的优越性。

5.3.2 静力扣除法

朱抱真等(1980)提出了一种新的计算方法，被称为静力扣除法。其基本思想是：取一个不随时间变化的静止大气作为参考大气，用$\widetilde{T}$，$\tilde{p}_s$，$\tilde{\phi}$表示其状态，假设参考大气不存在水平气压梯度，则有

$$\begin{cases} G_x = -m\left(\dfrac{\partial\tilde{\phi}}{\partial x} + R\widetilde{T}\ \dfrac{\partial \ln \tilde{p}_s}{\partial x}\right) = 0 \\ G_y = -m\left(\dfrac{\partial\tilde{\phi}}{\partial y} + R\widetilde{T}\ \dfrac{\partial \ln \tilde{p}_s}{\partial y}\right) = 0 \end{cases}$$

当进行差分计算时，二项之和可能不等于0，这完全是由截断误差造成的。假设参考大气的截断误差能够模拟实际大气的误差，从实际大气的计算中扣除这部分误差，从而提高计算精度，这就是静力扣除法的要点。

根据不同的温度垂直分布可以得出不同的静止大气。这里设参考大气的温度分布为

$$\widetilde{T} = T_0 - \gamma z \tag{5.53}$$

式中γ为温度递减率，取常数。参考大气的静力方程可写成

$$\mathrm{d}\ln\tilde{\sigma} = -\frac{1}{R\widetilde{T}}\mathrm{d}\phi$$

利用(5.53)式，上式可改写成

$$\mathrm{d}\ln\tilde{\sigma} = \frac{g}{R\gamma}\mathrm{d}\ln\widetilde{T} \tag{5.54}$$

自地表面积分到任一σ面，得

$$\int_1^{\sigma}\mathrm{d}\ln\tilde{\sigma} = \frac{g}{R\gamma}\int_{\widetilde{T}_s}^{\widetilde{T}}\mathrm{d}\ln\widetilde{T}$$

$$\widetilde{T} = \widetilde{T}_s\sigma^{R\gamma/g} = \left(T_0 - \frac{\gamma}{g}\phi_s\right)\sigma^{R\gamma/g} \tag{5.55}$$

式中ϕ_s，$\widetilde{T}_s$分别表示地形高度和地形表面温度。利用(5.53)式，静力方程(5.54)式可改写成

$$\mathrm{d}\ln\tilde{\sigma} = \frac{g}{R\gamma}\mathrm{d}\ln\left(T_0 - \frac{\gamma}{g}\phi\right)$$

上式自地表面积分到σ，得到

$$\int_1^{\sigma}\mathrm{d}\ln\tilde{\sigma} = \frac{g}{R\gamma}\int_{\phi_s}^{\tilde{\phi}}\mathrm{d}\ln\left(T_0 - \frac{\gamma}{g}\phi\right)$$

则有

$$\tilde{\phi} = \frac{g}{\gamma}T_0 - \sigma^{\gamma R/g}\left(\frac{g}{\gamma}T_0 - \phi_s\right) = \frac{gT_0}{\gamma}\left[1 - \sigma^{R\gamma/g}\left(1 - \frac{\gamma}{gT_0}\phi_s\right)\right] \tag{5.56}$$

利用静力平衡关系可得

$$\mathrm{d}\ln\tilde{\sigma} = \mathrm{d}\ln\tilde{p} = \frac{g}{R\gamma}\mathrm{d}\ln\left(T_0 - \frac{\gamma}{g}\phi\right)$$

其垂直积分有

$$\int_{p_0}^{\tilde{p}_s}\mathrm{d}\ln\tilde{p} = \frac{g}{R\gamma}\int_0^{\phi_s}\mathrm{d}\ln\left(T_0 - \frac{\gamma}{g}\phi\right)$$

所以地面气压

$$\tilde{p}_s = p_0\left(1 - \frac{\gamma}{T_0 g}\phi_s\right)^{g/R\gamma} \tag{5.57}$$

式中 p_0,T_0 是可调节的参数。这样 $\tilde{\phi}$,$\tilde{T}$ 和 $\tilde{p}_s$ 便可以按照(5.56)、(5.55)和(5.57)式用地形高度 ϕ_s 和σ 计算出来。

对于上述参考大气,水平气压梯度力采用以下的差分格式

$$\begin{cases}\overline{\tilde{\phi}_x}^x + R\tilde{T}\,\overline{(\ln\tilde{p}_s)_x}^x \\ \overline{\tilde{\phi}_y}^y + R\tilde{T}\,\overline{(\ln\tilde{p}_s)_y}^y\end{cases} \tag{5.58}$$

其结果不等于零。将其从实际大气水平气压梯度力项的计算中减掉,则得到水平气压梯度力项误差扣除的计算公式

$$\begin{cases}-m\{[\overline{\phi}_x^x + RT\,\overline{(\ln p_s)_x}^x] - [\overline{\tilde{\phi}}_x^x + R\tilde{T}\,\overline{(\ln\tilde{p}_s)_x}^x]\} \\ -m\{[\overline{\phi}_y^y + RT\,\overline{(\ln p_s)_y}^y] - [\overline{\tilde{\phi}}_y^y + R\tilde{T}\,\overline{(\ln\tilde{p}_s)_y}^y]\}\end{cases} \tag{5.59}$$

5.3.3　改善差分格式

实践表明,气压梯度力本身差分格式的精度对计算结果的影响非常大,因此,设法提高水平气压梯度力的计算精度是根本性措施。

Corby(1972)在一个大气环流模式中给出了一种对于参考大气没有截断误差的水平气压梯度力计算格式。

设参考大气的温度分布为

$$T = A\ln p + B \tag{5.60}$$

式中 A、B 为常数,将上式代入静力方程

$$\mathrm{d}\phi = -RT\mathrm{d}\ln p$$

并在任意的两等压面(或等 σ 面)间积分,得

$$\phi_2 - \phi_1 = -\frac{RA}{2}[(\ln p_2)^2 - (\ln p_1)^2] - RB(\ln p_2 - \ln p_1) \tag{5.61}$$

此式表明,等压面高度只是气压 p 的函数,利用(5.60)式并令 $p=\sigma p_s$,上式可改写成

$$\phi_2 - \phi_1 = -\frac{R}{2}(T_2 + T_1)\ln\frac{\sigma_2}{\sigma_1} \tag{5.62}$$

这是由参考大气推出的任意两个 σ 面高度和温度之间的关系。

采用 3.3.1 节中给出的变量配置 L 网格，静力方程的差分近似公式为

$$\phi_k - \phi_{k+2} = -R\hat{T}_{k+1}(\ln\sigma_k - \ln\sigma_{k+2}) = -\frac{R}{2}(T_k + T_{k+2})\ln\frac{\sigma_k}{\sigma_{k+2}} \tag{5.63}$$

此式和(5.62)式相同，因此是精确的。此式对 k 求和得

$$\phi_k - \phi_K = \sum_{k=k}^{K-2}{}' \frac{R}{2}(T_k + T_{k+2})\ln\frac{\sigma_{k+2}}{\sigma_k}$$

在 K 和 $K+1$ 之间静力方程可写成

$$\phi_K - \phi_s = RT_k\ln\frac{1}{\sigma_k}$$

此式与上式相加，得

$$\phi_k = \phi_s + \sum_{k=k}^{K-2}{}' \frac{R}{2}(T_k + T_{k+2})\ln\frac{\sigma_{k+2}}{\sigma_k} + RT_k\ln\frac{1}{\sigma_k} \tag{5.64}$$

上式为静力方程的积分，表示任一等 σ 面高度与各层温度之间的关系。水平气压梯度力可写为

$$\begin{cases} -\left(\dfrac{\partial\phi}{\partial x}\right)_p = -\left(\dfrac{\partial\phi}{\partial x}\right)_\sigma - RT\left(\dfrac{\partial\ln p_s}{\partial x}\right)_\sigma \\ -\left(\dfrac{\partial\phi}{\partial y}\right)_p = -\left(\dfrac{\partial\phi}{\partial y}\right)_\sigma - RT\left(\dfrac{\partial\ln p_s}{\partial y}\right)_\sigma \end{cases} \tag{5.65}$$

下面以第一式为例进行讨论，右端第一项取中央差格式 $\overline{\phi_x}^x$。由参考大气知

$$T_k = A\ln p_k + B = A(\ln\sigma_k + \ln p_s) + B$$

将其代入(5.64)式得

$$\begin{aligned} \frac{\partial\phi_k}{\partial x} &= \frac{\partial\phi_s}{\partial x} + \sum_{k=k}^{K-2}{}' RA\,\frac{\partial\ln p_s}{\partial x}\ln\frac{\sigma_{k+2}}{\sigma_k} + RA\,\frac{\partial\ln p_s}{\partial x}\ln\frac{1}{\sigma_k} \\ &= \frac{\partial\phi_s}{\partial x} - RA\,\frac{\partial\ln p_s}{\partial x}\ln\sigma_k \end{aligned}$$

水平导数取中央差，则有

$$\overline{\phi_{kx}}^x = \overline{\phi_{sx}}^x - RA\,\overline{(\ln p_s)_x}^x\ln\sigma_k$$

由(5.61)式，并令 $\phi_2 = \phi_0$，$\phi_1 = \phi_s$，有

$$\phi_s = \phi_0 + \frac{RA}{2}[(\ln p_0)^2 - (\ln p_s)^2] + RB(\ln p_0 - \ln p_s)$$

p_0 为某一水平的等压面，故

$$\overline{\phi_{sx}}^x = -\frac{1}{2}RA\,\overline{[(\ln p_s)^2]_x}^x - RB\,\overline{(\ln p_s)_x}^x$$

而

$$\overline{[(\ln p_s)^2]_x}^x = 2\,\overline{\overline{\ln p_s}^x(\ln p_s)_x}^x$$

从而

$$\begin{aligned}\overline{\phi_{kx}}^x &= -[RA\,\overline{\overline{\ln p_s}^x(\ln p_s)_x}^x + RB\,\overline{(\ln p_s)_x}^x + RA\ln\sigma_k\,\overline{(\ln p_s)_x}^x] \\ &= -R\,\overline{[A\,\overline{\ln p_s}^x + B + A\ln\sigma_k](\ln p_s)_x}^x \\ &= -R\,\overline{\overline{[A\ln(p_s\sigma_k) + B]}^x(\ln p_s)_x}^x = -R\,\overline{\overline{T}_k^x(\ln p_s)_x}^x\end{aligned}$$

所以，如果气压梯度力右端第二项取为

$$RT_k\frac{\partial}{\partial x}(\ln p_s) = R\,\overline{\overline{T}_k^x(\ln p_s)_x}^x$$

则对于参考大气，水平气压梯度力没有截断误差，即

$$-\overline{\phi}_{kx}^x - R\,\overline{\overline{T}_k^x(\ln p_s)_x}^x = 0$$

因此，水平气压梯度力的格式

$$\begin{cases}-\overline{\phi}_x^x - R\,\overline{\overline{T}^x(\ln p_s)_x}^x \\ -\overline{\phi}_y^y - R\,\overline{\overline{T}^y(\ln p_s)_y}^y\end{cases}$$

没有截断误差。

从上述的讨论可以看出，静力方程的截断误差也会影响气压梯度力的计算精度。因此，静力方程的差分格式与气压梯度力的差分格式相协调才能最大限度地提高气压梯度力的计算精度。

以上介绍的几种解决气压梯度力计算问题的方法中以第三种方法效果更好一些。

5.4　斜压原始方程模式计算方案

下面以一个简单的有限区域模式为例，简要说明斜压原始方程模式的计算方案。

本模式主要用于预报中国区域的天气。水平方向取格距为 120 km 的正方形网格，变量的水平配置采用 Arakawa A 格式。预报区域为 47×41 的水平网格。垂直方向等距分为六层，变量的垂直配置采用洛伦兹(Lorenz)网格，即 $\phi,\dot{\sigma}$ 定义在各层的交界面上，u,v,T 和 q 定义在各层中间，模式大气层顶取在 10 hPa。

5.4.1　控制方程组

模式垂直方向采用 σ 坐标，$\sigma=\dfrac{p-p_T}{p_s-p_T}$，式中 p 为 σ 面上的气压，p_s 为地面气压，

p_T 为模式上界气压，方程组以通量形式给出

$$
\begin{cases}
\dfrac{\partial}{\partial t}\left(\dfrac{\pi u}{m}\right)=-m\left[\dfrac{\partial}{\partial x}\left(\dfrac{\pi u}{m}u\right)+\dfrac{\partial}{\partial y}\left(\dfrac{\pi v}{m}u\right)\right]-\dfrac{\partial}{\partial \sigma}\left(\dfrac{\pi u}{m}\dot{\sigma}\right)+ \\
\qquad f\dfrac{\pi v}{m}-\pi\left[\dfrac{\partial \varphi}{\partial x}+\dfrac{RT}{\pi}\dfrac{\partial \pi}{\partial x}\right]+D_u+F_u \\
\dfrac{\partial}{\partial t}\left(\dfrac{\pi v}{m}\right)=-m\left[\dfrac{\partial}{\partial x}\left(\dfrac{\pi u}{m}v\right)+\dfrac{\partial}{\partial y}\left(\dfrac{\pi v}{m}v\right)\right]-\dfrac{\partial}{\partial \sigma}\left(\dfrac{\pi v}{m}\dot{\sigma}\right)- \\
\qquad f\dfrac{\pi u}{m}-\pi\left[\dfrac{\partial \phi}{\partial y}+\dfrac{RT}{\pi}\dfrac{\partial \pi}{\partial y}\right]+D_v+F_v \\
\dfrac{\partial \phi}{\partial \ln\sigma}=-RT \\
\dfrac{\partial}{\partial t}\left(\dfrac{\pi}{m}\right)=-m\left[\dfrac{\partial}{\partial x}\left(\dfrac{\pi u}{m}\right)+\dfrac{\partial}{\partial y}\left(\dfrac{\pi v}{m}\right)\right]-\dfrac{\partial}{\partial \sigma}\left(\dfrac{\pi\dot{\sigma}}{m}\right) \\
\dfrac{\partial}{\partial t}\left(\dfrac{\pi T}{m}\right)=-m\left[\dfrac{\partial}{\partial x}\left(\dfrac{\pi u}{m}T\right)+\dfrac{\partial}{\partial y}\left(\dfrac{\pi v}{m}T\right)\right]-\dfrac{\partial}{\partial \sigma}\left(\dfrac{\pi\dot{\sigma}}{m}T\right)+ \\
\qquad \dfrac{R}{c_p}\left[T\dfrac{\partial}{\partial t}\left(\dfrac{\pi}{m}\right)+Tu\dfrac{\partial \pi}{\partial x}+Tv\dfrac{\partial \pi}{\partial y}\right]+\dfrac{RT}{c_p\sigma}\dfrac{\pi\dot{\sigma}}{m}+D_T+Q \\
\dfrac{\partial}{\partial t}\left(\dfrac{\pi q}{m}\right)=-m\left[\dfrac{\partial}{\partial x}\left(\dfrac{\pi u}{m}q\right)+\dfrac{\partial}{\partial y}\left(\dfrac{\pi v}{m}q\right)\right]-\dfrac{\partial}{\partial \sigma}\left(\dfrac{\pi\dot{\sigma}}{m}q\right)+D_q+H
\end{cases}
$$

式中 m 为 Lambert 地图投影放大因子，Q 为非绝热加热，H 为水汽源（汇）。D_u，D_v，D_q，D_T 分别表示 u，v，q，T 的水平扩散项，本模式中取二次扩散。F_u，F_v 分别表示 x，y 方向的湍流摩擦力。其他符号为习惯用法。

5.4.2 差分方程组

模式中非线性平流项采用 Lilly 格式，水平气压梯度力项采用截断误差小的 Corby 格式

$$
\begin{cases}
\overline{\left(\dfrac{\pi u}{m}\right)_t}^{t}=-m\left[\left(\overline{\dfrac{\pi u}{m}}^{x}\bar{u}^{x}\right)_x+\left(\overline{\dfrac{\pi v}{m}}^{x}\bar{u}^{y}\right)_y\right]-\left(\dfrac{\pi\bar{u}^{\sigma}}{m}\dot{\sigma}\right)_\sigma+ \\
\qquad f\dfrac{\pi v}{m}-\pi\left[\bar{\phi}_x^{x}+\overline{R\overline{T}^{x}(\ln\pi)_x}^{x}\right]+D_u+F_u \\
\overline{\left(\dfrac{\pi v}{m}\right)_t}^{t}=-m\left[\left(\overline{\dfrac{\pi u}{m}}^{x}\bar{v}^{x}\right)_x+\left(\overline{\dfrac{\pi v}{m}}^{x}\bar{v}^{y}\right)_y\right]-\left(\dfrac{\pi\bar{v}^{\sigma}}{m}\dot{\sigma}\right)_\sigma- \\
\qquad f\dfrac{\pi u}{m}-\pi\left[\bar{\phi}_y^{y}+\overline{R\overline{T}^{y}(\ln\pi)_y}^{y}\right]+D_v+F_v \\
\phi_{k-1}=\phi_{k+1}+RT_k\Delta(\ln\sigma_k)
\end{cases}
$$

$$\begin{cases}\overline{\left(\dfrac{\pi}{m}\right)_t}^t = -\sum\limits_{k=1}^{6}\dfrac{m}{1-0.01}\left[\left(\dfrac{\overline{\pi u}^x}{m}\right)_x + \left(\dfrac{\overline{\pi v}^x}{m}\right)_y\right]_k \Delta\sigma_k \\ \overline{\left(\dfrac{\pi T}{m}\right)_t}^t = -m\left[\left(\dfrac{\overline{\pi u}^x}{m}\overline{T}^x\right)_x + \left(\dfrac{\overline{\pi v}^x}{m}\overline{T}^y\right)_y\right] - \left(\dfrac{\pi \overline{T}^\sigma}{m}\dot{\sigma}\right)_\sigma + \\ \qquad \dfrac{R}{c_p}\left[T\overline{\left(\dfrac{\pi}{m}\right)_t}^t + \overline{\overline{T}^x u\pi_x}^x + \overline{\overline{T}^y v\pi_y}^y\right] + \dfrac{RT}{c_p\sigma}\dfrac{\pi\dot{\sigma}}{m} + D_T + H \\ \overline{\left(\dfrac{\pi q}{m}\right)_t}^t = -m\left[\left(\dfrac{\overline{\pi u}^x}{m}\overline{q}^x\right)_x + \left(\dfrac{\overline{\pi v}^x}{m}\overline{q}^y\right)_y\right] - \left(\dfrac{\pi\overline{q}^\sigma}{m}\dot{\sigma}\right)_\sigma + D_q + Q\end{cases}$$

在以上差分方程组中使用了 Shuman 算符。

模式中使用的这种空间差分格式，具有总质量、平流项的平方以及总能量守恒的性质。

5.4.3　边界条件

水平侧边界取定常边界条件，同时采用 Davies 方法对边界附近五圈格点上的倾向进行如下修正

$$\left(\frac{\partial A}{\partial t}\right)^* = \frac{\partial A}{\partial t} - K(A - \widetilde{A})$$

A 为某预报量，$\left(\dfrac{\partial A}{\partial t}\right)^*$ 为修正后的值，$\dfrac{\partial A}{\partial t}$ 为由预报方程计算的值，$\widetilde{A}$ 为初始值，A 和 $\dfrac{\partial A}{\partial t}$ 属于同一时刻，K 为给定的空间函数，由边界向内减少至零。

垂直方向上，下边界条件为 $\sigma=1.0$，$\dot{\sigma}=0$。上边界条件为 $\sigma=0.0$，$\dot{\sigma}=0$。

5.4.4　时间积分方案

采用经济蛙跃格式。首先对热力学方程和连续方程进行积分得到 T^{n+1}，π^{n+1}，然后用前一时刻（$n-1$）、当前时刻（n）和后一时刻（$n+1$）的 T 和 π 进行加权平均

$$\pi^n = \beta(\pi^{n-1} + \pi^{n+1}) + (1-2\beta)\pi^n$$

$$T^n = \beta(T^{n-1} + T^{n+1}) + (1-2\beta)T^n$$

式中 $\beta=0.2495$。再将求得的 T^n，π^n 代入动量方程的气压梯度力项，其余不变。

为了减少高频能量堆积，同时对各变量进行了高频时间滤波，滤波公式为

$$\alpha^n = (1-r)\alpha^n + \frac{r}{2}(\alpha^{n-1} + \alpha^{n+1}),\quad r = 0.5$$

5.4.5　初值

初始资料是标准等压面上的测站报文资料，采用逐步订正法得到网格点上的分

析值，再采用二次拉格朗日插值公式插值到各 σ 面上。温度的初值是由 σ 面上的位势高度通过静力平衡方程计算得到，风的初值是由 σ 面上的位势高度通过求解 σ 面上的平衡方程而得到的平衡风。

5.4.6 物理过程

模式中加进了地形，包含了与降水相关的大尺度凝结和积云对流，考虑了边界湍流的动量输送和海洋与大气间的水汽和感热的交换以及次网格的水平扩散作用等。具体处理过程详见第 9 章。

5.4.7 计算方案流程图(图 5.2)

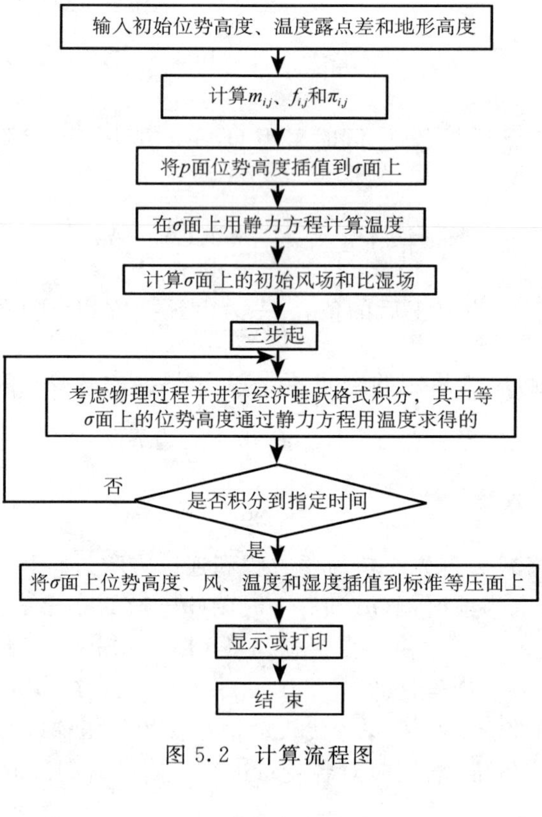

图 5.2 计算流程图

5.5 WRF 模式简介

新一代研究与预报模式——WRF(Weather Research Forecast Model)是由美国

许多研究部门及大学的科学家共同参与进行开发研究的新一代中尺度预报模式和同化系统。1997 年，由 NCAR 中小尺度气象处、NCEP 的环境模拟中心、FSL 的预报研究处和 Oklahoma 大学的风暴分析预报中心四部门联合发起建立了 WRF 模式系统的开发计划，并由国家自然科学基金(NSF)和 NOAA 共同支持。现在，这项计划得到了许多其他研究部门及大学的科学家共同参与和开发研究。WRF 模式系统开发的目标是建立一个具有可移植、易维护、可扩充、高效率、方便等诸多特性且用户界面友好的模式。

5.5.1　基本方程组

WRF 模式是一个完全可压非静力模式，控制方程组都写为通量形式。网格形式与 MM5 的 Arakawa B 格点不同，而是采用 Arakawa C 格点，有利于在高分辨率模拟中提高准确性。

WRF 模式实行多模式框架的结构，以供科学研究和实时预报业务的不同运行需求。模式的动力框架有三个不同的方案。前两个方案都采用时间分裂显示方案来解动力方程组，即模式中垂直高频波的求解采用隐式方案，其他的波动则采用显示方案。这两种方案的最大区别在于它们所采用的垂直坐标的不同，他们分别是几何高度坐标和质量(静力气压)坐标。第三种模式框架方案是采用半隐式半拉格朗日方案来求解动力方程组。这种方案的优点是能采用比前两种模式框架方案更大的时间步长。目前，前两种方案都已经实现，而第三种方案还未发布。

5.5.1.1　地形追随高度坐标(欧拉高度坐标)

根据变量的守恒性质，采用 Ooyama(1990)的预报方程的公式化思想，定义通量形式的保守量为

$$\mathbf{V} = \rho\boldsymbol{v} = (U, V, W), \quad \Theta = \rho\theta, \quad \boldsymbol{v} = (u, v, w) \tag{5.66}$$

则非静力原始方程组可写为

$$\begin{cases} \dfrac{\partial U}{\partial t} + \nabla \cdot (\mathbf{V}u) + \dfrac{\partial p'}{\partial x} = F_U \\ \dfrac{\partial V}{\partial t} + \nabla \cdot (\mathbf{V}v) + \dfrac{\partial p'}{\partial y} = F_V \\ \dfrac{\partial W}{\partial t} + \nabla \cdot (\mathbf{V}w) + \dfrac{\partial p'}{\partial z} + g\rho' = F_W \\ \dfrac{\partial \Theta}{\partial t} + \nabla \cdot (\mathbf{V}\Theta) = F_\Theta \\ \dfrac{\partial \rho'}{\partial t} + \nabla \cdot \mathbf{V} = 0 \end{cases} \tag{5.67}$$

其中，哈密顿(Hamilton)算子为

$$\nabla \equiv \frac{\partial}{\partial x}\boldsymbol{i} + \frac{\partial}{\partial j}\boldsymbol{j} + \frac{\partial}{\partial z}\boldsymbol{k}$$

气压可根据状态诊断方程计算得到

$$p = p_0\left(\frac{R\Theta}{p_0}\right)^{\gamma} \tag{5.68}$$

扰动变量定义为相对于与时间无关的静力平衡参考态的偏差，例如 $p=\bar{p}(z)+p'$，$\rho=\bar{\rho}(z)+\rho'$ 和 $\Theta=\bar{\Theta}(z)+\Theta'$。$g$ 为重力加速度，$\gamma=c_p/c_v=1.4$ 为 Poisson 指数。

5.5.1.2 地形追随静力气压坐标(欧拉质量坐标)

采用 Laprise(1992)的推导方法，方程取地形追随静力气压垂直坐标，形式为

$$\eta = (p_h - p_{ht})/\mu \tag{5.69}$$

式中，$\mu = p_{hs} - p_{ht}$，p_h 为气压的静力平衡分量，p_{hs} 和 p_{ht} 分别为地形表面和边界顶部的气压。由于 $\mu(x,y)$ 看视为模式区域内 (x,y) 格点上的单位水平面积上气柱的质量，所以近似的通量形式的保守量则可写为：

$$\boldsymbol{V} = \mu\boldsymbol{v} = (U,V,W),\quad \Omega = \mu\dot{\eta},\quad \Theta = \mu\theta,\quad \boldsymbol{v} = (u,v,w) \tag{5.70}$$

利用这些保守量，Laprise 的方程组可写成如下的预报方程组形式

$$\begin{cases} \dfrac{\partial U}{\partial t} + \nabla\cdot(\boldsymbol{V}u)_\eta + \mu\alpha\dfrac{\partial p}{\partial x} + \dfrac{\partial p}{\partial \eta}\dfrac{\partial \phi}{\partial x} = F_U \\ \dfrac{\partial V}{\partial t} + \nabla\cdot(\boldsymbol{V}v)_\eta + \mu\alpha\dfrac{\partial p}{\partial y} + \dfrac{\partial p}{\partial \eta}\dfrac{\partial \phi}{\partial y} = F_V \\ \dfrac{\partial W}{\partial t} + \nabla\cdot(\boldsymbol{V}w)_\eta - g\left(\dfrac{\partial p}{\partial \eta} - \mu\right) = F_W \\ \dfrac{\partial \Theta}{\partial t} + \nabla\cdot(\boldsymbol{V}\,\Theta)_\eta = F_\Theta \\ \dfrac{\partial \mu}{\partial t} + (\nabla\cdot\boldsymbol{V})_\eta = 0 \\ \dfrac{\partial \phi}{\partial t} + \mu^{-1}(\boldsymbol{V}\cdot\nabla\phi)_\eta = gW \end{cases} \tag{5.71}$$

方程组要求满足静力平衡的诊断关系

$$\frac{\partial \phi}{\partial \eta} = -\mu\alpha \tag{5.72}$$

和气体状态方程

$$p = \left(\frac{R\Theta}{p_0\mu\alpha}\right)^{\gamma} \tag{5.73}$$

同样，定义扰动量为相对静力平衡参考态的偏差，即 $p=\bar{p}(z)+p'$，$\phi=\bar{\phi}(z)+\phi'$，$\alpha=\bar{\alpha}(z)+\alpha'$，以及 $\mu=\bar{\mu}(z)+\mu'$。由于 η 坐标的坐标面一般都不是水平的，因此参考状态量 $\bar{p}$，$\bar{\phi}$，$\bar{\alpha}$ 通常是 (x,y,η) 的函数。利用这些扰动量，在不做任何近似的情况下，去

掉静力平衡部分，则动量方程可写为

$$\begin{cases}\dfrac{\partial U}{\partial t}+\boldsymbol{\nabla}\cdot(\boldsymbol{v}U)_{\eta}+\mu\,\alpha\,\dfrac{\partial p'}{\partial x}+\left(\eta\mu\,\dfrac{\partial\bar{\mu}}{\partial x}\right)\alpha'+\mu\,\dfrac{\partial\phi'}{\partial x}+\dfrac{\partial\phi}{\partial x}\left(\dfrac{\partial p'}{\partial\eta}-\mu'\right)=F_{U}\\ \dfrac{\partial V}{\partial t}+\boldsymbol{\nabla}\cdot(\boldsymbol{v}V)_{\eta}+\mu\,\alpha\,\dfrac{\partial p'}{\partial y}+\left(\eta\mu\,\dfrac{\partial\bar{\mu}}{\partial y}\right)\alpha'+\mu\,\dfrac{\partial\phi'}{\partial y}+\dfrac{\partial\phi}{\partial y}\left(\dfrac{\partial p'}{\partial\eta}-\mu'\right)=F_{V}\\ \dfrac{\partial W}{\partial t}+\boldsymbol{\nabla}\cdot(\boldsymbol{v}W)_{\eta}-g\left(\dfrac{\partial p'}{\partial\eta}-\mu'\right)=F_{W}\end{cases}\tag{5.74}$$

同样，方程也可写为

$$\frac{\partial\phi'}{\partial\eta}=-\bar{\mu}\alpha'-\bar{\alpha}\mu'\tag{5.75}$$

5.5.1.3　时间分裂积分方案

WRF 中的时间分裂显式积分方案，是将与声波积分步长有关的小项放在方程组的等式左边，而等式右边则是积分步长相对较大的项，它们在小步长积分过程中认为是常量。根据这一思想，由方程组(5.67)可得到地形追随高度坐标（欧拉高度坐标）下时间分裂的积分方程

$$\begin{cases}\dfrac{\partial U''}{\partial t}+\dfrac{\partial p''}{\partial x}=F_U^t-\boldsymbol{\nabla}\cdot(\boldsymbol{V}^tU^t)+\dfrac{\partial p'^{t}}{\partial x}\\ \dfrac{\partial V''}{\partial t}+\dfrac{\partial p''}{\partial y}=F_V^t-\boldsymbol{\nabla}\cdot(\boldsymbol{V}^tV^t)+\dfrac{\partial p'^{t}}{\partial y}\\ \dfrac{\partial W''}{\partial t}+\dfrac{\partial p''}{\partial z}+g\rho''=F_W^t-\boldsymbol{\nabla}\cdot(\boldsymbol{V}^tW^t)-\dfrac{\partial p'^{t}}{\partial z}-g\rho'^{t}\\ \dfrac{\partial\Theta''}{\partial t}+\boldsymbol{\nabla}\cdot(\boldsymbol{V}''\Theta^t)=F_\Theta^t-\boldsymbol{\nabla}\cdot(\boldsymbol{V}^t\Theta^t)\\ \dfrac{\partial\rho''}{\partial t}+\boldsymbol{\nabla}\cdot\boldsymbol{V}''=-\boldsymbol{\nabla}\cdot\boldsymbol{V}^t\end{cases}\tag{5.76}$$

其中，带两撇的扰动量定义为

$$\boldsymbol{V}''=\boldsymbol{V}-\boldsymbol{V}^t=(U-U^t,V-V^t,W-W^t),\quad\Theta''=\Theta-\Theta^t,\quad\rho''=\rho-\rho^t\tag{5.77}$$

上标 t 表示在 t 时间层量，它在声波小时间步长中保持不变。为了实现声波小步长的时间积分，还应用了理想气体定理的线性近似 $\pi''=R\pi^t\Theta''/(c_v\Theta^t)$，以消去垂直动量方程中的 π'' 项。

同理，定义声波小步长中的扰动量为（上标 t 表示大的时间步长第 t 时间层）：

$$\begin{aligned}&\phi''=\phi'-\phi'^{t},\quad\Omega''=\Omega-\Omega^t,\\&p''=p'-p'^{t},\quad\alpha''=\alpha'-\alpha'^{t},\mu''=\mu'-\mu'^{t}\end{aligned}\tag{5.78}$$

则由方程组(5.71)可得到地形追随静力气压坐标（欧拉质量坐标）下时间分裂的积分方程

$$\left\{\begin{aligned}
&\frac{\partial U''}{\partial T}+\mu^t\alpha^t\frac{\partial p''^T}{\partial x}+\left(\eta\mu^t\frac{\partial\bar{\mu}}{\partial x}\right)\alpha''^T+\mu^t\frac{\partial\phi''^T}{\partial x}+\frac{\partial\varphi^t}{\partial x}\left(\frac{\partial p''}{\partial\eta}-\mu''\right)^T=R_U^t\\
&\frac{\partial V''}{\partial T}+\mu^t\alpha^t\frac{\partial p''^T}{\partial y}+\left(\eta\mu^t\frac{\partial\bar{\mu}}{\partial y}\right)\alpha''^T+\mu^t\frac{\partial\phi''^T}{\partial y}+\frac{\partial\phi^t}{\partial y}\left(\frac{\partial p''}{\partial\eta}-\mu''\right)^T=R_V^t\\
&\frac{\partial\mu''}{\partial T}+(\nabla\cdot\mathbf{V}''^{T+\Delta T})_\eta=R_\mu^t\\
&\frac{\partial\Theta''}{\partial T}+(\nabla\cdot\mathbf{V}''^{T+\Delta T}\Theta^t)_\eta=R_\Theta^t\\
&\frac{\partial W''}{\partial T}-g\,\overline{\left(\frac{\partial p''}{\partial\eta}-\mu''\right)}^T=R_W^t\\
&\frac{\partial\phi''}{\partial T}+\frac{1}{\mu^t}(V''^{T+\Delta T}\cdot\nabla\phi^t)_\eta-g\,\overline{W''}^T=R_\phi^t
\end{aligned}\right.\tag{5.79}$$

式中,上标 T 表示小的时间步长第 T 时间层,方程组(5.79)式中右边由以下等式给出

$$\left\{\begin{aligned}
&R_U^t=F_U^t-\nabla\cdot(\mathbf{V}^tU^t)_\eta-\mu^t\alpha^t\frac{\partial p'^t}{\partial x}-\left(\eta\mu^t\frac{\partial\bar{\mu}}{\partial x}\right)\alpha'^t-\mu\frac{\partial\phi'^t}{\partial x}-\frac{\partial\phi^t}{\partial x}\left(\frac{\partial p'^t}{\partial\eta}-\mu'^t\right)\\
&R_V^t=F_V^t-\nabla\cdot(\mathbf{V}^tV^t)_\eta-\mu^t\alpha^t\frac{\partial p'^t}{\partial y}-\left(\eta\mu^t\frac{\partial\bar{\mu}}{\partial y}\right)\alpha'^t-\mu\frac{\partial\phi'^t}{\partial y}-\frac{\partial\phi^t}{\partial y}\left(\frac{\partial p'^t}{\partial\eta}-\mu'^t\right)\\
&R_\mu^t=-(\nabla\cdot\mathbf{V}''^t)_\eta\\
&R_\Theta^t=F_\Theta^t-(\nabla\cdot\mathbf{V}^t\Theta^t)_\eta\\
&R_W^t=F_W^t-(\nabla\cdot\mathbf{V}^tW^t)_\eta-g\left(\frac{\partial p'^t}{\partial\eta}-\mu'^t\right)\\
&R_\phi^t=-(\mathbf{V}^t\cdot\nabla\phi^t)_\eta+gW^t
\end{aligned}\right.\tag{5.80}$$

5.5.2 模式物理过程

WRF 是为研究和实际预报两种用户群开发的模式,因此,模式中需要有复杂和简单的物理方案。由于 WRF 模式还处于发展的初期,目前的大部分物理过程和参数化方案都是采用其他模式中现有的方案,只是在移植到 WRF 模式中稍做了些调整,以适应 WRF 模式的动力框架和结构。又由于 WRF 模式的目标是 1～10 km 的水平分辨率,因此一些物理方案在这样高的分辨率下可能不能起到很好的效果(例如:积云参数化方案)。WRF 模式发展物理过程的目标是:在模式中实现基本的物理方案设置并设计一个友好的用户界面。与此同时,将为物理过程模块设计一个可插拔的接口,在完成对不同基本物理过程方案的对比测试的基础上,建立一整套用于研究目的的物理过程软件包。

WRF 最终会开发并使用适用于 1～10 km 分辨率的新物理方案。

目前，WRF模式中已经包含了许多物理选项：云微物理方案、积云参数化方案、长波辐射方案、短波辐射方案、边界层(PBL)湍流方案、表层、陆面过程参数化方案和次网格尺度扩散方案。WRF模式目前提供的各种物理过程的参数化方案详见表5.1。

表5.1　WRFV3.6中的物理过程及参数化过程

物理过程(数目)	已经实现的方案
云微物理过程(9)	Kessler方案；Lin方案；WSM系列(3)方案；Ferrier方案；Thompson方案；NCEP(2)系列方案
积云对流参数化(5)	Kain-Fritsch(2)系列方案；Betts-Miller-Janjic方案；Grell-Devenyi方案；Simplified Arakawa-Schubert方案
长波辐射(2)	RRTM方案；GFDL长波方案
短波辐射(3)	简单短波方案；Goddard短波方案；GFDL短波方案
表面层(2)	Monin-Obukhov相似理论；MYJ方案
陆面过程(2)	热量扩散方案；Oregon State-Eta方案
边界层(4)	YSU方案；MYJ方案；GFS方案；MRF方案
次网格湍流扩散(2)	简单扩散方案；应力/变形方案

WRF模式的物理过程界面为三层物理过程结构：solver，driver和individual scheme，三层结构的思想使得用户在不需要弄明白WRF模式代码的其他部分时，能够很容易地使用WRF的选项(或单个的选项)。

WRF主要分为WRF Standard Initialization(WRF SI)和WRF Model两大部分。WRF SI可选取使用图形界面，利用鼠标直接圈选模拟区域大小，大幅增加对使用者的亲和力。SI分为三个步骤，第一为圈选模拟位置，使地形资料内插至圈选的模拟区域内、第二为输入初始资料，可以使用AVN资料或是FNL资料等等，最后将资料内插到模拟区域。WRF SI为模式的前处理部分，WRF Model为模式的主体部分。目前最新版本的WRFV3.6模式前处理改为了WPS，其主要功能与SI相近，只是缩短了运行时间。

复习思考题

(1)写出σ坐标系中原始方程组的平流形式和通量形式，说明方程组的主要物理性质。

(2)连续大气中的垂直积分关系有哪些？

(3)设计能量守恒格式的意义是什么？

(4)垂直变量配置采用CP网格，试将连续方程写在奇数层上，并说明垂直差分满足质量守恒。

(5)写出个别变化满足一次守恒的通量形式垂直差分格式,并导出平流形式的差分格式。

(6)写出个别变化同时满足一次、二次守恒的垂直差分格式。

(7)设计总能量守恒格式应注意什么问题?

(8)为什么说σ坐标系中水平气压梯度力不易计算准确?怎样提高水平气压梯度的计算精度?

(9)静力扣除法的基本思想是什么?

(10)分离积分法的物理依据是什么?如何进行分离,采用怎样的积分方案?有什么好处?

(11)将正压原始方程模式写成分离积分形式。

第 6 章　初始条件与边界条件

用数值模式制作天气预报，需要给出初始条件。如制作有限区域的预报，除垂直边界条件外，还需要给定水平侧边界条件。研究和试验结果表明，初始条件和边界条件的处理方法对数值天气预报的质量有直接影响。

本章首先简要介绍初值处理的必要性，然后分别讨论各种初值处理的具体做法，以及边界条件的给定方法。

6.1　初值处理的必要性

原始方程模式对初值非常敏感，如果直接引用观测资料的客观分析结果作为初值，在模式积分过程中，容易导致高频振荡，甚至出现计算不稳定。这是因为观测和分析资料不可避免地会存在各种程度不同的误差，导致初始时刻的风场与气压场之间不能保持正确的平衡，在局部地区可能会出现很强的虚假地转偏差，而原始方程组中包含重力惯性波产生和频散的机制，初值中的虚假地转偏差会激发出远远超过实际的大振幅重力惯性波，以至掩盖掉有天气意义的大气波动。此外，模式中湿物理过程对初始水汽场也十分敏感，模式积分起始阶段的虚假降水也会激发出高频振荡。另一方面，初值可以认为是模式解在初始时刻的值，而模式解应当满足初值、边值以及模式方程组和所有假设条件所导出的各种关系式。但是，对于许多模式，直接用观测或分析资料作初值，很难完全满足这些条件和关系式。例如，有限区域模式若取刚体边界条件，这对任一物理量 A，其水平通量$\nabla \cdot A\boldsymbol{V}$ 在整个计算域内的积分为零。显然一般的观测值不可能满足这一约束条件。这种初值与模式之间的不协调性，也会导致数值积分过程中出现高频振荡。因此，观测和分析资料一般不能直接作为原始方程模式的初值，需要加以适当的处理，使各要素场之间，以及初始资料与数值模式之间达到一定程度的协调一致才可使用。如何使初始场保持一定的平衡，以避免激发虚假的重力惯性波，这就是所谓的初始化问题。按照地转适应的观点，初始化的本质就是迫使不平衡的初始场瞬间调整为适应状态，尽可能地限制和消除虚假的重力惯性波，以避免它们对数值积分和预报结果的负面影响。

传统的初值处理方法，侧重于风压场之间的调整，使初值中不含有明显的虚假重力惯性波。而一些新的初值处理方法，则更加强调初值与模式物理过程之间的协调性，提出了非绝热初始化或物理初始化的概念。处理初值的具体方法很多，相应的初值大致可分为四种类型，即静力初值、动力初值、正规模初值和变分初值，下面将分别给予介绍。

6.2 静力初始化方法

所谓静力初始化，就是利用风压场之间的某种平衡关系，由其中的一个场求解出另一个场。常用的平衡关系有地转风关系和平衡方程，相应的初值称为地转风初值和平衡初值。气压场的观测误差比较小，中高纬地区又有比较多的气压观测资料，因此在这些地区主要是用气压场计算风场。而低纬地区气压观测资料较少，而测风资料较多，一般是用风场来求气压场。

6.2.1 地转风初值

在中高纬地区，利用地转风关系可由位势高度场求出风场。即

$$u_g = -\frac{1}{f}\frac{\partial \phi}{\partial y}, \qquad v_g = \frac{1}{f}\frac{\partial \phi}{\partial x} \tag{6.1}$$

用地转风关系计算风场比较简单，但是在很多情况下，地转风与实际大气运动有很大差异，对于波状系统或涡旋系统，更恰当的平衡关系应该是梯度风关系，例如在气旋性环流中，用气压值计算的地转风比梯度风大，反气旋性环流中地转风比梯度风小，在这些场合，地转风并不能代表平衡的风场。因此，在积分过程中也会出现虚假的重力惯性波，影响预报的效果。

6.2.2 平衡初值

利用平衡方程也可由位势高度求出风场，平衡方程为

$$f\zeta - \beta u + 2J(u,v) = \nabla^2 \phi \tag{6.2}$$

与地转风公式相比，平衡方程考虑了 f 随纬度的变化以及由非线性项所表示的流线散开或汇合和曲率的作用，因此，它描述了比地转风公式精度更高的风压场平衡关系。

在水平无辐散的假定下，可引入流函数 ψ，则平衡方程可改写为

$$f\nabla^2\psi + \nabla f \cdot \nabla \psi + 2(\psi_{xx}\psi_{yy} - \psi_{xy}^2) = \nabla^2 \phi \tag{6.3}$$

6.2.2.1 由气压场确定风场

当 ϕ 为已知函数时，方程(6.3)是一个二阶非线性混合型偏微分方程，若满足条件

$$\nabla^2 \phi - \nabla f \cdot \nabla \psi > \frac{-f^2}{2} \tag{6.4}$$

方程为椭圆型,否则为双曲型或抛物型。由(6.3)式可将(6.4)式改写成

$$(2\psi_{xx}+f)(2\psi_{yy}+f)>4\psi_{xy}^2$$

因 $\psi_{xy}^2>0$,因此$(2\psi_{xx}+f)$,$(2\psi_{yy}+f)$必须同号,即必须满足

$$2\psi_{xx}+f>0,\quad 2\psi_{yy}+f>0$$

或

$$2\psi_{xx}+f<0,\quad 2\psi_{yy}+f<0$$

于是得到平衡方程为椭圆型方程的充要条件为

$$\nabla^2\psi+f>0\quad 或 \quad \nabla^2\psi+f<0$$

即平衡方程为椭圆型方程,必须在整个区域绝对涡度小于零,或整个区域绝对涡度大于零。观测事实表明,对于大尺度运动不可能全区域内绝对涡度小于零,因此,满足绝对涡度大于零的条件下,平衡方程作为椭圆型方程的解才具有气象意义。然而在西风急流南侧或低纬反气旋中心等局部地区,可能会出现绝对涡度小于零的情况,这就需要对位势场 ϕ 做适当调整以满足椭圆型条件(6.4)式。B. Bolin(1953b)曾提出一种调整方法,在(6.4)式中考虑到$\nabla f\cdot\nabla\psi$一般要比$\nabla^2\phi$小得多,因此,首先判断 ϕ 场是否满足

$$\frac{\nabla^2\phi}{f}>-\frac{f}{2}+c$$

式中,c 是一个大于零的常数,可由经验决定。如上式不满足,可令

$$\frac{\nabla^2\phi}{f}=-\alpha\frac{f}{2}$$

α 仍由经验确定,如取作 0.97 等。上式取差分形式,有

$$(\phi_{i+1,j}+\phi_{i-1,j}+\phi_{i,j+1}+\phi_{i,j-1}-4\phi_{i,j})=-\alpha\frac{f_{i,j}^2d^2}{2}$$

调整等压面位势场的迭代格式可写为

$$\phi_{i,j}=\frac{1}{4}\left(\frac{\alpha f_{i,j}^2d^2}{2m_{i,j}}+\phi_{i+1,j}+\phi_{i-1,j}+\phi_{i,j+1}+\phi_{i,j-1}\right)$$

因不满足椭圆型条件(6.4)式的格点一般只限于局部地区,通常只需迭代几次就可使整个区域都满足(6.4)式。当然这样做是以改变位势场 ϕ 为代价的。比较简单的做法是略去(6.3)式中的非线性项得到线性平衡方程

$$f\nabla^2\psi+\nabla\psi\cdot\nabla f=\nabla^2\phi \tag{6.5}$$

或用地转风计算非线性项,把(6.3)式改写成

$$f\nabla^2\psi+\nabla\psi\cdot\nabla f=\nabla^2\phi+2\left(\frac{\partial u_g}{\partial x}\frac{\partial v_g}{\partial y}-\frac{\partial v_g}{\partial x}\frac{\partial u_g}{\partial y}\right) \tag{6.6}$$

(6.6)式称之为半地转平衡方程。(6.5),(6.6)式均为椭圆型方程,可以直接用迭代法求解,得到流函数 ψ 后,再由

$$u=-\frac{\partial\psi}{\partial y},\quad v=\frac{\partial\psi}{\partial x} \tag{6.7}$$

可计算出无辐散风场,作为初值。

6.2.2.2 由风场确定气压场

在低纬地区,可先由实测风场计算涡度场

$$\zeta = \frac{\partial v}{\partial x} - \frac{\partial u}{\partial y}$$

然后求解泊松方程:

$$\nabla^2 \psi = \zeta$$

得到流函数场,再通过平衡方程(6.3)式迭代求解位势场 ϕ。

6.2.2.3 考虑辐散的初始风场

实际风场既包含旋转部分,也包含辐散部分。虽然对大尺度运动而言,辐散分量远小于旋转分量,但前者的天气意义和动力意义却是不容忽视的。对降水的形成和系统的发展有着重要的作用,实测资料中的地转偏差一部分是由于观测误差和分析不正确造成的,但也有一部分反映了实际大气运动的非地转性质,因此采用严格的地转风或无辐散风作为初始风场则是不恰当的。研究和试验结果表明:严格无辐散的初始风场与原始方程模式并不协调,在模式积分过程中仍然会激发出高频振荡。综上所述,初始风场中考虑并引入合理的辐散部分是十分必要的。

将风的辐散部分引入初始风场的方法是:由准地转系统或平衡系统的 ω 方程计算出垂直速度场,再由 p 坐标系中的连续方程

$$\nabla^2 \chi = -\frac{\partial \omega}{\partial p}$$

求出速度势 χ;最后由速度势求出散度风再叠加到由平衡方程求出的旋转风上,即

$$\begin{aligned} u &= -\frac{\partial \psi}{\partial y} + \frac{\partial \chi}{\partial x} \\ v &= \frac{\partial \psi}{\partial x} + \frac{\partial \chi}{\partial y} \end{aligned} \tag{6.8}$$

上述风场作为初始风场,既是有辐散的风场,又是通过 ω 方程等与位势高度场相协调的场。

6.3 动力初始化方法

动力初始化方法是借助于原始方程模式本身具有的动力特征(例如能描写地转适应过程),经过一些合理的步骤,使重力惯力波被阻尼或过滤,从而得到接近大尺度平衡的初值。这类方法的优点是综合利用了观测资料中的风压场信息,所得到的初值与模式也具有较好的动力协调性,常用的动力初值化方法包括动力迭代法、数字滤

波法和正规模法等。

6.3.1　动力迭代法

动力迭代法是由新田-霍维迈尔(Nitta-Hovermale,1967)提出的一种动力初始化方法。这种方法同时应用初始观测的风场和气压场资料,选用能够阻尼高频振荡的时间积分格式,如欧拉后差格式,在初始时刻附近对原始方程模式交替向前向后积分,由 $t=0$ 向前积分一步到 $t=\Delta t$,再向后积分一步到 $t=0$ 为一次循环,每完成一次积分循环气压场恢复为原来的初值,重复进行以上循环过程,直到高频重力惯性波被阻尼掉,风压场之间达到平衡状态为止。

为了便于分析讨论,选用线性正压原始方程组和欧拉后差格式来说明它的具体做法,线性正压原始方程组为

$$\begin{cases}\dfrac{\partial u}{\partial t}=-g\dfrac{\partial z}{\partial x}+fv\\[2mm]\dfrac{\partial v}{\partial t}=-g\dfrac{\partial z}{\partial y}-fu\\[2mm]\dfrac{\partial z}{\partial t}=-H\left(\dfrac{\partial u}{\partial x}+\dfrac{\partial v}{\partial y}\right)\end{cases}\tag{6.9}$$

令 $\boldsymbol{F}=(u,v,z)^T$ 为一向量函数,而

$$\boldsymbol{B}=\begin{bmatrix}0 & f & -g\dfrac{\partial}{\partial x}\\[2mm] -f & 0 & -g\dfrac{\partial}{\partial y}\\[2mm] -H\dfrac{\partial}{\partial x} & -H\dfrac{\partial}{\partial y} & 0\end{bmatrix}\quad \text{为一矩阵算子}$$

方程组(6.9)可改写为矩阵形式

$$\frac{\partial \boldsymbol{F}}{\partial t}=\boldsymbol{BF}\tag{6.10}$$

利用欧拉后差格式将(6.10)式向前积分一步,再向后积分一步,完成一次循环,于是动力迭代格式可具体写成

$$\begin{cases}\boldsymbol{F}^{*}=\boldsymbol{F}^{\gamma}+\Delta t\boldsymbol{BF}^{\gamma}\\ \boldsymbol{F}^{\mu}=\boldsymbol{F}^{\gamma}+\Delta t\boldsymbol{BF}^{*}\end{cases}$$
$$\begin{cases}\boldsymbol{F}^{**}=\boldsymbol{F}^{\mu}-\Delta t\boldsymbol{BF}^{\mu}\\ \boldsymbol{F}^{\gamma+1}=\boldsymbol{F}^{\mu}-\Delta t\boldsymbol{BF}^{**}\end{cases}\tag{6.11}$$

式中 $\boldsymbol{F}^{\mu}$ 表示 $t=\Delta t$ 时的值,$\boldsymbol{F}^{\gamma}$ 和 $\boldsymbol{F}^{\gamma+1}$ 分别表示完成第 γ 次和第 $\gamma+1$ 次循环后 $t=0$ 的迭代值。在进行 $\gamma+1$ 迭代时,$\boldsymbol{F}^{\gamma}$ 中的位势场已恢复为观测初值。现分析这一迭代格式的性能,迭代格式(6.11)可合并为

$$\boldsymbol{F}^{\gamma+1} = (\boldsymbol{I} + \Delta t^2 \boldsymbol{B}^2 + \Delta t^4 \boldsymbol{B}^4)\boldsymbol{F}^{\gamma} \tag{6.12}$$

设谐波解 $\boldsymbol{F}=\hat{\boldsymbol{F}}e^{i\omega t}$，由(6.10)式可得 $\boldsymbol{B}=i\omega\boldsymbol{I}$，这里的 $\boldsymbol{I}$ 为单位矩阵，于是(6.12)式可改写为

$$\boldsymbol{F}^{\gamma+1} = [1-(\omega\Delta t)^2+(\omega\Delta t)^4]\boldsymbol{F}^{\gamma} = R_1\boldsymbol{F}^{\gamma} \tag{6.13}$$

式中 R_1 为迭代格式(6.11)进行一次迭代的衰减因子，它是频率的函数，因而具有选择性衰减作用，在第 2 章中已指出欧拉后差格式对高频振荡有显著的阻尼作用，反复迭代，可使高频重力惯性波的振幅逐渐减小。但是以上方法收敛速度很慢，相当耗费机时。针对这一问题，Okamura 和 Rivas(Rivas，1971)提出了一种比较节约时间的改进方案，他们提出的循环迭代格式为

$$\begin{aligned}\boldsymbol{F}^{*} &= \boldsymbol{F}^{\gamma} + \Delta t\boldsymbol{B}\boldsymbol{F}^{\gamma}\\ \boldsymbol{F}^{**} &= \boldsymbol{F}^{*} - \Delta t\boldsymbol{B}\boldsymbol{F}^{*}\\ \boldsymbol{F}^{\gamma+1} &= (n+1)\boldsymbol{F}^{\gamma} - n\boldsymbol{F}^{**}\end{aligned} \tag{6.14}$$

n 是一个大于 1 的参数，允许随 γ 而变，此外在迭代过程不让位势场恢复到原来的初值。迭代格式(6.14)可合并为

$$\boldsymbol{F}^{\gamma+1} = (\boldsymbol{I} + n\Delta t^2\boldsymbol{B}^2)\boldsymbol{F}^{\gamma} \tag{6.15}$$

按照(6.13)式的推导思路，(6.15)式可改写为

$$\boldsymbol{F}^{\gamma+1} = [1-n(\omega\Delta t)^2]\boldsymbol{F}^{\gamma} = R_2\boldsymbol{F}^{\gamma} \tag{6.16}$$

两种格式的对比试验结果表明，改进方案对高频波的阻尼更为有效，可以大大减少迭代收敛的循环次数，使计算量减少了约三分之一，加上进行一次循环之后没有让位势场恢复到原来的初值，有利于风压场之间更快地调整到平衡状态。

动力迭代法的最大好处是通过风压场的自动调整，能有效地阻尼重力惯性波的高频部分。但是这种方法所固有的阻尼作用只依赖于频率，并不能区别大尺度的重力惯性波和较小尺度的罗斯贝波。此外，对于包含各种物理过程的模式方程组能否向前向后交替积分，也还存在不同的看法。

6.3.2 数字滤波法

数字滤波法是由 Lynch 和 Huang(1992)提出的一种基于数字滤波原理的初始化方法。该方法可简单表述为：客观分析场 f_0 通过原始方程模式向前向后积分，得到以初始时刻 t_0 为中心的 T_c 时段内的离散时间序列 f_n，其中既包含具有天气意义的低频振荡，也包含有由于风压场不平衡以及非绝热过程所激发出的高频振荡，经过数字滤波器处理后，可将时间序列中周期小于 T_c 的高频扰动过滤掉，从而得到与模式物理过程相协调的初值。因为需要对预报模式以初始时刻为基准进行向前向后积分，所以数字滤波法可归类于动力初始化方法，但与动力迭代法相比，在基本原理和处理方法上都有明显的不同之处。

6.3.2.1　数字滤波原理

首先考虑具有各种不同频率成分的连续函数 $f(t)$，其傅里叶变换和相应的逆变换分别定义为

$$F(\sigma) = \int_{-\infty}^{\infty} f(t) e^{-i\sigma t} dt \tag{6.17}$$

$$f(t) = \frac{1}{2\pi}\int_{-\infty}^{\infty} F(\sigma) e^{i\sigma t} d\sigma \tag{6.18}$$

时间 t 和频率 σ 都是由 $-\infty$ 到 ∞ 的连续变数。为了滤去 $f(t)$ 中的高频部分可选择阶梯函数 $G(\sigma)$ 为权重函数

$$G(\sigma) = \begin{cases} 1, & |\sigma| \leqslant \sigma_c \\ 0, & |\sigma| > \sigma_c \end{cases} \tag{6.19}$$

式中 σ_c 为截断频率，对应的逆变换为

$$g(t) = \frac{1}{2\pi}\int_{-\infty}^{\infty} G(\sigma) e^{i\sigma t} d\sigma = \frac{\sin\sigma_c t}{\pi t} \tag{6.20}$$

再计算 $G(\sigma)F(\sigma)$ 的傅里叶逆变换，即可得到滤除高频部分后的结果

$$f_B(t) = \frac{1}{2\pi}\int_{-\infty}^{\infty} G(\sigma) F(\sigma) e^{i\sigma t} d\sigma = g(t) * f(t) \tag{6.21}$$

其中卷积 $g(t) * f(t)$ 定义为

$$g(t) * f(t) = \int_{-\infty}^{\infty} g(\tau) f(t-\tau) d\tau \tag{6.22}$$

对于离散的时间序列 f_n，其离散傅里叶变换和相应的逆变换分别为

$$F(\theta) = \sum_{n=-\infty}^{\infty} f_n e^{-in\theta} \tag{6.23}$$

$$f_n = \frac{1}{2\pi}\int_{-\pi}^{\pi} F(\theta) e^{in\theta} d\theta \tag{6.24}$$

式中 n 为代表时间的序号，即 $t=n\Delta t$，Δt 为时间间距，$\theta=\sigma\Delta t$ 为无因次频率，引入权重函数 $G(\theta)$

$$G(\theta) = \begin{cases} 1, & |\theta| \leqslant \theta_c \\ 0, & |\theta| > \theta_c \end{cases} \tag{6.25}$$

式中无因次截断频率 $\theta_c=\sigma_c\Delta t$，$G(\theta)$ 的傅里叶逆变换为

$$g_n = \frac{1}{2\pi}\int_{-\pi}^{\pi} G(\theta) e^{in\theta} d\theta = \frac{\sin\theta_c}{n\pi} \tag{6.26}$$

$G(\theta)F(\theta)$ 的傅里叶变换为

$$f_n^{(1)} = \frac{1}{2\pi}\int_{-\pi}^{\pi} G(\theta) F(\theta) e^{in\theta} d\theta = \sum_{k=-\infty}^{\infty} g_k f_{n-k} \tag{6.27}$$

实际计算时，(6.27)式所示的无穷级数必须在某一有限值 N 处截断，即

$$f_n^{(2)} = \sum_{k=-N}^{N} g_k f_{n-k} \tag{6.28}$$

由于傅里叶级数的截断会产生振荡，可通过引入窗函数来消除，例如将 g_k 乘以兰索斯(Lanczos)窗函数 W_k

$$W_k = \frac{\sin[k\pi/(N+1)]}{k\pi/(N+1)} \tag{6.29}$$

于是(6.28)式可改写为

$$f_n^{(3)} = \sum_{k=-N}^{N} g_k W_k f_{n-k} = \sum_{k=-N}^{N} h_k f_{n-k} \tag{6.30}$$

其中

$$h_k = \frac{\sin[k\pi/(N+1)]}{k\pi/(N+1)} \frac{\sin\theta_c}{n\pi} \tag{6.31}$$

为滤波系数，(6.30)式称为数字滤波器，离散时间系列 f_n 通过数字滤波器(6.30)式的作用后，可将其中 $\theta>\theta_c$ 的高频部分有效地滤除。

6.3.2.2 数字滤波初值

依据上述数字滤波原理，很容易得到数字滤波初值，为了对初始时刻 $t=0$ 时的分析场 f_0 进行滤波，需要用到时间序列 $f_n(n=0,\pm1,\pm2,\cdots,\pm N)$，这些值可通过数值模式从 $n=0$ 分别向前向后积分 N 个时间步而得到，利用(6.30)式，经过滤波处理后的初值为

$$f_o^* = \sum_{n=-N}^{N} h_{-n} f_n \tag{6.32}$$

为了保证向后积分在物理上是合理的，需要把模式中所有不可逆过程关闭。Lynch 和 Huang(1992)在向前向后积分时，都不包含湿物理过程以及摩擦耗散等不可逆过程，这种方法称为绝热数字滤波法。1993 年，他们又提出了改进的非绝热初始化方法，即先由 $t=0$ 向后绝热积分到 $t=-N\Delta t$，然后再由 $t=-N\Delta t$ 非绝热向前积分到 $t=N\Delta t$，得到新的时间序列 $f_n(n=0,\pm1,,\cdots,\pm N)$ 并按(6.32)式进行滤波。这种方法称为非绝热数字滤波法，为了保证滤波的效果，应适当选取无因次截断频率 θ_c。与截断频率 σ_c 相对应的截断周期为

$$T_c = 2N\Delta t \tag{6.33}$$

截断频率与截断周期之间满足关系式

$$T_c = \frac{2\pi}{\sigma_c} \tag{6.34}$$

将 $\theta_c=\sigma_c\Delta t$ 及(6.33)式代入(6.34)式可得

$$\theta_c = \frac{2\pi\Delta t}{T_c} = \frac{\pi}{N} \tag{6.35}$$

根据大气波动的频率特征，截断周期可选为 $T_c=6$ 小时，这样既可滤除高频快波，又能保证大气长波不致受衰减。

6.4 正规模初始化方法

所谓正规模，是指正交规范化(即标准化)的波解。原始方程模式的正规模，包括不同类型的快波和慢波。正规模初始化方法并不是直接调整初始时刻的分析场，而是先将模式动力方程组线性化，决定出它的正规模，即线性化方程组中空间算符的特征函数，再将场变量按这些函数展开，可将原方程变换为关于展开系数的方程，最后按一定的初始化约束条件对快波的展开系数做适当的修正，即可使初始场中的快波被滤除或受到限制，这种处理初值的方法就称为正规模初始化方法。下面以浅水方程组为例，对正规模初始化的基本原理和处理方法予以介绍。

6.4.1 线性处理

浅水方程组可写为

$$\begin{cases}\dfrac{\partial u}{\partial t}-f_0 v+\dfrac{\partial \phi}{\partial x}=R_u\\[2mm]\dfrac{\partial v}{\partial t}+f_0 u+\dfrac{\partial \phi}{\partial y}=R_v\\[2mm]\dfrac{\partial \phi}{\partial t}+gH\left(\dfrac{\partial u}{\partial x}+\dfrac{\partial v}{\partial y}\right)=R_\phi\end{cases}\tag{6.36}$$

式中 R_u，R_v，R_ϕ 代表非线性项。用涡度方程和散度方程替换两个水平运动方程，(6.36)式可改写为

$$\begin{cases}\dfrac{\partial \zeta}{\partial t}+f_0 D=R_\zeta\\[2mm]\dfrac{\partial D}{\partial t}-f_0\zeta+\nabla^2\phi=R_D\\[2mm]\dfrac{\partial \phi}{\partial t}+gHD=R_\phi\end{cases}\tag{6.37}$$

式中 ζ 和 D 分别为涡度和散度，R_ζ 和 R_D 分别为涡度方程和散度方程中的非线性项，包括 β 项在内。根据亥姆霍兹(Helmholtz)定理，引入流函数和势函数，则有

$$\begin{cases}u=-\dfrac{\partial \psi}{\partial y}+\dfrac{\partial \chi}{\partial x}\\[2mm]v=\dfrac{\partial \psi}{\partial x}+\dfrac{\partial \chi}{\partial y}\end{cases}\tag{6.38}$$

代入(6.37)式得

$$\begin{cases}\nabla^2\left(\frac{\partial\psi}{\partial t}+f_0\chi\right)=R_\zeta\\ \nabla^2\left(\frac{\partial\chi}{\partial t}-f_0\psi-\phi\right)=R_D\\ \frac{\partial\phi}{\partial t}+gHD=R_\phi\end{cases} \tag{6.39}$$

为了计算出模式大气中自由振荡的正规模，需要对模式大气动力学方程组进行线性化处理。若令非线性项为零，(6.39)式就成为线性方程组，利用调和函数的极值原理，可进一步简化为奥布霍夫地转适应方程组，即

$$\begin{cases}\frac{\partial\psi}{\partial t}+f_0\chi=0\\ \frac{\partial\chi}{\partial t}-f_0\psi+\phi=0\\ \frac{\partial\phi}{\partial t}+gH\nabla^2\chi=0\end{cases} \tag{6.40}$$

设解的形式为

$$\begin{bmatrix}\psi(x,y,t)\\ \chi(x,y,t)\\ \phi(x,y,t)\end{bmatrix}=\begin{bmatrix}\hat{\psi}(t)\\ \mathrm{i}\hat{\chi}(t)\\ \omega\hat{\phi}(t)\end{bmatrix}\mathrm{e}^{\mathrm{i}(kx+ly)} \tag{6.41}$$

式中 ω 为二维浅水重力波的频率$[\omega^2=gH(k^2+l^2)]$，k 和 l 分别为 x 和 y 方向的波数，设为整数。将(6.41)式代入(6.40)式可得

$$\hat{\boldsymbol{W}}_t+\mathrm{i}\boldsymbol{L}\hat{\boldsymbol{W}}(t)=0 \tag{6.42}$$

式中 $\hat{\boldsymbol{W}}(t)$和 $\boldsymbol{L}$ 分别为 3×1 和 3×3 的矩阵：

$$\hat{\boldsymbol{W}}(t)=\begin{bmatrix}\hat{\psi}(t)\\ \hat{\chi}(t)\\ \hat{\phi}(t)\end{bmatrix},\quad \boldsymbol{L}=\begin{bmatrix}0 & f_0 & 0\\ f_0 & 0 & -\omega\\ 0 & -\omega & 0\end{bmatrix} \tag{6.43}$$

必须指出，波解设为(6.41)式的形式是为了使 $\boldsymbol{L}$ 成为实对称矩阵，便于数学处理，令 $\boldsymbol{L}$ 的特征值和相应的特征向量分别为 σ 和 $\boldsymbol{\Gamma}$，即

$$\boldsymbol{L\Gamma}=\sigma\boldsymbol{\Gamma} \tag{6.44}$$

运用线性代数中的相关知识，不难求解出矩阵 $\boldsymbol{L}$ 的三个特征值分别为

$$\sigma_1=\sigma_R=0,\quad \sigma_{2,3}=\pm\sigma_g=\pm(f_0^2+\omega^2)^{1/2} \tag{6.45}$$

σ_1 代表 Rossby 波的频率，而 $\sigma_{2,3}$ 则代表重力惯性波的频率。将(6.45)式代入(6.44)式，得到相应的特征向量如下

$$\boldsymbol{\Gamma}_1 = \frac{1}{\sigma_g}\begin{bmatrix}\omega \\ 0 \\ f_0\end{bmatrix}, \quad \boldsymbol{\Gamma}_{2,3} = \frac{1}{\sqrt{2}\sigma_g}\begin{bmatrix}f_0 \\ \pm\sigma_g \\ -\omega\end{bmatrix} \tag{6.46}$$

由于 $\boldsymbol{L}$ 为实对称矩阵，其特征值都是实数，而且相应于不同特征值的特征向量是彼此正交的：

$$\boldsymbol{\Gamma}_m^* \boldsymbol{\Gamma}_{m'} = \delta_{mm'} \begin{cases} m = m', \delta_{mm'} = 1 \\ m \neq m', \delta_{mm'} = 0 \end{cases} \tag{6.47}$$

式中星号表示转置或共轭复数。

由以上讨论可知，浅水方程组的正规模为 $e^{i(kx+ly)}$ 和 $\boldsymbol{\Gamma}_m$，显然这些正规模都是彼此正交的。下面将 ψ,χ,ϕ 按正规模展开，导出浅水方程组的正规模方程。

$\hat{\boldsymbol{W}}(t)$可按特征向量 $\boldsymbol{\Gamma}_m$ 展开为

$$\hat{\boldsymbol{W}}(t) = \sum_{m=1}^{3} \omega_m(t)\boldsymbol{\Gamma}_m \tag{6.48}$$

展开系数可按下式计算

$$\omega_m(t) = \boldsymbol{\Gamma}_m^* \hat{\boldsymbol{W}}(t) \tag{6.49}$$

将(6.48)式代入(6.42)式，利用(6.44)和(6.47)式，即可得到正规模方程

$$\frac{d\omega_m}{dt} + i\sigma_m\omega_m = 0, \quad m = 1,2,3 \tag{6.50}$$

上式中 $m=1$ 代表 Rossby 波的正规模方程，$m=2,3$ 代表重力惯性波的正规模方程，对于线性化模式，采用以下初始化约束条件

$$\omega_2(0) = 0, \quad \omega_3(0) = 0 \tag{6.51}$$

即可保证模式大气中不会出现高频的重力惯性波。

(6.48)式和(6.49)式中令 $t=0$，将初始化约束条件(6.51)式代入可得

$$\hat{\chi}_B = 0, \quad f_0\hat{\psi}_B = \omega\hat{\phi}_B \tag{6.52}$$

公式中的下标 B 表示初始化后的值。由(6.41)式不难看出，在物理域中，(6.52)式相当于

$$\chi_B = 0, \quad f_0\psi_B = \phi_B \tag{6.53}$$

(6.53)式描述了变量 ψ,χ 和 ϕ 之间的初始化约束条件或诊断关系，其物理含义为初始场是无辐散的，而风场与位势场之间满足地转关系。

由分析值 ψ_a,x_a 和 ϕ_a 求 ψ_B,x_B 和 ϕ_B 的计算方法为：

(1)导出模式方程组的正规模方程及特征向量。

(2)初始化约束条件

$$\omega_1(0)=\omega_{1a}(0), \quad \omega_2(0)=\omega_3(0)=0$$

以上的含义为初始时刻重力惯性波的振幅为零。

(3)Rossby 模的展开系数 $\omega_{1a}(0)$按(6.49)式计算,即

$$\omega_{1a}(0)=\boldsymbol{\Gamma}_1^*\hat{\boldsymbol{W}}_a(0)$$

(4)由(6.48)式和(6.41)式求出初始化后的 ψ_B,χ_B 和 ϕ_B。

6.4.2 非线性处理

由 6.4.1 节中的讨论可以看出,采用初始化约束条件(6.51)式可以有效地滤除初始场中高频重力惯性波。但是在非线性模式中,即使初值中不包含重力惯性波,但由于非线性相互作用和次网格过程仍可能激发出高频快波。因此初始化约束条件(6.51)式并不适应于高度非线性的模式。

对于非线性方程组(6.37)式,与(6.42)式相对应的形式为

$$\hat{\boldsymbol{W}}_t+\mathrm{i}\boldsymbol{L}\hat{\boldsymbol{W}}=\hat{\boldsymbol{R}} \tag{6.54}$$

式中 $\hat{\boldsymbol{R}}$ 为非线性项,它的分量正比于 R_ζ,R_D 和 R_ϕ 的傅里叶变换。将(6.54)式中的 $\hat{\boldsymbol{W}}$ 按特征向量 $\boldsymbol{\Gamma}_m$ 展开为

$$\hat{\boldsymbol{W}}(t)=\sum_{m=1}^{3}\omega_m(t)\boldsymbol{\Gamma}_m \tag{6.55}$$

再用 $\boldsymbol{\Gamma}_m^*$ 乘以(6.54)式的两端,利用其正交性质,可得到如下形式的非线性正规模方程

$$\frac{\mathrm{d}\omega_m}{\mathrm{d}t}+\mathrm{i}\sigma_m\omega_m=\gamma_m(\omega_1,\omega_2,\omega_3)\quad m=1,2,3 \tag{6.56}$$

式中 $\gamma_m=\boldsymbol{\Gamma}_m^*\hat{\boldsymbol{R}}$,表示模式方程组的非线性项在正规模上的投影。为简单起见,(6.55)和(6.56)式中均略去了表示波数的下标 k 和 l。

由(6.56)式不难看出,即使在初始时刻,$\omega_2=\omega_3=0$,由于 γ_m 的强迫作用,这些快模很快又会出现。

Machenhauer(1977)提出了如下形式的非线性正规模初始化约束条件

$$t=0\,\text{时},\quad \frac{\mathrm{d}\omega_2}{\mathrm{d}t}=0,\quad \frac{\mathrm{d}\omega_3}{\mathrm{d}t}=0 \tag{6.57}$$

以上约束条件也称为 Machenhauer 平衡条件,其物理意义为初始时刻重力惯性波的振幅不随时间变化。

将约束条件(6.57)式代入(6.56)式可得到关于 ω_2 和 ω_3 的诊断方程,即

$$t=0\,\text{时},\quad \omega_2=\frac{\gamma_2(\omega_1,\omega_2,\omega_3)}{\mathrm{i}\sigma_2},\quad \omega_3=\frac{\gamma_3(\omega_1,\omega_2,\omega_3)}{\mathrm{i}\sigma_3} \tag{6.58}$$

在初始化过程中,慢模的展开系数 ω_1 保持不变,仅需对快模的展开系数 ω_2 和 ω_3 进行调整。由于非线性项 $\gamma_m(0)$部分决定于快模系数本身的大小,因此,(6.58)式需采用迭代法进行求解。对于正压模式来说,这种迭代计算的收敛极快,通常迭代两次

就能达到足够的精度。迭代收敛后，再将 ω_1，ω_2 和 ω_3 按(6.48)和(6.41)式变换回物理域中，即可得到调整后的初值 ψ_B，χ_B 和 ϕ_B 值。

以上介绍的正规模初值化方法的基本原理，原则上仍然适用于包含各种物理过程的斜压原始方程模式。但对于斜压原始方程模式，首先需要将模式方程组分解为垂直结构方程和水平结构方程。然后再分别求出它们的正规模。此外，当非线性项中包含有非绝热过程的参数化方案时，很容易导致迭代格式(6.58)式发散，必须采用一些特殊的处理方法。

6.5　变分初始化方法

所谓变分初始化方法，是根据变分原理，使初始资料在某种动力约束条件下进行调整，从而使各要素场之间达到协调一致。

6.5.1　变分原理简介

变分学主要讨论如何求出一个泛函的极值，所谓泛函就是一个或多个函数的函数。近年来，变分学在大气科学中得到广泛的应用，其中变分最佳分析，变分初始化，变分资料同化等方面的研究进展，对数值天气预报起到了极大促进作用。为讨论问题方便，首先对变分学的一些基本原理做一简要介绍。

6.5.1.1　有约束条件的求函数极值问题

要求函数 $\phi=f(x,y)$的极值，但受到约束条件

$$g(x,y)=0 \tag{6.59}$$

的限制，若只要 $g(x,y)$近似为零即可，这样约束条件为可写成

$$g(x,y)\cong 0 \tag{6.60}$$

约束条件(6.60)式相对(6.59)式要弱。

以上有约束条件的函数极值问题有三种求解方法：

第一种方法为约束条件消除法，即利用(6.59)式消去 ϕ 的表达式中的 y，可把 ϕ 化为一元函数，再求极值。

第二种方法为拉格朗日(Lagrange)乘数法，即引入 Lagrange 乘数 λ，将需取极值的函数改写为

$$J=f(x,y)+\lambda g(x,y) \tag{6.61}$$

这个函数有极值，要求对 x,y,λ 微商为零，得到三个方程，然后联立求解，相当于求一个三元函数的极值问题。

第三个方法是把 $g(x,y)=0$ 视为 $g(x,y)\cong 0$，此时需取极值的函数为

$$J=f(x,y)+\gamma g(x,y)^2 \tag{6.62}$$

公式中的 γ 为事先给定的常数，通常称为补偿数。γ 取得越大，则 $g(x,y)$ 越接近于零。反之，$g(x,y)$ 离零越远。

将(6.62)式分别对 x，y 微分，并令结果为零，然后联立求解。

6.5.1.2 欧拉-拉格朗日(Euler-Lagrange)方程

现在讨论如何用变分方法求泛函极值的问题，泛函最简单的形式可写为

$$J = \int_{x_1}^{x_2} F(x,\phi,\phi_x)\mathrm{d}x \tag{6.63}$$

式中 x 是自变量，ϕ 是 x 的连续可微函数，F 是 x，ϕ 和 ϕ_x 的连续函数，而且具有关于 x，ϕ，ϕ_x 的一阶和二阶偏导数。在固定端点处

$$\phi(x_1) = \phi_1, \quad \phi(x_2) = \phi_2 \tag{6.64}$$

现在的问题是：找出一个满足边界条件(6.64)式的函数 $\phi(x)$，使得泛函 J 具有极值，此时的 $\phi(x)$ 就称为平稳函数。为了求取使泛函 J 取极值的平稳函数 $\phi=\phi(x)$，可以选择一个已知的任意函数 $\eta(x)$，它在端点处的值为零，即

$$\eta(x_1) = 0, \quad \eta(x_2) = 0$$

设 ε 是一个很小的正数，变动 ε 的值，可以得到不同的 ϕ，从而得到不同的 J 值。这时 J 就依赖于 ε，即

$$J(\varepsilon) = \int_{x_1}^{x_2} F[x,(\phi-\varepsilon\eta),(\phi_x+\varepsilon\eta_x)]\mathrm{d}x \tag{6.65}$$

在这种情况下，原来泛函求极值问题就化为函数求极值问题。

在 $\varepsilon=0$ 处将(6.65)式做 Taylor 级数展开

$$\begin{aligned} J(\varepsilon) &= \int_{x_1}^{x_2} F(x,\phi,\phi_x)\mathrm{d}x + \varepsilon\int_{x_1}^{x_2}\left[\frac{\partial F}{\partial \phi}\eta + \frac{\partial F}{\partial \phi_x}\eta_x\right]\mathrm{d}x + \\ &\frac{\varepsilon^2}{2}\int_{x_1}^{x_2}\left[\frac{\partial^2 F}{\partial \phi^2}\eta^2 + 2\frac{\partial^2 F}{\partial\phi\partial\phi_x}\eta\eta_x + \frac{\partial^2 F}{\partial \phi_x^2}\eta_x^2\right]\mathrm{d}x + 0(\varepsilon^3) \\ &= J(0) + \varepsilon J'(0) + \frac{\varepsilon^2}{2}J''(0) + 0(\varepsilon^3) \end{aligned} \tag{6.66}$$

显然，$J(\varepsilon)$ 取极值的必要条件为

$$J'(0) = 0 \tag{6.67}$$

根据(6.66)式，(6.67)式可改写为

$$J'(0) = \int_{x_1}^{x_2}\left[\frac{\partial F}{\partial \phi}\eta + \frac{\partial F}{\partial \phi_x}\eta_x\right]\mathrm{d}x = 0 \tag{6.68}$$

上式中的第二个被积项可用分部积分法积出来，注意到 $\eta(x)$ 在端点处为零，可得到

$$\int_{x_1}^{x_2}\left[\frac{\partial F}{\partial \phi} - \frac{\mathrm{d}}{\mathrm{d}x}\frac{\partial F}{\partial \phi_x}\right]\eta\mathrm{d}x = 0 \tag{6.69}$$

由于 η 是 (x_1,x_2) 的任意函数，(6.69)式若要永远成立，则括号内的项必须等于零，即

$$\frac{\partial F}{\partial \phi} - \frac{\mathrm{d}}{\mathrm{d}x}\frac{\partial F}{\partial \phi_x} = 0 \tag{6.70}$$

(6.70)式是关于函数 $\phi(x)$ 的二阶常微分方程，常称为(6.63)式所求泛函的 Euler-Lagrange 方程。这个方程满足边界条件(6.64)式的解，即为所要求解的平稳函数。

引入变分算符 δ，可将以上求泛函极值的问题简化，变分算符 δ 类似于微分算符 d，但 δ 只能作用于函数及其导数以及其他可变动的参数，不能作用于自变数，即 δx 永远为零。这样泛函求极值的必要条件可表述为

$$\delta J = 0 \tag{6.71}$$

对(6.63)式取变分可得

$$\delta J = \int_{x_1}^{x_2}\left[\frac{\partial F}{\partial \phi_x}\delta\phi + \frac{\partial F}{\partial \phi_x}\delta\phi_x\right]\mathrm{d}x = 0 \tag{6.72}$$

对上式第二个被积项做分部积分可得

$$\delta J = \int_{x_1}^{x_2} Q(x)\delta\phi\,\mathrm{d}x + B = 0 \tag{6.73}$$

式中

$$Q(x) = \frac{\partial F}{\partial \phi} - \frac{\mathrm{d}}{\mathrm{d}x}\frac{\partial F}{\partial \phi_x}, \quad B = \left[\frac{\partial F}{\partial \phi_x}\delta\phi\right]_{x_1}^{x_2}$$

假如端点是固定的，即 $x=x_1$ 和 $x=x_2$ 处，$\delta\phi=0$，则 $B=0$，(6.73)式简化为

$$\int_{x_1}^{x_2} Q(x)\delta\phi\,\mathrm{d}x = 0$$

又因为在区间(x_1, x_2)内 $\delta\phi$ 是任意的，故同样可得到(6.70)式所示 Euler-Lagrange 方程，即

$$Q = \frac{\partial F}{\partial \phi} - \frac{\mathrm{d}}{\mathrm{d}x}\frac{\partial F}{\partial \phi_x} = 0 \tag{6.74}$$

即使在两个端点处，ϕ 不固定，即 $x=x_1$ 和 $x=x_2$ 处，$\delta\phi\neq 0$，若要(6.73)式永远成立，仍然有 $Q(x)=0$ 和 $B=0$，此时边界条件应为

$$\frac{\partial F}{\partial \phi_x} = 0 \quad x = x_1 \text{ 和 } x = x_2$$

对于周期边界条件，即 $\delta\phi(x_1)=\delta\phi(x_2)$，则有

$$\left[\frac{\partial F}{\partial \phi_x}\right]_{x=x_1} = \left[\frac{\partial F}{\partial \phi_x}\right]_{x=x_2}$$

总之，无论端点的情况如何，都可以得到(6.74)式所示的 Euler-Lagrange 方程和以下形式的自然边界条件

$$\left[\frac{\partial F}{\partial \phi_x}\delta\phi\right]_{x_1}^{x_2} = 0 \tag{6.75}$$

以上讨论可以推广到多个自变量的多个函数的情形。

6.5.2 约束极小化问题

对于数值预报问题,一般来说,约束条件可写为

$$\Gamma_n(\phi_1,\phi_2,\cdots)=0,\quad n=1,2,\cdots \tag{6.76}$$

Γ_n 是关于各场变量及其导数的函数,表示不同场变量之间的动力约束关系或整体性质,既可以是动力学方程,也可以是诊断关系。由于观测误差和分析误差,格点上的观测值可能并不满足(6.76)式,即

$$\Gamma_n(\tilde{\phi}_1,\tilde{\phi}_2,\cdots)\neq 0$$

式中 $\tilde{\phi}_1,\tilde{\phi}_2,\cdots$ 为观测值。所谓变分初始化,就是根据变分原理调整这些观测值,使得调整后的值既能够满足(6.76)式所示的约束条件,同时又尽可接近原来的观测值,不致使观测值改变得太厉害。分析值 ϕ_m 与观测值 $\tilde{\phi}_m$ 接近程度的最好度量是它们的方差

$$J=\iint_R\sum_m a_m(\phi_m-\tilde{\phi}_m)^2\,\mathrm{d}s\mathrm{d}z \tag{6.77}$$

式中 $\mathrm{d}s=\mathrm{d}x\mathrm{d}y$,$a_m$ 是事先给定的观测权重,代表场变量 ϕ_m 的观测准确度,可用下式估计

$$a_m=1/E_m^2 \tag{6.78}$$

式中 E_m^2 是观测误差的均方差。

这里变分问题就是使泛函(6.77)式在约束条件(6.76)式下达极小值,即约束极小化问题,这个泛函 J 通常称为代价函数或目标泛函。关于这种约束极小化问题有多种求解方法。

以下仅对常用的 Lagrange 乘数法加以说明,通过引入 Lagrange 乘数 λ_n,可把约束条件(6.76)式纳入目标泛函,相应的变分问题为

$$\delta\iint_R\Big[\sum_m a_m(\phi_m-\tilde{\phi}_m)^2+\sum_n\lambda_n\Gamma_n(\phi_1,\phi_2,\cdots)\Big]\mathrm{d}s\mathrm{d}z=0 \tag{6.79}$$

式中 λ_n 为未知数,将变分算符作用于 ϕ_m,λ_n 和它们的导数,然后令 $\delta\phi_m$ 的系数为零,就得到 Euler-Lagrange 方程,在适当的边界条件下求解 Euler-Lagrange 方程,就可决定出分析值 ϕ_m。具体的求解方法可参阅后面的变分平衡初值。

6.5.3 变分平衡初值

所谓变分平衡初值就是利用平衡方程为约束条件的一种变分初始化方法。早期的静力初始化方法,在中高纬地区通常是通过平衡方程由位势场求解出代表旋转风场的流函数,在低纬地区,则是通过平衡方程由流函数求解出位势场。显然,这种传统的平衡初值不能充分利用观测资料。测站上观测到的各种气象要素值,虽然准确度各有

不同，但都包含有反映大气状况的重要信息，无论是舍弃风场还是位势场资料，无疑都是对信息资源的浪费。采用变分方法进行初始化，则可综合利用各种观测资料，并按照它们各自的观测准确度，同时调整风场和位势场，使其满足平衡方程的约束条件。

在进行变分初始化过程中，可采用以下形式的目标泛函

$$J=\iint_R[\alpha(u-\tilde{u})^2+\alpha(v-\tilde{v})^2+\beta(\phi-\tilde{\phi})^2]\mathrm{d}x\mathrm{d}y/m^2 \tag{6.80}$$

式中 u,v,ϕ 为调整后的风速分量和重力位势，$\tilde{u},\tilde{v},\tilde{\phi}$ 分别表示相应的观测值，α 和 β 分别是风场和位势场的观测权重，m 为放大系数，(6.80)式中的 u,v,ϕ 并不是相互独立的，而是受到某些约束条件的限制，例如采用线性平衡方程作为 u,v,ϕ 的约束条件，就可使调整后的风场和位势场能完全满足线性平衡关系，线性平衡方程的形式为

$$\Gamma(u,v,\phi)=m^2\left[\frac{\partial}{\partial x}\left(\frac{fv}{m}\right)-\frac{\partial}{\partial y}\left(\frac{fu}{m}\right)\right]-m^2\nabla^2\phi=0 \tag{6.81}$$

根据变分原理，通过引入 Lagrange 乘数 λ 可将约束条件(6.81)式纳入(6.80)式

$$J_1=\iint_R[\alpha(u-\tilde{u})^2+\alpha(v-\tilde{v})^2+\beta(\phi-\tilde{\phi})^2+2\lambda'\Gamma]\mathrm{d}x\mathrm{d}y/m^2 \tag{6.82}$$

令 $\delta J_1=0$，可得如下 Euler-Lagrange 方程

$$u=\tilde{u}-\frac{1}{m}\frac{f}{\gamma}\frac{\partial\lambda m^2}{\partial y},\quad v=\tilde{v}+\frac{1}{m}\frac{f}{\gamma}\frac{\partial\lambda m^2}{\partial x} \tag{6.83}$$

$$\nabla^2(m^2\lambda)=\phi-\tilde{\phi} \tag{6.84}$$

式中 $\gamma=\alpha/\beta,\lambda=\lambda'/\beta$，边界条件可选用 $\delta\phi=0,\lambda=0$。也就是说，ϕ 值在边界上必须给出，不妨使用 $\phi=\tilde{\phi}$。

将(6.83)式代入(6.81)式，再利用(6.84)式消去 $\nabla^2\lambda$ 可得

$$\nabla^2\phi-\frac{f^2}{\gamma m^2}(\phi-\tilde{\phi})=\frac{\partial}{\partial x}\left(\frac{f\tilde{v}}{m}\right)-\frac{\partial}{\partial y}\left(\frac{f\tilde{u}}{m}\right)+\frac{2f}{\gamma}\nabla f\cdot\nabla\lambda \tag{6.85}$$

最后得到的分析方程是(6.84)和(6.85)式，两式构成关于 λ 和 ϕ 的偏微分方程，可采用迭代法联合求解。解出 λ 后，调整后的风场 u,v 可按(6.83)式计算得到。

以上讨论的变分初始化处理方法，完全可以推广到各种不同约束条件的情形，如以静力关系和地转关系为约束条件，或以总能量守恒和整层大气无辐散为约束条件等。

6.6　初始化方法的比较与存在的问题

前面介绍了数值预报工作中常用的几种初始化方法，这些方法各具特色，但也存在一些需要进一步解决的问题。

静力初始化方法最为简单，在早期的过滤模式中被普遍采用，不足之处是不能充分利用观测资料中的有效信息。动力迭代法的最大好处是利用了原始方程模式的动

力特征使风压场自动进行调整，有效地去除重力惯性波的高频部分，不足之处是这种方法所固有的阻尼作用只依赖于频率，不能区别大尺度的重力惯性波和较小尺度的罗斯贝波，而且花费的计算时间较多。正规模方法在物理上和数学上都有独到之处，在过滤重力惯性波的同时，能保证罗斯贝波不受歪曲，所花费的计算时间也远比动力迭代法少，较好地解决了动力迭代法所遇到的困难，因而得到广泛采用。存在的问题是，在采用非线性处理方法时迭代不一定能保证收敛，只能当非线性项等随时间变化不大时，非线性处理才能得到较好的结果，特别是应用于有限区域模式时，还会引发出一些新的理论问题和技术问题。数字滤波方法在原理和方法上都很简洁，可适用于各种不同的模式，在调整风压场的同时，也对温度场和水汽场进行调整，对初始风压场不平衡和湿物理过程所激发出的重力惯性波有很好地过滤作用，能得到与模式物理过程相协调的初值，但由于需用模式做向后积分，对此尚有不同的看法。

初始化的主要目的是从预报场中除去多余的高频振荡，图 6.1 表示当采用不同初始化方案时，地面气压倾向绝对值在整个预报区的平均随时间的变化情况。

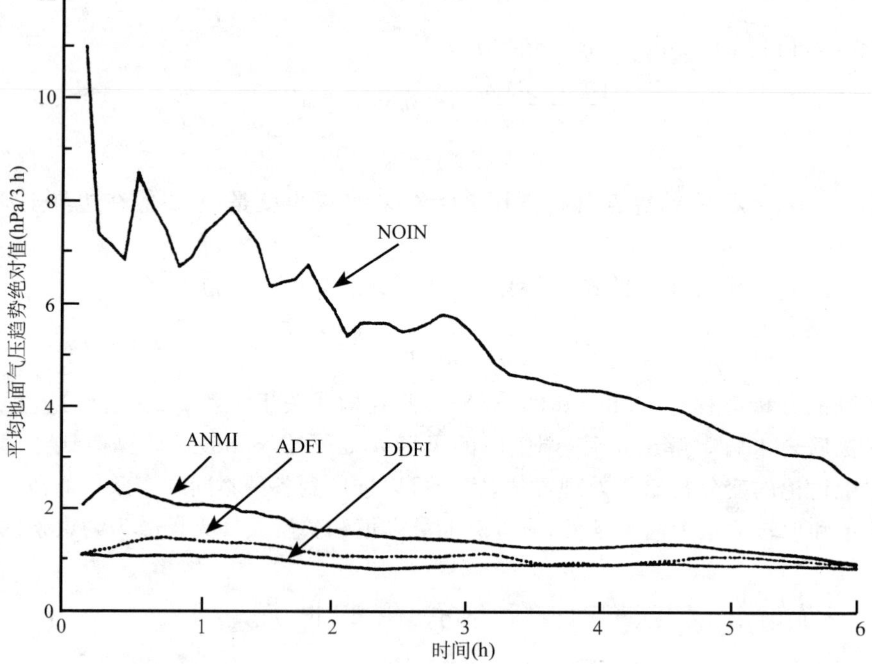

图 6.1　地面气压倾向绝对值在预报区域中的平均，4 条曲线分别表示未初始化（NOIN），绝热数字滤波初始化（ADFI），非绝热数字滤波初始化（DDFI）以及绝热非线性正规模初始化（ANMI）的结果（Huang 和 Lynch，1993）

图 6.1 表明，未经初始化的初值，在模式积分的前 6 小时，具有很强的高频振荡，而采用数字滤波或正规模初始化处理后的初值非常有效地滤除了由于初始风压场不平衡所激发的重力惯性波，其中非绝热数字滤波初始化的效果尤为显著。但是以上的初值处理方法存在一个共同的问题，就是在消除虚假的重力惯性波的同时，将大气中实际存在的重力惯性波也一并消除了，因为真实的和虚假的重力惯性波并没有严格的区分方法。我们知道，与重力惯性波相联系的辐合辐散运动，对天气系统的快速发展的强降水过程，具有重要意义。滤除初值中的重力惯性波虽然对保证数值计算的稳定性有好处，但这也正是导致数值预报的系统强度偏低的原因之一。从提高数值预报准确率的角度来考虑，研究如何使用不平衡初值的问题应当是很重要的。Krishnamurti 等人(1984)提出了在初始化过程中引入降水资料的所谓物理初值化方法，即在初始风场中保留产生初始降水所必需的辐合辐散分量，温压场和水汽场也做了相应的调整，使初始场与模式物理过程之间更加协调一致。这种初始化方法对改进低纬地区的初值质量和预报准确率十分有效。

6.7　水平侧边界条件

数值模式的边界条件可分为垂直边界条件和水平侧边界条件，本节重点讨论有限区域模式侧边界条件的处理方法。对于全球大气而言，不存在水平侧边界问题，但是在实际业务和科研工作中，经常需要制作有限区域的数值天气预报。因此，在预报区域的水平侧边界上必须人为地给出边界条件，以满足数值计算的需要。选取水平侧边界条件时应注意，尽量与实际大气过程相接近，保持模式方程组原有的整体性质，保证解是收敛的，唯一的。

6.7.1　几种侧边界条件的试验结果

对于一维线性平流方程

$$\frac{\partial u}{\partial t}+c\frac{\partial u}{\partial x}=0$$

将 x 的区间离散为 $j=0,1,\cdots,J$，采用空间中央差格式计算 $j=0$ 与 $j=J$ 之间的数值解，即

$$\frac{\partial u_j}{\partial t}+c\frac{u_{j+1}-u_{j-1}}{2\Delta x}=0$$

显然计算过程中需要用到计算区域侧边界上的 u_0 和 u_J，但是受资料条件的限制，通常 u_0 和 u_J 很难作为时间的函数给出。因此，首先了解所选取的侧边界条件对计算稳定性和计算结果会产生哪些影响，是十分必要的。

设气流自 $j=0$ 向 $j=J$ 方向流动，$j=0$ 为流入点，$j=J$ 为流出点。流入点的状态应从物理分析来确定。流出点则可由内点的状态来确定。Nitta(1967)使用跬跃格式做时间积分，对流出点的九种侧边界条件进行了数值试验。

(1) $u_J^{n+1}=u_J^0=$常数

(2) $u_J^{n+1}=u_{J-1}^{n+1}$

(3) $\left(\frac{\partial u}{\partial t}\right)_J^n=\left(\frac{\partial u}{\partial t}\right)_{J-1}^n$

(4) $u_J^{n+1}=u_{J-2}^{n+1}$

(5) $u_J^{n+1}=2u_{J-1}^{n+1}-u_{J-2}^{n+1}$

(6) $\left(\frac{\partial u}{\partial t}\right)_J^n=2\left(\frac{\partial u}{\partial t}\right)_{J-1}^n-\left(\frac{\partial u}{\partial t}\right)_{J-2}^n$

(7) $\left(\frac{\partial u}{\partial t}\right)_J^n=-c_J\frac{1}{d}(u_J^n-u_{J-1}^n)$

(8) $\left(\frac{\partial u}{\partial t}\right)_J^n=-c_J\frac{1}{2d}(3u_J^n-4u_{J-1}^n+u_{J-2}^n)$

(9) $u_J^{n+1}=\left(1-\frac{2c_J^{n+1}\Delta t}{d}\right)u_J^{n+1}+\frac{2c_J^{n+1}\Delta t}{d}u_{J-1}^{n-1}$

式中 d 为格距，图 6.2 给出了数值试验的结果，下面通过这些试验结果对边界附近产生的计算波情况做一些初步分析。分析这些结果时，应注意到若时间和空间差分使用三层和三点以上中央差分时，会有计算解产生，并且这种计算解每一时间层或空间每一格点改变一次符号。

首先，不考虑流入边界的影响，即认为向上游无限伸展。向下游传播的波遇到流出边界后会被反射，数值解可以看作是这两种波的叠加。取物理波的振幅为 1，边界反射的计算波振幅为 γ，则有

$$u_J=\mathrm{e}^{\mathrm{i}k(J\Delta x-ct)}+\gamma(-1)^J\mathrm{e}^{-\mathrm{i}k(J\Delta x+ct)}$$

显然，$|\gamma|$可表示计算波与物理波的振幅比。

条件(1)：把 u_J 设为常数。为简单，令 $u_J=0$，且 J 为偶数，故

$$u_J=(\mathrm{e}^{\mathrm{i}kJ\Delta x}+\gamma\mathrm{e}^{-\mathrm{i}kJ\Delta x})\mathrm{e}^{-\mathrm{i}\omega t}=0$$

因为 $\mathrm{e}^{-\mathrm{i}\omega t}\neq 0$，有

$$\gamma=-\mathrm{e}^{\mathrm{i}kJ\Delta x}/\mathrm{e}^{-\mathrm{i}kJ\Delta x}=-\mathrm{e}^{2\mathrm{i}kJ\Delta x}$$

因而$|\gamma|=1$，即，计算波的振幅与物理波的振幅相等。

条件(2)：取 $u_J=u_{J-1}$，仍令 J 为偶数，有

$$\mathrm{e}^{\mathrm{i}kJ\Delta x}+\gamma\mathrm{e}^{-\mathrm{i}kJ\Delta x}=\mathrm{e}^{\mathrm{i}k(J-1)\Delta x}-\gamma\mathrm{e}^{-\mathrm{i}k(J-1)\Delta x}$$

可求得

$$|\gamma|=\tan\frac{k\Delta x}{2}$$

条件(5)：取 $u_J=2u_{J-1}-u_{J-2}$。同样的方法可以得到

$$|\gamma|=\tan^2\frac{k\Delta x}{2}$$

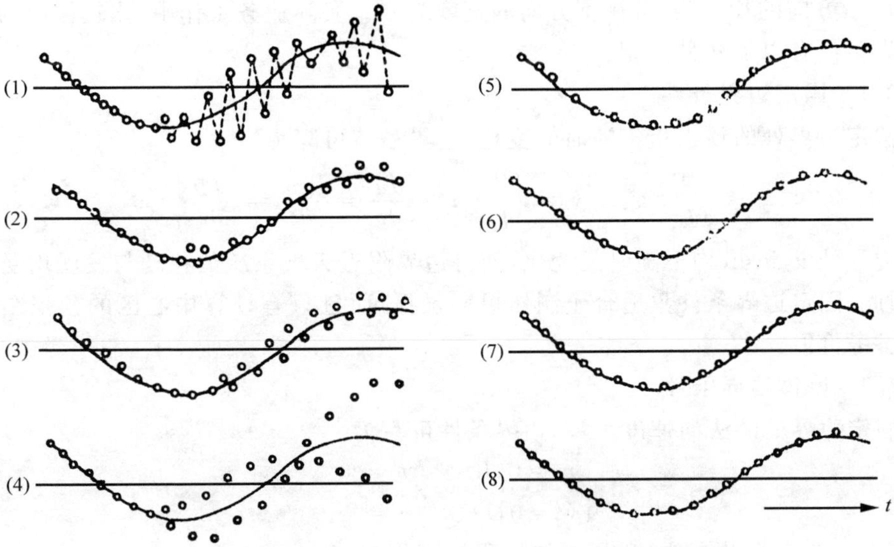

图 6.2　条件(1)—(8)积分 100 个时间步长的结果，实线为准确解，虚线为计算解(Nitta，1967)

图 6.3 给出了 $|\gamma|$ 随 $k\Delta x$ 的变化曲线，可以看出，对于波长 $\geqslant 4\Delta x$($k\Delta x\leqslant\pi/2$)的谐波来说，高次外插公式比低次外插公式要好。在实际问题中，通常处理的是多种波叠加的扰动，这时群速是很重要的，使用(7)—(9)那种不让群波反射的方法就可以了。

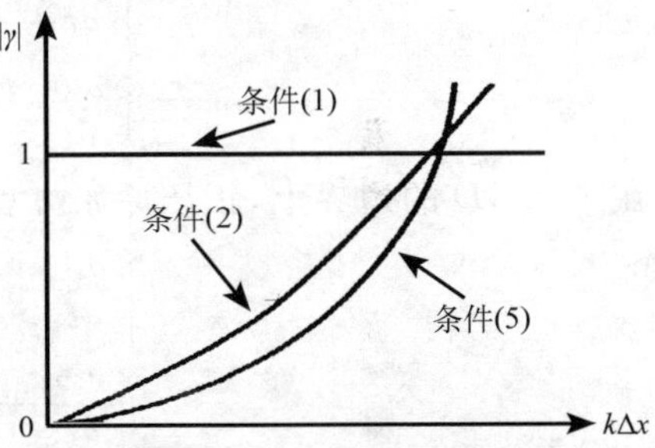

图 6.3　$|\gamma|$ 的变化曲线

采用了计算边界条件后，边界附近的计算稳定性仍可用 von Neumann 小扰动方法讨论。

在实际计算中，还需给定流入点的边界条件。但是，它对向上游传播的计算波也起着流出点那样的作用，计算波在该处有反射向下游的传播。

在以上条件中，(1)是取边界值不随时间变化，称为固定边界条件。(2)—(6)是用区域内点值外插边界上的值，称外插边界条件；(7)—(9)是利用波的传播速度计算边界上的值，称为辐射边界条件。

6.7.2 几种常用的水平侧边界条件

以正压原始方程模式为例。设预报区域为矩形，边界分别与 x 轴和 y 轴平行。区域在 x 方向的长度为 L，在 y 方向的宽度为 D。实际业务工作中，比较常用的水平侧边界条件有以下几种类型。

6.7.2.1 固定边界条件

假定边界处的预报量不随时间变化，边界条件可写为

$$x=\begin{cases}0\\L\end{cases} \quad 或 \quad y=\begin{cases}0\\D\end{cases}; \quad \frac{\partial u}{\partial t}=\frac{\partial v}{\partial t}=\frac{\partial \Phi}{\partial t}=0 \tag{6.86}$$

由于边界处 u,v,Φ，均不随时间变化，使得边界附近天气系统的移动与发展均受到限制，因此，固定边界条件只适合于制作短期预报，而且只有计算中心区的预报结果才具有参考价值。

6.7.2.2 刚体边界条件

假定边界处的法向速度为零，边界条件可写为

$$\begin{cases}x=0,L & u=0\\ y=0,D & v=0\end{cases} \tag{6.87}$$

于是在 $x=0,L$ 的边界上，正压原始方程组简化为

$$\begin{cases}\dfrac{\partial v}{\partial t}+m\left(v\dfrac{\partial v}{\partial y}+\dfrac{\partial \Phi}{\partial y}\right)=0\\ \dfrac{\partial \Phi}{\partial t}+m^2\dfrac{\partial}{\partial y}\left(\dfrac{v\Phi}{m}\right)=0\end{cases} \tag{6.88}$$

在 $y=0,D$ 的边界上，正压原始方程组简化为

$$\begin{cases}\dfrac{\partial u}{\partial t}+m\left(u\dfrac{\partial u}{\partial x}+\dfrac{\partial \Phi}{\partial x}\right)=0\\ \dfrac{\partial \Phi}{\partial t}+m^2\dfrac{\partial}{\partial x}\left(\dfrac{u\Phi}{m}\right)=0\end{cases} \tag{6.89}$$

这表明，采用了刚体边界条件后，在相应的边界上就应当分别使用(6.88)和(6.89)式来预报要素的变化。由于这种边界条件假定了法向速度为零，不存在穿越边界的流进流出，即边界处没有质量和动量的交换，所以可以保证计算区域内的总质量和总通量守恒。

6.7.2.3 海绵边界条件

固定边界条件比较简单，使用方便。但是由于天气系统不能自由地穿越边界。容易在边界附近形成很强的水平梯度，产生计算不稳定。为了减小边界附近要素的水平梯度，抑制这种边界所引起的计算波。可采用所谓的海绵边界条件，即由边界向内一定范围人为设置一个过渡区。在过渡区外边界，即预报区域边界处取固定边界

条件;在过渡区内边界,即过渡区最内一圈上取预报值,而过渡区内格点 i 处 $(n+1)$ 时步的预报值按以下公式计算

$$\hat{F}_i^{n+1} = (1-\alpha_i)F_*^{n+1} + \alpha_i F^0 \tag{6.90}$$

式中 F_*^{n+1} 为过渡区内边界上 $n+1$ 时步的预报值,F^0 是过渡区外边界上的初值,α_i 为松弛系数,如图 6.4 所示,在过渡区内 α_i 的值由 1 向内递减为零。一般来说,过渡带需要取 5~7 圈,α_i 可以取线性分布,也可以取非线性分布。

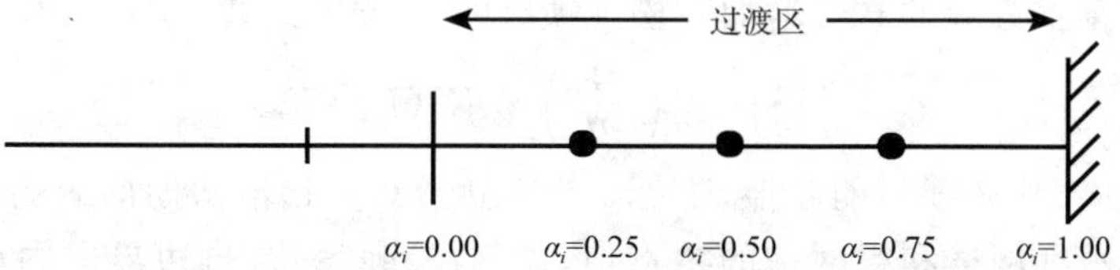

图 6.4　海绵边界条件示意图

对于向外传播的重力惯性波,过渡区就相当于一个能量的吸收带,因此将这种边界条件形象地称为海绵边界条件。试验表明,海绵条件对消除计算波有很好的作用。

6.7.3　时变边界条件

从物理上考虑,有限区域模式的水平侧边界条件应该是随时间变化的。以上几种边界条件一般不能代表实际的大气状况。对预报时效和预报质量的影响是显而易见的。近年来,采用套网格技术为有限区域模式提供时变边界条件已成为一种行之有效的方法。

边界条件和模式的水平分辨率是影响数值预报质量的重要因子。为了减小不真实边界条件的影响,需要尽可能扩大预报区域;为了减小差分格式所引起的截断误差,又需要提高模式的水平分辨率。但这样做的结果势必会引起计算量的迅速增加,给实际业务应用造成困难。所谓套网格预报方法,就是在实施预报保障的区域制作细网格预报,在此区域之外制作粗网格预报并给细网格模式提供时变边界条件。这种方法的好处是,在计算量增加不是太大的情况下,有效地改善了重点预报区的边界条件和水平分辨率,从而提高有限区域数值模式的预报时效和预报质量。

套网格技术包括单向套网格与双向套网格,移动套网格与多重套网格等内容,这里仅讨论最基本的单向套网格边界处理方法。

6.7.3.1　修改的海绵边界条件

在套网格模式中,细网格区域的水平侧边界条件若取为海绵边界条件,可将 (6.90)式修改为如下形式

$$\hat{F}_i^{n+1} = (1-\alpha_i)F_i^{n+1} + \alpha_i \widetilde{F}^{n+1} \tag{6.91}$$

式中 F^{n+1} 是过渡区内细网格的预报值，$\widetilde{F}^{n+1}$ 为细网格边界最外圈值，取为粗网格的预报值。$\hat{F}^{n+1}$ 为经过协调后得到的新值。为了抑制由于粗细网格不协调所激发出的短波，还需要在边界过渡区内采用空间平滑。

6.7.3.2 戴维斯边界条件

以上海绵边界条件是对过渡区中要素的格点值进行松弛，使粗细网格的预报逐渐过渡，而戴维斯边界条件则是对过渡区中要素的倾向值进行松弛。具体做法是在过渡区中，在预报方程的右端增加一松弛项，即

$$\left(\frac{\partial F}{\partial t}\right)_i^* = \left(\frac{\partial F}{\partial t}\right)_i - K_i(F_i - \widetilde{F}_i)$$

左端项为经过松弛处理后的新值，下标 i 为自边界($i=1$)沿法向向内的格点序号，F_i 和 $\widetilde{F}_i$ 分别表示细网格和粗网格的格点值，K_i 为松弛系数，自边界向内减小，到过渡区内边界处，$K_i=0$。

利用套网格技术可以给细网格模式提供更为真实的时变边界条件，有效地改善有限区域模式的预报质量，因而在数值预报业务工作中得到广泛的应用与推广。

复习思考题

(1)为什么要对实测初值进行处理？

(2)什么是平衡初值，其主要类型有哪些？

(3)动力初值的基本要点是什么？

(4)常用侧边界条件及其优缺点有哪些？

第 7 章　谱模式

在世界各国大气数值模式中广泛采用的数值方法有两种，即有限差分法和谱方法，相应的模式分别称为网格点模式和谱模式。用谱方法求模式方程组的数值解，先要把场变量在计算域内展开成正交函数的有限项级数，得到关于展开函数及其对时间导数的常微分方程组，然后再对这一常微分方程组进行时间积分。

早在 1954 年，Silberman 就提出了谱模式方案，由于计算量过大，一直未能在业务工作中得到应用。1965 年，Cooley 提出了快速傅氏变换（FFT），大大提高了谱方法的计算效率。1970 年 Eliasen 和 Orszag 各自独立地提出了采用变换法计算非线性平流项的方案，使大气数值模式中的谱方法取得了实质性的突破。变换法与早期的相互作用系数法相比较，不仅使所需的计算量大为减少，对计算机内存容量的要求大大降低，而且很容易将各种物理过程直接引入谱模式，为谱模式的发展和应用铺平了道路。与经典的网格点模式相比，谱模式具有精确度高，稳定性好，模式程序简单等突出特点，特别适合于长时间的全球积分，因而在全球中长期数值预报中被广泛采用。1986 年，Tastum 开发了有限区域谱方法，并在日本业务预报模式 JSM 中得到应用。

本章首先讨论谱方法的基本原理，然后介绍有关球面谱模式的基础知识和计算方案。

7.1　谱方法基础

本节介绍谱方法的一般原理，并通过平流方程，说明谱方法与差分方法在本质上的联系与区别。

7.1.1　谱方法的基本原理

谱方法是一种求偏微分方程近似数值解的计算方法。为简单起见，首先通过以下定解问题来阐述谱方法的基本原理。

设预报变量 F 满足方程

$$\frac{\partial F}{\partial t} = A(F) \tag{7.1}$$

初始条件为

$$F(\boldsymbol{r},0)=f(\boldsymbol{r}) \tag{7.2}$$

式中 F 是空间坐标 $\boldsymbol{r}$ 和时间坐标 t 的标量函数，算子 A 通常涉及到预报变量 F 的空间偏微商。

若任意时刻 t，F 都是空间坐标 $\boldsymbol{r}$ 的光滑函数，则可以将它看作是某一向量空间 $\boldsymbol{H}$（例如，由所有连续可微的函数的集合构成的空间）中的一个元素。

如果 f 和 g 是属于 $\boldsymbol{H}$ 空间的两个函数，则可以定义标量积

$$(f,g)=\int_s fg^*\,\mathrm{d}s \tag{7.3}$$

式中 g^* 表示 g 的复共轭函数，并定义 f 的模（范数）为

$$\|f\|=\left\{\int_s |f|^2\mathrm{d}s\right\}^{1/2} \tag{7.4}$$

有了标量积和模的定义后，$\boldsymbol{H}$ 就可称为希尔伯特（Hilbert）空间。

假设已知 $\boldsymbol{H}$ 空间上的一组元素的集合 $\{e_m(\boldsymbol{r})\}$（$m\in M$）构成 $\boldsymbol{H}$ 的标准正交基，即

$$(e_m,e_n)=\begin{cases}0, & 当\ m\neq n\\ 1, & 当\ m=n\end{cases} \tag{7.5}$$

于是，$\boldsymbol{H}$ 空间上的任意元素 F 都可以用这组标准正交基的线性组合来表示

$$F=\sum_{m\in M}F_m e_m \tag{7.6}$$

式中 F_m 是 F 在 e_m 所生成的子空间上的正交投影，即

$$F_m=(F,e_m)=\int_s Fe_m^*\,\mathrm{d}s \tag{7.7}$$

在 $\boldsymbol{H}$ 的标准正交基中，通常含有无穷多个元素，因此，(7.6)式一般不是一个有限项级数。在实际计算中，不可能处理无限多个分量，必须将 F 投影到 $\boldsymbol{H}$ 空间的某一个有限的子空间 $\overline{\boldsymbol{H}}$ 上去，这就是所谓的截断过程。在最小二乘方意义下，利用 $\{e_m\}$ 的正交性，F 可在子空间 $\overline{\boldsymbol{H}}$ 上近似表达为

$$\hat{F}(\boldsymbol{r},t)=\sum_{m=1}^{M}F_m(t)e_m(\boldsymbol{r}) \tag{7.8}$$

上式通常称为 F 的截谱展开式，F_m 则称为谱系数。将(7.8)式代入(7.1)式，利用正交性可得

$$\frac{\mathrm{d}F_m}{\mathrm{d}t}=\int_s A(\hat{F})\mathrm{e}_m^*(\boldsymbol{r})\mathrm{d}s \quad m=1,2,\cdots,M \tag{7.9}$$

于是，求(7.1)式的近似数值解的问题就转化为求解一组关于时间的常微分方程，(7.9)式的右端可以通过某些数值积分方法加以解决。由于 F 在 e_m 上的正交投影 F_m 的集合就构成了 F 的谱，所以以上描述的求解偏微分方程的方法就称为谱方法。可以证明，当 $\overline{\boldsymbol{H}}$ 收敛于 $\boldsymbol{H}$ 时，$\hat{F}$ 一致收敛于 F。所以，如果初始状态 $F(\boldsymbol{r},0)$ 可以用

任何有限项的展开式来表示的话，则当 $\overline{\boldsymbol{H}}$ 收敛于 $\boldsymbol{H}$ 时，用谱截断得到的近似解就收敛于精确解。

7.1.2　谱方法与差分法的比较

在讨论具体的谱模式之前，首先以平流方程为实例，针对数值计算中的一些基本理论问题，考察谱方法与差分法各自求得的近似解在性质上有哪些差异。

7.1.2.1　空间截断误差与波数截断误差

取线性平流方程

$$\frac{\partial u}{\partial t} + u_0 \frac{\partial u}{\partial x} = 0 \tag{7.10}$$

设 x 的区间为 $[0,2\pi]$，在 $x=0$ 和 $x=2\pi$ 处的 u 相等，即满足周期性条件。下面首先给出(7.10)式的精确解，再与谱方法和网格点法的近似解进行比较。

复三角函数满足如下的正交关系式

$$\frac{1}{2\pi}\int_0^{2\pi} \mathrm{e}^{imx}\,\mathrm{e}^{-im'x}\,\mathrm{d}x = \begin{cases} 1, & \text{当 } m' = m \\ 0, & \text{当 } m' \neq m \end{cases}$$

u 可按复三角函数展开为

$$u(x,t) = \sum_{m=-\infty}^{\infty} u_m(t)\,\mathrm{e}^{\mathrm{i}mx} \tag{7.11}$$

代入(7.10)式，利用正交性可得

$$\frac{\mathrm{d}u_m}{\mathrm{d}t} = -\mathrm{i}mu_0 u_m$$

以上方程的解为 $u_m(t) = E_m \mathrm{e}^{-\mathrm{i}mu_0 t}$，式中 E_m 为初值 $u(x,0)$ 的展开系数。因此，(7.10)式的精确解可写为

$$u(x,t) = \sum_{m=-\infty}^{\infty} E_m \mathrm{e}^{\mathrm{i}m(x-u_0 t)} \tag{7.12}$$

为简单起见，将区间 $[0,2\pi]$ 分为三等份，如图 7.1 所示。

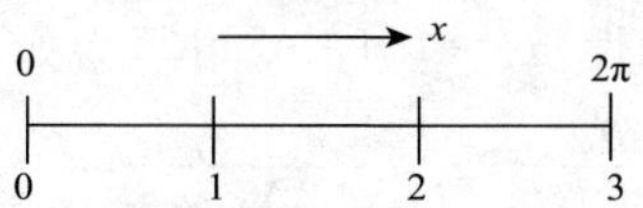

图 7.1　沿 x 轴的格点

给定格点上的初值 $u(j\Delta x,0)$，$j=0,1,2,3$，Δx 为格距。周期性边界条件为 $u(0,t)=u(3\Delta x,t)$。

用谱方法求解时，因为该问题的自由度为 3，u 的截谱展开式为

$$u(x,t)=\sum_{m=-1}^{1}u_m(t)\mathrm{e}^{\mathrm{i}mx}$$

代入方程(7.10)式得近似解

$$u(x,t)=\sum_{m=-1}^{1}A_m\mathrm{e}^{\mathrm{i}m(x-u_0t)} \tag{7.13}$$

A_m 由初值 $u(j\Delta x,0)$ 所决定，即满足以下关系

$$\begin{cases}u(0,0)=A_0+A_{-1}+A_1\\ u(\Delta x,0)=A_0+A_{-1}\mathrm{e}^{-\mathrm{i}\Delta x}+A_1\mathrm{e}^{\mathrm{i}\Delta x}\\ u(2\Delta x,0)=A_0+A_{-1}\mathrm{e}^{-2\mathrm{i}\Delta x}+A_1\mathrm{e}^{2\mathrm{i}\Delta x}\end{cases} \tag{7.14}$$

然而由精确解(7.12)式可知，当 $t=0$ 时 u 在格点上的值应为

$$\begin{cases}u(0,0)=\sum\limits_{m=-\infty}^{\infty}E_m\\ u(\Delta x,0)=\sum\limits_{m=-\infty}^{\infty}E_m\mathrm{e}^{\mathrm{i}m\Delta x}\\ u(2\Delta x,0)=\sum\limits_{m=-\infty}^{\infty}E_m\mathrm{e}^{2\mathrm{i}m\Delta x}\end{cases} \tag{7.15}$$

不难看出，解(7.14)式得到的展开系数 A_m 和满足(7.15)式的 E_m 是不同的，这种差别是由于对波数截断而引起的。对于有限的自由度，函数 u 只能近似地展开为有限项级数，级数在有限波数范围内截断所引起的误差，称为波数截断误差。比较精确解(7.12)式和近似解(7.13)式可知，在有限自由度内，用谱方法求解微分方程，不可避免地存在波数截断误差，但是这种误差只影响波的振幅，并没有改变波的相速度。

为了便于比较谱方法与差分法在计算空间导数时的差别，在自由度相等的条件下，进一步讨论差分近似解的性质。(7.10)式可写为如下半离散差分近似方程。

$$\frac{\partial u}{\partial t}+u_0\frac{u_{j+1}-u_{j-1}}{2\Delta x}=0 \tag{7.16}$$

式中 $u_j=u(j\Delta x,t)$。设(7.16)式有如下形式的解

$$u_j(t)=\sum_m B_m\mathrm{e}^{\mathrm{i}(mj\Delta x-\omega t)} \tag{7.17}$$

对于自由度为 S 的网格，所能分辨的最大波数为 $[S/2]$（方括号表示取整数部分）。这里仅考虑 $S=3$ 的情形，故(7.17)式中应取 $m=0,\pm1$。将(7.17)式代入(7.16)式可得

$$\omega=\frac{u_0}{\Delta x}\sin(m\Delta x)$$

因此,差分解(7.17)式可写为

$$u_j(t)=\sum_{m=-1}^{1}B_m e^{im\left(j\Delta x-u_0\frac{\sin(m\Delta x)}{m\Delta x}t\right)} \tag{7.18}$$

系数 B_m 也取决于格点上所给定的初始值,并满足以下关系

$$\begin{cases}u(0,0)=B_0+B_1+B_{-1}\\ u(\Delta x,0)=B_0+B_1 e^{i\Delta x}+B_{-1}e^{-i\Delta x}\\ u(2\Delta x,0)=B_0+B_1 e^{2i\Delta x}+B_{-1}e^{-2i\Delta x}\end{cases} \tag{7.19}$$

将(7.19)与(7.15)式相比不难看出,谱方法的近似解与差分法的近似解所对应的系数完全相等。这说明二者具有相同的波数截断误差。但两个近似解中各谐波分量的相速度却不相同,在谱方法的近似解中为 u_0,与精确解是一致的,而差分法的近似解中相速度比精确解多了一个小于 1 的因子 $\sin(m\Delta x)/(m\Delta x)$,这种误差是由于空间差分近似代替空间微商而引起的,称为空间截断误差,它不仅会影响波的移动速度,而且会改变波的频散性质。

由以上讨论可知,在自由度相同的情况下,用谱方法和网格点法求解线性平流方程所得到的近似解具有相同的波数截断误差,但差分法的近似解中还有空间截断误差,而谱方法可以准确地计算相速度,这是其优点之一。

7.1.2.2　混淆误差与非线性计算不稳定

对于非线性平流方程

$$\frac{\partial u}{\partial t}+u\frac{\partial u}{\partial x}=0 \tag{7.20}$$

若用差分法计算上式中的非线性平流项,由于非线性相互作用会产生波数 $m>\frac{S}{2}$ 的分量,这些短波分量不能被自由度为 S 的有限离散网格所分辨,因而采用差分法求解时会产生混淆误差,如差分格式不满足二次守恒则可能出现计算不稳定。采用谱方法求解时,虽然非线性相互作用也会产生波数 $m>S/2$ 的分量。但由于谐波函数的正交性,这些小尺度分量将被自动舍弃,并不会与保留在截谱展开式中的那些分量混淆。因此,采用谱方法计算非线性平流项不会产生混淆误差,这使得谱模式可以避免像 Phillips(1959)所描述的那种非线性计算不稳定。这是谱方法的又一个重要性质。

谱方法的另一个重要性质是能够保持原方程动量和动能的守恒性。(7.20)式的动能方程可写为

$$\frac{\partial}{\partial t}\left(\frac{u^2}{2}\right)=-\frac{2}{3}\frac{\partial}{\partial x}\left(u\frac{u^2}{2}\right) \tag{7.21}$$

显然在周期性边界条件下，方程(7.20)在区间$[0,2\pi]$内动量和动能都是守恒的。用差分法求解时，这些守恒性质能否保持，与平流项的差分格式有关，一些格式能保持这些守恒性，另一些格式则可能破坏这些守恒性，用谱方法求解时则可以保持方程的守恒性质。例如，设u由基本气流和叠加其上的三个谐波所组成，即

$$u=C\cos mx+S\sin mx+U\cos 2mx+V$$

代入(7.20)式可以得到

$$\begin{aligned} &\dot{C}=\frac{1}{2}mS(U-2V) \qquad \dot{S}=\frac{1}{2}mC(U+2V) \\ &\dot{U}=-mCS \qquad \dot{V}=0 \end{aligned} \tag{7.22}$$

因此，有$\frac{\mathrm{d}}{\mathrm{d}t}(C^2+S^2+U^2+V^2)=0$，即谱方程保持了原微分方程的守恒性质。

通过以上分析讨论可以看出，谱方法较之传统的差分法具有以下优点：

(1)能准确计算空间微商，避免空间截断误差，从而使得用谱方法估计的相速度比差分法估计得要好，不会产生虚假的计算频散效应。

(2)可以精确地处理各分量之间的非线性相互作用，避免了因混淆误差而引起的非线性计算不稳定。

(3)能自动并彻底地滤去短波分量，比差分法中使用平滑算子的效果要好。

(4)谱方程仍然保持了原微分方程所具有一些守恒性质。

(5)在后面的讨论中，还将进一步说明，用谱方法求解球坐标系下的控制方程组，可以得到在整个球面上均匀的水平分辨率，特别适合于全球或半球模式。

尽管谱方法对计算机的要求比较高，所需的运算量和存储量都比较大，但由于谱方法具有精度高，稳定性好，模式程序简单而有效等突出优点，随着谱方法本身的不断完善和计算机性能的迅速发展，谱模式的实用价值和计算效率愈加显著，20 世纪 80 年代正在全球大气模式中逐步取代传统的网格点模式，成为许多国家的日常业务预报模式。

7.2　球面谱模式的基础知识

制作较长时段的数值预报或进行大气环流的数值模拟，都是以全球大气为研究对象，因而选择球面曲线坐标是适当的。众所周知，在全球模式中采用网格点法存在所谓“极区”问题，解决这一问题最好的办法是使模式本身在全球范围都具有各向同性的水平分辨率，要设计这样的球面网格模式是相当困难的。而利用球谐函数展开并采用三角形截断的球面谱模式使这一问题获得了圆满的解决，这也是谱方法在全球大气模式中得到广泛应用的原因之一。

本节讨论与球面谱模式有关的一些基本知识，主要内容包括球谐函数的性质，波数截断等。

7.2.1　展开函数和因变量的选择

由于大气具有高度的各向异性的性质，所以在数值预报的实践中，通常对于控制方程组中水平和垂直方向的运算分别采用不同的数值方法来加以处理。目前大多数的谱模式都仅在水平方向上应用了谱展开，而在垂直方向仍然使用经典的有限差分方法。当然，也有少数模式在垂直方向应用有限元法或谱方法。本章所讨论的谱模式，都仅限于用谱展开式来表达某一场变量的水平结构。

在谱模式中，各场变量都要用展开函数来表示，既然球面谱模式所处理的问题都是全球或半球范围的，自然希望所选择的展开函数能够适合于球坐标系，而且能使控制方程组中的微分或积分运算比较简单。球谐函数不但本身构成一个完备的正交系，还正好可以满足上述的两个要求，此外对于充分光滑的场变量，其球谐函数的展开式收敛的非常快，因而被广泛选作球面谱模式的展开函数。虽然在一些试验性的研究中，也有人采用哈佛函数、三角函数等作为球面谱模式的展开函数。但是在目前世界各国投入业务运行的全球或半球谱模式中，无一例外地采用了球谐函数作为展开函数。

在球面谱模式中，还要求场变量在球面上任一点都必须有定义，尽量避免出现间断的情形，以便计算展开函数的系数。因此在模式设计时，应特别注意以下两个问题：一是避免采用坐标面与大气下边界相截的垂直坐标，二是要选择适当的场变量来描写水平速度场。位势高度和温度等场变量在球面上是连续的，但水平速度矢量的两个分量 u 和 v 在极地都是不连续的，这就给它们的谱展开造成了困难。

因此，在设计球面谱模式时，需要对水平速度分量 u,v 进行特殊处理，通常是用流函数 ψ 和势函数 χ 代替 u 和 v，作为描写水平风场的因变量，也可选用 $U(=u\cos\varphi)$，$V(=v\cos\varphi)$ 作为因变量，于是 U,V 在极地总为零，并在整个球面上都是连续的。

7.2.2　球谐函数及其性质

在球坐标系中，三维拉普拉斯方程为

$$\frac{1}{r^2}\frac{\partial}{\partial r}\left(r^2\frac{\partial u}{\partial r}\right)+\frac{1}{r^2\cos\varphi}\frac{\partial}{\partial\varphi}\left(\cos\varphi\frac{\partial u}{\partial\varphi}\right)+\frac{1}{r^2\cos^2\varphi}\frac{\partial^2 u}{\partial\lambda^2}=0 \tag{7.23}$$

用分离变量法求解此方程，可令

$$u(\lambda,\varphi,r)=Y(\lambda,\varphi)R(r) \tag{7.24}$$

代入(7.23)式，分离变量后得到

$$\begin{cases} r^2 \dfrac{\partial^2 R}{\partial r^2} + 2r\dfrac{\partial R}{\partial r} + \gamma R = 0 \\ \gamma = \dfrac{1}{Y}\left[\dfrac{1}{\cos^2\varphi}\dfrac{\partial^2 Y}{\partial \lambda^2} + \dfrac{1}{\cos\varphi}\dfrac{\partial}{\partial \varphi}\left(\cos\varphi\dfrac{\partial Y}{\partial \varphi}\right)\right] \end{cases} \tag{7.25}$$

和

$$\begin{cases} \dfrac{1}{\cos^2\varphi}\dfrac{\partial^2 Y}{\partial \lambda^2} + \dfrac{1}{\cos\varphi}\dfrac{\partial}{\partial \varphi}\left(\cos\varphi\dfrac{\partial Y}{\partial \varphi}\right) + \bar{\gamma} Y = 0 \\ \bar{\gamma} = \dfrac{1}{R}\left(r^2\dfrac{\partial^2 R}{\partial r^2} + 2r\dfrac{\partial R}{\partial r}\right) \end{cases} \tag{7.26}$$

式中 $\gamma,\bar{\gamma}$ 是分离变量时引进的参数。

方程(7.26)称为球调和方程，满足球调和方程的有连续二阶导数的有界解，称为球谐函数。球谐函数可表示为

$$Y_n^m(\lambda,\varphi) = \mathrm{e}^{im\lambda} P_n^m(\sin\varphi)$$

$$(m = 0, \pm 1, \pm 2, \cdots, \pm n; \quad n = 0,1,2\cdots) \tag{7.27}$$

以上表达式中，n 称为球谐函数的阶，$P_n^m(\sin\varphi)$ 为标准化的连带勒让德函数，它有多种解析表达式，其中比较经典的一个微分表达式为罗德里格公式

$$P_n^m(\mu) = \sqrt{(2n+1)\frac{(n-|m|)!}{(n+|m|)!}}\frac{(1-\mu^2)^{\frac{|m|}{2}}}{2^n n!}\frac{\mathrm{d}^{n+|m|}}{\mathrm{d}\mu^{n+|m|}}(\mu^2-1)^n \tag{7.28}$$

式中 $\mu=\sin\varphi$，按(7.28)式定义的连带勒让德函数是标准化的，即满足以下正交性条件：

$$\frac{1}{2}\int_{-1}^{1} P_n^m(\mu) P_{n'}^m(\mu)\mathrm{d}\mu = \begin{cases} 1, & 当\ n = n' \\ 0, & 当\ n \neq n' \end{cases} \tag{7.29}$$

由于(7.28)式中 m 取了绝对值，当 m 取负整数或取相应的正整数时，该式所对应的连带勒让德函数完全相等，即

$$P_n^m(\mu) = P_n^{-m}(\mu) \tag{7.30}$$

根据(7.28)式，连带勒让德函数还可写为如下形式：

$$P_n^m(\mu) = (1-\mu^2)^{|m|/2} Q_{n-|m|}(\mu) \tag{7.31}$$

式中 $Q_{n-|m|}(\mu)$ 为一关于 μ 的 $(n-|m|)$ 次多项式。显然，当 $m=0$ 时，$P_n^m(\mu)$ 就变为标准化的勒让德多项式 $P_n(\mu)$。

从(7.31)式可以得到 $P_n^m(\mu)$ 的一个重要性质

$$P_n^m(-\mu) = (-1)^{n-|m|} P_n^m(\mu) \tag{7.32}$$

上式表明：当 $(n-|m|)$ 为偶数时，$P_n^m(\mu)$ 为关于赤道的对称函数；当 $(n-|m|)$ 为奇数时，$P_n^m(\mu)$ 为关于赤道的反对称函数。这种对称性在半球谱模式的设计中是很有用的。

根据以上对连带勒让德函数的讨论，可以证明球谐函数具有如下性质。

(1)球谐函数的对称性

连带勒让德函数 $P_n^m(\mu)$ 的对称性决定了球谐函数 $Y_n^m(\lambda,\mu)$ 的对称性。在气象学的应用中，$Y_n^m(\lambda,\mu)$ 中的 $m(m>0)$ 称为纬向波数，它表示在一个纬圈上的谐波个数。而 $n-m$ 则表示在南、北极之间（除两个极点以外）$P_n^m(\mu)$ 的零点个数，通常称 n 为二维指数或全波数。球谐函数 $Y_n^m(\lambda,\mu)$ 中 $\sin(m\lambda)$ 或 $\cos(m\lambda)$ 在 $2m$ 条经线上等于零，而 $P_n^m(\mu)$ 在 $n-m$ 个纬圈上等于零。这些经纬线把整个球面划分为许多区域。在每一个区域内，$Y_n^m(\lambda,\mu)$ 的符号不变，而在两个相邻的区域内，$Y_n^m(\lambda,\mu)$ 的符号则相反。

(2)球谐函数的正交性

根据三角函数的正交性和连带勒让德函数的正交性，可以推出球谐函数的正交性

$$\frac{1}{4\pi}\int_{-1}^{1}\int_{0}^{2\pi} Y_n^m Y_{n'}^{m'*}\,\mathrm{d}\lambda\,\mathrm{d}\mu = \begin{cases}1, & \text{当}(m,n)=(m',n')\\ 0, & \text{当}(m,n)\neq(m',n')\end{cases} \tag{7.33}$$

式中 Y_n^{m*} 表示 Y_n^m 的复共轭函数。根据(7.27)式，显然有

$$Y_n^{m*} = Y_n^{-m} \tag{7.34}$$

(3)球谐函数的微分性质

球谐函数是纬向微分算子的特征函数，即

$$\frac{\partial Y_n^m(\lambda,\mu)}{\partial\lambda} = \mathrm{i}mY_n^m(\lambda,\mu) \tag{7.35}$$

这一关系式可由球谐函数的表达式(7.27)直接导出。

与纬向微分算子的情况不同，球谐函数不是经向微分算子的特征函数，一般是采用以下递推公式来计算沿经圈方向的导数。

$$(\mu^2-1)\frac{\mathrm{d}P_n^m(\mu)}{\mathrm{d}\mu} = nD_{n+1}^m P_{n+1}^m(\mu) - (n+1)D_n^m P_{n-1}^m(\mu) \tag{7.36}$$

式中

$$D_n^m = \sqrt{\frac{n^2-m^2}{4n^2-1}} \tag{7.37}$$

应用(7.35)式和下面的递推公式：

$$D_{n+1}^m P_{n+1}^m(\mu) = \mu P_n^m(\mu) - D_n^m P_{n-1}^m(\mu) \tag{7.38}$$

可以证明

$$\nabla^2 Y_n^m(\lambda,\mu) = -\frac{n(n+1)}{r^2}Y_n^m(\lambda,\mu) \tag{7.39}$$

式中 $\nabla^2(\ \ )=\dfrac{1}{r^2}\left\{\dfrac{1}{1-\mu^2}\dfrac{\partial^2(\ \ )}{\partial\lambda^2}+\dfrac{\partial}{\partial\mu}\left[(1-\mu^2)\dfrac{\partial(\ \ )}{\partial\mu}\right]\right\}$ 为球坐标系中的二维拉普拉斯算子，(7.39)式表明，球谐函数是球坐标系中二维拉普拉斯算子的特征函数。严格地说，(7.39)式仅对于几何球坐标系 (λ,φ,r) 成立。在 σ 坐标系 (λ,φ,σ) 中，由于等 σ 面上 r 不是常数，因而(7.39)式并不成立。但该式仍然可以作为一个相当精

确的公式被应用。

(4)球谐函数构成希尔伯特空间的一组基底

在球面上所有连续复变量函数所构成的空间 $\boldsymbol{H}(s)$上,定义标量积

$$(f,g)=\frac{1}{4\pi}\int_{-1}^{1}\int_{0}^{2\pi}fg^{*}\,\mathrm{d}\lambda\mathrm{d}\mu \tag{7.40}$$

则球谐函数 $Y_n^m(\lambda,\mu)$构成一个正交系。在上述标量积的定义下,$\boldsymbol{H}(s)$是一个希尔伯特空间,并且可以证明,$Y_n^m(\lambda,\mu)$构成 $\boldsymbol{H}(s)$空间的一组基底。因此,球面上任意一个连续函数 $F(\lambda,\mu)$都可表示为

$$F(\lambda,\mu)=\sum_{m=-\infty}^{\infty}\sum_{n=|m|}^{\infty}F_n^m Y_n^m(\lambda,\mu) \tag{7.41}$$

如果 $F=F(\lambda,\mu,\sigma,t)$,那么

$$F(\lambda,\mu,\sigma,t)=\sum_{m=-\infty}^{\infty}\sum_{n=|m|}^{\infty}F_n^m(\sigma,t)Y_n^m(\lambda,\mu) \tag{7.42}$$

式中 F_n^m 称为谱分量或谱系数,可按下式计算

$$F_n^m=\frac{1}{4\pi}\int_{-1}^{1}\int_{0}^{2\pi}F(\lambda,\mu,\sigma,t)Y_n^{m*}\,\mathrm{d}\lambda\mathrm{d}\mu \tag{7.43}$$

7.2.3 波数截断问题

在实际的数值计算中,不可能处理无限多个谱分量,球面上的任意连续函数只能用球谐函数展开成有限项级数,这就是所谓的截断问题,在前面的谱展开式中,随着 m 和 n 的增大,对应谱分量所代表的大气运动所具有的水平尺度就趋于减小。因此,对于无穷项展开式(7.42)进行适当截断,可以将那些没有意义的小尺度系统过滤掉。这种滤波方法与网格点法中通过选择网格距进行滤波是一致的。

在数值预报模式中,最常用的波数截断方法有以下两种。

(1)三角形截断

三角形截断所保留的谱分量为 $\sum\limits_{m=-M}^{M}\sum\limits_{n=|m|}^{M}$,如图 7.2 所示,按这种方法展开的所有波都被限制在波数平面(m,n)上的一个三角形区域内,所以称为三角形截断。

(2)平行四边形截断

平行四边形截断所保留的谱分量为 $\sum\limits_{m=-M}^{M}\sum\limits_{n=|m|}^{M+|m|}$,如图 7.3 所示,按这种方法展开的所有波都被限制在波数平面(m,n)上的一个平行四边形区域内,所以称为平行四边形截断。

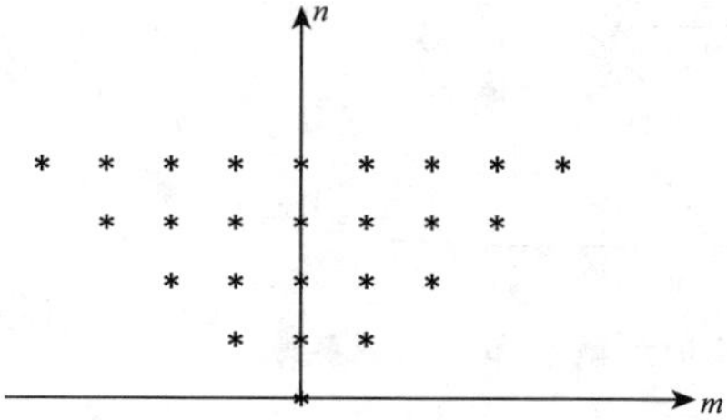

图 7.2　三角形截断图

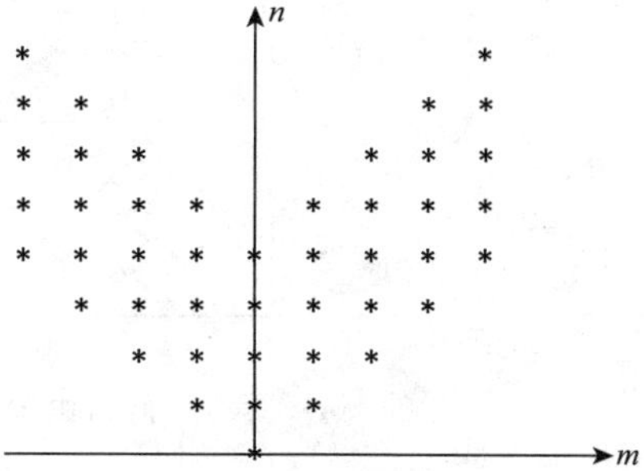

图 7.3　平行四边形截断

三角形截断的一个突出优点是它具有各向同性的性质，这一性质可由球谐函数本身所固有的性质得到证明。无论球坐标系的极轴在什么位置，经截断后的有限项展开式所表示的物理量场都不会发生变化。这意味着三角形截断后所得到的分辨率在整个球面上都是均匀一致的。而平行四边形截断的有限项展开式所表示的场，其分辨率仅在东西方向是均匀的。

在早期的谱模式中，倾向于采用平行四边形截断，这是因为平行四边形截断所保留的谱分量可以存储在一个二维数组之中，程序编写比较容易，此外对于当时甚低分辨率(即仅取 5～10 个纬向波数)的模式，平行四边形截断可以使 500 hPa 旋转流场的动能保留最大的方差。但是，Bear(1972)等人的研究结果表明，对于中等分辨率以上的模式仍以采用三角形截断为好。选择截断方式的原则，应当是最充分地利用给定的自由度，也就是说，能够在一定的计算代价下(即保留一定数目的谱分量的条件下)，获得最精确的计算结果，或者在一定的精度要求下，花费最小的计算代价。当然还应当有利于体现所研究问题的物理本质。为此，可将具有相同自由度的三角形截断和平行四边形截断加以比较，所谓具有相同的自由度，即在两种截断方式中保留相同数目的谱分量。如图 7.4 所示，A 区是两种截断的公共部分，B 和 D 区是在三角形截断中被保留而在平行四边形截断中被舍弃的部分，而 C 区则是在平行四边形截断中被保留而在三角形截断中被舍弃的部分。由于三角形截断包含 B 区，因而比平行四边形截断保留了更多的纬向谐波($m=0$)。实际大气中的流场当然不可能是纯粹的纬向气流，但是它确实具有相当强的纬向谐波分量($m=0$)，而且在行星波段($m=1\sim3$)其振幅也相当大。因此，与 B 区中的谱分量相联系的这部分纬向流场的南北梯度，在三角形截断中能得到更精确的反映，尤其是冬季高空急流很强且低波数分量的振幅也很大时，三角形截断能更好地描写平均纬向流和超长波的优点就显得更为重要。

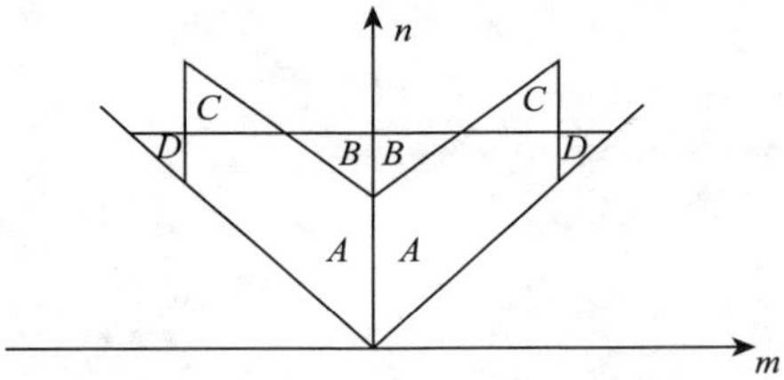

图 7.4 具有相同自由度的平行四边形截断和三角形截断

对于平行四边形截断来说，舍弃 D 区中的谱分量将导致低纬地区的东西向分辨率降低。因为 m 值较大时，对应的 $P_n^m(\mu)$ 在高纬数值很小，舍弃 D 区的谱分量主要受影响的是低纬地区。而 C 区中的谱分量引入模式，使得平行四边形截断比对应的三角形截断包含了更多较小空间尺度的分量，对于一个给定的纬向波数 m，包含具有较高的二维指数 n 的谱分量，会使得高纬的分辨率增加，但是这种增加是非均匀的，而且也不仅仅是表现在经圈方向。由此可见，区域 C 的作用是使中等纬向波数的流场在高纬的分辨率增加。

再从计算的角度看，由于平行四边形截断中包含了 C 区所对应的较短波分量，数值积分的时间步长必须相应取得更小一些。此外，它所采用的沿经圈方向的计算格点数(即高斯格点，用以计算非线性项和引入物理过程，参阅本章第 7.4 节)要比三角形截断多 20%左右。以上两个原因使得平行四边形截断的计算代价要比同样自由度的三角形截断多 25%左右。

ECMWF 通过对比试验比较了两种截断方法的预报效果，对于低分辨率的模式，似乎倾向采用平行四边形截断，对于高分辨率的模式，当预报时效超过两天以上后，尤其是对于高层的预报，三角形截断具有明显的优势。因此，ECMWF 选择了三角形截断作为他们谱模式中的基本截断方法。

7.3 离散傅里叶变换与勒让德变换

在谱模式的数值计算中，经常需要处理所谓的谱格转换问题，即已知某物理量在经纬网格点上的离散分布，求该物理量的各谱分量(或谱系数)，或者由已知的各谱分量合成该物理量在各经纬网格点上的数值。在本节中，主要是讨论解决以上问题所涉及到的一些数学预备知识。

7.3.1 离散傅里叶变换(DFT)

首先定义

$$W = e^{2\pi i/N} \tag{7.44}$$

上式表明 W 是 1 的一个 N 次原根，即 $W^N=1$。而且，当且仅当 j 为 N 的整数倍时，有 $W^j=1$。用数学式表达这个意思，可写为

$$W^j=1,\text{当且仅当 } j\equiv 0(\mathrm{mod}N) \tag{7.45}$$

式中 $j\equiv 0(\mathrm{mod}N)$ 的含义是"$(j-0)$是 N 的整数倍"。这个简单的性质，即三角函数的周期性是 DFT 的一个基本性质。

设沿某一纬圈上有有限多个等距离散数据，DFT 定义为

$$F_k=\frac{1}{N}\sum_{j=0}^{N-1}f_jW^{-jk}=\frac{1}{N}\sum_{j=0}^{N-1}f_j\mathrm{e}^{-\mathrm{i}k\lambda_j}\quad(k=0,1,2,\cdots,N-1) \tag{7.46}$$

其逆变换为

$$f_j=\sum_{k=0}^{N-1}F_kW^{jk}=\sum_{k=0}^{N-1}F_k\mathrm{e}^{\mathrm{i}k\lambda_j}\quad(j=0,1,2,\cdots,N-1) \tag{7.47}$$

式中 N 表示纬圈上的离散格点数，f_j 表示物理量的格点值。k 为纬向波数，$\lambda_j=2\pi j/N=j\Delta\lambda$ 为各格点所在的经度。以上两式表示了向量$(f_0,f_1,\cdots,f_{N-1})$与$(F_0,F_1,\cdots,F_{N-1})$之间的线性互逆关系。

(7.46)和(7.47)式不仅对于 $k,j=0,1,2,\cdots,N-1$ 有意义，而且对于 k,j 为一切正整数均有意义。此时只需理解

$$\begin{cases}f_j=f_{j'}, & \text{当 } j\equiv j'(\mathrm{mod}N)\\ F_k=F_{k'}, & \text{当 } k\equiv k'(\mathrm{mod}N)\end{cases} \tag{7.48}$$

式中 $j\equiv j'(\mathrm{mod}N)$的含义是"$j-j'$是 N 的整数倍"。实际上，两个周期为 N 的无穷序列

$$\{f_j\},j=0,\pm1,\pm2,\cdots$$
$$\{F_k\},k=0,\pm1,\pm2,\cdots$$

都只有 N 个自由度。也就是说，由 N 个相连的分量$(f_p,f_{p+1},\cdots,f_{p+N-1})$和$(F_q,F_{q+1},\cdots,F_{q+N-1})$用周期性延拓就可以分别解决整个序列$\{f_j\}$和$\{F_k\}$。不难证明，N 点 DFT 及其逆变换的一般形式可写为

$$F_k=\frac{1}{N}\sum_{j=p}^{p+N-1}f_j\mathrm{e}^{-\mathrm{i}k\lambda_j}\quad(k=q,q+1,\cdots,q+N-1) \tag{7.49}$$

$$f_j=\sum_{k=q}^{q+N-1}F_k\mathrm{e}^{\mathrm{i}k\lambda_j}\quad(j=p,p+1,\cdots,p+N-1) \tag{7.50}$$

在实际数值计算中，通常是应用周期性将原序列化为$(f_0,f_1,\cdots,f_{N-1})$和$(F_0,F_1,\cdots,F_{N-1})$，并按标准形式(7.46)和(7.47)式进行 DFT 或其逆变换。

DFT 具有如下性质：

(1)如果$\{f_j\}$为实数列，即 $f_j=f_j^*$，则其 DFT 满足共轭关系 $F_{N-k}=F_k^*$。根据

序列$\{F_k\}$的周期性，上式等价于 $F_{-k}=F_k^*$。

(2)如果$\{f_j\}$为实数列并且对称，即 $f_{N-j}=f_j=f_j^*$，则$\{F_k\}$也是实数列并且对称。

(3)如果$\{f_j\}$为实数列并且反对称，即 $f_{N-j}=-f_j=-f_j^*$，则$\{F_k\}$为纯虚数列并且反对称。

应用上述的 DFT 的对称性或反对称性可使数值计算量减少一半。

为了更好地理解 DFT 的具体计算过程，下面用一个实例加以说明。设在某一纬圈上从 0°E 到 357.5°E 共有 144 个等距离散格点，即 $j=0,1,2,\cdots,143$。在各格点上的位势高度值为 z_j，试求 z_j 的 DFT 及其逆变换。

根据(7.46)式，z_j 的 DFT 为

$$Z_k=\frac{1}{144}\sum_{j=0}^{143}z_j\mathrm{e}^{-\mathrm{i}k\lambda_j}=\frac{1}{144}\sum_{j=0}^{143}z_j(\cos(k\lambda_j)-\mathrm{i}\sin(k\lambda_j)) \tag{7.51}$$

式中 k 为纬向波数，而 $\lambda_j=2\pi j/144$ 为各格点所在的经度(以弧度表示)。显然，谱系数 Z_k 为一复数。

由于 z_j 为一实数列，由 DFT 的性质(1)可知 $z_j=z_j^*$，$Z_j^*=Z_{-k}$故有

$$\begin{cases} z_j=\sum\limits_{k=0}^{143}Z_k\mathrm{e}^{\mathrm{i}k\lambda_j} \\ z_j^*=\sum\limits_{k=0}^{143}Z_k^*\mathrm{e}^{-\mathrm{i}k\lambda_j}=\sum\limits_{k=0}^{143}Z_{-k}\mathrm{e}^{-\mathrm{i}k\lambda_j} \end{cases} \tag{7.52}$$

以上两式合并可得

$$z_j=\frac{1}{2}\sum_{k=-143}^{143}Z_k\mathrm{e}^{\mathrm{i}k\lambda_j}+Z_0 \tag{7.53}$$

或

$$z_j=Z_0+\frac{1}{2}\sum_{k=1}^{143}(Z_k\mathrm{e}^{\mathrm{i}k\lambda_j}+Z_{-k}\mathrm{e}^{-\mathrm{i}k\lambda_j})\quad(j=0,1,2,\cdots,143) \tag{7.54}$$

令 $R(Z_k)$和 $I(Z_k)$分别表示 Z_k 的实部和虚部，由 $Z_{-k}=Z_k^*$ 还可得

$$\begin{aligned} Z_k&=R(Z_k)+\mathrm{i}I(Z_k) \\ Z_{-k}&=R(Z_k)-\mathrm{i}I(Z_k) \end{aligned} \tag{7.55}$$

将(7.55)式代入(7.54)式经整理可得

$$z_j=Z_0+\sum_{k=1}^{143}[R(Z_k)\cos(k\lambda_j)-I(Z_k)\sin(k\lambda_j)]\quad(j=0,1,2,\cdots,143) \tag{7.56}$$

上式表明，经 DFT 的逆变换后得到的 z_j 仍然是一个实数列。

7.3.2 快速傅里叶变换(FFT)

DFT 及其逆变换，就是从已知的$(z_0,z_1,\cdots,z_{N-1})$按显式(7.51)式计算未知的

$(Z_0, Z_1, \cdots, Z_{N-1})$，或者由已知的$(Z_0, Z_1, \cdots, Z_{N-1})$按显式(7.56)式计算未知的$(z_0, z_1, \cdots, z_{N-1})$。计算一个 N 点变换的工作量为 N^2 次运算。在谱模式或其他一些工作中用到的 DFT，N 的数值经常很大，特别是对于"实时"的计算，这样的工作量便成为一个沉重的负担。正因为如此，在相当长的时间内，在各种领域的谐波分析问题中，数值方法难以得到广泛的应用。Cooley(1965)等人提出的快速傅里叶变换(FFT)采用递推算法，比传统的直接算法大大提高了计算效率，从而为数值谐波分析方法在各个领域中的应用开辟了道路。下面对 FFT 的原理和方法做一简单介绍。

首先考虑 N 可以分解为二个整数因数乘积的情形，设

$$N = N_1 N_2 \tag{7.57}$$

式中 N_1 和 N_2 均为整数。此时，(7.46)和(7.47)式中的 j,k 可以分别表示为 N_1 进制和 N_2 进制的数，即

$$\begin{cases} j = j_1 N_1 + j_0, & j_0 = 0,1,\cdots,N_1-1 \\ & j_1 = 0,1,\cdots,N_2-1 \\ k = k_1 N_2 + k_0, & k_0 = 0,1,\cdots,N_2-1 \\ & k_1 = 0,1,\cdots,N_1-1 \end{cases} \tag{7.58}$$

于是

$$jk = (j_1 N_1 + j_0)(k_1 N_2 + k_0) = j_1 k_1 N + j_1 k_0 N_1 + j_0 (k_1 N_2 + k_0)$$

由于

$$W^{-j_1 k_1 N} = 1$$

所以

$$W^{-jk} = W^{-j_1 k_0 N_1} W^{-j_0 (k_1 N_2 + k_0)} \tag{7.59}$$

令 $f_j = f(j_1, j_0)$，$F_k = F(k_1, k_0)$，于是

$$\begin{aligned} F_k &= \frac{1}{N} \sum_{j=0}^{N-1} f_j W^{-jk} \\ &= \frac{1}{N_1 N_2} \sum_{j_0=0}^{N_1-1} \sum_{j_1=0}^{N_2-1} f(j_1, j_0) W^{-j_1 k_0 N_1} W^{-j_0 (k_1 N_2 + k_0)} \\ &= \frac{1}{N_1} \sum_{j_0=0}^{N_1-1} \left[\frac{1}{N_2} \sum_{j_1=0}^{N_2-1} f(j_1, j_0) W^{-j_1 k_0 N_1} \right] W^{-j_0 (k_1 N_2 + k_0)} \end{aligned} \tag{7.60}$$

根据(7.60)式，可以导出从$(f_0, f_1, \cdots, f_{N-1})$变换到$(F_0, F_1, \cdots, F_{N-1})$的一种逐步递推算法，其计算过程如下：

设 $f^{(0)}(j_1, j_0) = f_{j_1 N_1 + j_0} = f_j$ 为已知 $j_1 = 0,1,\cdots,N_2-1$；$j_0 = 0,1,\cdots,N_1-1$。

第一步：

$$f^{(1)}(k_0,j_0)=\frac{1}{N_2}\sum_{j_1=0}^{N_2-1}f^{(0)}(j_1,j_0)W^{-j_1k_0N_1}$$

$$(k_0=0,1,\cdots,N_2-1;j_0=0,1,\cdots,N_1-1)$$

第二步：

$$f^{(2)}(k_0,k_1)=\frac{1}{N_1}\sum_{j_0=0}^{N_1-1}f^{(1)}(k_0,j_0)W^{-j_0(k_1N_2+k_0)}$$

$$(k_0=0,1,\cdots,N_2-1;k_1=0,1,\cdots,N_1-1)$$

于是得到

$$F_k=F_{k_1N_2+k_0}=F(k_1,k_0)=f^{(2)}(k_0,k_1)$$

由以上讨论可以看出，FFT 是通过两步递推算法由 $\{f_j\}$ 计算出 $\{F_k\}$ 的。在第一步中，共有 $N(N_1N_2)$ 个 $f^{(1)}(k_0,j_0)$ 值要计算，而每个值的计算又包含 N_2 次运算，故共需 NN_2 次运算；同理可知，在第二步中共需 NN_1 次运算。两步加起来，总共需要 $N(N_1+N_2)$ 次运算。因此，用 FFT 的递推算法与传统的 DFT 的直接算法所需计算量之比为

$$\frac{N(N_1+N_2)}{N^2}=\frac{N_1+N_2}{N}$$

假设 $N=35,N_1=5,N_2=7$，则此比值为 12/35，即计算量大约减少到原来的 1/3。显然，N 越大，N_1 与 N_2 的值越接近，计算效率的提高越显著。如果 N_1 与 N_2 可以进一步分解，上述算法显然可以推广到多因数的递推算法。设 $N=N_1,N_2,\cdots,N_m$，则采用多因数递推的 FFT，总共只需要 $N(N_1+N_2+\cdots+N_m)$ 次运算，可以使计算效率进一步得到提高。

7.3.3 勒让德变换

在谱模式的数值计算中，需要把物理量按球谐函数展开，求出球面上的二维谱系数，即不但要进行 DFT(或 FFT)，而且还要进行勒让德变换。勒让德变换是通过应用高斯求积公式来实现的。

数值积分法通常是用一有限项的求和来近似代替积分运算。因此，它必然存在一定的误差。一般常用“代数精确度”的概念来衡量一个数值积分公式的精确程度。如果一个求积公式对于 $f(x)=x^k\ (k=0,1,\cdots,n)$ 都能精确成立，而对 $f(x)=x^{n+1}$ 就不再精确成立，则称这个求积公式具有 n 次代数精确度。一般来说，一个求积公式的代数精确度越高，它的计算结果就越精确。

例如，梯形求积公式

$$\int_a^b f(x)\mathrm{d}x \approx \frac{b-a}{2}[f(a)+f(b)]$$

容易验证,它对于 $f(x)=1$ 和 $f(x)=x$ 都是精确成立的,但对于 $f(x)=x^2$ 便不再精确成立。因此,梯形公式具有一次代数精确度。

又如辛普森求积公式

$$\int_a^b f(x)\mathrm{d}x \approx \frac{b-a}{6}\left[f(a)+4f\left(\frac{a+b}{2}\right)+f(b)\right]$$

容易证明,它具有三次代数精度。

一般而言,n 个结点的内插求积公式至少具有 $n-1$ 次代数精度。因此可以通过增加结点的数目来提高数值积分的精度。在选择数值积分公式时,当然希望以相同的计算代价获得更为精确的计算结果,即能否适当选择 n 个结点和相应的 n 个系数,使得求积公式具有最高的代数精确度。按这个观点导出的数值积分公式就是高斯型求积公式。

高斯型求积公式的一般形式为

$$\int_a^b \omega(x)f(x)\mathrm{d}x \approx \sum_{i=1}^{n} c_i f(x_i) \tag{7.61}$$

式中系数 $\omega(x)\geqslant 0$ 称为权函数,当取 $\omega(x)=1$ 时,上式左端即为普通积分,而对于任何普通积分 $\int_a^b f(x)\mathrm{d}x$,都可将它写为 $\int_a^b \omega(x)\frac{f(x)}{\omega(x)}\mathrm{d}x$ 而化为(7.61)式左端的形式。(7.61)式右端的系数 c_i 与 $f(x)$无关,但可依赖于权函数 $\omega(x)$。我们的目的就是要适当选择 n 个结点的坐标 $x_1,x_2,\cdots,x_n$,使得求积公式(7.61)式具有最高的代数精确度。

对于固定的 n 值,假设公式(7.61)式对于 m 次多项式(m 待定)

$$f(x)=a_m x^m + a_{m-1}x^{m-1}+\cdots+a_1 x + a_0$$

是精确成立的,将上式代入(7.61)式可得

$$\begin{aligned} & a_m\int_a^b \omega(x)x^m\mathrm{d}x + a_{m-1}\int_a^b \omega(x)x^{m-1}\mathrm{d}x+\cdots+a_0\int_a^b \omega(x)\mathrm{d}x \\ & = \sum_{i=1}^{n} c_i(a_m x_i^m + a_{m-1}x_i^{m-1}+\cdots+a_0) \end{aligned} \tag{7.62}$$

令
$$\mu_k = \int_a^b \omega(x)x^k\mathrm{d}x \quad (k=0,1,\cdots,m)$$

则(7.62)式可简化为

$$\begin{aligned} & a_m\mu_m + a_{m-1}\mu_{m-1}+\cdots+a_0\mu_0 \\ & = a_m\sum_{i=1}^{n} c_i x_i^m + a_{m-1}\sum_{i=1}^{n} c_i x_i^{m-1}+\cdots+a_0\sum_{i=1}^{n} c_i \end{aligned} \tag{7.63}$$

若权函数 $\omega(x)$的形式已给定,则上式中 μ_k 为已知的常数。由于多项式 $f(x)$的

系数 $a_m, a_{m-1}, \cdots, a_0$ 具有任意性，则(7.63)式成立的充分必要条件为

$$\begin{cases} c_1 + c_2 + \cdots + c_n = \mu_0 \\ c_1 x_1 + c_2 x_2 + \cdots + c_n x_n = \mu_1 \\ \cdots\cdots\cdots\cdots \\ c_1 x_1^m + c_2 x_2^m + \cdots + c_n x_n^m = \mu_m \end{cases} \tag{7.64}$$

由于 $2n$ 个待定的参数($c_1, c_2, \cdots, c_n; x_1, x_2, \cdots, x_n$)最多只能给出 $2n$ 个独立的条件，所以由上式可知 m 最多为 $2n-1$，即具有 n 个结点的高斯型求积公式(7.61)式可能达到的最高代数精确度为 $2n-1$ 次，可以证明，当取 $m=2n-1$ 时，方程(7.64)是可解的，因此，确实可以找到一组 x_i 和 $c_i(i=1,2,\cdots,n)$使求积公式(7.61)式达到$(2n-1)$次的代数精确度。

高斯型求积公式的结点和系数虽然可由方程(7.64)解出，但是求解这样一个非线性方程相当困难。一般是应用正交多项式来确定它们。由于推导过程比较复杂，这里仅给出有关的结果。

高斯型求积公式(7.61)式的 n 个结点 $x_1, x_2, \cdots, x_n$ 是在区间$[a,b]$上关于权函数 $\omega(x)$的 n 次标准化正交多项式 $Q_n(x)$的 n 个零点，$Q_n(x)$满足下式

$$\frac{1}{b-a}\int_a^b \omega(x) Q_n^2(x) \mathrm{d}x = 1 \tag{7.65}$$

高斯型求积公式的 n 个系数为

$$c_i = \frac{a_n(b-a)}{a_{n-1} Q_n'(x_i) Q_{n-1}(x_i)} \quad (i = 1,2,\cdots,n) \tag{7.66}$$

式中 a_n 和 a_{n-1}分别为 n 次和 $n-1$ 次标准化正交多项式 $Q_n(x)$和 $Q_{n-1}(x)$首项系数。此外可以证明，如果 $f(x)$在区间$[a,b]$上连续，当 $n\to\infty$时，高斯型求积公式(7.61)式收敛于定积分，即

$$\lim_{n\to\infty}\sum_{i=1}^{n} c_i f(x_i) = \int_a^b \omega(x) f(x) \mathrm{d}x$$

上面讨论了对于一般的权函数 $\omega(x)$的高斯型求积公式。对于不同的权函数，可以得到不同的高斯型求积公式。高斯—勒让德求积公式是对应于权函数 $\omega(x)=1$ 的积分公式，它是古典的高斯型求积公式，故一般称之为高斯求积公式。

不失一般性，积分区间取为$[-1,1]$，因为应用积分变量变换，

$$x=\frac{a+b}{2}+\frac{b-a}{2}t$$

总可以把积分区间$[a,b]$变换成$[-1,1]$。根据(7.61)式，高斯求积公式可写为

$$\int_{-1}^{1} f(x) \mathrm{d}x \approx \sum_{i=1}^{n} c_i f(x_i) \tag{7.67}$$

我们知道，标准化的勒让德多项式

$$P_n(x)=\sqrt{2n+1}\,\frac{1}{2^n n!}\frac{\mathrm{d}^n}{\mathrm{d}x^n}(x^2-1)^n \tag{7.68}$$

是在区间[－1,1]关于权函数 $\omega(x)=1$ 的正交多项式，其首项系数为

$$a_n=\sqrt{2n+1}\,\frac{(2n)!}{2^n(n!)^2} \tag{7.69}$$

由前面介绍的高斯型求积公式的结点和系数的确定方法可知，高斯求积公式的 n 个结点 $x_1,x_2,\cdots,x_n$ 就是勒让德多项式 $P_n(x)$ 的 n 个零点，而相应的 n 个系数，由(7.66)式推得为

$$c_i=\frac{2(2n-1)(1-x_i^2)}{[nP_{n-1}(x_i)]^2} \tag{7.70}$$

或

$$c_i=\frac{2(2n+1)}{(1-x_i^2)[P'_n(x_i)]^2} \tag{7.71}$$

式中 $P'_n(x)$ 可由下面的递推公式确定，即

$$P'_n=\frac{n}{1-x^2}\left[\sqrt{\frac{2n+1}{2n-1}}P_{n-1}(x)-xP_n(x)\right] \tag{7.72}$$

关于高斯求积公式中的结点和系数，有关的书籍上列有较完整的表，可供查阅，也可编程序计算，其中结点可采用求函数零点的牛顿迭代法计算。需要指出的是，高斯求积公式的结点和系数仅与结点的总数 n 有关，而与被积函数 $f(x)$ 的形式无关。如果 $f(x)$ 为一多项式，且其最高次数小于或等于 $2n-1$，则此求积公式是精确成立的，实际计算时仅存在舍入误差。此外，高斯求积公式的结点刚好是 n 次勒让德多项式的零点，结点之间是非等距的。

在谱模式的数值计算中，需要解决如下形式的积分问题，即

$$Z_n^m=\frac{1}{2}\int_{-1}^{1}Z^m(\mu)P_n^m(\mu)\mathrm{d}\mu \tag{7.73}$$

式中 Z_n^m 为所要计算的某物理量的二维谱系数，$P_n^m(\mu)$ 为连带勒让德函数，可预先算好并存储在计算机内，$Z^m(\mu)$ 为通过 DFT(或 FFT)而得到的在每一高斯纬度 μ_k 上的一维谱系数(μ_k 为勒让德多项式 $P_n(\mu)=0$ 的根，与 μ_k 相对应的纬度称为高斯纬度)，m 表示纬向波数。

令 $f(\mu)=Z^m(\mu)P_n^m(\mu)$，可将(7.73)式改写为

$$Z_n^m=\frac{1}{2}\int_{-1}^{1}f(\mu)\mathrm{d}\mu \tag{7.74}$$

显然，以上定积分可采用高斯求积公式进行数值计算，这就是所谓的勒让德变换。如果高斯求积公式结点的坐标 μ_k 和相应的系数 c_k 都已确定，从南极到北极之间高斯结点的个数为 K，勒让德变换的计算公式可写为

$$Z_n^m = \frac{1}{2}\sum_{k=1}^{K} c_k f(\mu_k) = \frac{1}{2}\sum_{k=1}^{K} c_k Z^m(\mu_k) P_n^m(\mu_k) \tag{7.75}$$

如果 $f(\mu)$关于 μ 的最高次数不超过 $2K-1$ 的多项式,则(7.75)式的数值计算是完全精确的。

7.4 正压涡度方程谱模式

本节以球坐标系中的正压涡度方程谱模式为例,说明用谱方法求模式方程数值解的具体思路和计算方法。

7.4.1 控制方程

球坐标系的正压涡度方程为

$$\frac{\partial \zeta}{\partial t} = -\frac{1}{a}\left(\frac{u}{\cos\varphi}\frac{\partial}{\partial \lambda} + v\frac{\partial}{\partial \varphi}\right)(\zeta + f) \tag{7.76}$$

式中

$$\zeta = \frac{1}{a\cos\varphi}\left[\frac{\partial v}{\partial \lambda} - \frac{\partial}{\partial \varphi}(u\cos\varphi)\right]$$

由于速度场是水平无辐散的,因而可以引入流函数,将方程(7.76)中的风速分量 u, v 以及相对应的涡度 ζ 分别表示为

$$u = -\frac{1}{a}\frac{\partial \psi}{\partial \varphi}, \quad v = \frac{1}{a\cos\varphi}\frac{\partial \psi}{\partial \lambda}, \quad \zeta = \nabla^2 \psi$$

式中∇^2为球坐标系中的二维拉普拉斯算子,令 $\mu = \sin\varphi$,将方程(7.76)改写为

$$\nabla^2 \frac{\partial \psi}{\partial t} = -\frac{2\Omega}{a^2}\frac{\partial \psi}{\partial \lambda} + \frac{1}{a^2}F(\psi) \tag{7.77}$$

式中 $F(\psi) = \left(\frac{\partial \psi}{\partial \mu}\frac{\partial \nabla^2 \psi}{\partial \lambda} - \frac{\partial \psi}{\partial \lambda}\frac{\partial \nabla^2 \psi}{\partial \mu}\right)$为非线性项。

7.4.2 谱截断方程

选择球谐函数作为展开函数,并取三角形截断,则流函数 ψ 的截谱展开式为

$$\psi(\lambda, \mu, t) = \sum_{m=-M}^{M} \sum_{\substack{n=|m| \\ n\neq 0}}^{M} \psi_n^m(t) e^{im\lambda} P_n^m(\mu) \tag{7.78}$$

式中加的限制 $n \neq 0$ 相当于选择谱系数 $\psi_0^0(t) = 0$,这是因为流函数可以相差任意一个常数,将(7.78)式代入方程(7.77)式的左端项和右端第一项,并利用关系式(7.35)和(7.39)可以得到

$$
\begin{aligned}
&\sum_{m=-M}^{M}\sum_{n=|m|}^{M}-\frac{n(n+1)}{a^2}\frac{\mathrm{d}\psi_n^m(t)}{\mathrm{d}t}\mathrm{e}^{\mathrm{i}m\lambda}P_n^m(\mu)\\
&=-\frac{2\Omega}{a^2}\sum_{m=-M}^{M}\sum_{n=|m|}^{M}\mathrm{i}m\psi_n^m(t)\mathrm{e}^{\mathrm{i}m\lambda}P_n^m(\mu)+\frac{1}{a^2}F(\psi)
\end{aligned}
\tag{7.79}
$$

将上式两端同乘以 $Y_n^{m*}(\lambda,\mu)$ 后对整个球面积分，并利用球谐函数的正交性可得

$$
\frac{\mathrm{d}\psi_n^m(t)}{\mathrm{d}t}=\frac{1}{n(n+1)}\left[2\mathrm{i}\Omega m\psi_n^m(t)-\frac{1}{4\pi}\int_{-1}^{1}\int_{0}^{2\pi}F(\psi)\mathrm{e}^{-\mathrm{i}m\lambda}P_n^m(\mu)\mathrm{d}\lambda\mathrm{d}\mu\right] \tag{7.80}
$$

上式即为正压涡度方程(7.77)的谱截断方程。

7.4.3　非线性项的计算方法

谱截断方程(7.80)式中的 $F(\psi)$ 为非线性项，包含有流函数空间微商的乘积。早期的谱模式采用所谓相互作用系数法计算非线性项，即把 $F(\psi)$ 中的流函数都按(7.78)式展开，在谱空间计算非线性项中各项的乘积。用相互作用系数法计算正压涡度方程谱模式中的非线性项，如果用平行四边形截断，且截断波数取为 M，则每积分一个时间步长便需要 $O(M^5)$ 次计算，并且需要 $O(M^5)$ 存储单元。当截断波数 M 取得比较大时，这种方法所需要的计算量和存储量都大得惊人，很难用于实际预报。Orszag 和 Eliasen 于 1970 年分别提出了采用变换法计算非线性平流项的方案，使计算量和存储量大为减少，为谱模式的应用和发展铺平了道路。

变换法的基本思想是：首先将有关的场变量从谱空间 (m,n) 变换到几何空间 (λ,φ)，在经纬网格点上直接计算非线性项的值，然后再从几何空间 (λ,φ) 变换回谱空间 (m,n)，即根据非线性项的格点值计算它们所对应的谱系数。

采用变换法计算非线性项可按以下步骤进行：

(1)计算网格点上的非线性平流项

令 (λ_j,μ_k) 为网格点坐标，其中 μ_k 为勒让德多项式 $P_n(\mu)=0$ 的根 $(k=1,2,\cdots,K_2)$，与 μ_k 对应的纬度称为高斯纬度；j 表示某一纬圈上的格点序号；$\lambda_j=\frac{2\pi}{k_1}(j-1)$ $(j=1,2,\cdots,K_1)$。λ_j 和 μ_k 所对应经线和纬线构成的球面网格称为高斯网格。对于经纬网格点 (λ_j,μ_k)，根据流函数的截谱展开式(7.78)式以及球谐函数的微分性质可得

$$\left(\frac{\partial\psi}{\partial\lambda}\right)_{j,k}=\sum_{m=-M}^{M}\sum_{n=|m|}^{M}\mathrm{i}m\psi_n^m P_n^m(\mu_k)\mathrm{e}^{\mathrm{i}m\lambda_j}$$

$$\left(\frac{\partial\psi}{\partial\mu}\right)_{j,k}=\sum_{m=-M}^{M}\sum_{n=|m|}^{M}\psi_n^m\mathrm{e}^{\mathrm{i}m\lambda_j}\frac{\mathrm{d}P_n^m(\mu_k)}{\mathrm{d}\mu}$$

$$\left(\frac{\partial\nabla^2\psi}{\partial\lambda}\right)_{j,k}=\sum_{m=-M}^{M}\sum_{n=|m|}^{M}-\frac{\mathrm{i}mn(n+1)}{a^2}\psi_n^m\mathrm{e}^{\mathrm{i}m\lambda_j}P_n^m(\mu_k)$$

$$\left(\frac{\partial\nabla^2\psi}{\partial\mu}\right)_{j,k}=\sum_{m=-M}^{M}\sum_{n=|m|}^{M}-\frac{n(n+1)}{a^2}\psi_n^m\mathrm{e}^{\mathrm{i}m\lambda_j}\frac{\mathrm{d}P_n^m(\mu_k)}{\mathrm{d}\mu}$$

式中$\frac{\mathrm{d}P_n^m(\mu_k)}{\mathrm{d}\mu}$按递推公式(7.36)式计算。根据以上各式便可计算出几何空间各经纬网格点上的非线性项 $F(\psi)_{j,k}$。计算公式为

$$F(\psi)_{j,k}=\left[\left(\frac{\partial\psi}{\partial\lambda}\right)_{j,k}\left(\frac{\partial\nabla^2\psi}{\partial\mu}\right)_{j,k}-\left(\frac{\partial\psi}{\partial\mu}\right)_{j,k}\left(\frac{\partial\nabla^2\psi}{\partial\lambda}\right)_{j,k}\right] \tag{7.81}$$

(2)计算非线性项的展开系数 F_n^m

将非线性项 $F(\psi)$按球谐函数展开为

$$F(\psi)=\sum_{m=-M}^{M}\sum_{n=|m|}^{M}F_n^m(t)Y_n^m(\lambda,\mu) \tag{7.82}$$

展开系数 F_n^m 为

$$F_n^m=\frac{1}{4\pi}\int_0^{2\pi}\int_{-1}^{1}F(\lambda,\mu,t)Y_n^{m*}(\lambda,\mu)\mathrm{d}\mu\mathrm{d}\lambda$$

或

$$F_n^m=\frac{1}{4\pi}\int_0^{2\pi}\int_{-1}^{1}F(\lambda,\mu,t)\mathrm{e}^{-\mathrm{i}m\lambda}P_n^m(\mu)\mathrm{d}\mu\mathrm{d}\lambda \tag{7.83}$$

(7.83)式与正压涡度方程的谱截断方程(7.80)式相比较可以看出,若采用某种数值积分方法计算出展开系数 F_n^m,则可解决谱截断方程(7.80)中的非线性项的计算问题。根据本章 7.3 节中的讨论,(7.83)式中的积分可通过离散傅氏变换和勒让德变换求得。具体做法如下

令

$$F^m=\frac{1}{2\pi}\int_0^{2\pi}F(\lambda,\mu,t)\mathrm{e}^{-\mathrm{i}m\lambda}\mathrm{d}\lambda \tag{7.84}$$

则可将(7.83)式其改写为

$$F_n^m=\frac{1}{2}\int_{-1}^{1}F^m(\mu)P_n^m(\mu)\mathrm{d}\mu \tag{7.85}$$

(7.84)式中,F 在经纬网格点上的值为已知,应用离散傅里叶变换(DFT)可计算出 $F^m(\mu)$,即

$$F^m(\mu_k)=\frac{1}{K_1}\sum_{j=1}^{K_1}F(\psi)_{j,k}\mathrm{e}^{-\mathrm{i}m\lambda_j} \tag{7.86}$$

式中 K_1 为某一纬圈上的格点总数。

再利用高斯求积公式,(7.85)式可写为

$$F_n^m = \frac{1}{2}\sum_{k=1}^{K_2} G_k F^m(\mu_k) P_n^m(\mu_k) \tag{7.87}$$

式中 K_2 为由南极到北极之间高斯格点的总数。G_k 为高斯系数,计算公式为

$$G_k = \frac{2(1-\mu_k^2)}{[k_2 P_{K_2-K_1}(\mu_k)]^2}$$

为了保证计算 $F^m(\mu_k)$ 和 F_n^m 的代数精确度,K_1 和 K_2 的取值应满足以下关系

$$\begin{cases} K_1 \geqslant 3M-1 \\ K_2 \geqslant (3M-1)/2 \end{cases} \tag{7.88}$$

根据(7.86)和(7.87)式便可计算出非线性项 $F(\psi)$ 的展开系数 F_n^m。于是正压涡度方程的谱截断方程(7.80)式可改写为

$$\frac{\mathrm{d}\psi_n^{m(t)}}{\mathrm{d}t} = \frac{1}{n(n+1)}[2\mathrm{i}\Omega m\psi_n^m(t) - F_n^m(t)] \tag{7.89}$$

7.4.4　正压涡度方程谱模式的求解步骤

(1)计算初始时刻流函数的谱系数

由初始时刻全球经纬网格点上的相对涡度 $\zeta(\lambda,\mu,t)$ 计算其对应的谱系数

$$\zeta_n^m(t_0) = \frac{1}{4\pi}\int_{-1}^{1}\int_0^{2\pi}\zeta(\lambda,\mu,t_0)\mathrm{e}^{-\mathrm{i}m\lambda}P_n^m(\mu)\mathrm{d}\lambda\mathrm{d}\mu$$

再根据流函数与相对涡度的关系可由(7.39)式求出初始时刻流函数谱系数

$$\psi_n^m(t_0) = -\frac{a^2}{n(n+1)}\zeta_n^m(t_0) \quad (n\neq 0)$$

(2)计算非线性项的谱系数

采用变换法,先计算出经纬网格点上的非线性项 $F(\psi)_{j,k}$,再通过(7.86)和(7.87)式计算其谱系数 $F_n^m(t)$。

(3)时间积分

根据谱截断方程(7.89),由已知的 $\psi_n^m(t)$ 和 $F_n^m(t)$ 可以计算出流函数谱系数的时间变化倾向 $\mathrm{d}\psi_n^m(t)/\mathrm{d}t$,采用某种时间积分方案,求出下一时间步的流函数谱系数 $\psi_n^m(t+\Delta t)$。不断重复(2)~(3)的计算步骤,便可得到预定时刻的流函数谱系数。

(4)由流函数的谱系数合成流函数的格点值

利用流函数的截谱展开式 $\psi(\lambda,\mu,t) = \sum_{m=-N}^{N}\sum_{n=|m|}^{N}\psi_n^m(t)\mathrm{e}^{\mathrm{i}m\lambda}P_n^m(\mu)$ 可在需要的时刻(例如 $t=24$ 小时),由流函数的谱系数合成流函数的格点值,并打印或绘图输出。

以上讨论的求解正压涡度方程的谱方法，原则上也适用于多层斜压原始方程模式。

复习思考题

(1)简述谱方法的基本原理。

(2)简述正压涡度方程谱模式的求解步骤。

(3)谱模式相对于格点模式的优缺点是什么？

第 8 章　常用球面网格及离散方法

这一章主要介绍几个常见的球面划分网格和相应的离散计算方法。先介绍球面网格。

8.1　球面网格

球面网格通常指球面水平网格,球面水平网格的选择是全球大气数值模型的动力内核设计中首先要考虑的问题。球面网格与大规模并行计算机的效率和可伸缩性、方程离散的精度和守恒性等问题密切相关,同时也影响大气数值模式物理过程和动力内核耦合的数值方法。理想的球面水平网格应该是没有奇点和没有分辨率聚集或膨胀问题,并且最大网格距和最小网格距之比应接近于 1。

最初的球面网格采用的是经纬网格(见图 8.1)。但由于经线辐合在极点附近会产生奇异,离极点最近的那排网格要么处理为三角形,要么处理为一个边长为零的四边形。同时由于往极点方向,网格间距越来越小,受 CFL 条件的约束,积分时间步长越来越短,50%以上的计算机时间用在仅占地球面积 2%的两极积分上,而两极的天气过程又相对较为简单,势必造成计算上的浪费。再加上目前的一些物理过程参数

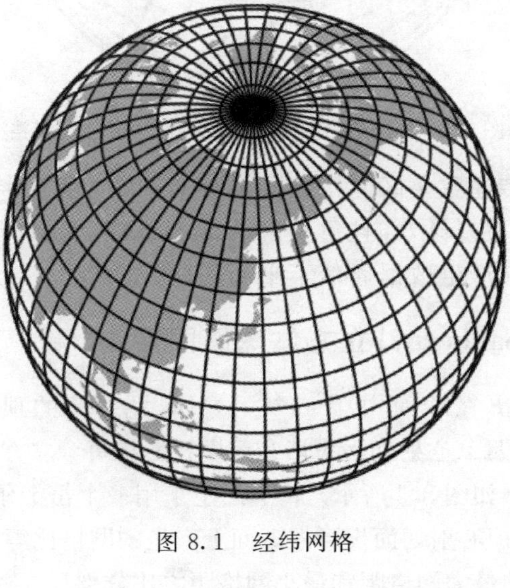

图 8.1　经纬网格

化方案只适用于一定的尺度范围，不能适用于所有尺度，而一般的经纬网格格距从赤道向两极逐渐减小，目前的物理过程参数化方案难以胜任。也有作者认为，在两极附近的经向上采用空间滤波器过滤快波，以保持计算稳定，但这仅是一种工程技术方法，Purser(1988)认为，这种过滤器会产生明显的误差。常见的几种球面网格如下。

8.1.1 菲利普斯(Phillips)合成网格

这种网格也叫重叠网格(图 8.2)，是由南北半球的两个极射赤面投影和赤道带的墨卡托投影组成，重叠区采用插值的方式来处理。为使最大网格距与最小网格距之比达到最小，Phillips(1957)将 Mercator 投影网格的南北边界纬度取为 43.27°，得到的比率为 1.373。如果网格之间没有任何重叠，这个比率还可以下降到 1.2，并且南北边界的纬度可以达到 36.87°。

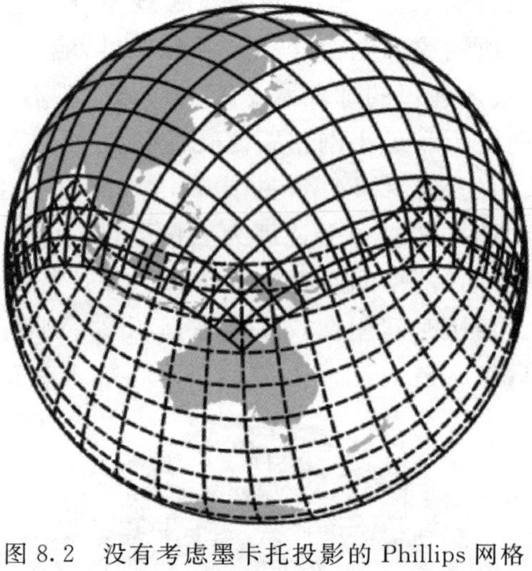

图 8.2　没有考虑墨卡托投影的 Phillips 网格

但这种网格需要传递重叠区网格之间的信息，致使求解半隐式时间积分的亥姆霍兹(Helmholtz)问题更复杂，并且重叠区的地转适应问题和能量守恒难以保证，同时在实现并行算法时会产生数据通信不平衡问题。

8.1.2 萨杜尔尼(Sadourny)立方体球面网格

Sadourny(1972)提出在球面内接一个立方体，立方体的顶面和底面位于南北纬 35.26°。可以采用等距投影、心射切面投影和等角投影将每个立方体的面投影到球面上形成曲线四边形球面网格(如图 8.3 所示)，每个面上采用一个笛卡尔坐标系，这样每个坐标等值线就是一个圆弧。但心射切面投影在球面上产生的网格比等角投影产生的网格更不均匀，等距和等角投影的最大网格距和最小网格距之比分别是 5.2 和 1.3。虽没有极点奇异,但球面的八个角是奇异点,并且每个面的边界会出现噪声,难以保证内部的精度。Purser 和 Rancic(1997)通过变分原理使球面网格平滑准均匀,但不能保证正形和正交。

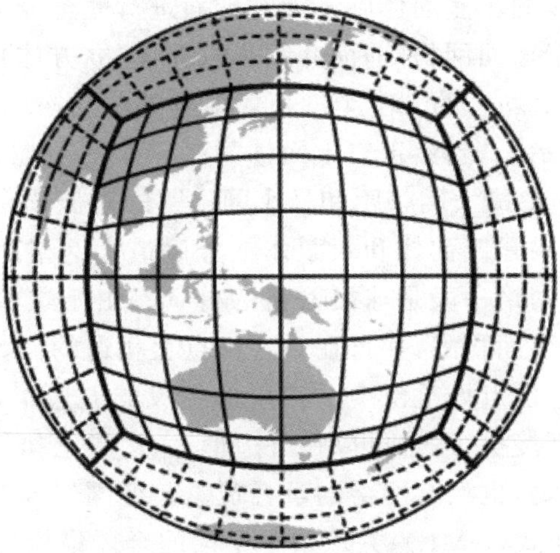

图 8.3　Sadourny 立方体球面网格

8.1.3　栗原(Kurihara)网格

Kurihara(1965)提出了一种简化的经纬网格,也称为精简网格,就是从赤道向两极方向每一个纬度都减少一定的格点,约可减少 30%的网格点,这样可以节约经纬网格两极附近的计算量(如图 8.4 所示),并且使网格较为均匀,但会产生位相误差,造成波动的经向坡度加大,从而产生虚假的经向输送。

图 8.4　Kurihara 网格

8.1.4 二十面体网格

一般超过二十面体的正多面体则不能对球面进行完全分割，因此，只有二十面体以下的正多面体可用于球面网格，前面介绍了六面体（立方体）球面网格，下面看一下McHale(1962)设计的由均匀的二十个三角形组成的非结构球面网格，也称之为二十面体网格（如图8.5所示）。当然正二十面体的每一个面可以细分成 p^2 个等边三角形，其中 $p=2,3,\cdots$，其中最大网格距和最小网格距的近似比率约为1.2，是一种比较均匀的球面网格，但如果是四面体和八面体细分后最大网格距和最小网格距比率都比较大，因此二十面体网格一般是球面网格的首选。由于这些面心射切面投影到球面上，它们可能不再是等面积的，并且在一些顶点上相遇的面数与其他顶点上的面数可能不同，其中有12个顶点处是由5个三角形组成的五边形，实际上在数值离散时可以在三角形划分上直接执行，也可以在五边形/六边形上执行。这种网格没有极点奇异、没有分辨率的聚集，也没有网格的重叠现象。德国气象局在二十面体网格基础上建立了第一个业务模式(GME)，并取代了早期的全球谱模式。

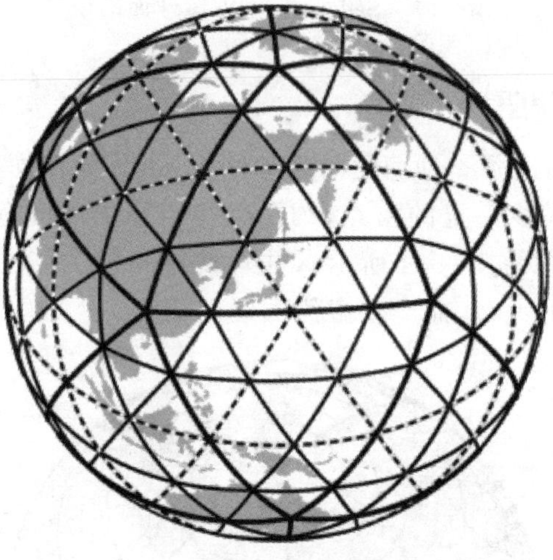

图8.5 二十面体网格

8.1.5 阴阳网格

Kageyama(2004)提出了一种球面准均匀合成网格——阴阳网格，是由两个互相垂直带缺口的经纬网格组成，其中一个是球面上经度0°～270°、纬度为±45°之间的经纬网格低纬部分，称之为阳网格（图8.6(a)），另一个是阳网格旋转90°后填充阳网格缺口的那个分量（图8.6(b)），两个分量网格合成后的效果（阴阳网格）见图

8.6(c),二者在边缘处有部分重叠,最大网格距和最小网格距之比为 1.414。在同样分辨率的情况下,阴阳网格点数大约占传统的经纬网格点数的 20%～25%,但没有奇异点。因为两个分量网格都是基于一般的球坐标,并且两个分量网格互相正交,因此可直接利用现有的正交曲线坐标系中相关的离散方案和代码。但阴网格上的科氏力不再是纬度坐标的简单函数,并在两个分量网格的重叠区域需要插值和考虑守恒问题。

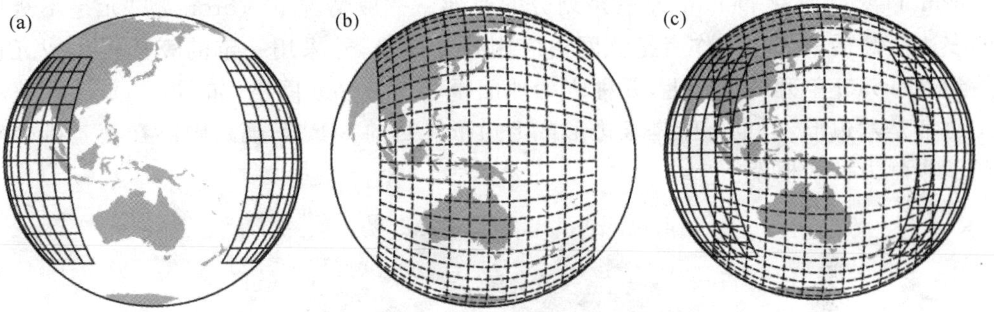

图 8.6　阴阳网格
(a)阳网格;(b)阴网格;(c)阴阳网格

8.1.6　斐波纳契(Fibonacci)网格

斐波纳契网格是由 Swinbank(2006)提出的,是一种均匀的各向同性球面网格,类似于自然界中的向日葵头种子和菠萝外表的螺旋结构(图 8.7)。在数值计算时进行德劳内(Delaunay)三角化,但在其上面进行方程离散比较困难,并且在浅水模式的试验中发现会出现计算不稳定,因此,现在还没有被应用。

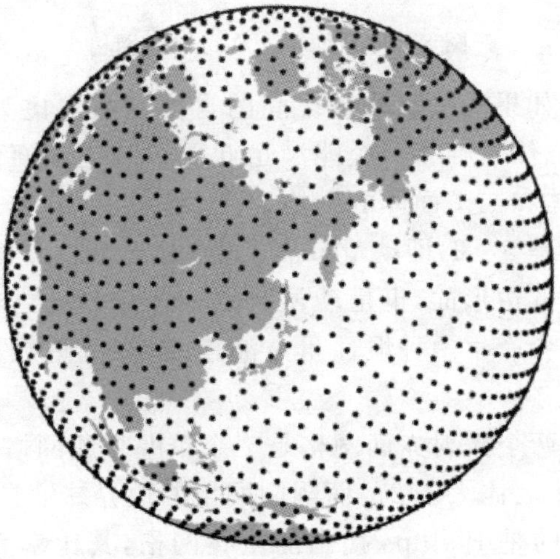

图 8.7　斐波纳契网格

8.1.7 球面重心泰森多边形(Voronoi)网格

Voronoi 网格是由 Georgy Voronoi(1908)提出的,最初出现在数学领域,是一种分解区域的方法,把一个区域分成若干个子区域,每个子区域包含一个点,该点所在的子区域是到该点距离最近点的集合,这些点称之为生成元,这些子区域称之为 Voronoi 单元,它是 Delaunay 三角划分的对偶。一般情况下 Voronoi 单元是不规则的多边形。后来气象工作者把该网格应用到球面上,并采用一定的算法将生成元调整到 Voronoi 单元的重心上,并称之为球面重心 Voronoi 网格(如图 8.8),该网格单元通常是六边形,但也可能是五边形或七边形。目前 MPAS 模式中已在其基础上实现了非静力模式框架。

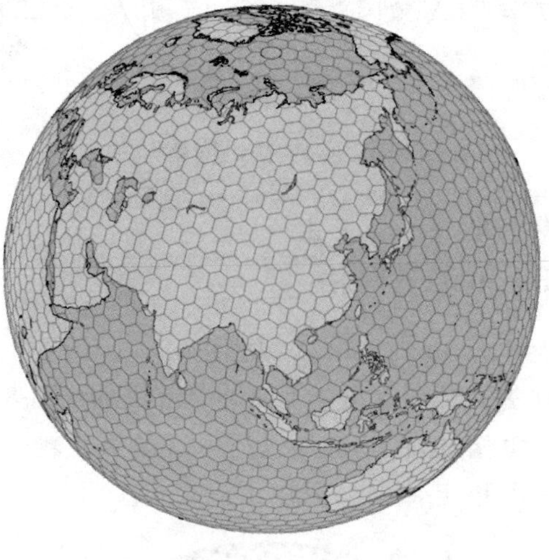

图 8.8 球面重心 Voronoi 网格

从自由度数来讲,如果动量和质量之间的自由度数之比为 2∶1,则不会产生虚假的计算模态。像立方体是唯一一个能满足此要求的正多面体,而三角形规则的多面体,像四面体、八面体和二十面体的网格,其比率为 3∶2,也就是说质量节点太多;对于十二面体,其比率是 5∶2,即动量节点太多;对于五边形/六边形网格,比率接近 3∶1,即六边形面多于五边形面,也是动量节点太多,这些网格都会产生虚假的计算模态,像三角形网格中会产生两种惯性重力波模态,在五边形/六边形网格中会产生一种虚假的 Rossby 模态。

从计算效率来讲,两个极射赤面网格是三个重叠合成网格中效率最低的,它的最大网格距和最小网格距之比大于 2。而阴阳网格的边界纬度在 45°附近时,其比率降低到 1.414,效率最高的是 Phillips 提出的重叠网格,其比率为 1.373。但这些重叠网格都是以重叠区二倍的计算量为代价，并且还必须重点考虑重叠区的守恒问题、对波动传播的影响问题以及两分量网格之间通信的并行效率问题。

8.2 阴阳网格及其处理方法

本节先介绍阴阳网格的基本知识。

8.2.1 阴阳网格的数学表达

阴阳网格是一种球面上的重叠网格，它由两个相同的经纬网格扣合组成，如图 8.6 所示。

在笛卡尔坐标系中，阴阳网格之间的关系表达系为

$$(x^n, y^n, z^n) = (-x^e, z^e, y^e) \tag{8.1}$$

式中 n 表示阳网格，e 表示阴网格。(8.1)式的矩阵形式可写为

$$\begin{bmatrix} x^n \\ y^n \\ z^n \end{bmatrix} = \boldsymbol{M} \begin{bmatrix} x^e \\ y^e \\ z^e \end{bmatrix}$$

其中 $\boldsymbol{M} = \begin{bmatrix} -1 & 0 & 0 \\ 0 & 0 & 1 \\ 0 & 1 & 0 \end{bmatrix}$，且 $\boldsymbol{M} = \boldsymbol{M}^{-1}$，表明阴阳网格之间的坐标转换是对称的，这种坐标转换的对称对阴阳网格进行标量矢量计算具有很大的灵活性，这也是阴阳网格优于其他重叠网格之处。

按照(8.1)式可知在球坐标系下阴阳网格的表达式为

$$r^n = r^e \tag{8.2}$$

$$\cos\varphi^n = -\cos\varphi^e \cos\lambda^e \tag{8.3}$$

$$\cos\varphi^n \sin\lambda^n = \sin\varphi^e \tag{8.4}$$

$$\sin\varphi^n = \cos\varphi^e \sin\lambda^e \tag{8.5}$$

λ 代表球坐标系下经向坐标，φ 为球坐标系下的纬向坐标，上标 n 和 e 和前述相同。由于阴阳网格是普通经纬网格的低纬部分，对于每一分量网格(阴或阳网格)其经纬度的范围为

$$-\pi/4 - \delta \leqslant \varphi \leqslant \pi/4 + \delta \tag{8.6}$$

$$\pi/4 - \delta \leqslant \lambda \leqslant 7\pi/4 + \delta \tag{8.7}$$

式中 δ 是阴阳网格边界的缓冲区域，δ 与网格距 $\Delta\lambda$ 或 $\Delta\varphi$ 成比例，是为了保证阴阳网格相互重叠完成覆盖全球而扩展的区域。扩展边界 δ 在阴阳网格边界数据交换时有其重要的应用。关于 $\Delta\lambda$ 和 $\Delta\varphi$ 有如下定义

$$\Delta\lambda = (\lambda_{\max} - \lambda_{\min})/(N_\lambda - 1) \tag{8.8}$$

$$\Delta\varphi = (\varphi_{\max} - \varphi_{\min})/(N_\varphi - 1) \tag{8.9}$$

当 $\delta=0$ 时，有 $\lambda_{\max}=7\pi/4$，$\lambda_{\min}=\pi/4$，$\varphi_{\max}=\pi/4$，$\varphi_{\min}=-\pi/4$，而 N_λ 和 N_φ 分别为经向和纬向的总格点数。在各分量网格上，均匀离散格点经纬度的表达式为

$$\begin{cases}\varphi_j^l = \varphi_{\min} + j\Delta\varphi & (j = 0, N_\varphi - 1)\\ \lambda_i^l = \lambda_{\min} + i\Delta\lambda & (i = 0, N_\lambda - 1)\end{cases} \tag{8.10}$$

(8.10)式中当 $l=n$ 时代表阳网格，$l=e$ 时代表阴网格。

8.2.2 阴阳网格的优缺点

阴阳网格作为重叠网格，在进行数值计算时有其独特的优势：首先在几何和度量张量上非常简单；其次阴阳网格是普通经纬网格的低纬部分，纬向定义域在$(-\pi/4,\pi/4)$，在进行动量方程求解时不会因为气压梯度力项和曲率项存在 $1/\cos\varphi$ 而出现坐标奇异；且因为阴阳网格是普通经纬网格的低纬部分，因此阴阳网格的格距比较均匀，最小格距和最大格距之比为$\sqrt{2}/2$，这是数值网格设计所追求的。但是阴阳网格也存在分量网格之间重叠和内部边界等不足，这不仅影响数值计算精度，而且守恒处理也非常棘手。

8.2.3 阴阳网格边界数据插值

阴阳网格是重叠网格，有关重叠网格在地球科学上的应用，可以追溯至 20 世纪 50 年代，当时 Phillips 提出了一种复合网格，并在该网格上进行了偏微分方程求解。同其他重叠网格一样，需要处理各分量网格的数据交换和在重叠区域的插值求解，阴阳网格也不例外。关于阴阳网格边界的数据插值问题，Peng 等(2005)在阴阳网格上提出双线性插值和准三次边界插值，Li 等(2006)采用拉格朗日插值进行阴阳网格边界的数据交换，Baba 等(2010)针对阴阳网格边界重叠处分别选择不同的拉格朗日插值，Qaddouri 等(2008,2011)针对浅水方程处理阴阳边界时，提出了分量网格交换的不同边界条件，并对边界采用三次拉格朗日插值，李江浩等(2013)对阴阳网格边界进行质量守恒处理时采用双线性插值方法。下面针对拉格朗日插值，介绍其在阴阳网格的详细计算过程。

在阴阳网格上进行数值计算时，由于阴阳网格是重叠网格，需要在边界处进行插值，以完成阴阳各分量网格边界处的数据交换，阴阳网格边界的插值通常是在分量网格的扩展区内进行。设在阳网格边界扩展区上某点的坐标为$(\lambda_h^e,\varphi_h^e)$，由(8.4)与(8.5)式可知，该点可用阴网格点的坐标$(\lambda_{in}^n,\varphi_{in}^n)$表示为

$$\varphi_h^e = \arcsin(\cos\varphi_{in}^n \sin\lambda_{in}^n) \tag{8.11}$$

$$\lambda_h^e = \arcsin(\sin\varphi_{in}^n / \cos\varphi_h^e) \tag{8.12}$$

由(8.11)和(8.12)式可以方便确定阳网格边界扩展区上的点在阴网格的位置，从而可以在阴网格中对其进行拉格朗日插值求解。拉格朗日插值处理过程如下：设在经向方向上分布着 $x_0, x_1, \cdots, x_n$ 的 $n+1$ 个离散格点，则对一维拉格朗日的基函数 $l_i(x)$ 为

$$l_i(x) = \prod_{j=0, j\neq i}^{n} \frac{x - x_j}{x_i - x_j} (i = 0, 1, \cdots, n) \tag{8.13}$$

(8.13)式的插值具有 n 阶精度，同理在纬向方向上对于分布着的 $y_0, y_1, \cdots, y_n$ 的 $n+1$ 个离散格点可以得出其插值基函数 $l_j(y)$。对于三次拉格朗日插值可知其一维基底函数为

$$l_0(x_0) = \frac{(x - x_1)(x - x_2)(x - x_3)}{(x_0 - x_1)(x_0 - x_2)(x_0 - x_3)} \tag{8.14}$$

$$l_1(x_1) = \frac{(x - x_0)(x - x_2)(x - x_3)}{(x_1 - x_0)(x_1 - x_2)(x_1 - x_3)} \tag{8.15}$$

$$l_2(x_2) = \frac{(x - x_0)(x - x_1)(x - x_3)}{(x_2 - x_0)(x_2 - x_1)(x_2 - x_3)} \tag{8.16}$$

$$l_3(x_3) = \frac{(x - x_0)(x - x_1)(x - x_2)}{(x_3 - x_0)(x_3 - x_1)(x_3 - x_2)} \tag{8.17}$$

如图 8.9，设阳网格边界扩展区（虚线表示）E 点为所要的插值点，其坐标为(x_p, y_p)，对应的物理量的值为 $q_E^n(x_p, y_p)$。首先通过一维三次拉格朗日插值求出 $q_A^n(x_p, y_0)$，$q_B^n(x_p, y_1)$，$q_C^n(x_p, y_2)$，$q_D^n(x_p, y_3)$，对应的求解公式如下

$$\begin{aligned} q_A^n(x_p, y_0) = {} & l_0(x_0)q^n(x_0, y_0) + l_1(x_1)q^n(x_1, y_0) + \\ & l_2(x_2)q^n(x_2, y_0) + l_3(x_3)q^n(x_3, y_0) \end{aligned} \tag{8.18}$$

$$\begin{aligned} q_B^n(x_p, y_1) = {} & l_0(x_0)q^n(x_0, y_1) + l_1(x_1)q^n(x_1, y_1) + \\ & l_2(x_2)q^n(x_2, y_1) + l_3(x_3)q^n(x_3, y_1) \end{aligned} \tag{8.19}$$

$$\begin{aligned} q_C^n(x_p, y_2) = {} & l_0(x_0)q^n(x_0, y_2) + l_1(x_1)q^n(x_1, y_2) + \\ & l_2(x_2)q^n(x_2, y_2) + l_3(x_3)q^n(x_3, y_2) \end{aligned} \tag{8.20}$$

$$\begin{aligned} q_D^n(x_p, y_3) = {} & l_0(x_0)q^n(x_0, y_3) + l_1(x_1)q^n(x_1, y_3) + \\ & l_2(x_2)q^n(x_2, y_3) + l_3(x_3)q^n(x_3, y_3) \end{aligned} \tag{8.21}$$

由(8.18)—(8.21)式在纬向方向上进行插值可以得到 $q_E^n(x_p, y_p)$，其表达式如下

$$\begin{aligned} q_E^n(x_p, y_p) = {} & l_0(y_0)q^n(x_p, y_3) + l_1(y_1)q^n(x_p, y_1) + \\ & l_2(y_2)q^n(x_p, y_2) + l_3(y_3)q^n(x_p, y_3) \end{aligned} \tag{8.22}$$

(8.22)式完成了阴阳网格边界处的数据交换，但是上述处理过程只是针对物理量是标量的情况，对于矢量数据的交换还涉及到阴阳网格数据之间的向量转换，设转换矩阵为 $\boldsymbol{P}$，其对应的逆为 $\boldsymbol{P}^{-1}$，阴阳网格向量数据转换公式（从阳网格到阴网格）

$$\begin{bmatrix} v^n \\ u^n \end{bmatrix} = \boldsymbol{P}\begin{bmatrix} v^e \\ u^e \end{bmatrix}, \quad \boldsymbol{P} = \begin{bmatrix} -\sin\lambda^e\sin\lambda^n & -\cos\lambda^e/\cos\varphi^n \\ \cos\lambda^e/\cos\varphi^n & -\sin\lambda^e\sin\lambda^n \end{bmatrix} \tag{8.23}$$

同理,可得出从阴网格到阳网格的向量数据转换关系式

$$\begin{bmatrix} v^e \\ u^e \end{bmatrix} = \boldsymbol{P}^{-1}\begin{bmatrix} v^n \\ u^n \end{bmatrix}, \quad \boldsymbol{P}^{-1} = \begin{bmatrix} -\sin\lambda^n\sin\lambda^e & -\cos\lambda^n/\cos\varphi^e \\ \cos\lambda^n/\cos\varphi^e & -\sin\lambda^n\sin\lambda^e \end{bmatrix} \tag{8.24}$$

(u^n, v^n)和(u^e, v^e)分别是阴网格和阳网格的水平分量。

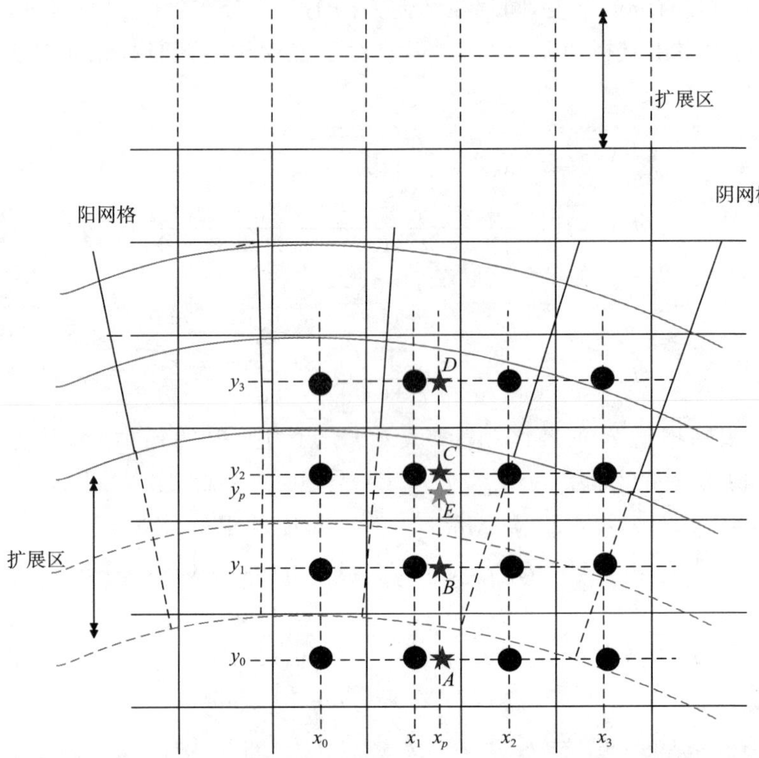

图 8.9 阴阳网格边界数据插值示意图(E 为插值点,A,B,C,D 为辅助点)

8.2.4 阴阳网格上的数值计算方法

自从 kageyama 和 sato(2004)提出了阴阳网格,关于在阴阳网格上进行数值计算和模拟成为众多大气模式和计算流体力学科技工作者所研究的课题。越来越多的数值计算方法被应用到阴阳网格上,为构造全球高分辨非静力的阴阳网格模式奠定了理论基础。下面主要介绍基于阴阳网格上的数值计算和处理的方法。

8.2.4.1 优化的 Schwarz 方法

优化的 Schwarz 方法是 Qaddouri(2008,2011)应用的解决球面阴阳网格浅水方

程的一种数值计算处理方法。该方法最早是由 Gander(2006)提出。Qaddouri(2008,2011)分别对球面一维浅水方程、二维浅水方程组进行了该方法的研究,数值试验表明应用优化 Schwarz 方法解决球面浅水方程组的椭圆型问题具有很好的收敛性和精度。下面针对球面阴阳网格上的二维线性浅水方程组介绍优化的 Schwarz 方法应用。球面阴阳网格二维线性浅水方程组的形式如下

$$\frac{\partial U^{(l)}}{\partial t}+\frac{1}{a^2}\frac{\partial \phi^{(l)}}{\partial \lambda}=0 \tag{8.25}$$

$$\frac{\partial V^{(l)}}{\partial t}+\frac{1}{a^2}\cos\theta\frac{\partial \phi^{(l)}}{\partial \theta}=0 \tag{8.26}$$

$$\frac{\partial \phi^{(l)}}{\partial t}+\phi^{*}D^{(l)}=0 \tag{8.27}$$

式中 $l=e$ 代表阳网格,$l=n$ 代表阴网格,a 表示地球半径,$(U,V)=\frac{\cos\theta}{a}(u,v)$,$u,v$ 表示水平风场,ϕ 为扰动位势,ϕ^{*} 为参考位势,D 为浅水方程中的散度项,其表达形式为

$D=\frac{1}{\cos^2\theta}\left(\frac{\partial U}{\partial \lambda}+\cos\theta\frac{\partial V}{\partial \theta}\right)$。式(8.25),(8.26),(8.27)中含 ϕ 的梯度项和散度项 D 是产生高频重力波的主要来源,为了保证数值积分时间步长对含 ϕ 的梯度项和散度项 D 采用隐式的时间积分方案。式(8.25),(8.26),(8.27)经过时间离散化后得到如下形式

$$\left[\frac{U^{(l)}}{\tau}+\frac{1}{a^2}\frac{\partial \phi^{(l)}}{\partial \lambda}\right](\lambda,\theta,t)=R_U^{(l)}=\left[\frac{U^{(l)}}{\tau}-\frac{1}{a^2}\frac{\partial \phi^{(l)}}{\partial \lambda}\right](\lambda,\theta,t-\Delta t) \tag{8.28}$$

$$\left[\frac{V^{(l)}}{\tau}+\frac{1}{a^2}\cos\theta\frac{\partial \phi^{(l)}}{\partial \theta}\right](\lambda,\theta,t)=R_V^{(l)}=\left[\frac{V^{(l)}}{\tau}-\frac{1}{a^2}\cos\theta\frac{\partial \phi^{(l)}}{\partial \theta}\right](\lambda,\theta,t-\Delta t) \tag{8.29}$$

$$\left[\frac{\phi^{(l)}}{\tau}+\phi^{*}D^{(l)}\right](\lambda,\theta,t)=R_\phi^{(l)}=\left[\frac{\phi^{(l)}}{\tau}-\phi^{*}D^{(l)}\right](\lambda,\theta,t-\Delta t) \tag{8.30}$$

式中 $\tau=\frac{\Delta t}{2}$,采用 Arakawa C 网格将式(8.28),(8.29),(8.30)进行空间离散,对于 $N\times M$ 形式的网格,ϕ 可取(N,M)的格点数,U 取$(N-1,M)$的格点数,V 取$(N,M-1)$的格点数。将式(8.28),(8.29),(8.30)进行空间离散得到如下形式的离散方程

$$\left[\frac{U_{i,j}^{(l)}}{\tau}+\frac{1}{a^2}\frac{\phi_{i+1,j}^{(l)}-\phi_{i,j}^{(l)}}{h_\lambda}\right]=R_U^{(l)},\quad i=1,N-1;j=1,M \tag{8.31}$$

$$\left[\frac{V_{i,j}^{(l)}}{\tau}+\frac{1}{a^2}\cos\theta_j\frac{\phi_{i,j+1}^{(l)}-\phi_{i,j}^{(l)}}{h_\theta}\right]=R_V^{(l)},\quad i=1,N;j=1,M-1 \tag{8.32}$$

$$\left[\frac{\phi_{i,j}^{(l)}}{\tau}+\phi^{*}D_{i,j}^{(l)}\right]=R_{\phi}^{(l)},\quad i=2,N-1;j=2,M-1 \tag{8.33}$$

$$D_{i,j}^{(l)}=\frac{1}{\cos^{2}\theta_{j}}\left(\frac{U_{i,j}^{(l)}-U_{i-1,j}^{(l)}}{h_{\lambda}}+\cos\theta_{j}\,\frac{V_{i,j}^{(l)}-V_{i,j-1}^{(l)}}{h_{\theta}}\right) \tag{8.34}$$

式中 h_{λ},h_{θ} 分别为球面阴阳网格的经向和纬向格距,$D_{i,j}^{(l)}$ 散度项离散形式,(8.31)—(8.34)式经过整理和合并可以得到单独关于位势 ϕ 的离散椭圆型方程,其具体的形式如下

$$-\frac{1}{\cos^{2}\theta_{j}h_{\lambda}^{2}}\phi_{i-1,j}^{(l),k}-\frac{2+h_{\theta}\tan\theta_{j}}{2h_{\theta}^{2}}\phi_{i,j-1}^{(l),k}+\left(\eta+\frac{2}{\cos^{2}\theta_{j}h_{\lambda}^{2}}+\frac{2}{h_{\theta}^{2}}\right)\phi_{i,j}^{(l),k}-\frac{1}{\cos^{2}\theta_{j}h_{\lambda}^{2}}\phi_{i+1,j}^{(l),k}-$$

$$\frac{2-h_{\theta}\tan\theta_{j}}{2h_{\theta}^{2}}\phi_{i,j+1}^{(l),k}=R_{i,j}^{(l),k},\quad i=1,N;j=1,M \tag{8.35}$$

式中 $\eta=\dfrac{a}{\phi^{*}\Delta t^{2}}$ 为一常数,k 为迭代次数。对(8.35)式求解在优化的 Schwarz 方法中采用迭代的公式。

采用迭代的公式具体过程是在阴阳网格重叠的每一个接口 $T_{d}^{(l)}$($d=1,\cdots,4$)采用更高阶传输条件的离散法,具体的表达式为

$$\frac{\partial\phi^{(l),k}}{\partial\nu_{l}}+\beta_{d}^{(l)}\phi^{(l),k}+\alpha_{d}^{(l)}\,\frac{\partial^{2}\phi^{(l),k}}{\partial^{2}\tau_{l}}=\frac{\partial\phi^{(3-l),k-1}}{\partial\nu_{l}}+\beta_{d}^{(l)}\phi^{(3-l),k-1}+\alpha_{d}^{(l)}\,\frac{\partial^{2}\phi^{(3-l),k-1}}{\partial^{2}\tau_{l}} \tag{8.36}$$

式中 $\dfrac{\partial}{\partial\nu_{l}}$ 代表阴阳网格子区域的法向导数,$\dfrac{\partial}{\partial\tau_{l}}$ 则为其切向导数。$\alpha_{d}^{(l)}$,$\beta_{d}^{(l)}$ 为优化系数,且假定 $\alpha_{d}^{(l)}$,$\beta_{d}^{(l)}$ 独立于每一个接口,且是反对称的:$\alpha_{d}^{(1)}=-\alpha_{d}^{(2)}$,$\beta_{d}^{(1)}=-\beta_{d}^{(2)}$。数值试验表明采用迭代公式的优化 Schwarz 方法比传统的 Schwarz 方法具有更好地收敛性和更少的迭代次数,可以减少计算机的计算负担,更好地实现阴阳网格的并行计算。

8.2.4.2 CIP-CSLR 平流数值计算方法

在全球大气数值模拟中平流输送过程是一种重要的动力过程,平流传输过程不仅会影响物理量的分布,而且会产生平流传输量与波动的非线性相互作用。对于构建高分辨率的球面阴阳网格模式平流过程相当重要,这是因为阴阳网格是重叠网格,在重叠处存在边界的重叠,为了保证全球物理量的守恒性,设计守恒的平流格式越来越成为众多大气模式科研工作者所探讨的话题。目前大家普遍认为好的平流方案应该具有以下性质:①保证平流量的守恒性;②具有高精度和较小的数值耗散;③正定性,且没有显著的虚假扰动;④频散误差小,相速度计算精确;⑤保持平流量的形状和空间分布;⑥计算效率高。

CIP-CSLR 方案(Constrained Interpolation Profiles-Conservative Semi-Lagrangian with Rational function)(Xiao et al. ,2002)是基于 CIP 发展的一种保证物理场精确守恒的半拉格朗日法，也是 CIP-CSL 方案(Yabe et al,2001)的一种延伸，该方案有较小的数值扰动和数值频散及耗散。CIP-CSLR 方案是通过考虑格点的一阶导数或积分值构建埃尔米特(Hermit)插值多项式，形成一种紧致插值函数的平流计算，只用一个网格单元上多种变量矩阵构造高阶插值有理函数，有利于大规模的并行计算。在求解单元界面值时，采用上游点处拟合出的多项式高阶曲线值来替换，类似于半拉格朗日后向追踪方法；而在计算网格单元积分平均值时，采用通量守恒形式的方程进行更新，保证网格积分平均值完全守恒。CIP-CSLR 方案具备了有理函数的正定性，具有高精度、正定、保形、守恒等性质，频散、耗散误差很小，而且不依赖人工限制条件，适合长期气候模拟。Peng 等(2005)采用了此方法通过试验证明了 CIP-CSLR 方案平流算法应用于阴阳网格比常规经纬网格上取得的平流精度更高。李江浩等(2013)也采用了 CIP-CSLR 方案对阴阳网格的质量守恒性能进行了分析，表明 CIP-CSLR 方案可以较好地保持物理量的守恒性。下面基于 CIP-CSLR 方案，详细讨论 CSLR0 和 CSLR1 平流方案的处理过程(如图 8.10)。

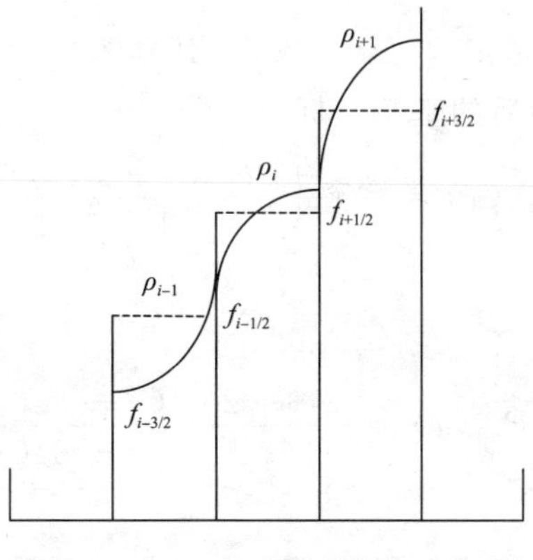

图 8.10　CSLR 方案的物理区域分布

考虑如下形式的通量方程

$$\frac{\partial f}{\partial t}+\frac{\partial}{\partial x}(uf)=0 \tag{8.37}$$

式中 x,t 代表空间和时间坐标，u 代表平流速度，f 代表平流量。对(8.37)式进行数值方案的离散后得

$$\frac{\partial \rho_i}{\partial t}=-\frac{(uf)_{i+1/2}-(uf)_{i-1/2}}{\Delta x_i} \tag{8.38}$$

式中 $\Delta x=x_{i+1/2}-x_{i-1/2}$，$\rho_i$ 代表平流量 f 面积分的平均值，$(uf)_{i+1/2}$，$(uf)_{i-1/2}$ 是通过面元边界的平流通量。要获得高阶平流通量的计算方案，构造数值插值有理函数是一个比较好的选择，CIP-CSLR 方案就是基于这一考虑。对于 CSLR0 方案，在第 i 个面元构造的有理插值函数如下

$$R_i(x)=\frac{\alpha_i+2b_i(x-x_{i-1/2})+\beta_i b_i(x-x_{i-1/2})^2}{[1+\beta_i(x-x_{i-1/2})]^2},x\in[x_{i-1/2},\quad x_{i+1/2}] \tag{8.39}$$

使用强迫条件

$$R_i(x_{i-1/2})=f_{i-1/2}^n,\quad R_i(x_{i+1/2})=f_{i+1/2}^n,\quad \frac{1}{\Delta x_i}\int_{x_{i-1/2}}^{x_{i+1/2}}R_i(x)\mathrm{d}x=\rho_i^n$$

则(8.39)式可以唯一确定，且其各系数分别计算如下

$$\alpha_i = f^n_{i-1/2} \tag{8.40}$$

$$b_i = \beta_i \rho^n_i + \frac{1}{\Delta x_i}(\rho^n_i - f^n_{i-1/2}) \tag{8.41}$$

$$\beta_i = \Delta x_i^{-1}\left[\frac{(f^n_{i-1/2} - \rho^n_i)}{(\rho^n_i - f^n_{i+1/2})} - 1\right] \tag{8.42}$$

但是在$(f^n_{i-1/2}-\rho^n_i)(\rho^n_i - f^n_{i+1/2})<0$ 的情况下,随着 $1+\beta_i(x-x_{i-1/2})$趋近于 0 会出现数值奇异点。对这问题比较好的解决方案是对 β_i 进行变换,其变换形式如下

$$\overline{\beta_i} = \Delta x_i^{-1}\left[\frac{|f^n_{i-1/2} - \rho^n_i| + \varepsilon}{|\rho^n_i - f^n_{i+1/2}| + \varepsilon} - 1\right] \tag{8.43}$$

ε 是正的可调小参数,其具体的大小在不同的计算机会有相对应的值。则采用 β_i 变换后的基于坐标点 $x_{i-1/2}$ 或 $x_{i+1/2}$ 的插值函数为

$$R^{0+}_i(x) = \frac{\alpha^{0+}_i + 2b^{0+}_i(x - x_{i-1/2}) + \overline{\beta}^+_i b^{0+}_i (x - x_{i-1/2})^2}{[1 + \overline{\beta}^+_i (x - x_{i-1/2})]^2},\quad x \in [x_{i-1/2}, x_{i+1/2}] \tag{8.44}$$

或者

$$R^{0-}_i(x) = \frac{\alpha^{0-}_i + 2b^{0-}_i(x - x_{i+1/2}) + \overline{\beta}^-_i b^{0-}_i (x - x_{i+1/2})^2}{[1 + \overline{\beta}^-_i (x - x_{i+1/2})]^2},\quad x \in [x_{i-1/2}, x_{i+1/2}] \tag{8.45}$$

对于插值函数 $R^{0+}_i(x)$,设 $\gamma^+_i = 1 + \overline{\beta}^+_i \Delta x_i$,则可以求解插值函数 $R^{0+}_i(x)$的相关系数

$$\alpha^{0+}_i = f^n_{i-1/2} \tag{8.46}$$

$$b^{0+}_i = \frac{1}{\Delta x_i}(\gamma^+_i \rho^n_i - f^n_{i-1/2}) \tag{8.47}$$

$$\overline{\beta}^+_i = \Delta x_i^{-1}\left[\frac{|f^n_{i-1/2} - \rho^n_i| + \varepsilon}{|\rho^n_i - f^n_{i+1/2}| + \varepsilon} - 1\right] \tag{8.48}$$

同样可以求出插值函数 $R^{0-}_i(x)$对应的相关系数 $\alpha^{0-}_i, b^{0-}_i, \gamma^+_i, \overline{\beta}^-_i$。当插值函数 $R^{0-}_i(x)$ 和 $R^{0+}_i(x)$确定后,在 $n+1$ 时刻数值求解平流量 f 是通过如下半拉格朗日步骤得出的:

$$当\ u > 0\ 时,有\ \overline{f}_{i+1/2} = R^{0-}_i(x_{i+1/2} - \xi) \tag{8.49}$$

$$当\ u < 0\ 时,有\ \overline{f}_{i+1/2} = R^{0+}_{i+1}(x_{i+1/2} - \xi) \tag{8.50}$$

ξ 是流体质点近似以点 $x_{i+1/2}$ 的速度在 Δt 时刻运动的位移。由于速度的辐散,对 $\overline{f}_{i+1/2}$ 做如下订正

$$f^{n+1}_{i+1/2} = \overline{f}_{i+1/2} - \int_\tau \left(\overline{f}\,\frac{\partial u}{\partial x}\right)\mathrm{d}\tau \tag{8.51}$$

τ 表示流体质点在 $\Delta t = t^{n+1} - t^n$ 时间间隔点移动的轨迹,在 Arakawa C 网格中对 $\int_\tau \left(\overline{f}\,\frac{\partial u}{\partial x}\right)\mathrm{d}\tau$ 最简单的近似可写成

$$\int_\tau \left(\overline{f} \frac{\partial u}{\partial x}\right) \mathrm{d}\tau \approx \frac{\Delta t}{\Delta x_i + \Delta x_{i+1}} \overline{f}_{i+1/2}(u_{i+1/2} - u_{i-1/2}) \tag{8.52}$$

对于面积分平均值 ρ_i 的更新采用如下通量的公式

$$\rho_i^{n+1} = \rho_i^n - (g_{i+1/2} - g_{i-1/2})/\Delta x_i \tag{8.53}$$

式中平流量 $g_{i+1/2}$ 是在 $\Delta t = t^{n+1} - t^n$ 通过边界 $x = x_{i+1/2}$ 的通量，其具体的求解公式为

$$\begin{aligned} g_{i+1/2} = \int_{t^n}^{t^{n+1}} \{ & \min(0, u_{i+1/2}) R_{i+1}^{0+} [x_{i+1/2} - u_{i+1/2}(t - t^n)] - \\ & \max(0, u_{i+1/2}) R_i^{0-} [x_{i+1/2} - u_{i+1/2}(t - t^n)] \} \mathrm{d}t \end{aligned} \tag{8.54}$$

把(8.44)和(8.45)式代入(8.54)式得到

$$\text{当 } u_{i+1/2} < 0, \text{有 } g_{i+1/2} = -\frac{\alpha_{i+1}^{0+}\xi + b_{i+1}^{0+}\xi^2}{1 + \overline{\beta}_{i+1}^{+}\xi} \tag{8.55}$$

$$\text{当 } u_{i+1/2} > 0, \text{有 } g_{i+1/2} = -\frac{\alpha_i^{0-}\xi + b_i^{0-}\xi^2}{1 + \overline{\beta}_i^{-}\xi} \tag{8.56}$$

对于 CSLR1 方案，其大体的处理步骤和 CSLR0 一致，但是在构造有理插值函数有所区别，其构造的有理插值函数具有如下的形式

$$R_i^{1+}(x) = \frac{\alpha_i^{1+} + 2b_i^{1+}(x - x_{i-1/2}) + (3c_i^{1+} + \overline{\beta}_i^{+} b_i^{1+})(x - x_{i-1/2})^2 + 2\overline{\beta}_i^{+} c_i^{1+}(x - x_{i-1/2})^3}{[1 + \overline{\beta}_i^{+}(x - x_{i-1/2})]^2} \tag{8.57}$$

$$R_i^{1-}(x) = \frac{\alpha_i^{1-} + 2b_i^{1-}(x - x_{i+1/2}) + (3c_i^{1-} + \overline{\beta}_i^{-} b_i^{1-})(x - x_{i+1/2})^2 + 2\overline{\beta}_i^{-} c_i^{1-}(x - x_{i+1/2})^3}{[1 + \overline{\beta}_i^{-}(x - x_{i+1/2})]^2} \tag{8.58}$$

式中 $x \in [x_{i-1/2}, x_{i+1/2}]$，使用如下强迫条件

$$R_i(x_{i-1/2}) = f_{i-1/2}^n, \quad R_i(x_{i+1/2}) = f_{i+1/2}^n, \quad \frac{1}{\Delta x_i}\int_{x_{i-1/2}}^{x_{i+1/2}} R_i(x)\mathrm{d}x = \rho_i^n \tag{8.59}$$

则对于有理插值函数 $R_i^{1+}(x)$ 可得到其对应的相关系数为

$$\alpha_i^{1+} = f_{i-1/2}^n \tag{8.60}$$

$$b_i^{1+} = \frac{1}{\Delta x_i}[\gamma_i(2\rho_i^n - f_{i+1/2}^n) + \rho_i^n - 2f_{i-1/2}^n] \tag{8.61}$$

$$c_i^{1+} = \frac{1}{\Delta x_i^2}[\gamma_i(f_{i+1/2}^n - \rho_i^n) - \rho_i^n - f_{i-1/2}^n] \tag{8.62}$$

对于 $R_i^{1-}(x)$ 对应的系数 $\alpha_i^{1-}, b_i^{1-}, c_i^{1-}$ 同样可以求得，和 CSLR0 一样可以得到 CSLR1 对应的 $g_{i+1/2}$ 形式如下

$$\text{当 } u_{i+1/2} < 0, \text{有 } g_{i+1/2} = -\frac{\alpha_{i+1}^{1+}\xi + b_{i+1}^{1+}\xi^2 + c_{i+1}^{1+}\xi^3}{1 + \overline{\beta}_{i+1}^{+}\xi} \tag{8.63}$$

$$\text{当 } u_{i+1/2} > 0, \text{有 } g_{i+1/2} = -\frac{\alpha_{i+1}^{1-}\xi + b_{i+1}^{1-}\xi^2 + c_{i+1}^{1-}\xi^3}{1 + \overline{\beta}_{i+1}^{-}\xi} \tag{8.64}$$

对于球面通量形式的平流方程，经向和纬向坐标分别用 λ 和 φ 表示，对于任一标量 q（如水汽）在球面上通量形式的平流方程（无源汇项）为

$$\frac{\partial q}{\partial t}+\frac{\partial}{\partial \lambda}(\tilde{u}q)+\frac{\partial}{\partial \mu}(\tilde{v}q)+\frac{\partial}{\partial z}(\widetilde{w}q)=0 \tag{8.65}$$

式中 $\mu=\sin\varphi, \tilde{u}=u\cos\varphi/a(1-\mu^2), \tilde{v}=v\cos\varphi/a, u, v, w$ 分别表示风的纬向、经向和垂直方向分量，a 表示地球半径，同样可以对该方程进行 CIP-CSLR 平流计算。在这方面 Peng 等（2005）和李江浩等（2013）在阴阳网格上分别做过研究，且经过数值试验表明 CIP-CSLR 平流计算方案具有较好的精度和守恒性。

8.2.4.3　多离散矩有限体积法

多离散矩有限体积方法（Multi-Moment Finite Volume Method）（Yabe et al，2001；Xiao 和 Yabe，2001；Xiao，2004；Xiao et al，2006；Li 和 Xiao，2007）是计算流体力学提出的数值算法，主要是由日本东京工业大学肖峰教授领导的研究室发展而成。与传统的有限体积方法相比，多离散矩有限体积方法利用的不仅是通常的体积积分平均值来重构计算所需的插值空间函数，而且还利用了界面点上的数值，是对有限体积方法的深化。多离散矩有限体积方法对矩概念也进行了更新，不局限于常规的 VIA（体积积分平均值）矩和 PV（点上的值）矩，也可以定义导数作为矩。作为发展的大气模式，一个很重要的方面就是所使用的算法保证质量等物理量守恒，而多离散矩有限体积方法利用通量形式的方程组来更新定义的 VIA（体积积分平均值）矩，可以严格地保证能量的守恒。且多离散矩有限体积方法在构造物理场的空间数值近似时，可以基于单个数值网格构造高精度的插值函数，计算经济且高效。

阴阳网格在边界重叠处会带来额外的数值计算问题。Li 等（2008）等在阴阳网格上采用多离散矩有限体积方法，较好地解决了阴阳网格中的计算精度和守恒性问题，且进行了一维、二维平流与浅水数值试验表明多离散矩有限体积方法是一个高精度、经济的守恒数值算法。Li 等（2008）通过把多离散矩有限体积方法与半拉格朗日方法相结合，数值试验表明具有较高的精度和计算效率，对于构造全球非静力高分辨率的阴阳网格模式具有重大的意义。Li 等（2012）还通过运用多离散矩有限体积方法在阴阳网格上实现具有四阶精度的平流传输模式。下面针对二维平面对多离散矩有限体积方法进行介绍。

考虑一个二维的控制体积（网格单元），$\Omega_{i,j}:[\xi_{i-1/2},\xi_{i+1/2}]\times[\eta_{j-1/2},\eta_{j+1/2}]$，如图 8.11 所示，对于某物理场变量 $\Phi(\xi,\eta)$，在单个网格 $\Omega_{i,j}$ 中定义了两类矩，即 VIA 和 PV。

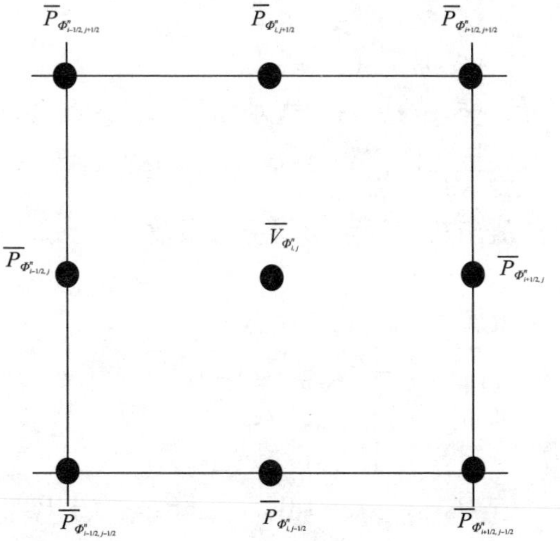

图 8.11　二维平面的多离散矩定义

对于体积积分平均值(VIA)有

$$\overline{V}_{\Phi_{i,j}} = \frac{1}{\Delta\xi_i \Delta\eta_j}\int_{\xi_{i-1/2}}^{\xi_{i+1/2}}\int_{\eta_{j-1/2}}^{\eta_{j+1/2}} \Phi(x,y)\mathrm{d}x\mathrm{d}y \tag{8.66}$$

式中 $\Delta\xi_i = \xi_{i+1/2} - \xi_{i-1/2}$，$\Delta\eta_j = \eta_{j+1/2} - \eta_{j-1/2}$。

在 $\Omega_{i,j}$ 内的 4 个顶点和 4 条边的中间点，定义了 8 个 PV 矩，即

$$\overline{P}_{\Phi_{\zeta,\vartheta}} = \Phi(\xi_\zeta, \eta_\vartheta) \tag{8.67}$$

(ζ,ϑ)分别代表$(i-1/2,j-1/2)$，$(i,j-1/2)$，$(i+1/2,j-1/2)$，$(i-1/2,j)$，$(i+1/2,j)$，$(i-1/2,j+1/2)$，$(i,j+1/2)$和$(i+1/2,j+1/2)$。

由(8.66)和(8.67)式，在 $\Omega_{i,j}$ 内可以构造二维的二次插值函数

$$\begin{aligned} F_{i,j}(\xi,\eta) = {} & C_{00} + C_{10}(\xi-\xi_{i-1/2}) + C_{20}(\xi-\xi_{i-1/2})^2 + \\ & C_{01}(\eta-\eta_{j-1/2}) + C_{02}(\eta-\eta_{j-1/2})^2 + C_{11}(\xi-\xi_{i-1/2})(\eta-\eta_{j-1/2}) + \\ & C_{12}(\xi-\xi_{i-1/2})(\eta-\eta_{j-1/2})^2 + C_{21}(\xi-\xi_{i-1/2})^2(\eta-\eta_{j-1/2}) + \\ & C_{22}(\xi-\xi_{i-1/2})^2(\eta-\eta_{j-1/2})^2 \end{aligned} \tag{8.68}$$

通过以下强迫条件

$$F_{i,j}(\xi_{i-1/2},\eta_{j-1/2}) = \overline{P}_{\Phi_{i-1/2,j-1/2}} \tag{8.69}$$

$$F_{i,j}(\xi_i,\eta_{j-1/2}) = \overline{P}_{\Phi_{i,j-1/2}} \tag{8.70}$$

$$F_{i,j}(\xi_{i+1/2},\eta_{j-1/2}) = \overline{P}_{\Phi_{i+1/2,j-1/2}} \tag{8.71}$$

$$F_{i,j}(\xi_{i-1/2},\eta_j) = \overline{P}_{\Phi_{i-1/2,j}} \tag{8.72}$$

$$F_{i,j}(\xi_{i+1/2},\eta_j) = \overline{P}_{\Phi_{i+1/2,j}} \tag{8.73}$$

$$F_{i,j}(\xi_{i-1/2},\eta_{j+1/2}) = \bar{P}_{\Phi_{i-1/2,j+1/2}} \tag{8.74}$$

$$F_{i,j}(\xi_{i},\eta_{j+1/2}) = \bar{P}_{\Phi_{i,j+1/2}} \tag{8.75}$$

$$F_{i,j}(\xi_{i+1/2},\eta_{j+1/2}) = \bar{P}_{\Phi_{i+1/2,j+1/2}} \tag{8.76}$$

$$\frac{1}{\Delta\xi_i\Delta\eta_j}\int_{\xi_{i-1/2}}^{\xi_{i+1/2}}\int_{\eta_{j-1/2}}^{\eta_{j+1/2}} F_{i,j}(\xi,\eta)\mathrm{d}\xi\mathrm{d}\eta = \bar{V}_{\Phi_{i,j}} \tag{8.77}$$

可以得到唯一确定的插值函数 $F_{i,j}(\xi,\eta)$对应的系数

$$C_{00} = \bar{P}_{\Phi_{i-1/2,j-1/2}} \tag{8.78}$$

$$C_{10} = (4\bar{P}_{\Phi_{i,j-1/2}} - 3C_{00} - \bar{P}_{\Phi_{i+1/2,j-1/2}})/\Delta x_i \tag{8.79}$$

$$C_{20} = (2C_{00} + 2\bar{P}_{\Phi_{i+1/2,j-1/2}} - 4\bar{P}_{\Phi_{i,j-1/2}})/(\Delta x_i)^2 \tag{8.80}$$

$$C_{01} = (4\bar{P}_{\Phi_{i-1/2,j}} - 3C_{00} - \bar{P}_{\Phi_{i-1/2,j+1/2}})/\Delta y_j \tag{8.81}$$

$$C_{02} = (2C_{00} + 2\bar{P}_{\Phi_{i-1/2,j+1/2}} - 4\bar{P}_{\Phi_{i+1/2,j}})/(\Delta y_j)^2 \tag{8.82}$$

$$\begin{aligned} C_{11} = {} & 2(4\bar{P}_{\Phi_{i-1/2,j-1/2}} + \bar{P}_{\Phi_{i+1/2,j-1/2}} + 18\bar{V}_{\Phi_{i,j}} - 8\bar{P}_{\Phi_{i-1/2,j}} + \bar{P}_{\Phi_{i-1/2,j+1/2}} - \\ & 8\bar{P}_{\Phi_{i,j-1/2}} - 4\bar{P}_{\Phi_{i,j+1/2}} - 4\bar{P}_{\Phi_{i+1/2,j}})/(\Delta x_i\Delta y_j) \end{aligned} \tag{8.83}$$

$$\begin{aligned} C_{12} = {} & -(5\bar{P}_{\Phi_{i-1/2,j-1/2}} + \bar{P}_{\Phi_{i+1/2,j-1/2}} + 36\bar{V}_{\Phi_{i,j}} - 16\bar{P}_{\Phi_{i-1/2,j}} + 5\bar{P}_{\Phi_{i-1/2,j+1/2}} - \\ & 12\bar{P}_{\Phi_{i,j-1/2}} - 12\bar{P}_{\Phi_{i,j+1/2}} + \bar{P}_{\Phi_{i+1/2,j+1/2}} - 8\bar{P}_{\Phi_{i+1/2,j}})/[\Delta x_i(\Delta y_j)^2] \end{aligned} \tag{8.84}$$

$$\begin{aligned} C_{21} = {} & -(5\bar{P}_{\Phi_{i-1/2,j-1/2}} - 16\bar{P}_{\Phi_{i,j-1/2}} + 36\bar{V}_{\Phi_{i,j}} + 5\bar{P}_{\Phi_{i+1/2,j-1/2}} - 12\bar{P}_{\Phi_{i-1/2,j}} - \\ & 12\bar{P}_{\Phi_{i,j-1/2}} - 12\bar{P}_{\Phi_{i+1/2,j}} + \bar{P}_{\Phi_{i-1/2,j+1/2}} - 8\bar{P}_{\Phi_{i,j+1/2}})/[(\Delta x_i)^2\Delta y_j] \end{aligned} \tag{8.85}$$

$$\begin{aligned} C_{22} = {} & 3(\bar{P}_{\Phi_{i+1/2,j-1/2}} - 4\bar{P}_{\Phi_{i-1/2,j}} + 12\bar{V}_{\Phi_{i,j}} - 4\bar{P}_{\Phi_{i,j-1/2}} - 4\bar{P}_{\Phi_{i,j+1/2}} + \\ & \bar{P}_{\Phi_{i-1/2,j-1/2}} + \bar{P}_{\Phi_{i+1/2,j+1/2}} + \bar{P}_{\Phi_{i-1/2,j+1/2}} - 4\bar{P}_{\Phi_{i+1/2,j}})/(\Delta x_i\Delta y_j)^2 \end{aligned} \tag{8.86}$$

从上面二维平面矩的构造得知，插值函数 $F_{i,j}(\xi,\eta)$是基于单个网格内，并没有跨越周围网格，这给数值计算带来了较大的方便且计算经济高效。对于 PV 矩可以通过二维平流方程进行更新，而对于 VIA 矩则利用通量形式平流方程进行数值的更新，可以保证守恒性。在多离散矩有限体积法中 PV 矩当作模式的预报量，但不一定要保证是数值的守恒，真正守恒的 VIA 矩则是通过通量形式向前积分进行的。

8.3　二十面体六边形网格与地转适应

正二十面体的每一个面可以进一步细分，网格细化的级数用 k 表示，单元的面数用 $NF(k)$表示，$NF(k)=2^{2k}NF(0)$，其中 $NF(0)$表示最初的二十面体网格的面数，即 $NF(0)=20$。网格的边数用 $NE(k)$表示，$NE(k)=\frac{3}{2}NF(k)$。网格的顶点数用 $NV(k)$表示，$NV(k)=\frac{1}{2}NF(k)+2$。关于正二十面体的参数可归纳如下表 8.1 所示。

表 8.1　正二十面体的参数列表

网格细化级数 k	单元面数 $NF(k)$	网格边数 $NE(k)$	网格顶点数 $NV(k)$	平均分辨率（单位：km）
1	80	120	42	3500
2	320	480	162	1800
3	1280	1920	642	900
4	5120	7680	2562	450
5	20480	30720	10242	225
6	81920	122880	40962	112
7	327680	491520	163842	56
8	1310720	1966080	655362	28
9	5242880	7864320	2621442	14
10	20971520	31457280	10485762	7
11	83886080	125829120	41943042	3.5
12	335544320	503316480	167772162	1.8
13	1342177280	2013265920	671088642	0.9

当把每个正二十面体六边形的中心相连（图 8.12）就构成球面三角形网格，并且六边形网格的边与三角形网格的边正交，六边形网格和三角形网格的作用是完全对等的，即球面六边形网格和球面三角形网格是完全等效的，二者均可以作为球面划分的方法。

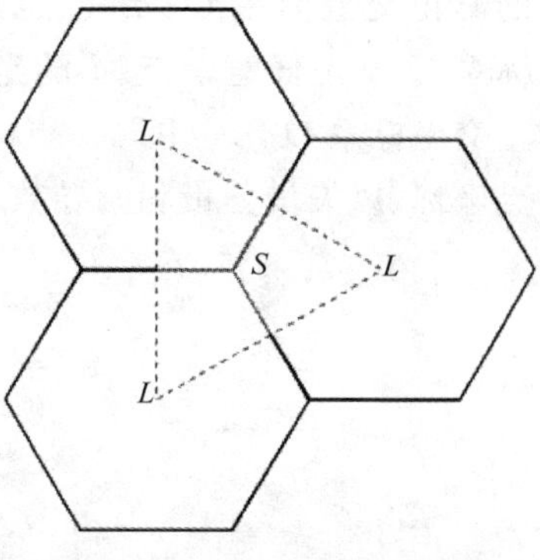

图 8.12　三角形网格示意图

Sadourny 等（1968）和 Williamson（1968）曾论证六边形网格可在大气模式中成功应用。Sadourny 和 Morel（1969），Sadourny（1969），Williamson（1968），Thacker（1977，1978）及 Salmon 和 Talley（1989），Nickovic（1994），Popovic 等（1996），Heiks 和 Randall（1995a，b），Steppeler 和 Prohl（1996），Ringler 等（2000）进一步考虑了六边形网格上有限差分的许多方面。德国气象服务司通过采用三角形网格已经实现了业务全球模式（Majewski，1998）。

由于其特殊的几何形态，六边形网格在模拟大气过程有一定优点。其各向同性比正方形网格高，使得对重力波的数值表示更加精确（Nickovic，1994）。一般认为，六边形网格的这一特点有助于成功地模拟高度辐散的运动，例如小尺度或热带运动。

对于六边形网格的计算效率，粗略研究（Mesinger，1989）表明：如果在球面上采用准均匀的三角形网格，比全球经纬网格的计算量节约 50%。根据 Nickovic（1994）

的研究认为:六边形网格的计算效率与平面中的正方形网格相当。

如果六边形网格应用在球面上,在影射过程中通常采用二十面体(如 Majewski,1998)。采用这种方法需要对出现在二十面体顶点上的奇异点进行特殊的数值处理,即有的顶点是五边形。Majewski(1998)在二十面体的每个计算点采用局地直角坐标系可以克服奇异问题。

为了研究六边形网格的特征并弄清楚哪种网格更适合大气/海洋模式,本节计算了五种六边形网格的有限差分频率并将其与解析解比较。以验证地转适应过程的数值模拟明显依赖于六边形网格的选择。

8.3.1 坐标变换

下面给出正交与非正交坐标系之间坐标和速度分量的变换。考虑两种非正交坐标系的情况:轴间夹角分别为 $2\pi/3$,$4\pi/3$。

8.3.1.1 非正交坐标系 Ox_1x_2

如图 8.13 所示,引入一个轴间夹角为 $2\pi/3$ 的非正交坐标系 Ox_1x_2。也用 (x,y) 表示正交坐标系 Oxy 中任意一点 M 的坐标,用 (x_1,x_2) 表示非正交坐标系 Ox_1x_2 中同一点的坐标,两个坐标系中点坐标、风矢量分量和偏导数之间的关系如下。

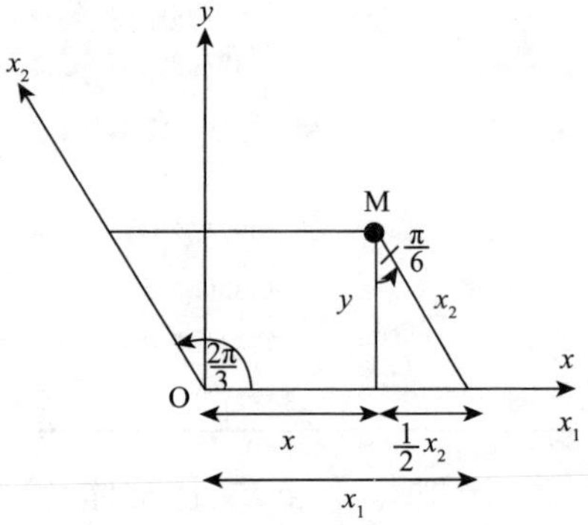

图 8.13 正交坐标系 Oxy 和非正交坐标系 Ox_1x_2

(1) $(x_1,x_2)\rightarrow(x,y)$

$$x_1 = x + \frac{y}{\sqrt{3}},\quad x_2 = \frac{2y}{\sqrt{3}}$$

$$u_1 = u + \frac{v}{\sqrt{3}},\quad u_2 = \frac{2v}{\sqrt{3}}$$

$$\frac{\partial}{\partial x_1} = \frac{\partial}{\partial x},\quad \frac{\partial}{\partial x_2} = \frac{\sqrt{3}}{2}\frac{\partial}{\partial y} - \frac{1}{2}\frac{\partial}{\partial x}$$

(2) $(x,y)\rightarrow(x_1,x_2)$

$$x = x_1 - \frac{1}{2}x_2,\quad y = \frac{\sqrt{3}}{2}x_2$$

$$u = u_1 - \frac{1}{2}u_2,\quad v = \frac{\sqrt{3}}{2}u_2$$

$$\frac{\partial}{\partial x} = \frac{\partial}{\partial x_1},\quad \frac{\partial}{\partial y} = \frac{1}{\sqrt{3}}\frac{\partial}{\partial x_1} + \frac{2}{\sqrt{3}}\frac{\partial}{\partial x_2}$$

非正交坐标系中拉普拉斯算子定义为

$$\nabla^2 = \frac{4}{3}\left(\frac{\partial^2}{\partial x_1^2} + \frac{\partial^2}{\partial x_2^2} + \frac{\partial^2}{\partial x_1 \partial x_2}\right)$$

8.3.1.2　非正交坐标系 Ox_1x_3

如图 8.14 所示，引入一个轴间夹角为 $4\pi/3$ 的非正交坐标系 Ox_1x_3。用 (x, y) 表示正交坐标系 Oxy 中任意一点 N 的坐标，用 (x_1, x_3) 表示非正交坐标系 Ox_1x_3 中同一点的坐标。两个坐标系中点坐标、风矢量分量和偏导数之间的关系如下。

(1) $(x_1, x_3) \rightarrow (x, y)$

$$x_1 = x - \frac{y}{\sqrt{3}}, \quad x_3 = -\frac{2y}{\sqrt{3}}$$

$$u_1 = u - \frac{v}{\sqrt{3}}, \quad u_3 = -\frac{2v}{\sqrt{3}}$$

$$\frac{\partial}{\partial x_1} = \frac{\partial}{\partial x}, \quad \frac{\partial}{\partial x_3} = -\frac{\sqrt{3}}{2}\frac{\partial}{\partial y} - \frac{1}{2}\frac{\partial}{\partial x}$$

(2) $(x, y) \rightarrow (x_1, x_3)$

$$x = x_1 - \frac{1}{2}x_3, \quad y = -\frac{\sqrt{3}}{2}x_3$$

$$u = u_1 - \frac{1}{2}u_3, \quad v = -\frac{\sqrt{3}}{2}u_3$$

$$\frac{\partial}{\partial x} = \frac{\partial}{\partial x_1}, \quad \frac{\partial}{\partial y} = -\frac{1}{\sqrt{3}}\frac{\partial}{\partial x_1} - \frac{2}{\sqrt{3}}\frac{\partial}{\partial x_3}$$

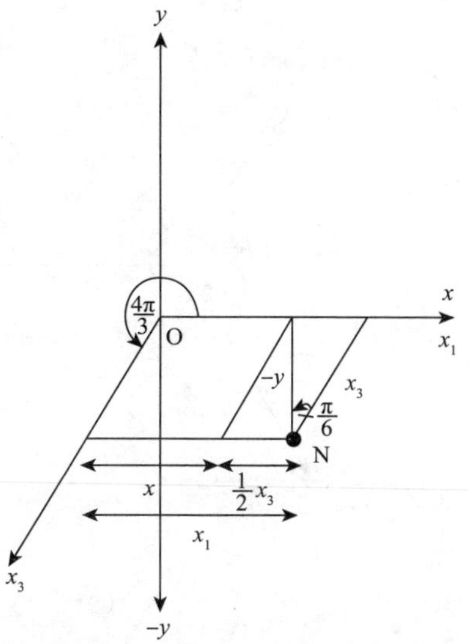

图 8.14　直角坐标系 Oxy 和非直角坐标系 Ox_1x_3

非正交坐标系中拉普拉斯算子定义为

$$\nabla^2 = \frac{4}{3}\left(\frac{\partial^2}{\partial x_1^2} + \frac{\partial^2}{\partial x_3^2} + \frac{\partial^2}{\partial x_1 \partial x_3}\right)$$

8.3.2　控制方程和网格

8.3.2.1　连续浅水方程

具有自由面的均质不可压缩流体运动(浅水方程)的线性控制方程可写为

$$\begin{cases} \dfrac{\partial \mathbf{V}}{\partial t} + f\boldsymbol{k} \times \mathbf{V} + g\nabla h = 0 \\ \dfrac{\partial h}{\partial t} + H\nabla \cdot \mathbf{V} = 0 \end{cases} \tag{8.87}$$

式中 $\mathbf{V}$ 为扰动风矢量，f 是定常的科氏力参数，$\boldsymbol{k}$ 是垂直单位矢量，H 为静止状态下流体的定常深度，h 为扰动高度。通过选取特定的水平坐标系，可以确定(8.87)式特定的标量形式。8.3.1节中给出了正交与非正交坐标系间坐标和速度分量的变换，下面的分析中采用了图8.15中给出的下列三个水平坐标系。

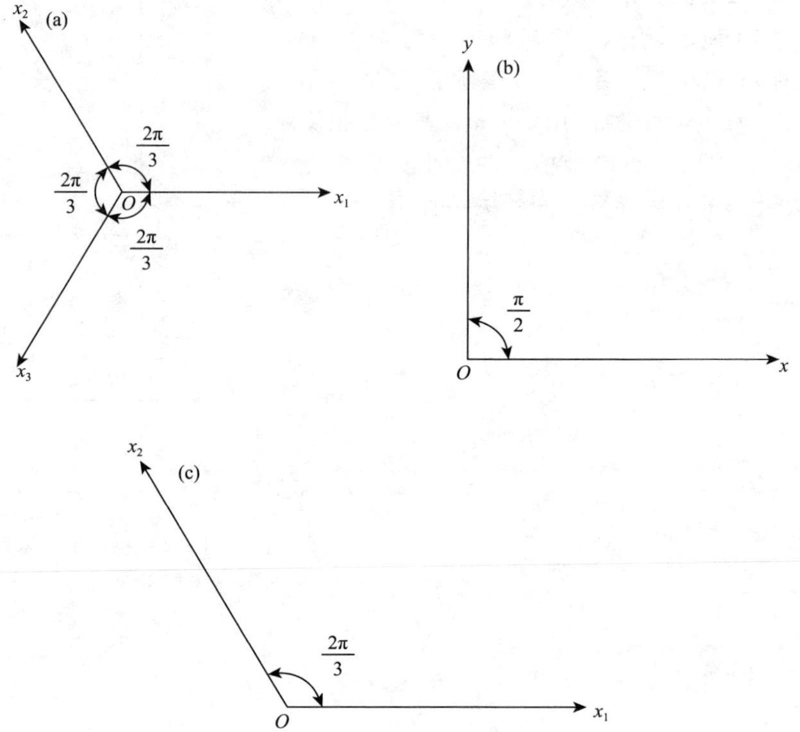

图8.15 三种水平坐标系

(a)为非正交坐标系 $Ox_1x_2x_3$；(b)为正交坐标系 Oxy；(c)为非正交坐标系 Ox_1x_2

(1)非正交坐标系 $Ox_1x_2x_3$(图8.15(a))风矢量分解为三个分量，相邻坐标之间的夹角为 $2\pi/3$；

(2)笛卡尔坐标系 Oxy(图8.15(b))；

(3)非正交坐标系 Ox_1x_2(图8.15(c))，风矢量分解为两个分量：坐标轴之间的夹角为 $2\pi/3$。

从(8.87)式得到的相应控制方程可写为

(1)对于 $Ox_1x_2x_3$

$$\begin{cases}\dfrac{\partial u_1}{\partial t}-\dfrac{f}{\sqrt{3}}(u_2-u_3)+g\,\dfrac{\partial h}{\partial x_1}=0\\ \dfrac{\partial u_2}{\partial t}-\dfrac{f}{\sqrt{3}}(u_3-u_1)+g\,\dfrac{\partial h}{\partial x_2}=0\\ \dfrac{\partial u_3}{\partial t}-\dfrac{f}{\sqrt{3}}(u_1-u_2)+g\,\dfrac{\partial h}{\partial x_3}=0\\ \dfrac{\partial h}{\partial t}+\dfrac{2}{3}H\left(\dfrac{\partial u_1}{\partial x_1}+\dfrac{\partial u_2}{\partial x_2}+\dfrac{\partial u_3}{\partial x_3}\right)=0\end{cases}\tag{8.88}$$

(2)对于 Oxy

$$\begin{cases}\dfrac{\partial u}{\partial t}-fv+g\,\dfrac{\partial h}{\partial x}=0\\ \dfrac{\partial u}{\partial t}+fu+g\,\dfrac{\partial h}{\partial y}=0\\ \dfrac{\partial h}{\partial t}+H\left(\dfrac{\partial u}{\partial x}+\dfrac{\partial v}{\partial y}\right)=0\end{cases}\tag{8.89}$$

(3)对于 Ox_1x_2

$$\begin{cases}\dfrac{\partial u_1}{\partial t}-\dfrac{f}{\sqrt{3}}(2u_2-u_1)+\dfrac{2}{3}g\left(\dfrac{\partial h}{\partial x_1}+\dfrac{\partial h}{\partial x_2}\right)=0\\ \dfrac{\partial u_2}{\partial t}+\dfrac{f}{\sqrt{3}}(2u_1-u_2)+\dfrac{2}{3}g\left(\dfrac{\partial h}{\partial x_1}+2\,\dfrac{\partial h}{\partial x_2}\right)=0\\ \dfrac{\partial h}{\partial t}+H\left(\dfrac{\partial u_1}{\partial x_1}+\dfrac{\partial u_2}{\partial x_2}\right)=0\end{cases}\tag{8.90}$$

为了以下分析,导出用涡度 ζ,散度 δ 和高度 h 表示的方程

$$\begin{cases}\dfrac{\partial \zeta}{\partial t}+f\delta=0\\ \dfrac{\partial \delta}{\partial t}-f\zeta+g\,\nabla^2 h=0\\ \dfrac{\partial h}{\partial t}+H\delta=0\end{cases}\tag{8.91}$$

8.3.2.2　六边形网格

选取了五个六边形网格(HC,HD,HB/E,HCS,HZ)(图 8.16)。对所有的网格,间距 d 是相同的。网格不同,水平风矢量有的为两个分量,有的为三个分量,将矢量投影到(8.88)—(8.90)式所示的坐标系的沿轴方向即可得到。

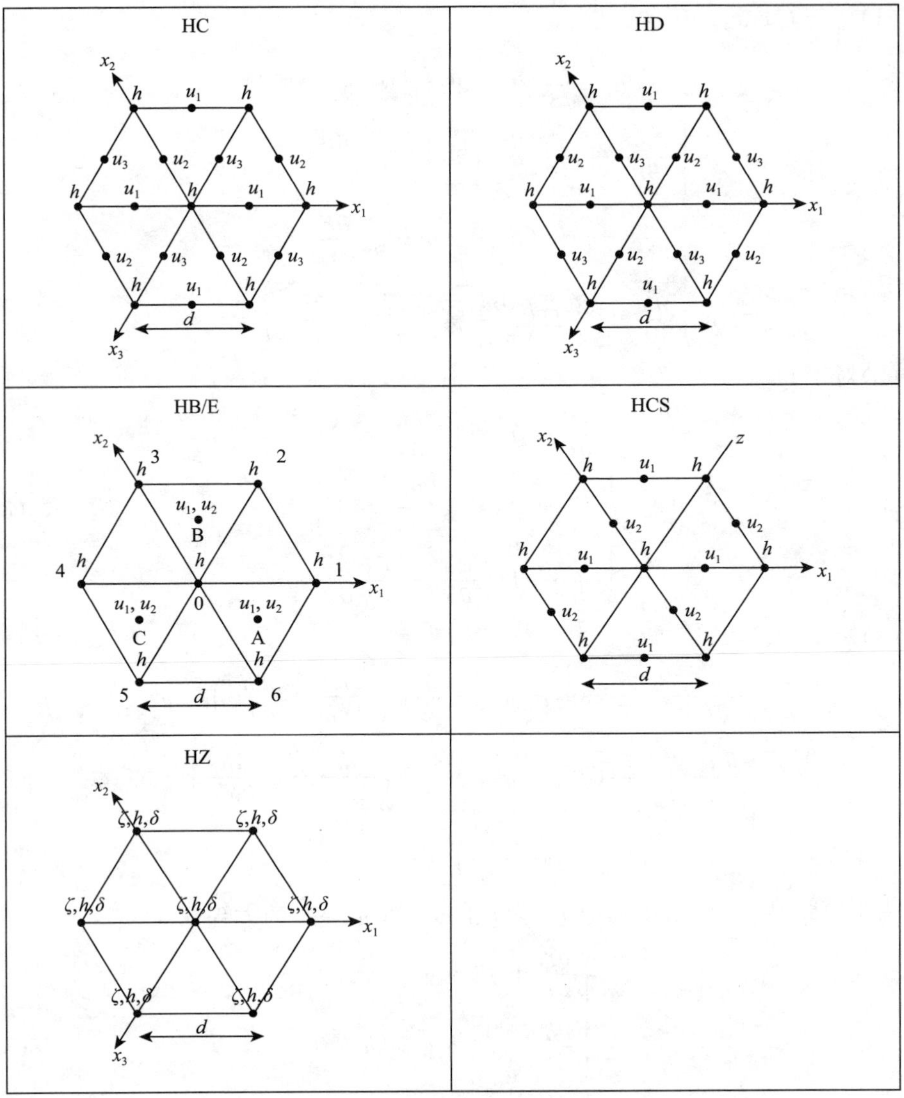

图 8.16　五种水平六边形网格

六边形 HC 网格与正方形跳点 C 网格类似(图 8.16)。通过将风矢量 **V** 沿着非正交坐标系 $Ox_1x_2x_3$ 的坐标轴进行投影,可得到风的三个分量 u_1, u_2, u_3。风场位于等边三角形网格的边上。高度场位于三角形的顶点上。

六边形 HD 网格的变量分布类似于正方形跳点 D 网格(图 8.16),与 HC 网格一样,风矢量分解为三个分量 u_1, u_2, u_3。风场和高度场的位置与 HC 网格一样,但是风分量垂直于非正交坐标系 $Ox_1x_2x_3$ 的坐标轴。

六边形 HB/E 网格(图 8.16),采用了风矢量 **V** 沿正交坐标系 Oxy 坐标轴的两个分量 u,v 和正方形 B/E 网格相似,风分量是非跳点的。风场位于三角网格的中心。高度场位于三角形的顶点上。

六边形 HCS 网格(图 8.16),是 Nickovic(1994)提出的一种跳点网格。风矢量 **V** 沿着非正交坐标系 Ox_1x_2 的两个坐标轴 x_1,x_2 投影可得到两个分量 u,v。分量之间夹角等于 $2\pi/3$。如果把 HC 网格的第三分量略去就是 HCS 网格,因此 HCS 网格可以认为是正方形 C 网格变形为六边形后的结果。

六边形 HZ 网格(图 8.16)是一个关于涡度、散度和高度/质量的非跳点网格。这些变量都定义在非正交坐标系 $Ox_1x_2x_3$ 三角形网格的顶点上。

8.3.3 频率方程和相速方程

为了处理离散形式下的地转适应问题,下面写出这五种六边形网格的有限差分浅水方程。为简单起见,保留时间导数的微分形式。

8.3.3.1 解析解

通过设(8.87)式的波解,可得到以下频率

$$\begin{cases} \upsilon_{gst} = 0 \\ \upsilon_{gi} = \pm f\sqrt{1+\left(\dfrac{\lambda}{\mathrm{d}}\right)^2 M^2} \end{cases} \tag{8.92}$$

其分别对应地转和重力惯性波解,这里我们定义

$$\lambda = \frac{\sqrt{gH}}{f} \tag{8.93}$$

$$\begin{cases} X = kd \\ Y = ld \\ M = \sqrt{X^2+Y^2} \end{cases} \tag{8.94}$$

式中 λ 为变形半径,k 和 l 分别为沿笛卡尔坐标 x 和 y 轴方向的波数,d 为网格距。为了和有限差分方程做比较,引入了无量纲波数 X 和 Y,M 代表广义两维无量纲波数。当(8.87)式中略去 f 则重力波频率可以写成

$$\upsilon_g = \pm\frac{\sqrt{gH}M}{d} \tag{8.95}$$

8.3.3.2 HC 网格

采用最简单的中央差,在 HC 网格上方程组(8.88)可写为

$$\begin{cases}\dfrac{\partial u_1}{\partial t}-\dfrac{f}{\sqrt{3}}(\overline{u}_2^{x_3}-\overline{u}_3^{x_2})+g\delta_{x_1}h=0\\\dfrac{\partial u_2}{\partial t}-\dfrac{f}{\sqrt{3}}(\overline{u}_3^{x_1}-\overline{u}_1^{x_3})+g\delta_{x_2}h=0\\\dfrac{\partial u_3}{\partial t}-\dfrac{f}{\sqrt{3}}(\overline{u}_1^{x_2}-\overline{u}_2^{x_1})+g\delta_{x_3}h=0\\\dfrac{\partial h}{\partial t}+\dfrac{2}{3}H(\delta_{x_1}u_1+\delta_{x_2}u_2+\delta_{x_3}u_3)=0\end{cases}\tag{8.96}$$

式中 δ 是中央二阶有限差分算子，$\overline{}^{x_1}$，$\overline{}^{x_2}$，$\overline{}^{x_3}$ 分别表示做沿 x_1，x_2，x_3 方向的平均算子，将波解代入(8.96)式可得到下列方程

$$\begin{cases}-\mathrm{i}\upsilon^{HC}\hat{u}_1-\dfrac{f}{\sqrt{3}}[\hat{u}_2\cos(a+b)-\hat{u}_3\cos(-a+b)]+\mathrm{i}\,\dfrac{2g}{d}\hat{h}\sin(2a)=0\\-\mathrm{i}\upsilon^{HC}\hat{u}_2-\dfrac{f}{\sqrt{3}}[\hat{u}_3\cos(2a)-\hat{u}_1\cos(a+b)]+\mathrm{i}\,\dfrac{2g}{d}\hat{h}\sin(-a+b)=0\\-\mathrm{i}\upsilon^{HC}\hat{u}_3-\dfrac{f}{\sqrt{3}}[\hat{u}_1\cos(-a+b)-\hat{u}_2\cos(2a)]+\mathrm{i}\,\dfrac{2g}{d}\hat{h}\sin(-a-b)=0\\-\mathrm{i}\upsilon^{HC}\hat{h}+\mathrm{i}\,\dfrac{4H}{3d}[\hat{u}_1\sin(2a)+\hat{u}_2\sin(-a+b)+\hat{u}_3\sin(-a-b)]=0\end{cases}\tag{8.97}$$

式中 $a=X/4$，$b=\sqrt{3Y}/4$，根据(8.97)式行列式等于零，可得到有限差分频率方程

$$\left(\frac{\upsilon^{HC}}{f}\right)^4+B\left(\frac{\upsilon^{HC}}{f}\right)^2+C=0\tag{8.98}$$

式中

$$B=(8/6)(\lambda/d)^2[\cos(4a)+\cos(2a-2b)+\cos(2a+2b)-3]+$$
$$(1/6)[\cos(2a+2b)+\cos(2a-2b)-\cos(4a)-3]$$
$$C=(8/9)(\lambda/d)^2[\cos(2a)-\cos(2b)]^2\sin^2(2a)$$

由(8.98)式可得到4个根，两个对应于地转解

$$\upsilon_{gst}^{HC}=\pm f\sqrt{\frac{-B-\sqrt{B^2-4C}}{2}}\tag{8.99a}$$

而另两个对应于重力惯性波

$$\upsilon_{gi}^{HC}=\pm f\sqrt{\frac{-B+\sqrt{B^2-4C}}{2}}\tag{8.99b}$$

为了研究重力波解，首先对(8.98)式两边同乘以 f^4，然后略去科氏参数和地转解。最后得到以下频率方程

$$(\upsilon^{HC})^2-B_1=0\tag{8.100a}$$

式中

$$B_1 = -(4/3)(gH/d^2)[\cos(4a) + \cos(2a - 2b) + \cos(2a + 2b) - 3] \tag{8.100b}$$

(8.100)式的两个根对应于重力波

$$\upsilon_g^{HC} = \pm \sqrt{B_1} \tag{8.101}$$

8.3.3.3 HD 网格

HD 网格上风分量的取向使得有相同变量的点之间无直接交换。可以在较长网格距 $d^* = \sqrt{3}d$ 上进行有限差分，这会降低局部计算精度。

HD 网格上(8.88)式的离散形式为

$$\begin{cases} \dfrac{\partial u_1}{\partial t} - \dfrac{f}{\sqrt{3}}(\overline{u}_2^{x_3} - \overline{u}_3^{x_2}) + g\delta_{x_1} h = 0 \\ \dfrac{\partial u_2}{\partial t} - \dfrac{f}{\sqrt{3}}(\overline{u}_3^{x_1} - \overline{u}_1^{x_3}) + g\delta_{x_2} h = 0 \\ \dfrac{\partial u_3}{\partial t} - \dfrac{f}{\sqrt{3}}(\overline{u}_1^{x_2} - \overline{u}_2^{x_1}) + g\delta_{x_3} h = 0 \\ \dfrac{\partial h}{\partial t} + \dfrac{2}{3}H(\delta_{x_1} u_1 + \delta_{x_2} u_2 + \delta_{x_3} u_3) = 0 \end{cases} \tag{8.102}$$

将波解代入(8.102)式，得到以下方程

$$\begin{cases} -\mathrm{i}\upsilon^{HD}\hat{u}_1 - \dfrac{f}{\sqrt{3}}[\hat{u}_2\cos(-p+q) - \hat{u}_3\cos(p+q)] + \mathrm{i}\,\dfrac{2g}{\sqrt{3}d}\hat{h}\sin(2p) = 0 \\ -\mathrm{i}\upsilon^{HD}\hat{u}_2 - \dfrac{f}{\sqrt{3}}[\hat{u}_3\cos(2q) - \hat{u}_1\cos(-p+q)] + \mathrm{i}\,\dfrac{2g}{\sqrt{3}d}\hat{h}\sin(-p+q) = 0 \\ -\mathrm{i}\upsilon^{HD}\hat{u}_3 - \dfrac{f}{\sqrt{3}}[\hat{u}_1\cos(p+q) - \hat{u}_2\cos(2q)] + \mathrm{i}\,\dfrac{2g}{\sqrt{3}d}\hat{h}\sin(-p-q) = 0 \\ -\mathrm{i}\upsilon^{HD}\hat{h} + \mathrm{i}\,\dfrac{4H}{3\sqrt{3}d}[\hat{u}_1\sin(2p) + \hat{u}_2\sin(-p+q) + \hat{u}_3\sin(-p-q)] = 0 \end{cases} \tag{8.103}$$

式中 $p=\sqrt{3}X/4, q=Y/4$。由方程(8.103)可得以下离散频率方程

$$\left(\frac{\upsilon^{HD}}{f}\right)^4 + P\left(\frac{\upsilon^{HD}}{f}\right)^2 + Q = 0 \tag{8.104}$$

式中

$$P = \frac{8}{18}\left(\frac{\lambda}{d}\right)^2[\cos(4p) + \cos(2p-2q) + \cos(2p+2q) - 3] - \frac{3}{18}[\cos(2p+2q) + \cos(2p-2q) + \cos(4q) + 3]$$

$$Q = \frac{32}{27}\left(\frac{\lambda}{d}\right)^2 \sin^2(2p)\sin^4(q)$$

由(8.104)式可得到 υ^{HD} 的四个解，其中两个是离散形式的地转解

$$\upsilon_{gst}^{HD} = \pm f \frac{\sqrt{-P-\sqrt{P^2-4Q}}}{2} \tag{8.105a}$$

剩下的两个是重力惯性波解

$$\upsilon_{gi}^{HD} = \pm f \frac{\sqrt{-P+\sqrt{P^2-4Q}}}{2} \tag{8.105b}$$

为了分析重力波解，对(8.104)式两侧同乘以 f^4 并略去科氏参数及地转解，得到以下频率方程

$$(\upsilon^{HD})^2 - P_1 = 0 \tag{8.106a}$$

式中

$$P_1 = -\frac{4gH}{9d^2}[\cos)(4p) + \cos(2p-2q) + \cos(2p+2q) - 3] \tag{8.106b}$$

由频率方程(8.106)可得到两个重力波解

$$\upsilon_g^{HD} = \pm\sqrt{P_1} \tag{8.107}$$

8.3.3.4 HB/E 网格

由于 HB/E 网格中风矢量仅有两个分量，因此，相对上述 HC 和 HD 网格，其对风场描述更加自然。因为风分量非跳点，故计算科氏力项就没有风场的平均。

利用(8.89)式，HB/E 网格的离散控制方程可写为

$$\begin{cases} \dfrac{\partial u_A}{\partial t} - fv_A + g\,\dfrac{h_1-h_0}{d} = 0 \\ \dfrac{\partial v_A}{\partial t} - fu_A + g\,\dfrac{2h_2-h_0-h_1}{\sqrt{3}d} = 0 \\ \dfrac{\partial h_0}{\partial t} + H\left(\dfrac{u_A-u_B}{d} + \dfrac{v_A+v_B-2v_C}{\sqrt{3}d}\right) = 0 \end{cases} \tag{8.108}$$

将波解代入(8.108)式有

$$\begin{cases} -\mathrm{i}\upsilon^{HB/E}\exp(\mathrm{i}2a)\exp\left(\mathrm{i}\,\dfrac{2}{3}b\right)\hat{u} - f\exp(\mathrm{i}2a)\exp\left(\mathrm{i}\,\dfrac{2}{3}b\right)\hat{v} + \mathrm{i}\,\dfrac{2g}{d}\hat{h}\exp(\mathrm{i}2a)\sin(2a) = 0 \\ -\mathrm{i}\upsilon^{HB/E}\exp(\mathrm{i}2a)\exp\left(\mathrm{i}\,\dfrac{2}{3}b\right)\hat{v} + f\exp(\mathrm{i}2a)\exp\left(\mathrm{i}\,\dfrac{2}{3}b\right)\hat{u} + \\ \mathrm{i}\,\dfrac{2g}{\sqrt{3}d}\hat{h}\left[\exp(\mathrm{i}2a)\exp(\mathrm{i}2b) - \dfrac{1}{2}\exp(\mathrm{i}2a)2\cos(2a)\right] = 0 \\ -\mathrm{i}\upsilon^{HB/E}\hat{h} + \mathrm{i}\,\dfrac{2H}{d}\hat{u}\exp\left(\mathrm{i}\,\dfrac{2}{3}b\right)\sin(2a) + \\ \dfrac{2H}{\sqrt{3}d}\hat{v}\exp\left(\mathrm{i}\,\dfrac{2}{3}b\right)[\cos(2a) - \exp(-\mathrm{i}2b)] = 0 \end{cases} \tag{8.109}$$

经过一系列代数变换，由(8.109)式可得以下频率方程

$$\left(\frac{\upsilon^{HB/E}}{f}\right)^3 + Z\left(\frac{\upsilon^{HB/E}}{f}\right) + W = 0 \tag{8.110}$$

式中

$$Z = \frac{4}{3}\left(\frac{\lambda}{d}\right)^2 [\cos(4a) + 2\cos(2a)\cos(2b) - 3] - 1$$

$$W = -\frac{8}{\sqrt{3}}\left(\frac{\lambda}{d}\right)^2 \sin(2a)[\cos(2b) - \cos(2a)]$$

由(8.110)式可得 $\upsilon^{HB/E}$ 的三个解，其中一个是地转解的离散形式，

$$\upsilon_{gst}^{HB/E} = -2f\sqrt{\gamma}\cos\left(\frac{\theta + 4\pi}{3}\right) \tag{8.111a}$$

另外两个是相应的重力惯性波解

$$\upsilon_{gi1}^{HB/E} = -2f\sqrt{\gamma}\cos\left(\frac{\theta}{3}\right) \tag{8.111b}$$

$$\upsilon_{gi2}^{HB/E} = -2f\sqrt{\gamma}\cos\left(\frac{\theta + 2\pi}{3}\right) \tag{8.111c}$$

此处，$\gamma = -Z/3$，$\delta = W/2$，$\theta = \arccos(\delta/\sqrt{\gamma^3})$。为分析重力波解，对(8.110)式两边同乘以 f^3 并忽略科氏参数和地转解，最后得到频率方程

$$(\upsilon^{HB/E})^2 - Z_1 = 0 \tag{8.112a}$$

式中

$$Z_1 = -\frac{4gH}{3d^2}[\cos(4a) + 2\cos(2a)\cos(2b) - 3] \tag{8.112b}$$

由(8.112)式得到 $\upsilon^{HB/E}$ 的两个解均是重力波解

$$\upsilon_g^{HB/E} = \pm\sqrt{Z_1} \tag{8.113}$$

8.3.3.5 HCS 网格

HCS 网格中风分量顺着坐标系统 Ox_1x_2 的轴，网格中风分量的跳点使得科氏力需要平均。如同 Popovic 等(1996)指出：由于 HCS 网格简单的离散形式产生数值不一致，因而需要对其科氏力的计算特别小心。在考虑完整的控制方程(8.90)之前，首先研究只采用惯性项的不一致性问题。科氏力最简单的离散形式如下

$$\begin{cases} \dfrac{\partial u_1}{\partial t} - \dfrac{f}{\sqrt{3}}(2\overline{u}_2^z - u_1) = 0 \\ \dfrac{\partial u_2}{\partial t} + \dfrac{f}{\sqrt{3}}(2\overline{u}_1^z - u_2) = 0 \end{cases} \tag{8.114}$$

式中 z 为位于坐标系统 Ox_1x_2 两轴之间的辅助轴(图 8.16)。将波解带入(8.114)式得到惯性波的频率方程

$$\upsilon_i^{HCS} = \pm \mathrm{i}f\sqrt{1 - \cos^2(a + b)} \tag{8.115}$$

产生了错误的虚根。如果用在模式中,(8.114)式不是一个合适的选择。

相反,采用下列方案可避免不一致问题:

$$\begin{cases}\dfrac{\partial u_1}{\partial t}-\dfrac{f}{\sqrt{3}}\overline{(2u_2-\overline{u}_1^z)}^z=0\\ \dfrac{\partial u_2}{\partial t}+\dfrac{f}{\sqrt{3}}\overline{(2u_1-\overline{u}_2^z)}^z=0\end{cases}\tag{8.116}$$

其给出惯性波如下频率

$$\upsilon_i^{HCS}=\pm\frac{f}{\sqrt{3}}\cos(a+b)\sqrt{[4-\cos^2(a+b)]}\tag{8.117}$$

当 d 趋近 0 时,(8.117)式给出的两个实根收敛于 f。包含(8.116)式的完全控制方程在 HCS 网格上可写为(Popovic 等,1996)

$$\begin{cases}\dfrac{\partial u_1}{\partial t}-\dfrac{f}{\sqrt{3}}\overline{(2u_2-\overline{u}_1^z)}^z+\dfrac{2}{3}g(2\delta_{x_1}h+\delta_{x_2}h)=0\\ \dfrac{\partial u_2}{\partial t}+\dfrac{f}{\sqrt{3}}\overline{(2u_1-\overline{u}_2^z)}^z+\dfrac{2}{3}g(\delta_{x_1}h+2\delta_{x_2}h)=0\\ \dfrac{\partial h}{\partial t}+H(\delta_{x_1}u_1+\delta_{x_2}u_2)=0\end{cases}\tag{8.118}$$

波解代入(8.118)式有

$$\begin{cases}\left[-\mathrm{i}\upsilon^{HCS}+\dfrac{f}{\sqrt{3}}\cos^2(a+b)\right]\hat{u}_1-\dfrac{2f}{\sqrt{3}}\hat{u}_2\cos(a+b)+\\ \mathrm{i}\,\dfrac{4g\hat{h}}{3d}[2\sin(2a)+\sin(-a+b)\cos(a+b)]=0\\ \left[-\mathrm{i}\upsilon^{HCS}-\dfrac{f}{\sqrt{3}}\cos^2(a+b)\right]\hat{u}_2+\dfrac{2f}{\sqrt{3}}\hat{u}_1\cos(a+b)+\\ \mathrm{i}\,\dfrac{4g\hat{h}}{3d}[2\sin(-a+b)+\sin(2a)\cos(a+b)]=0\\ -\mathrm{i}\upsilon^{HCS}\hat{h}+\mathrm{i}\hat{u}_1\dfrac{2H}{d}\sin(2a)+\mathrm{i}\hat{u}_2\sin(-a+b)=0\end{cases}\tag{8.119}$$

相应的频率方程为

$$\upsilon^{HCS}\left[\left(\frac{\upsilon^{HCS}}{f}\right)^2+T\right]=0\tag{8.120}$$

式中

$$T=-\left[\frac{4}{3}\cos^2(a+b)-\frac{1}{3}\cos^4(a+b)\right]-$$
$$\frac{8}{3}\left(\frac{\lambda}{d}\right)^2[\sin^2(2a)+\sin^2(-a+b)+\sin^2(a+b)]$$

(8.120)式的一个根对应地转解

$$\upsilon_{gst}^{HCS} = 0 \tag{8.121a}$$

其余两根对应于重力惯性波

$$\upsilon_{gi}^{HCS} = \pm f\sqrt{-T} \tag{8.121b}$$

为分析重力波解，首先对(8.120)式同乘以 f^2，然后略去科氏参数和地转解。得到频率方程为

$$(\upsilon^{HCS})^2 - T_1 = 0 \tag{8.122a}$$

式中

$$T_1 = \frac{8gH}{3d^2}[\sin^2(2a) + \sin^2(-a+b) + \sin^2(a+b)] \tag{8.122b}$$

(8.122)式的两个根对应重力波

$$\upsilon_g^{HCS} = \pm\sqrt{-T_1} \tag{8.123}$$

8.3.3.6　HZ 网格

采用 HZ 网格和非正交 $Ox_1x_2x_3$ 坐标系统的方程组(8.91)可以写为

$$\begin{cases} \dfrac{\partial\zeta}{\partial t} + f\delta = 0 \\ \dfrac{\partial\delta}{\partial t} - f\zeta + g\,\nabla^2 h = 0 \\ \dfrac{\partial h}{\partial t} + H\delta = 0 \end{cases} \tag{8.124}$$

这里，有限差分拉普拉斯算子$\nabla^2 h$ 采用中心和最近的六个高度格点计算。将波解代入(8.124)式得到下列方程

$$\begin{cases} -\mathrm{i}\upsilon^{HZ}\hat{\zeta} + f\hat{\delta} = 0 \\ f\hat{\zeta} + \mathrm{i}\upsilon^{HZ}\hat{\delta} + \dfrac{8g}{3d^2}[\sin^2(2a) + \sin^2(-a+b) + \sin^2(-a-b)]\hat{h} = 0 \\ H\hat{\delta} - \mathrm{i}\upsilon^{HZ}\hat{h} = 0 \end{cases} \tag{8.125}$$

由(8.125)式，可得有限差分频率方程

$$\upsilon^{HZ}\left[\left(\frac{\upsilon^{HZ}}{f}\right)^2 - R - 1\right] = 0 \tag{8.126}$$

式中

$$R = \frac{8\lambda^2}{3d^2}[\sin^2(2a) + \sin^2(-a+b) + \sin^2(-a-b)]$$

(8.126)式有三个根，其中一个对应于地转解

$$\upsilon_{gst}^{HZ} = 0 \tag{8.127a}$$

其余两个对应于与重力惯性波

$$\upsilon_{gi}^{HZ}=\pm f\sqrt{1+R} \tag{8.127b}$$

为了分析重力波解，首先对(8.126)式两边同乘以 f^2，并略去科氏参数和地转解，最终得到频率方程为

$$\begin{cases}[(\upsilon^{HZ})^2-R_1]=0\\ R_1=\dfrac{8gH}{3d^2}[\sin^2(2a)+\sin^2(-a+b)+\sin^2(-a-b)]\end{cases} \tag{8.128}$$

频率方程(8.128)有两个重力波解

$$\upsilon_g^{HZ}=\pm\sqrt{R_1} \tag{8.129}$$

8.3.4 网格特性

这里只考虑了有实际应用价值的两种网格特性，即：计算效率和频率误差。计算效率取决于那些数值求解的控制方程。在 HC 和 HD 网格情况下，由于水平风矢量用三个分量表示，因此要补充一个动量方程。这样，数值求解的是四个控制方程。第三个动量方程的出现降低了网格的计算效率。另一方面，对 HB/E，HCS 及 HZ 网格来说，控制方程是三个，这意味着后面三个网格比前二个网格的计算效率更高。同时，后三个网格也没有风的过定义问题。

另一个重要的模式方面就是相对于解析频率的离散频率特性。为了分析由于离散引起的频率误差，考虑了三种类型的波解：重力惯性波，地转解和重力波。频率分析以下列计算为基础：

(1)无量纲频率定义为重力惯性波频率与惯性波频率之比(如 Arakawa，1972；Randall，1994)；

(2)无量纲频率定义为数值地转解频率与惯性波频率之比；

(3)相对重力波频率定义为数值频率与解析频率之比(如 Gavrilov 和 Tosic，1999)。

图 8.17—8.21 给出了计算频率随无量纲波数 kd 和 ld 的变化图。计算重力惯性波和地转解的频率时 λ/d 分两种情况，一种是 $\lambda/d=2.0$，对应于外波的传播(Arakawa 和 Lamb，1977；Randall，1994)和粗糙分辨率的模式。另一种是 $\lambda/d=0.1$，对应于重力内波的频散(Randall，1994)。

8.3.4.1 重力惯性波

重力惯性波的解析频率是完全各向同性的。无量纲频率在所有的径向方向随着波数的增加而单调增加。对 $\lambda/d=2.0$ 和 $\lambda/d=0.1$，其值分别达到 8.0 和 1.08 以上。

图 8.17 给出的频率图对应于 $\lambda/d=2.0$，图中表明对于 HC，HCS 及 HZ 网格各向同性程度更高。另一方面，HB/E 和 HD 网格却表现为明显的各向异性。HB/E

网格上的各向异性与非对称的重力惯性波解有关。换句话说，HB/E1 和 HB/E2 的频率图表明：由(8.111b)式及(8.111c)式得到的重力惯性波解有两个不同的根。非对称解产生的波动在物理空间中沿着给定的方向以不同相速传播，可能会导致错误的数值模拟。

图 8.17 也表明了所有五种网格的频率随着波数增加而增加，尽管其值比解析解低。HB/E，HC，HZ，HCS 及 HD 网格产生的最大频率分别为 5，4，4，4，3。HB/E网格的频率最接近真值，而 HD 网格和其他网格相比降低了重力惯性波解的相速。

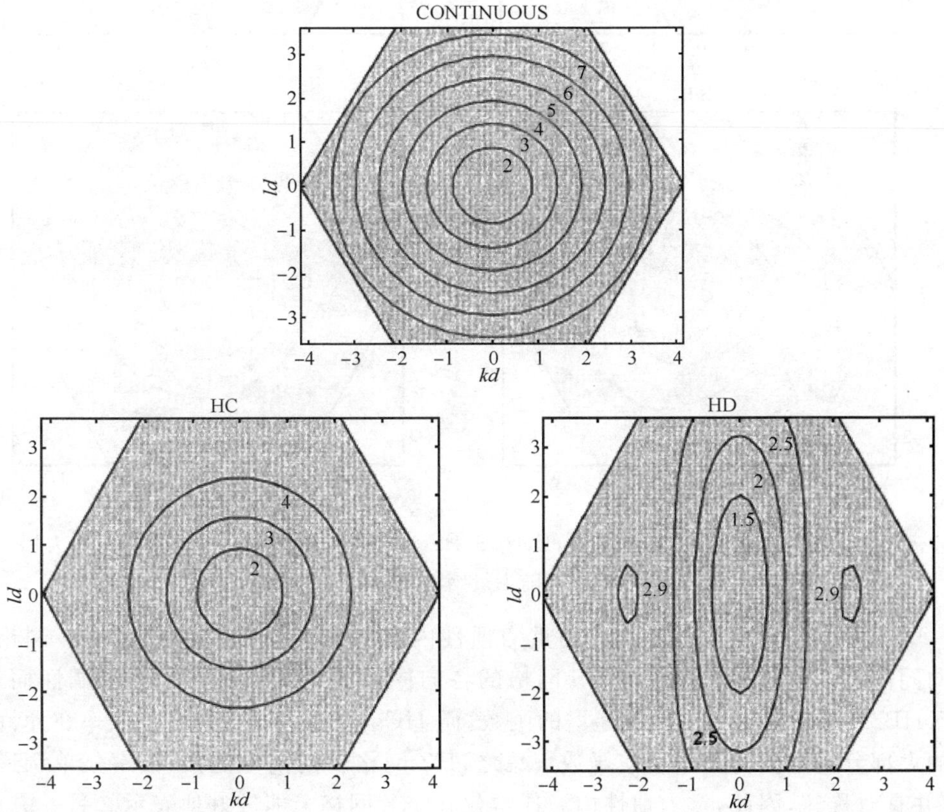

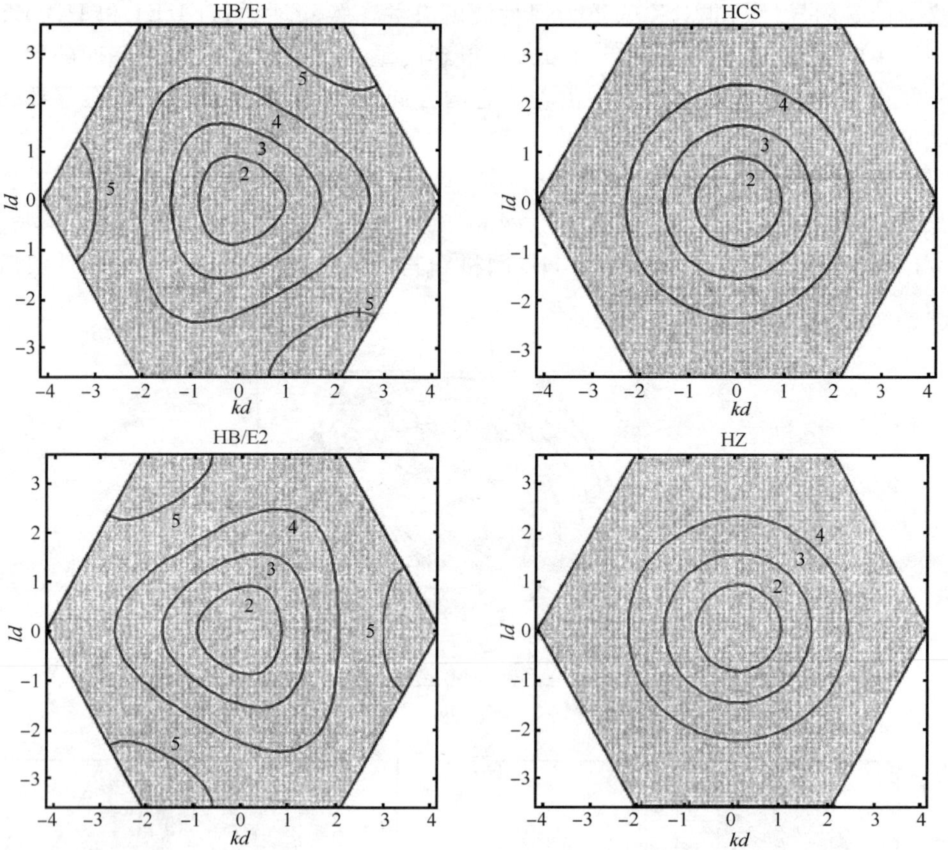

图 8.17 解析情况和 HC,HB/E,HCS,HD 和 HZ 网格在 $\lambda/d=2.0$ 情形下重力惯性波的无量纲频率 $|\upsilon_{gi}^{*}|/f$,$|\upsilon_{gi}|/f$ 随无量纲波数 kd 和 ld 的变化图

如图 8.18 给出了 $\lambda/d=0.1$ 的重力惯性内波的频率图,HC,HD 及 HZ 网格的各向同性更强。HB/E 次之,HCS 网格的各向同性完全被破坏。对于单调性而言,HZ,HB/E 网格的频率是单调递增的函数,而 HC,HD 及 HCS 网格的频率在允许波数的大部分范围内为单调递减函数。总之,HZ 网格各向同性更强、频率是单调递增的,并有对称解,因此,重力惯性内波通常仅在 HZ 网格上能较好地表示。另一方面,其余网格在模拟内波运动时都有一定困难:如 HCS 和 HD 网格有渐减解,HB/E 网格各向同性较差且解不对称,HCS 网格产生的各向异性较强。

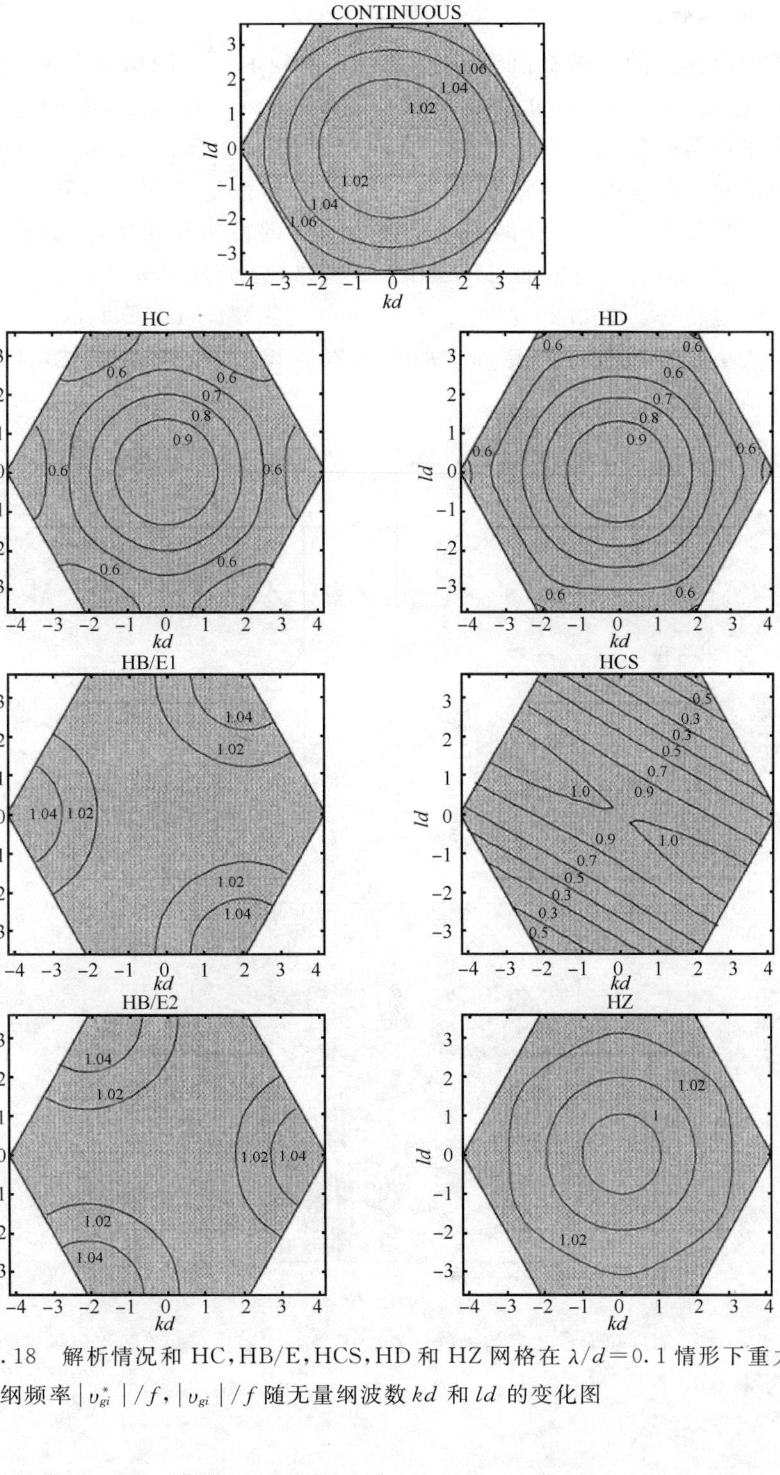

图 8.18　解析情况和 HC,HB/E,HCS,HD 和 HZ 网格在 $\lambda/d=0.1$ 情形下重力惯性波的无量纲频率 $|\upsilon_{gi}^{*}|/f$, $|\upsilon_{gi}|/f$ 随无量纲波数 kd 和 ld 的变化图

8.3.4.2 地转解

对重力惯性波的地转解研究表明:HC,HD 和 HB/E 网格没有再现地转运动的静止特征(图 8.19,8.20)。正如(8.99a),(8.105a),(8.111a)式给出的一样,这三个网格再现了地转解的成对非零对称数值频率。图 8.19 给出了 $\lambda/d=2.0$ 用 f 归一化的地转解。对于允许的最短波动,HB/E 网格上离散地转频率达到 f,而在 HC 和 HD 网格上则为 $f/2$。这三种网格都产生了非零的群速和相速,这会引起地转运动的错误传播和频散。另一方面,HCS 和 HZ 网格(分别为(8.121a)和(8.127a)式)得到了精确的地转解。图 8.20 表明 $\lambda/d=0.1$ 时的频率。HB/E,HD 及 HC 网格地转频率相对较小,最大值分别仅达到 f 的 6%,20%和 30%。如前所述,HCS 和 HZ 网格再现了精确的地转解。

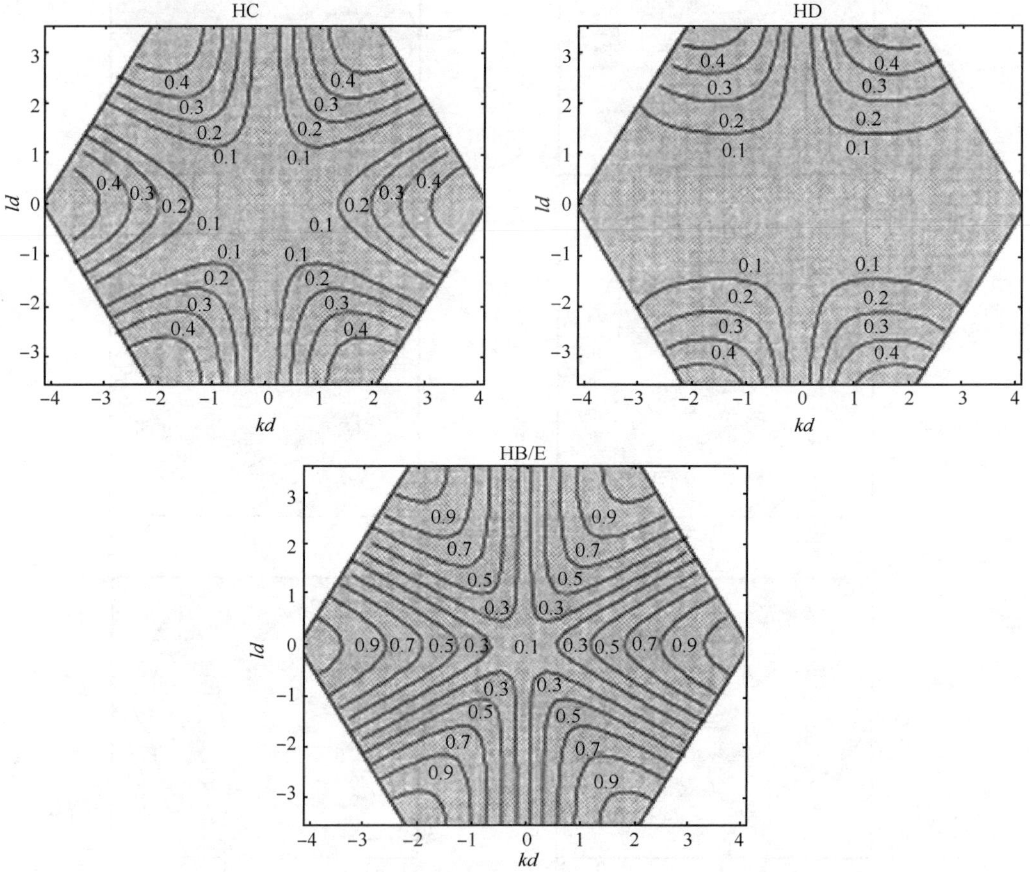

图 8.19 HC,HD 和 HB/E 网格地转运动的无量纲频率 $|\upsilon_{gst}^{*}|/f$ 随无量纲波数 kd 和 ld 的变化图,其中 $\lambda/d=2.0$

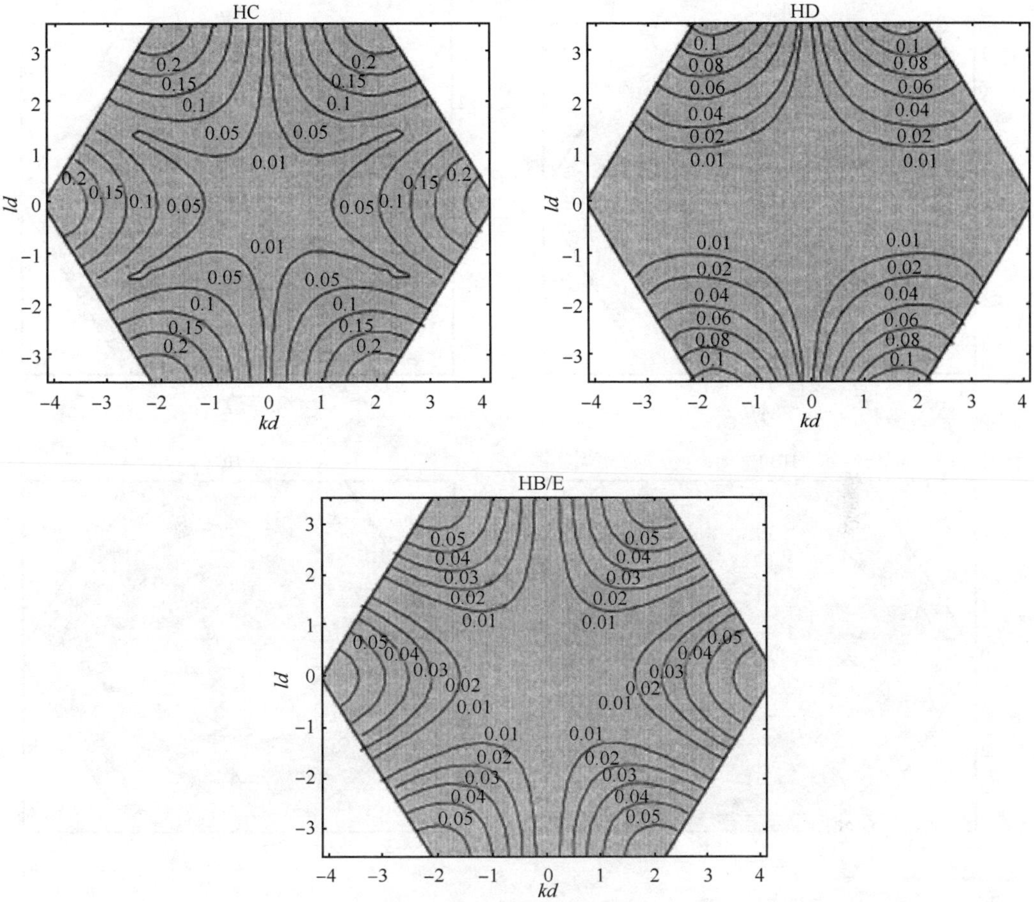

图 8.20　HC,HD 和 HB/E 网格地转运动的无量纲频率 $|\upsilon_{gst}^{*}|/f$ 随无量纲波数 kd 和 ld 的变化图,其中 $\lambda/d=0.1$

8.3.4.3　重力波

图 8.21 给出了考虑的五种网格重力波的相对频率。图中给出了由(8.100b),(8.106b),(8.112b),(8.122b)及(8.128)式算得的频率。这些函数是高度各向同性的,和正方形网格相比,可以更精确地模拟重力波的频散。另一方面,HD 网格的解是各向异性的,并且比其他网格减速更多。HD 网格可能不合适模拟重力波的频散。

由选取的这五种六边形网格离散浅水方程组的分析可知,在模拟重力波和惯性波时其性能各有差异。

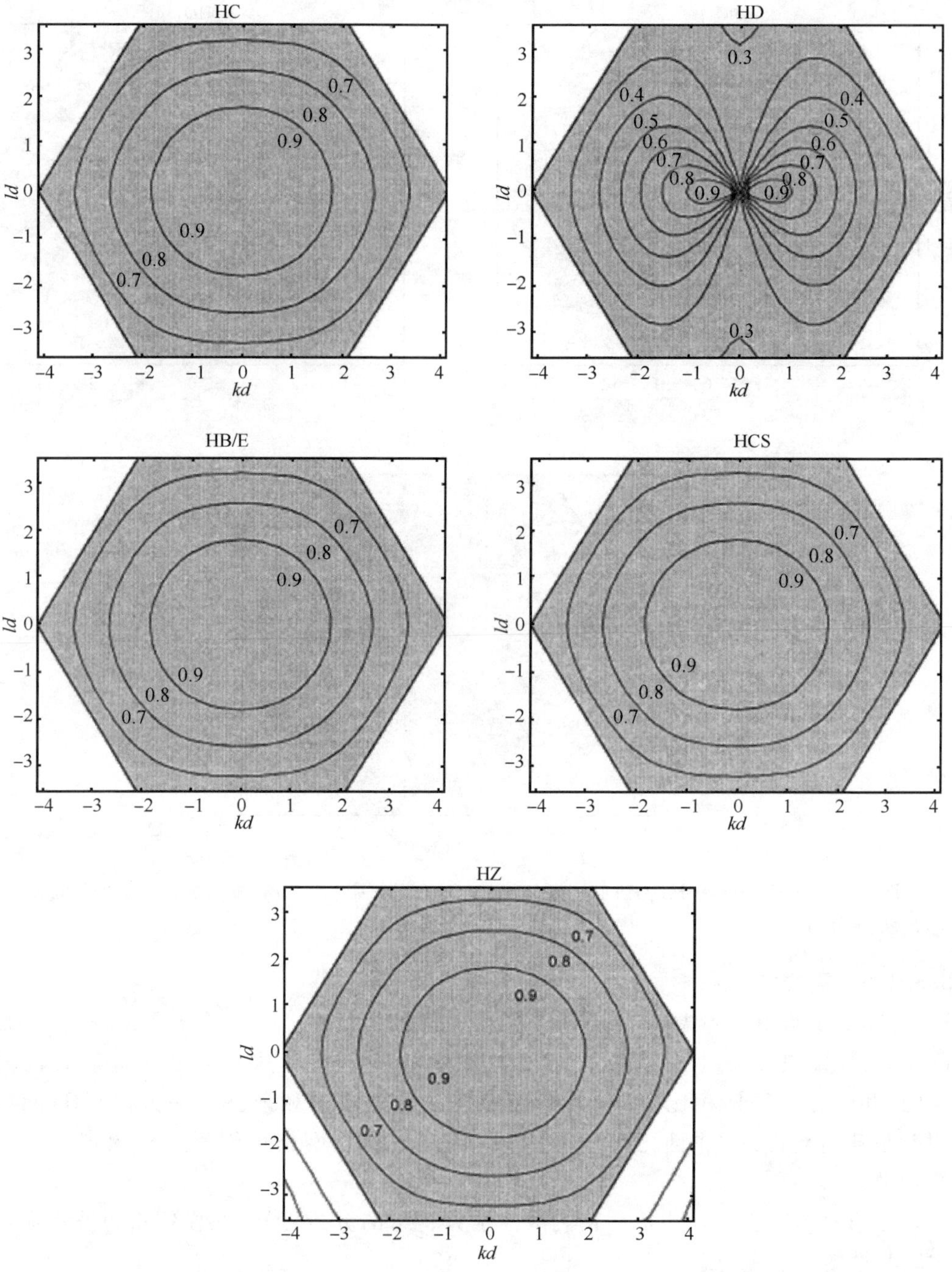

图 8.21 HC,HB/E,HCS,HD 和 HZ 网格重力波的相对频率 ν_g^*/ν_g 随无量纲波数 kd 和 ld 的变化图

分析表明,HC 和 HD 网格第三个风分量使得其计算效率低于其余网格。在两种典型相对变形半径的情况下对地转运动、重力惯性波及重力波的频率误差进行了分析。对重力惯性外波,除了 HD 网格外的其他所有网格再现了频率随着波数增加而单调增加。在重力惯性内波的情况下,HB/E 及 HZ 网格的频散比其余三个网格更加精确。HD 网格对重力惯性外波和重力惯性内波都有最大的相速误差。HB/E 网格的缺点是对于内波和外波均存在非对称解。

对于地转运动的模拟,HC,HD 和 HB/E 网格未能再现地转解的静止特征。另一方面,HZ 和 HCS 网格精确再现了地转解。

除 HD 网格外的所有网格都能较好地模拟重力波。这是他们合适变量配置的直接结果,从网格中心点向周围相邻六点传播平衡的波动。在这方面这些网格比正方形网格有明显优势。

尽管分析不能明确回答哪种网格更合适大气的模拟,但是一些结论可供考虑。分析表明 HD 网格不能很好地模拟重力惯性外波,HCS 网格在模拟重力惯性内波上也有同样的问题。此外,HB/E 网格得到错误的非静止地转解,并且最短外波的频率等于内波频率。另外,HB/E 网格上的重力惯性波解有两个非对称解,可能使计算难度加剧。

通常,HC 和 HZ 网格的各向同性更强,并且在模拟高度辐散的中尺度过程比正方形网格优点明显,因此 HC 和 HZ 网格比其他六边形网格更好。然而,在 HZ 网格方程组中使用涡度和流函数作为变量,就需要额外的精力和计算时间将涡旋场转换成风场。将其应用于有限区域模式时变换算法可能特别复杂。HC 网格的缺点是:第三个风分量降低了计算效率,并且存在相对弱的非静止地转解。尽管有这些局限性,如果同其他六边形网格相比,HC 和 HZ 网格仍然是最适合用于大气和海洋模式的网格。

复习思考题

(1)简述常用球面网格的优缺点。

(2)阴阳网格的优点和缺点分别是什么?

(3)二十面体六边形网格中计算性能较好的网格有哪些?

(4)简述多离散矩有限体积法的基本思想。

第 9 章 物理过程参数化

大气中有许多物理过程,如辐射传递过程,水汽相变过程以及湍流输送过程等。这些物理过程直接引起大气中不同能量形式的传递与转换,因而对大气运动具有显著的动力作用和热力作用,必须予以考虑。如何在数值模式中引入并合理地描写这些物理过程,历来是模式设计的一个重要方面,对于提高数值天气预报的准确率具有十分重要的意义。

大气是一种连续介质,大气运动无论在空间上还是时间上都具有广阔的尺度谱。对于离散的大气模式,无论其分辨能力如何,总有一些运动的尺度小于或接近于网格间距,如湍流输送过程和积云对流过程等,难以在大尺度模式中直接用显式方法表示出来。这些不能被模式网格分辨或直接表示的过程,统称为次网格过程。虽然表征大尺度运动和次网格尺度运动的动力因子有显著差异,但这两种尺度的运动是相互制约,相互影响的。一方面小尺度运动的发生发展需要一定的大尺度环境条件,另一方面小尺度运动发生发展后又会引起大尺度环境场的变化,即对大尺度运动具有反馈作用。在数值模式中,为了描写大尺度运动与次网格过程之间的相互作用,普遍采用的做法是,并不直接考虑次网格过程的细微结构,而是根据这一相互作用模型,用大尺度物理量来描写次网格过程对大尺度运动的总体效应,并作为某些物理量的源汇项包含在大尺度方程组中。这种处理方法统称为参数化方法。

物理过程涉及的内容很多,在不同尺度、不同类型的数值模式中侧重点也各有所不同。本章着重介绍最基本的大尺度凝结过程的计算方法,积云对流参数化方法、陆面过程和边界层参数化方法以及云微物理过程。

9.1 平均运动方程组和次网格过程

第 1 章所建立的基本方程组对于各种不同尺度的大气运动都是适用的。但对于离散化的数值模式,所能描写的只能是一定尺度范围内的波动。此外,常规气象观测网所获取的资料也都是一定时空间隔内的平均值。因此必须由基本方程组推导出能够考虑次网格尺度运动作用的网格尺度(或大尺度)预报方程组。

采用与雷诺(Reynolds)平均法类似的方法,设任意物理量 F 在空间某一点的瞬时值都可以表示为它的平均值 $\bar{F}$ 与其扰动值 F'之和,即

$$F = \bar{F} + F' \tag{9.1}$$

式中 $\overline{F}$ 表示在一定空间范围和一定时间间隔内的平均值，而 F' 表示 F 对 $\overline{F}$ 的偏差。为了得到有代表意义的平均值和扰动值，应根据研究问题的需要适当选取时空间隔，一般来说，它比所要描写的运动尺度应足够小，同时又要比所要滤掉的扰动尺度足够大。在 (x,y,z,t) 坐标系中，若平均值定义为

$$\overline{F}=\frac{1}{\delta x\delta y\delta z\delta t}\int_{x-\frac{\delta x}{2}}^{x+\frac{\delta x}{2}}\int_{y-\frac{\delta y}{2}}^{y+\frac{\delta y}{2}}\int_{z-\frac{\delta z}{2}}^{z+\frac{\delta z}{2}}\int_{t-\frac{\delta t}{2}}^{t+\frac{\delta t}{2}}F(x,y,z,t)\mathrm{d}x\mathrm{d}y\mathrm{d}z\mathrm{d}t \tag{9.2}$$

式中 $\delta x,\delta y,\delta z,\delta t$ 分别表示离散网格的格距和时间步长，则(9.1)式中的 $\overline{F}$ 应为数值模式的格点值，表示物理量 F 在离散时空间隔内的平均值，F' 则表示次网格尺度的扰动。

若不计密度的扰动，基本方程组中的其他物理量都按(9.1)式分解，然后对各方程求取平均，可得到平均运动方程组

$$\begin{cases}\dfrac{\mathrm{d}\bar{u}}{\mathrm{d}t}=-\dfrac{1}{\rho}\dfrac{\partial\bar{p}}{\partial x}+f\bar{v}-\dfrac{1}{\bar{\rho}}\left(\dfrac{\partial\bar{\rho}\,\overline{u'u'}}{\partial x}+\dfrac{\partial\bar{\rho}\,\overline{u'v'}}{\partial y}+\dfrac{\partial\bar{\rho}\,\overline{u'w'}}{\partial z}\right)\\ \dfrac{\mathrm{d}\bar{v}}{\mathrm{d}t}=-\dfrac{1}{\rho}\dfrac{\partial\bar{p}}{\partial y}-f\bar{u}-\dfrac{1}{\bar{\rho}}\left(\dfrac{\partial\bar{\rho}\,\overline{u'v'}}{\partial x}+\dfrac{\partial\bar{\rho}\,\overline{v'v'}}{\partial y}+\dfrac{\partial\bar{\rho}\,\overline{v'w'}}{\partial z}\right)\\ \dfrac{\mathrm{d}\bar{w}}{\mathrm{d}t}=-\dfrac{1}{\rho}\dfrac{\partial\bar{p}}{\partial x}+g-\dfrac{1}{\bar{\rho}}\left(\dfrac{\partial\bar{\rho}\,\overline{u'w'}}{\partial x}+\dfrac{\partial\bar{\rho}\,\overline{v'w'}}{\partial y}+\dfrac{\partial\bar{\rho}\,\overline{w'w'}}{\partial z}\right)\\ \dfrac{\partial\bar{\rho}}{\partial t}+\dfrac{\partial\bar{\rho}\bar{u}}{\partial x}+\dfrac{\partial\bar{\rho}\bar{v}}{\partial y}+\dfrac{\partial\bar{\rho}\bar{w}}{\partial z}=0\\ \dfrac{\mathrm{d}\bar{\theta}}{\mathrm{d}t}=\dfrac{\bar{\theta}}{c_p\overline{T}}\overline{Q}-\dfrac{1}{c_p\bar{\rho}}\left(\dfrac{\partial\bar{\rho}c_p\,\overline{u'\theta'}}{\partial x}+\dfrac{\partial\bar{\rho}c_p\,\overline{v'\theta'}}{\partial y}+\dfrac{\partial\bar{\rho}c_p\,\overline{w'\theta'}}{\partial z}\right)\\ \dfrac{\mathrm{d}\bar{q}}{\mathrm{d}t}=\bar{c}-\bar{e}-\dfrac{1}{\bar{\rho}}\left(\dfrac{\partial\bar{\rho}\,\overline{u'q'}}{\partial x}+\dfrac{\partial\bar{\rho}\,\overline{v'q'}}{\partial y}+\dfrac{\partial\bar{\rho}\,\overline{w'q'}}{\partial z}\right)\end{cases} \tag{9.3}$$

式中 $\overline{Q}=L(\bar{c}-\bar{e})+Q_{RA}$，$\bar{c}$ 为凝结率(包括大尺度凝结和积云对流凝结)，$\bar{e}$ 为蒸发率，Q_{RA} 为辐射加热率，而括号中的各项均与次网格尺度通量项有关，表示次网格过程对大尺度运动的作用。例如热力学方程中的括号项，为单位质量空气在单位时间内因次网格过程而得到的热量。需要指出的是，(9.3)式中平均运动与扰动的确切含义完全取决于数值模式时空间隔的选取，对于水平间距仅为 1 km 的细网格模式，次网格通量项代表湍流运动的影响，而对水平间距为 100 km 左右的大尺度模式，次网格通量项则表示湍流运动，积云对流以及其他次网格过程对大尺度运动的影响。为了使平均运动方程组闭合，以便数值求解，必须给定 $\bar{c}$，$\bar{e}$ 和 Q_{RA} 的计算方案，以及平均次网格尺度通量项的参数化方案。这类问题在数值预报中统称为物理过程的处理方法。以下分别介绍关于大尺度凝结过程、积云对流参数化方法、陆面过程和边界层参数化方法以及云微物理过程方法。

9.2 大尺度凝结降水的计算方法

大气中的水汽相变过程是影响大气运动的重要物理过程之一，尤其是水汽凝结所释放的潜热，不仅是低纬地区扰动发展的主要能源，而且对中高纬地区天气系统的演变发展也有重要影响。大气中的凝结过程就其产生的原因来说，可分为大尺度上升运动造成的凝结和积云对流过程中产生的凝结，这两种不同性质的凝结过程分别造成大范围稳定降水和局地强对流降水。研究结果表明，很多灾害性暴雨天气常是这两种过程共同造成的结果。因此，在数值模式中合理引入这两种凝结过程，一方面可预报云和降水等重要天气现象，另一方面也可以描写凝结潜热释放对大气运动过程的反馈作用。

本节讨论大尺度凝结降水的常用计算方法，有关积云对流过程的处理方法在下一节讨论。

大尺度凝结是指在稳定层结条件下由大尺度上升运动所引起的凝结现象，由于影响范围广，持续时间长，也可能产生可观的过程降水量。在模式中引入大尺度凝结过程，也就是在水汽方程中考虑水汽凝结效应，并把凝结释放的潜热加到热力学方程的右端。此处仅讨论平均运动方程组(9.3)式中大尺度凝结率的计算问题，暂不考虑蒸发过程和次网格过程的影响，各物理量的平均符号也略去不计，可将(9.3)式中的水汽方程简化为

$$\begin{cases} \dfrac{\mathrm{d}q}{\mathrm{d}t} = \dfrac{\mathrm{d}q_s}{\mathrm{d}t} & \text{当 } r \geqslant 1, \omega < 0 \\ \dfrac{\mathrm{d}q}{\mathrm{d}t} = 0 & \text{当 } r < 1 \text{ 或 } \omega \geqslant 0 \end{cases} \tag{9.4}$$

式中 q_s 为饱和比湿，r 为相对湿度，(9.4)式表示大尺度凝结产生的条件为气块所含水汽达到饱和，同时做上升运动。这两个条件之一不满足则不发生凝结。计算(9.4)式右端项常用的有两种方法，下面分别给予介绍。

9.2.1 凝结函数法

饱和比湿的定义为 $q_s = 0.622\dfrac{e_s(T)}{p}$，$e_s$ 为饱和水汽压，将上式取对数后对 t 微分

$$\frac{1}{q_s}\frac{\mathrm{d}q_s}{\mathrm{d}t} = \frac{1}{e_s}\frac{\mathrm{d}e_s}{\mathrm{d}t} - \frac{\omega}{p} \tag{9.5}$$

由克拉珀龙方程可得

$$\frac{1}{e_s}\frac{\mathrm{d}e_s}{\mathrm{d}t} = \frac{L}{R_v T^2}\frac{\mathrm{d}T}{\mathrm{d}t} \tag{9.6}$$

式中 R_v 为水汽的气体常数，L 为凝结潜热，将(9.6)式代入(9.5)式得

$$\frac{1}{q_s}\frac{\mathrm{d}q_s}{\mathrm{d}t}=\frac{L}{R_vT^2}\frac{\mathrm{d}T}{\mathrm{d}t}-\frac{\omega}{p} \tag{9.7}$$

若非绝热加热仅考虑大尺度凝结潜热的释放，对应的热力学方程为

$$c_p\frac{\mathrm{d}T}{\mathrm{d}t}-\frac{RT}{p}\frac{\mathrm{d}p}{\mathrm{d}t}=-L\frac{\mathrm{d}q_s}{\mathrm{d}t} \tag{9.8}$$

由(9.7)式和(9.8)式消去 $\frac{\mathrm{d}T}{\mathrm{d}t}$ 得

$$\frac{\mathrm{d}q_s}{\mathrm{d}t}=\frac{q_sT}{p}\left(\frac{RL-c_pR_vT}{c_pR_vT^2+L^2q_s}\right)\omega \tag{9.9}$$

令

$$F=q_sT\left(\frac{RL-c_pR_vT}{c_pR_vT^2+L^2q_s}\right) \tag{9.10}$$

F 称凝结函数，于是有

$$\frac{\mathrm{d}q_s}{\mathrm{d}t}=\frac{F\omega}{p} \tag{9.11}$$

综合(9.4)式和(9.11)式，在模式方程组中，大尺度凝结率可写为

$$\bar{c}=\frac{\delta F\omega}{p} \tag{9.12}$$

而

$$\delta=\begin{cases}1 & 当\ \omega<0,q\geqslant r_cq_s\\ 0 & 当\ \omega\geqslant 0,q<r_cq_s\end{cases} \tag{9.13}$$

实际大气中，由于凝结核的存在，使得相对湿度还未达到 100% 便开始凝结，r_c 为凝结的临界相对湿度。

(9.12)式中的 $\bar{c}$ 为单位质量空气的凝结率，将其对空气柱做质量积分和时间积分，再换算成液态水的体积，即可得到地面降水量。

9.2.2 迭代法

迭代法是采用以下两个过程来逼近湿绝热过程，即

(1)在不考虑水相变化的条件下，按干绝热过程计算出温度 T_*^{n+1} 和比湿 q_*^{n+1}，其中上标表示时间层。

(2)若 $q_*^{n+1}>r_cq_s(T_*^{n+1})$，即相对湿度大于临界相对湿度 r_c，假设过饱和部分在等压条件下凝结出来，计算出凝结率后再对 T_*^{n+1}，q_*^{n+1} 加以订正，得出订正后的 T^{n+1}，q^{n+1}。

重复以上两个步骤，经若干次订正后，最后得出预报的降水量、T^{n+1} 和 q^{n+1}。

为方便，暂略去表示时间的上标，则考虑了凝结后的温度和比湿分别为 T 和 q，令

$$\Delta T = T - T_*, \quad \Delta q = q - q_*$$

产生凝结后，相对湿度下降为 r_c，故

$$\Delta q = q - q_* = r_c q_s(T) - q_* \tag{9.14}$$

在等压条件下有

$$\Delta q = r_c\left[q_{s*} + \left(\frac{\partial q_s}{\partial T}\right)_p \Delta T\right] - q_* = q_{s*}(r_c - r_*) + r_c\left(\frac{\partial q_s}{\partial T}\right)_p \Delta T \tag{9.15}$$

式中 $r_* = q_*/q_{s*}$ 为相对湿度。

凝结过程中能量是守恒的，即感热和潜热之和应保持不变，故

$$L\Delta q + c_p \Delta T = 0 \tag{9.16}$$

由(9.15)和(9.16)式消去 ΔT，可得到计算 Δq 的公式

$$\Delta q = \left[1 + r_c\left(\frac{\partial q_s}{\partial T}\right)_p \frac{L}{c_p}\right]^{-1} q_{s*}(r_c - r_*) \tag{9.17}$$

式中 $\left(\frac{\partial q_s}{\partial T}\right)_p = \frac{L q_{s*}}{R_v T_*^2}$。

再由(9.16)式可计算出 ΔT，即

$$\Delta T = -\frac{L}{c_p}\Delta q \tag{9.18}$$

令由(9.17)和(9.18)式计算的结果为 $(\Delta q)_1$，$(\Delta T)_1$ 则

$$\begin{cases} q' = q_* + (\Delta q)_1 \\ T' = T_* + (\Delta T)_1 \end{cases} \tag{9.19}$$

如果 q'，T' 不满足

$$r = q'/q_s(T) = r_c$$

则以 q'，T' 代替 q_*，T_*，再用(9.17)，(9.18)式重新计算 $(\Delta q)_1$，$(\Delta T)_1$，直至 $r = r_c$。最后得到

$$\begin{cases} q' = q_* + (\Delta q)_1 + (\Delta q)_2 + \cdots \\ T' = T_* + (\Delta T)_1 + (\Delta T)_3 + \cdots \end{cases} \tag{9.20}$$

这个方案收敛很快，只要迭代一、二次便可使 r 精确至 1%。

归纳上述，迭代法的差分方程为

$$\begin{cases} \dfrac{q_*^{n+1} - q^{n-1}}{2\Delta t} + \mathbf{V}^n \cdot \nabla q^n = 0 \\ \dfrac{T_*^{n+1} - T^{n+1}}{2\Delta t} + \mathbf{V}^n \cdot \nabla T^n - \dfrac{RT^n}{c_p p}\omega^n = 0 \\ \Delta q = \left[1 + \dfrac{r_c L^2 q_{s*}^{n+1}}{c_p R_v (T_*^{n+1})^2}\right]^{-1} q_{s*}^{n+1}(r_c - r_*^{n+1}) \\ q^{n+1} = q_*^{n+1} + (\Delta q)_1 + (\Delta q)_2 + \cdots \\ T^{n+1} = T_*^{n+1} + (\Delta T)_1 + (\Delta T)_3 + \cdots \end{cases}$$

式中 $\mathbf{V}\cdot\nabla$ 为 $u\dfrac{\partial}{\partial x}+v\dfrac{\partial}{\partial y}+\omega\dfrac{\partial}{\partial p}$ 的差分算子。

季仲贞(1980)比较了两种方案的计算结果,第二种方案只计算了 $(\Delta q)_1$ 和 $(\Delta T)_1$。两种计算结果在雨区分布上差别不大,但雨量差别很大。迭代法计算出的雨量较大,这主要是因为计算凝结率时所用的温度和比湿已经考虑了平流变化的缘故。

上面计算的 Δq 是从单位质量空气中凝结出来的水分。液态水在降落过程中,如经过不饱和的气层还可能再蒸发,蒸发量的大小与所经过气层的相对湿度有关。如果不考虑这种蒸发过程,则 Δq 就是对地面降水的贡献。

9.3　积云对流参数化

现行的大中尺度数值天气预报模式的水平分辨率一般为 $10^1\sim10^2$ km,积云对流过程难以被模式网格所分辨,只能作为次网格过程做参数化处理。积云对流参数化问题首先是在热带低压发生发展的数值模拟中提出来的,现已被成功地推广应用于中高纬数值模式。暴雨、台风等灾害性天气常伴有强烈的对流活动,模式中引入的对流参数化方案是否合理,是能否成功预报这类灾害性天气的关键。

9.3.1　基本理论

积云对流参数化理论假定大尺度运动的控制作用是十分强的,因而积云尺度的统计特征可以仅由大尺度扰动的特征来研究。这是因为小尺度的积云对流是在一定的大尺度环境中产生的,它的发生发展必然受到大尺度环境场的制约,同时又会对大尺度环境场产生反馈作用,这两者之间存在相互支持关系。因此,积云对流参数化涉及的主要问题包括:

(1)确定积云对流产生的条件和大尺度运动对积云的强迫机制。

(2)确定对流过程对环境场加热、增湿效应的垂直分布。

(3)估算对流降水量。

对以上问题的不同表述和处理方法,就形成了各种类型的积云对流参数化方案,但每一种参数化方案都包含着一个两种尺度运动相互作用模型。现行的数值预报模式中,通常是把大气热力学方程和水汽守恒方程作为参数化方案的基本方程。以积云对流为参数化对象,可将(9.3)式中的热力学方程和水汽守恒方程写在 p 坐标系中,即改写为如下形式

$$\begin{cases} \dfrac{\mathrm{d}\bar{\theta}}{\mathrm{d}t} = \dfrac{L\bar{\theta}}{c_p\overline{T}}\bar{c} + D_\theta + \left[\dfrac{L\bar{\theta}}{c_p\overline{T}}\bar{c}^* - \dfrac{\partial}{\partial p}(\overline{\omega'\theta'})\right] \\ \dfrac{\mathrm{d}\bar{q}}{\mathrm{d}t} = -\bar{c} + D_q + \left[-\bar{c}^* - \dfrac{\partial}{\partial p}(\overline{\omega'q'})\right] \end{cases} \tag{9.21}$$

式中 D_θ, D_q 表示次网格尺度过程作用，包括湍流及对流造成的水平输送，$\dfrac{\partial}{\partial p}(\overline{\omega's'})$ 为积云对流对 s（s 为 θ, q 等）的垂直输送，$\bar{c}$ 和 c^* 分别表示大尺度凝结率，$\bar{c}^*$ 是对流凝结率在单位面积内的平均。积云对流的主要特征是垂直方向有很强的上升运动，其垂直输送的影响远大于水平输送。积云对流运动是由水汽凝结过程所激发，并通过对动量，热量和水汽的垂直输送来影响大尺度环境场的。因此，(9.21)式右端中括号中的凝结项和垂直输送项都是参数化方案中需要用大尺度的物理量加以表征的项。

设单位面积内积云所占面积为 σ_c，无云面积为 $1-\sigma_c$，σ_c 称为积云覆盖比，G_c，$\widetilde{G}$ 和 $\overline{G}$ 分别表示物理量 G 的云内值、云外值和单位面积内的平均值，$\overline{G}$ 也表示大尺度运动物理量的格点值，可写为

$$\overline{G} = \sigma_c G_c + (1-\sigma_c)\widetilde{G} \tag{9.22}$$

这可视为考虑积云作用后单位面积上平均值的定义，物理量 G 可分解为平均值与小尺度对流扰动值之和，即

$$G = \overline{G} + G' \text{ 或 } G' = G - \overline{G} \tag{9.23}$$

对于垂直速度 ω 和某一物理属性 S（可以是 q,θ 等），有

$$\begin{cases} \bar{\omega} = \sigma_c\omega_c + (1-\sigma_c)\tilde{\omega} \\ \overline{S} = \sigma_c S_c + (1-\sigma_c)\widetilde{S} \end{cases} \tag{9.24}$$

根据(9.23)式和(9.22)式可得

$$\begin{aligned} \overline{\omega'S'} &= \overline{(\omega-\bar{\omega})(S-\overline{S})} \\ &= \sigma_c(\omega_c-\bar{\omega})(S_c-\overline{S}) + (1-\sigma_c)(\tilde{\omega}-\bar{\omega})(\widetilde{S}-\overline{S}) \end{aligned} \tag{9.25}$$

利用(9.24)，(9.25)式消去 $\tilde{\omega}$，$\widetilde{S}$，得到

$$\overline{\omega'S'} = \frac{\sigma_c}{1-\sigma_c}(\omega_c-\bar{\omega})(S_c-\overline{S}) \tag{9.26}$$

一般情形下 $\sigma_c \ll 1$ 而 $|\bar{\omega}| \ll |\omega_c|$，于是(9.26)式可简化为

$$\overline{\omega'S'} = \sigma_c\omega_c(S_c-\overline{S}) \tag{9.27}$$

或

$$\overline{\omega'S'} = -M_c(S_c-\overline{S}) \tag{9.28}$$

式中 $M_c = -\sigma_c\omega_c$，称为积云质量垂直通量，(9.28)式表示积云对流所引起的某种物理量垂直通量与积云内的总质量通量和该物理量在云内的偏差成正比。

如果 S_c 表示云内的温度和比湿，根据云内进行的湿绝热过程不难确定 θ_c 和 q_c，因此，(9.28)式提供了计算对流引起的垂直热量通量和水汽通量的一种基本思路，由

于确定云内动量 u_c 和 v_c 缺乏理论依据，因此计算对流引起的垂直动量输送需要研究其他的办法。此外，云内垂直速度 ω_c 和积云覆盖面积比 σ_c 都很难用观测资料计算准确，因此，准确地给出积云质量垂直通量 M_c 与大尺度场变量之间的关系是十分困难的，至今仍然是积云对流参数化的一大难点。

9.3.2　参数化方案的基本类型

自 Smagorinsky(1956)首次把一个最简单的对流参数化方案引入数值模式以来，已先后提出了许多各种各样的对流参数化方案，其中有不少方案已被应用到数值天气预报的研究和业务模式中，并取得了成功，极大地提高了数值模式的模拟能力和预报水平。

积云对流过程可分为浅对流过程和深对流过程两种类型。浅对流过程又被称为非降水性对流过程，一般只能引起云底至云顶气柱内温度场和水汽场垂直结构分布的改变，而不能产生净的潜热释放和降水，但它对云层的维持起着重要的作用。有关浅对流过程的参数化方案不多，主要有湍流扩散式和对流调整式两种类型。

湍流扩散式浅对流参数化方案把浅对流过程作为湍流垂直扩散参数化方案的附加项进行处理，认为浅对流过程的作用是通过加强湍流垂直扩散效应，来改变格点气柱内温湿场的垂直分布。而对流调整式方案则是以云底至云顶间气柱的总干静力能守恒为约束条件，使气柱内的温湿场垂直分布廓线向某一特定的参考廓线调整。

深对流过程又被称为可降水性对流过程，它不仅会引起温湿场垂直分布结构的改变，还会产生净的潜热释放和对流降水。深厚积云对流一般生成于条件不稳定，低层有水汽辐合的大尺度环境场中，深对流过程引起的净潜热释放为大尺度环流的维持和增强提供了充足的能量，而后者的维持和增强又为前者提供了源源不断的水汽，这种深对流过程与大尺度环流之间相互作用的复杂性，使得深对流参数化工作显得既十分重要又非常困难。正因为如此，有关深对流参数化的研究比浅对流参数化要广泛深入得多。为了便于讨论，可根据参数化方案中的相互作用模型，把现行的各种深对流参数化方案分为以下几种基本类型。

9.3.2.1　对流调整方案

Mintz(1965)最早在大气环流模式中引入了对流调整的概念，当时是用于不包括水汽变化的干模式。Manabe 等(1965)在大气环流模式中加入了有水汽凝结的湿对流调整方案。对流调整式方案对积云对流物理过程的描述很粗略，没有对大尺度运动对积云的强迫机制做任何具体的规定，只强调了对流产生的原因和结果。方案假定：①一旦大气层结的温度直减率超过某一临界值使会产生对流，而对流产生的净潜热释放和热量水汽的垂直输送必然会使不稳定的大气在一定时间内调整为某一平衡状态或中性状态。②调整过程中总湿静力能守恒，在此约束条件下，可总计给出积云对流对大尺度环境场的影响作用。

对流调整是最早引入数值模式的积云对流参数化方案之一，其特点是计算简单，节省机时。但是在早期的方案中，由于调整是在瞬间完成的，可能会对模式造成较大的冲击，Gadd 和 Keers(1970)采用了改进的临界递减率，使对流调整方案的预报效果有所改进，并被应用于英国的十层模式。Betts 和 Miller(1986)提出了一个新的对流调整方案，新方案引入了一个对流调整特征时间，有效地缓解了调整瞬间完成对模式的冲击，并采用按观测试验归纳出的参考准平衡热力直减率，使调整后的温度和水汽直减率更接近于实际大气状态，从而使预报效果大为改进。Betts-Miller 方案是目前使用效果较好的方案之一。

9.3.2.2 大尺度水汽辐合式方案

郭晓岚(Kuo，1965；1974)基于积云对流与大尺度运动相互作用的第二类条件不稳定机制，提出了另一种类型的对流参数化方案，由于这种方案特别强调大尺度水汽辐合对积云对流发生发展的控制作用，因此，又称为大尺度水汽辐合式方案。方案假设：①积云对流发生在深厚条件性不稳定层结和低层有大尺度水汽辐合的地方。②大尺度水汽辐合为云柱提供的水汽，一部分$(1-b)M_t$被用于成云降水，余下的部分bM_t则被卷出云外湿化环境。③云内暖湿空气与环境场发生瞬间侧向混合，使环境场加热增湿。该方案清楚简洁地给出了积云对流与大尺度环境场之间的相互作用机制，能够比较准确地预报出对流降水的落区和强度，是大尺度模式中最受欢迎的一种参数化方案。

9.3.2.3 对流质量通量式方案

对流质量通量式方案最早是由 Arakawa 和 Schubert(1974)提出的，该方案以云谱的形式表示所有次网格积云对流过程，把各云谱段的积云对流贡献累加起来得到次网格积云对流的总效应。该方案对大尺度运动的强迫作用和积云对流的反馈作用都做了细致地描述和处理，其主要内容可分为三个部分：①动力控制部分，该部分决定对流的强度和做功函数的变化大小，做功函数的准平衡假设是该部分的关键。②静力控制部分，该部分确定上升支气流的属性(包括卷入、卷出率和云微物理过程)；③反馈作用部分，该部分考虑了积云诱生的云外下沉补偿运动造成的增暖变干效应，云中液态水卷出云外再蒸发造成的变冷变湿效应及云顶附近水汽卷出引起的增暖变湿效应。该方案对物理过程的描写和预报效果都优于其他方案，不足之处是，方案过于复杂，计算量远大于其他方案，限制了它的广泛业务应用。

近年来，人们对对流质量通量式方案的兴趣在不断增加，通过对 AS-74 方案的改进和发展，相继提出了一些综合型的对流质量通量方案(如 ECMWF 现行的 Tiedtke(1989)方案)和预报型的对流质量通量式方案(如陈德辉和 Bougeault(Chen 和 Bougenult，1993)方案，简称 CB-93 方案)，并在业务应用中取得了很好的效果。

9.3.2.4 对流有效位能释放式方案

前面介绍的几种类型参数化方案主要是针对大尺度模式而设计的，实际工作中，有些方案经过改进也能适用于中尺度模式。对于一个水平格距小于 50 km 的模式来说，中尺度过程已基本上能够为模式网格所分辨，已不再属于次网格过程。因此，需要更为精细地考虑对流云中的微物理过程及其与中尺度动力过程之间的相互作用。Kreitzberg 和 Perkey(1976)首次提出的对流有效位能释放式方案就是针对这种需求而设计的。通常把气柱内浮力做功的垂直积分定义为对流有效位能 $CAPE$，即

$$CAPE = -\int_{z_b}^{z_t} g\,\frac{T_{vc} - T_v}{T_v}\mathrm{d}z$$

式中 T_v 为虚温，下标 c 表示云内变量值。该方案认为积云对流的结果就是耗散贮存于大气中的对流有效位能，使大气重新处于中性状态。方案中考虑了上升气流中水相变化(水汽↔液态水，水汽↔冰，液态水↔冰)对浮力的影响，同时还考虑了卷入效应以及水、冰重力作用对上升运动的影响等。积云面积覆盖比 σ 以及云中变量值 T_c，q_c，ρ_c 由一维云模式确定。

Fritsch 和 Chappell(1980)提出了一种新的对流有效位能释放式方案，该方案的特点，一是采用水平平流时间为对流有效位能释放的特征时间，二是采用上升、下沉双支气流的云模式，但云内变量为诊断量(即用经验公式估算云的各种特征)，而不是预报变量。此方案已被应用于英国的中尺度业务模式。

9.3.3 对流调整式方案

对流调整式方案是从积云对流调整前后大气温湿场的变化来考察积云对流对大尺度环境场的影响作用，即认为积云对流产生的凝结降水和对感热潜热的垂直输送，必然使原处于不稳定状态的大气在一定时间内重新处于某一平衡状态或中性状态。调整过程中在总静力能保持不变的条件下可确定出积云对流所引起的温度场和水汽场的变化。

9.3.3.1 Manabe 方案

Mintz(1965)最初在大气环流模式中引入的对流调整方案只包括干对流调整，用于模拟大气中的对流翻转。Manabe 等(1965)提出了一个包括水汽凝结过程的湿对流调整方案。方案假定：①一旦大气层结的温度直减率超过某一临界值便会产生对流，而对流产生的结果使层结调整为中性。②调整过程中，总静力能守恒。在此约束条件下，调整过程中对流产生的凝结和感热、潜热的垂直输送可不用显式方法表示出来，而是估算其总的作用，给出调整后的最终状态。

令温度直减率 $\Gamma = -\dfrac{\partial T}{\partial z}$，$\Gamma_d$ 和 Γ_m 分别表示干绝热和湿绝热温度直减率。根据

大气的相对湿度不同,对流调整可分为干对流调整和湿对流调整两种情况。

当 $r<r_c$,且 $\Gamma>\Gamma_d$ 时,产生干对流,这时只需对温度进行调整,且调整过程中总干静力能守恒。即

$$\frac{1}{g}\int_{p_b}^{p_t}\Delta s\mathrm{d}p = 0 \tag{9.29}$$

式中 $s=c_pT+gz$,Δs 表示调整前后某一层次上干静力能的改变量,p_t 和 p_b 分别表示不稳定气层上下界的气压。调整后的状态为

$$\Gamma=\Gamma_d,\quad s=c_p(T+\Delta T)+gz \tag{9.30}$$

根据(9.29)和(9.30)式可确定出温度的调整量 ΔT。ΔT 可视为积云对流对热量垂直输送引起的。

当 $r\geqslant r_c$,且 $\Gamma>\Gamma_m$ 时,产生湿对流,需要同时调整湿度和温度,且调整过程中总湿静力能保持守恒,即

$$\frac{1}{g}\int_{p_b}^{p_t}\Delta h\mathrm{d}p = 0 \tag{9.31}$$

式中 $h=c_pT+gz+Lq$。调整后的状态为

$$r=r_c,\quad \Gamma=\Gamma_m,\quad h=c_p(T+\Delta T)+gz+Lq_s(T+\Delta T)r_c \tag{9.32}$$

根据(9.31)和(9.32)式可确定出温度和湿度的调整量 $\Delta T,\Delta q$。ΔT 可视为对流凝结加热和对流对热量垂直输送的结果,而 Δq 可视为对流所引起的凝结。调整量的垂直分布特征为:在下层,$\Delta T<0,\Delta q<0$,在上层,$\Delta T>0,\Delta q>0$。即调整的结果是使上层变暖变湿,使下层变冷变干,从而使不稳定层结调整为中性层结。

9.3.3.2 Gadd 方案

大气层结由不稳定状态瞬间调整至中性状态,容易导致温度和湿度的调整量过大,可能会对模式造成较大的冲击。为此,Gadd 和 Keers(1970)采用了改进的临界递减率 Γ_c

$$\Gamma_c=\begin{cases}\Gamma_d & 0\leqslant r\leqslant r_c\\ \Gamma_d\left(\dfrac{1-r}{1-r_c}\right)+\Gamma_m\left(\dfrac{r-r_c}{1-r_c}\right) & r_c<r<1\end{cases} \tag{9.33}$$

式中相对湿度的临界值一般取为 $r_c=0.5$。由(9.33)式可以看出,Γ_c 随 r 的变化是连续的,r 越大,Γ_c 越近 Γ_m,r 越小,Γ_c 越接近 Γ_d。

以下给出 Gadd 方案的求解格式。

设多层模式的垂直变量配置 L 网格,其中 k 为垂直分层的标号,带"～"的量表示调整后的数值。不带"～"的量表示调整前的数值。首先按(9.33)式计算临界温度递减率,并判断各层的静力稳定度。若

$$T_k-T_{k-2}>\frac{1}{2}\left[\Gamma_{ck}(z_{k-1}-z_{k+1})+\Gamma_{c\,k-2}(z_{k-3}-z_{k-1})\right] \tag{9.34}$$

则第 k 层是不稳定的，需进行调整。调整后温度层结变为中性，则有

$$\widetilde{T}_k - \widetilde{T}_{k-2} = \frac{1}{2}\left[\Gamma_{ck}(\tilde{z}_{k-1} - \tilde{z}_{k+1}) + \Gamma_{ck-2}(\tilde{z}_{k-3} - \tilde{z}_{k-1})\right] \tag{9.35}$$

将静力平衡方程

$$\tilde{z}_{k-1} - \tilde{z}_{k+1} = \frac{R\widetilde{T}_k}{g}\ln\frac{p_{k+1}}{p_{k-1}}, \quad \tilde{z}_{k-3} - \tilde{z}_{k-1} = \frac{R\widetilde{T}_{k-2}}{g}\ln\frac{p_{k-1}}{p_{k-3}} \tag{9.36}$$

代入(9.35)式，可得到

$$\left(1 - \frac{1}{2}\Gamma_{ck}\frac{R}{g}\ln\frac{p_{k+1}}{p_{k-1}}\right)\widetilde{T}_k = \left(1 + \frac{1}{2}\Gamma_{ck-2}\frac{R}{g}\ln\frac{p_{k-1}}{p_{k-3}}\right)\widetilde{T}_{k-2} \tag{9.37}$$

以上假定了调整前后 r 不变，因而 Γ_c 也不变。调整过程中能量约束条件(9.31)式可改写为

$$\sum_k\left[c_p(\widetilde{T}_k - T_k) + L(\tilde{q}_k - q_k)\right] = 0 \tag{9.38}$$

式中 k 代表配置 T 和 q 的模式层，$\sum\limits_k$ 表示对位于不稳定气层内的若干层求和。

在等压情况下，将克拉珀龙方程写出如下差分形式

$$\frac{\tilde{q}_s - q_s}{\widetilde{T} - T} = \frac{Lq_s}{R_v T^2} \tag{9.39}$$

注意到 $q = rq_s$，将(9.39)式两端乘 r 后代入(9.38)式可得

$$\sum_k\left[\left(c_p + \frac{L^2 q_s}{R_v T^2}\right)(T - \widetilde{T})\right]_k = 0 \tag{9.40}$$

(9.40)式和(9.37)式构成闭合方程组，联立求解可得到所有不稳定层调整后的温度值，而调整后的比湿可按下式求得

$$\tilde{q}_k = rq_s(\widetilde{T}) \tag{9.41}$$

调整过程中气柱内因对流产生的总水汽凝结量为

$$M = \sum_k(q_k - \tilde{q}_k) \tag{9.42}$$

如果 $M<0$，则表示调整过程中没产生净凝结，这时需按干对流重新进行调整，此外，按上述方法做对流调整后，可能会使原来稳定的气层变为不稳定，因此，需要重新检查各层的稳定性，直至调整到所有气层都变为稳定为止。

9.3.3.3 Betts-Miller 方案

对流调整方案的优点是计算简单，节省机时，但由于调整是在瞬间完成的，对模式冲击较大，且易产生过度降水，使对流层低层调整后的温度偏低，针对以上不足之处，不断有人提出改进方案，其中最有代表性的是 Betts 和 Miller(1986)提出的改进方案，新方案通过引入对流调整特征时间尺度，有效地缓解了调整瞬间完成对模式的冲击，并采用按观测试验归纳出的参考准平衡热力直减率，使调整后的温度和水汽直

减率更接近于实际大气状况，从而使预报效果大为改进。

(1)基本思想

引入对流调整特征时间 τ，则对流调整引起的温度、湿度变化率可表示为

$$\begin{cases} \left(\frac{\partial T}{\partial t}\right)_c = \left(\frac{T_r - T}{\tau}\right) \\ \left(\frac{\partial q}{\partial t}\right)_c = \left(\frac{q_r - q}{\tau}\right) \end{cases} \tag{9.43}$$

式中下标 r 表示参考状态，方案假定对流一旦产生，将使大气的温度和水汽直减率在特征时间 τ 内调整为观测的真实大气直减率，或称为参考准平衡热力直减率。Betts 和 Miller 用单云柱模式对 GATE 资料进行了数值模拟，特征时间 τ 的敏感性数值试验结果表明，取 $\tau=2$ 小时所模拟的波动结构最接近观测资料的平均波动结构。引入时间 τ 可有效缓解调整瞬间完成对模式的冲击。

(2)调整产生的条件

方案采用正浮力法确定对流不稳定层，设一气块从模式最底层沿绝热线上升，至气块具有正浮力的高度则确定为云底高度，再往上至零浮力出现的高度则为云顶高度。对流调整分为深对流调整和浅对流调整两种情况，若云层厚度超过 3 km，进行深对流调整，反之则进行浅对流调整。

(3)确定对流调整参考廓线的方法和步骤

早期的对流调整方案选择中性层结的温度直减率为参考廓线，而 Betts(1986)方案采用由观测归纳出的准平衡状态线(或修正的湿绝热线)作为深对流调整的参考廓线，混合线作为浅对流调整的参考廓线。

①深对流调整

控制条件为气柱的湿静力能守恒，即

$$\int_{P_t}^{P_b} (h_r - h)\mathrm{d}p = 0 \tag{9.44}$$

式中 $h=gz+c_pT+Lq$ 为湿静力能，定义位温廓线由模式最低层往上出现相当位温最小值的高度为冻结高度。

位温参考廓线在冻结高度以下的计算公式为

$$\theta_r(p) = \theta_m(p_b) + a_\omega \left(\frac{\partial \theta}{\partial p}\right)_m (p - p_b) \tag{9.45}$$

式中 a_ω 为稳定度权重系数，取 $a_\omega=1.5$，$\left(\frac{\partial \theta}{\partial p}\right)_m$ 表示湿绝热线位温梯度。

位温参考廓线在冻结高度以上的计算公式为

$$\theta_r(p) = \theta_m(p_f) + \left(\frac{\partial \theta}{\partial p}\right)_{pf} (p - p_f) \tag{9.46}$$

式中$\left(\frac{\partial\theta}{\partial p}\right)_{p_f}=\frac{\theta_m(p_t)-\theta_m(p_f)}{p_t-p_f}$，$p_f$ 表示冻结高度气压。

湿度参考廓线的计算公式为

$$q_r(p)=\frac{379.1}{p^*}\exp\left[\frac{17.27(T^*-273.16)}{T^*-35.86}\right] \tag{9.47}$$

式中 $T^*=T_r\left(\frac{p^*}{p}\right)^{R/c_p}$，$p^*=p+\Delta p^*(p)$，$T_r$ 由 θ_r 求得。参数 p^* 表示气块沿湿绝热线上升达到饱和所在高度的气压，参数 Δp^* 则表示超饱和的程度。

在冻结高度以下

$$\Delta p^*=\frac{\Delta p^*(p_f)(p_b-p)+\Delta p^*(p_b)(p-p_f)}{p_b-p_f}$$

在冻结高度以上

$$\Delta p^*=\frac{\Delta p^*(p_t)(p_f-p)+\Delta p^*(p_f)(p-p_t)}{p_b-p_t}$$

根据 GATE 观测资料，方案中取

$$\begin{cases}\Delta p^*(p_b)=-25\ \text{hPa}\\ \Delta p^*(p_f)=-50\ \text{hPa}\\ \Delta p^*(p_t)=-38\ \text{hPa}\end{cases}$$

由以上确定的 θ_r 和 q_r 作为对流调整的初估值。然后，再根据湿静力能守恒的控制条件(9.44)式对初估值进行修正，修正的方法步骤同 Gadd 方案，通常情况下做一次修正就足以满足湿静力能守恒的条件。

对流降水率的计算公式为

$$P_r=\int_{p_t}^{p_b}\frac{q_r-q}{\tau}\frac{\mathrm{d}p}{g} \tag{9.48}$$

②浅对流调整

控制条件为整个气柱无对流降水发生，即

$$\int_{p_t}^{p_b}\frac{q_r-q}{\tau}\frac{\mathrm{d}p}{g}=\frac{c_p}{L}\int_{p_t}^{p_b}\frac{T_r-T}{\tau}\frac{\mathrm{d}p}{g}=0 \tag{9.49}$$

位温参考廓线的计算公式为

$$\theta_r(p)=\theta_r(p_b)+\left(\frac{\partial\theta}{\partial p^*}\right)_{ml}(p-p_b) \tag{9.50}$$

式中$\left(\frac{\partial\theta}{\partial p^*}\right)_{ml}$ 表示对流层低层的混合线斜率，可取线性近似，即

$$\left(\frac{\partial\theta}{\partial p^*}\right)_{ml}=\frac{\theta_m(p_t)-\theta_m(p_b)}{p_{sl}(p_t)-p_{sl}(p_b)}$$

式中 p_{sl} 为饱和点气压(saturation level pressure)，由(9.50)式求得 $\theta_r(p)$ 后再按

(9.47)式计算 $q_r(p)$，其中 $p^* = p + \Delta p^*$，浅对流调整过程中可假设饱和气压差从云底到云顶保持不变，取 $\Delta p^* = -30$ hPa。确定出 $\theta_r(p)$ 和 $q_r(p)$ 后，作为浅对流调整的初估值，再根据控制条件(9.49)式进行修正。最后将 T_r 和 q_r 代入(9.43)式，即可计算出积云对流的反馈效应。

(4)方案的特点

①同时考虑了深对流和浅对流过程的反馈影响作用。

②采用根据观测事实修正后的湿绝热线作为调整的参考廓线，使调整后的温度和水汽直减率更减近实际大气状态。

③引入特征时间 τ 对对流调整进行了时间松弛，有效避免了调整瞬间完成对模式的冲击。

9.3.4 大尺度水汽辐合式方案

大尺度水汽辐合式方案是最早引入数值模式的积云对流参数化方案之一，经过30多年的不断发展和完善，至今仍为许多业务数值模式所广泛采用。郭晓岚(1965，1974)的工作奠定了大尺度水汽辐合式方案的基本框架，后来 Anthes 等人(1977)又在此基础上做了许多重要改进和发展。

9.3.4.1 Kuo 方案

郭晓岚(Kuo，1965；1974)在他的参数化方案中采用了如下基本假设：(a)假设深厚的积云群发生在深厚条件性不稳定层结和低层有大尺度水汽辐合的环境中。前者使气层中蕴藏着足够大的不稳定能量，后者保证了低层有足够大的抬升运动，使水汽集中并抬升达到饱和，促使不稳定能量的释放；(b)假设抬升凝结高度为云底，湿绝热线与环境层结曲线相交的高度为云顶。(c)假定积云内的暖湿空气通过与周围环境场的侧向混合，使环境场加热增湿。

(1)产生对流的条件及判据

根据基本假设(a)，产生积云对流的条件及判据可分别表示为

①存在深厚的条件不稳定层结，即 $-\dfrac{\partial \theta}{\partial p} > 0$，$-\dfrac{\partial \theta_e}{\partial p} < 0$，数值模式中可采用以下判据

$$D_1 D_2 \Delta\theta_e > C_1 \tag{9.51}$$

式中 $\Delta\theta_e$ 是在条件不稳定气层中 θ_e 沿垂直方向的最大差值，$\Delta\theta_e$ 越大，层结的不稳定性越强；D_1 为不稳定层的厚度；$D_2 = z_2 - z_1$，z_1 是 θ_e 为最小的高度，z_2 是在 z_1 以上当 θ_e 和下边 θ_e 的最大值相等的高度；C_1 为一经验临界常数。判据(9.51)式要求大气中存在深厚的不稳定层，该层蕴藏着足够大的不稳定能量。

②低层有很强的辐合上升运动，数值模式中可采用以下判据

$$-\tau_0\bar{\omega}_b > 3(p_s - p_c) \tag{9.52}$$

式中 τ_0 为大尺度运动的特征时间；$\bar{\omega}_b$ 为低层最大的垂直速度，可取 900 hPa 上的 ω 值；p_s 和 p_c 分别为地面气压和地面空气抬升至凝结高度时的气压。判据(9.52)式要求低层在足够大的上升运动，能把低层空气抬升至凝结高度以上，促使层结中的不稳定能量释放。

(2)积云内热力学量的计算方法

根据基本假设条件(b)，云内 T_c 按湿绝热分布，其湿静力能随高度不变，即

$$h_c = gz + c_pT_c + Lq_{sc} = C \tag{9.53}$$

在云顶 $p=p_t$ 处，云内外温度相等，即 $T_c=\overline{T}$，因此可按下式计算 h_c

$$h_c = [gz + c_p\overline{T} + L\bar{q}_s(\overline{T})]_{p_t} \tag{9.54}$$

式中下标 $p=p_t$ 表示括号中的量均取云顶处的值。在云内任意高度 z 处，由(9.53)式有

$$T_c = \frac{1}{c_p}(h_c - gz - Lq_s) \tag{9.55}$$

云内饱和水汽压可表示为

$$e_s = 6.11\mathrm{e}^{19.8\left(1-\frac{273}{T_c}\right)} \tag{9.56}$$

云内饱和比湿可表示为

$$q_s = \frac{0.622e_s}{p} \tag{9.57}$$

由(9.55)，(9.56)和(9.57)三式联立求解，可求出云中的 q_s，T_c，e_s 的值。数值模式中可采用牛顿迭代法解出它们的近似值

令

$$f(q_s) = q_s - G(q_s) \tag{9.58}$$

式中

$$G(q_s) = \frac{0.622}{p}e_s = \frac{0.622\times 0.611}{p}\exp\left\{19.8\times\left[1-\frac{273c_p}{h_c - gz - Lq_s}\right]\right\} \tag{9.59}$$

于是

$$f' = \frac{\mathrm{d}f}{\mathrm{d}q_s} = 1 - \frac{5405.4c_pL}{(h_c - gz - Lq_s)^2}G(q_s) \tag{9.60}$$

对应的牛顿迭代公式为

$$q_s^{n+1} = q_s^n - \frac{f(q_s^n)}{f'(q_s^n)} \tag{9.61}$$

式中 n 为迭代次数。当迭代进行到 $|q_s^{n+1}-q_s^n|<\varepsilon_0$ 时，q_s^{n+1} 即为所求的 q_s。式中 ε_0 是给定的误差值，再由(9.55)式可求得 T_c。

(3)对流降水率的计算方案

大尺度水汽辐合是对流凝结的水汽来源，单位时间空气柱内的水汽辐合量为

$$M_t = -\frac{1}{g}\int_0^{p_s}(\nabla\cdot\mathbf{V}q)\,\mathrm{d}p + \rho_0 c_q|\mathbf{V}_0|(q_* - q_0) \tag{9.62}$$

式中包含的都是大尺度量，右端第一项为大尺度水汽辐合，第二项为地表面蒸发，q_*为地表面的比湿，q_0，$|\mathbf{V}_0|$和ρ_0为接近地面某一高度上的比湿，风速和空气密度，c_q为地面的水汽交换系数。

如果在单位面积内产生厚度为$(p_b - p_t)$的积云，所需的水汽量为

$$M_c = \frac{1}{g}\int_{p_t}^{p_b}\left[\frac{c_p}{L}(T_c - \overline{T}) + q_{sc} - \overline{q}\right]\mathrm{d}p \tag{9.63}$$

假设积云存在的时间为2τ，则实际水汽辐合量为τM_t。因此，单位面积内不可能完全被积云所覆盖，可能产生积云的最大面积为

$$\sigma = \tau M_t / M_c \tag{9.64}$$

式中τ可取为30分钟，实际上总水汽辐合量并不一定能够完全产生凝结，郭晓岚(Kuo，1974)在1974年提出的改进方案中引入了一个重要参数，即湿润因子b，对总水汽辐合量进行再分配。他假设总水汽辐合的一部分$(1-b)M_t$产生凝结和降水，而剩余部分bM_t仍以水汽形式留存于大气之中，以增加空气柱的湿度。b的大小依赖于空气柱的相对湿度，相对湿度越大b越小。郭方案中湿润因子b为待定系数，并没有给出具体的表达式，给后人留下了许多可做的文章。

按照以上水汽分配假设，如凝结的水分完全降落，则单位面积的地面平均对流降水率为

$$M = (1-b)M_t \tag{9.65}$$

(4)对流反馈作用的参数化方案

利用(9.27)式可将(9.21)式中右端的最后一项改写为

$$\begin{cases}\dfrac{L\overline{\theta}}{c_p\overline{T}}\overline{c}^* - \dfrac{\partial}{\partial p}\left[\sigma\omega_c(\theta_c - \overline{\theta})\right] \\ -\overline{c}^* - \dfrac{\partial}{\partial p}\left[\sigma\omega_c(q_c - \overline{q})\right]\end{cases} \tag{9.66}$$

上式中第一项表示对流凝结对大尺度温度场和水汽场的反馈作用，第二项表示对流垂直输送通量对大尺度温度场和水汽场的反馈作用，以下分别介绍这两项的计算方案。

①$\overline{c}^*$的计算方案

为了计算模式各层的平均对流凝结率，郭方案中引进了一个确定水汽凝结的垂直分布函数$N(p)$。根据基本假设，云区内温度由$\overline{T}$变为T_c，主要是由于凝结潜热释放所引起的，云内外温差越大的模式层上凝结的水汽量也应该越多。因此，可以假

定 $N(p)$ 与云内外温差 $T_c-\overline{T}$ 成正比，令

$$N(p)=\frac{T_c-\overline{T}}{\langle T_c-\overline{T}\rangle} \tag{9.67}$$

式中〈　〉表示对 p 的平均，即

$$\langle T_c-\overline{T}\rangle=\frac{1}{p_b-p_t}\int_{p_t}^{p_b}(T_c-\overline{T})\mathrm{d}p \tag{9.68}$$

由(9.67)和(9.68)式，显然有 $\langle N(p)\rangle=1$。

利用以上水汽凝结的垂直分布函数 $N(p)$，可将总水汽凝结率 $(1-b)M_t$ 分配到各模式层，得到各模式层上单位质量空气的平均对流凝结率

$$\bar{c}^*=\frac{g(1-b)M_tN(p)}{p_b-p_t}=\frac{g(1-b)M_t}{p_b-p_t}\frac{T_c-\overline{T}}{\langle T_c-\overline{T}\rangle} \tag{9.69}$$

②ω_c 的计算方案

为了计算(9.66)式中的第二项，必须给出 ω_c 的参数化表达式，郭方案中采用一维积云模式，即略去水平平流和涡旋输送，云内位温变化可近似写成

$$\frac{\partial\theta_c}{\partial t}+\omega_c\frac{\partial\bar{\theta}}{\partial p}=-\frac{L\kappa}{c_p}\omega_c\left(\frac{\partial q_c}{\partial p}\right) \tag{9.70}$$

式中 $\kappa=\left(\frac{p_0}{p}\right)^{\frac{R}{c_p}}$，$\frac{\partial q_c}{\partial p}$ 为对流层内的有效比湿梯度，可用条件不稳定的比湿梯度表示之，注意到

$$\frac{\partial}{\partial p}\left(\bar{\theta}+\frac{L\kappa}{c_p}q_c\right)=\frac{\partial}{\partial p}\left(\bar{\theta}+\bar{\theta}\frac{Lq_c}{c_pT}\right)=\frac{\partial\theta_e}{\partial p}$$

(9.70)式可改写为

$$\frac{\partial\theta_c}{\partial t}=-\omega_c\left(\frac{\partial\theta_e}{\partial p}\right) \tag{9.71}$$

式中 $\frac{\partial\theta_e}{\partial p}$ 为相当位温的有效递减率。利用积云对流的特征时间 τ，位温的平均变化率可写为

$$\frac{\partial\theta_c}{\partial t}\approx-\frac{1}{\tau}(\theta_c-\bar{\theta}) \tag{9.72}$$

式中 θ_c 表示发展至成熟阶段的积云位温，由(9.71)和(9.72)式可将云内垂直速度表示为

$$\omega_c=-\frac{\theta_c-\bar{\theta}}{\tau(\partial\theta_e/\partial p)} \tag{9.73}$$

利用(9.27)和(9.73)式可得

$$-\frac{\partial}{\partial p}(\overline{\omega'\theta'})=\frac{\sigma}{\tau}\left(\frac{\partial\theta_e}{\partial p}\right)^{-1}\frac{\partial}{\partial p}(\theta_c-\bar{\theta})^2 \tag{9.74}$$

根据观测事实，积云内最大加热区位于积云的中上部，因此在这个位置存在$(\theta_c-\bar{\theta})^2$的最大值，由(9.74)式可知，对流造成的垂直感热输送会使积云上部增暖，下部变冷，但这项的作用比对流引起的潜热作用小。图9.1给出了根据Jordon(1980)的平均大气层结，按以上郭方案计算的积云对流对大尺度场加热效果的分布。可以看出，深厚积云对流的热力作用主要是由对流凝结过程产生的，积云对流的垂直输送效应在中低层抵消了部分凝结加热效应。

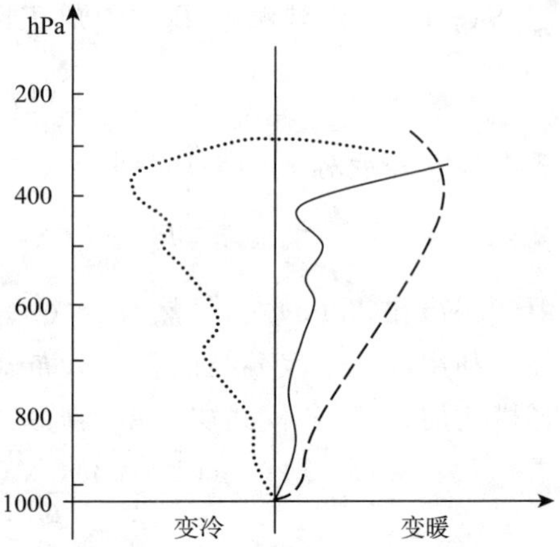

图9.1　积云对流对大尺度场加热效果的垂直分布(断线表示凝结效应，点线表示垂直输送效应，实线为二者之和)

9.3.4.2　Kuo方案的改进和发展

观测试验和诊断研究结果表明，早期的Kuo方案存在两个方面的问题，一是总水汽辐合M_t在加热和增湿之间的分配不合理，二是对流凝结加热的垂直分布廓线与实际情况有较大差异。因此，后来的改进工作主要集中在如何合理地确定湿润因子b和对流加热的垂直分布廓线$N(p)$。

(1)湿润因子b的改进方案

湿润因子b是大尺度水汽辐合式方案中的一个极其重要的参数，但是在早期的Kuo方案中并没有给出它的具体表达式。Anthes(1977)把湿润因子b与环境场的相对湿度联系起来，给出的计算公式为

$$b=\begin{cases}\left(\dfrac{1-\overline{RH}}{1-RH_c}\right)^n & \overline{RH}>RH_c\\ 1 & \overline{RH}\leqslant RH_c\end{cases}\tag{9.75}$$

式中RH_c为临界相对湿度，$\overline{RH}$为中低层的平均相对湿度，n为一经验系数，可取为$1\leqslant n\leqslant 3$。上式表明当环境场的相对湿度很小时，大尺度辐合的水汽全部被用于湿润环境，无对流加热和降水发生。此外，Anthes(1977)还引入一维云模式来计算云中的T_c，q_c和ω_c等，进而估算出对流垂直输送通量项和对流凝结率。

赵思雄等根据我国长江流域暴雨观测试验的研究结果，参考了美国NMC的思路，将湿润因子b定义为$\overline{RH}$的分段线性函数，即

$$b=\begin{cases}1.0 & \overline{RH}<0.25\\ 1.0-2.8(\overline{RH}-0.26) & 0.25\leqslant\overline{RH}<0.5\\ 0.3-(\overline{RH}-0.5) & 0.5\leqslant\overline{RH}<0.8\\ 0.0 & 0.8\leqslant\overline{RH}\end{cases}\tag{9.76}$$

数值试验结果表明，采用以上湿润因子 b 的计算公式，对我国中纬地区（江淮和黄淮流域）的降水预报有明显改进。

Krishnamurti 等(1983)根据 GATE（热带大西洋试验）观测资料的分析研究，发现水汽的垂直输送项对大尺度总水汽辐合 M_t 的贡献远大于其他各项，且与对流降水的位相和振幅变化有很好的对应关系。基于这一事实，他们重新定义大尺度水汽辐合量 M_L 为

$$M_L = -\int_{p_b}^{p_t} \bar{\omega} \frac{\partial \bar{q}}{\partial p} \frac{\mathrm{d}p}{g} \tag{9.77}$$

并认为积云对流发生发展所需的水汽，是同时由大尺度系统和中尺度系统提供的。设中尺度系统提供的水汽辐合量为 ηM_L，则积云对流所获得的总水汽辐合 M_t 为

$$M_t = (1+\eta) M_L \tag{9.78}$$

式中 η 为中尺度参数。Krishuamurti 等(1983)的改进方案中，湿润因子 b 和中尺度参数 η 由一统计回归方程组确定，并选择相对湿度和垂直速度作为回归方程变量。陈伯民和钱正安(1992)则选择高原地区实际降水量，散度和层结稳定度作为回归方程变量。

(2)对流加热垂直廓线的改进方案

对流降水系统的温湿结构及雨区分布对于加热廓线的垂直分布非常敏感，Kuo 和 Anthes(1984)对此做了重大改进。

早期的 Kuo 方案中，热力学方程和水汽方程中的对流凝结项和对流垂直输送项是分别计算的，引入垂直分布函数 $N(p)$ 的目的是为了把总水汽凝结率 $(1-b)M_t$ 分配到各模式层上，得到各模式层上单位质量空气的平均对流凝结率 $\bar{C}^*$。Kuo 和 Anthes(1984)的新方案中，将(9.23)式改写为

$$\begin{cases} \dfrac{\mathrm{d}\bar{\theta}}{\mathrm{d}t} = \dfrac{L\bar{\theta}}{c_p T} + D_\theta + \left[\dfrac{L\bar{\theta}}{c_p T} N_h(\sigma)(1-b) g M_t\right] \\ \dfrac{\mathrm{d}\bar{q}}{\mathrm{d}t} = -\bar{C} + D_q + \left[bgM_t N_m(\sigma) + V_{qf}(\sigma)\right] \end{cases} \tag{9.79}$$

式中 $N_h(\sigma)$ 为对流加热的垂直廓线，代表了对流凝结加热和感热垂直输送的净效果，$N_m(\sigma)$ 为水汽增湿垂直廓线，而 $V_{qf}(\sigma)$ 则表示对流引起的潜热垂直输送。

对流加热廓线 $N_h(\sigma)$ 假设为一抛物线函数，即

$$\begin{aligned} N_h(\sigma) &= a_1 x^2 + a_2 x + a_3 \\ x &= \ln\sigma \end{aligned} \tag{9.80}$$

系数 a_1，a_2 和 a_3 是通过假设对流云的云顶和云底处 $N_h(\sigma)=0$ 及对流云中间处 $N_h(\sigma)$ 有极大值来确定。

垂直方向增湿廓线 $N_h(\sigma)$ 由下式计算

$$N_m(\sigma)=\frac{(1-RH(\sigma))q_{vs}(\sigma)}{\int_{\sigma_{KTOP}}^{1}(1-RH(\sigma))q_{vs}(\sigma)\mathrm{d}\sigma} \tag{9.81}$$

式中 q_{vs} 为水汽饱和混合比，σ_{KTOP} 为云顶之值。

垂直方向涡动通量的辐散值为

$$V_{qf}(\sigma)=\frac{(1-b)gM_t}{4.3\times10^{-3}}\left[-\pi\frac{\partial}{\partial\sigma}\dot{\sigma}_c(q_{vc}-q_v)\right] \tag{9.82}$$

式中 $\dot{\sigma}_c$ 和 q_{vc} 分别为云中的垂直运动和混合比，并假定 $\dot{\sigma}_c$ 与 $q'_v=q_{vc}-q_v$ 均有类似(9.80)式的抛物型分布。

以上(9.80)，(9.81)，(9.82)三式还满足约束条件

$$\begin{cases}\int_0^1 N_h(p)\mathrm{d}p=1\\ \int_0^1 N_m(p)\mathrm{d}p=1\\ \int_0^1 V_g f(p)\mathrm{d}p=0\end{cases} \tag{9.83}$$

刘孝麟等(1996)对梅雨锋暴雨过程和台风暴雨过程的数值模拟结果表明，以上改进方案不仅能较好的模拟出暴雨的落区与强度，而且能较好地反映降水系统和地面系统的发展与移动。

9.3.5 对流质量通量式方案

一般认为，在对流云区同时存在着上升和下沉两支气流，在模式水平分辨率较低的情况下，若在格点面积上进行平均，上升支气流明显占主导地位。所以尽管在大尺度水汽辐合式方案中只考虑了上升支气流(净上升气流)的作用，仍然可以较好地估算出对流降水和积云对流引起的加热增湿效应。但是，模式分辨率提高以后，某一格点面积上的上升支气流和下沉支气流有时不仅会具有相同的量级，而且下沉支气流甚至还会超过上升支气流。此外，模式水平格距缩小后，还意味着次网格积云对流的尺度范围也相应变小，积云单体的作用将增大。这时云的微物理过程(如水凝结物负荷，水的相变过程等)对积云内垂直速度和湿度廓线的影响就显得更为重要。因此，随着模式水平分辨率的不断提高，在对流参数化方案中必须更为详细地描述积云对流的动力过程和微物理过程。

针对 Kuo 方案中的不足之处，Arakawa 和 Schubert(1974))提出了一种对流质量通量式方案(以下简称 AS-74 方案)，对积云对流与大尺度环境场之间的相互作用机制做了更为详尽合理地描述。方案认为，积云之间由于对流引起的云外补偿下沉气流的加热减湿效应和云中的水汽及液态水卷出引起的冷却和增湿效应是导致大尺

度环境场温度和湿度变化的主要原因，云内所释放的潜热并不是直接加热环境场，而是用于反抗由于上升运动而引起的绝热冷却和卷入云内的干冷空气所产生的冷却效应，以维持云中上升运动所需的浮力，从而也维持了周围环境场中由积云诱生的补偿下沉运动。可见云内的凝结潜热释放是通过云外下沉气流对大尺度环境场产生反馈作用。这与 Kuo 方案中云内暖湿空气通过侧向混合直接加热和增湿周围大气的解释有本质的区别。此外，AS-74 方案的另一个特点是，用云谱的形式来表示由处于不同发展阶段的积云单体组成的积云群，试图更为详细地描写积云与积云之间，以及积云与大尺度环境场之间的相互作用。但这种处理方法势必会使得方案十分复杂而且耗费机时，且整个云谱的积云廓线难以精确设置，不便于实际业务应用。近年来一些新的对流质量通量式方案，大都采用单一积云廓线近似对 AS-74 方案进行简化，并吸取了其他方案的一些合理成分，使得对流质量通量式方案得到了更为广泛的应用。本节着重介绍两个比较有代表性的新方案。

9.3.5.1　总体对流质量通量式方案

Tiedtke(1989)在 Kuo 方案和 AS-74 方案的基础上，提出了一个总体对流质量通量式方案，其预报效果优于前者又较之后者有很大程度的简化，是 ECMWF 现行的对流质量通量式方案。陈伯民(1996)根据所用的兰州区域气象中心的业务模式对原方案做了进一步的改进和预报试验。

(1)包含积云影响的热力学方程和水汽方程

同时考虑云中上升和下沉两支气流及云外补偿下沉气流的热力学方程和水汽方程可写为

$$\frac{\partial s}{\partial t}+\mathbf{V}\cdot\nabla s+\omega\frac{\partial s}{\partial p}=\frac{\partial}{\partial p}[M_u s_u+M_d s_d-(M_u+M_d)s]+L(c_u-e_d-e_l)+Q_R \tag{9.84}$$

$$\frac{\partial q}{\partial t}+\mathbf{V}\cdot\nabla q+\omega\frac{\partial q}{\partial p}=-\frac{\partial}{\partial p}[M_u q_u+M_d q_d-(M_u+M_d)q]-(c_u-e_d-e_l) \tag{9.85}$$

式中 s 为干静力能，q 为比湿；M_u，M_d 分别积云群总体的上升和下沉质量通量，$-(M_u+M_d)$为诱生的环境补偿下沉质量通量；s_u，s_d，q_u，q_d 分别为上升和下沉气流的干静力能和比湿；c_u，e_d 分别为总体上升气流中的凝结率和下沉气流中的蒸发率，$\tilde{e}_l$ 为云内空气卷出到环境中的蒸发率；Q_R 为辐射加热率。

积云参数化的任务就是用大尺度预报量来确定上述方程右端由积云对流引起的大尺度温度和湿度倾向，并计算积云降水量

$$P_c=\frac{1}{g}\int_{P_t}^{p_b}(G_p-e_d)\mathrm{d}p \tag{9.86}$$

式中 G_p 为云水向雨水的转化率。

(2)总体云模式

①上升气流的质量和能量平衡方程

积云上升始于模式边界层，当空气抬升到自由对流高度时成云，云内上升气流中的空气质量、干静力能、水汽和云水的总体收支应为

$$\frac{\partial M_u}{\partial p} = D_u - E_u \tag{9.87}$$

$$\frac{\partial (M_u s_u)}{\partial p} = D_u s_u - E_u s - Lc_u \tag{9.88}$$

$$\frac{\partial (M_u q_u)}{\partial p} = D_u q_u - E_u q + c_u \tag{9.89}$$

$$\frac{\partial (M_u l)}{\partial p} = D_u l - G_p - c_u \tag{9.90}$$

式中 E,D 分别为质量卷入和卷出率;l 为云中液态水含量。我们假定 l 在云顶的值为零。由于上升气流是饱和的，故应有

$$q_u = q_s(T_u) \tag{9.91}$$

质量卷入 E_u、卷出 D_u 由两部分组成:混合卷入、卷出(上标(1))和有组织的卷入、卷出(上标(2))。

$$E_u = E_u^{(1)} + E_u^{(2)}, \quad D_u = D_u^{(1)} + D_u^{(2)} \tag{9.92}$$

式中 $E_u^{(1)}$,$D_u^{(1)}$ 正比于上升质量通量。如果模式垂直分层少，特别是模式上层间距较大时，云的上冲效应无法考虑，可假定 $D_u^{(2)}$ 仅发生在云顶附近的一层。

②下沉气流的质量和能量平衡方程

积云下沉一般由两种过程引起:雨滴的下曳和环境空气的侵入。但方案中仅考虑后一种过程，即由于等量的云空气和在湿球温度饱和的环境空气相混合产生的负浮力所致，这也是确定自由下沉高度(LFS)的方法。

自由下沉高度以下的质量通量为:

$$(M_d)_{LFS} = \gamma (M_u)_b \tag{9.93}$$

式中 $\gamma=-0.2$。类似于上升气流，下沉气流的质量、干静力能和水汽的收支方程分别为

$$\frac{\partial M_d}{\partial p} = D_d - E_d \tag{9.94}$$

$$\frac{\partial (M_d s_d)}{\partial p} = D_d s_d - E_d s - Lc_d \tag{9.95}$$

$$\frac{\partial (M_d q_d)}{\partial p} = D_d q_d - E_d q + c_d \tag{9.96}$$

$$q_d = q_s(T_d) \tag{9.97}$$

式中 E_d，D_d 与 M_d 成正比。这里，增加(9.97)式是为了保证下沉气流的饱和性和便于方程求解。

(3)闭合假设

上述云模式方程对深、中、浅三种云形式不变，但由于环境条件不同，故闭合云底质量通量 $(M_u)_b$ 等的约束也不同。

①深对流

对盛行于热带的深对流，大范围条件不稳定层结和大尺度低空辐合起决定作用，故云底净向上的质量通量及有组织的卷入被表示为

$$[M_u(q_u-q)+M_d(q_d-q)]_b=\int_{p_b}^{p_s}\left[\nabla\cdot(q\mathbf{V})+\frac{\partial(\omega q)}{\partial p}\right]\mathrm{d}p+E_s \tag{9.98}$$

$$(M_u)_b=10\ \mathrm{hPa\cdot h^{-1}}，当 (M_u)_b>10\ \mathrm{hPa\cdot h^{-1}} 时 \tag{9.99}$$

这里，p_b，p_s 分别表示云底气压和地面气压。当模式水平格距变小时，由于低层的净水汽辐合量会明显增大，再加上比湿插值等引起的误差，有时可导致计算的云底质量通量 $(M_u)_b$ 严重偏大，为此引入(9.99)式加以限制。

$$E_u^{(2)}=-\frac{1}{q}\left[\nabla\cdot(q\mathbf{V})+\frac{\partial(\omega q)}{\partial p}\right] \tag{9.100}$$

$E_u^{(2)}$ 仅存在于云体的下部，即存在大尺度水汽辐合的层次。

②中层对流

这类出现在热带以外地区的暖锋附近或气旋暖区的对流，常由于低层存在逆温阻碍了对流的自由发生，必须依赖低空大范围强烈的抬升运动。当空气块被抬升到逆温层以上达到饱和且浮力条件满足时对流发生。由此，云底向上的质量通量可简单地写为

$$(M_u)_b=-\omega_b \tag{9.101}$$

为使对流形成、逆温层之上还需存在对流不稳定层，而且低层环境空气还必须充分湿润。

(4)方案的数值计算方法和求解

在进行差分计算时，大尺度温度和比湿在预报层上给出，积云变量(M_u，s_u，q_u，l，M_d，s_s，q_d)在分界面层上计算，通量项采用中央差格式。在计算诱生的环境补偿下沉输送项时，需要分界面层上的 s 和 q，方案中沿等饱和湿静力能线进行插值求取。

方案的主要计算步骤如下：

①判断满足对流发生的条件；接着区分深积云和中层积云；按气块法确定云底(即自由对流高度附近的模式分界面层)；起初假定云顶为对流不稳定层顶。

②计算云底向上的质量通量 $(M_u)_b$，求解积云上升和下沉的收支方程。

③重复步骤②若干次，最后得到云中上升和下沉气流的质量通量及其温度和湿

度等。

④由③的结果计算积云引起的大尺度温度、湿度倾向和积云降水量。

预报试验结果表明，方案能比较合理地给出积云上升质量通量 M_u 和下沉质量通量 M_d 的廓线，以及视热源 Q_1 和视水汽汇 Q_2 的垂直分布，预报效果优于同模式中的 Kuo 型方案。

9.3.5.2 预报性对流质量通量式方案

随着计算条件的改善，模式分辨率越来越高。研究试验结果表明，积云参数化方案对模式的分辨率非常敏感，即随着水平格距的缩小，模式预报的降水量显著增大，且远大于实况观测值，主要原因有：①当模式的格距缩小到一定程度后，积云对流本身的时间变化将变得重要起来，积云参数化方案中的准平衡假设不再适用。（积云对流的时间尺度相对于模式尺度强迫过程的时间尺度已不再是一个小量）②模式方案采用的静力平衡近似不再成立，它夸大了大尺度强迫过程的作用，其结果是引起大尺度水汽辐合量的虚假增长。针对以上问题，陈德辉和 Bougeault(1993)提出了一个预报性对流质量通量式方案，其基本思想是：①采用预报性对流参数化方案，以考虑积云对流本身的时间变化；②引入一个中尺度参数，以抑制由于静力平衡近似造成的环境尺度水汽辐合量的虚假增长。

(1)理论方案

令积云对流所引起的视热源和视水汽汇分别为 Q_1 和 Q_2

$$\begin{cases} Q_1 = \dfrac{L}{c_p}\bar{C}^* - \left[\nabla \cdot \overline{(\mathbf{V}'T')} + \dfrac{\partial\, \overline{\omega'T'}}{\partial p}\right] \\ -Q_2 = \bar{C}^* - \left[\nabla \cdot \overline{(\mathbf{V}'q')} + \dfrac{\partial\, \overline{\omega'q'}}{\partial p}\right] \end{cases} \tag{9.102}$$

采用单一积云廓线近似简化后的对流质量通量式方案可写为如下形式

$$\begin{cases} Q_1 = \dfrac{1}{c_p}\left[M_c \dfrac{\partial \bar{s}}{\partial p} + K(s_c - \bar{s})\right] \\ -Q_2 = M_c \dfrac{\partial \bar{q}}{\partial p} + K(q_c - \bar{q}) \end{cases} \tag{9.103}$$

式中 K 为积云卷出系数，M_c 为单位面积内的对流垂直质量通量，s 为干静力能，右边两项分别表示积云对流所引起的垂直通量输送和夹卷效应。

(2)方案闭合假设

①对(9.103)式求和，并令其垂直积分为零，即

$$\int_{p_T}^{p_B} (Q_1 - Q_2)\frac{\mathrm{d}p}{g} = 0 \tag{9.104}$$

采用假设条件(9.104)式，可以保证数值模式原有的能量守恒属性不因引入对流参数化方案而改变。

将(9.83)式代入(9.104)式,且忽略 K 的垂直变化可得

$$K = \frac{\int_{p_T}^{p_B} M_c \frac{\partial \bar{h}}{\partial p} \frac{dp}{g}}{\int_{p_T}^{p_B} (h_c - \bar{h}) \frac{dp}{g}} \tag{9.105}$$

式中 h 为湿静力能。

②对流垂直质量通量可表示为 $M_c = \omega_c \sigma$。云质点垂直运动方程可表示为

$$\frac{dW_c}{dt} = g \frac{(T_c - \bar{T})}{T_c} \tag{9.106}$$

在 p 坐标系中并综合考虑云外空气卷入效应和雨滴下落的拖曳作用后,可将(9.106)式近似写为如下形式

$$\frac{\partial \omega_c}{\partial t} = \frac{\omega_c^2}{Dp_c} C_f - (T_c - \bar{T}) \beta^* \tag{9.107}$$

式中 Dp_c 表示整个对流气柱的厚度,C_f 为耗散系数,$\beta^* = \bar{\rho} \frac{g^2}{T_c}$ 为浮力参数。

③根据 GATE 观测资料的研究,发现水汽的垂直输送项对大尺度总水汽辐合 M_t 的贡献远大于其他各项,而且与对流降水的位相和振幅变化之间有很好的对应关系。基于这一事实,Krishnamurti 等(1983)重新定义大尺度总水汽辐合率为

$$M_L = -\int_{p_b}^{p_t} \bar{\omega} \frac{\partial \bar{q}}{\partial p} \frac{dp}{g} \tag{9.108}$$

为了抑制模式分辨率提高后,由于采用静力平衡近似所引起的总水汽辐合量的虚假增长,方案中引入了一个中尺度参数 C_β,将总水汽辐合率重新定义为

$$M_t = -C_\beta \int_{p_b}^{p_t} \bar{\omega} \frac{\partial \bar{q}}{\partial p} \frac{dp}{g} \tag{9.109}$$

$$C_\beta = \left(\frac{\Delta x}{\Delta x_0} \right)^2 \tag{9.110}$$

式中中尺度参数 C_β 的取值范围为 $0 < C_\beta < 1.5$,水平格距 Δx 的取值范围为 $10\ \text{km} \leqslant \Delta x \leqslant 100\ \text{km}$,$\Delta x_0$ 为参考格距,当 $\Delta x = \Delta x_0$ 时,$C_\beta = 1$,随着水平格距逐渐缩小,C_β 也会相应减小,从而可避免总水汽辐合率虚假增长。

④假设环境尺度强迫过程提供的总水汽辐合,一部分被用于降水(R_p),一部分被卷出云外湿润环境(HU_{en}),余下部分残留云中(HU_{st}),因此有

$$HU_{st} = M_t - (R_p + HU_{en}) \tag{9.111}$$

根据以上假设和(9.103)式得

$$\frac{\partial \sigma}{\partial t} LE_t = LM_t - L\int_{p_b}^{p_t} M_c \frac{\partial \bar{q}}{\partial p} \frac{dp}{g} \tag{9.112}$$

(9.112)式的物理意义为环境尺度过程提供的潜热能(右端第一项)主要用于维持对

流发展(右端第二项),补充对流过程中由于降水和卷出效应损失的潜热能,余下部分以感热和潜热的形式残留于云中(左端项),式中

$$E_t = \int_{p_t}^{p_b} (h_c - \bar{h}) \frac{\mathrm{d}p}{g} \tag{9.113}$$

式中左端项除以 L 表示残留于云中的等效水汽变化率。

由预报方程(9.107)和(9.112)式,分别计算出下一时间步的云内垂直速度 ω_c 和积云面积覆盖比 σ,即可得到相应时步的对流垂直质量通量 M_c。自此整个方案完全闭合。

(3)方案的特点

传统的积云对流参数化方案大都建立在准平衡假设的基础之上,只能适用于低分辨率模式,即认为大尺度强迫过程与积云对流过程之间几乎总是处于准平衡状态,积云对流过程可以用大尺度强迫过程的瞬时变量值(格点值)来诊断表示,而不必考虑积云对流本身的时间变化。随着模式分辨率的不断提高,积云对流参数化理论基础必须要有大的突破,因此,如何体现非瞬时平衡的思想是未来积云对流参数化的研究发展的一个重要课题。虽然严格地讲,CB-93 方案还不是一个完全的预报性方案,因为方案中的云内廓线仍为诊断廓线。但方案引入的对流质量通量预报方程正是放弃准平衡假设的一种尝试。此外,方案中引入了随模式水平格距变化的中尺度参数 C_β,可以有效地抑制水汽辐合的虚假增长,有助于解决模式预报降水量随格距缩小而明显增大的问题,适合于全球变网格一体化模式的需要。

9.3.6 对流有效位能释放式方案

Kreitzberg 和 Perkey(1976)提出了一种适用于中尺度模式的对流有效位能释放式方案(以下简称 KP-76),该方案认为积云对流发展的结果就是耗散贮存于大气中的对流有效位能,使大气重新处于中性状态。无论是积云对流的发生发展过程,还是积云过程对环境场的反馈作用,都可以从对流有效位能出发进行参数化。为了突出对流云中的微物理过程与动力过程之间的相互作用,方案中还考虑了水的三相变化对浮力的影响,以及卷入效应和水凝物重力作用对积云内上升运动的影响等。

为了进一步研究积云对流与中尺度系统之间的相互作用,Fritsch 和 Chappell(1980)对 KP-76 方案做了重大改进和发展,提出了一个新的对流有效位能释放式方案(以下简称 FCH-80 方案),并被成功地应用于英国的中尺度业务模式。以下对新方案的基本思想和主要特点做一简要介绍。

9.3.6.1 理论方案

设每一格点面积(A_G)由上升气流区(A_U)、下沉气流区(A_D)和云外区(A_E)等三个区域所覆盖:$A_G = A_E + A_G + A_D$;对应的格点面积质量通量为 M_G、上升区为 M_U、下沉区为 M_D 和云外区为 M_E,且它们满足以下质量平衡关系

$$M_G(z) = M_E(z) + M_U(z) + M_D(z) \tag{9.114}$$

式中 $M_x(z)=\rho_x(z)w_x(z)A_x$，$x$ 表示 G,E,U,D；w 为垂直速度，单位为 m/s，FCH-80 方案中不仅考虑了积云对流过程引起的加热效应和变干效应，同时也考虑了积云对流过程对环境动量场的影响作用，一并表示为

$$Q_x = \frac{X - \overline{X}}{\tau_c} \tag{9.115}$$

式中 τ_c 定义为气柱中对流有效位能全部释放所需要的时间：X 为 T,q,u 和 v 中的任一变量（这里 Q_T 和 Q_q 相当于（9.103）式中的 Q_1 和 $-Q_2$）；X 为格点环境场 $\overline{X}$ 经积云对流反馈作用调整后的新值，其定义为

$$X = A_G^{-1}(X_E A_E + X_U A_U + X_D A_D) \tag{9.116}$$

另外，FCH-80 方案中除温度廓线以外，其余任一变量的云外区域廓线均以格点廓线代替。云区外的温度廓线由以下预报方程决定

$$\frac{\partial T_E}{\partial t} = -w_E(\Gamma - \bar{\gamma}) - \frac{L}{c_p} w_E \frac{\partial q_E}{\partial z} \tag{9.117}$$

式中 Γ 为干绝热温度递减率；$\bar{\gamma}$ 为格点气柱温度垂直变化率；垂直速度 w_E 可由（9.114）式和质量通量的定义求得。（9.117）式的时间积分长度为对流有效位能释放时间 τ_c。

9.3.6.2　对流有效位能释放时间

FCH-80 方案假设云质点水平穿越一格距所需时间的垂直平均为格点气柱内对流有效位能全部释放所需的时间，即

$$\tau_c = \frac{1}{Z_t - Z_b}\int_{Z_b}^{Z_t} \frac{\Delta x}{|\overline{\mathbf{V}}|} \mathrm{d}z \tag{9.118}$$

式中 Δx 为模式格距，$|\overline{\mathbf{V}}|$ 为水平风速大小。另外，考虑到积云单体的生命时间一般为一小时左右，所以，对 τ_c 做一限制：30 分钟$\leqslant \tau_c \leqslant$1 小时。

这样，方案闭合所需解决的问题就是确定云内 T,q,u 和 v 等各变量的垂直廓线，以及上升区域和下沉区域的面积 A_U 和 A_D，这些量可通过非静力平衡的云模式来确定。

9.3.6.3　云模式的基本思想

由于原云模式较复杂，这里不做详细的介绍，只对模式的基本思路做一简要的描述。设格点气柱内有对流有效位能

$$CAPE = -\int_{LFC}^{ETL} g\left(\frac{T_U - \overline{T}}{\overline{T}}\right)\mathrm{d}z \tag{9.119}$$

式中“ETL”表示温度平衡高度（equilibrium temperature level）；“LFC”表示自由对流高度（level of free convection）。假设当对流有效位能全部释放后，可生成 N 个积云元，且每积云元均具有属性近似一致的上升气流和下沉气流区。假设生成第一个积云元时，消耗 $\Delta(CAPE)^1$ 的对流有效位能，生成第 i 个积云元时，消耗的对流有效

位能为 $\Delta(CAPE)^i$，这时格点气柱内剩余的对流有效位能变为

$$(CAPE)^i = -\int_{LFC}^{ETL} g\left(\frac{T_U^i - T^i}{T^i}\right)\mathrm{d}z \tag{9.120}$$

式中 T^i 表示经 i 个积云元作用后的格点廓线，其修正方法同(9.116)式；T_U^i 表示与格点修正廓线 T^i 有关的上升气流区温度廓线。显然，生成第 N 个积云元后，对流有效位能全部被释放，这时 $\Delta(CAPE)^N=0$。这就是 FCH-80 方案的基本思路，也是方案的闭合假设。FCH-80 方案中采用迭代法确定积云元个数

$$N_U^{(m)} = \frac{CAPE}{\Delta(CAPE)^{(m-1)}} N_U^{(m-1)} \tag{9.121}$$

式中 N_U 表示上升气流区域元的个数；m 为迭代次数。对于下沉气流区域，元的个数则定义为

$$N_D = \frac{R_U - P_r - R_e}{R_D} \tag{9.122}$$

式中 R_U 为上升区总的水汽凝结率；P_r 为对流降雨率；R_e 和 R_D 分别表示积云顶（砧状云顶）和下沉区由于蒸发作用引起的水汽损失率。这些均可由云模式求得。确定上升、下沉区域元个数后，根据"每一格点积云元属性一致"的假定，就可求得每一格点面积上的下沉区总面积：$A_D=N_DA'_D$，上升区总面积：$A_U=N_UA'_U$，并由此推算出云外区域总面积 A_E。

FCH-80 方案的云模式中，云内廓线的基本方程为

$$X_c(k+1) = \frac{X_c(k)M_c(k) + \Delta M_c(k)\widetilde{X}_E(k)}{M_c(k) + \Delta M_c(k)} \tag{9.123}$$

其中

$$\Delta M_c(k) = M_c(k+1) - M_c(k)$$

$$M_c(k) = [1 + K_c(k)]M_c(LCL)$$

$$\widetilde{X}_E = \frac{1}{2}(X_E(k+1) + X_E(k))$$

$$K_c(k) = \sum_{k'=LCL}^{k'=k} \Delta K_c(k')$$

$$\Delta K_c(k) = \frac{B_c(z(k+1) - z(k))}{Z_t - Z_{LCL}}$$

式中 X 表示 θ, q, u 和 v 中任一变量，T 则由相当位温 θ 推算得到；"LCL"为抬升凝结高度(lifting condensation level)。上升、下沉区域元面积定义为

$$A'_c(k) = \frac{M_c(k)}{\rho_c(k)w_c(k)} \tag{9.124}$$

式中对流垂直速度 w_c 由云质点垂直运动方程确定（非静力平衡）。这里"c"表示 U

或 D，也即上升区域和下沉区域内的廓线方程形式上是基本一致的，只是积分方向上升区域是由下而上，而下沉区域则是由上而下，且部分参数在不同的假设条件下稍有差别罢了。另外，FCH-80 方案的云模式除了考虑水汽凝结、蒸发的物理过程之外，还考虑了冻结和融化等微物理过程，以及风速切变对积云降雨量的影响。

9.3.6.4　方案的特点

比较 FCH-80 方案与 KP-76 方案，其最大的区别在于：一是 KP-76 方案只考虑了上升支气流的情况，而 FCH-80 方案则同时考虑了上升支气流、下沉支气流和云外区等三种情况；二是 KP-76 方案的云模式是非静力平衡预报模式，且微物理过程考虑得较细，而 FCH-80 方案的云模式则为一诊断模式（云质点垂直运动方程除外）；三是 KP-76 方案的对流有效位能释放时间，固定为动力模式时间步长的一半（即 20 分钟），它既不随时间变化，也不随空间变化，而 FCH-80 方案的对流有效位能释放时间采用云质点水平平流时间近似，且随时空变化。

数值试验结果表明，FCH-80 方案除对降水有相当好的预报能力外，还能模拟出一些重要的中尺度特征，如风切变、温度梯度、地面中高压和中低压等。

9.4　边界层过程的处理方法

由于受到下垫面热力状况和湍流摩擦的直接影响，边界层内的空气具有明显的湍流运动特征，它能造成动量、热量和水汽在垂直方向很强的输送，并对自由大气中天气系统的发生、发展、演变、消亡产生显著的动力强迫和耗散作用。大量研究结果表明，边界层过程不仅与许多重要的中小尺度天气现象有密切联系，而且也是影响大气环流和气候变化的重要机制。因此，尽可能细致准确地反映边界层内的各种物理过程，已成为各种数值预报模式设计中不可缺少的内容。

边界层湍流输送的特征尺度量级远在 10 km 以下，在各种尺度的大气模式中都属于次网格尺度的扰动。观测结果表明，行星边界层中气象要素的垂直梯度比水平梯度要大得多，由湍流运动引起的物理属性输送通量主要集中在垂直方向。因此在现行的各种模式中，重点考虑垂直次网格尺度通量项的参数化问题。

令
$$\begin{bmatrix}\tau_{zx}\\ \tau_{zy}\\ \tau_{zz}\end{bmatrix}=\begin{bmatrix}-\bar{\rho}\,\overline{u'w'}\\ -\bar{\rho}\,\overline{v'w'}\\ -\bar{\rho}\,\overline{w'w'}\end{bmatrix}\tag{9.125}$$

$$\begin{cases}\boldsymbol{\tau}=\tau_{zx}\boldsymbol{i}+\tau_{zy}\boldsymbol{j}\\ H_z=\bar{\rho}c_p\,\overline{\theta'w'}\\ R_z=\bar{\rho}\,\overline{q'w'}\end{cases}\tag{9.126}$$

可把平均运动方程组(9.3)改写为以下形式

$$\begin{cases}\dfrac{\mathrm{d}\bar{u}}{\mathrm{d}t}=-\dfrac{1}{\rho}\dfrac{\partial\bar{p}}{\partial x}+f\bar{v}+\dfrac{1}{\bar{\rho}}\dfrac{\partial\tau_{zx}}{\partial z}\\ \dfrac{\mathrm{d}\bar{v}}{\mathrm{d}t}=-\dfrac{1}{\rho}\dfrac{\partial\bar{p}}{\partial y}-f\bar{u}+\dfrac{1}{\bar{\rho}}\dfrac{\partial\tau_{zy}}{\partial z}\\ \dfrac{\mathrm{d}\bar{w}}{\mathrm{d}t}=-\dfrac{1}{\rho}\dfrac{\partial\bar{p}}{\partial x}+g+\dfrac{1}{\bar{\rho}}\dfrac{\partial\tau_{zz}}{\partial z}\\ \dfrac{\partial\bar{\rho}}{\partial t}+\dfrac{\partial\bar{\rho}\bar{u}}{\partial x}+\dfrac{\partial\bar{\rho}\bar{v}}{\partial y}+\dfrac{\partial\bar{\rho}\bar{w}}{\partial z}=0\\ \dfrac{\mathrm{d}\bar{\theta}}{\mathrm{d}t}=\dfrac{\bar{\theta}}{c_p\bar{T}}\bar{Q}-\dfrac{1}{c_p\bar{\rho}}\dfrac{\partial H_z}{\partial z}\\ \dfrac{\mathrm{d}\bar{q}}{\mathrm{d}t}=\bar{c}-\bar{e}-\dfrac{1}{\bar{\rho}}\dfrac{\partial R_z}{\partial z}\end{cases}\tag{9.127}$$

式中 $\boldsymbol{\tau}$,H_z 和 R_z 分别表示湍流造成的动量、热量和水汽的垂直次网格尺度输送通量。在数值模式中,如何用格点值给出 $\boldsymbol{\tau}$,H_z 和 R_z 的计算方案,这就是边界层参数化所要解决的基本问题。以下首先介绍几种常用的边界层参数化理论,然后再讨论它们在数值模式中的具体处理方法。

9.4.1 边界层参数化理论

目前用于数值模式中的边界层参数化理论,主要有基于半经验半理论的混合长理论;基于因次分析的相似理论;以及 Deardorff(1972a)提出的非定常边界层参数化理论。在下面的讨论中,暂时略去了表示平均的符号"—"。

9.4.1.1 混合长理论

在湍流是均匀和各向同性的假定下,依据混合长理论,动量、热量和水汽的铅直输送通量可分别表示为

$$\begin{cases}\boldsymbol{\tau}=\rho l^2\left|\dfrac{\partial\mathbf{V}}{\partial z}\right|\dfrac{\partial\mathbf{V}}{\partial z}=\rho K_m\dfrac{\partial\mathbf{V}}{\partial z}\\ H_z\cong-\rho c_p l^2\left|\dfrac{\partial\mathbf{V}}{\partial z}\right|\dfrac{\partial\theta}{\partial z}=-\rho c_p K_H\dfrac{\partial\theta}{\partial z}\\ R_z\cong-\rho l^2\left|\dfrac{\partial\mathbf{V}}{\partial z}\right|\dfrac{\partial q}{\partial z}=-\rho K_q\dfrac{\partial q}{\partial z}\end{cases}\tag{9.128}$$

式中 K_m,K_H,K_q 分别为动量、热量和水汽的垂直湍流交换系数,上式表明湍流对动量、热量和水汽的垂直输送通量的大小取决于属性的垂直梯度和湍流交换的强弱。

在近地面层中,如层结是中性稳定的,混合长 l 可取为高度 z 的线性函数,即 $l=\kappa z$,其中 κ 为卡曼常数,通常取为 0.4。令

$$
\begin{cases}
\mathbf{V}^* = \kappa z \dfrac{\partial \mathbf{V}}{\partial z} \\
\theta^* = \kappa z \dfrac{\partial \theta}{\partial z} \\
q^* = \kappa z \dfrac{\partial q}{\partial z}
\end{cases}
\tag{9.129}
$$

$\mathbf{V}^*$ 具有速度的因次，而且与湍流摩擦有关，所以称为摩擦速度。θ^* 与 q^* 也分别具有温度和比湿的因次。把(9.129)式代入(9.128)式可得

$$
\begin{cases}
|\boldsymbol{\tau}| = \rho \mathbf{V}^{*2} \\
H_z = -\rho c_p |\mathbf{V}^*| \theta^* \\
R_z = -\rho |\mathbf{V}^*| q^*
\end{cases}
\tag{9.130}
$$

根据常值通量的假定，$\boldsymbol{\tau}$，H_z，R_z 应为常数，故 $\mathbf{V}^*$，θ^*，q^*，也均为常数，对(9.129)式从 z_0 积分到近地面层内的任意高度 z_1，可得

$$
\begin{cases}
\mathbf{V}(z_1) = \dfrac{\mathbf{V}^*}{\kappa} \ln\left(\dfrac{z_1}{z_0}\right) \\
\theta(z_1) - \theta(z_0) = \dfrac{\theta^*}{\kappa} \ln\left(\dfrac{z_1}{z_0}\right) \\
q(z_1) - q(z_0) = \dfrac{q^*}{\kappa} \ln\left(\dfrac{z_1}{z_0}\right)
\end{cases}
\tag{9.131}
$$

再将(9.131)式分别代入(9.130)式可得近地面层内任意高度 z_1 的铅直湍流输送通量

$$
\begin{cases}
\boldsymbol{\tau} = \rho C_D |\mathbf{V}_1| \mathbf{V}_1 \\
H_z = -\rho C_D c_p |\mathbf{V}_1| (\theta_1 - \theta_0) \\
R_z = -\rho C_D |\mathbf{V}_1| (q_1 - q_0)
\end{cases}
\tag{9.132}
$$

式中 $C_D = \kappa \Big/ \ln\left(\dfrac{z_1}{z_0}\right)$，称为拖曳系数，它依赖于 $\mathbf{V}_1$ 所取层的高度 z_1。需要指出的是，以上结果是在中性层结条件下得到的，没有考虑温度层结对铅直湍流输送通量的影响。

在埃克曼层中，常值通量的假定不再成立，只能采用经验方法给出湍流系数的计算公式。根据 Clayson 等(1996)的工作，假定动量、热量和水汽的湍流系数是相同的，即 $K_z = K_H = K_q$。

对于稳定层结大气，可取

$$
K_z = l^2 \left| \frac{\partial \mathbf{V}}{\partial z} \right| (1 + \alpha s)^{-1}
$$

对不稳定层结大气，可取

$$K_z = l^2 \left| \frac{\partial \mathbf{V}}{\partial z} \right| (1 - \alpha s)$$

式中 α 为经验常数，一般取 $\alpha=18$。s 为稳定度参数，可取为

$$s = \frac{(gl)^{\frac{1}{2}} \dfrac{\partial \theta}{\partial z}}{\theta \left| \dfrac{\partial \mathbf{V}}{\partial z} \right|}$$

l 为混合长，可取为

$$l = \kappa z \Big/ \left(1 + \frac{1480 f}{|\mathbf{V}|} z\right)$$

以上公式虽然考虑了层结的作用，但缺乏严格的理论依据，带有很大的经验成分。这种根据实验或观测资料，事先经验地给出 K_z 计算公式的方法，有人称为 K 理论或 K 方法。比较有代表性的还有 Ekman(1905)的工作和 O'Brien(1970)的工作等，就不一一列举了。

9.4.1.2　相似性理论

Monin 和 Obukhov(1954)应用因次分析的方法，提出了考虑温度层结对湍流输送通量影响的相似性理论，为研究和解决边界层问题提供了一个坚实的基础。

(1)近地面层的相似性理论

由前面的讨论可知，在中性层结条件下，近地面层中任一高度的 $\mathbf{V}$，θ 和 q 都随高度呈对数分布，但是在非中性层结条件下，浮力的影响不能忽略，在确定湍流系统特征时，必须增加表征温度层结影响的浮力参数 g/θ_0。因此，在近地面层中，速度、位温和比湿的垂直廓线以及该层的湍流结构仅与四个外部参数 u^*，θ^*，q^* 和 g/θ_0 有关，这就是近地面层相似性理论的基本出发点。

如选取 x 轴与表面湍流应力方向一致(即所谓摩擦坐标系)，则(9.130)式可改写为

$$\begin{cases} u^* = \left(\dfrac{\tau_{zx}}{\rho}\right)^{\frac{1}{2}} \\ \theta^* = -\dfrac{H_z}{\rho c_p u^*} \\ q^* = -\dfrac{R_s}{\rho u^*} \end{cases} \tag{9.133}$$

引入无因次参量 $\zeta=\dfrac{z}{L}$，式中 L 为湍流内部长度尺度，即

$$L = -\frac{c_p \bar{\rho} u^{*3}}{\kappa \dfrac{\theta}{\theta_0} H_z} \tag{9.134}$$

不难看出，L 的取值与层结的特性有关，在稳定层结情况下，湍流热通量向下，即 $H_z<0$，$L>0$；在不稳定层结情况下，湍流热通量向上，即 $H_z>0$，$L<0$；对于中性层结，$\frac{\partial \bar{\theta}}{\partial z}=0$，$H_z \to 0$，$L \to \infty$。可见 L 同 Richardson 数一样，也能反映层结对湍流运动的影响，因而也被称为莫宁-奥布霍夫（Monin-Obukhov）稳定度参数。

π 定理指出，当一个现象可由 n 个物理量的物理方程来表示时，若这些物理量有 m 个基本因次或尺度（$m<n$），则可得到（$n-m$）个无因次参数；同时，该现象可用这（$n-m$）个无因次参数的函数形式来表示。

应用上述 π 定理，$\frac{\partial u}{\partial z}$，$\frac{\partial \theta}{\partial z}$，$\frac{\partial q}{\partial z}$ 可由无因次参数 $\frac{z}{L}$ 的函数关系来表示，即

$$\begin{cases} \dfrac{kz}{u^*} \dfrac{\partial u}{\partial z} = \Phi_m\left(\dfrac{z}{L}\right) \\ \dfrac{kz}{\theta^*} \dfrac{\partial \theta}{\partial z} = \Phi_h\left(\dfrac{z}{L}\right) \\ \dfrac{kz}{q^*} \dfrac{\partial q}{\partial z} = \Phi_q\left(\dfrac{z}{L}\right) \end{cases} \tag{9.135}$$

式中 Φ_m，Φ_h，Φ_q 分别为风速，位温和比湿垂直廓线的层结订正函数，在此基础上，很多研究者做了大量工作，试图确定这些通用函数的具体形式，Panofsky(1963)等经过试验提出了一个决定 Φ_m 的凯普斯（Keyps）公式

$$\Phi_m^4 - \sigma \frac{z}{L} \Phi_m^3 - 1 = 0 \tag{9.136}$$

式中 σ 为经验常数。而 Businger 等（1971）根据观测资料所得到的经验关系是：对不稳定层结，$z/L<0$

$$\begin{cases} \Phi_m = \left(1 - 15\dfrac{z}{L}\right)^{-\frac{1}{4}} \\ \Phi_h = \Phi_q = 0.74\left(1 - 9\dfrac{z}{L}\right)^{-\frac{1}{2}} \end{cases}$$

对稳定层结，$z/L>0$

$$\begin{cases} \Phi_m = \left(1 + 0.47\dfrac{z}{L}\right)^{-\frac{1}{4}} \\ \Phi_h = \Phi_q = 0.74 + 4.7\dfrac{z}{L} \end{cases}$$

将(9.135)式右端加减 1 后由 z_0 到 z 积分，可以得到近地面层中任意高度 z 的风速、位温和比湿

$$
\begin{cases}
u(z)=\dfrac{u^*}{\kappa}\left[\ln\left(\dfrac{z}{z_0}\right)-\Psi_m(\zeta)\right] \\
\theta(z)-\theta(z_0)=\dfrac{\theta^*}{\kappa}\left[\ln\left(\dfrac{z}{z_0}\right)-\Psi_h(\zeta)\right] \\
q(z)-q(z_0)=\dfrac{q^*}{\kappa}\left[\ln\left(\dfrac{z}{z_0}\right)-\Psi_z(\zeta)\right]
\end{cases}
\tag{9.137}
$$

式中

$$
\Psi_s(\zeta)=\int_{\frac{z_0}{L}}^{\frac{z}{L}}\frac{1-\Phi_s(\zeta')}{\zeta'}\mathrm{d}\zeta' \qquad (s=m,h,q)
$$

把(9.137)式分别代入(9.130)式，就可以得动量，热量和水汽的垂直湍流通量表达式

$$
\begin{cases}
\tau_{zx}=\rho C_D|\boldsymbol{V}_1|u_1 \\
H_z=-\rho C_D' C_p|\boldsymbol{V}_1|(\theta_1-\theta_0) \\
R_z=-\rho C_D'|\boldsymbol{V}_1|(q_1-q_0)
\end{cases}
\tag{9.138}
$$

式中

$$
\begin{cases}
C_D=\left\{\kappa\Big/\left[\ln\left(\dfrac{z_1}{z_0}\right)-\Psi_m\left(\dfrac{z_1}{L}\right)\right]\right\}^2 \\
C_D'=\left\{\kappa\Big/\left[\ln\left(\dfrac{z_1}{z_0}\right)-\Psi_m\left(\dfrac{z_1}{L}\right)\right]\right\}\left\{\kappa\Big/\left[\ln\left(\dfrac{z_1}{z_0}\right)-\Psi_h\left(\dfrac{z_1}{L}\right)\right]\right\}
\end{cases}
\tag{9.139}
$$

(2)埃克曼层的相似性理论

埃克曼层中，常值通量的假设不再成立，依据三力平衡的动力学特征，必须考虑科氏力的影响，因此对埃克曼层或整个边界层进行参数化时，边界层的所有局地性质应由 u^*，θ^*，q^*，g/θ_0 和 f 五个外部参数决定。

对于中性层结，两个水平运动方程可简化为

$$
\begin{cases}
f(v-v_g)=-\dfrac{\partial}{\partial z}\left(\dfrac{\tau_{zx}}{\rho}\right) \\
f(u-u_g)=\dfrac{\partial}{\partial z}\left(\dfrac{\tau_{zy}}{\rho}\right)
\end{cases}
$$

取摩擦坐标系并假定边界层上界湍流应力为零，上式对整个边界层积分，积分上限不妨取为∞，则

$$
\begin{cases}
\displaystyle\int_{z_0}^{\infty} f(v-v_g)\mathrm{d}z=u^{*2} \\
\displaystyle\int_{z_0}^{\infty} f(u-u_g)\mathrm{d}z=0
\end{cases}
$$

引入长度尺度 $h=\dfrac{u^*}{f}$ 作为边界层厚度的特征尺度，则以上两式可写为

$$\begin{cases}\displaystyle\int_0^{\infty}\frac{v-v_g}{u^*}\mathrm{d}\left(\frac{z-z_0}{h}\right)=1\\ \displaystyle\int_0^{\infty}\frac{u-u_g}{u^*}\mathrm{d}\left(\frac{z-z_0}{h}\right)=0\end{cases}$$

在埃克曼层中 $z\gg z_0$，可以认为无因次地转偏差$\frac{v-v_g}{u^*}$和$\frac{u-u_g}{u^*}$仅为无因次高度$\frac{z}{h}$的通用函数，即

$$\begin{cases}\dfrac{u-u_g}{u^*}=f_1\left(\dfrac{z}{h}\right)\\ \dfrac{v-v_g}{u^*}=f_2\left(\dfrac{z}{h}\right)\end{cases}\tag{9.140}$$

推广到非中性层结的情况，再引入无因次稳定度参数 $\mu=\kappa\frac{h}{L}=\frac{\kappa u^*}{L\bar{f}}$，(9.140)式可改写为

$$\begin{cases}\dfrac{u-u_g}{u^*}=F_1\left(\dfrac{z}{h},\mu\right)\\ \dfrac{v-v_g}{u^*}=F_2\left(\dfrac{z}{h},\mu\right)\end{cases}\tag{9.141}$$

同理可得

$$\begin{cases}\dfrac{\theta(z)-\theta(z_0)}{u^*}=F_3\left(\dfrac{z}{h},\mu\right)\\ \dfrac{q(z)-q(z_0)}{u^*}=F_4\left(\dfrac{z}{h},\mu\right)\end{cases}\tag{9.142}$$

在(9.141)和(9.142)式的基础上，可进一步推导出著名的阻尼定律和热量水汽输送定律。引入无因次高度

$$\xi=\frac{z}{z_0},\quad \Phi(R_0)=\frac{z_0}{h}$$

这里 $R_0=\frac{V_g}{f\xi_0}$为地面 Rossby 数，$V_g^2=u_g^2+v_g^2$，显然

$$\eta=\frac{z}{h}=\frac{z}{z_0}\frac{z_0}{h}=\xi\Phi$$

(9.141)式的第一式可改写为

$$F_1(\xi\Phi,\mu)=G(\xi,\mu)-\frac{u_g}{u^*}\tag{9.143}$$

式中

$$\frac{u}{u^*}=G(\xi,\mu)$$

(9.143)式分别对 ξ 和 R_0 微分,得

$$\Phi F_1'(\xi\Phi,\mu)=G'(\xi,\mu)$$

$$\xi\frac{\mathrm{d}\Phi}{\mathrm{d}R_0}F_1'(\xi\Phi,\mu)=-\frac{\mathrm{d}}{\mathrm{d}R_0}\left(\frac{u_g}{u^*}\right)$$

两式消去 F',得

$$\xi G'(\xi,\mu)=-\left(\frac{\mathrm{d}\ln\Phi}{\mathrm{d}R_0}\right)^{-1}\frac{\mathrm{d}}{\mathrm{d}R_0}\left(\frac{u_g}{u^*}\right) \tag{9.144}$$

由于(9.144)式左边仅为 ξ 的函数,右边仅为 R_0 的函数,因此,可用常数 $\frac{1}{\kappa}$ 表示,两边分别积分可得

$$\begin{aligned}\frac{u}{u^*}&=\frac{1}{\kappa}\ln\frac{z}{z_0}\\ \frac{u_g}{u^*}&=\frac{1}{\kappa}\left[\ln\left(\frac{u^*}{fz_0}\right)-A(\mu)\right]\end{aligned} \tag{9.145}$$

$A(\mu)$ 是仅依赖 μ 的无因次通用常数。同理,由(9.141)式的第二式可得

$$\frac{v_g}{u^*}=-B(\mu)/\kappa \tag{9.146}$$

式中 $B(\mu)$ 也是依赖于 μ 的通用函数。

令 α 为等压线与地面风之间的夹角,由(9.146)式可得

$$\sin\alpha=\frac{v_g}{V_g}=-\frac{B(\mu)}{\kappa}\frac{u^*}{V_g} \tag{9.147}$$

由(9.145)和(9.147)式可得

$$\begin{aligned}\frac{u_g}{u^*}&=\frac{1}{u^*}V_g\cos\alpha=\frac{V_g}{u^*}\left[1-\left(\frac{Bu^*}{\kappa V_g}\right)^2\right]^{\frac{1}{2}}=\frac{1}{\kappa}\left[\ln\left(\frac{V_g}{fz_0}\frac{u^*}{V_g}\right)-A\right]\\ &=\frac{1}{\kappa}\left[\ln R_0+\ln\left(\frac{u^*}{V_g}\right)-A\right]\end{aligned}$$

因此有

$$\ln R_0=A-\ln\left(\frac{u^*}{V_g}\right)+\left[\left(\frac{\kappa V_g}{u^*}\right)^2-B^2\right]^{\frac{1}{2}} \tag{9.148}$$

(9.145)至(9.148)式沟通了参数 u^* 和外参数 V_g,f 和 z_0(或 R_0)之间的联系,通常称为阻尼定律。由(9.141)式的两个方程,同样可以得到与(9.145)式类似结果。

$$\begin{cases}\dfrac{\theta(z)-\theta(z_0)}{\theta^*}=\dfrac{1}{\kappa a_h}\left[\ln\left(\dfrac{u^*}{fz_0}\right)-C(\mu)\right]\\ \dfrac{q(z)-q(z_0)}{q^*}=\dfrac{1}{\kappa a_q}\left[\ln\left(\dfrac{u^*}{fz_0}\right)-D(\mu)\right]\end{cases} \tag{9.149}$$

以上两式有时被称为热量和水汽输送定律,其中 a_h 和 a_q 分别为中性层结热量和水

汽湍流系数和动量湍流系数之比，C，D 和 A，B 一样是通用函数，与大气层结与斜压性有关，一般由观测资料或经验公式确定。

9.4.1.3　非定常边界层参数化方法

相似性理论大大深化了对边界层湍流结构的认识，但也有很大的局限性：一是没有考虑边界层过程与积云尺度过程之间的相互作用，这种相互作用对某些中小尺度现象有时是必须加以考虑的；二是没有考虑边界层结构随时间变化的特征。大量研究结果表明，边界层厚度并非是定常的，不仅由边界层内的湍流特性所决定，而且与边界层顶的垂直运动以及自由大气中积云活动所引起的夹卷作用有关，由于参数化方案中需要给定边界层顶的 V_g，θ 和 q 的数值，因而在数值模式中合理地确定边界层顶高度显得尤为重要。

实际工作中，确定边界层顶高度 z_B 的常用方法有两种，一种是诊断方法，例如有人考虑层结稳定度对 z_B 的影响，得到以下经验公式

$$z_B = c\frac{u^*}{f}F(\mu)\quad\begin{cases}\text{稳定层结}, & F(\mu)=|\mu|^{-\frac{1}{2}}\\ \text{不稳定层结}, & F(\mu)=|\mu|^{\frac{1}{2}}\end{cases}$$

式中 c 是约为 0.3 的常数，μ 为稳定度参数。

另一种方法是利用模式变量对 z_B 进行预报，其中 Deardorff(1972b)给出的方案为

$$\frac{\partial z_B}{\partial t}=-\mathbf{V}_B\cdot\nabla z_B+w_B+S+\nabla\cdot(K\nabla z_B)$$

式中右端第 3 项表示对流混合过程所引起的 z_B 的局地变化，需根据经验公式计算，右端第 4 项为水平扩散项，K 为湍流扩散系数。Pielke 和 Mahrer(1975)考虑地面加热影响给出的预报方程为

$$\frac{\partial z_B}{\partial t}=-\mathbf{V}_B\cdot\nabla z_B+w_B+\frac{[1.8(w^{*3}+1.1u^{*3}-3.3u^{*2}fz_B)]}{g\dfrac{z_B^2}{\theta_h}\dfrac{\partial\theta}{\partial z}+9w^{*2}+7.2u^{*2}}$$

式中

$$w^*=\begin{cases}\left(-\dfrac{g}{\theta_h}u^*\theta^*z_B\right)^{\frac{1}{3}} & \text{当 } \theta^*\leqslant 0\\ 0 & \text{当 } \theta^*>0\end{cases}$$

θ_h 为近地层顶部的位温。方程右端最后一项的分子与分母分别表示近地面层的热通量与稳定层对 z_B 的影响。

用边界层顶的实际高度 z_B 代替边界层高度尺度 $h=\dfrac{u^*}{f}$，则(9.145)，(9.146)和(9.149)式可改写为

$$
\begin{cases}
\dfrac{u_g}{u^*} = \dfrac{1}{\kappa}\left[\ln\left(\dfrac{z_B}{z_0}\right) - A_1(\mu_1)\right] \\
\dfrac{v_g}{u^*} = - B_1(\mu_1)/\kappa \\
\dfrac{\theta(z_B) - \theta(z_0)}{\theta^*} = \dfrac{1}{\kappa a_h}\left[\ln\left(\dfrac{z_B}{z_0}\right) - C_1(\mu_1)\right] \\
\dfrac{q(z_B) - q(z_0)}{q^*} = \dfrac{1}{\kappa a_q}\left[\ln\left(\dfrac{z_B}{z_0}\right) - D_1(\mu_1)\right]
\end{cases}
\tag{9.150}
$$

式中 $\mu_1 = \dfrac{\kappa z_B}{L}$，$A_1, B_1, C_1, D_1$ 是与 A, B, C, D 不同的通用函数。

9.4.2 整体边界层参数化方案

所谓整体边界层参数化，就是不考虑边界层的内部垂直结构特征，把整个边界层作为一层进行处理，因而只需确定地表面和边界层顶的动量、热量和水汽的垂直输送通量。而实际工作中，边界层顶的各输送通量常可处理为零。

9.4.2.1 经验输送公式

根据(9.132)式，地表面的垂直输送通量可表示为

$$
\begin{cases}
\boldsymbol{\tau}_0 = \rho C_D |\boldsymbol{V}_0| \boldsymbol{V}_0 \\
(H_z)_0 = - \rho C_h C_p |\boldsymbol{V}_0| (\theta_1 - \theta_0) \\
(R_z)_0 = - \rho C_q |\boldsymbol{V}_0| (q_1 - q_0)
\end{cases}
\tag{9.151}
$$

式中下标“0”表示地面值；下标“1”表示边界层的代表值，可取为边界层顶的值或整个边界的空间平均值，实际工作中一般采用模式最低一个网格面的值来代替。C_D，C_h 和 C_q 分别为动量、热量和水汽的经验输送系数，可根据经验或数值实验结果事先给定。

例如 Holloway 等(1971)在 GFDL 模式中采用 $C_D = C_h = C_q = 2\times10^{-3}$。后来考虑到海陆拖曳系数的差别，分别取 $C_{D海洋} = 1.1\times10^{-3}$，$C_{D陆地} = 4.3\times10^{-3}$。而 Kasahara 等(1971)则考虑了不同要素输送系数的差别，在 NCAR 模式中分别取 $C_D = C_h = 3\times10^{-3}$，$C_q = 2\times10^{-3}$。更详细的方案还考虑了地面风与地转风的夹角以及层结状况对经验输送系数的影响。

由于这些经验输送公式具有一定的物理基础，在一定程度上能够反映边界层过程的总体效应，而且计算十分简便，所以至今仍然有一些模式采用这种方法。

9.4.2.2 阻尼定律和热量水汽输送定律

该方法是以相似性理论导出的各气象要素输送定律为基础，直接得到地表面的输送公式。

根据近地面层具有常值通量的特性，取摩擦坐标系，(9.130)式可改写为

$$\begin{cases}\tau_0 = \rho_0 u^{*2} \\ (H_z)_0 = -\rho_0 C_p u^* \theta^* \\ (R_z)_0 = -\rho_0 u^* q^*\end{cases} \tag{9.152}$$

阻尼定律和热量水汽定律可写为

$$\begin{cases}\dfrac{u_g}{u^*} = \dfrac{1}{\kappa}\left[\ln\left(\dfrac{z_B}{z_0}\right) - A(\mu)\right] \\ \dfrac{v_g}{u^*} = -B(\mu)/\kappa \\ \dfrac{\theta(z_B) - \theta(z_0)}{\theta^*} = \dfrac{1}{\kappa a_h}\left[\ln\left(\dfrac{z_B}{z_0}\right) - C(\mu)\right] \\ \dfrac{q(z_B) - q(z_0)}{q^*} = \dfrac{1}{\kappa a_q}\left[\ln\left(\dfrac{z_B}{z_0}\right) - D(\mu)\right]\end{cases} \tag{9.153}$$

式中 u_g,v_g 及带下标"B"的量均取为边界层顶的值。陆面上粗糙度 z_0 根据下垫面状况经验给出,而洋面上 z_0 由于与地表应力 τ_0 有关,所以是随时间变化的,可采用 z_0 与摩擦速度 u^* 之间的经验关系

$$z_0 = \frac{C_1}{u^*} + C_2 u^{*2} + C_3$$

式中 C_1,C_2 和 C_3 是经验常数。

由(9.153)式计算出 u^*,θ^* 和 q^* 再代入(9.152)式,即可计算出地表面的各垂直输送通量。而(9.153)式中的 A,B,C,D 是和大气层结,斜压性有关的参数,可根据观测资料计算得到下列经验关系:

稳定层结

$$A = \begin{cases}1.844 - 0.380\zeta & \text{当 } 0 \leqslant \zeta \leqslant 35 \\ -2.94(\zeta - 19.94)^{\frac{1}{2}} & \text{当 } 35 < \zeta\end{cases}$$

$$B = \begin{cases}3.020 + 0.300\zeta & \text{当 } 0 \leqslant \zeta \leqslant 35 \\ 2.85(\zeta - 12.47)^{\frac{1}{2}} & \text{当 } 35 < \zeta\end{cases}$$

$$C = \begin{cases}3.665 - 0.829\zeta & \text{当 } 0 \leqslant \zeta \leqslant 18 \\ -4.32(\zeta - 11.21)^{\frac{1}{2}} & \text{当 } 18 < \zeta\end{cases}$$

不稳定层结

$$A = 10.0 - 8.145(1.0 - 0.008376\zeta)^{-\frac{1}{2}}$$

$$B = 3.020(1.0 - 3.290\zeta)^{-\frac{1}{2}}$$

$$C = 12.0 - 8.335(1.0 - 0.03106\zeta)^{-\frac{1}{2}}$$

式中 $\zeta = \dfrac{H}{L}$,$H = \alpha \dfrac{u^*}{f}$,取 $\alpha = 0.15 \sim 0.30$,参数 D 可采用参数 C 的关系式。

Yordonov 和 Wippermann(1972),Clarke 和 Hess(1974)等又将上述结果推广到斜压情况。在中性条件下分别给出下列关系

$$A = A_0 + \ln\kappa + C_1\hat{S}_x + C_2\hat{S}_y$$

$$B = B_0 + C_3\hat{S}_x + C_4\hat{S}_y$$

式中 $\hat{S}_x$ 和 $\hat{S}_y$ 为斜压内参数,表示为

$$\hat{S}_x = \frac{\kappa^2}{f}\frac{\partial u_g}{\partial z}$$

$$\hat{S}_y = \frac{\kappa^2}{f}\frac{\partial v_g}{\partial z}$$

式中 u_g, v_g 分别为地转风二个分量。根据万加拉(Wangara)(Clarke 等,1971)资料得到的结果为

$$A_0 = 1.1,\quad B_0 = 4.3,\quad C_1 = 0.20,\quad C_2 = -0.04,\quad C_3 = 0.32,\quad C_4 = 0.33$$

9.4.3 高分辨率边界层参数化方案

在垂直分层较细或专门研究边界层的数值模式中,有多个模式层位于大气边界层内,因而可以按照边界层的垂直结构特征分别进行处理,更为细致合理地反映边界层过程对大尺度运动的影响。

9.4.3.1 贴地层

贴地层指紧贴地面的一层大气,其厚度为粗糙高度,视下垫面特征而定。Pielke(1984)的《中尺度气象模拟》一书中,具体给出了各种均匀的地面覆盖物所具有的粗糙度。在贴地层内平均速度为零,而位温及水汽在贴地层顶的值与其地表面值之间的关系为

$$\begin{cases}\theta_{z_0} = \theta_G + 0.0962(\theta^*/\kappa)(u^* z_0/\gamma)^{0.45} \\ q_{z_0} = q_G + 0.0962(q^*/\kappa)(u^* z_0/\gamma)^{0.45}\end{cases} \tag{9.154}$$

式中 θ_G, q_G 为地表面的值,可由地表面热平衡方程求解得到,γ 为空气的运动学黏性系数(约为 $1.5\times10^{-5}\ \mathrm{m^2/s}$)。贴地层顶上的垂直输送通量可按(9.152)式计算。

9.4.3.2 近地面层

近地面层中,垂直输送通量为常数,仍按公式(9.152)进行计算,而(9.152)式以及(9.154)式中的 u^*, θ^*, q^* 可按近地面层相似性理论导出的关系式(9.153)式确定。Businger 等(1971)给出的计算方案为

$$\begin{cases}u^* = \kappa V_z \Big/ \left[\ln\left(\dfrac{z}{z^0}\right) - \Psi_M\left(\dfrac{z}{L}\right)\right] \\ \theta^* = \kappa(\theta_z - \theta_{z_0}) \Big/ 0.74\left[\ln\left(\dfrac{z}{z^0}\right) - \Psi_H\left(\dfrac{z}{L}\right)\right] \\ q^* = \kappa(q_z - q_{z_0}) \Big/ 0.74\left[\ln\left(\dfrac{z}{z^0}\right) - \Psi_H\left(\dfrac{z}{L}\right)\right]\end{cases} \tag{9.155}$$

式中

$$\begin{cases}\Psi_M\left(\dfrac{z}{L}\right)=2\ln[(1+\Phi_M^{-1})/2]+\ln[(1+\Phi_M^{-L})/2]-2\arctan(\Phi_M^{-1}+\pi/2) & 当\ z/L\leqslant 0\ 时\\ \Psi_M\left(\dfrac{z}{L}\right)=-4.7\dfrac{z}{L} & 当\ z/L>0\ 时\end{cases}$$

$$\begin{cases}\Psi_H\left(\dfrac{z}{L}\right)=2\ln[(1+0.74\Phi_H^{-1})/2] & 当\ z/L\leqslant 0\ 时\\ \Psi_H\left(\dfrac{z}{L}\right)=-6.35z/L & 当\ z/L>0\ 时\end{cases}$$

$$\Phi_M=\frac{\kappa z}{u^*}\frac{\partial V}{\partial z}\cong\begin{cases}(1-15z/L)^{-0.25} & 当\ z/L\leqslant 0\ 时\\ 1+4.7z/L & 当\ z/L>0\ 时\end{cases}$$

$$\Phi_H=\frac{\kappa z}{\theta^*}\frac{\partial\theta}{\partial z}=\frac{\kappa z}{q^*}\frac{\partial q}{\partial z}\cong\begin{cases}0.74(1-9z/L)^{-0.5} & 当\ z/L\leqslant 0\ 时\\ 0.74+4.7z/L & 当\ z/L>0\ 时\end{cases}$$

θ_{z_0} 和 q_{z_0} 按(9.154)式计算，V_z，θ_z，q_z 为近地面层顶或相应模式层的值。

9.4.3.3　埃克曼层

如果数值模式的最底层网格面取在近地面层顶，在整个边界层内有两个以上的网格面，埃克曼层内的垂直输送通量可采用显式方法计算，由(9.128)式可得

$$\begin{cases}\boldsymbol{\tau}(z)=\rho K_m(z)\dfrac{\partial\mathbf{V}}{\partial z}\\ H(z)=-\rho c_p K_h(z)\left(\dfrac{\partial\theta}{\partial z}-\gamma_c\right)\\ R(z)=-\rho K_q(z)\dfrac{\partial q}{\partial z}\end{cases}\tag{9.156}$$

式中 γ_c 是平均情况下热量通量为零时的平衡温度梯度，它的引入表示在稳定大气中，但稳定度不大时仍可向高层输送热量，γ_c 一般取值为$(0.7\sim1.0)\times10^{-3}$ ℃/m。

若假定 $K_m(z)=K_h(z)=K_q(z)$，可采用下列经验公式

$$K_m=\begin{cases}l^2\left|\dfrac{\partial\mathbf{V}}{\partial z}\right|(1-a_c s) & 当\ z/L\leqslant 0\\ l^2\left|\dfrac{\partial\mathbf{V}}{\partial z}\right|(1-a_c s)^{-1} & 当\ z/L>0\end{cases}\tag{9.157}$$

式中 a_c 为经验常数，约取为 $a_c=18$；s 和 l 分别是稳定度参数和混合长，其表达式分别为

$$\begin{cases}s=(gl)^{\frac{1}{2}}\dfrac{\partial\theta}{\partial z}\Big/\left(\theta\left|\dfrac{\partial\mathbf{V}}{\partial z}\right|\right)\\ l=-\kappa z/(1+1480fz/|\mathbf{V}|)\end{cases}\tag{9.158}$$

确定参数化方案时，应根据模拟的对象和处理问题的要求，例如用大尺度模式进

行大气环流试验或中长期预报时，边界层的详细内部结构并不重要，只要求能合理地反映边界层过程的整体效应，但是在模拟台风和中小尺度现象时，应尽可能反映出边界层过程的细节。

9.5 地表面的处理方法

前面介绍的一些计算地表面感热和潜热输送的公式，需要知道地表面温度 T_0 和地表面比湿 q_0（T_0，q_0 分别对应于(9.154)式中的 T_G 和 q_G）。但这两个量都不是常规观测量，通常是采用地面热平衡方程和土壤水分预报方程计算求得。这两个方程中包含有地面蒸发、地面辐射收支、土壤热传导等物理过程，在模式中，如何由网格点值描写这些物理过程，统称为地表面的处理方法。

因为水的比热大，通常海面或湖面的温度不会发生过分的急剧变化。因此在短期预报模式中，水面温度可以认为是定常的，因而可以事先给出。比较普遍的做法是把海面温度 T_0 取为历史月平均值，q_0 则取为 T_0 的饱和比湿。对于长期预报模式，必须考虑海温变化对大气运动的影响。怎样预报它是长期模式中的一个重要问题。本节主要是讨论陆地表面各种物理过程的处理方法。首先介绍陆面蒸发与地表层湿润度的概念；地表面的太阳辐射和红外辐射的实验公式，然后讨论由地面热平衡方程确定 T_0 的方法，以及土壤湿度的预报方程。

9.5.1 陆地表面的蒸发散与土壤的湿润度

一般的蒸发公式都是对于水面或含水充足的陆地表面的，如果不是这样则对陆表面不能照旧使用。陆地表面的蒸发，因为包含通过植物叶面的发散，所以应称为蒸发散(Evapotranspiration，土壤水分蒸发、蒸腾损失总量)。这个量不仅与气象条件，也与表面土壤层的水分多少有关。因此，把长期作为对象的数值预报模式中有必要预报地表层的含水量。

作为土壤水分的基本量，有田间含水量 W_f 与凋蔫含水量 W_w。土壤是砂、黏土、有机物的混合物，其间存在着间隙，间隙存满水时的含水量称为饱和含水量。但是，如果没有补给，这种状态是不可能长期保持的，在重力作用下将向下层渗透，并在1～2 日内达到平衡状态。这时液态水在土壤粒子间以毛细管现象黏附，变成其表面张力与重力平衡的状态。同时，隙间空气中也存在水汽。这时的含水量称为田间场地含水量。若地面发生蒸发、土壤中的水分将进行补充，这时液态水通过毛细管作用，水汽通过扩散作用向地表移动。这种移动，随着含水量减少而减少。蒸发引起的干燥化如果继续，最后土壤中将变得没有可移动的水分，若蒸发散也同时变成 0 则植物便不可能通过根部吸收水分，将会枯死。这时的含水量称作调蔫点含水量。这时剩下的水分在土壤粒子周围牢固的固定着，没有高温烘烤不可能将其除去。设土壤含土量为 W 时，则移动的有效含水量为 $W-W_w$，其最大值为 W_f-W_w。

含水量通常用相对于干燥土壤重量的比表示（有时也常用土壤层厚度中的水深 mm/cm 表示）。设干燥土壤的比重为 ρ_*（在 $1\sim2\ \mathrm{g\cdot cm^{-3}}$ 之间），则单位体积的有效水分可用 $\rho_*(W-W_w)(\mathrm{g\cdot cm^{-3}})$ 表示。设包含地面蒸发散的土壤层厚度为 h，它是随时间变化的。Romanova(1970)认为，对于草原令 $h=1$ m 是合适的，如 W,W_w，ρ_* 取这个有效层的平均值，则单位面积地表面的有效水分（$\mathrm{g\cdot cm^{-2}}$）可表示成

$$W=\rho_*(W-W_w)h \tag{9.159}$$

最大有效水分为

$$W_{\max}=\rho_*(W_f-W_w)h \tag{9.160}$$

因此土壤层的湿润度 W' 可定义为

$$W'=W/W_{\max}=(W-W_W)(W_f-W_w) \tag{9.161}$$

由水面或含水充足的陆地表面蒸发是由气象条件决定的，可用蒸发散能或蒸发散位势 E_p 表示。设陆地表面的实际蒸发量为 E_c，则

$$E_0=\beta E_p \tag{9.162}$$

系数 β 表示蒸发散的效率，其值等于或小于 1。含水量大时土壤中的水分移动迅速，向地表运动的水分与 E_p 相平衡，所以 E_0 与 E_p 相等（$\beta=1.0$）。若有效含水量 W 比临界值 W_c 小，则向地表的补给不可能与 E_p 相平衡，E_0 依赖土壤中水分移动速度，β 变得比 1.0 小。在这种干燥化阶段，β 大体呈直线减小，通常近似于下式

$$\beta=W/W_c\quad(W\leqslant W_c) \tag{9.163}$$

图 9.2 给出了 β 随 W 的变化。

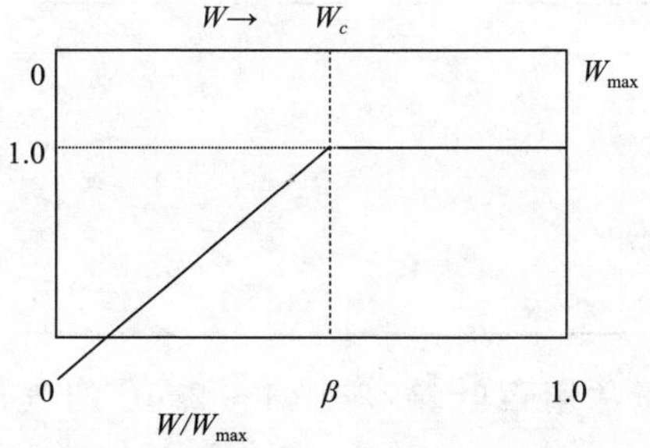

图 9.2　土壤湿润度 $W/W_{\max}$ 与蒸发效率 β 的关系

这里问题归结于确定 $W_{\max}$ 与 W_c。$W_{\max}$ 是由土质及其层结状态，植物根的深度决定的量。Hylokma(1976)计算整个大陆的平均值得 $30\ \mathrm{g\cdot cm^{-2}}$。Priestley 和 Taylor(1972)对草原和草地得到 $10\ \mathrm{g\cdot cm^{-2}}$ 或 $20\ \mathrm{g\cdot cm^{-2}}$，看来，给定陆地表面一个常值是不恰当的，将来有必要绘制大陆上 $W_{\max}$ 的分布图。

W_c 的确定，Budyko(1971)归纳为：森林地带为 15～20 g・cm^{-2}，丛林为 12～17 g・cm^{-2}，草原与半沙漠为 12～17 g・cm^{-2}，沙漠为 15～30 g・cm^{-2}，冻土为20 g・cm^{-2}。

自地面的蒸发或蒸发散可由下式计算

$$E_0 = \rho\beta C_q V_a (q_0 - q_a) \tag{9.164}$$

式中 $q_0 = q_s(T_0)$，为对应 T_0 的饱和比湿，水面、雪面和冰面上，$\beta = 1.0$。

9.5.2 辐射实验公式

为了考虑辐射过程对地面温度的影响，需要分别计算入射地表面的太阳辐射量 S_0 和地表面净向上的红外辐射量 R_0。下面简要介绍数值模式中常用的一些辐射实验公式。

9.5.2.1 红外辐射的实验公式

设地面净向上的红外辐射量为 R_0，$R_0^{\uparrow}$ 为自地面向上的辐射量，$R_0^{\downarrow}$ 为自天空达地表面的向下辐射量，则

$$R_0 = R_0^{\uparrow} - R_0^{\downarrow} \tag{9.165}$$

式中 $R_0^{\uparrow}$ 由下式求得

$$R_0^{\uparrow} = \varepsilon\sigma T_0^4 \tag{9.166}$$

式中 ε 为红外辐射率(完全黑体 $\varepsilon=1$)，σ 为斯蒂芬—波尔兹曼常数等于 5.6696×10^{-8} W・m^{-2}・K^{-4}或 1.17×10^{-7} ly・d^{-1}・K^{-4}。表 9.1 给出了 Sellers(1965)归纳的 ε 值。

表 9.1 地表面的红外辐射射出率

地表类型	ε 值
水面	0.92～0.96
雪面	0.82～1.00
冰面	0.86
裸地	0.90～0.98
沙漠	0.90
草原	0.90
森林	0.90

对于天空辐射 $R_0^{\downarrow}$，通常用百叶箱高度(1～2 m)的气温 T_a 和水汽压 e_a 表示，(9.165)式可改写为

$$R_0 = \varepsilon\sigma T_0^4 - R_0^{\downarrow} = R'_0 + \varepsilon\sigma(T_0^4 - T_a^4) \tag{9.167}$$

式中

$$R'_0 = \varepsilon\sigma T_a^4 - R_0^{\downarrow} \tag{9.168}$$

R'_0 表示把地表温度看作 T_a 时的净红外辐射量。所有实验公式都是对于 R'_0 的，因为地表温度难以观测到，所以做这种变换处理。

(1)无云时天空辐射 $R_{00}^{\downarrow}$ 的实验公式

下列公式中有关水汽压 e_a 的单位均采用 hPa。

①Angstron 公式

$$\begin{cases}R_{00}^{\downarrow} = \varepsilon\sigma T_a^4(a_0 - b_0 10^{-C_0 e_a}) \\ R'_{00} = \varepsilon\sigma T_a^4(1 - a_0 + b_0 10^{-C_0 e_a})\end{cases} \tag{9.169}$$

式中的常数约为：$a_0=0.710\sim0.820$，$b_0=0.148\sim0.326$，$C_0=0.041\sim0.094$，Geiger(1965)取 $a_0=0.820$，$b_0=0.250$，$C_0=0.094$。目前这种实验公式已不经常使用。

②Brunt 公式

Brunt(1932)提出以下公式

$$\begin{cases}R_{00}^{\downarrow} = \varepsilon\sigma T_a^4(a + b\sqrt{e_a}) \\ R'_{00} = \varepsilon\sigma T_a^4(1 - a - b\sqrt{e_a})\end{cases} \tag{9.170}$$

式中 a 为 0.34～0.71，b 为 0.023～0.110，若取中间值，则 $a=0.61$，$b=0.050$。

③Swinbank 公式

Swinbank(1963)用气温表示给出下面两个公式

$$\begin{cases}R'_{00} = \varepsilon(0.245 - 0.214\sigma T_a^4) \\ R'_{00} = \varepsilon\sigma T_a^4(1 - 9.35\times10^{-6}T_a^2)\end{cases} \tag{9.171}$$

由于公式中不用湿度所以很简便，但精度颇低。

(2)有云时净红外辐射量 R'_0 的实验公式

有云时天空辐射增大，因此净向上辐射减少。Budyko(1948)和 Sellers(1965)介绍了多种方法，其中常用的有

$$\begin{cases}R'_0 = R'_{00}(1 - kn^m) \\ R'_0 = R'_{00}(1 - (k_h n_h + k_m n_m + k_l n_l))\end{cases} \tag{9.172}$$

式中 n 为总云量(σ—1)，n_h，n_m 和 n_l 各为高中低云量(为自地面看到的部分云量)。式中 k 值随云型和云高变化，Sellers(1965)给出表 9.2 中的 k 值。不考虑云型云高时，可取 $k=0.75$。为简单常设 m 为 1.0，从观测求出的值在 1.5～2.7 之间，平均值为 2.0。Budyko(1971)提出，$k_h=0.15\sim0.20$，$k_m=0.50\sim0.20$，$k_l=0.70\sim0.80$，比表 9.2 中的值稍小。

表 9.2　云型、云高与 k 值(Sellers,1965)

云型	云高(m)	k
卷云	12000	0.16
卷层云	8390	0.32
高积云	3660	0.66
高层云	2140	0.80

续表

云型	云高(m)	k
层积云	1220	0.88
层云	460	0.96
碎层云	92	0.99
雾	0	1.00

Kondo(1976)提出关于云的效应的实验公式为

$$\begin{cases} R'_0 = \varepsilon\sigma T_a^4(0.49 - 0.066\sqrt{e_a})(1 - nCh) \\ C = 0.75 - 0.005e_a \\ h = (n_l + 0.85n_m + 0.5n_h)/n + 0.1(N_r/N) \\ n = n_l + n_m + n_h \end{cases} \tag{9.173}$$

式中 N_r/N 表示降水出现时间的比率，进行时间积分时，在辐射计算的时间步长内如无降水为 0，如一直降水为 1。这种方法计算较复杂，但精度比(9.172)式要好。

9.5.2.2 太阳辐射的计算

为了知道达到地表面的总太阳辐射量，首先要知道到达地球大气上界的太阳辐射量，令其为 S_∞

$$S_\infty = S(\bar{\gamma}_E/\gamma_E)^2\cos\zeta \tag{9.174}$$

S 为太阳常数，其值为 1.40×10^3 W·m^{-2}或 2.0 cal·cm^{-2}·min^{-1}(目前常用 1.96 cal·cm^{-2}·min^{-1})。γ_E 为地球太阳间距离，$\bar{\gamma}_E$ 为其平均，又称一个天文单位。ζ 为太阳天顶角。纬度 φ、经度 λ 的地方，在格林尼治(Greenwich)标准时 t(单位为时)的太阳天顶角 ζ 可由下式求得

$$\cos\zeta = \sin\varphi\sin\delta + \cos\varphi\cos\delta\cos h \tag{9.175}$$

式中 δ 为该时刻的太阳赤纬。h 为太阳的时角(由经面上测出的太阳方位角)，如以度为单位，可按下式计算

$$h = 15t + \lambda - 180 \tag{9.176}$$

λ 东经时取正，西经时取负。又太阳地球间距离和太阳的赤纬，根据开普勒(Kepler)第二定律可由以下近似公式给出

$$\begin{cases} \gamma_E/\bar{\gamma}_E \approx 1.00028 - 0.016718\cos M - 0.000140\cos 2M \\ \delta \approx \arcsin[0.39795\sin(W - 1.355074)] \end{cases} \tag{9.177}$$

式中

$$\begin{cases} M = 0.017214(l' - 2.36) \\ W = M + 0.033439\sin M + 0.000349\sin(2M) \end{cases} \tag{9.178}$$

式中 l' 为一年开始(1 月 1 日)作为起点算出的日数，1 年长度为 365 日，由上面公式可求得某地(λ,φ)的某日(l')某时(t)的 ζ 与 S_∞。

S_∞要到达地面，由于受到大气中臭氧和水汽的吸收，大气分子引起的散射，云引起的反射、吸收，气溶胶引起的吸收、散射而减少很多。设最后到达地面的太阳辐射量为 S_0，与 S_∞之间的关系式可写为

$$S_0 = \tau S_\infty \tag{9.179}$$

式中 τ 表示大气的透过率，因为有许多因素在起作用，所以如直接按理论计算，τ 的表达式是十分复杂的。

首先考虑无云的情形，设这时大气透过率为 τ_0，到达地面的太阳辐射量为 S_{00}，则

$$S_{00} = \tau_0 S_\infty \tag{9.180}$$

(1)片山(Katayama)方法

在仅考虑水汽吸收和大气散射的条件下，片山(Katayama，1972)给出了理论上得到的 τ_0 表达式

$$\tau_0 = 0.349[1 - 0.271(u_T^* \sec\zeta)^{0.303}] + 0.651(1 - A_\alpha)/(1 - A_\alpha A_s) \tag{9.181}$$

u_T^* 是大气柱的有效水汽量，A_α 是大气的反射率，A_s 是地面的反射率。A_α，u_T^* 近似由下给出

$$\begin{cases} A_\alpha = 0.085 - 0.247\log_{10}\left(\dfrac{p_s}{p_{00}}\cos\zeta\right) \\ u_T^* = 0.14e_a \end{cases} \tag{9.182}$$

式中 p_s 为地面气压(hPa)，$p_{00}=1000$ hPa，e_a 是百叶箱高度的水汽压(以 hPa 为单位)，u_T^* 的单位为 $\mathrm{g \cdot cm^{-2}}$。(9.181)式右边第一项对应于直接太阳辐射，第二项对应散射。(9.182)式是根据气候资料求得的实验公式。

(2)近藤(Kondo)实验公式

Kondo 等(1978)根据观测提出了以下实验公式

$$\tau_0 = A + B \times 10^{-0.13\sec\zeta} \tag{9.183}$$

式中

$$\begin{aligned} B &= 0.43 + 0.016e_a \\ A &= 1 - B - 0.06\log_{10} e_a \end{aligned} \tag{9.184}$$

适用范围为 1 hPa$\leqslant e_a \leqslant$30 hPa。

(3)卢姆(Lumb)实验公式

Lumb(1964)根据大西洋上固定点(52.5°N，20°W)的日射观测得到以下简单的实验公式

$$\tau_0 = 0.6 + 0.2\cos\zeta \tag{9.185}$$

这个公式虽然忽略了季节和水汽含量的变化，因为简单，Gadd 和 Keers(1970)将其引用到英国气象局 10 层模式中。

有云时由于反射和吸收，到达地表的太阳辐射量会显著减少。下面给出一些主要的实验公式（不用符号 τ 与 τ_0，用 S_0 与 S_{00}）。

Kimball(1928)公式

$$S_0 = S_{00}(1 - 0.71n) \tag{9.186}$$

Savinov-Angstrom(Albrecht,1955)公式

$$S_0 = S_{\infty}[1 - (1 - \eta')n] \tag{9.187}$$

Berljand(1982)公式

$$S_0 = S_{00}[1 - (a + bn)n] \tag{9.188}$$

式中 n 为总云量(0～1)，b～0.38，η'，a 是纬度的函数，由表 9.3 给出。

表 9.3　系数 η' 与 a 的年平均值(Budyko,1971)

纬度	90	80	70	60	50	40	30	20	10
η'	—	—	0.50	0.40	0.36	0.33	0.32	0.33	0.34
a	0.13	0.15	0.18	0.36	0.40	0.38	0.36	0.37	0.40

(9.186)—(9.188)式是求气候值和月平均值时使用的，如用在日或数小时这种时间尺度，恐怕会有很大的误差。

Gadd 和 Keers(1970)在英国 10 层模式中使用下式计算地表太阳辐射

$$S_0 = S_{00}(1 - m_h n_h)(1 - m_m n_m)(1 - m_l n_l) \tag{9.189}$$

式中 n_h, n_m, n_l 为高中低云量，系数用 $m_h = 0.4, m_m = 0.7, m_l = 0.7$。$S_{00}$ 用(9.185)和(9.180)式计算。

9.5.3　地面温度和土壤水分的计算方法

9.5.3.1　地面温度的计算方法

数值模式中，地面温度可通过求解地面热平衡方程而得到，地面温度平衡方程可写为如下形式

$$(1 - A_s)\gamma S_0 - R_0 - H_0 - LE_0 = H_s \tag{9.190}$$

式中左端第一项表示地面吸收的太阳短波辐射，S_0 为射入地表面的太阳辐射量。A_s 为地表面的反射率，γ 表示地表面薄层(1 mm 多)的太阳辐射吸收率，对不透明的地表面可设为 1.0；R_0 为地表面净向上的红外辐射量。H_0 和 LE_0 分别为地表面向大气的感热和潜热输送，H_s 则表示地表面向土壤深层的热通量。

利用地面热平衡方程(9.190)式可以求解出地面温度，依据对 H_s 的不同处理方法，相应有以下两种求解 T_0 的方法。

(1)土壤绝热法

这种方法不考虑地表面土壤深层的热通量，即认为土壤是不导热的，取 $H_s = 0$，

根据前面的讨论，S_0 与 T_0 无关，可由辐射实验公式事先计算出来，而 R_0，H_0，E_0 均可表示为关于 T_0 的已知函数。即

$$\begin{cases} R_0 = R'_0 + \varepsilon\sigma(T_0^4 - T_a^4) \\ H_0 = \rho_a c_p C_h V_a (T_0 - T_a) \\ E_0 = \beta E_p = \rho_0 \beta C_q V_a [q_s(T_0) - q_a] \\ \quad \approx \rho_0 \beta C_q V_a \left[(T_0 - T_a)\left(\dfrac{\partial q_s}{\partial T}\right)_{T=T_a} + q_s(T_0) - T_a \right] \end{cases} \tag{9.191}$$

于是(9.190)式可写为

$$F(T_0) = (1 - A_s)\gamma S_0 - R_0 - H_0 - LE_0 = 0 \tag{9.192}$$

采用牛顿迭代法求解(9.192)式的迭代格式为

$$T_0^{n+1} = T_0^n - F(T_0^n)/F'(T_0^n) \tag{9.193}$$

式中 n 为迭代次数，经过若干次迭代后得到的收敛解，即为所求的地面温度 T_0。

(2)强迫恢复法

这种方法的特点是采用土壤热传导方程来计算地表土壤热通量 H_s，经一定的简化后，H_s 的计算公式可写为

$$h_s = \frac{\sqrt{\pi} P_e C_e K_e}{d}\left[T_0 - \overline{T}_0 + \frac{\tau}{2\pi}\frac{\partial T_0}{\partial t} \right] \tag{9.194}$$

利用(9.194)式，可得到关于 T_0 的预报方程

$$\frac{\partial T_0}{\partial t} = \frac{2\sqrt{\pi} H_a}{P_e C_e d} - \frac{2\pi(T_0 - \overline{T}_0)}{\tau} \tag{9.195}$$

式中 $d = \sqrt{\tau K_e}$，P_e，C_e 和 K_e 分别表示土壤密度，比热和热传导系数，τ 为自变化周期，$\overline{T}_0$ 是平均地表温度，H_a 是按(9.190)式左端的各项计算得到的净通量值。

Deardorff(1978)用 12 层土壤模式计算出的地表温度作为标准，检验了 5 种方法的计算结果，指出强迫恢复法与高分辨土壤模式计算的结果最为接近。

9.5.3.2　土壤水分预报方程

计算地面蒸发量 E_0 时，需要知道土壤的有效含水量 W，以便按(9.163)式计算(9.191)式中的 β 值，通常可采用如下形式的预报方程

$$\frac{\partial W}{\partial t} = -C_1 \frac{E_0 - P_r}{\rho_w d_1} - C_2 \frac{W - \overline{W}}{\tau} \tag{9.196}$$

式中 ρ_w 为水的密度，E_0，P_r 分别为单位时间的蒸发量和降水量，d_1 为土壤水分有日变化的深度，C_1，C_2 是取决于土壤性质的两个系数。

为了更详细地描写地面状态的变化，地面热平衡方程中还应考虑地面冰雪融化的影响，具体的处理方法可参阅有关的文献。

9.6 云微物理过程

云在天气和气候中起着重要的作用。云中水汽和各种水凝物之间的相互转换，以及它们的动力、热力效应直接影响天气过程（如雷暴、冰雹、飑线等）的发生发展。其次，感热、潜热和动量输送等反作用于大尺度环境，直接影响大气温度、湿度场的垂直分布。因此，合理地描述云物理过程及云与大尺度环境之间的相互作用是准确模拟各种天气过程的关键之一。早在20世纪70年代，许多学者在数值模式中引入了较复杂的云微物理过程。特别是Lin(1983)方案和Rutledge-Hobbs(1983,1984)方案（简称RH方案）提出之后，云微物理参数化方案得到了极大的发展，形成了多种各具特色的云微物理参数化方案。

IPCC(Houghton et al,2001)明确指出云物理过程及其反馈机制是导致数值模式预报不确定性的最大因素。不同的云微物理参数化方案"再现"不同类型天气过程的能力存在较大的差别，即使各方案均能够合理地"再现"出大气环流形势的演变、降水分布和强度，但对云中微物理过程的模拟能力却存在较大差别。总之，当前中尺度模式中微物理参数化方案各具优势和局限性，在选取微物理参数化方案时需要结合研究对象和研究目的。

不同云微物理参数化方案的描述方法存在较大的差异。不仅粒子分类数目、密度、分布谱、下落末速度等方面不同，而且在具体的云微物理过程的物理描述和处理方式上也存在较大的差异。Kessler(1969)的方案仅包含云水和雨水两种水凝物粒子，仅考虑云滴凝结、云雨自动转化、云滴同雨滴的碰并等基本过程；Dudhia(1989)的方案中引入了简单冰相过程；Tao等(1989)增加了饱和调整过程；McCumber等(1991)则将雹或霰当作单独的一类冰相粒子；而Meyers等(1997)的方案和Morrison等(2005)的方案则采用Gamma函数描述粒子谱分布。除了各方案本身的差别之外，各方案关注的天气过程也不尽相同。Rutledge等(1984)关注大尺度抬升和中尺度辐合造成的锋面降水；Morrison等(2009)强调云凝结核和冰核的重要性及其对长短波辐射的影响；Thompson等(2008)的主要目标是改善对冻雨事件的预报，提供较好的航空危险天气预警。

根据云的相态将云微物理参数化方案分为暖云方案和混合相云方案。暖云方案只包含云水和雨水两类水凝物，通常只考虑云滴凝结、云雨自动转化、云滴同雨滴的碰并、雨滴凝结蒸发和重力沉降等物理过程。混合相云方案包括云水、雨水、冰晶、雪晶、霰、雹等水凝物粒子，细致地考虑了冰相粒子的凝华、冻结、融化和相互碰并等过程。根据混合相云方案中冰相粒子数目的不同、冰相过程复杂程度等，混合相云方案可分为简单冰相方案和复杂混合相云方案两大类。

9.6.1　暖云方案

暖云是指由液相粒子构成的云，一般处于温度高于 0 ℃的环境内。暖云方案假定冰相过程对云的热力和降水过程都不起重要作用，描述云水通过水汽达到饱和后的凝结过程产生，当云水含水量达到一定阈值，云水向雨水转化，初生雨滴下落过程中不断碰并云滴增长，直至降落到地面的整个过程。暖云方案体现了最基本和最主要的云微物理过程，能够描述成云致雨的基本特征和主要的热力、动力反馈，有时推广应用于混合云降水过程。暖云方案的预报量一般包括云水和雨水比质量两种，通常考虑云滴凝结、云雨自动转化、雨滴碰并云滴、雨滴凝结蒸发和重力沉降等过程，复杂一些的还会考虑雨滴的自动破碎等。

9.6.2　简单冰相方案

自然云内温度通常在 0 ℃以下，含有冰相粒子(冰晶、雪晶、霰和雹)。特别是在中高纬地区，云中包含大量冰相粒子，因此参数化方案中必须考虑云中的冰相过程。相对于暖云方案，简单冰相方案中增加了冰相粒子，其中云冰和雪晶是同一类水凝物，云水和雨水是另一类水凝物。当温度高于 0 ℃时为云水和雨水，反之为云冰和雪晶。当云冰和雪晶下落通过 0 ℃高度层时，云冰和雪晶由于融化而向云水和雨水转化；反之，当云水和雨水上升穿过 0 ℃高度层后，云水和雨水通过凝华、冻结等过程向云冰和雪晶转化。

简单冰相方案抓住了自然云中的主要云微物理过程，并且节省计算资源，在气候模式和早期实时业务天气模式中应用比较广泛。简单冰相方案的主要缺点是没有考虑冷水的存在区域，相变潜热导致冻结层附近可能出现温度反馈的不连续，并且融化过程只在冻结层的相邻层发生。其次，当液态水处于 0 ℃以下环境时全部冻结，这与液态水在 −40 ℃以下才全部自发冻结有较大的差别。再次，云冰和雪晶下落通过 0 ℃层时立即全部融化，这种假定与实际不符，这正是导致模式计算过程中 0 ℃层附近层出现“振荡”的主要原因。此外，简单冰相方案导致云滴浓度明显偏高，从而引起较大的辐射差异。

Lin(1983)方案在云微物理参数化方案中占有重要的地位，对云微物理参数化方案的发展给予了极大的促进作用。Lin 方案包含云水、雨水、冰晶、雪晶和雹 5 类水凝物粒子。Rutledge 等(1984)在 Lin 方案的基础上发展了另一套参数化方案，将雹替换为霰粒子。为了节省计算资源，Dudhia(1989)基于 Lin 方案和 RH 方案建立了一套简单混合相云参数化方案。Hong 等(1998)对 RH 方案和 Dudhia 方案进行了改进，包括：①物理过程开始计算之前，格点上云水(冰)和雨(雪)的负值设为零；②引入了时步分离积分法；③改进了高层云量的算法。此后，Hong 等(2004)做了进一步改进，将雪晶谱截距设为温度的函数，而不是定值。其次，增加了冰晶重力沉降作用的新描述方法，改进了冰晶质量依赖于数浓度等冰晶过程，即 WRF 模式中的 WSM3 方案。Lim 等(2010)在 WSM3 方案的基础上增加了云滴和雨滴数浓度的预报方程，形成了 WDM3 双参方案。

9.6.3 复杂混合相云方案

随着云微物理理论和观测研究的不断深入，人们逐渐认识到自然云中的成冰机制及冰相过程远远复杂于简单冰相方案描述的过程。简单冰相方案不能充分反映出冰相粒子动力和热力效应及其转化机制。鉴于简单冰相过程的不足，加之计算机计算能力的提高，冰相过程不断被细化，一些方案甚至包含高达 110 余种云微物理过程。

9.6.3.1 冰相粒子种数

由于冰相粒子的形状和属性各异，与温度、湿度等气象因子的关系又不确定，冰相云过程的处理远比液相云困难。冰相粒子的下落末速度、碰并系数也有很大的不确定性，加之冰相粒子形状、大小各异，以及冰晶繁生等一系列不确定的因素，使得冷云中云微物理过程变得极其复杂。由于不同冰相粒子下落末速度之间明显的差异给微物理参数化方案带来了较大的困难，因此，如何考虑冰相粒子的分类是云微物理参数化方案的关键科学问题之一(Straka,2009)。一方面，为了增加参数化方案的灵活性和普适性，需要不断地细化粒子的种类。然而，不断细化粒子带来新的问题：①粒子的物理属性难以界定；②粒子之间相互转化的描述问题和随之而来的海量计算。因此，合理地选择粒子分类数目，是云微物理参数化方案中考虑的首要问题。

当前已有 20 余种冰相云微物理参数化方案。Ogura 等(1971)、Koenig 等(1976)和 Orville 等(1977)的方案考虑 1 类或 2 类冰相粒子；Lin 方案包含云冰、雪晶和雹 3 类冰相粒子；Rutledge 等(1983,1984)则将雹粒子替换为霰粒子；其他一些方案(Meyers et al,1997；Milbrandt 等,2005)同时引入了霰粒子和雹粒子。一些方案将所有的冰粒子统称为一类(如 Schultz(1995)，Lin 等(2011))。相反，另一些方案则根据冰相粒子的形状、密度、属性等将冰相不断细化，如 Straka 等(2005)将冰相粒子分为 3 类冰粒子，雪团，3 类霰粒子，冻滴，2 类冰雹，共计 10 种冰相粒子。McCumber 等(1991)研究指出，合理地模拟云中的冰相过程至少需要包含 4 类冰相水凝物粒子。当前参数化方案中通常将水凝物粒子分为云水、雨水、云冰、雪晶、霰和雹，其中冰晶、雪晶、霰和雹为冰相粒子。

9.6.3.2 冰核活化

贝吉龙过程在冰相云中对降水的形成有着重要的作用(Bergeron,1935)。自然云通常是固、液相混合云，冰晶是形成其他冰相粒子的“胚胎”，在冰相过程中起着重要的作用。因此，合理参数化冰核活化过程尤为重要。当前冰核活化有不同的参数化方法，Fletcher(1962)认为冰核浓度是温度的函数，Cooper(1986)指出冰核浓度是饱和度的函数，胡志晋等(1986)、Thompson 等(2008)和许焕斌等(2004)同时考虑饱和度和温度对冰核活化的影响。Yin 等(2012)统计分析指出中国北方地区的冰核浓度与其他地区的冰核特征有着明显的差别。因此，在选取方案时，需要根据实际观测结果调整参数化方案中参数的取值。

9.6.3.3　云微物理过程的发展

简单冰相方案的优点是极大地减少了计算量，在计算条件有限的条件下，能够利用简单冰相混合方案进行高分辨率的数值模拟。随着计算机计算能力的不断提高，无论是暖云方案，还是简单混合相云方案，都难以全面反映出真实大气中的云微物理过程。为了在数值模式中更加详细、合理地描述云微物理过程，需要在数值模式中引入复杂混合相云微物理参数化方案。Lin 方案为复杂混合相云方案的发展奠定了坚实基础。该方案的主要优点是引入了雪晶，雪晶主要通过大尺度冰晶与云(雨)的碰冻、凝华和淞附等方式形成。雪晶的增加导致了云水含量的减少，使得在云生命史早期雨水的形成减少。Tao 等(1989)在 Lin 方案的基础上增加了饱和调整方案，形成了 Goddard 方案；Chen 等(2002)基于 Lin 方案和 RH 方案，结合 Goddard 方案的饱和调整，构建出了一套新的复杂混合相云方案，即当前 WRF 模式中的 Purden Lin 方案。

当前 WRF 模式中的 Goddard 方案是经过几次调整后的方案。首先，McCumber 等(1991)增加了将雹或霰当作第三类冰物质的开关，霰粒子主要用于热带对流系统降水，而雹粒子适合于中高纬深对流天气系统降水，且指出这种分类依据主要是霰和雹的粒子分布谱存在明显的差异。霰和雹的这种差异不仅影响水物质数量和层状云砧区域的描述，还与云微物理—动力—辐射过程等密切相关。其次，增加了新的饱和调整方案，确保格点上晴空(多云)时不存在过饱和(未饱和)现象。第三，除融化、蒸发和升华之外的过程，其他过程都基于格点热力学方程来计算，确保每一个过程都用同样的方式来处理。第四，每一种粒子降落到地面的总质量不能超过所有粒子质量总和，确保云微物理计算过程中水物质守恒。此外，Goddard 方案提供仅包括冰和雪两类冰粒子的选项，通常只用于低分辨(格距大于 5 km)大尺度天气系统模拟中，如冬季对流系统和锋面对流系统。Gilmore 等(2004)认为霰粒子谱分布的截距和斜率变化非常大，将截距固定为常数在很大程度上歪曲了物理过程，最近 NSSL 单参方案(Mansell，2010)采用相同的处理方法。

9.6.3.4　粒子谱的演变

采用不同函数描述水凝物粒子谱，不但粒子的分布形式不同，而且在粒子谱参数的处理上也有很大的差异。早期绝大部分参数化方案假定粒子谱服从指数分布。其表达式为

$$N(D) = N_0 \exp(-\lambda D)$$

式中参数 N_0 和 λ 分别为截距和斜率。通常固定 N_0 的值，λ 的值由水凝物的比质量确

定。谱型的演变仅由 λ 来确定，称之为单参(One-moment)谱演变。20 世纪 70 年代，Srivastava(1978)提出了双参数演变，但在实际参数化的过程中，往往假定 N_0 和 λ 的比值为常数，这相当于比浓度不变，本质上为固定一个参数的前提下讨论粒子谱的演变。

观测研究表明，Gamma(Γ)函数能够更好地描述云中水凝物粒子谱。Γ 函数可表示为

$$N(D) = N_0 D^{\mu} \exp(-\lambda D)$$

式中 μ 为谱形状参数。谱参数 N_0 和 λ 可由比质量和比浓度方程联立求解得出，粒子谱可由 N_0 和 λ 共同决定，称为双参(Two-moment)谱演变。Meyers 等(Meyers 方案)用 Γ 函数来描述水凝物粒子的分布并被广泛地应用在云微物理参数化方案中。Thompson 等(2008)以 Reisner 方案为基本框架，允许过冷水和冰晶同时存在于低于 0 ℃的环境中，并根据实际观测结果改进参数化方案。Thompson 方案与其他方案的主要区别为：①假定雪晶谱分布依赖于冰水含量和温度；②采用指数函数和 Γ 函数来分段描述雪晶谱；③假定雪晶不是圆形的，且密度是最大维长度的函数。

Γ 函数需要确定 3 个参数，但实际参数化过程中只能根据比质量和数浓度预报方程求解出 N_0 和 λ。因此，μ 的取值常取为定值。NSSL 双参方案中，提供了设置参数 μ 的选项，模式使用者可以根据实际需要设置粒子谱参数 μ 的取值。观测指出(Yin，2013)，μ 并不是一个常数。Milbrandt 等(2005)为了改进双参谱演变中存在的不足，增加了雷达反射率的预报方程，实现了三参数演变。然而，雷达反射率本身不是独立的预报量，而是依赖于粒子比浓度和比质量的衍生变量，并不是真正意义上的三参演变。粒子谱的分布需要 N_0、λ 和 μ 决定，预报这 3 个参数的参数化方案，称为三参(Three-moment)方案。然而，三参方案的缺点是求解谱参数时需要 3 个方程联立求解，而实际参数化过程中只有比质量和比浓度 2 个预报方程，还需要一个方程才能使方程组闭合。因此，在实际参数化过程中谱型参数往往根据观测结果设为常数，或诊断给出。在今后的参数化研究中，如何求解谱型参数将是参数化发展的重点之一。

尽管不同的云微物理方案有所差别，但是这些方案之间存在着紧密的联系，有着共同的物理基础。Lin 方案和 RH 方案奠定了云微物理参数化方案的基础，其他方案是直接或间接在 Lin 方案的基础上，从不同的方向做了相应的改进，从而形成了各具特点的方案。

9.6.3.5 粒子谱截距的取值

单参方案中粒子谱截距取为定值，仅通过斜率的变化来反映谱变化。由于当前使用的微物理参数化方案绝大多数来源于国外，其参数的取值主要采用其他地区的观测结果，不同云微物理方案雪晶谱截距取值不同(表 9.4)。Yin 等(2013)对比东亚和其他地区粒子谱发现，东亚地区雪晶谱的截距比其他地区小，斜率也比其他地区略小；雨滴谱也类似。因此，在数值模拟研究中，可以根据研究对象的地理分布、天气过

程特征等因素结合已有的观测结果对截距的值适当地调整。

表 9.4　不同云微物理方案雪晶谱取值(尹金方等,2014)

方案	截距(cm^{-4})
Lin 方案	0.03
Dudhia 方案	0.20
Goddard 方案	0.04
WSM 方案	$2\times10^6\exp[0.12(T-T_0)]$

9.6.3.6　粒子间相互转换阈值

Kessler 型云水向雨水自动转化参数化过程中阈值的选取尤为重要,因为阈值的大小关系到自动转化的迟早。将阈值设定为常数的缺点是当空气中云水含量较低时,无云水向雨水的转化,从而低估了云的降水效率;相反,在云水含量较高时,大量云水瞬间转化为降水,而实际仅有部分含水量转换为降水,这样就高估了云的降水可能。因此,不同的方案中往往根据需要对阈值进行调整。表 9.5 中列举出了不同微物理参数化方案中云水向雨水自动转化和雪晶自动转换的阈值。可以看出,不同方案中阈值的大小存在一定的差异,这些阈值的差异很可能导致云中各微物理变量的含量明显不同。在数值模拟研究中,可以根据研究的地理范围、天气过程的不同对阈值的设定进行适当调整,以便得到更为理想的模拟结果。

表 9.5　不同云微物理方案中自动转换过程中的阈值(尹金方等,2014)

过程	方案	阈值
云水自动转化为雨	Goddard 方案	2 g/kg
	Schultz 方案	0.50 g/m^3
	Reisner 霰方案	0.50 g/m^3
	Thompson 方案	0.35 g/m^3
	Kong and Yau 方案	2 g/kg
雪晶自动转化为霰	Lin 方案	6.0×10^{-4} g/g
	Goddard 方案	10.0×10^{-4} g/g

尽管不同的方案有所差别,但有着相同的物理基础,各方案之间有着一定的联系。Lin 方案和 Rutledge-Hobbs 方案奠定了云微物理参数化方案的基础,其他方案都是直接或间接在这 2 个方案的基础上从不同方面改进而形成的。具体改进可以归纳为以下几方面。①当前中尺度数值模式云微物理参数化方案中,水凝物粒子主要包括云水、雨水、冰晶、雪晶、霰和(或)雹。其中包含霰粒子的方案主要适用于热带地区降水(如 Reisner 霰方案、WDM6 方案等),而中高纬深对流云降水主要采用含雹粒子的方案(如 Lin 方案、Goddard 方案、Thompson 方案等)。②云微物理参数化中通

常可用指数函数和Γ函数来描述粒子谱。许多观测资料统计表明，用Γ函数能够很好地描述云和降水粒子谱。因此，新兴的云微物理参数化方案均采用Γ函数描述粒子谱。③当前中尺度模式中包含单参和双参云微物理参数化方案。单参方案固定截距，通过斜率的变化来反映粒子谱演变，计算量小，且相对稳定；双参方案理论上更加合理地反映云和降水的物理过程，但当前双参方案粒子数浓度和比质量的预报方程之间缺乏约束，一定程度上导致了双参方案的不确定性。④使用单参方案时，不同方案中粒子谱截距的取值不同。在数值模拟过程中，可以根据已有的观测结果对取值的设定进行适当调整。此外，云水自动向雨水转换阈值、冰核活化参数的取值应根据观测结果进行调整。不同云微物理参数化方案在处理具体物理过程中有所差别，在选择云微物理参数化方案时应当对方案有所了解。不同的方案研究的天气现象不同，在选择参数化方案时，应针对研究的具体天气过程，选择合适的参数化方案以得到更加合理的结果。中国范围内2000—2012年云微物理参数化方案敏感性试验研究结果表明，使用WRF模式中Lin方案的模拟效果较好，MM5模式采用Goddard和Reisner方案模拟效果较好。需要注意的是最近的一些研究也表明新Thompson双参方案对于中国区域内强降水落区和量级都表现出较好的预报能力。随着云微物理观测和理论研究的深入，进一步改进云微物理参数化方案研究势在必行。

结合当前中尺度数值模式中的云微物理参数化方案特征及不足，提出以下建议，供今后云微物理参数化方案构建研究中方案设计参考。①云中水凝物粒子分类数目是云微物理参数化方案构建中需要考虑的首要问题，需要针对研究的天气过程合理地进行粒子分类。②冰晶是形成其他冰相粒子的“胚胎”，在冰相过程中起着重要的作用，需要根据大量实际观测结果合理参数化冰核活化过程。③Γ函数能够较好地描述云中水凝物粒子谱，如何求解谱型参数将是参数化发展的重点之一。④水凝物粒子比质量和数浓度预报方程之间缺乏物理约束，常常导致两者之间不匹配，今后需要根据大量观测建立比质量和数浓度两者之间的约束关系，以改进双参方案的稳定性和不确定性。⑤结合CloudSat卫星、双偏振雷达等观测资料，设定云微物理参数化方案中不同垂直高度层上自动转换阈值相同，改进自动转换过程。

复习思考题

(1)简述大尺度凝结降水两种方法的基本思想。

(2)积云对流参数化的基本假设是什么?

(3)简述积云对流参数化几种方案的差异。

(4)简述整体边界层参数化方案的基本思想。

(5)简述陆面过程的基本思想。

第 10 章　资料同化基本理论与方法

Bjerknes(1911)曾把数值天气预报归结为初边值问题:在给定当前大气状态的初值和合适的边界条件后,积分数值模式可获得未来时刻的预报预测信息。资料同化是数值预报的核心组成部分,其作用是为数值预报模式提供初值。资料同化技术经过了多项式插值法、逐步订正法、最优插值等历史发展阶段,目前业务普遍使用的方法是三/四维变分同化方法,集合滤波方法也在进行业务尝试中。资料同化的基本理论指出资料同化的本质是结合数值预报背景场信息与观测信息,通过统计结合的方式给出一个最大可能精确的大气(海洋)运动状态。资料同化的主要技术,如最优插值、变分同化、集合卡尔曼滤波等,方法间存在内在的统一性,但在解决问题的方法上也各有优缺点。本章对大气资料同化的一些关键内容,包括资料同化状态变量的选择、初始化方案,以及卫星遥感资料的快速传输算子与卫星遥感资料同化方法等进行总体阐述。

10.1　概述

数值预报属于微分方程的初值问题,模式预报变量在模式开始积分时刻的取值(通常称为初始场)正确与否对数值预报的结果往往有决定性的影响,而初值又来源于该时刻以及前期对大气的观测。但气象观测值并不能直接作为模式积分的初值,这首先是因为模式的预报变量是对大气状态(经过数值离散化)相对全面的描述,例如整个预报区域内均匀分布的一组格点上气压、温度、湿度以及风的数值,而观测获取的只是大气的片面信息,进行观测的时间、地点也并不恰好与模式所需要的初值时间与位置一致,观测的要素与模式的预报变量也可能不同。此外,所有观测都不可避免地有误差,而且模式预报或模拟的又只是特定尺度范围的大气运动,观测在多大程度上能描述模式所模拟的尺度范围内大气的真实状态,取决于观测的精度及其代表性。由于以上的原因,需要发展一套科学方法将观测到的特定时段的气象(或其他)要素转化为模式的初值。需要强调的是,为了产生模式所需要的初值,单凭观测是不够的,还必须借助于观测以外的信息,早期主要是用气候统计的结果作为背景场,随着预报模式的改进,模式的预报值成为背景场的主要来源,由观测形成模式初值也就演变成融合观测与模式的信息对大气真实状态做出更为准确的估计过程,这个过程实质上是预报模式通过吸收各个时刻的观测信息,不断地逼近大气真实状态,被称为资料同化。尽管资料同化最初是因解决模式对初值的需求而提出来的，但由于它给出了大气状态完整的、比观测与模式预报更接近大气真实状态的定量描述，且方便进行诊断分析，因此也广泛应用于天气、气候分析，例如当前的大气科学研究大多使用欧洲中期天气预报中心或者美国国家环境预报中心的再分析资料，它们都是由资料同化系统产生的。

一般来说，资料同化包括三个主要阶段，其一是对观测资料做必要的处理，使之符合一定的质量标准和数据格式，这是观测资料的预处理与质量控制；其二是使观测资料与模式提供的背景信息融合生成与模式的预报变量在形式以及物理属性都相同的气象要素场的数值表示，这个过程称为客观分析；其三是对客观分析的结果进行适当的调整，避免因与预报模式不协调而在预报积分过程中产生虚假的“噪声”甚至使积分无法进行，这一过程称为初始化。随着变分同化方法的应用与发展，后两个过程的功能已经逐渐融合，即使是质量控制也可能与客观分析是交错进行的，因此，上述资料同化的阶段划分主要是就功能而言的，并不一定表示实际运行阶段。

Bouttier 等(1993a)根据数据同化使用的观测资料时间将其分为两类：一是顺序同化，就像业务化同化系统运行那样，同化仅考虑分析时刻前的观测资料，如客观分析、最优插值、三维变分(three dimensional variation)，EnKF(ensemble Kalman filter)等，另外一种是非顺序同化，它还利用到未来时刻的观测资料，如四维变分(four dimensional variation)、Kalman 滤波平滑器等。另外根据同化时间的间隔可分为连续同化和间歇性同化。这两种方法如图 10.1 所示。连续性同化是在数值模式连续积分的过程中，不断加入与模式时刻一致的观测资料。这样会在较短的时间积分步上不断地引入新的观测资料，迫使预报模式对新资料的“冲击”进行调整，预报的大气状态也不断调整去拟合观测。间歇资料同化是在数值模式积分的一定时间间隔(例如 3 h，6 h 等)上引入观测资料。业务系统普遍采取这种间歇同化分析循环系统，图 10.2 是一个资料间歇同化循环的示意图。以分析时间为中心一定时间间隔内的观测资料被用来做分析，背景场是以 3～6 h 前的分析场为初始场做出的预报，在分析的基础上再进行初始化，然后用预报模式再产生 3～6 h 的预报。

资料同化的概念及其理论是在数值预报实践中伴随着模式以及观测技术的进步而逐步发展的。20 世纪 50 年代为了给模式提供初值，发展了一些简单的插值方法。随着模式预报区域的扩大，必须弥补观测资料的不足，又发展了能够融合观测资料与其他先验信息(统称背景场)的逐步订正法。这些方法被称为客观分析法。这一时期由于所采用的地转预报模式只有位势高度一个变量，单凭客观分析即可满足需要。20 世纪 60 年代随着原始方程预报模式的出现，初值中的不同变量间的动力学平衡成为必须关注的问题，推进了对初始化的研究，并提出了一些基于地转近似或平衡方

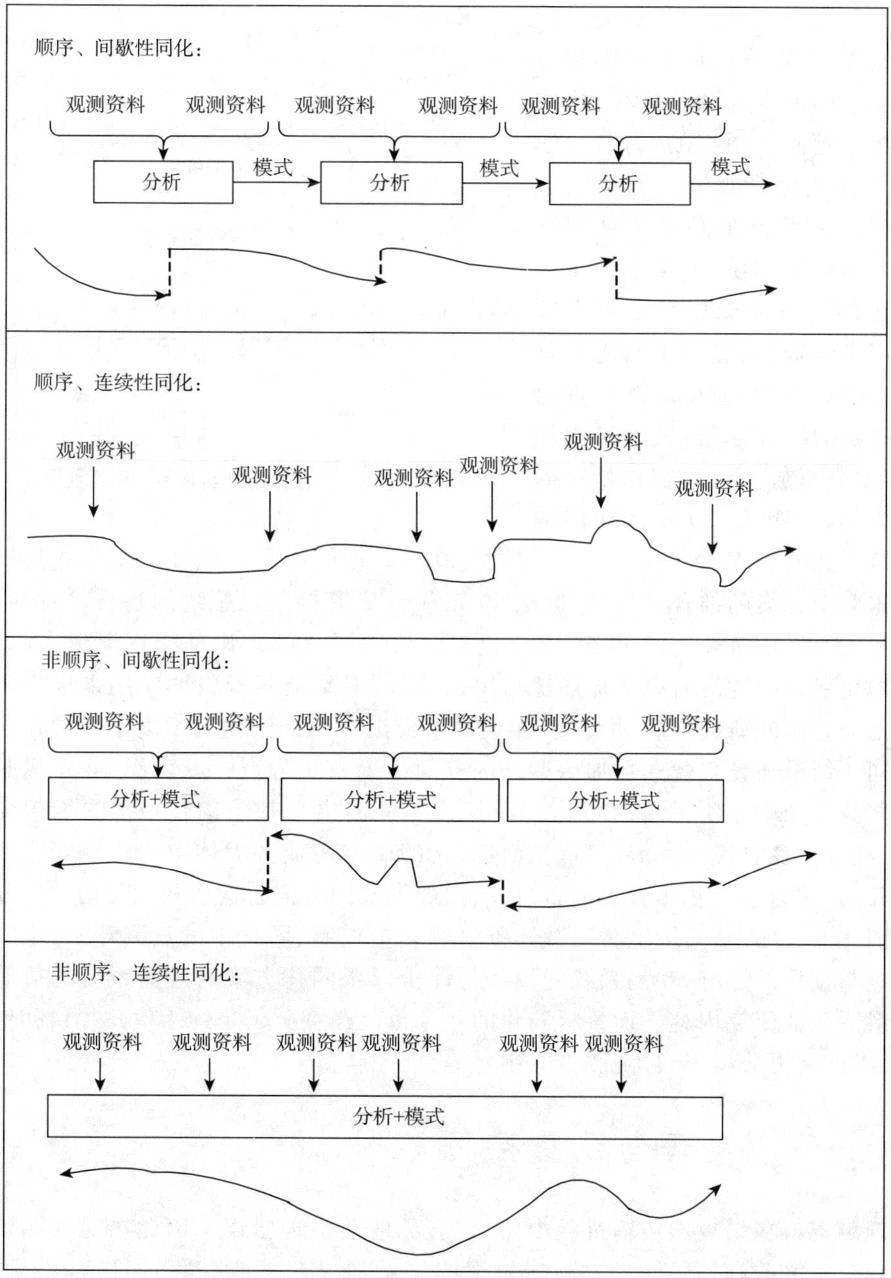

图 10.1　四种以时间为函数的同化循环分类(Bouttier 和 Courtier,1999)

程的初值调整方案。由于预报模式的改进,客观分析所需要的背景场已经主要由模式预报提供,构成了预报—观测—预报的循环,科学家也从模式融合观测资料不断逼近大气真实状态的角度来认识这一循环的科学本质,产生了关于资料同化的完整概念。为了更有效地利用观测资料,提出了具有更坚实统计理论基础、能反映观测资料分布影响的统计插值(又称最优插值)客观分析方案。而在初始化的研究方面,20 世纪 70 年代初伴随着全球模式的出现,提出了基于全球大气基本运动模态的非线性正规模式初始化方案。这两个方案的结合成为 20 世纪 80 年代全球资料同化系统的基石,在国际上有的业务中心沿用至今。20 世纪 80 年代以后资料同化的理论框架逐渐建立起来,对资料同化科学问题的研究更加广泛与深入;同时卫星遥感资料的应用也推进了对同化理论与方法的研究。20 世纪 80 年代后期提出的变分同化方案由于在同化遥感资料和同化结果与预报模式更加协调这两方面的突出优势,从 20 世纪 90 年代起逐渐被大部分业务中心所采用;20 世纪 90 年代中又提出了基于集合预报的卡尔曼滤波方法,在近年也有很快发展。目前资料同化的研究与业务大体上是围绕着这两类方法展开的,成为近十几年吸引最多研究、发展最快的方向。但资料同化的研究并不局限在同化的方法上,实际上关于观测资料的质量控制、同化中的观测算子、不同观测对同化与预报的影响、观测系统的设计与评价以及同化方案对观测系统的适应等都是资料同化的研究内容。而资料同化的业务也已经突破了单纯为模式提供初值的功能,而扩展到再分析、目标观测方案制定等。

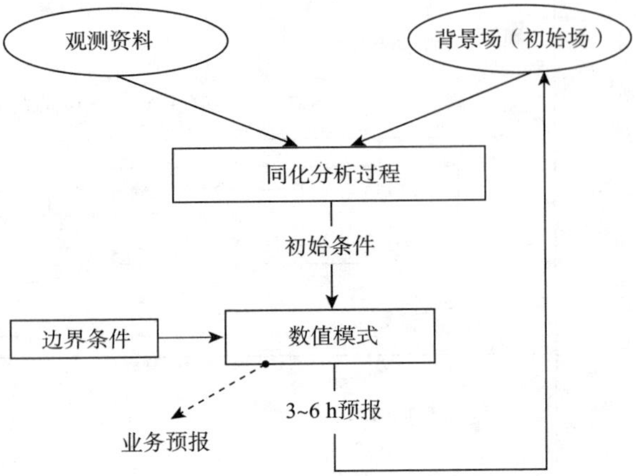

图 10.2 典型的区域分析循环(王澄海等,2011)

10.2 资料处理与质量控制

观测资料在采集和传输过程中,不可避免地会出现错误。因此在对观测资料进行客观分析之前,必须进行检验,对错误的记录加以订正或剔除,即进行质量控制。这种初步的处理工作对于提高分析质量和预报准确率是十分必要的。

气象观测资料的误差可分为两大类,一类是自然误差,包括仪器的精度误差和与小尺度扰动有关的代表性误差;另一类是重大误差,是由于人为因素或电讯传输等原因造成的。自然误差可通过初始化或资料同化加以妥善处理，而重大误差才是需要检验出来并加以订正或舍弃的对象。以下对常用的几种资料检验方法分别予以讨论。

10.2.1　极值检验

各气象要素都有确切的物理意义，其值的变化都有一定的范围。因此，可以采用历史记录的最大值和最小值为检验标准，超过这个范围的即作为错误记录予以剔除。

以下原则可检验出观测资料中的明显错误。

(1)各层温度应在－90 ℃到 45 ℃之间的范围内，400 hPa 以上，气温应在 0 ℃以下。

(2)风向值应在 0°到 360°之间，低层风速值应小于 100 m/s，高层风速值应小于 130 m/s。

(3)露点温度值不能大于温度值，温度露点差应小于 45 ℃。

(4)各标准等压面的高度值应在表 10.1 所示的范围内。

表 10.1　各标准等压面高度的范围

气压层(hPa)	高度范围(m)
1000	－650～650
850	500～1800
700	2150～3450
500	4700～6000
400	6100～7700
300	8000～9900
250	9150～11350
200	10550～13050
150	12150～14950
100	13950～17050

一般而言，极值检验的标准是很宽松的，通过极值检验的资料，并不能保证没有重大误差，还应采用其他的方法做进一步检验。此外还可根据不同的季节，对以上极值标准进行细化。

10.2.2　静力平衡检验

大尺度运动具有准静力平衡性质，如果资料中的高度值和温度值偏离静力平衡的程度太大，这些记录就可能有错，应予以订正。

由静力平衡方程和状态方程，可得以下关系式

$$\frac{\partial z}{\partial p} = -\frac{RT}{gp} \tag{10.1}$$

将上式由 p_n 层积分至 p_{n+1} 层可得

$$z_{n+1} - z_n = -\frac{R}{g}\int_{p_n}^{p_{n+1}} T\,\mathrm{dln}p \tag{10.2}$$

由中值定理可得

$$z_{n+1} - z_n = \frac{R\overline{T}}{g}\ln\frac{p_n}{p_{n+1}} \tag{10.3}$$

式中 $\overline{T}$ 表示两等压面之间的平均温度，可取为两等压面温度的算术平均值，即

$$z_{n+1} - z_n = A_n(T_{n+1} + T_n) \tag{10.4}$$

其中

$$A_n = \frac{R}{2g}\ln\frac{p_n}{p_{n+1}} \tag{10.5}$$

分别计算(10.4)式两边的值，再根据两边的差值大小，即可决定这两层的资料是否一致。差值的表达式为

$$\delta = z_{n+1} - z_n - A_n(T_{n+1} + T_n) \tag{10.6}$$

若差值 δ 的绝对值小于某一最大容许值 $|\delta|_{\max}$，则这两层的高度和温度资料可视为满足静力平衡。这个最大容许值可参考表 10.2。

表 10.2 静力平衡检验的两个参数值(Gandin,1988)

$p_n - p_{n+1}$(hPa)	A_n(m·K^{-1})	$\|\delta\|_{\max}$(m)
1000—850	2.38	40
850—700	2.84	30
700—500	4.93	40
500—400	3.27	30
400—300	4.21	40
300—250	2.67	30
250—200	3.27	30
200—150	4.21	50
150—100	5.94	60

若差值 δ 大于最大容许值，即 $|\delta| > |\delta|_{\max}$，则温度或高度值有错，可按以下方法进行订正。

(1)若相邻两层的 δ 值均超过最大容许值且为同号，则判定中间层的温度资料有错。

例如 700 hPa 的正确温度值为 T_{700}，资料记录有误差 ε，根据(10.6)式有

$$\delta_{850-700} = z_{700} - z_{850} - 2.84(T_{850} + T_{700} + \varepsilon) = -2.84\varepsilon$$

$$\delta_{700-500} = z_{500} - z_{700} - 4.93(T_{700} + T_{500} + \varepsilon) = -4.93\varepsilon$$

以上两式表明，若 T_{700} 有错，则 $\delta_{850-700}$ 和 $\delta_{700-500}$ 为同号。显然订正值 c 应为

$$c = -\varepsilon = \frac{1}{2}\left[\frac{\delta_{850-700}}{2.84} + \frac{\delta_{700-500}}{4.93}\right]$$

（2）若相邻两层的 δ 值均超过最大容许值且为异号，则判定中间层的高度资料有错。例如 700 hPa 的正确高度值为 z_{700}，资料记录有误差 ε，根据(10.6)式有

$$\delta_{850-700} = z_{700} + \varepsilon - z_{850} - 2.84(T_{850} + T_{700}) = \varepsilon$$

$$\delta_{700-500} = z_{500} - z_{700} - \varepsilon - 4.93(T_{700} + T_{500}) = -\varepsilon$$

以上两式表明，若 z_{700} 有错，则 $\delta_{850-700}$ 和 $\delta_{700-500}$ 为异号，显然订正值 c 应为

$$c = -\varepsilon = \frac{1}{2}(\delta_{700-500} - \delta_{850-700})$$

（3）若只有一层的 δ 值（例如 $\delta_{850-700}$）超过 $|\delta|_{max}$，相邻两层的 δ 值都在最大容许值范围内，则该层的厚度有错，应对 700 hPa 以上各等压面的高度值进行订正，订正值 c 均为

$$c = -\varepsilon = -\delta_{850-700}$$

10.2.3 连续性检验

通常气象要素在空间和时间上的变化应该是合理而连续的，也就是说在时间或空间上相邻两点的场变量值不会有太大的变化，这就是连续性检验的基本假设。连续性检验可具体分为以下三种情况。

（1）垂直连续性检验

垂直连续性检验首先计算某一标准等压面上由其他各层高度值内插或外推得到的值和该层观测值之间的差值。若差值的绝对值大于某一最大容许值，则该层或邻近层的高度记录有错，温度也可用同样的方法进行检验，具体的做法可参考最优插值法一节的内容。

（2）水平连续性检验

水平连续性检验就是看某一测站资料是否与周围测站资料协调一致。具体做法是：以某一测站为圆心取一影响半径，假如该测站资料和影响半径内测站资料的加权平均值之间的差值大于某一容许值，则这个测站的资料可视为错误予以剔除，权重系数可取为测站距离的倒数。

（3）时间连续性检验

通常在相邻两次观测时段，某一气象要素值不会有太大的变化。以 $\phi(t)$ 和 $\phi(t+\Delta t)$ 分别表示气象要素在时间 t 和 $t+\Delta t$ 的观测值，Δt 为连续两个观测时次的间隔。对地面观测来说是 3 小时，对高空观测来说是 12 小时。首先计算

$$\Delta\phi(t) = |\phi(t) - \phi(t+\Delta t)|$$

若 $\Delta\phi(t)$ 小于某一最大容许值，则 $\phi(t)$ 通过检验，若 $\Delta\phi(t)$ 大于最大容许值可进一步计算

$$\Delta^2\phi(t) = |\Delta\phi(t) - \Delta\phi(t+\Delta t)|$$

若 $\Delta^2\phi(t)$ 小于某一最大容许值，则 $\phi(t)$ 通过检验，如大于最大容许值，则 $\phi(t)$ 可判定为错误予以剔除。

$\Delta\phi(t)$ 和 $\Delta^2\phi(t)$ 的最大容许值必须使用长时间的资料统计才能确定，对于不同尺度的天气现象，最大容许值也应有所区别。

除以上几种常用的检验方法以外，还有静力稳定性检验以及漏失资料的补充方法等。

10.3 逐步订正法

10.3.1 基本原理

众所周知，全球气象测站的分布具有很强的不均匀性，在北半球中纬度陆面上，测站分布比较密集，但在广阔的洋面和热带地区，以及整个南半球的绝大部分地区测站非常稀少且分布不均，有的地区甚至完全没有资料。若直接使用一般的插值方法，在这些地区很难得到满意的分析值。因此，逐步订正法并不是直接将测站上的观测值插值到网格点上，而是首先引入预备场(初估场)，在各测站上计算好观测值与预备场的偏差，再将其插值到各网格点上，并对网格点上的预备场逐步进行订正。预备场可采用气候平均值，或数值模式的预报值。由于数值模式越来越完善，预报准确率不断提高，目前已普遍采用数值预报值作客观分析的预备场，比较好地解决了测站稀少地区的分析困难。这是因为预报值与观测值比较接近，而且自动考虑了场变量的时空连续性，在此基础上再用测站资料进行订正，自然比直接插值容易取得更好的分析效果。逐步订正法的分析步骤可简单概述为：

(1)将格点上的预备场插值到测站上；

(2)计算测站上观测值与预备场的偏差，即观测值增量；

(3)将某格点扫描影响半径内各测站上观测增量的加权平均值作为该格点的分析增量；

(4)用格点上的分析增量对预备场进行订正；

(5)不断缩小扫描半径，重复(1)—(4)步的计算，逐次订正，每次订正后的分析场用做下次订正的初估场，直到观测增量小于某一标准。

从以上分析步骤不难看出，逐步订正法的基本思想是以观测增量或分析增量对预备场不断进行修正，直至达到满意的程度。在完全没有测站的地方，分析场主要由

预备场所决定。

图 10.3 给出了 200 hPa 风场的分析过程，可以帮助更形象地理解以上分析步骤。

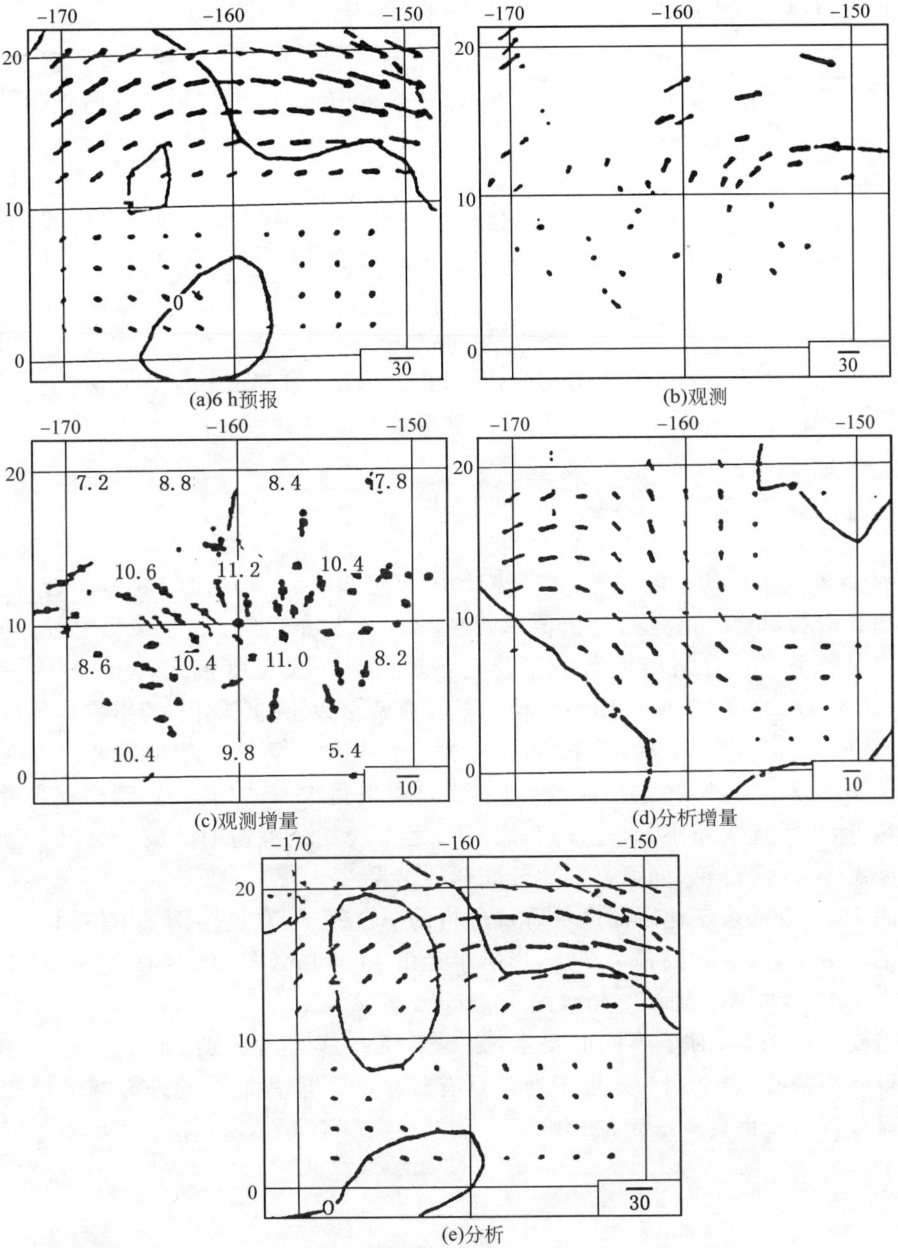

图 10.3　200 hPa 风场客观分析的步骤(Daley，1985)

10.3.2 分析格式

设 ϕ_i^o 为测站 i 上的观测值，$\phi_i^{a(\gamma)}$ 为测站上的第 γ 次分析值，由格点上的分析值插值得到，$D_i^{(\gamma)}$ 为测站 i 上 ϕ_i^o 与 $\phi_i^{a(\gamma)}$ 的偏差，称为观测增量，即

$$D_i^{(\gamma)} = \phi_i^o - \phi_i^{a(\gamma)} \tag{10.7}$$

对于某一格点 k 来说，第 γ 次的订正值（分析增量）可用扫描半径内各测站上的 $D_i^{(\gamma)}$ 的加权平均来表示，即

$$C_k^{(\gamma)} = \sum_{i=1}^{N} W_i D_i^{(\gamma)} \Big/ \sum_{i=1}^{N} W_i \tag{10.8}$$

式中 N 表示扫描半径内的测站总数，W_i 为权重系数。经过第 γ 次订正后的格点值为

$$\phi_k^{a(\gamma+1)} = \phi_k^{a(\gamma)} + C_k^{(\gamma)} \tag{10.9}$$

逐步订正法中，权重系数 W_i 有不同形式的取法，但都依赖于格点 k 与测站 i 之间的距离 r_i。Cressman(1959)使用的权重系数为

$$\begin{cases} W_i = \dfrac{R^2 - r_i^2}{R^2 + r_i^2} & r_i < R \\ W_i = 0 & r_i \geqslant R \end{cases} \tag{10.10}$$

式中 R 为事先给定的影响半径（与分析场的尺度有关）。(10.10)式表明，距格点越近的测站资料对这个格点的分析值影响越大。如测站 i 落在影响半径之外，则该测站资料对这个格点分析值的影响可忽略不计。对于大尺度模式，R 的取值一般在 500～1000 km 之间，并保证影响半径内至少有两个以上的测站。若影响半径取得过大，会造成分析场过度平滑，若取得过小，则会使测站所不能分辨的短波出现在分析场上。实际分析时，第一次扫描，影响半径 R 可取得大一些，首先得到比较光滑的大尺度场，然后再逐次缩小 R，进行扫描订正，逐步恢复分析场中的较小尺度分量。通常只需做 3～4 次订正，即可得到比较满意的结果。

图 10.4 表示东亚地区高度场客观分析的一个例子，在这个例子中使用了 Cressman 的权重函数，总共扫描了 3 次，影响半径由 1440 km(图 10.4(a))减少到 960 km(图 10.4(b))，再减少到 480 km(图 10.4(c))。

需要指出的是，对于不同的要素，影响半径 R 应有所区别，如分析湿度场时，R 可取得略小一些，这是因为湿度场通常具有较小的尺度特征。此外影响半径的收缩速度对分析质量也会有一定的影响。

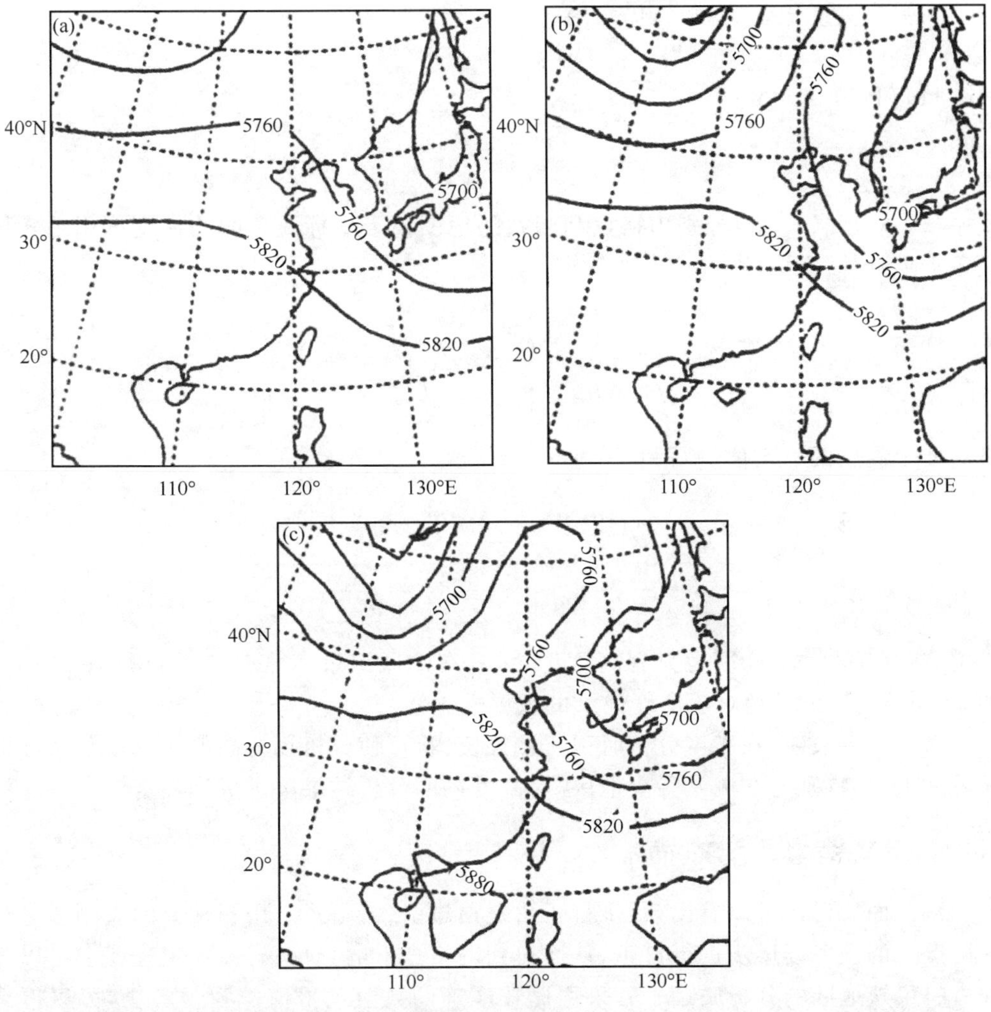

图 10.4　东亚地区 500 hPa 高度场逐步订正法的一个例子(资料时间为 1975 年 6 月 10 日 00:00UTC)

对于高度场的分析,还可利用测风资料进一步改进分析质量,例如根据风压场之间的准地转关系,可对(10.7)式中的 $D_i^{(\gamma)}$ 做如下改进:

对于兼有高度和测风记录的测站,$D_i^{(\gamma)}$ 改写为

$$D_{3i}^{(\gamma)} = \frac{1}{2}\left(z_i^o + \left(\frac{\partial z}{\partial x}\right)_i \delta x + \left(\frac{\partial z}{\partial y}\right)_i \delta y - z_i^{a(\gamma)}\right) \tag{10.11}$$

对于只有测风记录的测站,$D_i^{(\gamma)}$ 改写为

$$D_{2i}^{(\gamma)} = \left(\frac{\partial z}{\partial x}\right)_i \delta x + \left(\frac{\partial z}{\partial y}\right)_i \delta y \tag{10.12}$$

对只有高度记录的测站，仍然用

$$D_{1i}^{(\gamma)} = z_i^o - z_i^{a(\gamma)} \tag{10.13}$$

(10.11)和(10.12)式中

$$\begin{cases} \delta x = x_k - x_i \\ \delta y = y_k - y_i \end{cases}$$

式中(x_k, y_k)和(x_i, y_i)分别为格点和测站的地图投影坐标。高度的梯度可用地转风关系近似计算，即

$$\begin{cases} \left(\dfrac{\partial z}{\partial x}\right)_i = \dfrac{f}{mg} v_i \\ \left(\dfrac{\partial z}{\partial y}\right)_i = -\dfrac{f}{mg} u_i \end{cases}$$

格点 k 上高度的订正值可写为

$$C_k^{(\gamma)} = \frac{\sum_{i=1}^{N_1} W_i D_{1i}^{(\gamma)} + \alpha_2 \sum_{i=1}^{N_2} W_i D_{2i}^{(\gamma)} + \alpha_3 \sum_{i=1}^{N_3} W_i D_{3i}^{(\gamma)}}{\sum_{i=1}^{N_1} W_i + \alpha_2 \sum_{i=1}^{N_2} W_i + \alpha_3 \sum_{i=1}^{N_3} W_i} \tag{10.14}$$

式中 N_1，N_2 和 N_3 分别为只有高度记录，只有测风记录和兼有二者的测站个数，α_2 和 α_3 表示测风记录相对于高度记录的重要性。

试验结果表明，在高度分析时引入测风资料，可使分析场的高低压强度与实际情况更加一致，特别是在测站稀少地区，对高度场的分析结果改进更为显著。

10.3.3 逐步订正法的特点

从前面的讨论可以看出，逐步订正法是通过引入预备场，用测站上的观测增量对网格点上的预备场逐步进行订正，从而得到网格点上的分析场，在一定程度上可以改进资料稀缺地区的分析质量。若采用比较准确的数值预报值作为预备场，可以得到比较满意的分析结果。但需要指出的是这种分析方法存在以下不足之处。

(1)分析质量对测站密度比较敏感，并没有从根本上解决资料稀少地区的分析困难；

(2)只能进行单一气象要素场的分析，分析过程中不能很好反映各气象要素场之间的相互联系；

(3)未能考虑气象要素场的统计结构和观测误差，因此不能对不同观测系统的资料进行综合分析。

10.4 资料同化的理论基础

前面介绍的逐步订正法主要是以经验为主，缺乏理论基础，同时也没有充分利用观测和模式的误差。其中观测增量的权重仅取决于观测与分析格点之间的距离，采用这种方法得到的分析结果在统计意义上往往不是最优的。

下面将对资料同化的理论基础做一个简要的叙述，有关操作和具体方法的内容放在后面几节中。

以 $\boldsymbol{x}(t)$ 表示 t 时刻大气状态，在数值模式中它是由全部预报格点上的预报变量值或者全部预报变量的谱展开系数所构成的一个巨型向量。它的演变受到模式预报方程的控制，将其表示为

$$\boldsymbol{x}(t_n) = \boldsymbol{M}(\boldsymbol{x}(t_{n-1})) + \boldsymbol{\varepsilon} \tag{10.15}$$

这里 M 是预报模式，而 $\boldsymbol{\varepsilon}$ 是模式预报的误差。n 为某一时刻，该时刻对大气的观测过程可以表示为

$$\boldsymbol{y}(t_n) = \boldsymbol{H}(\boldsymbol{x}(t_n)) + \boldsymbol{\eta} \tag{10.16}$$

式中 $\boldsymbol{y}$ 是观测值，而 $\boldsymbol{H}$ 表示了观测量与大气状态变量之间的关系，称之为观测算子，$\boldsymbol{\eta}$ 是观测误差。在离散化的情况，$\boldsymbol{x},\boldsymbol{\varepsilon},\boldsymbol{y},\boldsymbol{\eta}$ 均是向量，将前两者的长度记为 m，后者的长度记为 l。这里并不要求 $\boldsymbol{x}$ 与 $\boldsymbol{y}$ 有相同的物理属性，但显然它们间必定存在一定的物理联系，从数学上讲 $\dfrac{\partial \boldsymbol{H}}{\partial \boldsymbol{x}}$ 必须不为零。只有在这种情况下，观测中才能包含有大气状态的信息，从而有可能在同化过程中发挥一定的作用。

模式与观测误差具有一定的随机性，作为粗略的近似可以假定它们服从多元正态分布，并假定其均值均为零，而协方差矩阵分别为 $\boldsymbol{B}$ 与 $\boldsymbol{O}$：

$$p(\boldsymbol{\varepsilon}) = \left(\sqrt{2\pi}\det(\boldsymbol{B})\right)^{-1}\exp\left(-\frac{1}{2}\boldsymbol{\varepsilon}^T\boldsymbol{B}^{-1}\boldsymbol{\varepsilon}\right) \tag{10.17}$$

$$p(\boldsymbol{\eta}) = \left(\sqrt{2\pi}\det(\boldsymbol{O})\right)^{-1}\exp\left(-\frac{1}{2}\boldsymbol{\eta}^T\boldsymbol{O}^{-1}\boldsymbol{\eta}\right) \tag{10.18}$$

这里 p 是概率密度，上标 T 表示矩阵的转置。按定义

$$\boldsymbol{\varepsilon} = \boldsymbol{x}^f - \boldsymbol{x},\quad \boldsymbol{\eta} = \boldsymbol{y} - \boldsymbol{H}(\boldsymbol{x}) \tag{10.19}$$

上标 f 表示模式的预报，故上两式等价于

$$p(\boldsymbol{x}^f - \boldsymbol{x}) = \left(\sqrt{2\pi}\det(\boldsymbol{B})\right)^{-1}\exp\left(-\frac{1}{2}(\boldsymbol{x}^f - \boldsymbol{x})^T\boldsymbol{B}^{-1}(\boldsymbol{x}^f - \boldsymbol{x})\right) \tag{10.20}$$

$$p(\boldsymbol{y} - \boldsymbol{H}(\boldsymbol{x})) = \left(\sqrt{2\pi}\det(\boldsymbol{O})\right)^{-1}\exp\left(-\frac{1}{2}(\boldsymbol{y} - \boldsymbol{H}(\boldsymbol{x}))^T\boldsymbol{O}^{-1}(\boldsymbol{y} - \boldsymbol{H}(\boldsymbol{x}))\right) \tag{10.21}$$

根据概率论中的贝叶斯定理，在观测到 $\boldsymbol{y}$ 的条件下，状态变量取值 $\boldsymbol{x}$ 概率密度为

$$p(\boldsymbol{x}|\boldsymbol{y})=\frac{p(\boldsymbol{y}|\boldsymbol{x})p(\boldsymbol{x})}{p(\boldsymbol{y})} \tag{10.22}$$

右端的分母与 $\boldsymbol{x}$ 无关，在对 $\boldsymbol{x}$ 的估计中它可以作为一个比例系数。将式(10.20)，(10.21)代入，得到

$$p(\boldsymbol{x}|\boldsymbol{y})\propto((2\pi)\det(\boldsymbol{B})\det(\boldsymbol{O}))^{-1}\exp\Big(-\frac{1}{2}(\boldsymbol{x}^f-\boldsymbol{x})^T\boldsymbol{B}^{-1}(\boldsymbol{x}^f-\boldsymbol{x})-\frac{1}{2}(\boldsymbol{y}-\boldsymbol{H}(\boldsymbol{x}))^T\boldsymbol{O}^{-1}(\boldsymbol{y}-\boldsymbol{H}(\boldsymbol{x}))\Big) \tag{10.23}$$

关于 $\boldsymbol{x}$ 的最大似然估计应使 $p(\boldsymbol{x}|\boldsymbol{y})$ 最大，也即使目标泛函 J：

$$J=\frac{1}{2}(\boldsymbol{x}^f-\boldsymbol{x})^T\boldsymbol{B}^{-1}(\boldsymbol{x}^f-\boldsymbol{x})+\frac{1}{2}(\boldsymbol{y}-\boldsymbol{H}(\boldsymbol{x}))^T\boldsymbol{O}^{-1}(\boldsymbol{y}-\boldsymbol{H}(\boldsymbol{x})) \tag{10.24}$$

达到极小。可以证明，由此得到的 $\boldsymbol{x}$ 也是最佳线性无偏估计。这样把一个根据观测与模式提供的背景场对大气状态进行估计，转化为求上述目标函数的极小值问题。以上并没有限定 $\boldsymbol{y}$ 与 $\boldsymbol{x}$ 具体关系，也没有规定两者在时间上是否一致，但却假定了预报误差与观测误差的正态性。实际情况当然会有所不同，这是在处理同化问题时需要注意的。

观测算子可以是非线性的，在关于状态变量一个基本合理的估计值附近可以对它做泰勒级数展开

$$\boldsymbol{H}(\boldsymbol{x})\approx\boldsymbol{H}(\boldsymbol{x}^f)+\boldsymbol{H}'(\boldsymbol{x}-\boldsymbol{x}^f) \tag{10.25}$$

$\boldsymbol{H}'$是观测算子的切线性算子。将上式代入前述目标函数的表达式：

$$J=\frac{1}{2}(\boldsymbol{x}-\boldsymbol{x}^f)^T\boldsymbol{B}^{-1}(\boldsymbol{x}-\boldsymbol{x}^f)+\frac{1}{2}(\boldsymbol{y}-\boldsymbol{H}(\boldsymbol{x}^f)-\boldsymbol{H}'(\boldsymbol{x}-\boldsymbol{x}^f))^T\boldsymbol{O}^{-1}(\boldsymbol{y}-\boldsymbol{H}(\boldsymbol{x}^f)-\boldsymbol{H}'(\boldsymbol{x}-\boldsymbol{x}^f)) \tag{10.26}$$

上述目标函数对 $\boldsymbol{x}$ 求导，可得

$$\nabla J=\boldsymbol{B}^{-1}(\boldsymbol{x}^f-\boldsymbol{x})+\boldsymbol{H}'^T\boldsymbol{O}^{-1}(\boldsymbol{y}-\boldsymbol{H}(\boldsymbol{x}^f)-\boldsymbol{H}'(\boldsymbol{x}-\boldsymbol{x}^f)) \tag{10.27}$$

目标函数取极小值意味着上式为零，可以解出 $\boldsymbol{x}$

$$\begin{aligned}\boldsymbol{x}-\boldsymbol{x}^f&=(\boldsymbol{B}^{-1}+\boldsymbol{H}'^T\boldsymbol{O}^{-1}\boldsymbol{H}')^{-1}\boldsymbol{H}'^T\boldsymbol{O}^{-1}(\boldsymbol{y}-\boldsymbol{H}(\boldsymbol{x}^f))\\&=\boldsymbol{B}\boldsymbol{H}'^T(\boldsymbol{H}'\boldsymbol{B}\boldsymbol{H}'^T+\boldsymbol{O})^{-1}(\boldsymbol{y}-\boldsymbol{H}(\boldsymbol{x}^f))\end{aligned} \tag{10.28}$$

定义 $\boldsymbol{d}=\boldsymbol{y}-\boldsymbol{H}(\boldsymbol{x}^f)$，通常称之为“新息”(innovation)，它表示实际观测值与模拟的观测值(也可称之为模式的观测相当量)之差，是根据观测对模式模拟的状态进行修正的基础条件。而矩阵 $\boldsymbol{K}=\boldsymbol{B}\boldsymbol{H}'^T(\boldsymbol{H}'\boldsymbol{B}\boldsymbol{H}'^T+\boldsymbol{O})^{-1}$ 称为增益矩阵或权重矩阵。以上推导中用到了一个重要的恒等式

$$\boldsymbol{B}\boldsymbol{H}'^T(\boldsymbol{H}'\boldsymbol{B}\boldsymbol{H}'^T+\boldsymbol{O})^{-1}=(\boldsymbol{B}^{-1}+\boldsymbol{H}'^T\boldsymbol{O}^{-1}\boldsymbol{H}')^{-1}\boldsymbol{H}'^T\boldsymbol{O}^{-1} \tag{10.29}$$

这一关系在同化理论中有广泛的应用。

上面的分析表达式(10.28)还可以进一步写为

$$\boldsymbol{x} = (\boldsymbol{I} - \boldsymbol{KH})\boldsymbol{x}^f + \boldsymbol{Ky} \tag{10.30}$$

它表明分析结果是模式的背景场与观测的加权平均，而权重取决于增益矩阵 $\boldsymbol{K}$。为了理解影响权重大小的因子，假定一种最简单的情况，即状态变量与观测都是单值的(即 $l=1, m=1$)，且 $\boldsymbol{H}=\boldsymbol{I}$，换言之，观测与分析位置重合，变量性质也相同。此时 $\boldsymbol{K}$ 简化为

$$\begin{cases} \boldsymbol{K} = \dfrac{\sigma_f^2}{\sigma_f^2 + \sigma_o^2} \\ \boldsymbol{x}^a = \dfrac{\sigma_f^2}{\sigma_f^2 + \sigma_o^2}\boldsymbol{y} + \dfrac{\sigma_o^2}{\sigma_f^2 + \sigma_o^2}\boldsymbol{x}^f \end{cases} \tag{10.31}$$

式中 σ_f 与 σ_o 分别表示背景场与观测误差均方差，上标 a 表示分析值。(10.31)式表示背景场与观测的权重与它们各自的均方误差成反比，即分析结果总是向较精确的一方靠拢。由于实际同化中观测与背景误差都是预先指定的，因此，它们的取值是否恰当对分析结果有决定性的影响。进一步考虑一个复杂一点的情况，即单个观测，且观测点恰位于第 i 格点($l=1, m>1$)，则

$$\boldsymbol{x}^a = \boldsymbol{x}^f + \frac{(\boldsymbol{y} - \boldsymbol{x}^f)}{\sigma_f^2 + \sigma_o^2}\boldsymbol{B}_i \tag{10.32}$$

式中 σ_f^2 是观测所在格点上背景场误差的均方差，而 $\boldsymbol{B}_i$ 是背景场误差协方差矩阵中与格点 i 相对应的列向量。可见新息 $\boldsymbol{d}=\boldsymbol{y}-\boldsymbol{H}(\boldsymbol{x}^f)$ 被按照该点与周围背景场误差的相关性传播出去。从以上的讨论可以看出背景误差与观测误差的相对大小决定了两者对最终的分析结果贡献的大小，而背景场误差的空间相关性决定了观测的影响向周围传播的方式。因此，经验指定的背景误差与观测误差的协方差矩阵对分析和结果有决定性的影响。多数情况下可以假定各个观测的误差是互不相关的，即 $\boldsymbol{O}$ 是一个对角矩阵，因此，需要指定的仅是观测的均方误差。需要注意的是这里的观测误差应包括仪器的量测误差与观测的代表性误差，后者专指观测采样与模式代表的运动尺度的差异。对有的观测系统，观测资料误差的相关性不能忽视，此时 $\boldsymbol{O}$ 不能作为对角矩阵处理。

从以上可以看出，这里没有对观测与状态变量的具体联系以及观测进行的时间提出任何要求，后面会看到资料同化理论上的灵活性为遥感资料与多时刻观测资料在同化中的应用创造了条件。

由以上关于分析结果的表达式，可以看到分析误差与背景误差及观测误差的定量关系

$$\boldsymbol{\varepsilon}^a = \boldsymbol{\varepsilon} + \boldsymbol{BH}'^T(\boldsymbol{H}'\boldsymbol{BH}'^T + \boldsymbol{O})^{-1}(\boldsymbol{\eta} - \boldsymbol{H}'\boldsymbol{\varepsilon}) \tag{10.33}$$

这里 $\boldsymbol{\varepsilon}^a$ 是分析误差，由此可以求得分析误差的协方差阵

$$\boldsymbol{P}^a = \boldsymbol{B} - \boldsymbol{BH}'^T(\boldsymbol{H}'\boldsymbol{BH}'^T + \boldsymbol{O})^{-1}\boldsymbol{H}'\boldsymbol{B} = (\boldsymbol{I} - \boldsymbol{KH}')\boldsymbol{B} \tag{10.34}$$

这表明由于观测资料的使用,分析误差比背景场误差减小了 $\boldsymbol{KH}'\boldsymbol{B}$。

以上的计算公式一般不能直接用于资料同化的计算,因为无论 l 还是 m 的数量都很大,例如对于一般的数值预报业务系统,m 可达 $10^6 \sim 10^7$ 量级,这样大规模的矩阵计算至少在当前的计算机条件下是不现实的。对上述计算的各种简化,构成了多个不同的分析方案。现代数值计算与计算机的发展还可以通过数值方法求取以上极小化问题的近似数值解。

10.5 最优插值

10.5.1 最优插值法原理

最优插值也称为统计插值,由英文 Optimal Interpolation(OI)或 Statistical Interpolation 而来。它是一种客观分析方法,可以看作前面提出的有关资料同化一般方法的特例。在前面推导的公式(10.28)中假定观测算子是线性的,即 $\boldsymbol{H}=\boldsymbol{H}'$。此时,可以得到

$$\boldsymbol{x} - \boldsymbol{x}^f = \boldsymbol{BH}^T(\boldsymbol{HBH}^T + \boldsymbol{O})^{-1}(\boldsymbol{y} - \boldsymbol{H}(\boldsymbol{x}^f)) \tag{10.35}$$

令

$$\boldsymbol{BH}^T(\boldsymbol{HBH}^T + \boldsymbol{O})^{-1} = \boldsymbol{W}^T \tag{10.36}$$

即

$$(\boldsymbol{HBH}^T + \boldsymbol{O})\boldsymbol{W} = \boldsymbol{HB} \tag{10.37}$$

相应地,$\boldsymbol{x}$ 的分析值成为

$$\boldsymbol{x} = \boldsymbol{x}^f + \boldsymbol{W}^T(\boldsymbol{y} - \boldsymbol{Hx}^f) = \boldsymbol{W}^T\boldsymbol{y} + (\boldsymbol{I} - \boldsymbol{W}^T\boldsymbol{H})\boldsymbol{x}^f \tag{10.38}$$

上式可以理解为分析对背景场的修正是所有的观测与相应的背景场观测相当量之间差值的加权平均。而各观测的权重由 $(\boldsymbol{HBH}^T+\boldsymbol{O})^{-1}\boldsymbol{W}=\boldsymbol{HB}$ 解出。抽出 $\boldsymbol{W}$ 中的任何一列,记为 $\boldsymbol{W}$,上式等价于 $\boldsymbol{W}$ 使以下目标函数极小化:

$$J = \boldsymbol{W}^T(\boldsymbol{HBH}^T + \boldsymbol{O})^{-1}\boldsymbol{W} + 2(\boldsymbol{Hb})^T\boldsymbol{W} \tag{10.39}$$

式中的 $\boldsymbol{b}$ 是 $\boldsymbol{B}$ 中的相应一列。可以证明上式使分析误差在统计意义上达到最小。这是它被称为最优插值或统计插值的原因。

最优插值的步骤是先根据观测站点的分布计算每一个观测的权重,为此需要求解关于权重的方程。权重求得后,将各个观测的新息量乘以各自的权重后相加,即得到最后的分析值。在求权重时需要预知背景与观测的误差协方差,这是需要预先设定的。

上面的公式中包含了所有的观测资料,表面看当观测资料较多时,求权重系数的

方程组规模很大，不易求解。但实际上当观测资料较远时，它们对分析的影响会随着观测距离的增加而减小，因此，实际操作时，分析并不是全场一次完成的，而是逐点进行或划分为若干小区域进行，这时只需要考虑一定距离范围内的资料即可，这使得求解难度大大降低。

上面也没有具体说明观测资料的类型，只是要求观测算子是线性的。特别是观测与分析变量可以不是同类变量，例如分析变量是位势高度，而观测是风，或反过来。称这种情况为多变量最优插值。前面已经讲过，观测影响在变量间的传递是根据背景场误差协方差矩阵所包含的信息来进行的。分析变量应该服从的动力学约束也应体现在背景场误差的协方差矩阵中，这是在指定背景场误差的协方差矩阵时需要给予特别关注的。

在最优插值中背景误差的统计特征是被高度模型化了的。将协方差分解为均方差与相关系数两个部分，分别给予考虑，前者反映了误差量值的分布，并假定在空间上是均匀的或者有简单的地理分布；而后者反映了空间和不同物理变量之间的相关性，并往往假定它是均匀即各向同性的。对他们的估计一般有两类方法。一类是基于对新息的统计。前面已经提到新息量是观测值与背景场值的差，因此它包含了观测与背景两类误差的信息，这类方法的关键是两者的分离。一般情况可以假定不同观测点的观测误差是不相关的，即由新息统计得到的误差空间相关性主要反映了背景场误差的空间相关性。另一类统计方法是基于对不同时效预报的差异统计，其基本假定是对于同一预报对象的不同时效预报的差反映了模式误差的增长。实际操作时只需要求出同一预报对象的两个不同时效的预报(例如 24 h 预报与 12 h 预报)差值即可进行最优插值需要的有关背景误差各种特征参数的计算。两类方法各有优势与不足，第一类方法在观测稠密的地区可以给出更可靠的结果，但难以推广到资料稀疏的地区，由于计算是在“观测空间”进行的，要获得关于模式变量的统计结果，可能需要额外的转换，有时会有一定的困难；第二类方法是直接运用模式变量，计算上很容易实现，既可以方便地得到全场的总体统计结果，也可以得到地域性的分布特点，但有的统计结果有较大的数量偏差。实际应用中往往是两个方法的结果互相参照使用。随着集合预报的发展，利用集合预报个别成员的离散度模拟预报误差的统计也越来越多地应用到背景误差的统计，有可能成为今后的主要方法。

最优插值方法可以看作早期广泛使用的逐步订正法到当前流行的变分同化方法的过渡，它与逐步订正都是建立在对观测资料的新息加权平均基础上的，但逐步订正的权重是完全预先给定的，最优插值则根据观测资料的分布计算出在统计上能使分析误差达到最小的权重。变分同化则进一步放宽了对观测资料的限制，并把预报模式显式地引进来。理解最优插值的原理与实施对于变分同化方法的应用有较大的意义。

10.5.2 实际运用最优插值时所做的近似

按照最优估计理论可以得出：分析场可由第一初估场（背景场）与最优权重加权修正值（观测与第一初估之差）之和得到

$$\boldsymbol{x} = \boldsymbol{x}^f + \boldsymbol{W}(\boldsymbol{y} - \boldsymbol{H}(\boldsymbol{x}^f)) \tag{10.40}$$

这里权重系数 $\boldsymbol{W}$ 是待定的，在逐步订正法中假设 $\boldsymbol{W}$ 只和距离有关。而在 OI 算法里面还要最优决定 $\boldsymbol{W}$，使得分析误差协方差极小的最优权重可以表示为

$$\boldsymbol{W} = \boldsymbol{BH}^T(\boldsymbol{HBH}^T + \boldsymbol{O})^{-1} \tag{10.41}$$

在实际应用中的最优插值法，关键的问题就是如何计算最优权重 $\boldsymbol{W}$。一般在空间上逐点求解(10.41)式。可以把权重方差(10.41)式重新写为

$$\boldsymbol{W}(\boldsymbol{HBH}^T + \boldsymbol{O}) = \boldsymbol{BH}^T \tag{10.42}$$

举一个例子，让我们对一个只有三个格点 e,f,g 和两个观测值 1 和 2 的简单情形（图 10.5）来写出(10.42)式。在这种情况下 $\boldsymbol{x} = (x_e^a, x_f^a, x_g^a)^T$；背景场为 $\boldsymbol{x}^f = (x_e^b, x_f^b, x_g^b)^T$；观测场为 $\boldsymbol{y} = (y_1^o, y_2^o)^T$；在观测点上的背景场为

$$\boldsymbol{Hx}^f = \begin{pmatrix} h_{1,e} & h_{1,f} & h_{1,g} \\ h_{2,e} & h_{2,f} & h_{2,g} \end{pmatrix} \begin{pmatrix} x_e^b \\ x_f^b \\ x_g^b \end{pmatrix} \tag{10.43}$$

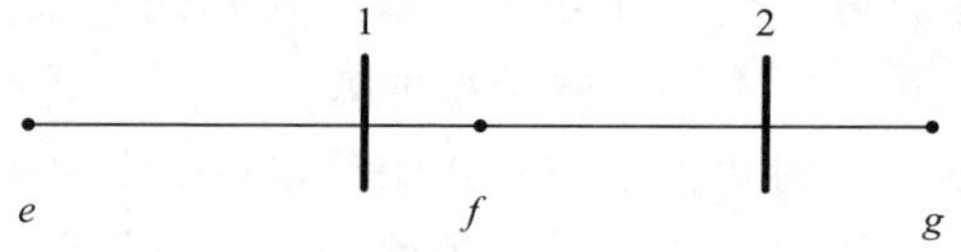

图 10.5 一个只有三个格点（黑点）e,f,g 和两个观测 1 和观测 2 的简单系统（Kalnay,2003）

假定观测和分析变量是一样的，那么观测算子就是插值系数，如果用的是线性插值，那么 $\boldsymbol{H}$ 应该为

$$\boldsymbol{H} = \begin{pmatrix} \dfrac{x_f - x_1}{x_f - x_e} & \dfrac{x_1 - x_e}{x_f - x_e} & 0 \\ 0 & \dfrac{x_g - x_2}{x_g - x_f} & \dfrac{x_2 - x_f}{x_g - x_f} \end{pmatrix} \tag{10.44}$$

背景误差协方差矩阵的元素是格点间的协方差：

$$\boldsymbol{B} = \begin{pmatrix} b_{ee} & b_{ef} & b_{eg} \\ b_{fe} & b_{ff} & b_{fg} \\ b_{ge} & b_{gf} & b_{gg} \end{pmatrix} \tag{10.45}$$

因此

$$\boldsymbol{BH}^T = \begin{pmatrix} b_{e1} & b_{e2} \\ b_{f1} & b_{f2} \\ b_{g1} & b_{g2} \end{pmatrix} \tag{10.46}$$

是一个从格点到观测点间背景误差协方差的插值近似，例如：

$$b_{e1} = b_{ee}\frac{x_f - x_1}{x_f - x_e} + b_{ef}\frac{x_1 - x_e}{x_f - x_e} \tag{10.47}$$

则

$$\boldsymbol{HBH}^T = \begin{pmatrix} b_{11} & b_{12} \\ b_{21} & b_{22} \end{pmatrix} \tag{10.48}$$

是一个观测点间背景误差协方差的反向插值近似。对于这个例子，观测误差协方差为

$$\boldsymbol{O} = \begin{pmatrix} r_{11} & 0 \\ 0 & r_{22} \end{pmatrix} \tag{10.49}$$

这里假定不同位置上的测量误差不相关。这样，格点 g 受 p 个观测点影响的最优插值方程可写为

$$x_g^a = x_g^b + \sum_{j=1}^{p}\omega_{gj}\delta y_j \tag{10.50}$$

这里的权重是以下线性方程组的解（k 是观测点）：

$$\sum_{j=1}^{p}\omega_{gj}(b_{jk} + r_{jk}) = b_{gk}, k = 1,2,\cdots,p \tag{10.51}$$

在(10.50)式中，ω_{gj} 是乘以观测增量 δy_j 以使其对分析增量 δx_g^a 有贡献的权重。r_{jk} 是两个观测站点 j 和 k 间的观测误差协方差，b_{jk} 是观测点 j 和 k 之间的背景误差协方差，b_{gk} 是格点 g 和观测点 k 之间的背景误差协方差。假定已知把观测向量转化为模式变量的形式，也就是说使用了反演的方法，插值矩阵 $\boldsymbol{H}$ 已与 $\boldsymbol{B}$ 相乘，产生了如上所说的格点到观测和观测到观测的背景相关。对于每一个格点都有像(10.50)式和(10.51)式那样的方程，在多元（例如，位势高度和两个水平风分量 z,u,v）分析的情形下，则对每个格点上的每一个变量有类似的方程。

方程(10.50)和(10.51)式构成了对每一个格点 g 所写出的最优插值方案。值得注意的是背景误差协方差在(10.51)式中确定权重时所起的重要作用。背景误差协方差决定对背景修正的尺度和结构。在实际工作中实现(10.50)式和(10.51)式时，人们通常会做更多的简化，特别是对背景误差协方差的元素 b。

10.6　三维与四维变分资料同化

前面已经提到资料同化可以归结为以下目标函数的极小化：

$$J = \frac{1}{2}(\boldsymbol{x} - \boldsymbol{x}^f)^T \boldsymbol{B}^{-1}(\boldsymbol{x} - \boldsymbol{x}^f) + \frac{1}{2}(\boldsymbol{y} - \boldsymbol{H}(\boldsymbol{x}^f) - \boldsymbol{H}'(\boldsymbol{x} - \boldsymbol{x}^f))^T \boldsymbol{O}^{-1}(\boldsymbol{y} - \boldsymbol{H}(\boldsymbol{x}^f) - \boldsymbol{H}'(\boldsymbol{x} - \boldsymbol{x}^f)) \tag{10.52}$$

变分资料同化就是采用恰当的最优化算法直接求解使此目标函数达到极小的 $\boldsymbol{x}$。此时已不再需要引入一些简单方法所必需的假定，因此，更具有普遍性，特别是对观测算子没有太多限制，可以方便地使用多时次实地观测与遥感观测资料，因而成为当前各业务数值预报中心使用的主流方法。

假设观测资料位于时间区间 $[t_0, t_n]$，模式的预报方程为

$$\boldsymbol{x}(t_k) = \boldsymbol{M}_{0,k}(\boldsymbol{x}(t_0)), k = 1, 2, \cdots, n \tag{10.53}$$

与瞬间观测的情况不同，同化的目的是寻找一个模式状态，它与观测时段内的所有观测从总体上说是最接近的，这里的模式状态应该理解为模式变量的时间序列，或者说是模式变量构成的相空间里的一条轨迹，而在不考虑时间维的情况下只是相空间里的一个点。由于在 $[t_0, t_n]$ 内的模式状态唯一地决定于模式在 t_0 时刻的初值，这一问题转化为寻找 t_0 时刻的模式初值 $\boldsymbol{x}_0$，使由 $\boldsymbol{x}_0$ 积分产生的模式状态与这一时段的观测资料在总体上是最接近的。这里的“最接近”可以按照前面的论述理解为由观测得到的“最大似然估计”，也可理解为具有最小的均方误差，在前面所做的基本假定下，两者是一致的。将观测的时间分布显式地写出来，得到一个变分同化的基本目标函数：

$$J = \frac{1}{2}(\boldsymbol{x}_0 - \boldsymbol{x}_0^b)^T \boldsymbol{B}^{-1}(\boldsymbol{x}_0 - \boldsymbol{x}_0^b) + \frac{1}{2}\sum_{i=1}^{n}(\boldsymbol{y}_i - \boldsymbol{H}_i(\boldsymbol{M}_{0,i}(\boldsymbol{x}_0)))^T \boldsymbol{O}_i^{-1}(\boldsymbol{y}_i - \boldsymbol{H}_i(\boldsymbol{M}_{0,i}(\boldsymbol{x}_0))) \tag{10.54}$$

上标 b 表示背景场。引入前面定义的新息量：

$$\boldsymbol{d}_i = \boldsymbol{y}_i - \boldsymbol{H}_i(\boldsymbol{M}_{0,i}(\boldsymbol{x}_0^b)) \tag{10.55}$$

可得

$$\boldsymbol{y}_i - \boldsymbol{H}_i(\boldsymbol{M}_{0,i}(\boldsymbol{x}_0^b)) = \boldsymbol{d}_i - \boldsymbol{H}'_i(\boldsymbol{M}'_{0,i}(\boldsymbol{x}_0 - \boldsymbol{x}_0^b)) \tag{10.56}$$

这里 $\boldsymbol{M}'$ 为切线性预报模式。目标函数可以改写为

$$J = \frac{1}{2}(\boldsymbol{x}_0 - \boldsymbol{x}_0^b)^T \boldsymbol{B}^{-1}(\boldsymbol{x}_0 - \boldsymbol{x}_0^b) + \frac{1}{2}\sum_{i=1}^{n}(\boldsymbol{d}_i - \boldsymbol{H}'_i(\boldsymbol{M}'_{0,i}(\boldsymbol{x}_0 - \boldsymbol{x}_0^b)))^T \boldsymbol{O}_i^{-1}(\boldsymbol{d}_i - \boldsymbol{H}'_i(\boldsymbol{M}'_{0,i}(\boldsymbol{x}_0 - \boldsymbol{x}_0^b))) \tag{10.57}$$

此目标函数对 $\boldsymbol{x}_0$ 的梯度为

$$\nabla_{\boldsymbol{x}_0} J = \boldsymbol{B}^{-1}(\boldsymbol{x}_0 - \boldsymbol{x}_0^b) + \sum_{i=n}^{1} -\boldsymbol{M}'^T_{i,0}\boldsymbol{H}'^T_i \boldsymbol{O}_i^{-1}(\boldsymbol{d}_i - \boldsymbol{H}'_i \boldsymbol{M}'_{0,i}(\boldsymbol{x}_0 - \boldsymbol{x}_0^b)) \tag{10.58}$$

这里的上标 T 表示伴随模式，如果模式可以用一个矩阵表示，则伴随模式即为此矩阵的转置。选用适当的最优化算法，由目标函数及其梯度的表达式即可进行使目标函数达到极小的 $\boldsymbol{x}_0$ 计算，具体操作不在这里叙述。以下对变分同化的实施做进一步的讨论。

10.6.1　三维变分同化

当观测资料都在同一时刻，以上目标函数及其梯度公式退化为

$$J = \frac{1}{2}(\boldsymbol{x}_0 - \boldsymbol{x}_0^b)^T\boldsymbol{B}^{-1}(\boldsymbol{x}_0 - \boldsymbol{x}_0^b) + \frac{1}{2}(\boldsymbol{d} - \boldsymbol{H}'(\boldsymbol{x}_0 - \boldsymbol{x}_0^b))^T\boldsymbol{O}^{-1}(\boldsymbol{d} - \boldsymbol{H}'(\boldsymbol{x}_0 - \boldsymbol{x}_0^b)) \tag{10.59}$$

$$\nabla_{x_0} J = \boldsymbol{B}^{-1}(\boldsymbol{x}_0 - \boldsymbol{x}_0^b) - \boldsymbol{H}'^T\boldsymbol{O}^{-1}(\boldsymbol{d} - \boldsymbol{H}'(\boldsymbol{x}_0 - \boldsymbol{x}_0^b)) \tag{10.60}$$

这就是三维变分同化。由于三维变分同化中预报模式并不显式出现，变分同化的结果可能存在不利于模式稳定积分的“噪声”，这些“噪声”与无气象意义的高频重力波相联系，因此实际的目标函数中可以增加一个重力波控制项，即

$$\begin{aligned} J = {} & \frac{1}{2}(\boldsymbol{x}_0 - \boldsymbol{x}_0^b)^T\boldsymbol{B}^{-1}(\boldsymbol{x}_0 - \boldsymbol{x}_0^b) + \\ & \frac{1}{2}(\boldsymbol{d} - \boldsymbol{H}'(\boldsymbol{x}_0 - \boldsymbol{x}_0^b))^T\boldsymbol{O}^{-1}(\boldsymbol{d} - \boldsymbol{H}'(\boldsymbol{x}_0 - \boldsymbol{x}_0^b)) + \frac{1}{2}J_g \end{aligned} \tag{10.61}$$

J_g 的形式可以借鉴早年一些参数化方案，例如定义为模式中高频重力波模态的时间导数的模，即 $J_g = \left\| \frac{\partial \boldsymbol{x}_g}{\partial t} \right\|$，这里 $\boldsymbol{x}_g$ 指模式中的高频重力波分量。重力波的控制也可以通过附加的初始化过程，如数字滤波来实现。

由于无论观测数量还是模式的状态变量都很大，直接求解以上的优化问题是不现实的。变分同化的实施中都要引入一系列变量变换。普遍使用的变换有两类，一类是用若干相互独立的变量来表示高度相关的分析变量，有时将这类变换称为物理(量)变换，例如用流函数、扣除与流函数相关部分的速度势与非地转位势高度来取代原来的风分量与位势高度，这样分析问题可以处理为三个独立的问题，使计算规模大幅度减小。另一类是通过变换优化目标函数的性状，提高求解的效率与精度，这类变换属于最优化问题的预处理(pre-conditioning)。令

$$\boldsymbol{B} = \boldsymbol{U}^T\boldsymbol{U} \tag{10.62}$$

矩阵 $\boldsymbol{U}$ 是由背景场误差协方差矩阵 $\boldsymbol{B}$ 的平方根分解得到的，与 $\boldsymbol{B}$ 一样也是正定实对称矩阵。存在向量 $\boldsymbol{w}$，使得

$$\boldsymbol{x}_0 - \boldsymbol{x}_0^b = \boldsymbol{U}^T\boldsymbol{w} \tag{10.63}$$

代入前面的公式(10.59)，得到

$$J=\frac{1}{2}\boldsymbol{w}^T\boldsymbol{w}+\frac{1}{2}(\boldsymbol{d}-\boldsymbol{H}'\boldsymbol{U}^T\boldsymbol{w})^T\boldsymbol{O}^{-1}(\boldsymbol{d}-\boldsymbol{H}'\boldsymbol{U}^T\boldsymbol{w}) \tag{10.64}$$

$$\nabla_w J=\boldsymbol{w}-\boldsymbol{U}\boldsymbol{H}'^T\boldsymbol{O}^{-1}(\boldsymbol{d}-\boldsymbol{H}'\boldsymbol{U}^T\boldsymbol{w}) \tag{10.65}$$

这里已经不再涉及大矩阵的求逆，最优化的迭代收敛性也得到很大改善。在三维变分同化中 $\boldsymbol{B}$ 依然是预先指定的相对简单模型，$\boldsymbol{U}$ 相乘等价于一个特定的空间滤波器的作用，找到这一滤波器，$\boldsymbol{U}$ 矩阵就不需要显式出现。目前的业务变分同化系统多采用递归滤波或球谐函数的滤波，前者适用于区域模式，后者适用于全球模式，关于滤波器的具体设计，可参看有关数值预报系统的文献或者论著。受到滤波器使用的限制，在三维变分同化中的背景误差协方差基本上还是均匀、各向同性的，至多有一些局部的非均匀性与非各向同性的设计。关于背景误差协方差统计已经在关于最优插值部分叙述，这里不再重复。

实际的三维变分同化计算步骤如下：

(1)由背景场计算每个观测的背景观测相当量以及与实际观测的差，即新息，并将观测误差加以标准化；

(2)取初始的 $\boldsymbol{w}$ 为 0，开始迭代循环；

(3)计算目标函数的观测项 $J_0=\dfrac{1}{2}(\boldsymbol{d}-\boldsymbol{H}'\boldsymbol{U}^T\boldsymbol{w})^T\boldsymbol{O}^{-1}(\boldsymbol{d}-\boldsymbol{H}'\boldsymbol{U}^T\boldsymbol{w})$；

(4)计算目标函数梯度的观测项 $(\nabla J)_0=\boldsymbol{U}\boldsymbol{H}'^T\boldsymbol{O}^{-1}(\boldsymbol{H}'\boldsymbol{U}^T\boldsymbol{w}-\boldsymbol{d})$，这里包含了前面提到的变量变换，即某种根据背景误差协方差矩阵设计的滤波运算；

(5)以上结果与 $\boldsymbol{w}$ 本身的公式合并求得 J 及其梯度；

(6)利用 J 的梯度，采用适当最优化算法，确定 $\boldsymbol{w}$ 的更新值，并返回到(3)，继续极小化的循环，直至达到预定的精度要求。

与最优插值相比，三维变分同化的最突出优势是允许与模式变量具有更复杂关系的观测资料进入同化系统。当观测算子 $\boldsymbol{H}$ 是非线性的，由前面的推导可知需要导出观测的切线性算子及其伴随算子。

三维变分同化尽管不考虑观测随时间的分布，但实际上很难得到完全同时的观测资料，因此“同时”是近似的，为了减小观测资料时间分布带来的误差又能保持三维变分同化简便易行的特点，科学家们提出了一种简单的背景场时间校正方法(简称FGAT，即 first guess at proper time)。其基本做法是在由观测与背景场计算每个观测新息量的时候，所使用的背景场取自准确的观测时刻模式积分值，而维持目标函数的其他部分不变。这一处理减小了新息的计算误差，但整个同化的计算依然与原来的三维变分同化一样。

10.6.2　四维变分同化

将三维变分同化所采用的变量变换 $\boldsymbol{x}_0-\boldsymbol{x}_0^b=\boldsymbol{U}^T\boldsymbol{w}$ 应用于多个时刻观测的情况，

可以得到

$$J = \frac{1}{2}\boldsymbol{w}^T\boldsymbol{w} + \frac{1}{2}\sum_{i=1}^{n}(\boldsymbol{d}_i - \boldsymbol{H}'_i\boldsymbol{M}'_{0,i}(\boldsymbol{U}^T\boldsymbol{w}))^T\boldsymbol{O}^{-1}(\boldsymbol{d}_i - \boldsymbol{H}'_i\boldsymbol{M}'_{0,i}(\boldsymbol{U}^T\boldsymbol{w})) \quad (10.66)$$

$$\nabla_w J = \boldsymbol{w} + \sum_{i=1}^{n}\boldsymbol{U}\boldsymbol{M}'^T_{0,i}\boldsymbol{H}'^T_i\boldsymbol{O}^{-1}(\boldsymbol{H}'_i\boldsymbol{M}'_{0,i}(\boldsymbol{U}^T\boldsymbol{w}) - \boldsymbol{d}_i) \quad (10.67)$$

一般说

$$\boldsymbol{M}_{0,n} = \boldsymbol{M}_{0,1}\boldsymbol{M}_{1,2}\cdots\boldsymbol{M}_{n-1,n} = \prod_{i=1}^{n}\boldsymbol{M}_{i-1,i} \quad (10.68)$$

代入并重新整理后得到

$$\nabla_w J = \boldsymbol{w} + \sum_{i=1}^{n}\boldsymbol{U}\prod_{k=i}^{1}\boldsymbol{M}'^T_{k,k-1}\boldsymbol{H}'^T_i\boldsymbol{O}^{-1}\left(\boldsymbol{H}'_i\prod_{k=i}^{1}\boldsymbol{M}'^T_{k,k-1}(\boldsymbol{U}^T\boldsymbol{w}) - \boldsymbol{d}_i\right) \quad (10.69)$$

为简洁起见，记

$$\boldsymbol{F}_i = \boldsymbol{H}'^T_i\boldsymbol{O}^{-1}\left(\boldsymbol{H}'_i\prod_{k=i}^{1}\boldsymbol{M}'^T_{k,k-1}(\boldsymbol{U}^T\boldsymbol{w}) - \boldsymbol{d}_i\right) \quad (10.70)$$

代入后，得到

$$\begin{aligned}\nabla_w J &= \boldsymbol{w} + \sum_{i=1}^{n}\boldsymbol{U}\prod_{k=i}^{1}\boldsymbol{M}'^T_{k,k-1}\boldsymbol{F}_i \\ &= \boldsymbol{w} + \boldsymbol{U}\boldsymbol{M}'^T_{1,0}(\boldsymbol{F}_1 + \boldsymbol{M}'^T_{2,1}(\cdots(\boldsymbol{F}_{n-2} + \boldsymbol{M}'^T_{n-1,n-2}(\boldsymbol{F}_{n-1} + \boldsymbol{M}'^T_{n,n-1}\boldsymbol{F}_n))))\end{aligned} \quad (10.71)$$

最后一个等式右端的第二项表示伴随模式从最后一个观测时间向前积分，并且在积分过程中将观测的影响不断加入，其中的 $\boldsymbol{F}_i$ 可以理解为观测时间段内的观测对梯度的贡献。实际同化时不可能完全按照观测发生的时间与那一瞬间的模式状态去比较并结合。如果一次同化考虑时间区间$[t_0, t_n]$的观测资料，将这一时间区间称之为同化时间窗，并将其进一步划分为若干个相等长度的小时间段并称之为观测时隙，对同一个时隙内的观测资料认为它们是同时进行观测的，例如可以认为它们都在该时隙的中间瞬间或起始瞬间进行观测，使得计算较容易实施。四维变分同化的基本步骤如下：

(1)在同化时间窗的起始时刻以上次预报为初始场积分预报模式到同化时间窗的终点，并将预报变量(可称之为背景预报)记录下来以备后面计算使用；

(2)按照时隙的划分来组织观测资料并进行预处理，使之成为适于同化使用的格式；

(3)利用与观测同时的背景预报计算所有有效观测到的模式观测相当量以及与实际观测值的差，即新息量；

(4)从同化时间窗的终点时刻开始，反向积分伴随模式，并在每个观测时隙增加相应的观测资料贡献，直至同化时间窗的起点；

(5)计算目标函数及其梯度,用适当的优化算法估计状态变量的修正值;

(6)返回到(1),开始下一轮的优化循环,直至达到预期的精度。

目标函数与梯度的计算是为了利用最优化方法来求使目标函数达到极小值的模式初始状态值。这种大规模的最优化问题一般都是迭代求解的,从前面的公式可以看出,单次计算即涉及预报模式及其伴随模式的反向积分,计算量已经很大,再多次迭代其计算量又要大幅增长。因此,四维变分同化的实施严重受到计算量的制约。20 世纪 90 年代中 Courtier 等(1994)提出了一个增量策略,其基本思想是高分辨的非线性模式积分只用来计算观测的模式相当量以及它们与真实观测之差(即新息),而最优化迭代中的切线性模式以及伴随模式的反复计算只在一组较低分辨率的网格中进行。在低分辨率网格中得到的结果,反插回模式原来的分辨率,重新积分非线性模式,并重复前面的过程。这一增量策略的提出与实施,使得四维变分同化从 20 世纪 90 年代末开始成功地被数值预报业务所采用,并对数值预报质量的提高发挥了关键的作用。

与三维变分分析相比,四维变分同化的主要优势在于考虑了背景误差的分布随着环流变化的特点并更合理地使用了多时刻观测资料。四维变分同化尽管还需要用到初始时刻的背景场误差相关模型,但由于预报模式的引入,最终的背景场误差结构已经具有随着气流变化的特征。用简单的例子说明三维与四维变分同化的区别。先假定一个简单的四维变分同化系统,它的预报模式是正交的,即 $\boldsymbol{M}^{-1}=\boldsymbol{M}^{T}$,并且 $\boldsymbol{B}=\sigma_b^2\boldsymbol{I}$,$\boldsymbol{R}=\sigma_o^2\boldsymbol{I}$,还假定整个状态向量在某个观测时间都被观测到,即 $\boldsymbol{H}=\boldsymbol{I}$,这里 $\boldsymbol{I}$ 是单位矩阵。对于单个时刻的观测,根据变分同化的理论,分析误差协方差矩阵的表达式为

$$\boldsymbol{P}_{4D}^{a}(t_0) = (\boldsymbol{B}^{-1} + \boldsymbol{M}^{T}\boldsymbol{H}^{T}\boldsymbol{R}^{-1}\boldsymbol{H}\boldsymbol{M})^{-1} \tag{10.72}$$

在目前的情况下

$$\boldsymbol{P}_{4D}^{a}(t_0)= \frac{1}{\sigma_b^2+\sigma_o^2}\boldsymbol{I} \tag{10.73}$$

而在其后的时间分析误差为

$$\boldsymbol{P}_{4D}^{a}(t)= \boldsymbol{M}^{T}\boldsymbol{P}_{4D}^{a}(t_0)\boldsymbol{M} = \frac{1}{\sigma_b^2+\sigma_o^2}\boldsymbol{I} \tag{10.74}$$

即误差协方差矩阵保持不变,并与三维变分时相同,分析值为

$$\boldsymbol{x}_a(t_0)= \boldsymbol{x}_b(t_0)+\boldsymbol{P}_{4D}^{a}(t_0)\boldsymbol{M}_{t_0,t_1}^{T}\boldsymbol{H}^{T}\boldsymbol{O}^{-1}(\boldsymbol{y}-\boldsymbol{H}\boldsymbol{M}_{t_0,t_1}(\boldsymbol{x}_b(t_0))) \tag{10.75}$$

而三维变分分析的结果是

$$\boldsymbol{x}_a(t_0)= \boldsymbol{x}_b(t_0)+\boldsymbol{P}_{3D}^{a}(t_0)\boldsymbol{H}^{T}\boldsymbol{O}^{-1}(\boldsymbol{y}-\boldsymbol{H}(\boldsymbol{x}_b(t_0))) \tag{10.76}$$

尽管在目前的特殊例子里 $\boldsymbol{P}_{4D}^{a}(t_0)=\boldsymbol{P}_{3D}^{a}(t_0)$,比较上面两个例子可以看到,预报模式的引入使得观测与正确时刻的背景场进行比较,而在三维变分分析中观测是与

同化时间窗的起始时间背景场进行比较的，由于观测发生在其后的 t_i 时刻，因此这种比较是不正确的。同样的四维变分同化中伴随模式的后向积分又把观测的贡献传回到起始时刻，这在三维变分同化中是没有的。

实际上分析误差的协方差矩阵不可能像上面的这个例子那样是不变的。为了考察分析误差的传播，这里分析一单个观测的例子：假定这个观测正好就是状态向量的第 k 个元素，容易证明分析场的时间积分满足

$$\boldsymbol{M}_{t_0,t_i}(\boldsymbol{x}_a(t_0)-\boldsymbol{x}_b)=\left(\frac{\boldsymbol{y}-\boldsymbol{x}_a(t_i)}{\sigma_o^2}\right)\begin{bmatrix}(\boldsymbol{M}_{t_0,t_i}\boldsymbol{B}\boldsymbol{M}_{t_0,t_i}^T)_{1k}\\(\boldsymbol{M}_{t_0,t_i}\boldsymbol{B}\boldsymbol{M}_{t_0,t_i}^T)_{2k}\\\vdots\\(\boldsymbol{M}_{t_0,t_i}\boldsymbol{B}\boldsymbol{M}_{t_0,t_i}^T)_{Nk}\end{bmatrix}\tag{10.77}$$

左端等于 $\boldsymbol{x}_a(t_i)-\boldsymbol{M}_{t_0,t_i}(\boldsymbol{x}_b)$ 是观测时刻的分析与由背景场积分到观测时刻物理量的差，也就是相空间里分析与背景轨迹的差。而右端的 $\boldsymbol{M}_{t_0,t_i}\boldsymbol{B}\boldsymbol{M}_{t_0,t_i}^T$ 是 t_i 时刻的背景场的误差协方差，它的变化受到模式的支配。这表明无论是背景误差的协方差矩阵还是分析增量都是随着气流而变化的，这与三维变分分析中背景误差始终不变是有本质区别的。

四维变分同化还特别有利于观测资料时间序列的使用。有的观测资料的时间序列如地面气压的时间变化能敏感地反映天气形势的变化，但静态的同化方法，如三维变分同化却难以捕捉这类信息，而四维变分同化为这类资料的使用创造了条件。

前面已经看到四维变分资料同化需要开发切线性与伴随模式，这可能是开发四维变分同化的主要困难所在。对非绝热模式来说，由于多数物理参数化方程是强非线性的，甚至包括一些突变式的"开关"，发展相应的切线性模式及伴随模式存在困难，因此实际上常对资料同化所用的模式物理过程进行简化使之适于发展切线性与伴随模式。由于四维变分同化的梯度计算主要是用于求目标函数的极小值，而它是一个全局量，实践表明在多数情况下局部的强非线性不至于对此造成严重的影响，因此四维变分同化即使对于非绝热模式依然是可行的。

10.7　下降算法

一般的约束极小化问题，可通过对目标泛函取变分，得到相应的 Euler-Lagrange 方程，再进行求解。但是，对于由(10.59)和(10.66)式构成的大型约束极小化问题，由于模式非常复杂，自由度太大，根本无法写出 $\boldsymbol{x}_0$ 的闭合解。目前，关于以上变分同化问题最有希望的求解方法，是通过基于最优控制理论的下降算法和基于共轭方程理论的伴随方法，直接求出使目标泛函 J 取极小值的 $\boldsymbol{x}_0^a$。本节介绍几种常用的下降

算法。

根据(10.59)式，由不同的 $\boldsymbol{x}_0$ 可得到不同的 J，如何寻找最优初值 $\boldsymbol{x}_0^a$，使(10.59)式所定义的目标泛函 J 达到最小，这就是变分同化技术的核心问题。最优控制理论中的下降算法提供了一种很好的思路。所谓下降算法即建立如下形式的迭代格式

$$\boldsymbol{x}_0^{k+1} = \boldsymbol{x}_0^k + \rho^k \boldsymbol{d}^k \tag{10.78}$$

式中 k 表示迭代次数，$\boldsymbol{d}^k$ 是与 $\boldsymbol{x}_0$ 维数相同的矢量，$\boldsymbol{d}^k$ 称为下降方向，而 ρ^k 则是沿下降方向的步长。给定 $\boldsymbol{x}_0$ 的初估值，若能合理地选取下降方向和步长，按(10.78)式逐次迭代即可使 $\boldsymbol{x}_0^k$ 无限逼近最优解 $\boldsymbol{x}_0^a$。

10.7.1 最陡下降法

$\boldsymbol{x}_0$ 是一个 m 维矢量，它的 m 个分量可视为一个 m 维空间的坐标，目标泛函 $J(\boldsymbol{x}_0)$则是定义在这个 m 维空间上的函数。同理，在这个 m 维空间中也可定义 $J(\boldsymbol{x}_0)$的梯度$\boldsymbol{\nabla} J(\boldsymbol{x}_0)$。由于梯度$\boldsymbol{\nabla} J(\boldsymbol{x}_0)$指向 J 增加最快的方向，故$-\boldsymbol{\nabla} J(\boldsymbol{x}_0)$指向 J 减小最快的方向，即 $J(\boldsymbol{x}_0)$的最陡下降方向，取 $\boldsymbol{d}^k = -\boldsymbol{\nabla} J(\boldsymbol{x}_0^k)$，则迭代格式(10.78)可改写为

$$\boldsymbol{x}_0^{k+1} = \boldsymbol{x}_0^k - \rho_k \boldsymbol{\nabla} J(\boldsymbol{x}_0^k) \tag{10.79}$$

(10.79)式中下降方向取为梯度的相反方向，因而称为最陡下降法。如图 10.6 所示下降方向确定以后，格式(10.79)的收敛速度还取决于步长 ρ_k 选取是否合理，假如步长取得太小，需要更多的迭代次数，假如步长取得过大，则 $J(\boldsymbol{x}_0^{k+1})$又可能比$J(\boldsymbol{x}_0^k)$大而造成迭代不收敛。以 m 维空间中的某一点 $\boldsymbol{x}_0^k$ 沿$-\boldsymbol{\nabla} J(\boldsymbol{x}_0^k)$的方向做单向搜索，可以找到一个最优步长，使得 $J(\boldsymbol{x}_0^{k+1})$在这个方向上取到极小值。最优步长 ρ_k 应满足以下关系式

$$\frac{\mathrm{d}J(\boldsymbol{x}_0^{k+1})}{\mathrm{d}\rho_k} = 0 \tag{10.80}$$

上式相当于

$$\boldsymbol{\nabla}(\boldsymbol{x}_0^{k+1}) \cdot \boldsymbol{\nabla}(\boldsymbol{x}_0^k) = 0 \tag{10.81}$$

也就是说，前后两次迭代的下降方向是相互垂直的。如图 10.6 所示，最陡下降路径首先是由 $\boldsymbol{x}_0^k$ 点沿$-\boldsymbol{\nabla} J(\boldsymbol{x}_0^k)$方向到达一个极小点 $\boldsymbol{x}_0^{k+1}$，然后改为沿$-\boldsymbol{\nabla} J(\boldsymbol{x}_0^{k+1})$的方向继续进行。由于$-\boldsymbol{\nabla} J(\boldsymbol{x}_0^k)$和$-\boldsymbol{\nabla} J(\boldsymbol{x}_0^{k+1})$分别表示过 $\boldsymbol{x}_0^{k+1}$ 点的 J 等值线切线方向和法线方向，因而这两个梯度的方向是相互垂直的。尽管$-\boldsymbol{\nabla} J(\boldsymbol{x}_0^k)$代表了 $\boldsymbol{x}_0^k$ 点处的局部最陡下降方向，但由于前后两次迭代的下降方向是相互垂直的，故最陡下降法的下降路径并不是最速下降路径。这种方法虽然很简单，但 $\boldsymbol{x}_0^k$ 收敛于最优解的速度比较慢。而且方法本身并没有给出确定最优步长的具体方案。

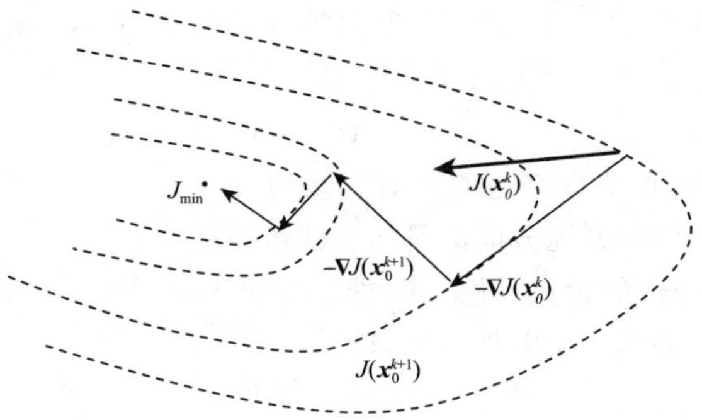

图 10.6　最陡下降路径(细线)和最速下降路径(粗线)

10.7.2　牛顿下降法

牛顿下降法是一种常用的确定任意可微函数 $f(\boldsymbol{x})$ 零点的一种数值方法,即确定满足 $f(\boldsymbol{x})=0$ 的 $\boldsymbol{x}$ 值,牛顿下降法的迭代格式为

$$\boldsymbol{x}^{k+1} = \boldsymbol{x}^k - \frac{f(\boldsymbol{x}^k)}{f'(\boldsymbol{x}^k)} \tag{10.82}$$

对于四维变分资料同化问题来说,$f(\boldsymbol{x})$ 相当于目标泛函 J 的梯度 $\nabla J(\boldsymbol{x}_0)$,而 $\boldsymbol{x}$ 相当于状态矢量 $\boldsymbol{x}_0$,因此(10.82)式可相应改写为

$$\boldsymbol{x}_0^{k+1} = \boldsymbol{x}_0^k - (\boldsymbol{G}^k)^{-1} \nabla J(\boldsymbol{x}_0^k) \tag{10.83}$$

式中 $\boldsymbol{G}=[\partial^2 J/\partial \boldsymbol{x}_m \partial \boldsymbol{x}_m]$,是一个 $m\times m$ 矩阵,称为海塞(Hesse)矩阵。牛顿下降法的收敛速度比最陡下降法快,但需要计算和储存 $m\times m$ 的 Hesse 矩阵,因而这种方法并不适用于大型约束极小化问题。

10.7.3　共轭梯度法

四维变分资料同化中最常用的下降算法是共轭梯度法,其迭代格式仍为(10.79)式,但下降方向 $\boldsymbol{d}_k$ 并不是简单地取为负梯度方向,而是所谓的共轭方向。

共轭方向的定义可表述为,设 $\boldsymbol{A}$ 为 $m\times m$ 阶对称矩阵,若 $\boldsymbol{d}_i\boldsymbol{A}\boldsymbol{d}_j=\boldsymbol{0}$,$i\neq j$,则两矢量 $\boldsymbol{d}_i$ 和 $\boldsymbol{d}_j$ 是共轭的。如果 $\boldsymbol{A}$ 为单位矩阵,则共轭等同于通常意义下正交的概念。

为了便于讨论,给出以下几个关于共轭梯度法的基本定理。

定理一:若 m 维向量 $\boldsymbol{d}^0,\boldsymbol{d}^1,\cdots,\boldsymbol{d}^k$ 是两两 $\boldsymbol{A}$ 共轭的非零向量,则这 $k+1$ 个向量是线性无关的。

定理二:设 $\boldsymbol{d}^0,\boldsymbol{d}^1,\cdots,\boldsymbol{d}^k$ 是 $k+1$ 个相互两两 $\boldsymbol{A}$ 共轭的方向,而 $\boldsymbol{x}_0^{k+1}$ 和 $\boldsymbol{x}_0^k$ 是以不同方式沿这 $k+1$ 方向进行单维搜索达到的两个点,那么 $\boldsymbol{d}^{k+1}=\boldsymbol{x}_0^{k+1}-\boldsymbol{x}_0^k$ 与 $\boldsymbol{d}^0,\boldsymbol{d}^1,\cdots,\boldsymbol{d}^k$ 组成一组 $k+1$ 个相互两两共轭的方向。

定理三：设 J 在点 $\boldsymbol{x}_0^{k-1}$，$\boldsymbol{x}_0^k$ 处的梯度向量分别为 $\boldsymbol{G}^{k-1}$，$\boldsymbol{G}^k$，则与 $\boldsymbol{G}_k-\boldsymbol{G}_{k-1}$ 垂直的方向 $\boldsymbol{P}^k$ 与方向 $\boldsymbol{x}_0^k-\boldsymbol{x}_0^{k-1}$ 是相互 $\boldsymbol{A}$ 共轭的，即

$$(\boldsymbol{P}^k)^T\boldsymbol{A}\boldsymbol{d}_k=0 \tag{10.84}$$

反之与 $\boldsymbol{x}_0^k-\boldsymbol{x}_0^{k-1}$ 共轭的方向必与 $\boldsymbol{G}^k-\boldsymbol{G}^{k-1}$ 垂直。

根据以上定理，确定共轭方向的具体步骤可简述为：

(1)选取 $\boldsymbol{x}_0^0$ 为迭代起始点，计算 $\boldsymbol{x}_0^0$ 处的梯度 $\boldsymbol{G}_0^0=\nabla J(\boldsymbol{x}_0^0)$。设 $\boldsymbol{G}^0\neq 0$，否则 $\boldsymbol{x}_0^0$ 就是极值点。取 $\boldsymbol{G}^0$ 为第一个共轭方向，即

$$\boldsymbol{d}^0=-\boldsymbol{G}_0^0=-\nabla J(\boldsymbol{x}_0^0) \tag{10.85}$$

(2)自 $\boldsymbol{x}_0^0$ 点出发，沿 $\boldsymbol{d}^0$ 方向进行单向搜索，得到 $\boldsymbol{x}_0^1=\boldsymbol{x}_0^0+\rho^0\boldsymbol{d}^0$。计算 $\boldsymbol{x}_0^1$ 处的梯度 $\boldsymbol{G}^1=\nabla J(\boldsymbol{x}_0^1)$。同样设 $\boldsymbol{G}^1\neq 0$，否则 $\boldsymbol{x}_0^1$ 就是极值点。由最陡下降法中的讨论可知，$\boldsymbol{G}^1$ 与 $\boldsymbol{d}^0$(即 $-\boldsymbol{G}^0$)正交，因此 $\boldsymbol{G}^1$ 与 $\boldsymbol{d}^0$ 构成二维子空间的一组基，要在这个子空间内寻找一个与 $\boldsymbol{d}^0$ 方向共轭的方向 $\boldsymbol{d}^1$，可令

$$\boldsymbol{d}^1=-\boldsymbol{G}^1+\beta^1\boldsymbol{d}^0 \tag{10.86}$$

式中 β^1 为待定系数。由定理三，与 $\boldsymbol{d}^0$ 共轭的方向必与 $\boldsymbol{G}^1-\boldsymbol{G}^0$ 正交，即有

$$\boldsymbol{d}^1(\boldsymbol{G}^1-\boldsymbol{G}^0)=0 \tag{10.87}$$

将(10.86)式代入(10.87)式后整理可得

$$\beta^1=(\boldsymbol{G}^1)^T(\boldsymbol{G}^1-\boldsymbol{G}^0)/|\boldsymbol{G}^0|^2 \quad 或 \quad \beta^1=|\boldsymbol{G}^1|^2/|\boldsymbol{G}^0|^2$$

(3)同理，由 $\boldsymbol{x}_0^1$ 点出发，沿 $\boldsymbol{d}^1$ 方向进行单向搜索，可得到 $\boldsymbol{x}_0^2=\boldsymbol{x}_0^1+\rho^1\boldsymbol{d}^1$。计算 $\boldsymbol{x}_0^2$ 点处的梯度 $\boldsymbol{G}^2=\nabla J(\boldsymbol{x}_0^2)$，$\boldsymbol{G}^2$ 与 $\boldsymbol{d}^0$，$\boldsymbol{d}^1$ 组成的平面正交，它们构成三维子空间的一组基，要在这个子空间内寻找一个与 $\boldsymbol{d}^0$，$\boldsymbol{d}^1$ 方向共轭的方向 $\boldsymbol{d}^2$，可令

$$\boldsymbol{d}^2=-\boldsymbol{G}^2+\beta^2\boldsymbol{d}^1+\beta^2\boldsymbol{d}^0$$

根据定理三可得到

$$\beta^2=(\boldsymbol{G}^2)^T(\boldsymbol{G}^2-\boldsymbol{G}^1)/|\boldsymbol{G}^1|^2 \quad 或 \quad \beta^2=|\boldsymbol{G}^2|^2/|\boldsymbol{G}^1|^2$$

依次类推可得到一组 $k+1$ 个两两共轭的方向，即

$$\begin{cases}\boldsymbol{d}^0=-\boldsymbol{G}^0\\ \boldsymbol{d}^k=-\boldsymbol{G}^k+\beta^k\boldsymbol{d}^{k-1}\end{cases} \tag{10.88}$$

式中

$$\beta^k=(\boldsymbol{G}^k)^T(\boldsymbol{G}^k-\boldsymbol{G}^{k-1})/|\boldsymbol{G}^{k-1}|^2 \quad 或 \quad \beta^k=|\boldsymbol{G}^k|^2/|\boldsymbol{G}^{k-1}|^2 \tag{10.89}$$

由(10.88)和(10.89)式确定出下降方向 $\boldsymbol{d}^k$ 后，即可按下降算法的迭代格式(10.79)式求解出最优解 $(\boldsymbol{x}_0)_p$。

共轭梯度法的收敛速度介于最陡下降法和牛顿下降法之间，但共轭梯度法只需储存几个 $m\times 1$ 的单列向量，包括本次和前一次的梯度 $\boldsymbol{G}^k$ 和 $\boldsymbol{G}^{k-1}$，以及前一次的下降方向 $\boldsymbol{d}^{k-1}$，而无须储存 $m\times m$ 的 Hesse 矩阵。因此，对于变分同化这样的大型约束极小化问题，综合考虑计算效率和对计算机储存量的需求，共轭梯度法被认为是目前

各种下降算法中最合适的方法。

利用共轭梯度法迭代求解最优解$(\boldsymbol{x}_0)_p$,还需计算两个变量,也就是如何确定最优步长ρ_k和梯度$\nabla J(\boldsymbol{x}_0^k)$。对于梯度的计算前面已经叙述过,确定最优步长一般是采用最优控制论中的单维搜索法。

10.8　集合卡尔曼滤波

集合卡尔曼滤波(EnKF)是集合同化方法的一种。一个数值预报系统的状态变量随时间的变化与大气的观测可以表示为

$$\begin{cases}\boldsymbol{x}_n^f = \boldsymbol{M}(\boldsymbol{x}_{n-1}^a) + \boldsymbol{\varepsilon} \\ \boldsymbol{y}_n = \boldsymbol{H}(\boldsymbol{x}_n^f) + \boldsymbol{\eta}\end{cases} \tag{10.90}$$

符号的含义不变,并暂假定预报模式与观测算子都是线性的。对t_n时刻状态变量的估计是由t_{n-1}所做的预报与t_n时刻观测信息的线性组合,根据前面推导,这一估计为

$$\boldsymbol{x}_n^a = \boldsymbol{x}_n^f + \boldsymbol{K}(\boldsymbol{y}_n - \boldsymbol{H}_n(\boldsymbol{x}_n^f)) \tag{10.91}$$

$$\boldsymbol{K} = \boldsymbol{B}_n^f \boldsymbol{H}'^T_n (\boldsymbol{H}'_n \boldsymbol{B}_n^f \boldsymbol{H}'^T_n + \boldsymbol{R}_n)^{-1} \tag{10.92}$$

而分析误差为

$$\boldsymbol{P}_n^a = \boldsymbol{P}_n^f - \boldsymbol{P}_n^f \boldsymbol{H}'^T_n (\boldsymbol{H}'_n \boldsymbol{P}_n^f \boldsymbol{H}'^T_n + \boldsymbol{O}_n)^{-1} \boldsymbol{H}'^T_n \boldsymbol{P}_n^f = (\boldsymbol{I} - \boldsymbol{K}_n \boldsymbol{H}'_n) \boldsymbol{P}_n^f \tag{10.93}$$

$\boldsymbol{x}_n^f$是从t_{n-1}起步所做的t_n时刻预报,$\boldsymbol{P}_n^f$是其误差协方差,

$$\boldsymbol{P}_n^f = \boldsymbol{M}'_{n-1,n} \boldsymbol{P}_{n-1}^a \boldsymbol{M}'^T_{n-1,n} + \boldsymbol{Q} \tag{10.94}$$

式中$\boldsymbol{Q}$为模式误差协方差矩阵。以上给出了卡尔曼滤波的全部公式,可以看到卡尔曼滤波不仅给出了对状态变量的估计,也给出了估计误差随时间的演变。可以进一步证明,在模式与观测误差都是正态分布的情况下,在同化的结束时刻卡尔曼滤波与四维变分同化将得到相同的状态变量估计。卡尔曼滤波应用到资料同化有两个主要障碍。一是实际的预报模式与观测算子都是非线性的;二是由于卡尔曼滤波需要显式估计每一步状态变量的误差协方差矩阵,其计算量与状态变量的个数平方成比例,对于像气象资料同化这样的大规模问题,这一计算量实际上是无法承受的。为了处理非线性问题,将预报模式与观测算子都围绕背景场做线性化,这时以上方程需要做适当修改,将预报模式与观测算子改为它们的切线性模式。但计算量问题仍无法解决。

20 世纪 90 年代,科学家提出了用集合预报各个成员间的离散度估计模式预报误差的新方法。设

$$\boldsymbol{X}_{n-1} = [\boldsymbol{x}_{n-1}^1, \boldsymbol{x}_{n-1}^2, \cdots, \boldsymbol{x}_{n-1}^{K_{ens}}] \tag{10.95}$$

式中$\boldsymbol{x}_i^{(n-1)}$是$n-1$时刻第i个预报集合成员的值,K_{ens}为集合预报成员总个数。在初始时刻,集合预报成员形成方法为$\boldsymbol{x}_0^i = \boldsymbol{x}_0^{true} + \boldsymbol{\varepsilon}_b$,$(i=1,\cdots,K_{ens})$,$\boldsymbol{\varepsilon}_b \sim N(0,\boldsymbol{B})$。

集合预报 $\boldsymbol{X}_n^f$ 第 i 个成员在时间 $k>0$ 的值为

$$(\boldsymbol{X}_n^f)_i = \boldsymbol{M}(x_{n-1}^i) \tag{10.96}$$

则 n 时刻的背景误差协方差采用集合预报样本统计得

$$\boldsymbol{B}_n^f \approx \frac{1}{K_{ens}-1}\boldsymbol{X}'^f_n(\boldsymbol{X}'^f_n)^T \tag{10.97}$$

式中 $\boldsymbol{X}'^f_n=[\boldsymbol{x}_n^1-\overline{\boldsymbol{x}}_n,\boldsymbol{x}_n^2-\overline{\boldsymbol{x}}_n,\cdots,\boldsymbol{x}_n^{K_{ens}}-\overline{\boldsymbol{x}}_n]$，$\overline{\boldsymbol{x}}_n$ 为集合预报平均值。在这要指出的是：对于在卡尔曼滤波增益矩阵 $\boldsymbol{K}_n$ 的计算过程中，可以采用将集合预报成员映射到观测空间的方法，即

$$\boldsymbol{B}_n^f\boldsymbol{H}'^T_n \approx \frac{1}{K_{ens}-1}\boldsymbol{X}'^f_n([\boldsymbol{H}_n(\boldsymbol{X}_n^f)]')^T \tag{10.98}$$

$$\boldsymbol{H}'_n\boldsymbol{B}_n^f\boldsymbol{H}'^T_n \approx \frac{1}{K_{ens}-1}[\boldsymbol{H}_n(\boldsymbol{X}_n^f)]'([\boldsymbol{H}_n(\boldsymbol{X}_n^f)]')^T \tag{10.99}$$

其中

$$\begin{aligned}[\boldsymbol{H}_n(\boldsymbol{X}_n^f)]' &= [\boldsymbol{H}_n(x_n^1)-\overline{\boldsymbol{H}_n}(x_n),\boldsymbol{H}_n(x_n^2)-\overline{\boldsymbol{H}}(x_n),\cdots,\boldsymbol{H}_n(x_n^{K_{ens}})-\overline{\boldsymbol{H}_n}(x_n)] \\ &\approx \boldsymbol{H}'_n\boldsymbol{X}'^f_n\end{aligned}$$

这样避免了切线性观测算子 $\boldsymbol{H}'_n$ 的计算。

集合卡尔曼滤波突出了背景误差的统计特征随着环流的变化而改变，与背景误差被限定取简单形式的变分同化有明显的优势，另外它不需要预报模式的切线性与伴随，因此系统研发的难度比四维变分要小得多。对于强非线性物理过程占主导的中小尺度问题切线性模式与伴随模式的发展有很大困难，集合卡尔曼滤波也是一个较好的选择。

集合卡尔曼滤波是通过有限个集合样本的统计模拟预报误差的统计分布，集合样本统计得到的背景误差协方差矩阵 $\boldsymbol{B}_n^f$ 的秩为 K_{ens}，此矩阵的实际阶数为 $K_{state}\times K_{state}$，而 $K_{ens}\ll K_{state}$，因此统计会导致相隔距离较远处状态变量的虚假相关，导致集合卡尔曼滤波方法失效。解决此问题的方法可以采用协方差局地化方法，具体做法将卡尔曼滤波增益矩阵 $\boldsymbol{K}$ 订正为 $\hat{\boldsymbol{K}}$，

$$\hat{\boldsymbol{K}} = \rho\circ\boldsymbol{B}_n^f\boldsymbol{H}'^T_n(\boldsymbol{H}'_n\rho\circ\boldsymbol{B}_n^f\boldsymbol{H}'^T_n+\boldsymbol{O})^{-1} \tag{10.100}$$

这里 $\rho\circ\boldsymbol{B}_n^f$ 为舒尔(Schur)算子乘积，其中

$$\rho_{i,j}(D_{i,j}) = \exp\left[-\left(\frac{D_{i,j}}{l}\right)^2\right] \tag{10.101}$$

为距离相关矩阵，$D_{i,j}$ 为两个格点 (i,j) 之间的距离，l 为相关长度。

10.9 集合变分同化方法

前面的变分同化方法和集合同化方法在全球天气尺度和区域中尺度的大气资料

同化中，都取得了令人鼓舞的研究成果。变分同化方法能很好地处理复杂的非线性观测算子，得到的分析场各变量能较好地满足模式动力和物理约束，使得分析场更协调。此方法随着观测资料数量的增长，计算代价变化较小；集合同化方法程序设计简便，背景误差协方差由一组短期集合预报扰动估计获得，从而可得到具有流依赖属性的背景误差协方差估计，改善特别是时空变化剧烈要素场的分析质量。针对变分同化和集合同化方法的优缺点，气象学家在多年资料同化理论研究的基础上，近年来逐步提出了将具有流依赖属性的集合估计误差协方差与变分框架共同构造新的同化方案，即集合变分同化方案。

这些集合变分资料同化方案的主要思路是：针对变分同化方法中背景误差协方差和集合同化的缺陷，借助集合预报扰动构造具有随天气形势变化的预报误差协方差，并与变分同化方案中固定的背景误差结构相耦合得到具有流依赖属性的先验信息，在变分框架中实现对常规资料和非常规资料的同化，同时也可以得到更新的短期集合成员预报以进行下一次同化预报循环。

在集合变分资料同化方法中，同化分析增量被表示为预报起始时刻集合扰动向量的线性组合，即

$$\boldsymbol{x}^a = \boldsymbol{x}^b + \boldsymbol{X}'^b \boldsymbol{w} \tag{10.102}$$

式中 $\boldsymbol{x}^a$ 为同化分析值，$\boldsymbol{x}^b$ 为背景场，$\boldsymbol{w}$ 为组合权重系数，$\boldsymbol{X}'^b$ 满足

$$\boldsymbol{B} \approx \frac{1}{K_{ens}-1}\boldsymbol{X}'^b(\boldsymbol{X}'^b)^T \tag{10.103}$$

其中 $\boldsymbol{X}'^b = [\boldsymbol{x}'^1, \boldsymbol{x}'^2, \cdots, \boldsymbol{x}'^{K_{ens}}] = [\boldsymbol{x}^1 - \boldsymbol{x}^b, \boldsymbol{x}^2 - \boldsymbol{x}^b, \cdots, \boldsymbol{x}^{K_{ens}} - \boldsymbol{x}^b]$。将(10.102)式代入(10.52)式，可得控制变量为 $\boldsymbol{w}$ 的目标泛函表达式

$$J(\boldsymbol{w}) = K_{ens}\boldsymbol{w}^T\boldsymbol{w} + (\boldsymbol{d} - \boldsymbol{H}'\boldsymbol{X}'^b\boldsymbol{w})^T\boldsymbol{O}^{-1}(\boldsymbol{d} - \boldsymbol{H}'\boldsymbol{X}'^b\boldsymbol{w}) \tag{10.104}$$

其中 $\boldsymbol{H}'\boldsymbol{X}'^b = [\boldsymbol{H}'\boldsymbol{x}'^1, \boldsymbol{H}'\boldsymbol{x}'^2, \cdots, \boldsymbol{H}'x'^{K_{ens}}]$将数值模式集合计算结果投影到观测空间上，可以得

$$\boldsymbol{H}'\boldsymbol{x}'^i \approx \boldsymbol{H}(\boldsymbol{x}^b + \boldsymbol{x}'^i) - \boldsymbol{H}(\boldsymbol{x}^b), (i = 1, 2, \cdots, K_{ens}) \tag{10.105}$$

这样就避免了显式求切线性算子。从而求得目标函数对于控制变量 $\boldsymbol{w}$ 的梯度

$$\nabla_w J = 2K_{ens}\boldsymbol{w} + 2(\boldsymbol{H}'\boldsymbol{X}'^b)^T\boldsymbol{O}^{-1}(\boldsymbol{H}'\boldsymbol{X}'^b\boldsymbol{w} - \boldsymbol{d}) \tag{10.106}$$

设初始 $\boldsymbol{w}=0$，使目标泛函最小，采用优化迭代算法即可得到 $\boldsymbol{w}$，然后代入(10.102)式，即可得到同化分析增量。

当前，集合误差协方差与变分系统中固定误差协方差主要有两种耦合方式，一是将两个误差协方差通过经验指定系数进行加权求和；二是通过扩展控制变量法实现二者耦合。对于第一种系数耦合方式，虽然 Wang 等(2007)从理论上证明了扩展控制变量与直接加权两种构造协方差的混合方案在理论上具有等价性，但对于加权系数方法而言，其加权系数很难确定，即使是通过批量试验确定，仍缺乏广泛的适用性，

这样会限制集合变分同化方案对不同类型和不同时间天气系统的分析质量。对于第二种扩展控制变量耦合方法,其主要做法就是将同化分析增量表示为预报集合扰动向量或其展开正交基向量的线性组合,将组合权重系数扩展为目标函数的控制变量,并在变分框架中通过局地化 Schur 算子乘积以减少集合协方差因样本统计引起的误差。此种方法通过局地化 Schur 算子乘积虽然可以避免集合样本数量不足导致距离分析格点较远观测所带来的虚假相关,但是因为数值模式物理量个数(可达到 10^7～10^8 个)远大于集合样本成员个数(一般可达 10^2 个),会导致"自由度缺失"问题(即 missing degrees of freedom)。国外学者 Zupanski 等人(1993,1995,2011)和国内专家邱崇践教授(2005)以及他的博士生徐道生(2012)先后分别给出了此问题相同的处理方法:分块局地化方案。其做法就是以一个网格点为中心,选取一个包含一些水平和垂直格点数的长方体形状区域,然后利用该区域内的观测进行同化得到区域内格点的分析值。这样处理可以降低同化分析区域内物理变量个数与集合样本成员个数之间的比值,在一定程度上解决了"自由度缺失"问题。

10.10 大气遥感资料的同化与快速辐射传输算子

10.10.1 大气遥感资料的同化

气象卫星遥感所感应的是不同波长的电磁波强度。由于被星载仪器感应的电磁波是由地球大气发射或者经过地球大气的作用后返回的,因此,在一定程度上反映了大气的物理属性,这是卫星遥感资料同化的物理基础。只要定量地描写出所观测的电磁波与大气相互作用的物理过程,就可以建立起有关卫星观测的观测算子,利用前面的理论与方法对卫星观测资料进行同化。

卫星资料的同化分为间接与直接同化两类。所谓间接同化是指先将卫星观测的数据采用物理或者统计方法反演出气象要素,如大气温度或湿度,再将反演的结果作为气象观测值放入同化系统进行同化。而直接同化是将大气状态变量与卫星观测的电磁波参数定量关系作为观测算子放在同化系统中,因此,可以直接同化卫星观测的数据。间接同化所同化的是一般的气象要素,因此对同化系统的要求不高,早期发展的简单同化方法都可使用这些资料,但其前面的反演过程与同化是独立的,而反演过程一般也需要引入背景场,因此,整个同化过程实质上存在两个背景场,使得背景误差复杂化;如果它们是同一个场,则它被重复使用,其在同化中的作用会被夸大;如果它们不相关则不仅引入了新的误差源,并且其特性不能在同化系统中得到反映。由于这些原因卫星资料的同化效果长期不佳。由于变分同化技术的发展,复杂观测算子的使用不再有困难,为直接同化创造了条件。目前卫星资料的直接同化已经成为气象资料同化最重要的部分。

极轨气象卫星搭载的大气垂直探测器使用微波与红外通道，根据大气辐射能量传播的理论，卫星所接收的(也即由大气顶向空间发射的)特定波长辐射能量可以表示为大气柱温度与湿度的加权平均，而不同波长的权重函数形式是不同的。实际观测到的各个通道辐射能量是按相应权重函数计算的气柱温、湿度加权平均。这意味着对于给定的大气温湿度廓线，可以计算出大气顶发出的各个通道辐射能量。这些计算公式定义了卫星的观测算子。实际的资料同化中为了加速计算并不按照辐射传输模式来严格计算辐射能量，而是发展了具有足够精度的快速算法，这些算法根据高垂直分辨率的大气柱温湿度数据直接算出大气顶的辐射能量。计算中需要用到一部分地面参数与气象要素，气柱内云的参数以及模式顶以上的气象要素，还需要一部分大气成分数据。对于特定的通道，辐射能量对一些无法精确知道的数据并不敏感，因此可以通过适当的通道选择减小同化中的不确定性。一旦观测算子确定后，即可根据模式的背景场计算各个通道的模式观测相当量，并进而采取与其他观测资料相同的步骤进行资料同化。

卫星资料同化的一个重要问题是卫星观测资料的质量控制与偏差订正。与其他的多数观测仪器不同，卫星观测可能存在明显的系统偏差，在同化前后或者同化过程中应将这种系统偏差消除。根据分析系统性的偏差，与扫描角以及大气本身的要素有关，基于对历史资料的统计，可以得到偏差订正的统计模型，从而实现对观测的偏差订正。而统计模型本身随着季节或天气而调整。偏差订正也可以纳入到变分同化中进行，从理论上讲应该可以取得更好的结果。

卫星资料的同化还包括其他的卫星观测量，如大气运动矢量(即卫星云导风)，星载散射仪的观测等。这些资料中有的不是采取直接同化的方法，而是同化反演得到的气象要素，故从同化的角度它们等同于同化直接观测；有的资料直接同化涉及更为复杂的问题就不在这里讨论了。还有一些新的卫星观测资料，如 GPS 掩星观测。间接同化掩星反演的温湿度与同化探空没有大的差别，由于其垂直分辨率很高，有必要在垂直方向进行适当的稀疏化。直接同化掩星观测需要把掩星观测算子加到同化系统中，与前面说的卫星资料同化相似。

有一类十分重要的遥感资料是天气雷达，特别是多普勒天气雷达，它的直接观测数据是三维径向速度与回波强度。可以用物理或统计的方法反演成二维的风场，做间接同化，也可以直接利用径向速度与反射率做直接同化。由于天气雷达回波的主要反射体是大气中的雨滴或云滴，因此，天气雷达资料同化是获取大气中水物质含量的主要途径，这就需要与模式的云与降水过程结合起来。这是目前同化中较为困难的方面，有不少研究转而求助于集合同化方法。

10.10.2 快速辐射传输算子

辐射传输算子用于模拟卫星红外或微波辐射率，其核心是大气透过率模式。大气透过率的计算是一个十分复杂的过程，目前，在大气遥感领域经常使用的大气透过率模式有两类：一类是逐线模式，通常称为精确模式；另一类是参数化(或解析)模式，通常称为快速模式。快速、精确的透过率模式是卫星大气垂直探测资料直接变分同化应用的核心技术之一。

大气层顶向上的大气辐射可以看作大气温度以及大气中吸收气体分布的函数，气象卫星在大气层顶探测到的大气辐射也就包含了这些信息。由于这些电磁辐射遵循一定的物理定律，因此利用辐射传递模式模拟大气层顶向上的大气辐射，这时一般需要假设大气为平行平面局地动力、热力平衡的情况，有时还需要忽略散射及地球表面镜面反射的影响。此时，晴空条件下大气层顶向上的单色辐射可以表达为

$$L^{Clr}(\upsilon,\theta)=\tau_s(\upsilon,p_s,\theta)\varepsilon_s(\upsilon,\theta)B(\upsilon,T_s)+\int_{\ln p_s}^{\ln p_\infty}B(\upsilon,T(p))\frac{\partial\tau(\upsilon,p,\theta)}{\partial\ln p}\mathrm{d}\ln p+$$
$$(l-\varepsilon_s(\upsilon,\theta))\tau_s(\upsilon,p_s,\theta)\int_{\ln p_s}^{\ln p_\infty}B(\upsilon,T(p))\frac{\partial\tau(\upsilon,p,\theta)}{\partial\ln p}\mathrm{d}\ln p \tag{10.107}$$

式中右边第一项表示表面对大气层顶向上的单色辐射贡献，$\varepsilon_s(\upsilon,\theta)$是表面入射角为$\theta$，在光谱位置(波数$\upsilon$)的单色辐射率，下标$s$表示表面变量；第二项表示大气的单色辐射，$B(\upsilon,T(p))$为气压层$p$在背景温度为$T$时的 Planck 函数，$\tau$为从该气压层到大气层顶的单色透射率；第三项为表面反射的向下大气辐射。由于卫星探测通道具有一定的光谱宽度，对于卫星探测的大气层顶向上辐射还需要将单色的大气辐射与卫星探测通道的光谱响应函数做卷积处理：

$$\hat{L}(\upsilon^*,\theta)=\int_{-\infty}^{+\infty}L(\upsilon,\theta)f(\upsilon^*-\upsilon)\mathrm{d}\upsilon \tag{10.108}$$

式中$f(\upsilon^*-\upsilon)$为归一化的通道光谱响应函数，υ^*为通道的中心波数，θ为辐射通量的入射角，$L(\upsilon,\theta)$为入射角为θ，光谱位置为υ的辐射通量。

目前在数值预报资料同化中业务使用的快速辐射传输模式属于用回归方程定义光学厚度计算系数的模式。即依据平行平面大气假设，按照等压面的设置和大气中吸收气体含量划分辐射传输模式的模式层。模式中，卷积后任意模式层到大气层顶的通道光学厚度可以展开成若干依赖于大气廓线的预报因子与光学厚度计算系数乘积的累加和形式。其中，光学厚度计算系数(也称快速透射率计算系数)的得出依据精确的逐线积分大气辐射传递模式预先对不同的大气状态廓线、在不同的观测角度时计算好任意模式层到大气层顶的透射率，利用线性回归方程得到。这里，用于精确计算大气透射率的廓线集应该能够代表实际大气中大气温度以及吸收气体含量可能的变化范围，并且包含大气中典型天气气候背景条件下的大气状态，因此，利用线性

回归方程得到的光学厚度计算系数可以在该快速辐射传输模式中计算任意一条输入的大气廓线。同时，光学厚度计算系数在回归时应该针对变量可变（H_2O 和 O_3）以及含量固定（均一混合气体）的吸收成分单独计算。依赖于大气廓线预报因子的最基本参数化形式主要由模式层的平均大气温度以及可变吸收气体含量确定，为了保证模式模拟的精度，其他吸收气体、光谱响应函数、通道所在光谱区域的线型以及模式层到大气层顶的厚度也相继考虑进来。此外，为使模式在任意观测角度时能够较为精确地模拟通道观测的辐射值，观测角的影响也应该在预报因子中有所考虑。然而，此时计算的光学厚度是单色的，为使模式能够计算卫星通道透射率，通道的光谱响应函数必须在预报因子中有所体现。一般而言，使用回归的光学厚度计算系数计算大气层顶向上的通道辐射值快速辐射传输模式采用简单的线性方程组，这对于书写模式的伴随模式，从而在数值天气预报模式的变分资料同化中计算模式相对于初始场廓线的 Jacobians 矩阵是非常有益的。

目前业务数值预报中使用的快速辐射传输模式有：①RTTOV，由 ECMWF 开发用于模拟多种气象卫星探测的地球环境红外和微波辐射传输模式系统；②CRTM，由美国 JCSDA（Joint Center for Satellite Data Assimilation）开发，主要应用于 NOAA/NCEP 资料分析系统的快速辐射传输模式。

复习思考题

(1)简述最优插值法的优缺点。

(2)质量控制的方法有哪些？

(3)简述逐步订正法的基本思想。

(4)下降算法有哪些？

第 11 章 集合预报

集合预报系统，从原理上讲也可称之为概率预报系统，其最终目的就是要提供所有大气变量的完全概率预报，可定义为一个模式或多个模式从稍加扰动的初始条件出发运行多次，从而达到估计由于初始条件和模式本身的误差引起的预报不确定性的目的。

传统经典的集合预报是考虑模式初值不确定而引申出来的，由于模式初值的不确定，使得数值天气预报的预报结果，只是未来大气状态可能出现的一种结果。

随后 Leith(1974)提出了一个比较适合于实际应用的所谓"蒙特卡罗"预报(Monte Carlo forecasting)，这是集合预报的雏形，现在的集合预报就是从 Monte Carlo 预报发展而来。他的研究表明：如果扰动能正确描述分析误差的特征，集合预报即使用有限的少量成员，也能有很好的发展潜力。经典的集合预报就是基于这一蒙特卡罗预报概念。

经典的集合预报仅仅是一个"初值问题"，由于模式误差的存在，通过模拟这些物理过程中的随机性，同样也可以得到"一群"预报值以构成另一类具有全新意义的预报集合。所以，过去仅仅作为"初值问题"处理的"蒙特卡罗法"式集合预报方法在近年来得到了很大扩展：集合预报系统中不但考虑初值的不确定性，而且把数值模式中物理过程的不确定性也同时考虑进去了。显然，这使得集合预报方法更趋完善了。

集合预报的思想就是：针对数值预报的不确定性，认为天气预报问题不是确定性预报，而应该是在大气相空间中合适的概率密度函数(PDF)随时间的演变，利用一群可以体现初值误差概率密度分布函数的分析初值去包围大气的真实状态，这样如果不考虑模式误差的话，那么这些成员的预报结果组成的预报群应该可以包围未来大气真实状态，由定量预报向概率预报转变，并给出确定性预报的可信度指标，最终提高预报准确率。图 11.1 集中概括了集合预报的思想，通过一定的数学方法结合天气学原理构造一组有限数量的预报样本，把不同的预报样本进行"集合"，形成集合预报。简单地说，就是从一组初值出发，得到一组数值预报。因为得到这组数值预报所用的初值和模式过程彼此之间有一定的差别，所以就反映了前面提到的大气不确定性。从而把过去传统意义上单一的确定性天气预报，变成不确定性预报。集合预报的目的就是尽可能使得到的这组不确定性预报包含未来大气可能出现的所有状态，从而达到提高预报水平的目的。集合预报是数值预报的一次革命，即人们从"确定论"向"随机论"转变的思维模式。

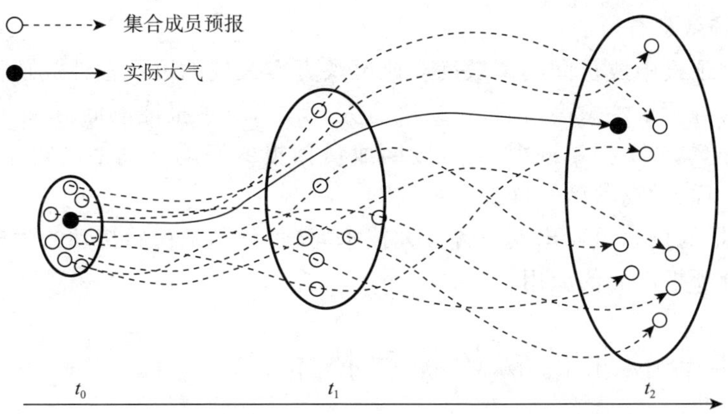

图 11.1　集合预报示意图(韦浩宁,2008)

因此,集合预报可以这样定义:集合预报就是利用一系列不同的初值(可以代表初始场的不确定性)或预报模式和参数化方案(代表模式不确定性)对未来某一时刻的大气状态做预报,从而得到该时刻大气状态可能的概率密度分布。

从本质上讲,集合预报的目的有三个:第一是通过集合平均提高预报质量,其提高之处在于集合平均可以过滤掉预报中不确定成分(集合成员彼此不同)而保留下集合成员中一致部分的倾向。集合预报的第二个目的是提供预报的可靠性。如果集合预报每个成员之间差别很大,那么很明显至少其中有些预报是错误的,而如果预报成员之间具有很好的一致性,那么就有更多的理由相信所做的预报。集合预报的第三个目的就是为概率预报提供定量基础。

值得指出的是,集合预报并不是随便把几个数值预报放在一起。每个数值预报系统的建立都要有其合理性。所以,不管是考虑初值不确定性或考虑物理过程不确定性或二者同时考虑,一个集合预报系统建立后,必须鉴定它是否合理。一个理想的集合预报系统应包括以下三个条件:

(1)从平均统计意义上看,集合预报中的每个成员准确率应大致相同。换言之,某个或某些预报成员不应该总是比其他一些成员准确。否则,集合预报方法就失去意义了。

(2)从统计平均的意义上看,一个具有 N 个成员的预报集合应该有 $(N-1)/(N+1)\times100\%$ 的可能性包含大气的实际情况。因此,当成员足够多时,大气的真实状态在大多数情况下应该被包含在预报的集合中了。预报集合中成员间的"离散度(后面会给出详细的定义)"必须适宜:既要有正确的方向也不能太大或太小。这可称为"离散度合宜性"。一般说来,现有的一些集合预报系统,它们的离散度均偏小。对于一个短期集合预报系统,如果高控制预报技巧对应小的离散度,低控制预报技巧对应大的离散度,那么这个系统就是有效的。

(3)集合预报中成员间的离散度应该反映真实大气的可预报性或预报的可信度。离散度愈小,可预报性愈高,预报可信度愈大;反之,可预报性愈低,预报可信度愈小。在一个理想的集合预报系统中,离散度同成员预报的平均准确率之间应该有一种反比例关系,可称为“离散度—准确率关系”。

集合预报的概念可看出其包含三大技术问题,分别是初始扰动的生成、数值模式的运用、集合预报产品的应用。

11.1 集合预报的初始扰动技术

初始扰动的产生是集合预报的一个核心问题,也是集合预报系统关键的第一步,通常是采用某种扰动方法,生成一系列微小扰动量分别叠加到原始的初值上(包括动力场、热力场和水汽场等),从而形成一个初值的集合,使之能够真实地反映初始条件的不确定性,并由此制作集合数值预报。初始扰动场的质量好坏直接影响模式预报质量。初始扰动生成方法的基本原则一般是:①扰动场的特征与实际分析资料中可能的误差分布较一致,以保证每个初始场都可能代表大气的实际状态。②每个初始扰动在模式中的演变方向尽可能大的发散,以保证预报集合最大可能的包含实际大气所能出现的状况。

初始场扰动技术研究始于20世纪70年代,初始场扰动方法是估计分析误差的概率分布,如蒙特卡罗(Monte Carlo)随机扰动法、时间滞后平均法和加拿大的观测扰动技术。90年代以来,在数值预报误差分析基础上,应用同化技术,提出了沿预报系统相空间最不稳定的方向确定扰动初始条件,形成具有动力学结构的初始扰动场。代表性方法有“增长模繁殖法”(BGM)和奇异向量法(SVs)。下面简要介绍这些方法的原理。

(1)随机动力预报与蒙特卡罗(Monte Carlo)预报法

Epstein(1969)提出了区别于惯常单算程动力预报(ODF)的随机动力预报方法。从初值的不确定性出发,非均质统计流体动力学模型被直接用于均值预报及误差方差最优估计,但制作这种预报工作复杂,计算量惊人。Leith(1974)为避免随机动力预报的困难且能有效地抑制初值场的不确定性和模式产生的随机误差,提出了以Monte Carlo统计试验法为理论基础的集合预报方法,被称之为蒙特卡罗预报(Monte Carlo forecast,MCF)方法(图11.2)。试验证明,与ODF相比MCF的预报结果有很大的改进,这种改进是来自于MCF的滤波特性。不足的是,MCF的扰动量由一个随机函数给出,具有明确的统计意义,但不具有明确的动力意义,不能与动力模式相协调,从随机扰动产生的初始场要演变成动力不稳定结构差异较大的大尺度环流需要较长的时间，这导致集合成员间发散程度较小，所以应用随机扰动法集合预报需要有很多的成员以保证有足够大的离散度，但由于计算机资源的限制，集合预报中成员的数目不能无限增多。试验证明这一方法不理想，目前较少使用该方法。

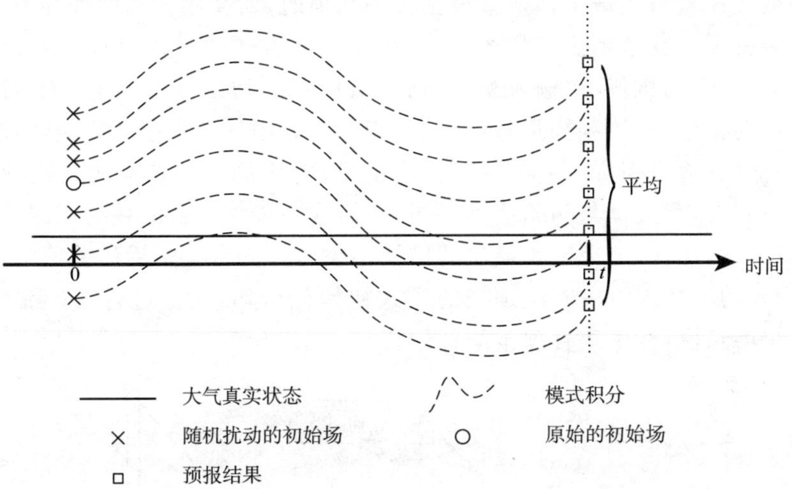

图 11.2　Monte Carlo 法示意图(胡宗全，2008)

(2)滞后平均预报法(lagged average forecasting，LAF)

Hoffman 和 Kalnay(1983)提出可替代 MCF 的另一种形式集合预报方法——滞后平均预报。该方法继承了 MCF 的优点，而与 MCF 不同的是，LAF 集合中的预报实现不是由同一时刻的初值个例实现的，而是对“滞后”间隔为 t 的不同时刻初值场做预报，然后把 $T=0,-t,-2t,\cdots,-(N-1)t$ 的 N 个由不同时刻初值场所做的同一预报时刻 t_f 预报结果进行算术平均的统计分析，得出均值的最佳预报以及预报发散度等信息，如图 11.3 所示。

LAF 方法在业务上是容易实现的，因为 LAF 集合中的每个组员都是在日常的业务预报循环中被产生出来的。虽然这种方法的预报效果有所提高，但是随着积分时间的增加，预报的效果越来越差，达不到预报业务的要求。

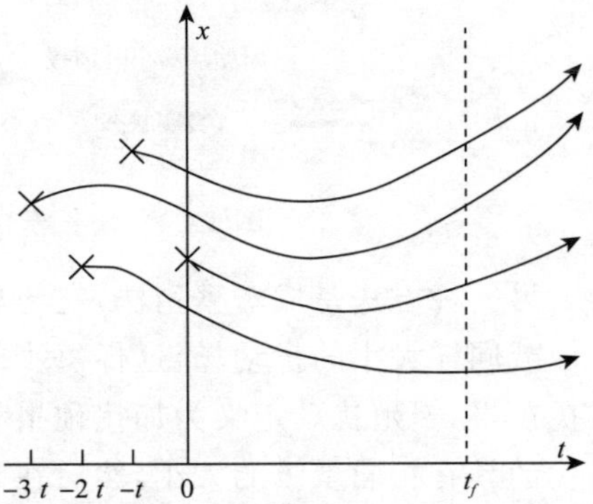

图 11.3　滞后平均预报法的示意图(韦浩宁，2008)

(3)增长模繁殖法(breeding of growing modes，BGM)

1993 年，Toth 和 Kalnay 提出增长模繁殖方法，其主要特点是借鉴了资料同化分析所使用的方法，由模式的多次培育来生成初始扰动场，通过扰动误差的循环增长，使得高速增长型误差的比重不断增大，并快速达到饱和。美国国家环境预报中心(NCEP)的集合预报方案就是基于此方法建立起来的。

利用增长模繁殖法产生构造集合预报的初值时，对初始扰动的处理方法有两种：一种是单一繁殖。其繁殖流程如图 11.4 所示。该方法的实现过程主要包括以下主要步骤：①将一个随机扰动(输入模)加到数值模式的初始分析场上。②对扰动的初始场和未扰动初始场(控制预报)进行模式积分。③用扰动预报结果减去控制预报结果，产生差值场(输出模)。④将差值场(输出模)按比例调整到与初始扰动场具有相同的尺度(均方差意义下与初始扰动场相当)。这一步主要目的是为了减少差值场中非增长型误差的比重，选择增长最快的增长型模态。⑤将调整后的差值场(下一步输入模)作为扰动场加入下一时次预报的模式初始分析场，重复进行①—⑤步骤，最后选择出最快增长模，产生集合预报的初始扰动。

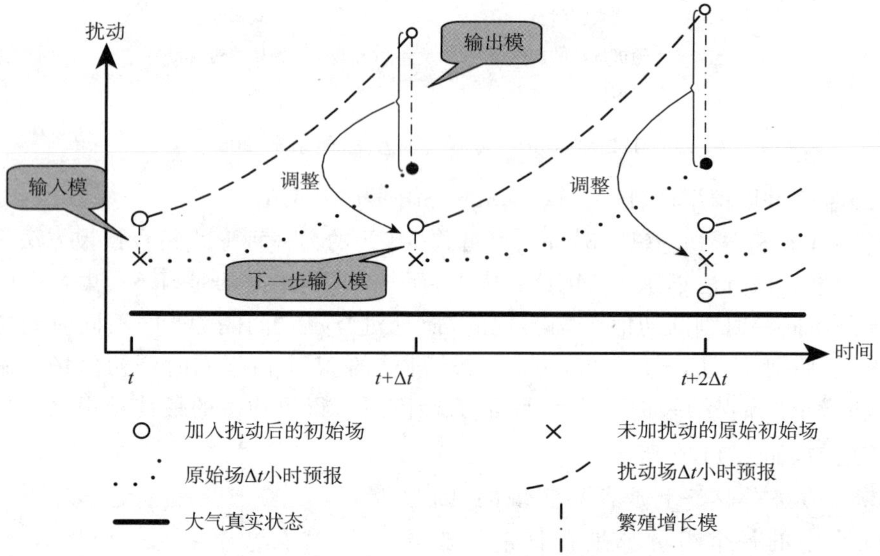

图 11.4 增长模繁殖法的示意图(韦浩宁，2008)

另一种方法是成对繁殖法，它与单一繁殖不同之处在于，在初始分析场上需要同时加减同样大小的扰动场，这样每步的循环需要做两个扰动预报，分别是加扰预报和减扰预报，繁殖扰动定义为加扰预报和减扰预报的偏差场，接着同样把它调整到与初始扰动具有相同量级的大小，然后在下一时刻的分析场上加减该扰动，多次重复上述步骤，经过一段时间的繁殖，也可得到用于制作集合预报的初始扰动场。

BGM 方法的基本思想是把一个任意的随机扰动迭加到分析场中，经过一段时间的繁殖获得集合预报的初始扰动，用于制作集合预报。而繁殖过程何时结束决定于集合预报初始扰动的质量，测定繁殖结束的时间是考察扰动的饱和情况，最快达到饱和的扰动就认为是最快增长的扰动，而判断扰动是否达到饱和与衡量饱和的测量方法有关。通常，对于扰动大小饱和的测度，可考察扰动增长率的大小，扰动增长率定义为

$$r_t = \frac{E(p_t)}{E(p_{t-1})} \tag{11.1}$$

式中 $E(p_t)$表示第 t 个循环结束以后扰动增长模的大小。扰动的增长率表征了扰动大小增长的快慢，而对最终的集合预报有贡献的扰动应是那些快速增长的扰动。随着繁殖过程的进行，不增长或衰减的扰动逐渐被滤除，而保留下的是快速增长的扰动，因此，增长率会迅速增大，当增长模呈现出稳定增长的趋势时，可认为增长模通过繁殖达到了饱和，此时的增长率即为饱和增长率。饱和增长率越大，说明通过繁殖得到的扰动增长模越好，因为从理论上讲，这样的扰动成功抓住了初始误差中的快速增长模。

此外，于永锋等(2005)还提出，初始扰动的饱和不仅仅是扰动增长率的饱和，即繁殖模大小的饱和，为了寻找更能代表初始误差分布的集合预报初始扰动，每一步循环中初始扰动的分布也是一个必须考虑的因子，即扰动形态上也必须达到饱和。也就是说，扰动的饱和应包含大小和分布两方面的饱和，而且繁殖的目的也应该是使扰动达到一种“分布状态”，即误差分布的饱和。考察扰动形态的饱和实际上是考察繁殖循环的每步循环前后两个扰动场的相似程度。而判断两个物理量场相似程度的最简便方法就是求这两个场之间的相关系数。所以对于繁殖循环中扰动形态饱和的测度可计算以下两个量。

①相关系数

$$\rho_{i,j} = \frac{\sum_{k=1}^{n}(x_{i,k} - \overline{x}_i)(x_{j,k} - \overline{x}_j)}{\sqrt{\sum_{k=1}^{n}(x_{i,k} - \overline{x}_i)^2 \sum_{k=1}^{n}(x_{j,k} - \overline{x}_j)^2}} \tag{11.2}$$

②符号指数(sign index)

$$s_{i,j} = \frac{n^+ - n^-}{n^+ + n^-} \tag{11.3}$$

式中 n^+ 为两个样本对应格点距平符号相同的数目，n^- 为距平符号相反的格点数目。$s_{i,j}$ 可以描述两个样本相貌的相似程度。

增长模的繁殖是一个多循环的繁殖过程，扰动将随着时间的增长趋于饱和。当某一个繁殖循环结束时，得到的扰动场(输出模)与该步繁殖之前的扰动场(输入模)非常相似时，说明扰动增长模的形态已经趋于饱和，而当扰动的增长率和形态都达到饱和后，繁殖循环可以结束。

该方法既考虑了实际资料中可能出现的误差，同时又考虑了误差快速增长的动力学结构。试验表明，使用增长模繁殖法后预报效果有了较大提高。该方法的优点是计算量小，容易捕获分析误差，扰动结构与模式大气结构协调性较好，可以很方便地使用非线性高分辨率全物理过程的模式，且快速增长的扰动也可在增长模培育周期内表示出来。缺点是它的数理意义还不够明确，而且忽略了误差增长率及误差中短期不增长的部分，扰动振幅的大小对集合预报结果有着重要影响，但只能靠经验和试验获得，具有比较大的随意性。

(4)奇异向量法(SVs)

此方法由 ECMWF 最先提出并应用于其集合预报系统，中国气象局、日本气象厅也使用了这一方法。基本原理是利用非线性动力学理论中的有限时间不稳定理论，结合数值天气预报同化技术即切线性和伴随模式，通过计算切线性模式的奇异值和奇异向量，利用最大奇异值对应的奇异向量就是增长最快的扰动原理，获得一系列的扰动初值。

该方法的优点是理论和原理清楚，中高纬扰动结构与物理意义明确；能较好地处理资料同化中很多不定量的假设，也能确定最快的扰动发展方向；易于捕获分析误差，也易于增加集合成员个数，而且离散度较好。该方法的缺点是计算量较大，需要耗费大量的计算资源；忽略了误差短期不增长的部分；扰动结构受同化分析中的切线性模式处理过程影响，热带地区的扰动效果较差；扰动结构与模式大气层结构不一致。更倾向于在分析 PDF 中抽取到极端的样本，而不是真正意义上的随机抽样。在分析场中，并不是所有的误差都会映射到增长的模态上，这也限制了 SV 方法的采样。有研究表明，增长模繁殖法在短期集合预报方面要优于奇异向量法。为了改善这一状况，ECMWF 提出了“演化的奇异向量法”，实际上就是在奇异向量法中引入了增长模繁殖法的思想，即引进了增长模繁殖法中把预报初始时刻前一时段内的最速增长模作为初始扰动的思想。图 11.5 为两种奇异向量法的示意图。有研究表明这一方法优于传统的奇异向量方法。

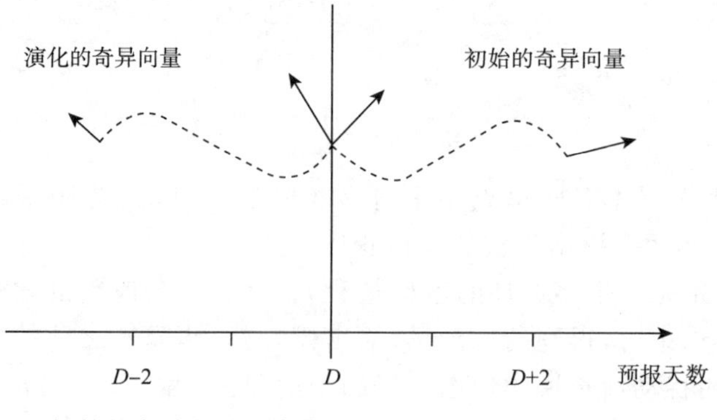

图 11.5 初始的奇异向量和演化的奇异向量示意图(Hoffman 等，1983)

(5)观测扰动方法(perturbation of observation,PO)

Houtekamer和Derome(1995)提出了一种新的扰动生成方法称为观测扰动法。该方法考虑到产生初始扰动场的方法应该与气象资料分析、同化的处理方法一致,在资料同化期即引入集合预报的思想,用类似于蒙特卡洛的随机噪声代表观测误差,对观测资料加以扰动,每个扰动的同化分析周期都是独立的,由此产生独立初始分析场,通过积分模式得到预报结果。这一方法计算量相对较小,且容易捕获分析误差,但与动力模式的协调性较差。

综上所述,作为集合预报中最核心的研究内容,初始场扰动理论和方法日趋成熟,取得了较大进展,已经成功地应用于各个国家地区的集合预报业务系统。但是初始场扰动技术尚有一些问题没有解决,如扰动误差的离散度还不够大、离散速度还不够快等。表11.1总结了各种初始扰动方法的优缺点和主要应用部门。

表11.1　各种初始扰动方法的优缺点和应用部门(韦浩宁,2008)

扰动方法	优点	缺点	应用部门
滞后平均预报法LAF	1. 考虑了与动力模式的协调 2. 简单,容易实现,计算量小	1. 增加样本困难 2. 难以确定每个初始场的统计权重 3. 发散度不确定	1. 中国气象局 2. 日本气象局 (多用于长期预报)
奇异向量法SVs	1. 较好处理资料同化中许多不定量的假设 2. 容易增加集合预报成员数 3. 中高纬度扰动结构与物理意义明显 4. 容易捕获分析误差 5. 可以确定最快的扰动发展方向,发散度好	1. 计算量大 2. 忽略误差短期不增长的部分 3. 扰动结构受同化分析中切线性模式处理过程影响,热带地区的扰动效果较差 4. 扰动结构与模式大气层结构不一致	1. ECMWF 2. 日本气象厅 3. 中国气象局
增长模繁殖法BGM	1. 计算量小 2. 容易捕获分析误差 3. 扰动结构与模式大气结构协调性较好	1. 忽略误差增长率及误差中短期不增长的部分 2. 扰动振幅影响集合预报技巧 3. 真实误差概率密度函数分布不可知	1. NCEP 2. 日本气象厅 3. 美国(海军)舰队数值海洋中心 4. 南非气象局 5. 加拿大气象局
观测扰动方法PO	1. 计算量相对较小 2. 容易捕获分析误差	1. 与动力模式不相协调 2. 真实误差概率密度函数分布不可知	加拿大气象局

目前，研究人员并未满足于现有的初始扰动方法，正在致力于研究新型的扰动技术，集合转换卡尔曼滤波法(Ensemble Transform Kalman Filter，ETKF)就是其中之一。ETKF 的理论源于集合变换和卡尔曼滤波理论，最早是作为一种适应性观测算法提出的，后来被用于集合预报的初始扰动生成。其基本思想来源于集合变换方法，通过使集合估计的预报误差协方差和"真值"相等可以求出变换矩阵，利用转换后的扰动来求出预报误差协方差及选择性观测对预报误差协方差的影响(用信号方差来表示)，从而得到所谓的敏感区。该方法的主要特点是：它认为可以通过将非线性扰动值线性组合，来求解误差协方差矩阵；可以直接得到附加观测对减少预报误差的一个定量估计；与 SVs 方法相比，程序设计比较简单，易于实现；它是在集合扰动的子空间中求解的，且可以使用连续性的观测方法，大大减少计算量，节约内存，但比起 BGM 方法还是要略费时的；这种方法不仅可以用来同化观测，而且可以作为集合扰动的一种生成方法。

ETKF 法是集合变换(ET)与卡尔曼滤波(Kalman Filter)的结合，最早由 Bishop 等(2001)针对适应性观测提出，Wang 等(2003)将其用于集合初值扰动。并且同应用广泛的 BGM 方法进行了比较。发现，ETKF 得到的分析扰动能够反映观测资料的密度和质量，与资料同化一样误差方差的减少量与预报误差大小相关，所得到的扰动相互正交。ETKF 估计的预报误差方差优于 BGM，它可以当作 BGM 方法的修订版。从理论上讲，ETKF 集合扰动优于 BGM。并且计算量仅比 BGM 多 6%(15 个集合成员)。下面简单介绍 ETKF 初值扰动原理。

在集合预报中，定义 $\boldsymbol{Z}^f$ 为相对于集合平均的预报扰动矩阵，$\boldsymbol{Z}^a$ 为相对于集合平均的分析扰动矩阵，表达式为：$\boldsymbol{Z}^f=\frac{1}{\sqrt{K-1}}(\boldsymbol{x}_1^f-\overline{\boldsymbol{x}}^f,\boldsymbol{x}_2^f-\overline{\boldsymbol{x}}^f,\cdots,\boldsymbol{x}_K^f-\overline{\boldsymbol{x}}^f)$，$\boldsymbol{x}^a=\frac{1}{\sqrt{K-1}}(\boldsymbol{x}_1^a-\boldsymbol{x}^a,\boldsymbol{x}_2^a-\boldsymbol{x}^a,\cdots,\boldsymbol{x}_K^a-\boldsymbol{x}^a)$。式中 $\boldsymbol{x}_i^f$ 与 $\boldsymbol{x}_i^a$ $(i=1,2,\cdots,K)$ 分别表示 K 个集合成员的预报与分析扰动的状态向量，$\overline{\boldsymbol{x}}^f$ 是 K 个集合预报平均结果，$\boldsymbol{x}^a$ 是独立的资料同化系统分析值。ETKF 方法通过一个转换矩阵 $\boldsymbol{T}$ 将集合预报扰动 $\boldsymbol{Z}^f$ 转换为分析扰动 $\boldsymbol{Z}^a$：

$$\boldsymbol{Z}^a=\boldsymbol{Z}^f\boldsymbol{T} \tag{11.4}$$

基于集合的分析和预报协方差矩阵由卡尔曼滤波公式可以表示为：

$$\boldsymbol{P}^f=\boldsymbol{Z}^f(\boldsymbol{Z}^f)^T \tag{11.5}$$

$$\boldsymbol{P}^a=\boldsymbol{Z}^a(\boldsymbol{Z}^a)^T \tag{11.6}$$

这里 $\boldsymbol{P}^f$ 与 $\boldsymbol{P}^a$ 分别表示集合的预报与分析误差协方差矩阵，上标 T 表示矩阵转置。卡尔曼滤波误差协方差更新方程为

$$\boldsymbol{P}^a=\boldsymbol{P}^f-\boldsymbol{P}^f\boldsymbol{H}^T(\boldsymbol{H}\boldsymbol{P}^f\boldsymbol{H}^T+\boldsymbol{R})^{-1}\boldsymbol{H}\boldsymbol{P}^f \tag{11.7}$$

式中 $\boldsymbol{R}$ 是观测误差协方差矩阵，$\boldsymbol{H}$ 是线性化观测算子。

将方程(11.4)，(11.5)，(11.6)代入方程(11.7)解出变换矩阵 $\boldsymbol{T}$ 为

$$\boldsymbol{T}=\boldsymbol{C}(\boldsymbol{\Gamma}+\boldsymbol{I})^{-1/2} \tag{11.8}$$

式中矩阵 $\boldsymbol{C}$ 的列向量为 $(\boldsymbol{Z}^f)^T\boldsymbol{H}^T\boldsymbol{R}^{-1}\boldsymbol{H}\boldsymbol{Z}^f$ 的特征向量，相应的特征值是对角矩 $\boldsymbol{\Gamma}$ 的非零元素，$\boldsymbol{I}$ 是单位矩阵。由此可知，对于给定的一组集合预报，如果预报扰动的协方差矩阵等于真实预报误差协方差矩阵，则变换的分析扰动协方差矩阵将严格等于真实的分析误差协方差矩阵。

虽然集合预报扰动之间关于集合平均具有中心化特征，即 $\sum_{i=1}^{K}\boldsymbol{Z}_i^f=0.0$，但不能确保分析扰动也具有中心化属性 $\sum_{i=1}^{K}\boldsymbol{Z}_i^a\neq 0.0$。所以 Wang 和 Bishop(2003)针对 ETKF 集合初始扰动方案提出了球形单形中心化方案，既能保持分析误差协方差不变，又能确保分析扰动中心化。这样，方程(11.8)则变为

$$\boldsymbol{T}=\boldsymbol{C}(\boldsymbol{\Gamma}+\boldsymbol{I})^{-1/2}\boldsymbol{C}^T \tag{11.9}$$

式中，$\boldsymbol{C}^T$ 为矩阵 $\boldsymbol{C}$ 的转置矩阵。该中心化方案的优点在于当集合成员数相对偏少时，使得中心化后的集合扰动能够更好地保持初始扰动的原有属性。

研究发现(Wang 等，2007)，当 K 远小于真实预报误差协方差的秩 r 时，方程(11.9)会系统地低估分析误差方差。Wang 等 2007 年提出改进公式

$$\boldsymbol{T}=\boldsymbol{C}(\rho\boldsymbol{\Gamma}+\boldsymbol{I})^{-\frac{1}{2}}\boldsymbol{C}^T \tag{11.10}$$

式中，标量因子 ρ 是预报误差方差在集合子空间投影的部分，用下式表示

$$\rho=\frac{\overline{(\boldsymbol{R}^{-1/2}\boldsymbol{y}-\boldsymbol{H}_0\overline{\boldsymbol{x}}^f)^T\boldsymbol{E}\boldsymbol{E}^T(\boldsymbol{R}^{-1/2}\boldsymbol{y}-\boldsymbol{H}_0\overline{\boldsymbol{x}}^f)}-(K-1)}{\overline{(\boldsymbol{R}^{-1/2}\boldsymbol{y}-\boldsymbol{H}_0\overline{\boldsymbol{x}}^f)^T(\boldsymbol{R}^{-1/2}\boldsymbol{y}-\boldsymbol{H}_0\overline{\boldsymbol{x}}^f)}-p} \tag{11.11}$$

这里，p 是观测值个数，$\boldsymbol{H}_0$ 是标准化观测算子，$\boldsymbol{H}_0=\boldsymbol{R}^{-1/2}\boldsymbol{H}$，$\boldsymbol{E}$ 的列是标准化观测空间集合协方差的特征矢量，

$$\boldsymbol{E}=\frac{\boldsymbol{H}_0\overline{\boldsymbol{x}}^f\boldsymbol{C}\boldsymbol{\Gamma}^{-1/2}}{\sqrt{K-1}} \tag{11.12}$$

上面的横线代表的是时间平均。因为新的 ETKF 方案(11.10)式只能部分改进旧方案(11.9)式的分析误差方差低估问题，需要引入一个放大因子方法(inflation factor，Wang et al，2003)以有效确保集合预报方差与集合平均到所有观测站点的误差方差一致。亦即

$$\boldsymbol{Z}_i^a=\boldsymbol{Z}_i^f\boldsymbol{T}_i\Pi_i \tag{11.13}$$

这里的 Π_i 为 t_i($i=1,2,\cdots$，表示不同循环时刻)时刻的标量放大因子，定义为

$$\Pi_i=\Pi_{i-1}\sqrt{\alpha_i}=\sqrt{\alpha_1\alpha_2\cdots\alpha_i} \tag{11.14}$$

其中，参数

$$\alpha_t = \frac{\boldsymbol{d}_{i0}^T \boldsymbol{d}_{i0} - p}{\mathrm{tr}(\boldsymbol{H}_0 \boldsymbol{P}^f \boldsymbol{H}_0^f)} = \frac{\boldsymbol{d}_{i0}^T \boldsymbol{d}_{i0} - p}{\sum_{i=1}^{K-1} \lambda_i} \tag{11.15}$$

式中 p 为观测点数目，λ_i 是对角线上的元素，tr 表示迹。$\boldsymbol{d}_{i0}$ 为 t_i 时刻采用观测误差平方根标准化后的更新矢量，$\boldsymbol{d}_{i0} = \boldsymbol{R}^{-\frac{1}{2}}(\boldsymbol{y} - \boldsymbol{H}\,\overline{\boldsymbol{x}}_i^f)$，$\boldsymbol{H}\,\overline{\boldsymbol{x}}_i^f$ 是集合平均场预报转换到观测空间的量。参数 α_t 的引入，首先是在假定预报误差与观测误差无关的基础上，然后在统计意义上对全球观测系统建立求解关系。如果集合扰动方差与控制预报误差方差不相等，则可以利用参数 α_t，对集合扰动方差进行强迫调整，以使得在全球观测空间中，集合扰动方差与控制预报误差方差保持一致（马旭林等，2008）。在整个扰动更新中，放大因子是自适应的。

此外，ETKF 方法具有集合卡尔曼滤波方法的优点，在求解算法上又与其不同，产生的集合扰动在观测空间是正交的。同样，ETKF 还广泛用于适应性观测和资料同化的研究领域中。尽管 ETKF 理论提出的时间比较短，但这方面的研究工作正成为当前的研究热点之一，并已经取得了初步的试验结果。相信随着研究的进一步深入，ETKF 方法是一种很有业务应用潜力的方法。

在实际应用中 ETKF 循环可分为四个步骤：①利用 K 个集合预报结果，得到预报扰动和集合均值；②利用观测资料使用 3DVAR 资料同化系统得到 $\boldsymbol{H}(\boldsymbol{x}_i^f)$，$\boldsymbol{R}$；③利用 ETKF 更新预报扰动得到分析扰动；④将分析扰动叠加到集合平均场上，产生 K 个集合成员的初值场，代入数值模式得到下一时刻的集合预报。整个工作流程可以用图 11.6 给予简单描述。

11.2 集合预报模式扰动的发展

好的集合预报系统必须建立在好的数值模式之上。集合预报发展初期，人们都会把研究的重点放在对初值扰动的方法上。但是近年来，随着观测技术的提高和观测网的扩大，初值场的精确程度得到了很大的提高，人们开始把更多的关注放到模式的不确定性上。Houtekamer 等（1996）首次在集合预报研究中考虑了模式不确定性引起的误差。由于模式设计中不可避免的简化以及可能存在的边界条件影响，如时间、空间差分及物理过程参数化方案等，必然带来预报的不确定性。因此，不断改进数值模式的质量对提高集合预报的效用至关重要。就目前集合预报的发展来看，针对模式的不确定性，主要有以下几种方法：

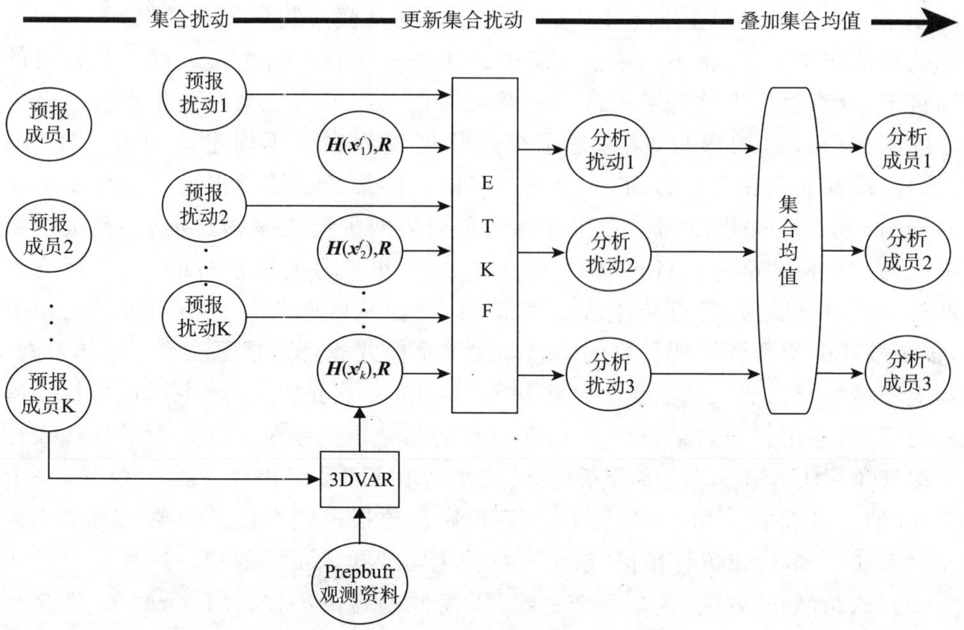

图 11.6　ETKF 工作流程(黄红艳,2015)

(1)对单一模式的物理参数化方案或其敏感因子进行扰动。某些物理参数化方案对于有的天气过程是非常敏感的,如积云对流参数化方案在模拟降水等天气过程中就扮演了非常重要的角色。但实际上,每个参数化方案都有各自的优点,有时也不能确定知道该选择何种方案组合,才能使整个模式系统达到最优。所以,可以选出若干种比较有意义的参数化方案,假设每个方案的预报技巧均相同,通过随机选取的方法将各种方案进行组合,来生成一定数量的集合成员。对于参数化方案中敏感因子的扰动,可以在合理范围内将其当作随机过程来处理,进行扰动,生成一定数量的集合成员。Buizza(1999)在总的物理参数化倾向上乘一个分布在 0.5～1.5 之间的均一分布随机数,其结果表明:这个方案增加了集合离散度,提高了概率预报的技巧,并且他认为这种方法会在较长期的集合预报中发挥作用。但是,这种方法集合的发散度较小。Lin 和 Neelin(2000)通过用一阶的自回归模式,引入随机成分到对流参数化方案里面。Stensrud(2000)从相同的初值出发,选取不同的物理过程参数化方案,并扰动水汽参数,生成集合成员。结果表明:方案是合理的,尤其是在降水的模拟中,效果好于初值的扰动。

(2)多初值-多模式法。单一模式本身的参数或参数化方案之间互相影响互相协调,改变其中的某些参数化方案可能会对模式整体有负面的影响。为了避免这个问题,人们想到了另一个提高预报技巧的方法,就是多初值-多模式法,它的主要思想是同时使用两个或两个以上业务中心的初始分析场及模式制作集合预报，将不同预报系统的初值交叉应用、将不同预报系统的结果进行集合。每个模式都有其自身的集合预报子系统，然后把这些子集合预报系统加在一起成为总集合预报系统。该方法既考虑了初值误差的影响，又考虑了模式物理过程中的不确定性因素。Harrison(1999)的研究表明在某些方面，一个基于多模式的集合系统预报技巧要好于单个模式。Evans 等(2000)用欧洲中心和英国气象局的两种模式来构造集合，预报结果比其中任何一个模式都好。Hou 等(2001)对 1998 年 5 月美国进行的"风暴尺度和中尺度集合预报试验"进行总结评估，结果表明：无论从概率意义上，还是从决定论意义上，多个模式的集合预报所提供的信息均比单个模式集合预报更准确。总体上看，在基本上不增加预报成员的前提下，"多初值-多模式集合预报"系统中期预报技巧有了明显的提高，甚至预报效果要好于 ECMWF 的集合预报系统。这方面最具代表性的是英国气象局 UKMO，其"多分析-多模式集合预报"系统用到了两个模式，一个是 UKMO 的业务模式 UM，一个是 ECMWF 集合预报模式系统。同单一的模式系统相比，"多初值-多模式集合预报"系统在维护上需要投入更多的精力。

(3)"PoorMan"方法，这是一个更经济、简便易行的办法。"PoorMan"集合预报技术也是基于同样的理论，是将来自几个业务中心不同模式的决定性控制预报作为集合预报的成员。相对于发展并运行一个集合预报系统来讲，该方法比较便宜，也容易实现。有研究表明，"PoorMan"集合预报技术在表达短期预报的不确定性方面非常有效，在前 3 天"PoorMan"预报技巧高于 ECMWF 的集合预报系统。它对 3 d 以后的预报效果较差。同时也要注意，集合成员的引入也要有一定的技巧，如果引入了一个技巧较差的预报，将会破坏集合预报的整体技巧。

在"PoorMan"技术的基础之上，进一步提出了"超级集合预报"的思想，由 Krishnamurti(1999)提出，用的是多个业务决定性预报的输出结果，不将多个模式的预报结果直接作为集合预报系统，而是根据这些模式过去的性能对其预报进行统计订正，以获得最好的决定性预报。与其他的集合预报技术不同，超级集合预报技术仅仅提供了一个决定性预报，不是一个概率预报。结果显示，超级集合预报给出了最好的决定性预报，它比所有的单个模式或模式的集合平均效果要好。

11.3 集合预报产品

集合预报系统生成了大量数据，产品解释技术的任务是设计合理的方法，对集合产品分布做出有气象意义的解释。目前的产品除传统的"邮票"图之外，主要还有以下几类：

(1)集合平均图(ensemble mean)是集合预报成员的数学平均。集合平均可以过滤掉每个成员的不可报预报因素，给出总体的预报趋势。但由于平滑作用，集合平均不能预报极端天气，也不代表模式的相空间轨迹，它也同样包含了模式扩散和大气演变。是集合预报最基本的产品。

(2)集合预报离散度(ensemble spread)是集合预报不确定性的量度指标。它可用各成员同控制预报场的均方差(RMS)量度，也可用各成员同总体平均场的距平相关系数(ACC)平均值量度。离散度是集合平均的标准偏差，表示集合成员在集合平均周围的变化，在一定程度上可代表模式的预报技巧，一般来说，离散度小，预报技巧较高，预报可信度高；但离散度大，预报技巧不一定低，预报可信度也不一定很低。是集合预报另一种基本指导产品。

(3)概率烟羽图：计算某一点上预报成员对各预报值范围出现的概率，绘制集合成员对预报对象的预报概率分布时间演变图。不同的预报对象可设计不同的烟羽图。

(4)天气要素预报概率图：假定每个集合预报成员是等权重的，对降水、气温、风等天气要素，计算某区域内不同量级或大小范围出现的预报概率分布图。

(5)面条图：选取一条特征等值线(如 500 hPa 图上 5640 gpm 等值线)，把所有成员中预报的该等值线绘制在同一张图上。一般来说，等值线的发散程度大致反映出预报的可信度，越是集中时可信度越大。

11.4　质量评估检验方法

对事物的任何检验评估，首先需要有一个度量标准或评估标准。预报值和实测值完全吻合的天气预报无疑是最理想的，天气预报效果的质量评估实质上就是天气预报和实测值之间相比较的过程。质量评估旨在估计误差，用以改进预报技术并建立一个连续的质量控制体系。

集合预报生成以后，接下来的工作就是要分析其性能、优缺点，看其是否能有效地提高天气预报的效果，适合何种业务需要。因此，集合预报的后处理检验评估，是集合预报体系中很重要的一环，是集合预报系统必不可少的组成部分和研究重点，无论对于气象预报员还是研究工作者都具有非常重要的意义。人们对天气预报效果的评估实践由来已久，几乎和天气预报本身同时产生。它可以直接评估模拟和预报结果的好坏，比较不同预报系统的预报性能，还可以从检验结果中发现一些系统一直存在、需要进一步完善的问题。另外，模式检验中的一些评分指数是衡量天气预报进步的重要参数。

对于传统的单一确定性数值预报，其检验比较容易，意义也比较明确，可以用传统的检验工具：均方根误差来进行检验。但是，集合预报与单一确定性预报不同，它是不确定性的随机动力预报，属于概率预报，提供所有大气变量的完全概率预报，包含的预报成员很多，不能简单地直接引用单一确定性数值预报的检验方法对集合预报进行检验，因为对集合预报系统的检验要比传统数值预报的检验复杂得多。因此，必须开发出针对集合预报系统的检验评估方法。但是由于涉及的检验方法多而广，因此，现今集合预报系统的质量评估体系尚未完善，对于集合预报检验的标准还没有形成共识，存在一定的争论，因此需要深入细致地研究每一种质量检验方法之间的区别和联系，最终建立起一套合理有效、现实可行的检验评估体系。这对于集合预报的理论研究和业务应用来说，具有非常重要的意义。

集合预报系统从原理上讲也可称之为概率预报系统，概率分布包含了集合预报系统所能提供的所有信息，最大程度地包含了实际大气可能发生的种种情况，是表达集合预报的最全面方法之一。对集合预报系统进行完整的质量检验评估，除了要采用传统数值预报的均方根误差检验方法之外，还要包含概率预报的检验方法，这样对集合预报系统的检验评估才能更为全面合理。概率预报的检验方法有：Brier 评分，秩概率评分(Ranked Probability Score)和秩概率技巧评分(Ranked Probability Skill Score)，以及信号检测理论中的方法(Mason，1971)，如相对作用特征(Relative Operating Characteristic，简称 ROC)等。根据质量评估这一原则，本章进行的质量检验和质量评估主要是介绍以下几种检验方法：均方根误差及预报技巧，Talagrand 分布，Brier 评分，相对作用特征 ROC，秩概率评分 RPS 和秩概率技巧评分 RPSS，相关系数，平均误差，预报和集合扰动的相关分析，秩直方图检验和离散度检验。下面就对其进行详细介绍。

11.4.1 均方根误差和技巧水平

均方根误差是一个对应于预报和实况观测值之间的 L^2 距离函数，是一种传统的气象分析检验手段，具体的算法如下

$$RMS = \sqrt{\frac{1}{N}\sum_{i=1}^{N}(rf_i - ro_i)^2} \tag{11.16}$$

式中 rf_i 和 ro_i 分别为第 i 天(对于某个站点的时间序列)或第 i 个站点(对于某个时间点的空间序列)的要素预报值和要素实况，N 为总天数(对于某个站点的时间序列)或总站点数(对于某个时间点的空间序列)。

集合预报平均是集合预报成员的数学平均，是集合预报分布的中心点(central of distribution)，代表集合预报产品第一级信息。一般情况下，由于计算平均的过程中可以过滤掉每个成员的随机不可预报信息，给出总体的预报趋势，可以分析预报区域的状态，通常集合平均的预报技巧大于单个成员，甚至比使用高分辨率模式所产生的单个预报准确。总之，集合平均是集合预报最初级的应用和检验手段。在进行集

合预报时，最简单、运用得最广的方法就是将集合平均视为一个单个预报，表征对未来大气状态最合理的估计，因此对于集合预报的均方差计算，取 rf_i 为集合成员的平均值，同时，为了对集合预报和控制预报的效果进行对比，也计算了控制预报的均方根误差 RMS_{con}，此时 rf_i 则代表控制预报值。另外，为了比较集合平均与控制预报的相对效果，定义了预报技巧来进行比较，具体公式如下

$$SKILL = \frac{RMS_{con} - RMS_{en}}{RMS_{con}} \times 100\% \tag{11.17}$$

代表集合平均预报的均方根误差比控制试验的均方根误差减小的百分比，公式(11.17)中 RMS_{con} 和 RMS_{en} 分别为控制试验的均方根误差和集合平均预报的均方根误差。显然均方根误差越小越好，技巧水平则越大越好。

11.4.2　塔拉格兰德(Talagrand)分布

在评估一个集合预报系统的表现时，经常用到的一个检验工具是塔拉格兰德图(Talagrand diagrams)。它主要是评估集合预报系统的集合成员能否对大气真实状态的概率密度分布进行合理抽样，可以用来检验是否预报值和检验值都是来自相同的概率分布。按照 Talagrand(1997)观点，可以认为一个"好"的集合预报系统标准应该是每个预报成员发生的概率相同，同时观测实况也应以相同的概率落在它们附近，因而一个理想集合预报系统的直方图应是平直的。对于一个具有 N 个成员的集合预报，假设在受检验的范围内共有 k 个格点，在每个格点 $j(j \in k)$ 上，它的某一气象变量的预报值可表示为 x_{ij}^f，其相应的观测值为 x_{nj}^o，其中 f 表示预报，o 表示观测，i 代表第 i 个成员 $j(i \in \mathbf{N})$，$n=1,2,3,\cdots,L$，L 为实况场个数(总天数)，则有效样本大小为 $M=LK$。从理论上讲，只有预报样本数 M 足够大时，概率分布才具有统计上的意义，因此这一检验方法需要足够大的样本资料来进行检验，否则就会失去检验的意义。将每个成员的预报值 x_{ij}^f 按数值大小进行增序排列，并重新编号，有 $x_{1j}^f \leqslant x_{2j}^f \leqslant x_{3j}^f \leqslant \cdots \leqslant x_{Nj}^f$，两两之间的区间$[x_{i-1j}^f, x_{ij}^f)$用 d_i 来表示($i=2,\cdots,N$)，并令 d_1 为最小端的区间$(-\infty, x_{1j}^f)$，d_{N+1} 为最大端的区间$[x_{Nj}^f, +\infty)$，因此，N 个成员就可以构成 $N+1$ 个区间。这样按照 Talagrand 思想，观测值 x_{nj}^o 必定落在某个区间 d_i 内。对于每个区间 d_i，统计观测值落在 d_i 中的总数 S_i，通过 $P_i=S_i/M$ 求出概率分布 $P_i(i=1,2,3,\cdots,N+1)$，根据 P_i 的值即可绘出 Talagrand 分布图或称直方图。

通过 Talagrand 图的分布情况，可以发现集合预报系统中的一些问题。如果集合成员间的发散度较小，那么大气的观测值落在最小端和最大端区间的比率就会较大，在 Talagrand 图上的反映，就是一个典型的 U 字形。这时就需要想办法改变初始扰动或者模式扰动增加集合预报系统各成员间的发散度。如果集合成员间的发散度较大，所有的大气观测值都会落在中间位置附近的区间内，在 Talagrand 图上反

映，就是一个典型的 n 字形，这时就需要采取措施(例如，减少集合成员)来减小集合成员间的发散度。如果 Talagrand 图表现出一定的阶梯型(称为 L 型或反 L 型)，表示集合预报系统除了具有集合成员发散度较小的问题之外，还存在预报模式的系统性误差，例如当检验评估的物理量是累积降水量时，若 Talagrand 图出现这种从高到低的阶梯形状，呈 L 形，则表示模式对降水量预报具有偏大的特点，反之，若呈反 L 形，说明模式预报的降水量水平总是偏小的。

需要说明的是，Talagrand 图只是评估集合预报系统成员所描述的大气状态概率分布对大气真实状态抽样的好坏，它并不能够准确地反映集合预报系统的预报准确度。例如，当预报时效超过了大气运动可预报性时间后，如果预报模式没有系统性偏差的话，那么在 Talagrand 图上，将会与完美集合预报相似，所有区间的柱面高度相等。

Q 是度量集合预报优劣的一个很常用的标准，是概率 P_i 的均方差。其定义公式为

$$Q = \left[\frac{1}{N+1} \sum_{i=1}^{N+1} (\overline{P} - P_i)^2 \right]^{1/2} \tag{11.18}$$

式中 $\overline{P}$ 是平均频率，$\overline{P}=1/(N+1)$。从 Q 的定义公式中可以看出，Q 的值越小，说明集合预报的效果越好。若 Q 的值为 0，则表明集合预报系统最完美，可信度最高。但目前世界上所有的集合预报系统都还无法达到这一要求，概率分布一般都两端大、中间小，表明集合预报各成员的发散度还不够。

11.4.3 相对作用特征 ROC

相对作用特征是信号探测理论(Signal Detection Theory)在数值天气预报中的一种应用，对二分类要素序列进行检验，表示集合预报的命中率和假警报率的情况，命中率越高，假警报率越低，说明预报的效果就越好。这一检验方法，可以应用到对集合预报系统关于降水预报的检验评估上来。

对于区域内的格点 $Xg(Xg \in \Sigma)$，系统的预报结果给出了某个事件(如出现降雨)的发生或不发生这两种状态，以之对比于实况观测的情况，于是就可以构建一个双态分类列联表(表 11.2)，其中 X 表示实报，Y 表示漏报，Z 表示错报，W 表示正确否定。定义命中率 f 表示报对的比率，假警报率 g 表示预报事件没有发生的比率，定义公式如下

$$f = X/(X+Y) \tag{11.19}$$

$$g = Z/(Z+W) \tag{11.20}$$

如果这两个比率都放到同一笛卡尔坐标中，就得到一个个的单点，称为 ROC 图像。信号探测理论是对上述这些概率预报思想的一个归纳。

表 11.2　双态分类列联表

预报结果		预报：发生	预报：不发生	统计观测数
观测	发生	X	Y	$X+Y$
	不发生	Z	W	$Z+W$
统计预报数		$X+Z$	$Y+W$	

检验的过程可以分为如下三个步骤来进行：

第一步：制作事件发生与否的统计表。把集合预报系统生成的预报分布分为 K 个概率层次，每个层次宽度为 $1/K$ 的概率（如表 11.3 第二列所示），其中 $j=1,\cdots,K$，且最后的一层 $j=K$ 时包含 $p=100\%$ 这一情况。通过对每个格点计算事件发生的预报概率 P，鉴别出 P 所属第 j 层，然后根据实况，统计这一层降水事件发生和不发生的次数，分别记为 b_j 和 a_j，构建出表 11.3。

表 11.3　要素观测统计

层次	概率范围	实况：不发生	实况：发生
1	$[0,1/K)$	a_1	b_1
2	$[1/K,2/K)$	a_2	b_2
………………	………………	………………	……………… $j=2$ 时
3	$[2/K,3/K)$	a_3	b_3
…	…	…	…
j	$[(j-1)/K,j/K)$	a_j	b_j
…	…	…	…
K	$[(K-1)/K,1]$	a_K	b_K

第二步：计算命中率和假警报率。假定预报事件发生的概率阈值 $P=j\times 1/K$（即预报概率大于或等于 j/K 时，则预报事件发生；反之则预报事件不发生），可以将表 11.3 中的 a_j 和 b_j 划分为四个部分（表中的水平虚线是 $j=2$ 时的情况），分别对这四部分进行累加，就可以产生下列四个值：

$$W=\sum_{i=1}^{j}a_i,\quad Y=\sum_{i=1}^{j}b_i,\quad Z=\sum_{i=j+1}^{K}a_i,\quad X=\sum_{i=j+1}^{K}b_i$$

然后根据这四个值 X,Y,Z,W，计算出在 $j=2$ 时的命中率 f 和假警报率 g，从而产生一个 ROC 图像点。如果在表中将“水平虚线”从 $j=1$ 依次移动到 $j=K$ 可以得到不同的概率临界值，从而可以得到各个层次上的命中率和假警报率，在同一笛卡坐标中形成 N 个点，由此可以绘出一条曲线，称为相对作用特征（ROC）曲线。ROC 曲线反映的是某个要素的概率预报状况。

第三步：计算 ROC 面积。一个关于 ROC 的简便测量方法是曲线下方所包围的区域面积，这一面积随着更多的空报率出现而从 1 下降到 0。若以 0%作为概率临界值，即预报对象总是发生，则 $f=1, g=1$；若以 100%作为概率临界值，即预报对象总是不发生，则 $f=0, g=0$。经过(0,0)和(1,1)两点的直线(即对角线)是概率预报是否有技巧的分界线。当 ROC 曲线位于该对角线上方时为有技巧预报，此时 ROC 曲线下方的面积>0.5；当 ROC 曲线位于该对角线下方时为无技巧预报，此时 ROC 面积<0.5；概率预报最佳时，$f=1, g=0$，此时 ROC 面积=1。因此 0.5 被认为是一个有效预报的下界，如果一个集合预报系统的 ROC 区域面积低于 0.5，它将不能分辨出事件是否会发生。ROC 面积的计算公式为

$$\text{ROC 面积} = \int_0^1 f_{(x)}\,\mathrm{d}g = \sum_{i=1}^{N-1} \frac{1}{2}[f_{i+1} + f_i] \times [g_{i+1} - g_i] \tag{11.21}$$

如果检验的气象要素是累积降水量，那么预报概率还要插值到观测站点上，或者把降水插值到网格点上，然后依次按照上述步骤进行计算。

11.4.4 布赖尔(Brier)评分

目前，数值模式对降水尤其是特大降水的预报能力还较低，但是可以通过集合预报系统所有集合成员的预报结果，得到定量化、客观化的降水概率预报，这是单一的确定性预报无法做到的。因为检验二态分类概率预报准确性的一个最常用方法是 Brier 评分，BS 值是对某个等级(即某事件发生)的概率预报结果进行评价的一个指标。因此，也采用 Brier 评分来对集合方法提供的发生某个降水等级概率预报结果进行检验和评价。

Brier 评分的计算公式是

$$BS = \frac{1}{N}\sum_{i=1}^{N}(p_i - o_i)^2 \tag{11.22}$$

式中，对于每个站点的时间序列，p_i 为预报第 i 天发生某事件的概率，N 为总天数；如果该天该事件确实发生，o_i 为 1，如果该事件没有发生，o_i 则为 0。另外，此公式也可以是对于某个时间点(个例)的空间序列，p_i 为预报第 i 个站点发生某事件的概率，N 为总站点数。由此公式可以计算出每个站点上预报成员的事件发生概率与实况的均方概率误差。

p_i 可以通过公式求得

$$p_i = \frac{k}{N} \times 100\% \tag{11.23}$$

式中 N 为集合成员数，k 为集合成员中预报发生某事件的个数。BS 值在 0～1 之间，值越小越好，BS 为 0 时概率预报最佳，BS 为 1 时概率预报最差，预报无意义。

11.4.5　秩概率评分 RPS 和秩概率技巧评分 RPSS

秩概率评分用于对临近多态分类的概率预报进行检验，是对多个等级的概率预报结果进行综合评价的一个指标。一个完美的集合分类预报，其秩概率评分为 1，而最糟糕的预报得分为 0。秩概率评分对误差很敏感，专注于事件发生的概率预报更加可信。

根据 Stanski 等(1989)的观点，对一个给定的预报时间 t 和区域内每一个格点 Xg，假设将某种气象要素按大小划分成 K 个相互排斥、没有交集的等级分类，用$\boldsymbol{P}=(\boldsymbol{P}_1,\cdots,\boldsymbol{P}_K)$表示预报的秩概率向量，用 $\boldsymbol{d}=(\boldsymbol{d}_1,\cdots,\boldsymbol{d}_K)$表示实况观测向量。对于每个格点的秩概率向量，$p_j$ 是气象要素属于第 j 类($j\in K$)的预报概率；对其实况观测向量，如果实况属于第 n 类($n\in K$)，则 $\boldsymbol{d}_n=1$，其他类的实况向量 $\boldsymbol{d}_j=0(j\neq n)$。

秩概率评分公式为

$$RPS \equiv 1-\frac{1}{K-1}\left[\sum_{i=1}^{K}\left(\sum_{n=1}^{i}\boldsymbol{P}_n-\sum_{n=1}^{i}\boldsymbol{d}_n\right)^2\right] \tag{11.24}$$

根据此公式计算出每个格点的集合预报秩概率评分 RPS_{en} 和控制预报的秩概率评分 RPS_{std}。秩概率评分值 RPS 在 0～1 的范围内，且越大越好，$RPS=1$ 时概率预报最佳。由 RPS_{en} 和 RPS_{std} 可以计算出两者的秩概率技巧评分，其定义为：

$$RPSS \equiv \frac{RPS_{en}-RPS_{std}}{1-RPS_{std}} \tag{11.25}$$

$RPSS$ 的取值在$(-\infty,1]$区间范围内，$RPSS=1$ 表示集合预报系统的效果很完美，$RPSS$ 为负值时表示集合预报的准确性比控制预报差。

11.4.6　相关系数

$$CC=\frac{\sum(\overline{F}-(\sum\overline{F}/P))(O-(\sum O/P))}{\sqrt{\sum(\overline{F}-(\sum\overline{F}/P))^2\sum(O-(\sum O/P))^2}} \tag{11.26}$$

式中$\overline{F}$为预报的集合平均；P 为检验区域内格点(站点)总数；O 为观测实况；用 $\sum$ 表示对预报区域内所有格点求和。

11.4.7　平均误差

平均误差代表预报值与真值(分析值)的偏差，其表达式为

$$ME=\frac{\sum_{n=1}^{N}(F_n-O_n)}{N} \tag{11.27}$$

式中 F_n 表示预报场，O_n 表示观测（分析）场，N 是样本数。

11.4.8 预报和集合扰动的相关分析

PECA，即集合扰动和预报误差相关性分析。该方法由 Wei 等在 2003 年提出，它仅考虑集合扰动和预报误差的相关关系，去除了由于模式、分析场等因素对于预报结果的影响，更客观地评价集合扰动方案优劣。PECA 定义式为

$$A_c(\boldsymbol{X},\boldsymbol{Y})=\frac{\{\boldsymbol{X},\boldsymbol{Y}\}}{\{\boldsymbol{X},\boldsymbol{X}\}^{1/2}\{\boldsymbol{Y},\boldsymbol{Y}\}^{1/2}} \tag{11.28}$$

式中 $\boldsymbol{X}$ 代表预报误差（分析值与控制预报的差），$\boldsymbol{Y}$ 代表集合扰动（扰动预报与控制预报的差）。PECA 值越高，说明集合越能捕捉预报误差的信息，集合扰动方案越好。

11.4.9 秩直方图检验

若集合预报 n 个成员的预报结果分别为 $Y_{(1)},Y_{(2)},\cdots,Y_{(n)}$，实测值为 $Y_{(0)}$，将 $Y_{(1)},Y_{(2)},\cdots,Y_{(n)}$ 按从小到大的秩序排列，得到 $Y_{(1)}<Y_{(2)}<\cdots<Y_{(n)}$ 以及相应的 $n+1$ 个区间，即 $A_1=(-\infty,Y_{(1)}]$，$A_2=(Y_{(1)},Y_{(2)}]$，$\cdots$，$A_{n+1}=(Y_{(n)},\infty)$，那么 Y_0 一定落入 $A_1\sim A_{n+1}$ 中的某个区间。若 Y_0 落入 A_k 中，那么 Y_0 的秩为 $k(k=1,2,\cdots,n+1)$，假设 R 为 Y_0 的秩统计量，则 R 可取的值为 $1,2,\cdots,n+1$，设 $S_1,S_2,\cdots,S_{n+1}$ 为 M 个样本点中 R 取各值的相对频率，以 R 为横轴、S 为纵轴可以绘制秩直方图。

用秩直方图可以检验集合预报系统的优劣。从理论上说，一个完美集合预报系统每个预报成员发生的概率是相同的，也就是说取每个值的可能性一样大，它们的相对频率 $S_1\sim S_{n+1}$ 是相同的，因此一个理想集合预报系统的秩直方图应是平直的。

11.4.10 离散度检验

一个理想的集合预报系统应该表现出成员所有的可能状态，为了达到这一要求，集合系统需要在初始场和预报过程中使引入的扰动和可观测到的预报误差具有相当的增长率。对于扰动振幅大小的衡量可以通过定义集合离散度来进行，它表示集合成员与平均值之间的“标准差”。在一定程度上，离散度可以代表集合系统的预报技巧。

离散度在整个格点上的平均可表示为

$$SP(f)=\sqrt{\overline{\frac{1}{N}\sum_{n=1}^{N}(f_{i,j}^{n}-\widetilde{f}_{i,j})^2}^{i,j}}$$

式中波浪线代表集合平均：$\widetilde{f}_{i,j}=\dfrac{1}{N}\sum\limits_{n=1}^{N}f_{i,j}^{n}$，横线表示空间格点的平均：$\overline{f}^{i,j}=$

$\frac{1}{IJ}\sum_{i=1}^{I}\sum_{j=1}^{J}f_{i,j}$，$f_{i,j}$ 为预报变量在 i，j 点上的值；I，J 分别为 X，Y 方向上的总格点数；N 是集合成员数。

一般而言，离散度愈小，可预报性愈高，预报可信度愈大；反之，可预报性愈低，预报可信度愈低。所以，在一个理想的集合预报系统中同成员预报的平均准确率之间应该有一种比例关系。离散度不能太大（否则就有可能是虚假的），也不能太小（导致漏报太多）。一个好的集合预报系统其成员间应当与均值的预报误差大体相当。因此在检验中，认为离散度应该在均值预报误差的范围之内呈现合理的增长态势，即检验标准是在均值预报误差范围之内离散度越大越好。而对于离散度大于均值预报误差的情况认为是过度离散，不利于集合预报技巧的提高。

这几种检验标准，都能对集合预报系统的表现做出自身独特的检验和评价，可以通过不同的角度比较预报与实况之间的差异。但是仅仅单独的使用一个检验方法或评分标准不足以用来证明一个集合框架好于另外的框架，不能因为某种检验方法的评价结果很出色，就认定这系统的预报效果很完美，这是不公正的，存在着一定的片面性。对任何事物的评价，不能以偏概全，应该从综合的、整体的角度来进行评估。因此应该将这些检验方法结合起来综合运用，才能从多视角了解集合预报系统，对其好坏优劣做出合理且全面的评价。

复习思考题

(1)简述开展集合预报的意义。

(2)集合预报通常是如何分类的？

(3)简述集合预报初始扰动方法的各自优缺点。

(4)集合预报结果检验方法有哪些？各自检验的侧重点是什么？

参考文献

曹鸿兴,魏凤英,1989.滞后平均预报的原理及其应用.气象科技,(1):32-36.

陈伯民,1996.修改的ECMWF质量通量积云参数化方案对西北地区的批量预报试验.高原气象,**15**(1):37-47.

陈伯民,钱正安,1992.关于积云参数化问题.高原气象,**11**(2):213-222.

陈德辉,1995.次网格积云对流参数化//数值天气预报中的若干新技术.北京:气象出版社.

陈静,2003.中尺度暴雨短期集合预报研究.北京:中国气象科学研究院.

陈静,陈德辉,颜宏,2003.集合数值预报发展与研究进展.应用气象学报,**13**(4):497-507.

丑纪范,1995.四维同化的理论和新方法//数值天气预报中的若干新技术.北京:气象出版社:262-294.

杜钧,2002.集合预报的现状和前景.应用气象学报,**13**(1):16-28.

范新岗,1999.集合预报方法的全局研究.气象学报,**57**(1):74-83.

郜吉东,丑纪范,1993.共轭方程理论和最优控制技术在数值模式中的应用简析.大气科学研究与应用,1.

郜吉东,丑纪范,1994.数值天气预报中的两类反问题及一种数值解法—理想试验.气象学报,**52**(2):129-137.

郜吉东,丑纪范,李志锦,1995.一种利用气象要素场时变信息确定其空间分布状态的方法和数值模拟.大气科学,**19**(3):257-269.

顾红芳,2006.中尺度短期集合预报技术及其军事应用研究.南京:解放军理工大学.

郭秉荣,丑纪范,杜行远,1986.大气科学中数学方法的应用.北京:气象出版社.

胡志晋,严采繁,1986.层状云微物理过程的数值模拟(二):中纬度气旋云系的微物理过程.中国气象科学研究院院刊,**1**(1):37-52.

胡宗全,2008.短期降水集合预报两种集合方案的对比研究.南京:解放军理工大学.

黄红艳,2015.多物理ETKF在短期集合预报中的初步应用.南京:解放军理工大学.

皇甫雪官,2002.国家气象中心集合数值预报检验评价.应用气象学报,**13**(1):29-36.

季仲贞,1980.非线性计算稳定性的比较分析.大气科学,**4**(4):344-354.

季仲贞,王斌,1991.再论发展方程差分格式的构造和应用.大气科学,**15**(2):1-10.

季仲贞,曾庆存,1982.发展方程差分格式的构造和应用.大气科学,**6**(1):88-94.

矫海燕,龚建东,等,2010.现代数值预报业务.北京:气象出版社.

康建伟,2006.长江中下游地区梅雨期降水集合预报研究.南京:解放军理工大学.

雷兆崇,章基嘉,1991.数值模式中的谱方法.北京:气象出版社.

李江浩,彭新东,2013.阴阳网格上质量守恒计算性能分析.大气科学,2013,**37**(4):852-862.

李小泉,刘金达,汪迎辉,1997.集合预报及其在中期天气预报中的应用.气象,**23**(8):3-9.

李兴良,2007.球面阴阳网格与新型多离散矩有限体积方法的应用研究.南京:南京信息工程大学.

李泽椿,陈德辉,2002.国家气象中心集合数值预报业务系统的发展及应用.应用气象学报,**13**(1):1-15.

廖洞贤,1992.关于平流方程的水平和垂直分辨率之间的协调.计算物理,**A02**:785-786.

廖洞贤,等,1986.数值天气预报原理及其应用.北京:气象出版社.

廖洞贤,陆维松,1982.有限区域预报中的一些问题.气象学报,**40**(4):387-397.

刘金达,1999.集合预报开创了业务数值天气预报的新纪元.气象,**26**(6):21-25.

刘孝麟,李林,1996.Kuo-Anthes参数化方案对梅雨锋暴雨和台风暴雨的比较试验//台风暴雨数值预报新技术的研究.北京:气象出版社:17-22.

刘宇迪,2002.水平网格对Rossby波的影响.气象学报,**60**(1):76-84.

刘宇迪,2004a.非静力模式中3D网格的计算特性.计算物理,**21**(2):149-155.

刘宇迪,2004b.一种新水平跳点网格计算特性的对比分析.中国科学D辑,**34**(10):983-991.

刘宇迪,陆汉城,2004.中尺度模式中的3D变量配置.热带气象学报,**20**(3):311-320.

刘宇迪,任景鹏,2009.空间分辨率和空间差分精度对水平网格性能的影响.地球物理学报,**52**(1):30-40.

刘宇迪,张亮,2006.静力模式中水平分辨率与垂直分辨率的协调性研究.气象科学,**26**(5):530-535.

刘宇迪,朱红伟,2001.垂直网格计算频散性的研究.应用气象学报,**12**(3):348-357.

刘宇迪,程胡华,侯志明,2008.四阶紧致差分格式对静力模式中垂直网格计算频散性的影响.计算物理,**25**(4):437-444.

刘宇迪,桂祈军,李昕东,等,2001.水平网格计算频散性的研究.应用气象学报,**12**(2):140-149.

刘宇迪,季仲贞,桂祈军,等,2001.几种垂直跳点网格计算频散性的比较研究.大气科学,**25**(4):523-535.

刘宇迪,田福厚,张亮,等,2006.非静力滞弹性模式中水平分辨率与垂直分辨率的协调性初探.热带气象学报,**22**(5):473-478.

刘宇迪,王斌,陆汉城,等,2003.3D网格计算频散性的对比实验.自然科学进展,**13**(8):859-865.

刘宇迪,张帆,刘红翼,等,2006.一种新水平网格的Rossby波计算特性.地球物理学报,**49**(3):650-661.

陆维松,1990.垂直分辨率与水平分辨率的协调及其对计算稳定性的影响//中期数值天气预报研究成果汇编.北京:气象出版社:88-89.

吕美仲,侯志明,周毅,2004.动力气象学.北京:气象出版社.

马旭林,陆续,于月明,等,2014.数值天气预报中集合-变分混合资料同化及其研究进展.热带气象学报,**30**(6):1188-1195.

钱永甫,1988.地表热平衡温度的一种计算方法.气象科学,**8**(4):14-27.

邱崇践,2005.大气资料同化问题的思考.第六次全国动力气象学术会议论文摘要.

谭燕,2006.中尺度强降水天气集合预报技术的研究.北京:中国气象科学研究院.

田华,2004.国家气象中心中期集合预报系统概况.新疆气象,**27**(5):1-3.

王斌,季仲贞,曾庆存,1990.一种省时间的显式数值积分方案.科学通报,**37**(24):2247-2250.

王晨稀,2005.短期集合降水概率预报试验.应用气象学报,**16**(1):78-88.

王澄海,隆霄,杨毅,2011.大气数值模式及模拟.北京:气象出版社.

王康玲,何溪澄,杜华武,1996.用于台风及热带数值预报的行星边界层参数化方案的试验研究//台风、暴雨及数值预报新技术的研究.北京:气象出版社:45-50.

王太微,陈德辉,2007.数值预报发展的新方向——集合数值预报.气象研究与应用,**28**(1):6-12.

韦浩宁,2008.集合容量对短期集合预报的影响性研究.南京:解放军理工大学.

吴增茂,张新玲,2000.大气系统集合预报方法及应用研究的发展.气象科技,**1**:6-20.

徐成贤,陈志平,李乃成,2002.近代优化方法.北京:科学出版社.

徐道生,2012.SVD-En4DVar方法同化多普勒雷达资料的试验研究.兰州:兰州大学.

许焕斌,段英,刘海月,2004.雹云物理与防雹的原理和设计.北京:气象出版社.

杨学胜,2001.业务集合预报系统的现状及展望.气象,**27**(6):3-9.

尹金方,王东海,翟国庆,2014.区域中尺度模式云微物理参数化方案特征及其在中国的适用性.地球科学进展,**29**(2):238-249.

于永锋,张立凤,2005.基于增长模繁殖法的集合预报初始扰动饱和分析.大气科学,**29**(6):955-964.

曾忠一,1997.气象资料同化.渤海堂文化公司.

曾忠一,2006.大气科学中的反问题.渤海堂文化公司.

张可苏,1980.大气动力学模式的比较研究.中国科学,**3**:277-287.

张可苏,1990.离散模式的垂直分层与预报系统的协调关系//中期数值天气预报研究成果汇编.北京:气象出版社:1-4.

张玉铃,吴辉碇,王晓林,1986.数值天气预报.北京:科学出版社.

赵彦,郭裕福,2002.短期气候数值预报中的集合个数问题.大气科学,**26**(2):279-288.

周霞琼,端义宏,朱永禔,2003.热带气旋路径集合预报方法研究.热带气象学报,**19**(1):1-8.

周毅,刘宇迪,2003.数值天气预报基础.北京:气象出版社:230.

周毅,刘宇迪,桂祁军,等,2002.现代数值天气预报.北京:气象出版社:220.

朱抱真,陈嘉滨,张学洪,等,1980.一个包括地形和非绝热作用的原始方程数值模式.气象学报,**38**(2):130-141.

朱江,1995.观测资料的四维质量控制:变分法.气象学报,**53**(3):480-487.

朱跃建,管兆勇,王盘兴,1998.美国国家环境预测中心集成预报介绍.气象教育与科技,**20**(1):1-9.

Alberto A,Robertson K B,Mylne K R,2004. Test of a Poor Man's Ensemble Prediction System for Short-Range Probability Forecasting. Mon Wea Rev,**133**:1825-1839.

Albrecht F H W,1955. Methods of computing global radiation. Pure Appl Geophys,**32**:131-138.

Angstrom A,1924. Solar and terrestrial radiation. Quarterly Journal of the Royal Meteorological Society,**50**:121-125.

Anthes R A,1977. A cumulus parameterization scheme utilizing a one-dimensional cloud model. Mon Wea Rev,(05):270-286.

Arakawa A,Lamb V R,1977. Computational design of the basic dynamical processes of the UCLA general circulation model. Methods in Computational Physics,J. Chang,Ed. ,Vol. 17,Academic Press:173-265.

Arakawa A,Schubert W H,1974. Interaction of a cumulus cloud ensemble with the large scale environment. Part I. J Atmos Sci,**31**:674-701.

Arakawa A,1966. Computational design for long-term numerical integration of the equations of fluid motion: two-dimensional flow, part I. J Comput Phys, **1**: 119-143.

Arakawa A, 1970. Numerical simulation of large-scale atmospheric motions. Numerical Solution of Field Problems in Continuum Physics. SIAM-American Mathematical Society, Vol. 2. Proceedings: 24-40.

Arakawa A, 1972. Design of the UCLA general circulation model. Dept. of Meteorology Tech. Rep. 7, University of California.

Atger F, 1999. The skill of ensemble prediction systems. Mon Wea Rev, **127**: 1941- 1953.

Baba Y, Takahashi K, Sugimura K, et al, 2010. Dynamical core of an atmospheric general circulation model on a Yin-Yang grid. Mon Wea Rev, **138**(10): 3988-4005.

Bao Jian-Wen, Kuo Ying-Hwa, 1994. On-off switches in the adjoint method: step function. Mon Wea Rev, **123**: 1589-1594.

Bear J, 1972. Dynamics of fluids in porous media. New York: American Elsevier.

Bergeron T, 1935. On the physics of cloud and precipitation. Proceeding of 5th Assembly 2, UGGI Lisbon, 156.

Berljand M E, 1982. Moderne Probleme der atmospharischen Diffusion und der Verschmutzung der atmosphare. Berlin: Akademie.

Betts A K, 1986. A new convective adjustment scheme. Part I: Observational and theoretical basin. Quart J R Met Soc, **112**: 677-691.

Betts A K, Miller M J, 1986. A new convective adjustment scheme Part Ⅱ: Single column tests using GATE wave, BOMEX, and arctic air-mass data sets. Quart J R Met Soc, **112**: 693-709.

Bhumralkar C M, 1976. Parameterization of planetary boundary layer in atmospheric general circulation models. Rev Geophysics and Space Physics, **14**: 215-226.

Bishop C H, Etherton B J, Majumdar S J, 2001. Adaptive sampling with the ensemble transform Kalman filter. Part I: Theoretical aspects. Mon Wea Rev, **129**: 420-436.

Bjerknes V, 1911. Dynamic meteorology and hydrograph, Part Ⅱ. Kinematics, Cargnegie Institute, Gibson Bros, New York.

Bolin B, Charney J, 1951. Numerical tendency-computations from the barotropic vorticity equation. Tellus, **3**: 248-257.

Bolin B, 1953a. Multiple-parameter models of the atmosphere for numerical forecasting purposes. Tellus, **5**: 207-218.

Bolin B, 1953b. The adjustment of a non-balanced velocity field towards geostrophic equilibrium in a stratified fluid. Tellus, **5**: 373-385.

Bolin B, 1955. Numerical Forecasting with the Barotropic Model. Tellus, **7**: 27-49. doi: 10. 1111/j. 2153-3490. 1955. tb01139. x.

Bougeault P, et al, 1993. The Atmospheric Momentum Budget over a Major Atmospheric Mountain Range: First Results of the PYREX Program. Ann Geophys, **11**: 395-418.

Bouttier F, Courtier P, 1999. Data assimilation concepts and methods. Training course notes of ECMWF.

Bouttier F, Mahfouf J F, Noilhan J, 1993a. Sequential assimilation of soil moisture from atmospheric low-level parameters. Part Ⅰ:Sensitivity and calibration studies. J Appl Meteor,**32**:1335-1351.

Bouttier F,Mahfouf J F,Noilhan J,1993b. Sequential assimilation of soil moisture from atmospheric low-level parameters. Part Ⅱ: Implementation in a mesoscale model. J Appl Meteor, **32**: 1352-1364.

Brankovic C,Palmer T N,Molteni F,et al,1990. Extended-range prediction with ECMWF model: Time-lagged ensemble forecasting. Q J R Meteorol Soc,**116**(494):867-912.

Brier G W,1950. Verification of forecasts expressed in terms of probability. Mon Wea Rev,**78**:1-3.

Brooks H E,Tracton M S,Stensrud D J,et al,1995. Short-range ensemble forecasting:Report from a workshop,25—27 July 1994. Bull Amer Meteor Soc,**76**:1617-1624.

Budyko M I,1948. Evaporation under natural conditions. Israel program for scientific transtations,130.

Budyko M I,1971. Climate and Life. Leningrad.

Budyko M I,1974. Climate and life. New York:Academic Press,English edition edited by Miller D H,508.

Buizza R,Palmer T N,1995. The singular vector structure of the atmospheric global circulation. J Atmos Sci,**52**(9):1434-1456.

Buizza R,Palmer T N,1998. Impact of ensemble size on ensemble prediction. Mon Wea Rev,**126**: 2503-2518.

Buizza R,Miller M,Palmer T N,1999. Stochastic simulation of model uncertainty in the ECMWF ensemble prediction system. Quart J Roy Meteor Soc,**125**:2887-2908.

Burridge D M,1975. A split semi-implict reformulation of the bushby-Timpson 10-level model. Quart J R Met Soc,**101**:777-792.

Businger J A,Wyngard J C,Izumi Y,et al,1971. Flux-profile relationships in the atmospheric surface layer. J Atmos Sci,**28**:181-189.

Charney J G,1948. On the Scale of Atmospheric Motions. Geoj Publ XVII,No 2.

Charney J G,Fjrtoft R,von Neuman J,1950. Numerical integration of the barotropic vorticity equation. Tellus,**2**:237-254.

Chen C G,Xiao F,2008. Shallow water model on cubed-sphere by multi-moment finit volume scheme. J Comput Phys,**227**:5019044.

Chen De hui,Bougeault P,1993. A Simple prognostic closure assumption to deep convective parameterization II. Acta Meteor Sinica,**51**(2):212-223.

Chen S H,Sun W Y,2002. A one-dimensional time dependent cloud model. Journal of the Meteorological Society of Japan,**80**(1):99-118.

Clarke R H,Hess G D,1973. On the Appropriate scaling for Velocity and Temperature in the Planetary Boundary layer. J Atmos Sci,**30**:1346-1353.

Clarke R H,Hess G D,1974. Geostrophic Departure and the functions A and B of Rossby-Number similarity theory. Boundary-Layer Meteorol,**7**:267-287.

Clarke R H,Hess G D,1975. On the Relation between surface wind and pressure gradient especially in lower latitudes. Boundary-Layer Meteorol,**9**:325-339.

Clarke R H, Dyer A J, Brook R R, et al, 1971. The Wangara experiment: Boundary layer data. Tech Paper 19, Div Meteor Phys. CSIRO, Australia.

Clayson C A, Curry J A, Fairall C W, 1996. Evaluation of Turbulent Fluxes at the Ocean Surface Using Surface Renewal Theory. J Geophys Res, **101**: 28503-28513.

Colucci S J, Baumhefner D P, 1998. Numerical prediction of the onset of blocking: A case study with forecast ensembles. systems: Implications to short-range ensemble forecasting of precipitation. Mon Wea Rev, **126**: 733-784.

Cooley J W, Tukey J W, 1965. An algorithm for the machine calculation of complex Fourier series. Mathematics Computation, **19**: 297-301.

Cooper W A, 1986. Ice initiation in natural clouds. Precipitation enhancement-A scientific challenge. Meteorological Monographs, **21**: 29-32.

Corby G A, Gilchrist A, Newson R L, 1972. A general circulation model of the atmosphere suitable for long period integration. Quart J Roy Meteor Soc, **98**: 809-832.

Courtier P, Thepaut J N, Hollingsworth A, 1994. A strategy for operational implementation of 4D-VAR using an incremental approach. Quart J Roy Metero Soc, **120**: 1367-1387.

Cressman G P, 1959. An operational objective analysis system. Mon Wea Rev, **87**: 367-374.

Daley R, 1985. The Analysis of Synoptic Scale Divergence by a Statistical Interpolation Procedure. Mon Wea Rev, **113**(6): 1066-1079.

Deardroff J W, 1972a. Parameterization of the planetary boundary layer for use in general circulation models. Mon Wea Rev, **100**: 93-106.

Deardroff J W, 1972b. Numerical investigation of neutral and unstable planetary boundary layers. J Atmos Sci, **29**: 91-115.

Deardorff J W, 1978. Efficient prediction of ground surface temperature and moisture with inclusion of a layer of vegetation. J Geophys Res, **83**: 1889-1903.

Derber J C, 1989. A variational continuous assimilation: comparison of variational and sequential algorithms. Q J R Meteorol Soc, **118**: 673-713.

Dudhia J, 1989. Numerical study of convection observed during the winter monsoon experiment using a mesoscale two-dimensional model. J Atmos Sci, **46**(20): 3077-3107.

Du J, Mullen S L, Sanders F, 1997. Short-Range Ensemble Forecasting of Quantitative Precipitation. Mon Wea Rev, **125**: 2427-2459.

Ekman V W, 1905. On the influence of the earth's rotation on ocean currents. Ark Mat Astron Fys, **2**: 1-53.

Eliasen E, et al, 1970. On a Numerical Method for Integration of the Hydrodynamical Equations with a Spectral Representation of the Horizontal Fields. Copenhagen: Institut for Teoretisk Meteorologi, Köbenhavns Universitet.

Eliasen E, Machenhouer B, Rasmussen E, 1970. On a numerical spectral representation of the hotizontal fields, Rep No L, Institute for Teorotisk Meteorologi, University of copenhagen.

Epsteine E S, 1969. Stochastic dynamic prediction. Tellus, **21**: 739-759.

Evans R E, Harrison M S J, Graham R J, et al, 2000. Joint medium-range ensembles form the Met. Office and ECMWF systems. Mon Wea Rev, **128**: 3104-3127.

Evensen G, 1994. Sequential data assimilation with a nonlinear quasi-geostrophic model using Monte Carlo methods to forecast error statistics. J Geophys Res, **99**(10): 10143-10162.

Fletcher N H, 1962. The Physics of Rain Clouds. London: Cambridge University Press.

Fritsch J M, Chappell C F, 1980. Numerical prediction of convectively driven mesoscale pressure systems. Part I: Convective parameterization. J Atmos Sci, **37**: 1734-1762.

Gadd A J, 1978. A split explicit integration scheme for numerical weather prediction. Quart J R Met Soc, **104**: 569-582.

Gadd A J, Keers J F, 1970. Surface exchanges of sensible and latent heat in a 10-level model atmosphere. Q J R Meteorol Soc, **96**: 297-308. doi: 10. 1002/qj. 49709640812.

Gandin L S, 1965. Objective analysis of meteorological fields, Gidrometrologicheskoe Izdatelstvo, Leningrad. English translation by Israeli Program for Scientifie Translations, Jerusalem.

Gander M J, 2006. Optimized Schwarz methods. SIAM Journal on numerical analysis, **44** (2): 699-731.

Gavrilov B M, Tosic I A, 1999. Dispersion characteristic of discrete quasigeostrophic modes. Mon Wea Rev, **127**: 2197-2203.

Gilmore M S, Straka J M, Rasmussen E N, 2004. Precipitation uncertainty due to variations in precipitation particle parameters within a simple microphysics scheme. Mon Wea Rev, **132**(11): 2610-2627.

Gravel S, Staniforth A N, 1992. Variable resolution and robustness. Mon Wea Rev, **120** (11): 2633-2640.

Grell G A, 1993. Prognostic evaluation of assumptions used by cumulus parameterizations. Mon Wea Rev, **121**: 764-787.

Haltiner G J, Williams R T, 1980. Numerical Prediction and Dynamic Meteorology. John Wiley & Sons Press, reprinted in USA: 1-3.

Hamill T M, Snyder M, 2000. A comparison of probabilistic forecasts from Bred, singular-vector, and perturbed observation ensembles. Mon Wea Rev, **128**(6): 1835-1851.

Harrison M S, 1999. Analysis and model dependcies in medium-range forecast: Two transplant case studies. Quart J Roy Meteor Soc, **126**: 711-724.

Heikes R, Randall D A, 1995a. Numerical integration of the shallow water equations on a twisted icosahedral grid. Part I: Basic design and results of tests. Mon Wea Rev, **123**: 1862-1880.

Heikes R, Randall D A, 1995b. Numerical integration of the shallow water equations on a twisted icosahedral grid. Part Ⅱ: Detailed description of the grid and an analysis of numerical accuracy. Mon Wea Rev, **123**: 1881-1887.

Hoffman R N, Kalnay E, 1983. Lagged averaged forecasting, an alternative to Monte Carlo forecasting. Tellus, **35**A(1): 100-118.

Holloway J L Jr, Manabe S, 1971. Simulation of climate by a global general circulation model I.

Hydrologic cycle and heat balance. Mon Wea Rev,**99**:335-370.

Hong S Y,Dudhia J,Chen S H,2004. A revised approach to ice microphysical processes for the bulk parameterization of clouds and precipitation. Mon Wea Rev,**132**(1):103-120.

Hong S Y,Juang H M H,Zhao Q,1998. Implementation of prognostic cloud scheme for a regional spectral model. Mon Wea Rev,**126**(10):2621-2639.

Hou D,Kalnay E,Droegemier K K,2001. Objective verification of the SAMEX'98 ensemble forecasts. Mon Wea Rev,**129**:73-91.

Houghton J T,Ding Y,Griggs D J,et al,2001. Climate Change 2001:The Scientific Basis. Cambridge,United Kingdom and New York:Cambridge University Press.

Houtekamer P L,Derome J,1995. Methods for ensemble prediction. Mon Wea Rev,**123**:2181-2196.

Houtekamer P L,Mitchell H L,1998. Data assimilation using an ensemble Kalman filter technique. Mon Wea Rev,**126**(3):796-811.

Houtekamer P L,Lefaivre L,Derome J,1996. A system simulation approach to ensemble prediction. Mon Wea Rev,**124**:1225-1242.

Huang Xiang-Yu, Lynch Peter, 1993. Diabatic digital filtering initialization: Application to the HIRLAM Model. Mon Wea Rev,**121**:589-603.

Hu Zhijin,Yan Caifan,1986. Numerical simulation of microphysical processes in stratiform clouds (I)-Microphysical model. Journal of Academy of Meteorological Science,**1**(1):37-52.

Inman R L,1970. Operational objective analysis scheme at National Severe Storms Forecast Center. Tech Circ 10,NSSL,ESSA.

Janjic Z I,1994. The step-mountain Eta coordinate model:Further developments of the convection, viscous sublayer,and turbulence closure schemes. Mon Wea Rev,**122**:927-945.

Janssen P,2000. Potential benefits of ensemble prediction of waves. ECMWF New sletter,No. 86.

Jonas P R,Mason B J,1982. Entrainment and the droplet spectrum in cumulus clouds. Q J R Meteorol Soc,**108**:857-869. doi:10. 1002/qj. 49710845808.

Jordan C L,1980. Diurnal variation of precipitation in the eastern tropical Atlantic. Mon Wea Rev, **108**:1065-1069.

Kageyama A,Sato T,2004. The"Yin-Yang grid":An overset grid in spherical geometry. Geochem Geophys Geosyst,**5**(9):Q09005.

Kageyama A,Yoshida M,2005. Geodynamo and mantle convection simulations on the Earth Simulator using the Yin-Yang grid. J Phys:Conf Ser,**16**:325-338.

Kageyama A,2005. Dissection of a sphere and Yin-Yang grids. J Earth Simul,**3**:20-28.

Kain J S,Fritsch J M,1993. Convective parameterization for mesoscale models:The Kain-Fritsch scheme. The Representation of Cumulus Convection in Numerical Models,Meteor Monogr,No. 46,Amer Meteor Soc,165-170.

Kalman R,Bucy K,1961. New results in linear prediction filtering theory. Trans AMSE J Basic Eng,**83D**:95-108.

Kalnay E,2003. Atmospheric Modeling,Data Assimilation and Predictability,Cambridge:Cambridge

University Press.

Katayama A, 1972. A simplified scheme for computing radiative transfer in the troposphere. Tech Rept No. 6, Dept Met UCLA, 77.

Katayama A, 1978. Parameterization of the planetary boundary layer in atmospheric general circulation models. Kisyo Kenkyu Note No 134, Meteorological Society of Japan, 153-200(in Japanese).

Kasahara A, Washington W M, 1971. General circulation experiment with a six-layer NCAR model including orography, cloudness and surface temperature calculations. J Atmos Sci, **28**: 657-701.

Kasahara A, Balgovind R C, Katz B B, 1988. Use of satellite radiometric imagery data for improvements in the analysis of divergent wind in the tropics. Mon Wea Rev, **116**: 866-883.

Kessler E, 1969. On the Distribution and Continuity of Water Substance in Atmospheric Circulations. Boston: Meteorological Monographs, American Meteorological Society.

Kimball H H, 1928. Amount of solar radiation that reaches the surface of the earth on the land and on the sea and methods by which it is measured. Mon Wea Rev, **56**: 393-399.

Koenig L R, Murray F W, 1976. Ice-bearing cumulus cloud evolution: Numerical simulation and general comparison against observations. Journal of Applied Meteorology, **15**(7): 747-762.

Kondo J, 1975. Air-sea bulk transfer coefficients in diabatic condition. Boundary Layer Meteor, **9**: 91-112.

Kondo J, 1976. Heat balance of the East China Sea during the air mass transformation experiment. J Met Soc Japan, **54**: 382-398.

Kondo J, 1977. Geostrophic drag and the cross-isobar angle of the surface wind in abaroclinic convective boundary layer over the ocean. J Met Soc Japan, **55**: 301-311.

Kondo J, Kanechika O, Yasuda N, 1978. Heat and momentum under strong stability in the atmospheric surface layer. J Atmos Sci, **35**: 1012-1021.

Kreizberg C W, Perkey D J, 1976. Release of Potential Instability. Part I: A Sequential Plume Model with a Hydrostatic Primitive Equation Model. J Atmos Sci, **33**: 456-475.

Krishnamurti T N, 1962. Numerical integration of primitive equations by a quasi-Larangian advective scheme. J Apple Met, **1**: 508-521.

Krishnamurti T N, et al, 1999. Multi-model super-ensemble forecasts for weather and seasonal climate FSU. Report 99-8.

Krishnamurti T N, Ingles K, Cocke S, et al, 1984. Details of low latitude medium range numerical weather prediction using a global spectral model II. Effect of orography and physical initialization. J Meteor Soc Japan, **62**: 613-649.

Krishnamurti T N, Low-Nam S, Pasch R, 1983. Cumulus parameterization and rainfall rates II. Mon Wea Rev, **111**: 815-828.

Kuo H L, 1965. On formation and intensification of tropical cyclones through latent heat release by cumulus convection. J Atmos Sci, **22**: 40-63.

Kuo H L, 1974. Further studies of the parameterization of the influence of cumulus convection on Large-scale flow. J Atmos Sci, **31**: 1232-1240.

Kuo Y H, Anthes R A, 1984. Mesoscale budgets of heat and moisture in a convective system over the Central United States. Mon Wea Rev, **112**: 1482-1497.

Kuo Y H, Zou X, Guo Y R, 1996. Variational assimilation of precipitable water using a nonhydrostatic mesoscale adjoint model. Part I: Moisture retrievel and sensitivity experiments. Mon Wea Rev, **124**: 122-147.

Kurihara Y, 1965. Numerical integration of the primitive equations on a spherical grid. Mon Wea Rev, **93**: 399-415.

Laprise R, 1992. The Euler equation of motion with hydrostatic pressure as independent coordinate. Monthly Weather Review, **120**(1): 197-207.

Leith C E, 1974. Theoretical skill of Monte Carlo forecasts. Mon Wea Rev, **102**: 409-418.

Lewis J M, 1972. An operational upper air analysis using the variational method. Tellus, **24**: 514-530.

Lilly D K, 1965. On the computational stability of numerical solutions of time-dependent nonlinear geophysical fluid dynamics problems. Mon Wea Rev, **93**(1): 11-26.

Lim K S, Hong S Y, 2010. Development of an effective double-moment cloud microphysics scheme with prognostic Cloud Condensation Nuclei (CCN) for weather and climate models. Mon Wea Rev, **138**(5): 1587-1612.

Lin J W B, Neeln J D, 2000. Influence of astochatioc moist convective parameterization on tropical climate variability. Geophys Res Lett, **27**: 3691-3694.

Lin Y, Colle B A, 2011. A new bulk microphysical scheme that includes riming intensity and temperature-dependent ice characteristics. Mon Wea Rev, **139**(3): 1013-1035.

Lin Y, Vinokur M, Wang Z J, 2006. Spectral difference method for unstructured grids I: Basic formulation. J Comput Phys, **216**: 780-801.

Lin Y L, Farley R D, Orville H D, 1983. Bulk parameterization of the snow field in a cloud model. Journal of Climate and Applied Meteorology, **22**(6): 1065-1092.

Li S, Xiao F, 2007. CIP/multi-moment finite volume method for Euler equations: A semi-Lagrangian characteristic formulation. J Comput Phys, **222**: 849-871.

Liu Y D, 2008. Impact of difference accuracy on computational properties of vertical grids for a Nonhydrostatic Model. Computational Geosciences, **12**(3): 245-253.

Liu Y D, Zhang Q H, 2008. Computational Properties of Vertical Grids for a Nonhydrostatic Anelastic Model. International Journal of Computational Fluid Dynamics, **22**(03): 193-200.

Liu Y D, Zhang Qinghong, Lau K H, 2009. Impact of the four-order compact difference scheme on Computational Properties of 3D Grids for a Nonhydrostatic Model. International Journal for Numerical Methods in Fluids, **61**(1): 106-118.

Liu Yudi, Ji Zhongzhen, Wang Bin, 2002. Study on computational properties of several vertical grids with a nonhydrostatic model in comparison to analytical solutions. Advances of Atmospheric Sciences, **19**(3): 528-543.

Liu Yudi, Wang Bin, Ji Zhongzhen, 2003. Research on atmospheric motion in horizontal discrete grids. Advances of Atmospheric Sciences, **20**(1): 139-148.

Li X L, Chen D H, Peng X D, et al, 2006. Implementation of the Semi-Lagrangian advection scheme on a quasi-uniform overset grid on a sphere. Adv Atmos Sci, **23**(5): 792-801.

Li X L, Chen D H, Peng X D, et al, 2008. A multimoment finite-volume shallow-water model on the Yin-Yang overset spherical grid. Mon Wea Rev, **136**(8): 3066-3086.

Li X L, Shen X S, Peng X D, et al, 2012. Fourth order transport model on the Yin-Yang grid by multi-moment constrained finite volume scheme. Procedia Computer science, **9**: 1004-1013.

Lorenz E N, 1997. 混沌的本质. 刘式达，等译. 北京：气象出版社.

Lumb F E, 1964. The influence of cloud on hourly amount of total solar radiation at the sea surface. Quart J Roy Meteorol Soc, **90**: 43-56.

Lu Weisong, 1991. On the nonlinear stability of shear flows in the frictional dissipation atmosphere. Acta Meteor Sinica, 49(2)184-196.

Lynch P, Huang X Y, 1992. Diabatic Initialization Using Recursive Filters. Tellus A, **46**: 583-597. doi: 10. 1034/j. 1600-0870. 1994. t01-4-00003. x.

Machenhauer B, 1977. On the dynamics of gravity oscillations in a shallow water model with applications to normal mode initialization. Contrib Atmos Phys, 50: 253-271.

Majewski D, 1998. The new global icosahedral-hexagonal grid point model GME of the Deutcher Wetterdienst. Proc Seminar or Recent Developments in Numerical Methods for Atmospheric Modelling, Reading, United Kingdom, ECMWF, 173-201.

Manabe S, Smagorinsky J, Strickler R F, 1965. Simulated climatology of a general circulation model with a hydrologic cycle. Mon Wea Rev, **93**(12): 7609-798.

Mansell E R, Ziegler C L, Bruning E C, 2010. Simulated electrification of a small thunderstorm with two-moment bulk microphysics. J Atmos Sci, **67**(1): 171-194.

Mason B J, 1971. Physics of Clouds. Oxford: Clarendon Press: 481.

Mathur M B, 1970. A note on an improved quasi-lagrangian advective scheme for primitive equations. Mon Wea Rev, **98**: 214-219.

McCumber M, Tao W K, Simpson J, et al, 1991. Comparison of icephase microphysical parameterization schemes using numerical simulations of tropical convection. Journal of Applied Meteorology, **30**(7): 985-1004.

McHale J R, 1962. Buckminster Fuller. New York: George Braziller: 128.

Mesinger F, 1989. Numerical methods for the primitive equations (space). Ten Years of Medium-Range Weather Forecasts, Vol I, ECMWF: 205-246.

Mesinger F, 2000. Numerical methods: The Arakawa approach, horizontal grid, global, and limited-area modeling. General Circulation Model Development, Randall D A, Ed, Academic Press: 373-419.

Meyers M P, Walko R L, Harrington J Y, et al, 1997. New RAMS cloud microphysics parameterization. Part II: The two-moment scheme. Atmospheric Research, **45**(1): 3-39.

Milbrandt J A, Yau M K, 2005a. A multimoment bulk microphysics parameterization. Part I: Analysis of the role of the spectral shape parameter. J Atmos Sci, **62**: 3051-3064.

Milbrandt J A, Yau M K, 2005b. A multimoment bulk microphysics parameterization. Part Ⅱ: A proposed three-moment closure and scheme description. J Atmos Sci, **62**: 3065-3081.

Mintz Yale, 1965. Very long-term global integration of the primitive equations of atmospheric motion. In WMO-IUGG Symposium on Research and Development Aspects of Long-Range Forecasting, Boulder, Colo., 1964. (WMO Technical Note No. 66), edited by World Meteorological Organization [also published in American Meteorological Society Monographs **8** (1968): 20-36], pp. 141-55. Geneva: World Meteorological Organization.

Miyakoda K, Rosati A, 1982. The variation of sea surface temperature in 1976 and 1977. 1: The data analysis. J Geophys Res, **87**(C8): 5667-5680, doi: 10.1029/JC087iC08p05667.

Molteni F, Buizza R, Palmer T N, et al, 1996. The ECMWF ensemble prediction system methodology and validation. Q J R Meteorol Soc, **122**(529): 73-119.

Monin A S, Obukhov A M, 1954. Basic laws of turbulent mixing in the surface layer of the atmosphere. Tr Akad Nauk SSSR Geophiz Inst, **24**(151): 163-187.

Morrison H, Curry J A, Khvorostyanov V I, 2005. A new double-moment microphysics parameterization for application in cloud and climate models. Part I: Description. J Atmos Sci, **62**(6): 1665-1677.

Morrison H, Thompson G, Tatarskii V, 2009. Impact of cloud Microphysics on the development of trailing stratiform precipitation in a simulated squall line: Comparison of one-and two-moment schemes. Mon Wea Rev, **137**(3): 991-1007.

Mullen S L, Baurahefner D P, 1994. Monte Carlo simulations of explosive cyclogenesis. Mon Wea Rev, **122**: 1548-1567.

Murphy J M, 1998. The impact of ensemble forecasts on predictability. Q J R Meteorol Soc, **124** (529): 463-493.

Mylne K R, Evans R E, Clark R T, 2002. Multi-model multi-analysis ensemblesin quasi-operational medium-range forecasting. Quart J Roy Meteor Soc, **128**(579): 361-384.

Nickovic S, 1994. On the use of hexagonal grids for simulation of atmospheric processes. Contrib Atmos Phys, **67**: 103-107.

Nitta T, Hovermale J B, 1967. on analysis and initialization for the primitive forecast equations. Mon Wea Rev, **97**(9): 652-658.

Nutter P, Stensrud D, Xue M, 2002. Effects of Nesting Frequency and Lateral Boundary Perturbations on the Dispersion of Limited-area Ensemble Forecasts. 19th Conf on Weather Analysis and Forecasting, 15th conf on NWP.

O'Brien J, 1970. A note on vertical structure of the eddy exchange coefficient in the planetary boundary layer. J Atmos Sci, **17**: 1213-1215.

Ogura Y, Takahashi T, 1971. Numerical simulation of the life cycle of a thunderstorm cell. Mon Wea Rev, **99**(12): 895-911.

Ooyama H V, 1990. A thermodynamic foundation for modeling the moist atmosphere. J Atmos Sci, **47**: 2580-2593.

Orszag S A, 1970. Transform method for calculation of vector coupled sums: application to the spectral form of the vorticity equation. J Atmos Sci,**27**:890-895.

Orville H D,Kopp F J,1977. Numerical simulation of the life history of a hailstorm. J Atmos Sci,**34**(10):1596-1618.

Palmer T N,Barkmeijer J,et al,1997. The ECMWF ensemble prediction System. Meteo Applic,**4**(4):301-304.

Panofsky H A,1963. Determination of stress from wind and temperature measurements. Quart J Roy Meteorol Soc,**89**:85-94.

Panofsky H A,Dutton J A,1984. Atmospheric Turbulence. New York:Wiley-Interscience,397.

Peng X,Xiao F,Ohfuchi W,et al,2005. Conservative Semi-Lagrangian Transport on a Sphere and the Impact on Vapor Advection in an Atmospheric General Circulation Model. Mon Wea Rev,**133**:504-520.

Peng X,Xiao F,Takahashi K,2006. Conservative constraint for a quasi uniform overset grid on the sphere. Q J R Meteorol Soc,**132**:979-996.

Perssen P O G,Warner T T,1991. Model generation of spurious gravity waves due to inconsistency of the vertical and horizontal resolution. Mon Wea Rev,**119**:917-935.

Phillips N A,1957. A map projection system suitable for large-scale numerical weather prediction. J Meteorol Soc Japan,**35**:262-267.

Phillips N A,1959. An example of nonlinear computational instability. The atmosphere and the sea in motion. Rossby Memorial Volume,Rockefeller Institute Press:501-504.

Phillips N A,1960. Numerical weather prediction. Advances in computers Vol. 1,New York:Academic Press:43-90.

Pielke R A,1984. Mesoscale Meteorological Modeling. New York:Academic Press:612.

Pielke R A,Mahrer Y,1975. Technique to represent the heated-planetary boundary layer in mesoscale models with coarse vertical resolution. J Atmos Sci,**32**:228-2308.

Popovic M J,Nickovic S,Gavrilov M B,1996. Frequency of quasi-geostrophic modes on hexagonal grids. Meteor Atmos Phys,**58**:41-49.

Purser R J,1988. Degradation of numerical differencing caused by Fourier filtering at high latitudes. Mon Wea Rev,**116**:1057-1066.

Purser R J,Rancic M,1997. Conformal Octagon:An Attractive framework for global models offering quasi-uniform regional enhancement of resolution. Meteor Atmos Phys,**62**:33-48.

Priestley C H B,Taylor R J,1972. On the assessment of surface heat flux and evaporation using Large-scale parameters. Mon Wea Rev,**100**:81-92.

Purser R J,Fujita T,Sar S K,et al,2001. A semi-lagrangian dynamical core for the non-hydrostatic WRF model. Ninthe conference on mesoscale processes,this conference proceeding.

Qaddouri A,2008. Optimized Schwarz methods with Yin-Yang grid for shallow-water equations. In Domain decomposition methods in science and engineering,XVII:347-353. Lecture Notes in Computational Science and Engineering,Langer U,Discacciati M,Keyes D E,Widlund O B,Zulehner W.(eds.) Springer-Verlag:Berlin.

Qaddouri A, 2011. Nonlinear shallow-water equations on the Yin-Yang grid. Quart J Roy Meteor Soc, **137**: 810-818.

Qaddouri A, Laayouni A, Cote L J, et al, 2008. Optimized Schwarz methods with an overset grid for the shallow-water equations: Preliminary results. Appl Numer Math, **58**: 459-471.

Qaddouri A, Pudykiewicz J, Tanguay M, et al, 2012. Experiments with different discretizations for shallow-water equations on the sphere. Q J R Meteorol Soc, **138**(665): 989-1003.

Randall D A, 1994. Geostrophic adjustment and the finite-difference shallow water equations. Mon Wea Rev, **122**: 1371-1377.

Raymond W H, Kuo H L, 1982. Simulation of laboratory vortex flow by axisymmetric similarity solutions. Tellus, **34**: 588-600. doi: 10. 1111/j. 2153-3490. 1982. tb01847. x.

Richardson L F, 1922. Weather Prediction by Numerical Process. Cambridge University Press, reprinted Dover, 236.

Richtmyer R D, Morton K W, 1967. Difference Methods for Initial-Value Problems. Second edition. Wiley-Interscience.

Ringler T D, Heikes R P, Randall D A, 2000. Modeling the atmospheric general circulation using a spherical geodesic grid: A new class of dynamical cores. Mon Wea Rev, **128**: 2471- 2490.

Ritchie H, 1986. Eliminating the interpolation associated with the semi-Lagrangian scheme. Mon Wea Rev, **114**: 135-146.

Rivas E K, 1971. the circulation of the atmosphere of Venus. Ph. D. Thesis, Department of Meteorology, Massachusetts Institute of Technology, Cambridge, 271.

Robert A, 1982. A semi-Lagrangian and semi-implicit numerical integration scheme for the primitive meteorological equations. J Meteor Soc Japan, **60**: 319-325.

Robert A, Yee T L, Ritchie H, 1985. A semi-Lagrangian and semi-implicit numerical integration scheme for multilevel atmospheric models. Mon Wea Rev, **113**: 388-394.

Romanova E N, 1954. The influence of forest belts on the vertical structure of wind and on the turbulent exchange. Study of Central Geophysical Observatory. No 44(106), Glavnaia Geofizicheskaia Observatoriia, Trudy, Leningrad, 80-92.

Romanova N A, Romanov Yu A, 1970. On the ratio between different forces in the atmosphere of the equatorial zone. Meteorologiya i gidrologiya, **12**: 93-96(in Russian).

Rutherford I D, 1972. Data assimilation by statistical interpolation of forecast error fields. J Atmos Sci, **29**: 809-815.

Rutherford I D, 1975. An operational three-dimensional multi-variate statistical analysis scheme. Proc JOC Study Group Conf Four-Dimen Data Assimil GARP Rep, **11**: 98-121.

Rutledge S A, Hobbs P, 1983. The mesoscale and microscale structure and organization of clouds and precipitation in midlatitude cyclones. VIII: A model for the "seeder-feeder" process in warmfrontal rainbands. J Atmos Sci, **40**(5): 1185-1206.

Rutledge S A, Hobbs P V, 1984. The mesoscale and microscale structure and organization of clouds and precipitation in midlatitude cyclones. XII: A diagnostic modeling study of precipitation development in narrow cold-frontal rainbands. J Atmos Sci, **41**(20): 2949-2972.

Sadourny R, 1969. Numerical integration of the primitive equation on a spherical grid with hexagonal cells. Proceedings of the WMO/IUGG Symposium on Numerical Weather Prediction, Vol. VII, WMO: 45-77.

Sadourny R, 1972. Conservative finite-difference approximations of the primitive equations on quasi-uniform spherical grids. Mon Wea Rev, **100**: 136-144.

Sadourny R, Morel P, 1969. A finite-difference approximation of the primitive equations for a hexagonal grid on a plane. Mon Wea Rev, **97**: 439-445.

Sadourny R, Arakawa A, Mintz Y, 1968. Integration of nondivergent barotropic vorticity equation with a icosahedral-hexagonal grid for the sphere. Mon Wea Rev, **96**: 351-356.

Salmon R, Talley M L, 1989. Generalisation of Arakawa Jacobian. J Comput Phys, **83**: 246-259.

Schultz P, 1995. An explicit cloud physics parameterization for operational numerical weather prediction. Mon Wea Rev, **123**: 3331-3343.

Schur I, 1911. Bemerkungen zur theorie der beschrnkten bilinear formen mit unendlich vielen verderlichen. J reine angew Math, **140**: 1-28.

Sellers W D, 1965. Physical Climatology. Univ of Chicago Press: 41.

Shuman F G, 1962. Numerical experiments with the primitive equations. Proc Intern Symp. Numerical Weather Prediction, Tokyo, Meteorological Society of Japan, 85-107.

Silberman I, 1954. Planetary waves in the atmosphere. J Meteor, **11**: 27-34.

Sindic-Rancic G, Toth Z, Kalnay E, 1998. Storm scale ensemble experiments with the ARPS model: preliminary results. Preprints, 12th Conference on Numerical Weather Prediction, Phoenix, Arizona. Amer Meteor Soc, 279-280.

Smagorinsky J, 1956. On the inclusion of moist adiabatic processes in numerical prediction models. In Bericht des Deutschen Wetterdienstes, Nr. **38**: 82-90.

Smagorinsky Joseph, 1963. General Circulation Experiments with the Primitive Equations. I. The Basic Experiment. Mon Wea Rev, **41**: 99-164.

Smagorinsky Joseph, et al, 1965. Numerical Results from a Nine-Level General Circulation Model of the Atmosphere. Mon Wea Rev, **93**: 727-768.

Smagorinsky J, 1967. The role of numerical modeling. Bulletin of the American Meteorological Society, **48**(2): 89-93.

Smagorinsky Joseph, 1970. Numerical Simulation of the Global Circulation. In Global Circulation of the Atmosphere, edited by Corby G A, pp. 24-41. London: Royal Meteorological Society.

Smagorinsky Joseph, 1972. The General Circulation of the Atmosphere. In Meteorological Challenges: A History, edited by McIntyre D P, pp. 3-41. Ottawa: Information Canada.

Smagorinsky Joseph, 1983. The Beginnings of Numerical Weather Prediction and General Circulation Modeling: Early Recollections. Advances in Geophysics, **25**: 3-37.

Smagorinsky Joseph, 1991. Climate's Scientific Maturity. In Climate in Human Perspective: A Tribute to Helmut F Landsberg, edited by Baer F, et al. Dordrecht: Kluwer Academic.

Srivastava R C,1978. Parameterization of raindrop size distributions. J Atmos Sci,**35**(1):108-117.

Stanski H R,Wilson L J,Burrows W R,1989. Survey of Common verification methods in meteorology,WMO WWW Tech Report No 8 WMO TD No 358.

Stensrud D J,Fritsch J M,1994. Mesoscale Convective System in Weakly Forced Large-Scale Environments. Part III:Numerical Simulations and Implications for Operational Forecasting. Mon Wea Rev,**122**:2084-2104.

Stensrud D J,Bao J,Warner T,2000. Using initial condition and model physics perturbation in short-range ensemble simulations of mesoscale connective system. Mon Wea Rev,**128**:2077-2107.

Steppeler J,Prohl P,1996. Applications of finite volume methods to atmospheric models. Beitr. Phys Atmos,**69**:297-306.

Straka J M, 2009. Cloud and Precipitation Microphysics. New York: Cambridge University Press:392.

Straka J M,Mansell E R,2005. A bulk microphysics parameterization with multiple ice precipitation categories. J Applied Meteo,**44**(4):445-466.

Swinbank R,Purser R J,2006. Fibonacci grids:A novel approach to global modeling. Quart J Roy Meteor Soc,**132**:1769-1793.

Talagrand O,Vautard R,1997. Evaluation of probabilistic prediction systems. Workshop on Predictability ECMWF.

Tao W K,Simpson J,McCumber M,1989. An ice-water saturation adjustment. Mon Wea Rev,**117**(1):231-235.

Tatsumi Y,1983. An economical explicit time integration scheme for a premitive model. J Metero Soc Japan,**61**:269-288.

Tatsumi Y,1986. A spectral limited-area model with time dependent lateral boundary conditions and its application to a multi-level primitive equation model. J Meteor Soc Japan,**64**:637-633.

Thacker W C,1977. Irregular grid finite-difference techniques:Simulations of oscillations in shallow circular basins. J Phys Oceanogr,**7**:284-292.

Thacker W C,1978. Comparison of finite-element and finite-difference schemes. Part II:Two-dimensional gravity wave motion. J Phys Oceanogr,**8**:680-689.

Thompson G,Field P R,Rasmussen R M,et al,2008. Explicit forecasts of winter precipitation using an improved bulk microphysics scheme. Part II:Implementation of a new snow parameterization. Mon Wea Rev,**136**(12):5095-5115.

Tiedtke M,1988. Parameterization of cumulus convection in largescale models. Physically-Based Modeling and Simulation of Climate and Climate Change,M Schlesinger,Ed. ,D. Reidel,375-431.

Tiedtke M,1989. A Comprehensive Mass Flux Scheme for Cumulus Parameterization in Large-Scale Models. Mon Wea Rev,**117**:1779-1800.

Toth Z,1991. Estimation of atmospheric predictability by circulation analogs. Mon Wea Rev,**119**(1):65-72.

Toth Z,2001. Ensemble forecasting in WRF. Bull Amer Meteor Soc,**82**(4):695-697.

Toth Z, Kalnay E, 1993. Ensemble forecasting at NMC: the generation of purturbations. Bull Amer Meteor Soc, **74**(12): 2317-2330.

Toth Z, Kalnay E, 1997. Ensemble forcasting at NCEP and the breeding mothed. Mon Wea Rev, **125**(6): 3297-3319.

Tsuyuki T, 1996a. Variational data assimilation in the tropics using precipitation data, Part Ⅰ: Column model. Meteor Atmos Phys, **60**: 87-104.

Tsuyuki T, 1996b. Variational data assimilation in the tropics using precipitation data. Part Ⅱ: 3D model. Mon Wea Rev, **124**: 2545-2561.

Voronoi G F, 1908. Nouvelles applications des paramètres continus *à* la théorie de formes quadratiques. Journal für die reine und angewandte Mathematik, **133**: 97-178.

Wang Bin, Wan H, Ji Z, et al, 2004. Design of a new dynamical core for global atmospheric models based on some efficient numerical methods. Science in China ser. A Mathematics, **47**: 421.

Wang Wei, Seaman Nelson L, 1997. A comparison study of convective parameterization schemes in a mesoscale model. Mon Wea Rev, **125**: 252-278.

Wang X, Bishop C H, 2003. A comparison between ETKF and breeding ensemble forecast scheme. J Atmos Sci, **60**: 1140-1158.

Wang X, Hamill T M, Whitaker J S, et al, 2007. A comparison of hybrid ensemble transform Kalman filter-OI and ensemble square-root filter analysis schemes. Mon Wea Rev, **135**(3): 1055-1076.

Wei M Z, Toth Z, 2003. A New Measure of Ensemble Performance: Perturbation versus Error Correlation Analysis(PECA). Mon Wea Rev: 1549-1565.

Weygandt S S, Seaman N L, 1988. The relationship between forecast accuracy and grid resolution in simulations of mesoscale features accompanying cyclogenesis. Reprints, Eight conference on numerical weather prediction, Baltimore, Amer Meteor Soc: 700-707.

Whitaker J S, Loughe A F, 1998. The Relationship between Ensemble Spread and Ensemble Mean Skill. Mon Wea Rev, **126**: 3292-3302.

Williamson D, 1968. Integration of the barotropic vorticity equation on a spherical geodesic grid. Tellus, **20**: 642-653.

Williamson D L, Drake J B, Hack J J, et al, 1992. A standard test set for numerical approximations to the shallow-water equations in spherical geometry. J Comput Phys, **102**: 211-224.

Winninghoff F J, 1968. On the adjustment toward a geostrophic balance in a simple primitive equation model with application to the problems of initialization and objective analysis. PhD thesis, Department of Meteorology, UCLA.

Wippermann F, 1972. Universal profiles in the barotropic boundary layer. Contr Atmos Phy, **25**: 148-163.

Wolfram S, 1991. Mathematica: A System for Doing Mathematics by Computer. Second Edition. Addison-Wesley, 992.

Xiao F, 2004. Unified formulation for compressible and incompressible flows by using multi-Integrated moments I: one-dimensional inviscid compressible flow. Comput Phys, **195**(2): 629-654.

Xiao F, Yabe T, 2001. Completely conservative and oscillation less semi-Lagrangian schemes for advection transportation. Comput Phys, **170**: 498-522.

Xiao F, Akoh R, Li S, 2006. Unified formulation for compressible and incompressible flows by using multi integrated moments II: multi-dimensional version for compressible and incompressible flows. J Comput Phys, **213**(1): 31-56.

Xiao F, Yabe T, Peng X D, et al, 2002. Conservative and oscillationless atmospheric transport schemes based on rational functions. Journal of Geophysical Research, **107**(D22): 4609.

Xu Huanbin, Duan Ying, Liu Haiyue, 2004. Microphysical Processes of Hail and the Theory and Design for Hail Suppression. Beijing: Meteorological Press.

Xu Q, Qiu C J, 1997. Adjoint matching condition for parameterized discontinuites-A derivation using Lagrangian-form cost function. Advances in Atmos Sci, **14**: 49-52.

Yabe T, Tanaka R, Nakamura T, et al, 2001. Exactly conservative semi-Lagrangian scheme (CIP-CSL) in one dimension. Mon Wea Rev, **129**(2): 322-344.

Yin J, Wang D, Zhai G, 2012. An evaluation of ice nuclei characteristics from the long-term measurement data over North China. Asia-Pacific Journal of Atmospheric Sciences, **48**(2): 197-204.

Yin J, Wang D, Zhai G, 2013. A comparative study of cloud-precipitation microphysical properties between East Asia and other regions. Journal of the Meteorological Society of Japan, **91**(4): 507-526.

Yordanov D L, Wippermann F, 1972. The parameterization of the Turbulent fluxes of Momentum, Heat and Moisture at the Ground in a Baroclinic Planetary Boundary layer. Beitr Phys Atmos, **45**: 58-65.

Zerroukat M, Wood N, Staniforth A, 2004. SLICE-S: A semi-lagrangian inherently conserving and efficient scheme for transport problems on the sphere. Q J R Meteorol Soc, **130**: 2649-2664.

Zhang D L, Chang H R, Seaman N L, et al, 1986. A two-way interactive nesting procedure with variable terrain resolution, Mon Wear Rev, **114**: 1330-1339.

Zhang Z, Krishnamurti T N, 1999. A perturbation method for hurricane ensemble predictions. Mon Wea Rev, **127**: 447-469.

Zupanski D, 1993. The effects of discontinuities in the Bettes-Miller cumulus convection scheme on four-dimensional variational data assimilation. Tellus, **45**A: 511-524.

Zupanski D, Mesinger F, 1995. Four-dimensional variational assimilation of precipitation data. Mon Wea Rev, **123**: 1112-1127.

Zupanski D, Zupanski M, Lewis D G, et al, 2011. Assimilating synthetic GOES-R radiances in cloudy conditions using an ensemble-based method, International Journal of Remote Sensing, **32**(24): 9637-9659.

附录 A:标准大气中重力加速度、气压、气温、空气密度随高度的变化

高度 (km)	重力加速度 ($m\cdot s^{-2}$)	气压 (hPa)	气温 (K)	密度 ($kg\cdot m^{-3}$)	高度 (km)	重力加速度 ($m\cdot s^{-2}$)	气压 (hPa)	气温 (K)	密度 ($kg\cdot m^{-3}$)
0.0	9.8072	1013.25	288.15	1.225	10	9.7764	265.0	223.25	0.414
0.1	9.8069	1001.20	287.50	1.213	11	9.7733	227.0	216.78	0.365
0.2	9.8066	989.45	286.85	1.202	12	9.7702	194.0	216.65	0.312
0.3	9.8062	977.72	286.20	1.190	13	9.7671	165.8	216.65	0.267
0.4	9.8059	966.11	285.55	1.179	14	9.7641	141.7	216.65	0.228
0.5	9.8056	954.61	284.90	1.167	15	9.7610	121.1	216.65	0.195
0.6	9.8053	943.22	284.25	1.156	16	9.7579	103.5	216.65	0.166
0.7	9.8050	931.94	283.60	1.145	17	9.7549	88.5	216.65	0.142
0.8	9.8047	920.77	282.95	1.134	18	9.7518	75.7	216.65	0.122
0.9	9.8044	909.71	282.30	1.123	19	9.7487	64.7	216.65	0.104
1.0	9.8041	898.80	281.65	1.112	20	9.7457	55.3	216.65	0.0889
1.5	9.8025	845.59	278.40	1.058	21	9.7426	47.3	217.58	0.0757
2.0	9.8010	795.0	275.15	1.007	22	9.7396	40.5	218.57	0.0645
2.5	9.7995	746.9	271.91	0.957	23	9.7365	34.7	219.57	0.0550
3.0	9.7979	701.2	268.66	0.909	24	9.7334	29.7	220.56	0.0469
3.5	9.7964	657.8	265.41	0.863	25	9.7304	25.5	221.55	0.0401
4.0	9.7948	616.6	262.17	0.819	26	9.7273	21.9	222.54	0.0343
4.5	9.7933	577.5	258.92	0.777	27	9.7243	18.8	223.54	0.0293
5.0	9.7917	540.5	255.68	0.736	28	9.7212	16.2	224.53	0.0251
5.5	0.7902	505.4	252.43	0.697	29	9.7182	13.9	225.52	0.0215
6.0	9.7887	472.2	249.19	0.660	30	9.7151	12.0	226.51	0.0184
6.5	9.7871	440.7	245.94	0.624	31	9.7121	10.3	227.50	0.0158
7.0	9.7856	411.1	242.70	0.590	32	9.7091	8.89	228.49	0.0136
7.5	0.7840	383.0	239.46	0.557	33	9.7060	7.67	230.97	0.0116
8.0	9.7825	356.5	236.22	0.526	34	9.7030	6.63	233.74	0.00989
8.5	9.7810	331.5	232.97	0.496	35	9.6999	5.75	236.51	0.00846
9.0	9.7794	308.0	229.73	0.467	36	9.6969	4.99	239.28	0.00726
9.5	9.7779	285.8	226.49	0.440	37	9.6939	4.33	242.05	0.00624

续表

高度 (km)	重力加速度 ($m \cdot s^{-2}$)	气压 (hPa)	气温 (K)	密度 ($kg \cdot m^{-3}$)	高度 (km)	重力加速度 ($m \cdot s^{-2}$)	气压 (hPa)	气温 (K)	密度 ($kg \cdot m^{-3}$)
38	9.6908	3.77	244.82	0.00537	50	9.6545	0.798	270.65	0.00103
39	9.6878	3.29	247.58	0.00463	55	9.6394	0.425	260.77	5.7×10^{-4}
40	9.6848	2.87	250.35	0.00400	60	9.6244	0.220	247.02	3.1×10^{-4}
41	9.6817	2.51	253.11	0.00346	65	9.6094	0.109	233.29	1.6×10^{-4}
42	9.6787	2.20	255.88	0.00299	70	9.5944	0.0522	219.59	8.3×10^{-5}
43	9.6757	1.93	258.64	0.00260	75	9.5795	0.0239	208.40	4.0×10^{-5}
44	9.6726	1.69	261.40	0.00226	80	9.5646	0.0105	198.64	1.8×10^{-5}
45	9.6696	1.49	264.16	0.00197	85	9.5497	0.0045	188.89	8.2×10^{-6}
46	9.6666	1.31	266.93	0.00171	90	9.5349	0.0018	186.87	3.4×10^{-6}
47	9.6636	1.16	269.68	0.0015	95	9.5201	0.00076	188.42	7.5×10^{-7}
48	9.6605	1.02	270.65	0.00132	100	9.5054	0.00032	195.08	5.6×10^{-7}
49	9.6575	0.903	270.65	0.00116					

附录 B:常数表

符号	变量	值
c_{pd}	定常气压干空气比热	1004.67 J·kg^{-1}·K^{-1}
c_{vd}	定常体积干空气比热	717.63 J·kg^{-1}·K^{-1}
c_{pV}	定常气压水汽比热(29.15 K)	1865.1 J·kg^{-1}·K^{-1}
c_{vV}	定常体积水汽比热(29.15 K)	1403.2 J·kg^{-1}·K^{-1}
c_W	液态水比热	4185.5 J·kg^{-1}·K^{-1}
$\bar{F}_s$	平均太阳常数	1365 W·m^{-2}
g	地球表面有效重力	9.80665 m·s^{-2}
G	万有引力常数	6.6720×10^{-11} m^3·kg^{-1}·s^{-2}
b	Planck 常数	6.6260755×10^{-34} J·s
k	von Karman 常数	0.40(0.35～0.41)
M_e	地球质量	5.98×10^{24} kg
R_d	干空气气体常数	287.04 J·kg^{-1}·K^{-1}
R_e	地球半径	6.371×10^6 m
R_p	太阳半径	6.96×10^8 m
$\bar{R}_{es}$	太阳和地球间平均距离	1.5×10^{11} m
R_v	水汽的气体常数	461.40 J·kg^{-1}·K^{-1}
T_{if}	盐度为 35 ppth 的海水冰点	271.23 K
T_{im}	冰的熔点	273.05 K
T_{sm}	雪的熔点	273.15 K
γ	c_{pd}/c_{vd}	1.4
κ	R_d/c_{pd}	0.286
κ_i	冰的导热系数	2.20 W·m^{-1}·K^{-1}
κ_{sn}	雪的导热系数	0.08 W·m^{-1}·K^{-1}
σ_B	Stefan-Boltzmann 常数	5.67051×10^{-8} W·m^{-2}·K^{-4}
Ω	地球角速度	7.292×10^{-5} s^{-1}